工业和信息化部“十二五”规划专著

陕西出版资金精品项目

利用拉格朗日点的深空探测技术

李言俊　张　科　吕梅柏　张汉清　著

西北工業大學出版社

【内容简介】 本书以三体轨道动力学为基础，研究了拉格朗日点（平动点）动力系统的特征、周期和拟周期轨道的计算、中心流形、稳定和不稳定流形的结构、拉格朗日点轨道的控制及转移轨道的设计、轨道的优化和中途修正等问题。

本书可作为高等学校导航制导类和航空航天类专业研究生教材或参考教材，也可供从事深空探测工作的研究人员和工程技术人员参考。

图书在版编目（CIP）数据

利用拉格朗日点的深空探测技术/李言俊等著．—西安：西北工业大学出版社，2014.11
ISBN 978-7-5612-4181-3

Ⅰ.①利… Ⅱ.①李… Ⅲ.①空间探测—研究 Ⅳ.①V11

中国版本图书馆 CIP 数据核字（2014）第 259081 号

出版发行：西北工业大学出版社
通信地址：西安市友谊西路 127 号　　邮编：710072
电　　话：(029)88493844　88491757
网　　址：http://www.nwpup.com
印 刷 者：陕西向阳印务有限公司
开　　本：787 mm×1 092 mm　1/16
印　　张：21.375
字　　数：516 千字
版　　次：2015 年 1 月第 1 版　　2015 年 1 月第 1 次印刷
定　　价：68.00 元

前　言

了解太空、探索宇宙一直是人类不懈追求的目标，20世纪50年代诞生了探索外层空间的航天技术，由此人类研究未知领域的脚步又向前迈开了巨大的一步。半个世纪以来，随着科学技术的不断发展，航天技术也得到了长足的进步，并在社会生活的各个方面产生了重大而深远的影响。目前，人类航天活动的重点集中在三个领域：人造卫星、载人航天和深空探测。人造卫星技术已经相当成熟，目前正广泛应用于军事和商业用途。载人航天活动蓬勃开展，我国亦于近年突破了这项技术，取得了很大的成功。深空探测则是21世纪航天活动的热点，是未来航天活动发展的方向。深空是指脱离地球引力场以外的太阳系空间和宇宙空间，深空探测是指脱离地球引力场，进入太阳系空间和宇宙空间的探测，主要包括月球探测、日地探测以及行星际探测三个层面，这三个层面是由近及远、一脉相承、紧密联系的。近年来，深空探测活动已在世界范围内兴起，而且方兴未艾。

在已完成的深空探测任务中，以月球探测为主任务的次数最多，达108次，占总数量的50.2%；太阳探测11次（不包括近地轨道的太阳探测任务），占任务总次数的5.1%；火星探测37次，占17.2%，其中1990年以后发射的有12次，尤其是1996年以后，在每两年一次较为有利的发射窗口期间，都有火星探测器发射；金星探测40次，占18.6%，其中1990年前发射39次，这些金星探测器多是苏联发射的，总数为33次；水星探测2次，占0.9%；木星、土星等气体巨行星及其卫星的探测6次，占2.8%；冥王星探测1次，占0.5%；彗星和小行星等天体的探测10次，占4.7%。

我国也在2006年《中国的航天》白皮书、2007年的《空间科学发展规划》中把“深空探测”作为空间科学的重要内容列入其中。2007年10月24日嫦娥1号月球探测器的成功发射迈出了我国开展深空探测的第一步，2010年10月1日又成功发射“嫦娥二号”月球探测器。作为国家“十一五”空间科学发展计划六大目标之一的日地观测卫星“夸父计划”也在紧锣密鼓地进行，火星探测计划也已经初步展开。

从历史上看，深空探测的目标主要集中在月球、太阳、火星、金星以及彗星和小行星等方面；从近年的空间任务来看，探测的重点没有改变。可以推断，在今后相当长的一段时间内，深空探测的重点领域将锁定在月球、火星与日地空间的探测上。

在这种深空探测航天技术发展的大背景下，三体拉格朗日点的应用潜力和重要地位日益凸现出来。

早在1772年，法国科学家拉格朗日在研究月球运动时曾经指出，地球和月球相互吸引，形成“地月系统”。由于月球在围绕地球运行，并且地球和月球一起围绕它们的“共心”转动，因而在地月系统转动过程中，地球引力、月球引力和绕“共心”转动产生的离心力三者相互作用的结果便产生5个引力平衡点。天文学上将这5个平衡点称为“拉格朗日点”或“平动点”。这5个拉格朗日点中有2个稳定的平衡点位于月球轨道上与地月连线成60°夹角的位置，所以又称为三角拉格朗日点或三角平动点，而另外的3个平衡点是不稳定的平衡点，位于穿过地球和月球的一条直线上，又称为共线拉格朗日点或共线平动点。天文学家们的进一步研究表明，在每个由两大天体构成的系统中，都存在5个拉格朗日点。两个天体对拉格朗日点处的小物体的引力能够保持平衡，小物体相对于两个天体可以基本保持静止。但5个拉格朗日点中只有2个是稳定的，即小物体在该点处即使受到外界引力的摄动，仍然会保持在原来的位置附近。另外3个是不稳定的，即当物体在该点处受到外界引力的摄动时，将偏离原来的位置。

拉格朗日点的应用价值主要体现在其独有的空间位置，位于拉格朗日点的航天器所受离心力与引力相互平衡，将与两天体保持相对静止的位置关系，这为进行长期科学观测提供了难得的有利条件。研究表明，拉格朗日点附近的空间区域具有弱稳定性，不同初始状态的航天器将进入不同运动形式的轨道，若条件适宜则可进行周期运动或拟周期运动。

拉格朗日点动力学特性还蕴含了过渡到其附近周期轨道的节能通道，为拉格朗日点的应用提供了现实途径。三角拉格朗日点和共线拉格朗日点，实质上即动力系统理论中的中心点和鞍点。对于中心点，在其周围存在中心流形，即周期和拟周期轨道的集合；对于鞍点，其邻近的动力学特征极其丰富，既存在中心流形结构，还存在与之关联的稳定流形和不稳定流形结构。当航天器在稳定流形上运行时，可以无动力地向中心流形无限逼近。如果可以从近地停泊轨道处经过一次变轨将航天器送入稳定流形，航天器即可不消耗能量地向目标轨道演化。同理，利用不稳定流形可设计零消耗返回地球的转移轨道。

总之，由于具有以上特殊的优良性质，拉格朗日点及其附近空间是未来深空探测进程中的一种宝贵空间资源，在深空探测实践中具有广阔的应用前景，是人类共同的财富。如何更好地开发和利用这些资源，将是21世纪航天领域的重点课题。

由于三体问题的复杂非线性，无论从理论上还是从实践上都有许多问题亟待解决。对三体轨道的认识离不开对三体动力学的深入研究，这是拉格朗日点研究的基础性问题；而拉格朗日点周期、拟周期轨道是三体问题中最具有应用价值的两类轨道，其设计方法是拉格朗日点应用研究中首先需要解决的问题；在得到满足科学探测任务所要求的周期、拟周期轨道后，如何利用不变流形进行天体停泊轨道与拉格朗日点轨道之间的双向转移轨道设计，则是紧接着要解决的重要问题。

自2007年开始，在高等学校博士学科点专项科研基金(20060699024)、国家自然科学基金(61174204)、西北工业大学基础研究基金(GCKY1006)的支持下，我们学科组以三体轨道动力学为基础，研究了平动点动力系统的特征、周期和拟周期轨道的计算、中心流形、稳定和不稳定流形的结构、平动点轨道的控制及转移轨道的设计、轨道的优化和中途修正等问题，取得了大量的研究成果。本书即是在这些研究成果的基础上撰写的学术专著。

全书共分为14章。第1章和第2章分别为绪论、限制性三体问题及拉格朗日点动力学，介绍了课题研究的目的、意义和国内外研究现状，以及圆形限制性三体问题及其拉格朗日点(平动点)的有关知识和理论基础；第3章为平面圆形限制性三体问题的相流结构，对圆形限制性三体问题的平面情况进行了研究，给出了一种计算Lyapunov轨道的新方法——构造流函数法，设计了平面圆形限制性三体问题相空间的三维表示方法，提出了一种用角度-距离坐标表示庞加莱截面的新方法，并基于该方法研究了共线拉格朗日点区域相流的扭转特性和整体相流的转移特性；第4章为基于不变流形的转移轨道设计，研究了平面圆形限制性三体问题模型下两个基于不变流形的转移轨道设计问题，给出了基于日地系统拉格朗日L_1点流形的地月低能转移轨道设计方法和基于扰动流形的L_1点至地球转移轨道的设计方法；第5章为晕轨道及其中途轨道修正，将圆形限制性三体问题的研究扩展到三维空间情况，计算了晕轨道的不变流形结构，以此为基础设计了日地系统拉格朗日L_1点晕轨道与地球之间的低能单脉冲和双脉冲转移轨道，针对实际中的扰动因素，设计了转移轨道的双脉冲轨道修正策略，分析了轨道修正的燃料消耗与状态误差和修正时间的关系；第6章为共线平动点的中心流形，主要是对化简到中心流形的整个过程进行了讨论，给出了该过程中每个环节的计算方法，对中心流形哈密尔顿量的计算、非线性坐标变换的求取等环节进行了改进；第7章为拟周期轨道的数值计算，重点研究了共线平动点附近拟周期轨道的数值计算方法；第8章为基于拟周期轨道的任务设计，在综合应用前面各章方法的基础上，研究了拟周期轨道的不变流形结构和Lissajous轨道的遮挡问题，讨论了拟周期轨道转移轨道的设计，通过充分利用不变流形结构和庞加莱截面方法，得到了考虑轨道倾角因素并且能量消耗近似全局最优的转移轨道，通过将动力学中心流形结构引入轨道控制方法的设计之中，得到了基于投影到中心流形的稳定保持方法，可在显著降低燃料消耗的基础上达到很好的稳定保持效果；第9章为基于三体动力学模型弱稳定边界理论的探月轨道设计，主要研究两个晕轨道之间的直接转移轨道设计、从晕轨道到月球的登月轨道设计以及从地球到月球的登月轨道设计；第10章为低能量转移轨道的优化技术，在对轨迹优化技术进行比较和选择之后，针对智能技术提出了一种改进的自适应范围复合粒子群优化技术，并将这种改进的优化算法用于行星间的转移轨道优化；第 11 章为探月轨道控制方法，主要研究了利用极点配置控制方法和变结构控制理论对地月系统晕轨道进行轨道控制的方法，建立了晕轨道控制系统的状态方程并基于小偏差假设进行了状态方程的线性化，利用线性系统的极点配置及线性变结构控制调节器和模型参考变结构控制跟踪器推导了相应的控制律；第 12 章为非线性系统的次优控制及其在轨道保持和编队飞行控制中的应用，研究了在月球摄动因素下的晕轨道保持问题，利用非线性次优控制技术对航天器进行了控制，并将非线性次优控制技术用于在月球摄动因素下的晕轨道上的编队飞行控制；第 13 章为星图识别与天文导航，主要以月球探测为例研究了深空探测的自主导航技术，利用一种改进的代价参考粒子滤波方法来对天文导航进行滤波；第 14 章对全书进行了总结与展望，总结了所取得的主要研究成果及需要进一步深入研究的一些问题。

本书由李言俊、张科、吕梅柏、张汉清撰写。参加有关课题研究的成员有李言俊、张科、吕梅柏、张汉清、谭明虎、董唯光、晁宁、汪小婷、张云燕、薛舜等。

西北工业大学教务处和西北工业大学出版社对本书的出版给予了热情的支持，在此深致谢忱。书中如有不妥之处，敬请给予批评指正。

著　者

2014 年 6 月

目　录

第1章 绪 论

1.1 拉格朗日点与弱稳定区

早在1772年，法国力学家、数学家拉格朗日在研究月球运动时曾经指出，地球和月球相互吸引，形成“地月系统”。由于月球在围绕地球运行并且地球和月球一起围绕它们的“共心”转动，因而在地月系统转动过程中，地球引力、月球引力以及绕“共心”转动所产生的离心力三者相互作用的结果便产生出5个引力平衡点。其中第1个平衡点 L_1 位于地球与月球之间，与月心的距离为57 760 km；第2个平衡点 L_2 位于地月连线的延长线上，与月心的距离为65 348 km；第3个平衡点 L_3 位于月地连线的延长线上，与地心的距离为380 556 km。L_1，L_2 和 L_3 均为不稳定平衡点。另有2个稳定的平衡点 L_4 和 L_5 位于月球轨道上与地月连线成60°夹角的位置。后来，天文学上将这5个平衡点称为“拉格朗日平衡点”，简称为“拉格朗日点”或“平动点”。由于其中的3个不稳定的平衡点 L_1，L_2 和 L_3 位于一条直线上，所以又称为共线拉格朗日点或共线平动点，而另外的2个稳定的平衡点 L_4 和 L_5 由于与地球和月球呈等边三角形，故称为等边三角形拉格朗日点或等边三角形平动点，又简称为三角拉格朗日点或三角平动点。

天文学家们的进一步研究表明，在每个由两大天体构成的系统中，都存在5个拉格朗日点，如图1-1所示，其中 M_1 表示较大的天体，M_2 表示较小的天体。这两个天体对拉格朗日点处的小物体的引力能够保持平衡，小物体相对于两个天体可以基本保持静止。但5个拉格朗日点中只有两个是稳定的，即小物体在该点处即使受到外界引力的摄扰，也仍然具有保持在原来位置点处的趋势。

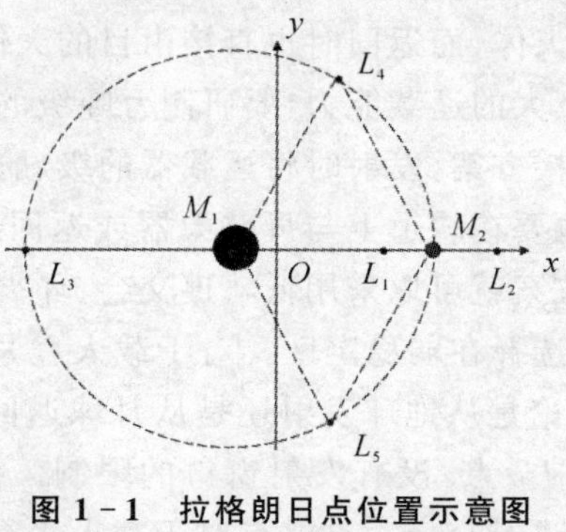

图1-1 拉格朗日点位置示意图

5个拉格朗日点中共线平动点由于特殊的空间位置和丰富的动力学特性而备受关注。例如：

(1)对于载人登月来说，地月系统 L_1 点是地球与月球之间理想的运输和通讯的中转站，通过一定的轨道控制策略能够使大型航天器或空间站仅消耗极少的能量即可长期运行于该点的周期或拟周期轨道上。

(2)对于探月工程来说，L_2 点附近的晕轨道则距离月球背面较近且周期较短，摆脱了与地球通信中月球对信号的阻挡，是月球背向最佳的观测点或发射台。

(3)对于对日观测来说，日地(月)系统 L_1 点附近的晕轨道则是太阳系内部观察太阳活动情况的理想位置。但是若将探测器准确置于日地系统拉格朗日点 L_1 上，当地面天线对准探测器时，太阳也在视场内，发回信号将受到太阳的强烈干扰。研究表明，拉格朗日点 L_1 附近的空间区域具有弱稳定性，不同初始状态的航天器将进入不同运动形式的轨道，若条件适宜则可进行周期运动或拟周期运动，相应的轨道称为平面 Lyapunov 轨道、空间晕(Halo)轨道、Quasi-Halo 轨道和 Lissajous 轨道，可使上述干扰问题得到解决。Halo 轨道，即晕轨道，是围绕共线平动点又可以避免“蚀”现象的空间周期轨道。“晕”的提法源于地球上看到的日晕或月晕现象。由于可避免“蚀”现象，Halo 轨道的工程应用价值很早就得到了实现。如 1978 年 NASA 发射的 ISEE－3，先后进入日地系统的 L_1 和 L_2 点附近的 Halo 轨道执行科学任务。

近年来，对于地月系统引力场的研究表明，沿着包括 3 个拉格朗日点 L_1，L_2 和 L_3 在内的地月连线，形成了一条“走廊”，称为“弱稳定区”。它有以下特点：

(1)一个不在拉格朗日点上的航天器，只要达到一定的速度，便能克服地球、月球引力和转移坐标系的影响，留在这条“走廊”内，既不脱离地月系统，也不被地球或月球捕获。

(2)只须利用微小的推力，就可以使航天器在环绕不稳定点的封闭轨道上运行，这种轨道称之为“晕”(Halo)轨道。若在地月系统拉格朗日点第 2 平衡点 L_2 附近放置一颗通信卫星，使该卫星在垂直于地月连线的面上绕 L_2 点的封闭曲线(月晕轨道)运动，则从地面上看，该卫星始终在“月盘面”外的月晕中绕月飞行，可为未来建在月球背面上的基地与地球通信进行中继。

(3)只须提供很小的速度增量，航天器便可以在弱稳定区内远距离巡回移动。稍加大一点速度增量，航天器便可以飞出弱稳定区，脱离地月系统进入深空或飞向太阳系其他行星。

(4)弱稳定区是航天器轨道交会对接的理想地点。对于两个以每秒数千米高速运行的航天器来说，在太空交会对接是一项十分复杂的技术。载人登月或载人火星航行时，航天器最好从地面起飞后能直接飞抵目的天体，而返回时也直接由目的天体返回地球，避免轨道交会。但是，采取直接航行的方式需要极大的运载能力，要研制万吨级的运载器是极为困难的。所以可以采用化整为零的轨道交会对接方案，发射时将运载器的级、舱段和部件分别发射到近地轨道上交会对接。返回时，返回舱也要在轨道上与母航天器或返回运载器交会对接后一起返回地球。例如，对于火星载人航行方案就可以采用低轨道交会、环火星轨道交会或火星绕飞轨道交会等。这种交会对接点就可以选择在弱稳定区。对于载人登月来说，若把交会对接选在地月系统拉格朗日点 L_1 附近，则无论是从地球发射还是从月球返回，都不会受到任何限制。任何时候从地球上起飞都可以到达 L_1 点，没有发射窗口的限制。而返回舱从月面上任何点和任何时候起飞，均可以到达 L_1 点进行交会。这一点对于载人飞行特别重要，因为按目前的轨道设计方法进行载人飞行，当需要紧急返回而又不在返回发射窗口时，宇航员将无法返回地球。

(5)弱稳定区是建立太空基地和星际航行港的最佳选择。20 多年前，人们在研究长久性大型空间站方案时，曾提出过把空间站建成太空基地和星际航行港。在太空基地中有各种航天基础设施，如航天器舱段、运载器级段、部件等的仓库、推进剂仓库和生活物资仓库等。若将空间站设在绕地月系统 L_1 点的轨道上，则没有大气阻力会影响其轨道寿命，没有空间碎片、原子氧等侵袭空间站，并且航天运载器与空间站之间的往返不受发射窗口的限制。其唯一的缺点是由于没有地磁场对能量粒子的屏蔽和阻挡作用，太空基地中的电子设备要采用较强的抗辐射加固措施。

(6)从地月系统 L_1 点附近出发飞往行星，则只需要很小的速度增量便可以脱离地月系统。当采用低推力的电推进发动机对航天器进行长时间加速时，若从低地球轨道上出发，航天器将多次穿越地球内外辐射带，而从地月系统 L_1 点出发则能完全不经过地球辐射带，可以有效保证航天员的安全和仪器设备的可靠性。

从以上对地月系统弱稳定区的分析可以看到，若能很好地利用地月系统的拉格朗日点及其附近的弱稳定区，将会对未来的载人登月及火星载人航行等带来很大的方便和好处。

另外，由于每两大天体所构成的系统之间均存在着5个拉格朗日点，因而以太阳系内的各拉格朗日点为跳板，对太阳系行星的探测和开发就能够向前推进一大步。如果利用太阳系内的各拉格朗日点，精心设计航天器的航行路线在太阳系行星间飞行，则航天器只需要很少的燃料或其他能源。这些线路就像是一条条空间隧道，将太阳和其他行星连接起来，在这些隧道中航行的航天器的重力和旋转力可以相互抵消，因此航天器几乎可以不需要任何能源动力。这既可以降低深空探测的成本，也可以提高航天器的飞行速度，更可以加大航天器的飞行距离，去探测太阳系外的行星，也可以进行星际间的旅游。这就是美国喷气推进实验室(JPL)研究人员所提出的关于星际高速公路的设想。图1-2即是JPL研究人员所绘出的星际高速公路想象图。

图1-2 星际高速公路想象图

1.2 深空探测及其关键技术

了解太空、探索宇宙，一直是人类不懈追求的目标，20世纪50年代诞生了探索外层空间的航天技术，由此人类研究未知领域的脚步又向前迈开了巨大的一步。半个世纪以来，随着科学技术的不断发展，航天技术也得到了长足的发展，并在社会生活的各个方面产生了重大而深远的影响。目前，人类的航天活动重点集中在三个领域：人造卫星、载人航天和深空探测。人造卫星技术已经相当成熟，目前正广泛应用于军事和商业用途；载人航天活动蓬勃开展，我国亦于近年突破了这项技术，取得了很大的成功。深空探测则是21世纪航天活动的热点，是未来航天活动发展的方向。深空是指脱离地球引力场以外的太阳系空间和宇宙空间，深空探测是指脱离地球引力场，进入太阳系空间和宇宙空间的探测，主要包括月球探测、日地探测以及行星际探测三个层面，这三个层面是由近及远、一脉相承、紧密联系的。近年来，深空探测活动已在世界范围内兴起，而且方兴未艾。

从 1958 年 8 月 17 日美国发射第一个月球探测器先驱者 0 号开始，人类迈向太阳系的星际探测活动至今已有近 50 年的历史了。到 2006 年 6 月，人类已发射过的向月球及月球之外的太阳系天体的深空探测活动共 215 次，其中成功和部分成功的 114 次，占总次数的 53％，仅稍多于一半（这里成功判定依据主要是以是否返回探测数据为准）。在这些深空探测任务中，俄罗斯（包括苏联）发射过 113 次，占总数量的 52.6％；美国发射过 87 次，占总数量的 40.5％；日本发射过 5 次，占总数量的 2.3％；欧空局发射过 5 次，占总数量的 2.3％；美国和欧洲合作（包括与欧洲国家合作）发射过 5 次，占总数量的 2.3％，如图 1－3 所示。

我国也在 2006 年《中国的航天》白皮书、2007 年的《空间科学发展规划》中把“深空探测”作为空间科学的重要内容列入其中。2007 年 10 月 24 日嫦娥 1 号月球探测器的成功发射迈出了我国开展深空探测的第一步，2010 年 10 月 1 日又成功发射“嫦娥二号”月球探测器。作为国家“十一五”空间科学发展计划六大目标之一的日地观测卫星“夸父计划”也在紧锣密鼓地进行，火星探测计划也初步展开。

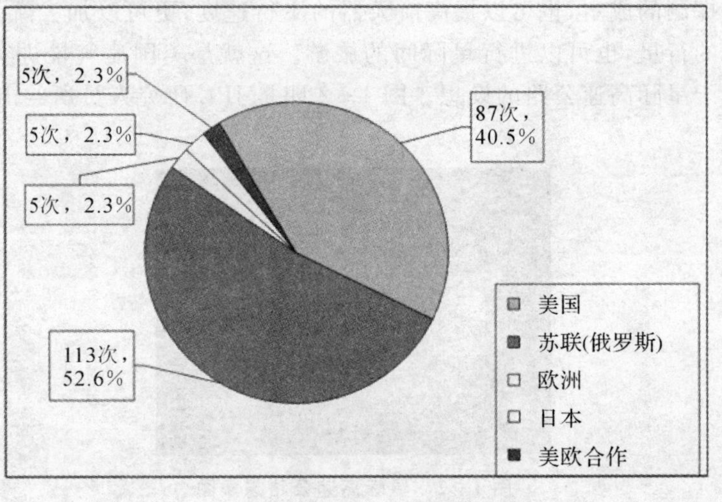

图 1－3　各国发射深空探测器情况

在以上深空探测任务中，以探测月球为主任务的次数最多，达 108 次，占总数量的50.2％；太阳探测 11 次（不包括近地轨道的太阳探测任务），占任务总次数的 5.1％；火星探测 37 次，占 17.3％，其中 1990 年以后发射的有 12 次，尤其是 1996 年以后，在每两年一次的较为有利的发射窗口期间，都有火星探测器发射；金星探测 40 次，占 18.7％，其中 1990 年前发射 39 次，这些金星探测器多是苏联发射的，总数为 33 次；水星探测任务 2 次，占 0.9％；木星、土星等气体巨行星及其卫星的探测 6 次，占 2.8％；冥王星探测 1 次，占 0.5％；彗星和小行星等天体的探测 10 次，占 4.7％。

需要指出的是，在人类已经开展的深空探测任务中，很多探测器对多个目标进行了不同形式的探测，以上的统计仅以探测任务的主目标或预先设定的目标为依据，没有进行重复计算[1]。

根据以上分析，可以得到如下的一些分析结果。

首先，从历史上看，深空探测的目标主要集中在月球、太阳、火星、金星和彗星与小行星等方面，从近年的空间任务来看，探测的重点没有改变。可以推断，在今后相当长的一段时间内，深空探测的重点领域将锁定在月球、火星与日地空间的探测上。

在对月球、火星与日地空间的探测中，探测器所处的引力环境具有多样性，既有较为单纯的二体引力场，又有多体引力共同作用的区域，这使得更多的非开普勒轨道概念存在应用空间。对于深空探测任务来说，需要研究三体问题和三体问题轨道。

在深空探测中，对于每一个探测系统来说，都有许多不同的关键技术需要研究。但对于所有的探测系统来说，都需要深入研究轨道设计技术、轨道控制技术和自主导航技术等关键技术问题。

1. 轨道设计技术

进行深空探测首先需要解决的关键问题就是航天器的轨道设计问题。深空探测要离开地球临近空间，飞向其他星体，因此其飞行轨道不再局限于经典的二体开普勒轨道，轨道概念需要进一步拓展。

二体轨道就是开普勒轨道，即航天器在一个中心引力体的引力场中运动所形成的轨道，包括椭圆轨道、双曲线轨道以及抛物线轨道等圆锥曲线轨道，Lambert 轨道则是用于轨道机动的圆锥曲线轨道。航天器在两个质量差异较大的天体周围运动且小的天体围绕大的天体进行周期运动时所形成的轨道即为三体轨道，这又包括圆形限制性三体轨道与椭圆形限制性三体轨道，两者具有共性，可以一起讨论。

根据参考文献[2]的论述，三体轨道又可以分为周期轨道和转移轨道两类，周期轨道又包括局域空间轨道和全域空间轨道。局域空间轨道即指拉格朗日点（平动点）附近的轨道，有 Lyapunov 轨道、Lissajous 轨道以及 Halo 轨道；而全域空间轨道则是一种大尺度周期轨道概念，双月旁转向轨道就是一类区别于一般情况的大尺度周期轨道。三体转移轨道又可以分为不变流形轨道和 Lambert 三体转移轨道两类。其中，不变流形轨道可以与拉格朗日点局域空间轨道光滑衔接，延伸到很远的区域，包括离开拉格朗日点的不稳定流形和接近拉格朗日点的稳定流形两类。近年所提出的星际高速公路（ISP）概念即是建立在不变流形轨道的基础上的。与 Lambert 二体转移轨道类似，Lambert 三体转移轨道可以衔接引力中的任意两段轨道，但这个引力场是由两个中心引力体共同作用形成的。

几种典型的三体轨道的定义如下：

（1）Lyapunov 轨道。如果在拉格朗日点附近的周期运动只限于在中心引力体旋转运动的平面内，即不存在轨道面法向运动，称之为 Lyapunov 轨道，如图 1-4(a)所示。

（2）Lissajous 轨道。在平动点附近的相对运动如果存在垂直于中心引力旋转平面的分量，则由于平面内运动的周期与垂直平面方向运动的周期不一致，将形成进动轨道，称为 Lissajous 轨道，如图 1-4(b)所示。

（3）Halo 轨道。通过设计可使 Lissajous 轨道的平面内运动分量与垂直平面方向的运动分量频率相一致，这样就产生了周期回归轨道，即 Halo 轨道。从地球上看地月系统 Halo 轨道就像月晕一样，而日地系统的 Halo 轨道就像日晕一样，所以 Halo 轨道又称为“晕轨道”，如图 1-4(c)所示。

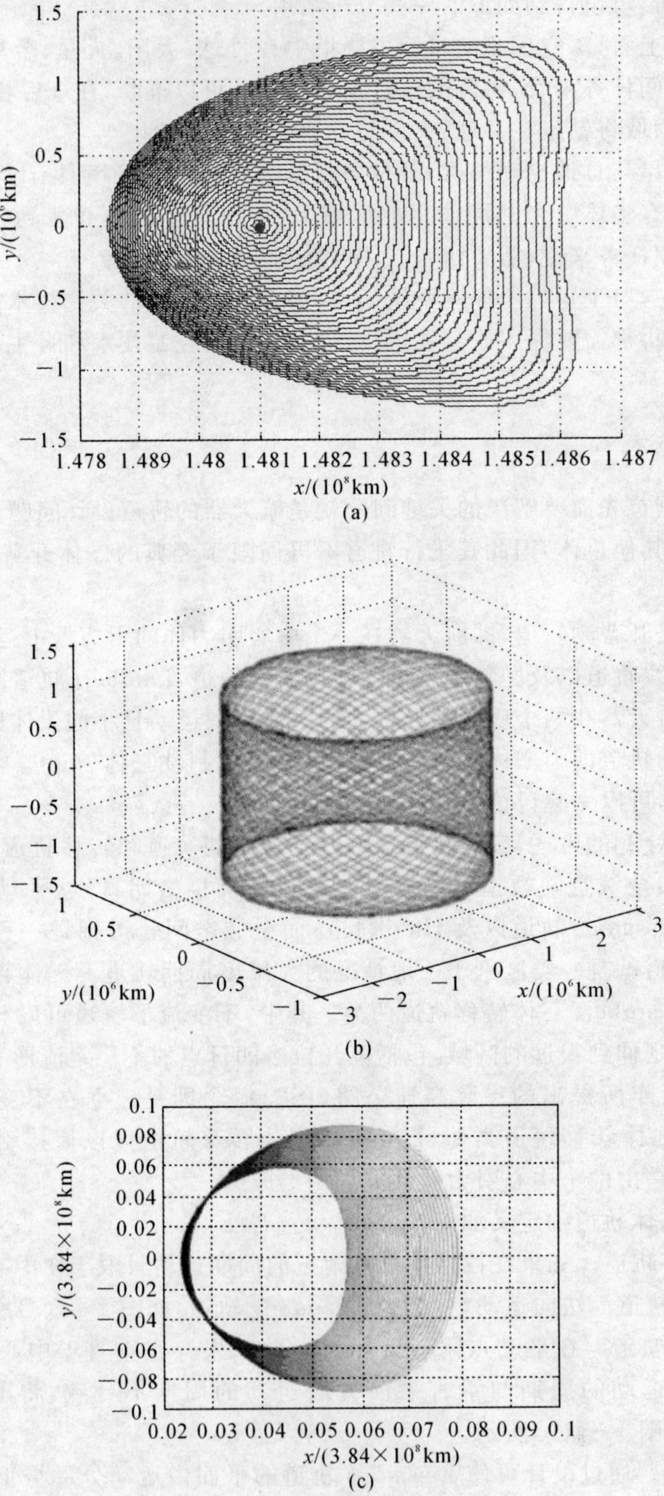

图 1-4　几种典型的三体轨道

(a)Lyapunov 轨道；（b)Lissajous 轨道；（c)Halo 轨道

(4)流形轨道。图 1-5 表示了地月系统中 L_1 点的稳定流形和不稳定流形轨道，不稳定流形和稳定流形连接形成的轨道，将构成三体系统的流形转移轨道。

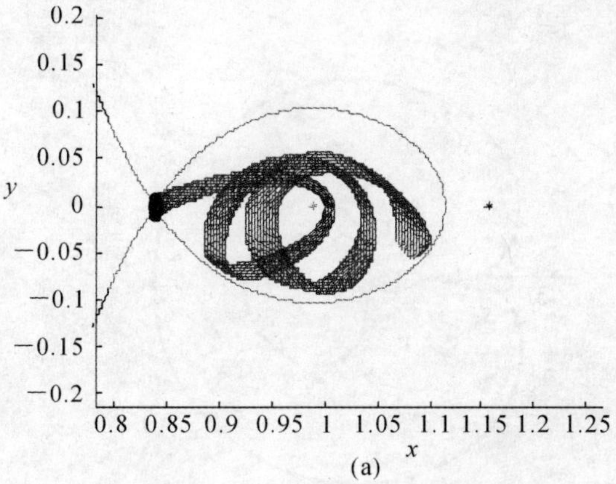

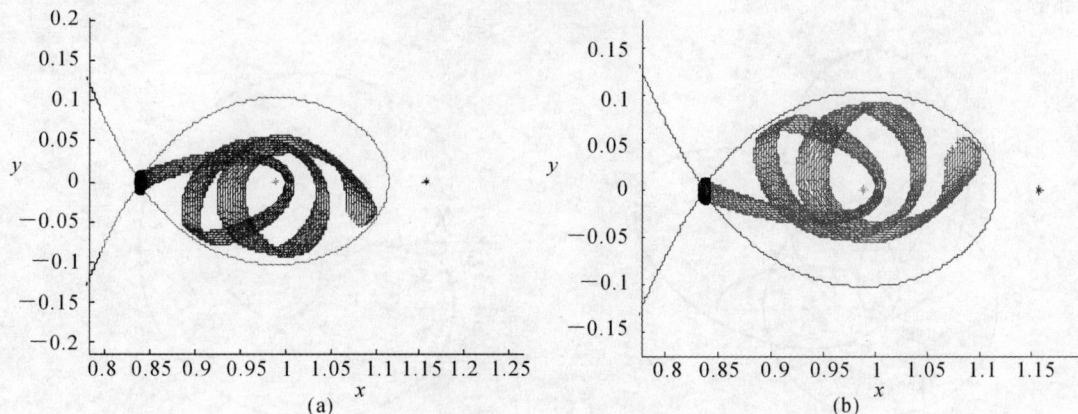

图 1-5　地月系统中拉格朗日 L_1 点的稳定流形和不稳定流形

(a)稳定流形；(b)不稳定流形

(5)三体 Lambert 转移轨道。给定初始状态、目标状态以及时间约束可以求解三体转移轨道，这类似于二体转移 Lambert 问题，称之为三体 Lambert 问题，相应的轨道称之为三体 Lambert 轨道，如图 1-6 所示。

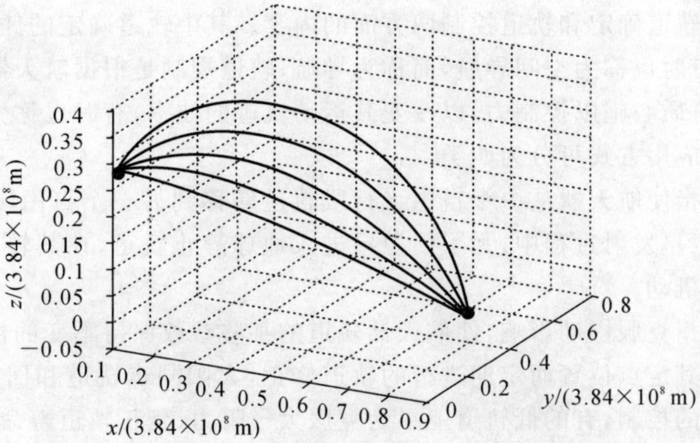

图 1-6　地月系统三体 Lambert 轨道

(6)双月旁转向转移轨道[3-4]。1978 年，美国发射了一颗名为日地观测者 3 号(ISEE-3)的探测器，主要对日地空间环境进行探测。在 ISEE-3 发射后，对各种能延长其使用寿命的方案进行了讨论，包括日地系统拉格朗日点 L_2 附近地磁尾的探测和对邻近彗星的探测，因此如何连接进入地磁尾的轨道和逃逸轨道成了最大难题。1979 年 Farquhar 发现了一种好的解决问题的方法，并由此提出了双月旁转向轨道的概念。

图 1-7 中左图给出了地心惯性坐标系中双月旁转向示意图，从远地点 A_1 开始，航天器运行大约 3/4 轨道，在 S_1 点与月球相遇。在 S_1 近旁转向后，轨道远地点距离提高到 A_2。当航天器回到 S_2 附近，月球运行了一周加上 S_1S_2 弧段，这样又要进行一次近旁转向，使航天器返

回到它的原始轨道。由此，通过微小的调整作用，可使航天器轨道在 S_1 和 S_2 的近旁转向无限地重复。图 1-7 右图给出了该轨道在地月连线旋转坐标系中的形式，包括内环和外环两个组成部分。

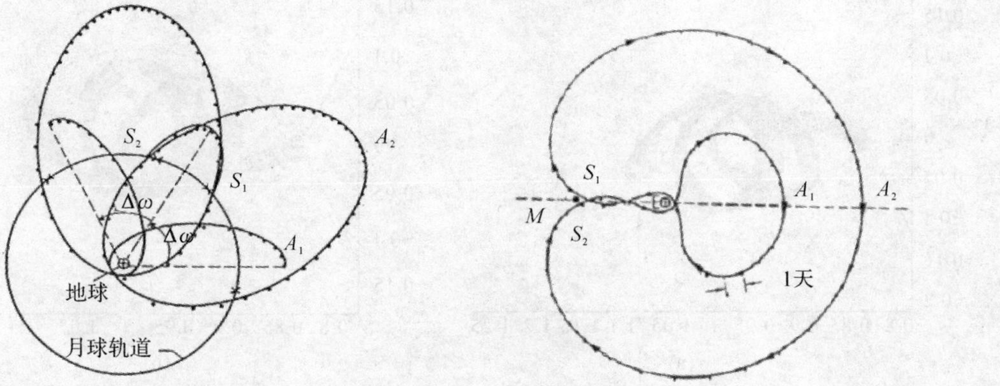

图 1-7 双月旁转向轨道

双月旁转向轨道属于三体轨道，其意义在于覆盖地月、日地空间，是连接星际轨道的过渡段，能够起到加速、减速或调相作用，在很多任务中得到应用。

2. 轨道控制技术

轨道控制包括轨道确定和轨道控制两方面的内容。其中轨道确定的任务是研究确定航天器的位置和速度，有时也称为空间导航，简称为导航；轨道控制是根据航天器现有位置、速度和飞行的最终目标，对质心施以控制力，以改变其运动轨迹的技术，有时也称为制导。

轨道控制按照应用方式可分为四类[5]：

(1)轨道机动：指使航天器从一个自由飞行段轨道转移到另一个自由飞行段轨道的控制。例如，在地球静止卫星发射过程中，为了使卫星进入地球静止轨道，在其转移轨道的远地点就必须进行一次轨道机动。

(2)轨道保持：指克服摄动影响，使航天器轨道的某些参数保持不变的控制。例如，地球同步轨道卫星为保持其定点位置而定期进行的轨道修正，太阳同步轨道和回归轨道卫星为保持其倾角和周期所加的控制，有的低轨道卫星为克服大气阻力、延长轨道寿命所进行的控制等。

(3)轨道交会：指一个航天器能与另一个航天器在同一时间按相同速度达到空间同一个位置而实施的控制过程。

(4)再入返回控制：指使航天器脱离原来的轨道，返回进入大气层的控制。

对于三体问题轨道控制的研究主要集中在前两种方法，即轨道机动和轨道保持。研究轨道机动的方法主要有脉冲法和制导法[6-7]两种方法。脉冲法由于假设航天器在瞬时就能获得速度增量而不引起航天器径向的突变而大大简化了问题的研究，因而得到广泛应用，理论比较成熟。但当发动机推力比 I_{sp} 达到千秒级时，轨道机动需要花费更多的时间，就必须把推力作为连续函数来考虑[8]。连续推力下的最优轨道转移问题的数值方法主要有直接法、间接法和混合法[9-16]。这三种数值方法各有优缺点，在此不再赘述。直接法和混合法的应用比较广泛，我国学者多是采用这类方法；间接法是依据极大值原理，将轨道优化问题转化为对两个边值问题的求解，相对来说研究得较少。

由于航天器发射时有误差，而且中途飞行时又受到各种摄动因素的影响，因此需要对航天器进行轨道校正机动(TCM)。根据二体问题和三体问题的轨道特点，三体问题中的天体引力基本相互抵消，摄动影响相对较大，因此三体问题中的轨道机动不同于二体问题中的轨道机动。

由于在拉格朗日点附近运动的不稳定性，一些微小的摄动将引起轨道以指数级速度发散；系统模型可能不够准确，甚至不完备，某些摄动因素建模时未予以考虑；实际的飞行器总存在不可避免的发射偏差、导航误差，推力器本身也存在偏差，如果不实施控制，飞行器必然会偏离目标轨道。因此，对于运行在拉格朗日点附近的航天器，必须考虑轨道的控制问题。目前轨道控制基本上都采用最优控制的方法，最优控制是在严格的理论基础上获得的按某个性能指标达到最优的控制策略[17-20]。

3. 自主导航技术

星际飞行的导航通常采用3种导航方式[5]。

(1)天文导航。天文导航是在航天器上对选作基准的天体进行角度测量，据此确定航天器的位置和速度。天文导航系统通常由星跟踪器、稳定平台、计算机和标准时钟等组成。天文导航精度高、自主能力强，不依赖地面，不受时间和距离的限制，对行星探测来说又不受大气的影响。但由于星光微弱，测量、跟踪和信号处理比较复杂，并且被测天体张角很小，所以捕获目标困难，测量时容易丢失目标。总之，天文导航对行星探测是一种比较合适的方法。

(2)无线电导航。无线电导航是根据无线电波传播特性(直线性、匀速性和反射性)测量航天器相对于已知地理位置的发射台的方向和位置。这种导航方法精度较高，技术也较成熟，但自主性差，易受干扰。由于受无线电波传递时间延迟的限制，无线电导航还不能完全满足行星探测飞行过程的要求。

(3)惯性导航。惯性导航是根据牛顿第二定律测量航天器的线加速度，从而计算出它的速度和位置。惯性导航只能适用于主动段，不适用于引力作用下的飞行轨道。惯性导航一般由加速度计、平台、陀螺和计算机组成。由于陀螺存在漂移，所以惯性导航有累积误差。但惯性导航在主动段使用时间不长，可以达到较高精度。

自主导航技术是指不与外界进行信息传输和交换，不依赖于地面设备的定位导航技术[21]，天文导航和惯性导航同属于自主导航技术。20世纪中叶，载人航天技术极大地促进了天文导航技术的发展，阿波罗登月、苏联空间站都使用了天文导航技术。

由于航天器自主天文导航系统模型的严重非线性，将无迹卡尔曼滤波(UKF)、粒子滤波(PF)等滤波方法应用于航天器自主天文导航中，可显著提高导航系统的定位精度。

1.3 国内外研究状况

目前国内外对于利用拉格朗日点以及弱稳定区进行深空探测的轨道设计及航行的研究，刚开始着手概念性研究工作，近几年可以查到的参考文献逐渐增多，而且世界各国向地月系统和日地系统拉格朗日点发射航天器的深空探测计划方兴未艾。

由于拉格朗日点的深空探测有助于人类研究太阳系及宇宙的起源、演变和现状，进一步认识地球环境的形成和演变，认识空间现象和地球自然系统之间的关系，从而进行宇宙起源和宇宙生命探测、太阳系行星开发、太阳系旅行及改善地球环境等，因而对于空间科学和技术的进步、国民经济的发展、军事战略和战术力量的增强均具有重大意义，引起了世界各国的广泛重视，纷纷开展或计划开展日地系统、地月系统及太阳系中其他拉格朗日点的探测计划。

1.3.1 世界各国利用拉格朗日点开展空间探测的概况

目前在美国航宇局(NASA)和欧空局(ESA)已经或正在开展的众多深空探测计划中，有相当一部分是在日地系统拉格朗日点附近展开的，其中包括探险者-3号(ISEE-3)、太阳和太阳风探测器(SOHO)、WIND探测器、创世纪(Genesis)探测器、“星光”计划、“类地行星发现者”(TPF)计划、“星座”X计划和达尔文计划等。

(1)探险者-3号(ISEE-3)[22-23]。探险者-3号是在1978年发射的第一个拉格朗日点的任务。在ISEE-3任务中，关于日地系统L_1点的轨道如图1-8所示，此任务主要是观察和探测太阳耀斑和宇宙伽马射线爆发。比起在地球轨道的ISEE-1和ISEE-2任务，Halo轨道可以使航天器近距离地对太阳进行观测，显示了ISEE-3的任务的优势和灵活性。前面的两种地球轨道卫星ISEE-1和ISEE-2在寿命结束时都重新进入大气层，可是对于ISEE-3来说，在1985年ISEE-3改名为国际彗星探险者ICE(International Cometary Explorer)，它被送往指定地点与彗星会合，并且通过彗星的尾部。

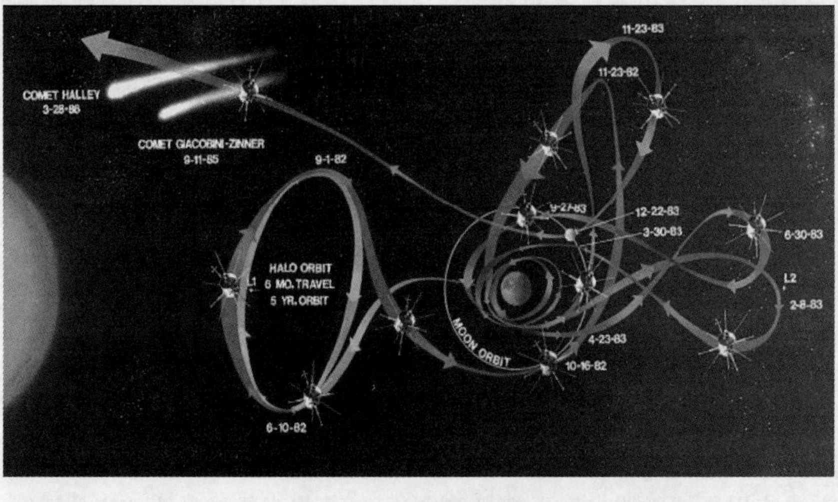

图1-8 ISSE-3的任务轨道

(2)太阳和太阳风探测器(SOHO)[24]。最有名的是1995年发射的太阳和太阳风层探测器(the Solar and Heliosphere Observatory，SOHO)，和ISEE-3任务一样，SOHO任务也是利用日地系统L_1点轨道，对恒星进行持续的、更透彻的研究。其任务轨道如图1-9所示。

(3)WIND探测器[25]。最独特的拉格朗日点的任务是1994年发射的风(WIND)探测器，它是全球地球空间科学倡议的一部分。WIND调查和研究了磁层现象中的等离子区和磁场，并且在黄道面上为今后的飞行任务作了基线观测。在进入日地系统拉格朗日点L_1的Halo

轨道之前，它的初始轨道有很多条途径。WIND 探测器的任务轨道如图 1－10 所示。

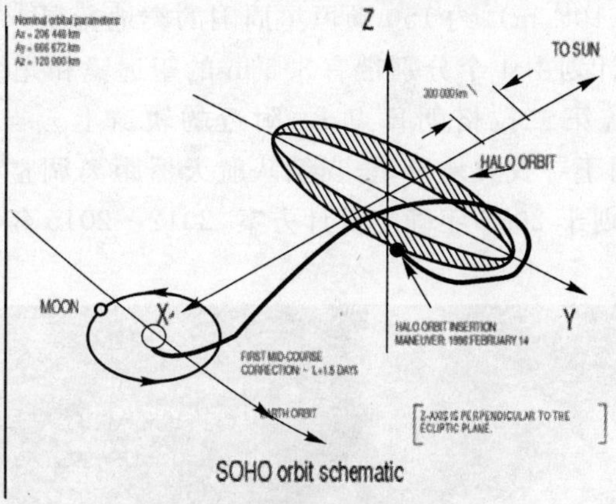

图 1－9　SOHO 的任务轨道

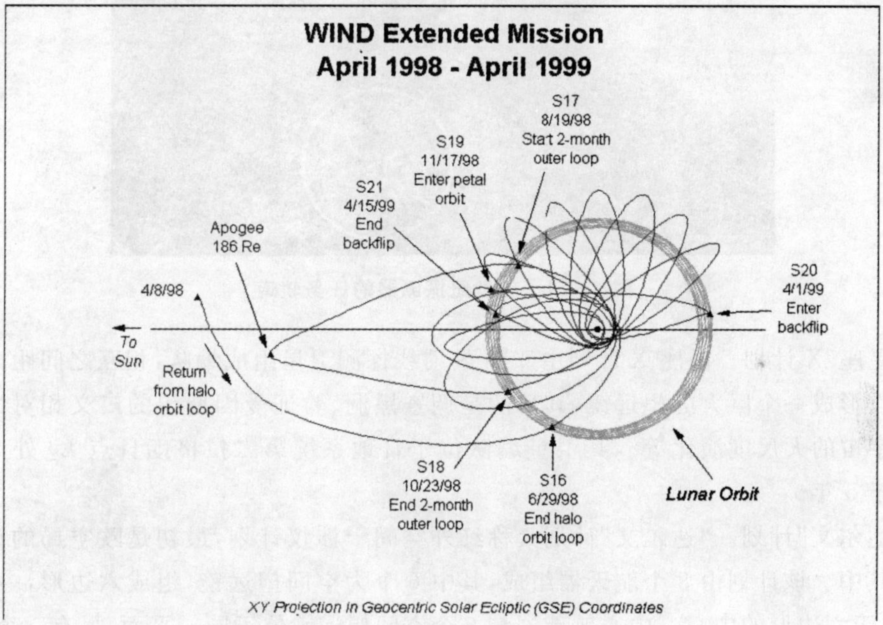

图 1－10　WIND 探测器的任务轨道

(4)创世纪(Genesis)探测器[26]。2001 年美国国家航空和宇航局(NASA)发射了创世纪(Genesis)探测器。它使用月球轨道导入延伸到日地系统拉格朗日 L_1 点，此轨道类似于一个 8 字形。创世纪号采集了太阳风离子的真实样本，然后回到地球。创世纪探测器的任务轨道如图 1－11 所示。

(5)“星光”计划。“星光”计划由“组合器”和“收集器”两颗质量约 400 kg 的卫星组成，携带干涉仪在地球绕太阳运行的轨道上运行。“组合器”为主星并发出命令控制“收集器”，星间相对位置和相对姿态采用自主控制，控制精度分别为 10 cm 和 5′。“星光”计划的主要目的是用于演示卫星编队所需的精确制导技术和宇宙空间光学干涉的星间长距先进测量技术，并为“类地行星发现者”(TPF)计划奠定技术基础。

(6)"类地行星发现者"(TPF)计划。TPF计划的目的是探测并搜索相距 4.25×10^4 km(45光年,1光年$=9.460\times10^{15}$ m)、约150颗恒星周围的类地行星,寻找是否有二氧化碳、水、臭氧及生命存在的迹象。计划由4个分别带有3.5 m的望远镜和光线集中装置的航天器组成编队,该编队位于日地系统第二拉格朗日点 L_2 附近的轨道上。当编队航天器间的距离在75～200 m之间调整时,用于寻找类地行星;当编队航天器距离调整至1 000 m以上时,用于一般天文物理探测。该计划于2006年确定设计方案,2012—2015年将航天器发射升空,在轨运行寿命5年。

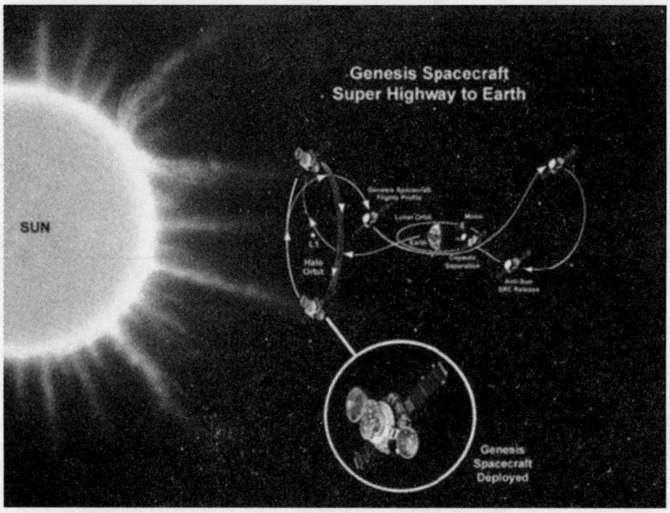

图1-11　创世纪探测器的任务轨道

(7)"星座"X计划。星座X计划由4颗X射线探测卫星组成编队,相互之间距离较近,通过联合工作形成一个巨大的望远镜,其目的是调查黑洞、验证爱因斯坦的广义相对论、研究星系形成和宇宙的大尺度演化等。其卫星编队位于日地系统第二拉格朗日点 L_2 处,在轨运行寿命不少于5年。

(8)"达尔文"计划。"达尔文"计划又称红外空间干涉仪计划,最初是欧空局的计划,后来美国介入其中。该计划由8个航天器组成,其中6个为空间望远镜,组成六边形,一个为中心航天器,位于六边形的中心。中心航天器与6个空间望远镜位于同一平面,另有一个通信航天器位于其后几百米处。中心航天器收集望远镜传递来的光线并将探测数据发送给通信航天器,通信航天器负责与地球之间的通信联系,并观察其他航天器是否保持正常编队队形,及时向它们发出轨道机动命令。该卫星编队位于日地系统第二拉格朗日点 L_2 处,目的是探测地球附近的恒星及其周围的类地行星是否存在生命。计划中的编队卫星预计2015年之后发射升空,在轨运行寿命5年。

此外,美国NASA还计划推出下一代空间望远镜(NGST)来代替哈勃望远镜。NGST将静止在日地系统第二拉格朗日点 L_2 上,距地球 1.5×10^6 km,这样可以使空间望远镜始终保持背向太阳、地球和月亮。NGST的主要使命是观测"大爆炸"后1亿～50亿年之间的宇宙情况,即对宇宙从无边的分散物质状态演变成高度集中的物质状态的时间进行探索,并从中获取探测数据。利用NGST对各行星的观测,结合其他探测计划,可以判断各行星是否存在大气和水分，进而推断出是否有地外生命存在的迹象。

对于地月系统拉格朗日点开发和利用的典型例子，列举如下：

(1)1997 年 12 月 25 日，由于俄罗斯“天顶”号运载火箭第四级提前关机，亚洲卫星-3 滞留在近地点为 350 km、远地点为 36 000 km 的大椭圆转移轨道上。休斯公司经过分析，利用星载姿轨控制发动机点火工作，使卫星在弱稳定区内来回运行，并两次绕飞月球，使卫星轨道的近地点逐步上升到 36 000 km，而远地点经多次升高后仍回到 36 000 km，最后卫星进入一条倾角为 10°的可使用的地球同步轨道。亚洲卫星-3 携带的推进剂为 1 700 kg，如果不利用月球引力，仅靠星载发动机变轨，就有可能将推进剂全部耗尽，而利用弱稳定区的作用后，节省了大量推进剂，保证了卫星入轨后具有一定的寿命。

(2)1990 年日本发射的第一个月球探测器“飞天”号，沿着弱稳定区进入环月轨道，节省了运载能力，使用不大的三级固体火箭发动机就完成了发射任务。

(3)美国 NASA 计划在地球到太空的第一站，即位于距地球 323 110 km 的地月系统拉格朗日点 L_1 轨道上建立一个太空基地，完成太空机器人的测试工作，并作为宇航员的训练基地。宇航员和机器人可以非常容易地在太空基地和地球间往返，为此后进一步的太空探索做好准备，并且一旦出现紧急状态，宇航员也可以迅速返回地球或得到营救。

对于太阳系拉格朗日点开发和利用的方案还有不少，其中一个方案提出在地球和太阳之间的拉格朗日点处安装一个直径为 2 000 km 的半透明镜子，通过改变滤光镜的倾斜度，可以增加或减少透过它的太阳辐射量，从而解决地球上的“温室效应”问题。虽然一些气象学家担心这种滤光镜有可能会对同温层造成影响，而且还有可能妨碍紫外线的通过，但这也确实是一个值得进一步深入研究的方案。

我国在太阳系拉格朗日点的开发和利用方面启动较晚，但已经在积极开展这方面的探索和研究工作。2011 年 8 月，我国的“嫦娥二号”月球探测器经过 77 天的飞行，在世界上首次实现从月球轨道出发，受控精确进入距离地球约 1.5×10^6 km 远的日地系统拉格朗日点 L_2 的环绕轨道。此举使中国成为世界上继欧空局和美国之后，第三个造访日地系统拉格朗日点 L_2 的国家和组织，成功进行了 1.5×10^6 km 以上的远距变轨和测控实验。目前，作为国家“十一五”空间科学发展计划六大目标之一的日地观测卫星“夸父计划”也在进行中。

“夸父计划”，即“空间风暴、极光和空间天气探测计划”，用于空间天气科学研究以及空间天气监测和预报。“夸父计划”由三颗小卫星组成[27]，分别称为“夸父 A”“夸父 B1”和“夸父 B2”，如图 1-12 所示。其中“夸父 A”位于日地连线上距地球 1.5×10^6 km 的日地系统第一拉格朗日点 L_1 上，用来监测太阳活动的发生及其伴生现象在日地空间中的传播过程，“夸父 B1”和“夸父 B2”则在地球极轨大椭圆轨道上共轭飞行，用来监测太阳活动导致的地球附近空间环境的整体变化。由于“夸父 A”卫星飞行距离远，需要飞越地球影响区域，而且目标 L_1 点附近的动力学问题比较复杂，飞行约束条件多，因此其轨道设计很具有挑战性。

该计划所建议的 L_1 点处卫星是国际空间计划中 2012 年之后唯一位于拉格朗日点 L_1 的监视太阳活动的卫星，可与我国和欧美的其他多项探测方案相配合，所给出的数据将独立支持实现我国多时间尺度的空间环境预报、预警和现报，以保证我国军事和民用空间活动的进行。

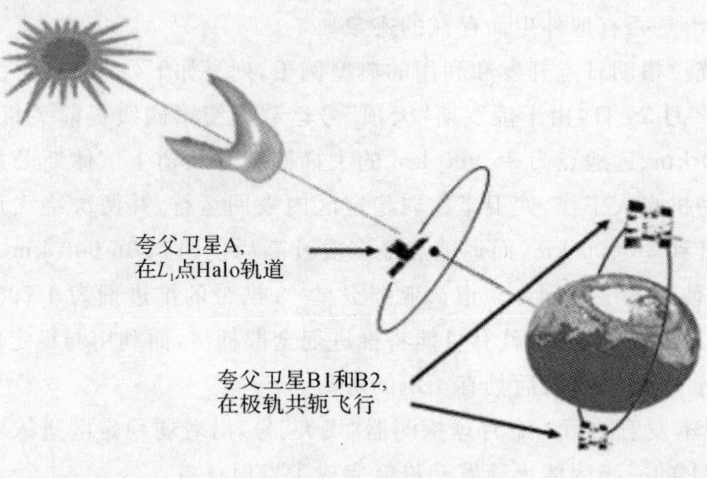

图 1-12 “夸父”卫星示意图

1.3.2 三体问题研究现状

自从法国科学家拉格朗日在 1772 年指出了两个天体间存在着五个平衡点之后，1878 年 Hill 给出了地月系统中圆形限制性三体问题的周期解[28]。到 19 世纪末，庞加莱(Poincaré)对于动力学理论(dynamical systems theory)的发展做出了卓越的贡献，给出了研究周期轨道的稳定性和分叉的最基本的工具——庞加莱(Poincaré)映射[29]。Darwin 给出了求解周期轨道的积分方法[30]。经过了将近半个世纪，在 1967 年，Szebehely 对于限制性三体问题现有的知识进行了归纳、总结，把二维的圆形限制性问题的数值解扩展到了椭圆形限制性三体问题[31]。在同期，Farquhar 开发了地月系统中拉格朗日点附近的周期轨道，并且首次把这种轨道命名为“Halo”轨道[32]。在 1973 年，Farquhar 和 Kamel 用 Linstedt-Poincaré 方法得到了地月系统中拉格朗日点的准周期轨道的三阶近似解析解[33]。在 1975 年，Richardson 和 Cary 使用和 Linstedt-Poincaré 方法相似的连续近似方法产生了日地系统椭圆形限制性三体问题运动的三阶近似解[34]。然后，Richardson 使用这种方法得到了日地系统圆形限制性三体问题中的拉格朗日点的三阶近似解[35]。根据 Richardson 提出的三阶解析解得出的 Halo 轨道和实际的 Halo 轨道有差别，因此 Howell 提出了 Halo 的微分校正方法[36]，根据该方法可以得出实际的 Halo 轨道。随后，Gómez 等人采用高阶傅里叶级数方法来描述 Halo 轨道[37]。从上面的论述中可以看出，在 20 世纪 90 年代以前，主要是对平面圆形限制性三体问题研究较多，近年来对三体问题的研究扩展到了限制性三体问题和限制性四体问题，主要是对它们的稳定性、对称性及共振区域和 Hill 域等方面进行了研究[38-57]。

1.3.3 转移轨道设计研究现状

在 1973 年，D’Amario 分析了从天体到拉格朗日点之间的转移轨道的设计，利用燃料最优法则分析了从拉格朗日点到地球或月球的圆轨道之间的转移[58]，但他对于转移轨道的研究只是一个附带的方面。在1980年，Farquhar等人对于ISEE-3的任务分析结果包含了航天器从地球到日地系统拉格朗日点L_1之间转移轨迹的飞行数据[59]。在1991年，Simó等人利用不变流形理论来设计转移轨道[60-61]。流形是动力系统理论(DST)中的一个重要内容，它表示的是一个面，如果轨道开始在这个面上，那么轨道将保持在这个面上。根据特征矢量可以定义稳定流形和不稳定流形。对于圆形限制性三体问题来说，稳定流形是朝着拉格朗日点的晕轨道方向运动的，而不稳定流形是朝着离开拉格朗日点的晕轨道的方向运动的。Simó等人利用稳定流形来设计一条从地球停泊轨道直接进入稳定流形，然后到达拉格朗日点的晕轨道的转移轨道。在1992年，Mains通过对ISSE-3任务作了详细的研究后，认为间接转移轨道能够得到较低的晕轨道插入代价[62]。在1993年，Stalos等人研究了沿着日地系统中的晕轨道所得到的不同的插入点[63]，设计了从地球到晕轨道的转移轨道，并且对这些转移轨道进行了数值分析。在1994年，Howell等人利用同样的方法研究了在发射条件受到约束的情况下，从地球到晕轨道的转移轨道[64]。在这篇文章中，Howell提出了在日地系统拉格朗日点L_1和L_2之间存在异构同宿(heteroclinic)轨道。在2000年，Koon等人证明了在平面圆形限制性三体问题中，在周期轨道之间存在着异构同宿轨道和同构同宿(homoclinic)轨道[65]。在这篇文章中，利用稳定流形和不稳定流形来形成异构同宿轨道，然后利用庞加莱截面获得在流形中的位置和速度，再利用反向积分获得转移轨道。文章同时还把相空间划分为五个区域，讨论了各个区域之间的转移，利用数字方式来描述转移路径。这篇文章的发表标志着不变流形和动力学系统理论已成为设计低能量转移轨道的主要工具。随后，Koon等人利用这种方法开发了各个系统之间的低能量转移轨道[66-67]。Lo等人对于晕轨道进行了分类[68-69]，并且讨论了这些晕轨道的不变流形，利用这些不变流形设计了一些转移轨道。Howell等人在2006年提出了利用不变流形设计地月系统和日地系统之间的转移轨道[70]，考虑了平面圆形限制性三体问题的星历模型，并且对于不同时间段的转移轨道进行了研究。Lo提出了星际高速公路的设想[71]，利用太阳系各个行星之间的拉格朗日点，以不变流形作为转移轨道，形成一条太阳系内各个行星之间转移的高速公路。这些研究中没有考虑区域之间转移的概率问题，Dellnitz等人提出了利用不变流形中的不变子集来计算区域之间的转移概率问题[72-73]，其基本原理是利用泛函中的区间套定理来划分不变流形，得到不变子集，再利用庞加莱映射，计算从一个区间到另一个区间的转移概率。这种方法使用起来比较复杂，因此Luz V Vela-Arevalo提出了利用基于小波的时频分析方法来分析区域之间的转移[74]。这种方法利用时频分析方法来区分共振区域内的运动，以此来判定转移轨道和非转移轨道。

在我国对于限制性三体问题和转移轨道的研究起步较晚。1990年刘林等人讨论了三角平动点附近稳定区域的轨道共振问题[75]，1993年赵长印和刘林对于三角平动点的稳定区域范围进行了讨论[76]，但他们都没有讨论三角平动点的稳定条件等问题。因此，在2004年，舒斯会等人讨论了受摄限制性三体问题平动点线性稳定性的一些判断条件，并且用这些条件讨论了一些阻力对经典限制性三体问题三角平动点线性稳定性的影响[77-78]。这些研究都只是对限制性三体问题的理论进行了研究，对于实际的应用没有进行进一步的探讨。在2006年，徐明等人讨论了利用太阳引力进入地月系统L_1点和L_2点的晕轨道，以及由晕轨道进入近月轨道的问题，并且把两者结合起来构成了一条完整的地月低能转移轨道[79]。这种方法没有利用不变流形，而是利用了太阳引力，即小推力的方法进行了设计。清华大学主要研究了太阳-地球-月亮-卫星组成的四体问题，将四体问题分解为太阳-地球-卫星和地球-月亮-卫星组成的非共面的两个限制性三体问题，分别考虑了黄道面和白道面之间夹角不为零的情况，并应用能量分析的方法来分析不变流形轨道的成本[80]，以及双三体系统不变流形的拼接方向问题[81]。在2008年，于锡峥等人以Richardson三阶近似解作为初值，采用微分修正的方法设计了晕轨道，然后基于不变流形理论和庞加莱截面方法设计了不同拉格朗日点之间的转移轨道[82]。通过上面的分析可以看出，我国主要是利用不变流形和动力系统理论作为基本手段，针对地月系统的转移轨道进行设计，对于转移的可能性研究还比较少。郑建华等人对于星际高速公路转移轨道的设计进行了研究，分别讨论了零消耗转移、小推力转移/太阳帆转移、双脉冲转移等多种形式的转移轨道设计[83-86]。

1.3.4 转移轨道的优化技术研究现状

在过去的20多年中，从遗传算法[87]到神经元控制[88]、从并行射击方法[89]到排列算法[90]等各种优化算法被广泛地应用在复杂行星轨迹转移问题的求解上。例如，Betts利用SQP方法对采用连续推力技术的从地球到火星的轨迹进行了优化[91]，Izzo对星际航行轨迹优化技术进行了分析[92]，Casalino等人对火星探测任务轨道设计进行了优化处理[93]。

最初把优化技术应用于圆形限制性三体问题中的转移轨迹的是Matsuo等人[94]，他们对从地球停泊轨道到日地系统的L_1点附近的轨道转移采用了最小代价轨迹。对于从L_1点到L_2点的轨道转移，采用了燃料最省的最优轨迹。1988年，Gaylor等人研究了限制性三体问题中最优低推力捕获轨道[95]，其捕获区域由通过平动点的零速度面构成，如果航天器到达平动点附近，那么添加一个能量就能够捕获航天器；开发了基于最大的Jacobi积分的控制法则，并且利用打靶方式来解两个边界值。2004年，McCaine利用动力优化软件DIDO来优化晕轨道及日地系统的轨迹[96]。2005年，Mengali等人优化了从低地轨道到低月轨道之间的半脉冲转移轨道[97]，利用转移轨道的能量和最小ΔV之间的关系，添加约束，即在最大转移时间内要求最小的ΔV，来求得最优解ΔV和最大时间。

智能优化技术也被应用于轨道优化。如在1999年，Ockels等人提出利用遗传算法来求解从地球静止轨道到月球极地轨道的弱稳定区最优轨迹[98]。由于三体问题的复杂性和混沌性，利用遗传算法的“适者生存”来求解最优的ΔV。同年，Biesbroek等人采用同样的方法来优化同样的问题[99-100]，其参数选择为转移时间t（从地球静止轨道到月球的转移时间花费）、ΔV_1（从地球静止轨道到转移轨道的代价）、ΔV_2（转移轨道的机动代价）和ΔV_m（离开转移轨道到月球的代价），要求寻找最小代价函数，即$\Delta V=\Delta V_1+\Delta V_2+\Delta V_m$为最小。他们利用遗传算法得到$\Delta V$值在1 180～1 232 m/s之间变动、转移时间为80到140天。国内也有一些学者开始从事相关的理论研究，例如，高扬在博士学位论文中利用SQP方法对连续推力轨迹优化进行了详细分析[101]，俞辉等利用遗传算法和局部优化结合给出了星群探测的优化结果[102]，荆武兴等人研究了空间交会寻的最优轨道机动[103]。

由于遗传算法和粒子群算法等智能算法容易陷入局部最优，往往得不到全局最优，近年来，出现了多种改进算法或几种算法相结合的混合算法来弥补这个缺陷[104-105]。由于拉格朗日点的周期轨道对于初始条件很敏感，所以使用优化技术来选择初始条件就很有必要，并且由于系统是非线性的，具有混沌特性，而且参数和最后的轨迹之间没有直接的关系，因而优化过程特别困难。例如，如果周期轨道和转移区域改变，则不变流形的形状将发生很大的改变，转移轨道也将发生重大变化，因此需要选用合适的智能算法来优化初始值或参数，目前在这方面的研究还较少。

1.3.5 三体问题的轨道控制研究现状

由于三体问题中的轨道机动不同于二体问题中的轨道机动，国内外学者广泛开展了三体问题中的轨道控制和保持技术研究。

国外早在20世纪80年代初就已经提出了共线拉格朗日点附近的晕轨道的稳定性保持问题，研究了晕轨道的计算和保持策略[106-107]等。

Serban等人利用最优控制来对Genesis任务进行轨道机动[108]。Gómez等人分析了插入位置、误差幅度、转移周期以及其他方面对于校正的影响[109]。可是，以上的两种研究，只考虑了发射误差，如果误差不知道将不能够采取轨道校正机动方法。另外，上面两种方法只能在地面预先计算好，这限制了航天器的自我决策的功能。Jenkin等人利用定时闭环策略来进行统计离散分析[110]，但Jenkin的方法相对简单，更重要的是没有把导航误差包括进去。因此，徐明等人提出了一种定时中途修正的闭环策略[111]，他们通过研究晕轨道的稳定性，得到Floquet乘子与晕轨道幅值的关系，并折中选择适合探测任务的晕轨道幅值；定义了不同于以往研究的庞加莱映射用以计算晕轨道的稳定流形，根据不变流形的几何性质得到6类单脉冲轨道转移方式，并以间接轨道转移方式为基础，应用离散线性随机系统的不完全信息最优控制理论给出修正策略。

Howell研究了晕轨道的计算，并提出了晕轨道的保持策略[106-107]。David Cielaszyk和Bong Wie提出了用LQR线性二次型最优控制方法来保持晕轨道的稳定[114]。Rahmani等人提出了使用非线性系统的最优控制理论来维持晕轨道的稳定[18]。Jayant E. Kulkarni等人提出用非线性系统的H_∞最优控制理论来保持晕轨道的稳定[115]。徐明等人基于变结构控制理论研究了晕轨道的控制问题[116]。高东等人研究了基于最优控制理论的小推力控制方法和基于靶点模式的脉冲控制方法[117]。

1.3.6 自主天文导航技术发展现状

早在20世纪60年代，国外就开始研究基于天体敏感器的航天器天文导航技术。与此同时，不断发展与天文导航系统相适应的各种敏感器，包括地球敏感器、太阳敏感器、自动空间六分仪等。例如，美国的林肯试验卫星-6、阿波罗登月飞船、苏联“和平号”空间站以及与飞船的交会对接等航天任务都成功应用了天文导航技术。

近年来，航天器自主天文导航技术的发展方向主要包括新颖的直接敏感地平技术和通过星光折射间接敏感地平技术。基于直接敏感地平的天文导航方法的第一种方案是采用红外地平仪与星敏感器和惯性测量单位构成天文定位导航系统。这种常用的天文导航系统成本较低、技术成熟、可靠性好，但定位精度不高，位置精度可达500～1 000 m，原因是地平敏感精度较低。直接敏感地平进行空间定位的第二种方案是自动空间六分仪，位置精度可达200～300 m，这种方案定位精度较高的原因是提高了地平的敏感精度。

基于星光折射间接敏感地平的天文导航方法是20世纪80年代初发展起来的一种航天器

低成本天文导航方案。这一方案完全利用高精度的CCD星敏感器以及大气对星光折射的数学模型及误差补偿方法来精确敏感地平，从而实现航天器的精确定位。研究结果表明这种天文导航系统结构简单、成本低廉，并能达到较高的定位精度，是一种很有前途的天文导航定位方案。例如美国的MADAN导航系统精度可达100 m。美国Microcosm公司还研制了麦氏自主导航系统MANS，它利用了专用的麦氏自主导航敏感器对地球、太阳、月球的在轨测量数据实时确定航天器的轨道，同时确定航天器的三轴姿态，是完全意义上的自主导航系统。

20世纪90年代，美国、法国、日本等国又重新掀起深空探测的热潮，随着抗空间辐射能力强、便于集成的CMOS器件的出现和CMOS敏感器技术的发展，基于CMOS天体敏感器的深空探测器自主定位导航技术正在被深入研究和广泛应用。

我国也一直在进行航天器自主天文导航技术的研究和探索。潘科炎[118]、李勇[119]、魏春岭等学者对当前的几种自主导航系统进行了深入的分析研究，对比了他们的性能和优缺点，指出天文导航技术是自主定位导航技术的一个重要研究方向。周凤岐[120]、荆武兴[121]、解永春[122]、孙辉先[123]、王国权[124]、薛申芳、金声震等学者对地球卫星的自主天文导航技术进行了深入研究，林玉荣、邓正隆研究了地球卫星的自主天文定姿技术[125]。崔祜涛、崔平远等针对小行星探测，研究了一种使用星上光学相机和激光雷达的自主导航方法[126]。杨博、房建成等在基于轨道动力学的航天器新颖自主天文定位导航方法研究方面，提出了一种新颖的星光折射间接敏感地平导航方法并对误差进行了系统全面的分析研究[127-128]。张瑜、房建成等人提出了基于信息融合的卫星直接敏感地平和星光折射间接敏感地平相结合的自主天文导航新方法，提高了导航系统的精度和可靠性[129-130]，并自主研制了一套天文导航系统半物理仿真系统及相应的星图模拟器和星敏感器模拟器，构成了完整的半物理仿真系统[131-135]。此外，他们还对星图匹配、识别方法等进行了深入研究和探索。

总体来说，国内对于天文导航技术与应用的研究与国外先进水平相比，还存在着较大差距。

1.4 学科组的主要研究工作和研究成果

自2007年开始，在高等学校博士学科点专项科研基金(20060699024)、国家自然科学基金(61174204)、西北工业大学基础研究基金(GCKY1006)的支持下，我们学科组以三体轨道动力学为基础，研究了拉格朗日点(平动点)动力系统的特征、周期和拟周期轨道的计算、中心流形、稳定和不稳定流形的结构、拉格朗日点轨道的控制及转移轨道的设计、转移轨道的优化和中途修正等问题，设计了多种周期、拟周期轨道的计算方法，得到了对应的稳定、不稳定流形结构，利用这种结构进一步设计了多种类型的低能量转移轨道，分析了转移轨道的中途修正问题，并将中心流形及其正则变换引入轨道控制领域，提出了新的拉格朗日点轨道稳定保持策略。所取得的主要研究成果如下：

(1)研究了圆形限制性三体问题的相流结构，根据流映射的参数化形式设计了系统地计算Lyapunov轨道和晕轨道等周期轨道的新方法，可在近似解析解失效的情况下求取周期轨道数值解；设计了平面圆形限制性三体问题相空间的三维表示方法，保持了相流的连贯性并消除了伪交点；提出了一种采用角度-距离坐标表示庞加莱(Poincaré)截面的方法，基于该方法分析了共线拉格朗日点区域相流的扭转特性和整体相流的转移特性。

(2)研究了地月低能转移轨道的设计,通过选择合适的庞加莱截面将日地系统拉格朗日 L_1 点流形和地月系统拉格朗日 L_2 点流形进行拼接,提出了减小拼接点轨道机动的角度-距离截面法,然后应用参数化方法求解庞加莱截面上的拼接初始状态向量,通过对比证明了基于 L_1 点流形的转移轨道具有更低的燃料消耗和更短的飞行时间;研究了 L_1 点到地球的低能转移轨道设计,构造了扰动流形的参数化形式,给出了多种经过数值优化的转移轨道;提出了采用轨道角动量分析轨道转移机理的方法,揭示了转移轨道所依据的动力学特征,进而基于轨道转移机理设计了优化的转移轨道,证明了方法的有效性。

(3)将对圆形限制性三体问题的研究扩展到三维空间,以晕轨道的不变流形为基础,设计了日地系统 L_1 点晕轨道与地球之间的单脉冲和双脉冲转移轨道;针对实际中的扰动因素,设计了转移轨道的双脉冲轨道修正策略,分析了轨道修正的燃料消耗与状态误差和修正时间的关系;讨论了晕轨道的稳定保持问题,详细分析了控制器的选择、不稳定分量的消除、实际摄动和约束等因素对稳定保持方法性能的影响。

(4)针对共线拉格朗日点中心流形哈密尔顿函数的计算所存在的问题,提出了改进的便于计算机并行处理的方法;针对中心流形坐标到会合坐标的正则变换,提出了一种与经典方法相互补充的变换方法,提高了算法的时间和空间效率,通过引入多项式的 Horner 形式等方法进一步得到了优化的坐标变换表达式,显著降低了计算量;设计了求取中心流形庞加莱截面的方法,利用中心流形的稳定和不稳定流形得到了 L_1 点和 L_2 点拟周期轨道的异宿连接轨道。

(5)根据拟周期轨道的环面结构,将庞加莱截面上的封闭交线表示成傅里叶级数形式,用封闭交线的求解代替拟周期轨道本身的求解,进而构造了单步微分校正方法、并行打靶方法和数值优化方法三种拟周期轨道数值计算方法,显著提高了数值求解的效率,增大了算法的收敛区间,用相对较小的计算量得到了精度较高的拟周期轨道数值解。

(6)针对 Halo 轨道微分校正方法中需要不断调整积分步长的麻烦,提出了一种改进的晕轨道微分校正方法,这种方法利用牛顿迭代法,通过对积分时间和初始条件进行同时校正,消除了调整积分步长的麻烦,提高了校正的效率。

(7)研究了拟周期轨道的不变流形结构和 Lissajous 轨道的遮挡问题,在此基础上提出了一种改进的拟周期轨道的转移轨道设计方法。这种方法充分利用不变流形结构,通过在 Lissajous轨道不变流形的近地点进行轨道机动,得到能量消耗近似全局最优的低能量转移轨道。在拟周期轨道的稳定保持方面,提出了一种同时适用于周期和拟周期轨道的稳定保持方法,所提出的方法由于充分整合了拉格朗日点的动力学特征,具有较强的稳定性,能在显著降低轨控燃料消耗的基础上达到较好的轨道稳定保持效果。

(8)针对 Koon 等人提出的两个晕轨道之间的转移方法要求两个晕轨道能量相同的问题,提出了在两个晕轨道能量不相等情况下的转移轨道设计方案,并以地月系统 L_1 点和 L_2 点之间的晕轨道转移为例,验证了这种方法的可行性,同时利用最小代价对各种转移轨道进行了分析,选择出了最优的转移轨道。

(9)针对直接利用不变流形设计从晕轨道向月球停泊轨道的转移轨道时,对晕轨道的插入点要求严格,并且不好控制等问题,提出了一种从晕轨道向月球停泊轨道的转移轨道设计方法。这种方法利用地月系统 L_1 点的第四类Ⅲ形状晕轨道的不变流形实现了从 L_1 点晕轨道登月的转移轨道设计,所设计的转移轨道利于控制,并且对于晕轨道插入点的要求不严格,花费的代价少于霍曼转移，花费的时间少于直接利用不变流形的方法。

(10)针对转移轨道优化设计中搜索空间大的问题，提出了一种改进的自适应范围复合粒子群算法。这种算法以复合粒子群算法为基础，利用粒子群的正态分布来确定算法的搜索范围，随着正态分布的中心轴的移动，搜索范围也相应地移动，减少了重复的搜索空间，也减少了搜索的时间。将这种优化算法用于行星间转移轨道的优化，取得了较好的效果。

(11)基于小偏差假设进行了晕轨道控制系统状态方程的线性化，得到了近似线性系统，然后将线性系统的极点配置及线性变结构调节器和模型参考变结构跟踪器的设计方法应用于地月系统晕轨道的控制，推导了相应的控制律，取得了较好的轨道控制效果。

(12)针对 Ming Xin 等人提出的次优控制技术在调解因子的选取上需要不断调整的问题，提出了一种改进的调解因子选取方法，避免了选取调解因子的盲目性，并利用改进的非线性系统次优控制技术对月球摄动下的晕轨道和航天器编队进行了控制，取得了良好的控制效果。

(13)针对现有星图识别算法存在识别速度慢、识别成功率不高的问题，提出了一种基于锚定和 EMD 距离的星图识别方法。这种方法减少了星图匹配时所需的星对，减少了运算时间，同时利用 EMD 距离方法，使得恒星可以进行一对一的匹配，提高了识别的成功率。

(14)针对传统粒子滤波算法中粒子枯竭的缺陷，提出了一种改进的代价参考粒子滤波方法。这种滤波方法在处理天文导航中的非线性、非高斯噪声时，提高了滤波的稳定性和精确度。

上述研究成果将分别在本书的第 2 章至第 13 章中给予较详细的介绍。

第 2 章　限制性三体问题及拉格朗日点动力学

深空探测器是指飞离地球引力作用范围的月球和行星际探测器。近地型航天器运动的基本动力学模型对应于一个受摄二体问题，而深空探测器运动的基本动力学模型则对应于一个受摄的限制性三体问题。

在研究深空探测器轨道动力学时，通常探测器的运动规律由两个主要天体决定（如地月系统内的地球和月球），并且两个主要天体通常以近似圆形轨道相互绕转，因此限制性三体问题是描述探测器轨道动力学的一个很好的模型。实际上通过研究更低维数的平面限制性三体问题，已经可以对探测器的动力学行为有一个广泛的、定性的认识。本章阐述了圆形限制性三体问题及其拉格朗日点（平动点）的有关知识和理论基础，最后介绍了进一步研究中多次用到的数值方法。

2.1　限制性三体问题

2.1.1　限制性三体问题的动力学方程

设在一个一般性三体系统中，质点 P（探测器、卫星、飞船或空间站等，为了方便起见，在下文中我们将笼统地称为航天器）的质量远小于其他两质点 P_1 和 P_2（表示两个主天体，例如地月系统中的地球和月亮，日地系统中的太阳和地球）且 P_1 的质量大于 P_2，即 $m_1 > m_2 \gg m$，其中 m_1 为质点 P_1 的质量，m_2 为质点 P_2 的质量，m 为质点 P 的质量，则可以假定质点 P_1 和 P_2 的运动不受质点 P 的影响。在此假设条件下求质点 P 的运动规律，称之为限制性三体问题[31,136-137]。若进一步假设质点 P_1 和 P_2 以角速度 $\boldsymbol{\omega}$ 绕其公共质心作匀速圆周运动，则称之为圆形限制性三体问题（Circular Restricted Three-Body Problem），简称 CRTBP 或 CR3BP，本书中统一用英文缩写 CRTBP 表示圆形限制性三体问题。

为了建立此问题的动力学方程，首先引入旋转坐标系的定义，如图 2-1 所示。图中，$O\xi\eta\zeta$ 为惯性坐标系，其原点位于两个主天体 P_1 和 P_2 的质心 O。由于质点 P 的质量远小于两个主天体 P_1 和 P_2 的质量，故三体系统的质心可以认为就是两主天体的质心。该坐标系的 $O\zeta$ 轴与系统角动量的方向一致，$\xi O\eta$ 平面即为质点 P_1 和 P_2 的运动平面，$O\xi$ 轴在惯性空间的指向不变，$O\eta$ 轴与之构成右手坐标系。坐标系 $OXYZ$ 是与两主天体一起转动的坐标系，原点也是 O 点，OZ 轴与 $O\zeta$ 轴重合，但是 OX 轴在两主天体的连线方向，OY 轴与之垂直。由于在该坐标系下可得到自洽的动力学方程，并且多种相空间结构只有在该坐标系下才变得显而易见，所以研究 CRTBP 主要是在该坐标系下进行，该坐标系也称为会合坐标系（synodic coordinates）[31,136]。

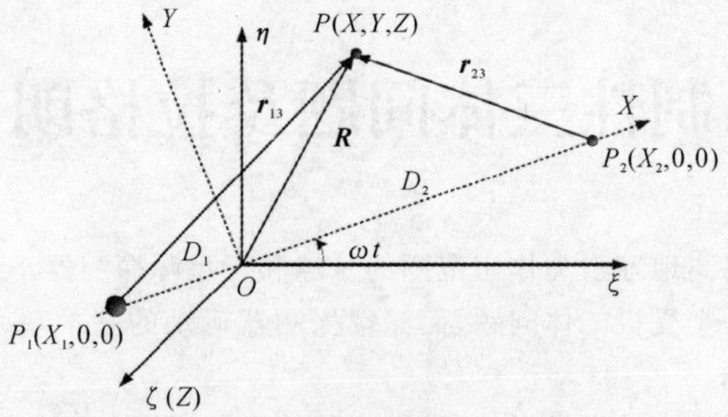

图 2-1　圆形限制性三体问题中旋转坐标系的定义

在旋转坐标系 $OXYZ$ 中，设三个质点 P_1，P_2 和 P 的位置矢量分别为 $(X_1,0,0)$，$(X_2,0,0)$ 和 (X,Y,Z)，则质点 P 到质心 O 及质点 P_1 和 P_2 的距离分别为

$$\left.\begin{aligned}|\boldsymbol{R}|&=\sqrt{X^2+Y^2+Z^2}\\|\boldsymbol{r}_{13}|&=\sqrt{(X_1-X)^2+Y^2+Z^2}\\|\boldsymbol{r}_{23}|&=\sqrt{(X_2-X)^2+Y^2+Z^2}\end{aligned}\right\}\tag{2.1}$$

对于圆形限制性三体问题，两主天体以恒定角速度绕其质心旋转，有

$$n=\sqrt{G(m_1+m_2)/D^3}\tag{2.2}$$

$$D=D_1+D_2\tag{2.3}$$

其中，n 为主天体角速度，G 为系统的引力常数，m_1 和 m_2 分别为 P_1 和 P_2 的质量，D 是两者间的距离，D_1 为 P_1 与质心间的距离，D_2 为 P_2 与质心间的距离。容易看出，$X_1=-D_1$，$X_2=D_2$。

对于旋转坐标系下动力学方程的推导可以采用坐标变换法[136]、拉格朗日法、哈密尔顿法[138] 等多种方法，这里只介绍拉格朗日法。

由于三体系统为哈密尔顿系统，根据拉格朗日方程，该系统满足方程

$$\frac{\mathrm{d}}{\mathrm{d}t}\left(\frac{\partial L}{\partial \dot{\boldsymbol{R}}}\right)-\frac{\partial L}{\partial \boldsymbol{R}}=0\tag{2.4}$$

其中 L 为拉格朗日函数，且

$$L=\frac{1}{2}m\left(\frac{\mathrm{d}\boldsymbol{R}}{\mathrm{d}t}\cdot\frac{\mathrm{d}\boldsymbol{R}}{\mathrm{d}t}\right)+Gm\left(\frac{m_1}{r_{13}}+\frac{m_2}{r_{23}}\right)\tag{2.5}$$

$$\frac{\mathrm{d}\boldsymbol{R}}{\mathrm{d}t}=\frac{\delta\boldsymbol{R}}{\delta t}+\boldsymbol{\omega}\times\boldsymbol{R}\tag{2.6}$$

式中，$\boldsymbol{\omega}$ 为质点 P_1 和 P_2 绕其公共质心作匀速圆周运动的角速度。

将矢量方程式(2.4) 在旋转坐标系三个方向上分别进行投影，则可得到分量形式，即

$$\left\{\begin{aligned}&\frac{\mathrm{d}}{\mathrm{d}t}\left(\frac{\partial L}{\partial \dot{X}}\right)-\frac{\partial L}{\partial X}=0\\&\frac{\mathrm{d}}{\mathrm{d}t}\left(\frac{\partial L}{\partial \dot{Y}}\right)-\frac{\partial L}{\partial Y}=0\\&\frac{\mathrm{d}}{\mathrm{d}t}\left(\frac{\partial L}{\partial \dot{Z}}\right)-\frac{\partial L}{\partial Z}=0\end{aligned}\right.\tag{2.7}$$

将 L 中的各量在旋转坐标系 $OXYZ$ 中分解，有

$$\boldsymbol{R}=X\cdot\boldsymbol{i}+Y\cdot\boldsymbol{j}+Z\cdot\boldsymbol{k} \tag{2.8}$$

$$\frac{\delta\boldsymbol{R}}{\delta x}=\dot{X}\cdot\boldsymbol{i}+\dot{Y}\cdot\boldsymbol{j}+\dot{Z}\cdot\boldsymbol{k} \tag{2.9}$$

$$\boldsymbol{\omega}=n\cdot\boldsymbol{k} \tag{2.10}$$

代入拉格朗日函数得

$$L=\frac{1}{2}m\left[(\dot{X}^2+\dot{Y}^2+\dot{Z}^2)+2n(X\dot{Y}-\dot{X}Y)+n^2(X^2+Y^2)\right]+Gm\left(\frac{m_1}{r_{13}}+\frac{m_2}{r_{23}}\right) \tag{2.11}$$

引入新势函数

$$U^*=\frac{1}{2}n^2(X^2+Y^2)+Gm\left(\frac{m_1}{r_{13}}+\frac{m_2}{r_{23}}\right) \tag{2.12}$$

显然它包括两部分，前一项为离心力势，后一项为引力势。于是，可以给出新的矢量方程形式为

$$\frac{\delta^2\boldsymbol{R}}{\delta t^2}+2\boldsymbol{\omega}\times\frac{\delta\boldsymbol{R}}{\delta t}=\nabla U^* \tag{2.13}$$

其中∇U^* 表示 U^* 的势函数。

该方程具备匀速旋转运动的一般特征，用标量形式可表达为

$$\left.\begin{aligned}\ddot{X}-2n\dot{Y}&=\frac{\partial U^*}{\partial X}\\ \ddot{Y}+2n\dot{X}&=\frac{\partial U^*}{\partial Y}\\ \ddot{Z}&=\frac{\partial U^*}{\partial X}\end{aligned}\right\} \tag{2.14}$$

2.1.2　单位的无量纲化

为了简化动力学方程的表达形式，同时也为了使微分方程数值解法具有更好的数值特性，这里首先对各种单位进行无量纲化处理，在本文以后几乎所有问题的讨论中都采用这种无量纲化单位。

用两主天体的质量和(m_1+m_2)作为单位质量，用两主天体间的平均距离 D 作为单位长度，用主天体轨道角速度值 ω 的倒数作为单位时间，即分别取特征量为

$$m^*=m_1+m_2,\quad l^*=D,\quad t^*=\omega^{-1} \tag{2.15}$$

并选取质量比参数为

$$\mu=\frac{m_2}{m_1+m_2} \tag{2.16}$$

于是有

$$r_1=\frac{r_{13}}{D},\quad r_2=\frac{r_{23}}{D},\quad x=\frac{X}{D},\quad y=\frac{Y}{D},\quad z=\frac{Z}{D},\quad \tau=\omega t \tag{2.17}$$

另外注意到

$$\mathrm{d}X=\mathrm{d}x\cdot D,\quad \mathrm{d}Y=\mathrm{d}y\cdot D,\quad \mathrm{d}Z=\mathrm{d}z\cdot D,\quad \mathrm{d}t=\mathrm{d}\tau\cdot\omega^{-1} \tag{2.18}$$

最后得到无量纲化方程

$$\left.\begin{aligned}&\frac{\mathrm{d}^2x}{\mathrm{d}\tau^2}-2\frac{\mathrm{d}y}{\mathrm{d}\tau}=\frac{\partial\Omega}{\partial x}\\&\frac{\mathrm{d}^2y}{\mathrm{d}\tau^2}+2\frac{\mathrm{d}x}{\mathrm{d}\tau}=\frac{\partial\Omega}{\partial y}\\&\frac{\mathrm{d}^2z}{\mathrm{d}\tau^2}=\frac{\partial\Omega}{\partial z}\end{aligned}\right\}\tag{2.19}$$

其中 Ω 为等效势能函数，且

$$\left.\begin{aligned}&\Omega=\frac{1}{2}(x^2+y^2)+\frac{1-\mu}{r_1}+\frac{\mu}{r_2}\\&r_1=\sqrt{(x+\mu)^2+y^2+z^2}\\&r_2=\sqrt{(x-1+\mu)^2+y^2+z^2}\end{aligned}\right\}\tag{2.20}$$

在地月系统中，各特征量分别为

$$m_1=m_{\mathrm{e}}=5.974\ 2\times10^{24}\ \mathrm{kg},\quad m_2=m_{\mathrm{m}}=7.35\times10^{22}\ \mathrm{kg}$$

$$m^*=6.0477\times10^{24}\ \mathrm{kg},\quad l^*=3.844\ 01\times10^{5}\ \mathrm{km},\quad t^*=3.751\ 9\times10^{5}\ \mathrm{s}$$

其中 m_{e} 和 m_{m} 分别为地球和月球的质量，所以月球的无量纲质量为 $\mu=0.012\ 153$，地球的无量纲质量为 $1-\mu$。若按照1年为365.25个平太阳日计算，则1年和1天分别是 $3.155\ 76\times10^7$ s 和 8.64×10^4 s，无量纲化后的时间为84.111 0和0.230 3。

无量纲速度 v_{00} 和实际速度 v(km/s) 之间的转化关系为

$$v=\frac{l^*}{t^*}v_{00}=\frac{3.844\ 01\times10^5}{3.751\ 9\times10^5}v_{00}=1.024\ 55v_{00}\ \mathrm{km/s}$$

即1个无量纲单位速度等于实际速度1.024 55 km/s。

同样可以得到无量纲加速度 a_{00} 和实际加速度 $a(\mathrm{km/s^2})$ 的转换关系为

$$a=\frac{l^*}{(t^*)^2}a_{00}=\frac{3.844\ 01\times10^5}{(3.751\ 9\times10^5)^2}a_{00}=2.730\ 75\times10^{-6}a_{00}\ \mathrm{km/s^2}$$

即1个无量纲单位加速度等于实际加速度 $2.730\ 75\times10^{-6}\ \mathrm{km/s^2}$。

以三体问题为前提，则假设月球绕地球运行为圆形平面轨道，恒星月周期为27.321 661天，无量纲化后是6.292 2，于是月球绕地的无量纲角速度为 $\omega_{\mathrm{m}}^{00}=2\pi/6.292\ 2=0.988\ 4$，式中上标"00"表示无量纲化的量。

对于日地系来说，各特征量分别为

$$m_1=m_{\mathrm{s}}=1.989\ 1\times10^{30}\ \mathrm{kg},\quad m_2=m_{\mathrm{e}}=5.974\ 2\times10^{24}\ \mathrm{kg}$$

$$m^*=1.989\ 1\times10^{30}\ \mathrm{kg},\quad l^*=1.495\ 978\ 70\times10^{8}\ \mathrm{km},\quad t^*=5.022\ 6\times10^{6}\ \mathrm{s}$$

其中 m_{s} 和 m_{e} 分别为太阳和地球的质量，则1年和1天对应的无量纲化时间分别为6.283 1和0.017 2。

同样，无量纲速度 v_{00} 和实际速度 v(km/s) 之间的转化关系为

$$v=\frac{l^*}{t^*}v_{00}=\frac{1.496\times10^8}{5.022\ 6\times10^6}v_{00}=29.784\ 8v_{00}\ \mathrm{km/s}$$

即1个无量纲单位速度等于实际速度29.784 8 km/s。

无量纲加速度 a_{00} 和实际加速度 $a(\mathrm{km/s^2})$ 的转化关系为

$$a=\frac{l^*}{(t^*)^2}a_{00}=\frac{1.496\times10^8}{(5.022\ 6\times10^6)^2}a_{00}=5.930\ 27\times10^{-6}a_{00}\ \mathrm{km/s^2}$$

即 1 个无量纲单位加速度等于实际加速度 $5.930\ 27\times10^{-6}\ \mathrm{km/s^2}$。

日地系统与地月系统特征量的换算比例如下：

(1) 长度比

$$N_{SML}=l_S^*/l_M^*=389.171\ 4=1/0.002\ 569\ 56$$

(2) 时间比

$$N_{SMT}=t_S^*/t_M^*=13.386\ 9=1/0.0747$$

(3) 速度比

$$N_{SMV}=v_S/v_M=29.071\ 1=1/0.034\ 398\ 4$$

(4) 加速度比

$$N_{SMA}=a_S/a_M=2.171\ 66=1/0.460\ 48$$

(5) 质量比

$$N_{SMM}=m_S/m_M=3.289\ 02\times10^5=1/3.040\ 42\times10^{-6}$$

由于在许多运算中常常将日地系统的特征量作为 1，例如，人们通常把日地之间的平均距离作为距离的 1 个天文单位，所以在上述特征量的换算比例中最后均列出了日地系统特征量为 1 时的换算比例，以供参考。

地球绕日无量纲角速度为 $\omega_{SE}^{00}=2\pi/6.283\ 1=1.000\ 013\ 58$。从角速度计算公式可知，地月系统与日地系统对应角速度的转换关系为两者时间系统倍数的倒数，因此可以得到无量纲角速度转换关系为

$$\omega_{EM}^{00}=\omega_{SE}^{00}/N_{SMT}=0.074\ 7\omega_{SE}^{00}$$

其中 ω_{SE}^{00} 为日地系统无量纲角速度，ω_{EM}^{00} 为地月系统无量纲角速度。

地球绕日无量纲角速度转换至地月系统应为

$$\omega_{EM}^{00}=0.074\ 7\omega_{SE}^{00}=0.074\ 7$$

无量纲化后的日地距离转换至地月系统应为

$$R_{SE}^{00}=3.891\ 7\times10^2$$

2.1.3 雅可比积分和运动可能区域

由方程式(2.19)可得

$$\dot{x}\ddot{x}+\dot{y}\ddot{y}+\dot{z}\ddot{z}=\frac{\partial\Omega}{\partial x}\dot{x}+\frac{\partial\Omega}{\partial y}\dot{y}+\frac{\partial\Omega}{\partial z}\dot{z} \tag{2.21}$$

由此给出一个积分

$$\left.\begin{aligned}2\Omega-v^2=C\\ v^2=\dot{x}^2+\dot{y}^2+\dot{z}^2\end{aligned}\right\} \tag{2.22}$$

此即质心旋转坐标系中的雅可比积分(Jacobi integral)，由于其具有能量量纲，也称作雅可比能量。这是一般情况下圆形限制性三体问题中唯一的一个积分，它也导致圆形限制性三体问题成为一个不可积(non-integrable) 问题。由于质点 P(航天器) 的机械能可表示为

$$\xi=\frac{1}{2}(\dot{x}^2+\dot{y}^2+\dot{z}^2)-U^* \tag{2.23}$$

无量纲化后为

$$E = \frac{1}{2}(\dot{x}^2 + \dot{y}^2 + \dot{z}^2) - \Omega \tag{2.24}$$

故雅可比积分与初始机械能的关系为

$$C = -2E \tag{2.25}$$

所以 $-C$ 为初始动能与初始势能之和的两倍，C 值越大，表示能量越小。

雅可比积分虽然不能确定质点 P 的全部运动规律，但通过研究雅可比积分，仍能得到有关质点运动的丰富信息。由于质点动能不能为负，对于给定的 C 值，根据式(2.22)可知等效势能 Ω 应满足关系式

$$2\Omega \geqslant C \tag{2.26}$$

由于等效势能函数仅是位置的函数，故这个不等式给出了质点 P 运动的可能范围。当质点 P 运动的速度为零时，式(2.26)取等号，对应的解曲线称为零速度曲线。对于平面圆形限制性三体问题，等效势能函数为

$$\Omega = \frac{1}{2}(x^2 + y^2) + \frac{1-\mu}{\sqrt{(x+\mu)^2 + y^2}} + \frac{\mu}{\sqrt{(x-1+\mu)^2 + y^2}} \tag{2.27}$$

其构型如图 2-2 所示。

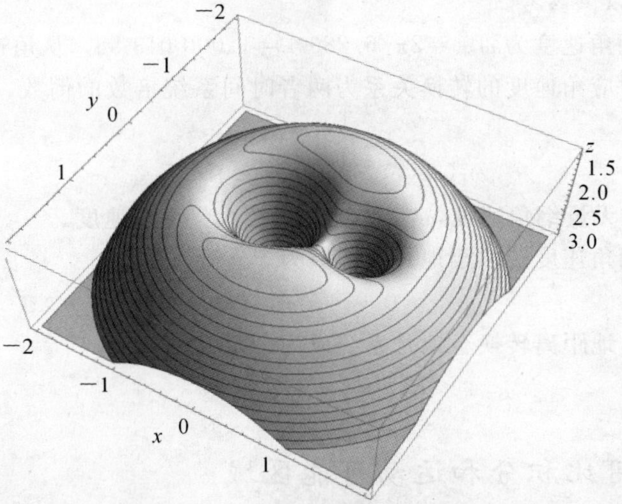

图 2-2　平面圆形限制性三体问题等效势能函数曲面($\mu = 0.3$)

该等效势能曲面有两个极大值点和三个鞍点(对应下文的五个平动点)，图中也画出了不同高度(对应不同的雅可比能量)的等高线，这些等高线即为对应雅可比能量下的零速度曲线，图 2-3 以等高线图的形式更清楚地显示了零速度曲线随雅可比能量变化的情况。

由图 2-3 可以看出，零速度曲线对称于 x 轴，随着雅可比能量的增大，对应的运动可能区域逐渐增大，并且该区域的拓扑结构也逐渐发生变化。

研究限制性三体问题的重要方法是研究其解的相空间结构，但是相空间通常具有较高的维数(对平面 CRTBP 为 4 维，对空间 CRTBP 为 6 维)，这给研究带来了困难，通常需要设法降低相空间维数，而利用雅可比能量(常结合庞加莱截面方法[147])是有效的降维手段。对于平面 CRTBP，通过固定某个雅可比能量等级，相当于将相空间约束在三维能量流形上，再通过取庞加莱(Poincaré)截面的方法，可以得到能量流形的二维曲面，如图 2-4 所示，这样就将相空

间维数降低了 2 维，大大降低了研究的难度。

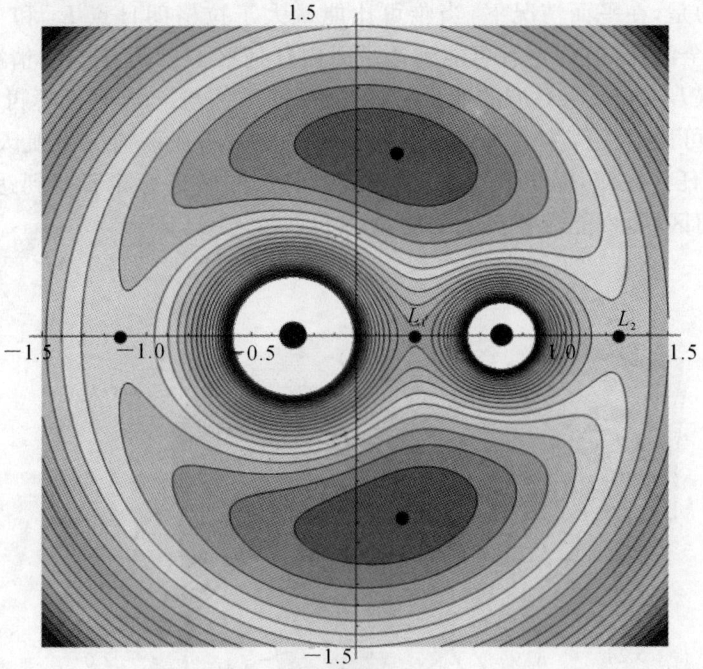

图 2-3　平面圆形限制性三体问题等效势能函数的等高线图($\mu=0.3$)

对于空间圆形限制性三体问题，等效势能函数为

$$\Omega=\frac{1}{2}(x^2+y^2)+\frac{1-\mu}{\sqrt{(x+\mu)^2+y^2+z^2}}+\frac{\mu}{\sqrt{(x-1+\mu)^2+y^2+z^2}} \tag{2.28}$$

这时式(2.26) 取等号所确定的空间曲面称为零速度面，不同的雅可比能量值对应的零速度面不同，由式(2.28) 易知，零速度面具有沿 $x-z$ 平面和 $x-y$ 平面的对称性。图 2-5 显示了一系列不同雅可比能量值对应的零速度面。

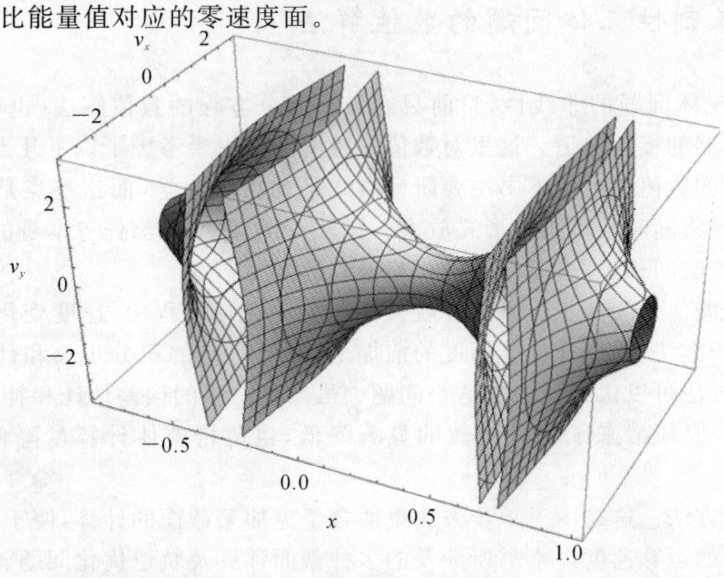

图 2-4　平面 CRTBP 下取截面 $y=0$ 得到相空间(x, v_x, v_y) 内的二维能量流形 (雅可比能量为 3.57，$\mu=0.3$)

可以发现，所有的零速度面互不相交，随着雅可比能量的增大，对应的运动可能区域逐渐增大。值得注意的是，在平面情况下，当雅可比能量大于拉格朗日点 L_4 和 L_5 所对应的能量时，零速度曲线完全消失，航天器有可能到达平面内任何区域。但在空间情况下，当雅可比能量大于拉格朗日点 L_4 和 L_5 所对应的能量时，零速度面虽然与 $x-y$ 平面不再相交，但仍存在于空间内（如图中雅可比能量值为 2.88 对应的曲面）。这说明在该情况下航天器虽然有可能到达 $x-y$ 平面内的任何区域，但仍有空间区域无法到达，同时也意味着要到达两主天体运动平面之外的广大空间区域，可能需要更大的能量。

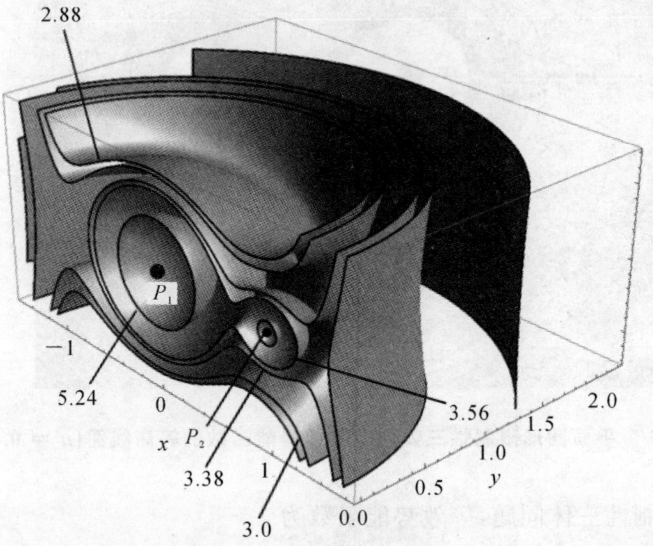

图 2-5　不同雅可比能量值对应的零速度面（μ=0.3，雅可比能量值由内到外依次为 5.24，3.56，3.38，3.0，2.88）

2.1.4　限制性三体问题的数值解法

由于限制性三体问题的非线性，目前只有依靠微分方程的数值解法（也称为数值积分方法）才能得到航天器的飞行轨道。这里对数值解法的选择主要考虑了以下几点：

（1）具有较高的数值精度。本书主要研究共线平动点动力学，而这些点是不稳定平衡点，其附近的轨道误差将随时间以指数形式放大。另外，由于深空探测任务本身的特点，通常需要对运动方程进行长时间积分，这就导致了积累误差的增大。

（2）采用带误差估计的变步长方法。航天器在整个飞行过程中，速度变化通常很大，这使得若采用固定步长方法，在保证计算精度的前提下，需要海量的积分步长和计算时间，而带误差估计的变步长方法可以很好地解决这个问题。虽然每一步的误差估计和补偿计算都会占用额外的计算时间，但却带来了积分步数的显著降低，也使得整体计算量降低到可以接受的程度。

（3）采用单步方法。这是由于单步方法更适合于庞加莱截面的计算，便于编程实现。

（4）具有较快的运算速度。本书所涉及的多种截面计算及轨道优化问题，都需要对大量初始状态进行轨道积分，数值积分方法的运算效率通常是整个计算过程的瓶颈。

下面以图 2-6 所示轨道为参考轨道(该轨道采用 Runge-Kutta-Fehlberg 9(10)阶变步长方法和 40 位计算精度进行积分,具有至少 20 位有效精度),采用不同算法对同一初始状态进行积分。表 2-1 给出了几种可供选择的轨道积分方法的统计数据。

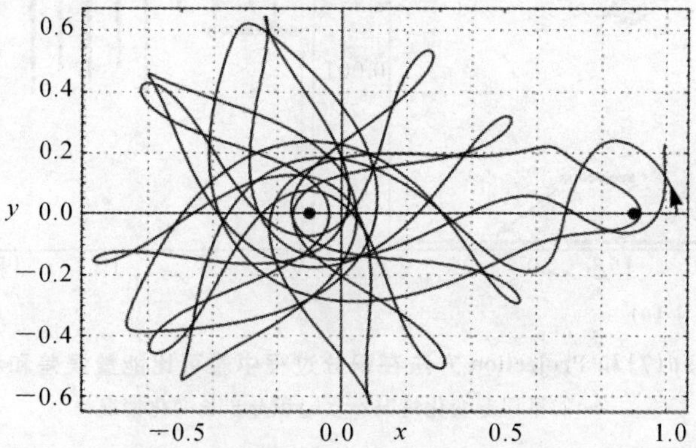

图 2-6　对比数值积分方法所采用的参考轨道

表 2-1　几种轨道积分方法的对比

积分方法	积分步数	积分耗时/s	误差
Explicit RKF4(5)	5 024	0.874	$4.813\ 85\times10^{-4}$
Explicit RKF5(6)	1 082	0.406	$1.291\ 46\times10^{-4}$
Explicit RKF6(7)	1 019	0.515	$2.431\ 9\times10^{-5}$
Explicit RKF7(8)	987	0.437	$6.095\ 92\times10^{-5}$
Implicit RKF4(5)	67 978	35.23	$5.363\ 24\times10^{-10}$
Implicit RKF5(6)	15 129	10.16	$3.828\ 94\times10^{-13}$
Implicit RKF6(7)	14 825	10.17	$3.283\ 25\times10^{-13}$
Projection	1 520	1.201	$1.837\ 18\times10^{-8}$

在表 2-1 中,误差由积分结束点状态与参考轨道结束点状态之间的欧氏距离得到,由表中可看出,前四种显式(Explicit)RKF 方法计算速度较快,随着方法阶次的提高,所需的积分步数越来越少,但误差并不随阶次呈线性变化,6(7)阶方法是四种方法中误差最小的方法,而 5(6)阶方法是所有方法中计算速度最快的方法。接下来三种方法是隐式(Implicit)RKF 方法,它们都具有很高的计算精度,但计算时间普遍较长,这一方面是由于采用了较大的步数,另一方面是因为隐式方法在每一步都要解隐式方程。最后的 Projection 方法是一种基于守恒量的投影方法[148],它能够根据限制性三体问题满足的雅可比能量守恒的特征,在每一步积分过程中将相空间状态点投影到相应雅可比能量流形上,从而使该守恒量在整个积分过程中得到保持,提高了计算精度。从表中可以看出,投影方法虽比显式 RKF 方法慢,但却比隐式 RKF 方法快得多,并且具有较高的计算精度。图 2-7 对比了显式 RKF6(7)和 Projection 两种方法在整个积分过程中雅可比能量误差和积分步长的变化情况。

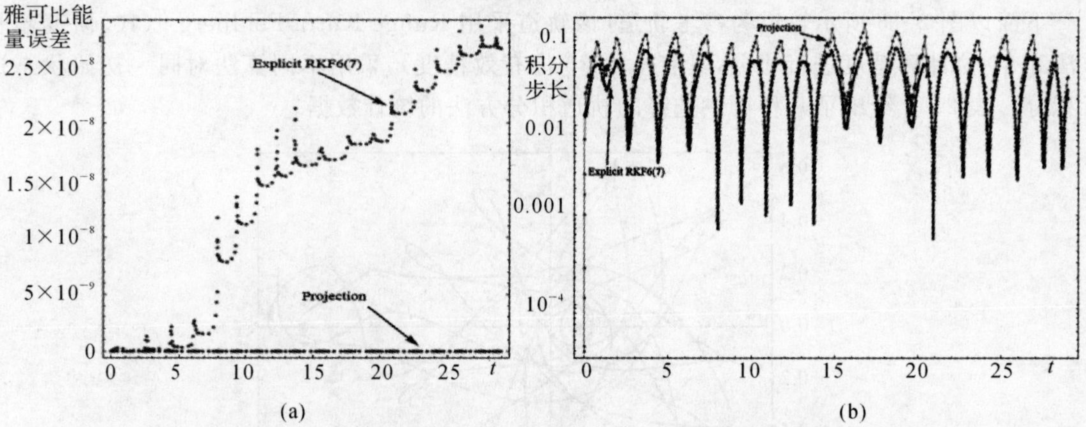

图 2-7　Implicit RKF6(7)和 Projection 方法在积分过程中雅可比能量误差和积分步长的变化情况

(a)能量误差变化情况；（b)积分步长变化情况

可以看出,显式(Explicit)RKF6(7)方法的雅可比能量误差在 10^{-8} 量级内逐渐增大,而 Projection 方法却很好地保持了雅可比能量的守恒。在本节的计算中,出于对计算精度和速度的折中考虑,在一般情况下采用显式 RKF6(7)方法,而在对精度要求很高的情况下,如晕轨道和 Lissajous 轨道的计算,则采用 Projection 方法。

2.2　拉格朗日点动力学

2.2.1　拉格朗日点(平动点)

在圆形限制性三体问题(CRTBP)中,存在着五个特殊的点,这些点相对于旋转坐标系始终保持静止,它们是动力学方程的特解,这些点称为拉格朗日点(Lagrange points),也称为平动点(libration points)[138-149]。显然,拉格朗日点(平动点)在旋转坐标系下的速度、加速度均为零,即

$$\left.\begin{aligned}\dot{x}=0,\quad \dot{y}=0,\quad \dot{z}=0\\ \ddot{x}=0,\quad \ddot{y}=0,\quad \ddot{z}=0\end{aligned}\right\}\tag{2.29}$$

将式(2.29)代入式(2.19)得

$$\left.\begin{aligned}&\frac{\partial\Omega}{\partial x}=x-\frac{1-\mu}{r_1^3}(\mu+x)+\frac{\mu}{r_2^3}(1-\mu-x)=0\\ &\frac{\partial\Omega}{\partial y}=y\left(1-\frac{1-\mu}{r_1^3}+\frac{\mu}{r_2^3}\right)=0\\ &\frac{\partial\Omega}{\partial z}=-z\left(\frac{1-\mu}{r_1^3}+\frac{\mu}{r_2^3}\right)=0\end{aligned}\right\}\tag{2.30}$$

由式(2.30)第三式可知 $z=0$,因此所有拉格朗日点都位于 $X-Y$ 平面内。条件式(2.30)将有下列两种情况:

（1）第一种情况（$y=0$）

$$\left.\begin{aligned} x+\frac{1-\mu}{(x-\mu)^2}+\frac{\mu}{(x+1-\mu)^2}=0 \\ x+\frac{1-\mu}{(x-\mu)^2}-\frac{\mu}{(x+1-\mu)^2}=0 \\ x-\frac{1-\mu}{(x-\mu)^2}+\frac{\mu}{(x+1-\mu)^2}=0 \end{aligned}\right\} \tag{2.31}$$

（2）第二种情况（$y\neq 0$）

$$\left.\begin{aligned} 1-\frac{1-\mu}{r_1^3}-\frac{\mu}{r_2^3}=0 \\ x-\frac{(1-\mu)(x-\mu)}{r_1^3}-\frac{\mu(x+1-\mu)}{r_2^3}=0 \end{aligned}\right\} \tag{2.32}$$

对于第一种情况，方程式(2.31)有三个实数解，相应的三个拉格朗日点在 X 轴上，分别记为 L_1，L_2 和 L_3，称为共线拉格朗日点或共线平动点。对于第二种情况，方程式(2.32)有两个解，分别记为 L_4 和 L_5，这两个点与两个大天体呈等边三角形，故称此平衡解为等边三角形解（也称三角平动解）。对于五个平动点的分布情况可参见图 1-1。观察式(2.30)可以发现，拉格朗日点是梯度矢量场

$$\nabla\Omega=\left\{\frac{\partial\Omega}{\partial x},\frac{\partial\Omega}{\partial y},\frac{\partial\Omega}{\partial z}\right\} \tag{2.33}$$

的零点，该矢量场也是等效势能 Ω 所产生的加速度场，可设法将其显示出来，如图 2-8 所示。由图 2-8 可以清楚地看出，Ω 的梯度矢量在每一点上总与经过该点的零速度曲线垂直，拉格朗日点 L_4 和 L_5 是矢量场的源点，而拉格朗日点 L_1，L_2 和 L_3 是等效势能 Ω 的鞍点。

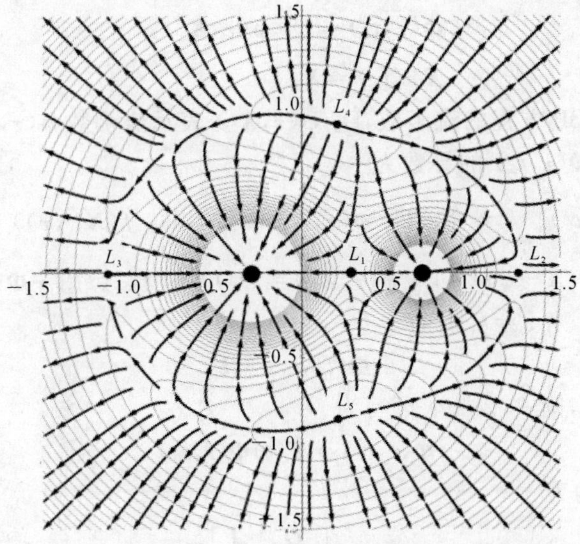

图 2-8　等效势能 Ω 的梯度矢量场及 5 个拉格朗日点

由于拉格朗日点（平动点）所拥有的独特性质，其开发与应用的前景非常广阔。例如，地月系统拉格朗日点 L_4 和 L_5 附近的航天器将和月球一起成为地球的卫星[139]，运行在月球轨道上，但在位置上领先或落后于月球，可用来对月球进行检测和作为地月通信的中继卫星。地月

系统拉格朗日点 L_2 附近的晕轨道航天器可收集月球背面的信息[140-142]，而地月系统拉格朗日点 L_1 附近的晕轨道航天器则是地月间进行人员和物资运输转移的理想中转站[143-145]。

2.2.2 状态转移矩阵

状态转移矩阵(State Transition Matrix，简写为 STM) 是动力学方程的流函数对初始状态的导数[146]，在圆形限制性三体问题中，状态转移矩阵反映了参考轨道对微小扰动的线性化特征，它在周期轨道的微分校正、轨道的局部稳定性分析和不变流形的计算等过程中都有广泛应用。状态转移矩阵可通过将动力学方程线性化并对变分方程进行积分得到，假设由圆形限制性三体问题(CRTBP) 方程所定义的系统为

$$\dot{\boldsymbol{x}} = \boldsymbol{f}(\boldsymbol{x}) \tag{2.34}$$

其中 $\boldsymbol{x}$ 为 CRTBP 中的 6 维状态向量，并定义相对于参考轨道的一个小扰动为 $\delta\boldsymbol{x}$，可得

$$\dot{\boldsymbol{x}}\big|_{(x+\delta x)(t)} = \dot{\boldsymbol{x}}\big|_{x(t)} + \left.\frac{\partial \dot{\boldsymbol{x}}}{\partial \boldsymbol{x}}\right|_{x(t)} \delta\boldsymbol{x}(t) + o((\delta\boldsymbol{x})^2) \tag{2.35}$$

其中 $\boldsymbol{x}(t)$ 为参考轨道，略去 $\delta\boldsymbol{x}$ 的高阶项，可得

$$\delta\dot{\boldsymbol{x}}(t) = \left.\frac{\partial \dot{\boldsymbol{x}}}{\partial \boldsymbol{x}}\right|_{x(t)} \delta\boldsymbol{x}(t) \tag{2.36}$$

此方程的解可写为

$$\delta\boldsymbol{x}(t) = \boldsymbol{\Phi}(t_0, t)\delta\boldsymbol{x}(t_0) \tag{2.37}$$

其中 $\boldsymbol{\Phi}(t_0, t)$ 称为沿参考轨道由 t_0 时刻到 t 时刻的状态转移矩阵，它是一个 6×6 矩阵。设

$$\left.\begin{aligned} &\boldsymbol{X}^*(\tau) = \boldsymbol{\varphi}(\tau, \boldsymbol{X}_0) \\ &\boldsymbol{\Phi}(\tau, t_0) = \mathrm{D}_{\boldsymbol{X}_0}\boldsymbol{\varphi}(\tau, \boldsymbol{X}_0) \\ &\boldsymbol{X}^*(t_0) = \boldsymbol{X}_0 \end{aligned}\right\} \tag{2.38}$$

其中 $\boldsymbol{\varphi}(\tau, \boldsymbol{X}_0)$ 为 CRTBP 方程的流函数，$\mathrm{D}_{\boldsymbol{X}_0}\boldsymbol{\varphi}(\tau, \boldsymbol{X}_0)$ 表示流函数 $\boldsymbol{\varphi}(\tau, \boldsymbol{X}_0)$ 对 $\boldsymbol{X}_0$ 求偏导。根据连续求导法则可知，$\boldsymbol{\Phi}(\tau, t_0)$ 的导数为

$$\begin{aligned} \dot{\boldsymbol{\Phi}}(\tau, t_0) &= \frac{\mathrm{d}}{\mathrm{d}t}\boldsymbol{\Phi}(t, t_0)\Big|_{t=\tau} = \frac{\mathrm{d}}{\mathrm{d}t}\left[\mathrm{D}_{\boldsymbol{X}_0}\boldsymbol{\varphi}(\tau, \boldsymbol{X}_0)\right]_{t=\tau} = \mathrm{D}_{\boldsymbol{X}_0}\boldsymbol{f}(\boldsymbol{X}^*(\tau)) = \\ &\mathrm{D}_{\boldsymbol{X}^*(\tau)}\boldsymbol{f}(\boldsymbol{X}^*(\tau)) \cdot \mathrm{D}_{\boldsymbol{X}_0}\boldsymbol{\varphi}(\tau, \boldsymbol{X}_0) = \mathrm{D}_{\boldsymbol{X}}\boldsymbol{f}(\boldsymbol{X})\big|_{\boldsymbol{X}=\boldsymbol{X}^*(\tau)} \cdot \boldsymbol{\Phi}(\tau, t_0) \end{aligned} \tag{2.39}$$

式中 D 均表示求偏导。当 $\tau = t_0$ 时有

$$\boldsymbol{\Phi}(t_0, t_0) = \boldsymbol{I} \tag{2.40}$$

令 $\boldsymbol{f}(t) = \mathrm{D}_{\boldsymbol{X}}\boldsymbol{f}(\boldsymbol{X})$，则式(2.39) 可写为

$$\dot{\boldsymbol{\Phi}}(t, t_0) = \boldsymbol{F}(t)\boldsymbol{\Phi}(t, t_0) \tag{2.41}$$

其中矩阵函数 $\boldsymbol{F}$ 的结构为

$$\boldsymbol{F} = \begin{bmatrix} \boldsymbol{O} & \boldsymbol{I} \\ \boldsymbol{\Omega}_{XX} & \boldsymbol{C} \end{bmatrix} \tag{2.42}$$

其中，$\boldsymbol{I}$ 恒为 3×3 单位矩阵，并且

$$\boldsymbol{C} = \begin{bmatrix} 0 & 2 & 0 \\ -2 & 0 & 0 \\ 0 & 0 & 0 \end{bmatrix}, \quad \boldsymbol{\Omega}_{XX} = \begin{bmatrix} \Omega_{xx} & \Omega_{xy} & \Omega_{xz} \\ \Omega_{yx} & \Omega_{yy} & \Omega_{yz} \\ \Omega_{zx} & \Omega_{zy} & \Omega_{zz} \end{bmatrix} \tag{2.43}$$

$\boldsymbol{\Omega}_{XX}$ 中的各项表达式为

$$\left.\begin{aligned}
&\Omega_{xx}=1-\frac{1-\mu}{r_1^3}-\frac{\mu}{r_2^3}+\frac{3(1-\mu)\,(x+\mu)^2}{r_1^5}+\frac{3\mu\left[x-(1-\mu)\right]^2}{r_2^5}\\
&\Omega_{xy}=\frac{3(1-\mu)(x+\mu)y}{r_1^5}+\frac{3\mu[x-(1-\mu)]y}{r_2^5}\\
&\Omega_{xz}=\frac{3(1-\mu)(x+\mu)z}{r_1^5}+\frac{3\mu[x-(1-\mu)]z}{r_2^5}\\
&\Omega_{yx}=\Omega_{xy}\\
&\Omega_{yy}=1-\frac{1-\mu}{r_1^3}-\frac{\mu}{r_2^3}+\frac{3(1-\mu)y^2}{r_1^5}+\frac{3\mu y^2}{r_2^5}\\
&\Omega_{yz}=\frac{3(1-\mu)yz}{r_1^5}+\frac{3\mu yz}{r_2^5}\\
&\Omega_{zx}=\Omega_{xz}\\
&\Omega_{zy}=\Omega_{yz}\\
&\Omega_{zz}=-\frac{1-\mu}{r_1^3}-\frac{\mu}{r_2^3}+\frac{3(1-\mu)z^2}{r_1^5}+\frac{3\mu z^2}{r_2^5}
\end{aligned}\right\}\tag{2.44}$$

因为 $\boldsymbol{F}$ 为时变矩阵，所以式(2.41)为非自治微分方程，需要和 CRTBP 动力学方程同时积分才能形成自治系统，即

$$\left.\begin{aligned}
&\dot{\boldsymbol{x}}=\boldsymbol{f}(\boldsymbol{x})\\
&\dot{\boldsymbol{\Phi}}(t_0,t)=\mathrm{D}\boldsymbol{f}(\boldsymbol{x})\boldsymbol{\Phi}(t_0,t)\\
&\boldsymbol{x}(t_0)=\boldsymbol{x}_0\\
&\boldsymbol{\Phi}(t_0,t_0)=\boldsymbol{I}
\end{aligned}\right\}\tag{2.45}$$

可以通过数值方法积分以上含有 42 个变量的微分方程组，得到状态转移矩阵的数值解。

2.2.3　非线性方程的数值求根方法

可以看到，在圆形限制性三体问题的计算过程中经常需要求解非线性微分方程组，最常用的非线性微分方程的数值求根方法是牛顿迭代法。设非线性方程组为 $\boldsymbol{F}(\boldsymbol{X})=\boldsymbol{O}$，则对应的牛顿迭代公式为

$$\boldsymbol{X}_{k+1}=\boldsymbol{X}_k-(\mathrm{D}\boldsymbol{F}(\boldsymbol{X}_k))^{-1}\boldsymbol{F}(\boldsymbol{X}_k)\tag{2.46}$$

其中导数矩阵 $\mathrm{D}\boldsymbol{F}(\boldsymbol{X}_k)$ 也称为雅可比矩阵(Jacobi matrix)。

牛顿迭代法具有平方收敛特性，因此收敛速度很快，在迭代求根过程中通常计算量最大的是雅可比矩阵的计算。当无法获得雅可比矩阵的解析表达式时，需要采用有限差分方法得到雅可比矩阵的近似值，若迭代初值足够接近真实解，则可以通过降低雅可比矩阵更新频率的方法提高计算速度。作为对牛顿迭代法的补充，本节在对非线性单变量实函数求根时也应用了 Brent 方法(Brent's method)[150-152]。该方法需要给定两个迭代初值，并且要保证方程根包含在这两个初值之间，通过逐渐缩小根所在区间的方法得到根的近似值。由于 Brent 方法的数值特性相当稳定，当能够给定单变量实函数根所在的区间时，Brent 方法是求根的首选方法。

第 3 章　平面圆形限制性三体问题的相流结构

相空间是研究限制性三体问题的有力工具，通过研究和分析相空间内解的相流结构，我们能够对圆形限制性三体问题的动力学行为有一个全面的、定性的认识。由于平面圆形限制性三体问题可以作为很多实际天体系统的近似模型，不但具有较低的维数，而且包含了一般圆形限制性三体问题的诸多重要动力学特征，因此可以作为进一步深入研究的起步点。

3.1　李雅普诺夫轨道的计算

周期轨道通常是理解动力学系统的关键，在深空探测实践中也具有重要的应用价值。李雅普诺夫轨道(Lyapunov orbit)[272]是平面圆形限制性三体问题内围绕共线平动点转动的一种周期轨道，由于它和共线平动点附近的动力学特性密切相关，因此成为重要的研究对象。另外，由于三维情况下存在的晕轨道可由平面李雅普诺夫轨道随着雅可比能量的增大而分岔(bifurcate)得到，这也意味着李雅普诺夫轨道和晕轨道有着密切的联系，并具有很多相似的性质，因而通过研究李雅普诺夫轨道，可以了解共线平动点附近最主要的动力学特性。

3.1.1　经典微分校正方法

与经典二体问题不同，圆形限制性三体问题(CRTBP)本身存在着强非线性，不存在解析解。线性化方法得到的近似解可以帮助理解平动点附近的性质，但其精度无法满足实际任务的要求，于是需要借助数值方法获得更精确的周期解。由于共线平动点附近的轨道对积分初值非常敏感，以线性化近似解作为初值进行积分并不能得到周期轨道，但因其包含有用信息，可以考虑作为初值，利用一套迭代算法逐渐对其进行修正，从而得到较精确的周期轨道，这种方法就称之为微分校正方法。

经典的微分校正方法是利用轨道的状态转移矩阵构造牛顿迭代过程的，这种迭代过程并不唯一，可以有多种构造方法。迭代初值可以由平面圆形限制性三体问题的线性化模型给出，也可利用 Lindstedt-Poincaré 摄动分析方法[153-154]得到周期轨道三阶解析解，进而给出更好的初值。下面简述构造牛顿迭代过程的方法。

首先将平面圆形限制性三体问题的动力学方程写成一阶形式，即

$$\left.\begin{aligned}\frac{\mathrm{d}x}{\mathrm{d}t}&=\dot{x}\\ \frac{\mathrm{d}y}{\mathrm{d}t}&=\dot{y}\\ \frac{\mathrm{d}\dot{x}}{\mathrm{d}t}&=2\dot{y}+\frac{\partial\Omega}{\partial x}\\ \frac{\mathrm{d}\dot{y}}{\mathrm{d}t}&=-2\dot{x}+\frac{\partial\Omega}{\partial y}\end{aligned}\right\}\tag{3.1}$$

其中

$$\left.\begin{aligned}\Omega&=\frac{1}{2}(x^2+y^2)+\frac{1-\mu}{r_1}+\frac{\mu}{r_2}\\ r_1&=\sqrt{(x+\mu)^2+y^2}\\ r_2&=\sqrt{(x-1+\mu)^2+y^2}\end{aligned}\right\}\tag{3.2}$$

设系统状态向量为 $\boldsymbol{X}=[x\quad y\quad \dot{x}\quad \dot{y}]^{\mathrm{T}}$，由于李雅普诺夫轨道具有沿 X 轴的对称性，其与 X 轴相交时必须满足垂直相交条件，即 y 方向速度为零。根据这个特征，可以取初始积分状态为 $\boldsymbol{X}_0=[x_0\quad 0\quad 0\quad \dot{y}_0]^{\mathrm{T}}$。若限定雅可比能量为 C，则根据雅可比能量公式得

$$\dot{y}_0=\sqrt{2\left(\frac{\mu}{1-\mu-x_0}+\frac{1-\mu}{\mu+x_0}+\frac{x_0^2}{2}\right)-C}\tag{3.3}$$

定义函数 $\boldsymbol{f}:\mathbf{R}^2\to\mathbf{R}^3$，且

$$\boldsymbol{f}(x_0,\tau)=\begin{bmatrix}\varphi_x(x_0,0,0,\dot{y}_0,\tau)-x_0\\ \varphi_y(x_0,0,0,\dot{y}_0,\tau)\\ \varphi_{vx}(x_0,0,0,\dot{y}_0,\tau)\end{bmatrix}\tag{3.4}$$

其中 $\boldsymbol{\varphi}(x_0,0,0,\dot{y}_0,\tau)$ 为以 $\boldsymbol{X}_0=[x_0\quad 0\quad 0\quad \dot{y}_0]^{\mathrm{T}}$ 作为初始状态，由平面圆形限制性三体问题决定的流函数

$$\boldsymbol{\varphi}(x_0,0,0,\dot{y}_0,\tau)=\begin{bmatrix}\varphi_x(x_0,0,0,\dot{y}_0,\tau)\\ \varphi_y(x_0,0,0,\dot{y}_0,\tau)\\ \varphi_{vx}(x_0,0,0,\dot{y}_0,\tau)\\ \varphi_{vy}(x_0,0,0,\dot{y}_0,\tau)\end{bmatrix}\tag{3.5}$$

其中 τ 为积分时间，$\varphi_x,\varphi_y,\varphi_{vx}$ 和 φ_{vy} 为 $\boldsymbol{\varphi}$ 的相应分量。为了寻找李雅普诺夫轨道的初始状态，只须寻找满足以下方程组的根：

$$\boldsymbol{f}(x_0^*,\tau^*)=\begin{bmatrix}0\\0\\0\end{bmatrix}\tag{3.6}$$

这对应于牛顿迭代法

$$\mathrm{D}\boldsymbol{f}(\boldsymbol{X}_n)(\boldsymbol{X}_{n+1}-\boldsymbol{X}_n)=-\boldsymbol{f}(\boldsymbol{X}_n)\tag{3.7}$$

则 $(\boldsymbol{X}_{n+1}-\boldsymbol{X}_n)$ 极小范数的最小二乘解为

$$\boldsymbol{X}_{n+1}-\boldsymbol{X}_n=-[\mathrm{D}\boldsymbol{f}(\boldsymbol{X}_n)]^{\mathrm{T}}[\mathrm{D}\boldsymbol{f}(\boldsymbol{X}_n)(\mathrm{D}\boldsymbol{f}(\boldsymbol{X}_n))^{\mathrm{T}}]^{-1}\boldsymbol{f}(\boldsymbol{X}_n)\tag{3.8}$$

整理得到迭代公式

$$\boldsymbol{X}_{n+1}=\boldsymbol{X}_n-[\mathrm{D}\boldsymbol{f}(\boldsymbol{X}_n)]^{\mathrm{T}}[\mathrm{D}\boldsymbol{f}(\boldsymbol{X}_n)(\mathrm{D}\boldsymbol{f}(\boldsymbol{X}_n))^{\mathrm{T}}]^{-1}\boldsymbol{f}(\boldsymbol{X}_n)\tag{3.9}$$

其中 $\boldsymbol{X}=\begin{bmatrix}x\\ \tau\end{bmatrix}$，$\boldsymbol{X}_0=\begin{bmatrix}x_0\\ \tau_0\end{bmatrix}$，这里的 x_0 和 τ_0 由圆形限制性三体问题(CRTBP)的线性化模型给出，计算雅可比矩阵 $\mathrm{D}\boldsymbol{f}(\boldsymbol{X}_n)$ 的公式为

$$\mathrm{D}\boldsymbol{f}(\boldsymbol{X}_n)=\begin{bmatrix}\dfrac{\partial\varphi_x}{\partial x}-1 & \dfrac{\partial\varphi_x}{\partial\tau}-\dot{x}\\ \dfrac{\partial\varphi_y}{\partial x} & \dfrac{\partial\varphi_y}{\partial\tau}\\ \dfrac{\partial\varphi_{vx}}{\partial x} & \dfrac{\partial\varphi_{vx}}{\partial\tau}\end{bmatrix}=\begin{bmatrix}\Phi(1,1)-1 & \dot{x}(\tau)-\dot{x}\\ \Phi(2,1) & \dot{y}(\tau)\\ \Phi(3,1) & g_3(x(\tau),y(\tau),\dot{x}(\tau),\dot{y}(\tau))\end{bmatrix}\tag{3.10}$$

其中，$\Phi(m,n)$ 为状态转移矩阵在 m 行 n 列的元素，并且

$$\left.\begin{aligned} x(\tau) &= \varphi_x(x_0,0,0,\dot{y}_0,\tau) \\ y(\tau) &= \varphi_y(x_0,0,0,\dot{y}_0,\tau) \\ \dot{x}(\tau) &= \varphi_{vx}(x_0,0,0,\dot{y}_0,\tau) \\ \dot{y}(\tau) &= \varphi_{vy}(x_0,0,0,\dot{y}_0,\tau) \end{aligned}\right\} \tag{3.11}$$

g_3 来自平面 CRTBP 动力学方程式(3.1)第三式

$$g_3(x,y,\dot{x},\dot{y}) = 2\dot{y} + \frac{\partial \Omega}{\partial x} \tag{3.12}$$

应用以上微分校正算法，初值通常只需四、五步迭代过程就可收敛到周期轨道上，如图 3-1 所示。

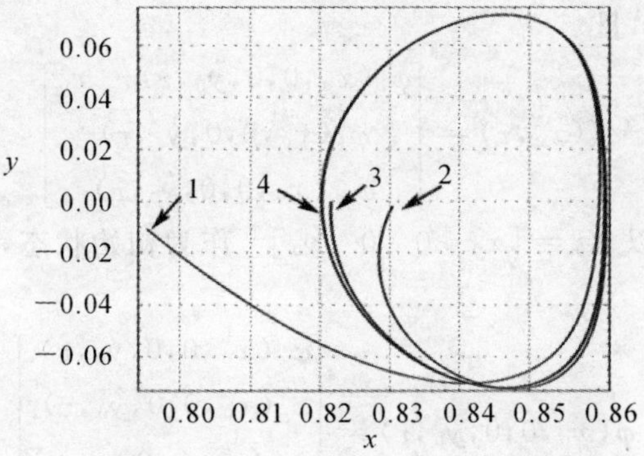

图 3-1　经典微分校正算法迭代计算周期轨道的收敛过程
($\mu = 0.012\,15, C = 3.165\,56$)

3.1.2　构造流函数法

构造流函数法也是一种计算周期轨道的数值方法，它利用了如下 CRTBP 的对称性。设

$$\boldsymbol{A} = \begin{bmatrix} 1 & 0 & 0 & 0 & 0 & 0 \\ 0 & -1 & 0 & 0 & 0 & 0 \\ 0 & 0 & 1 & 0 & 0 & 0 \\ 0 & 0 & 0 & -1 & 0 & 0 \\ 0 & 0 & 0 & 0 & 1 & 0 \\ 0 & 0 & 0 & 0 & 0 & -1 \end{bmatrix} \tag{3.13}$$

若 CRTBP 动力学方程将状态 $\boldsymbol{X}_0$ 沿轨道 c 经过时间 T 转移到状态 $\boldsymbol{X}_f$，则同样可以将状态 $\boldsymbol{AX}_f$ 沿 c 的 $x-z$ 平面镜像经过时间 T 转移到状态 $\boldsymbol{AX}_0$。

在平面 CRTBP 中，以上对称性意味着若在 $t=0$ 时刻一条轨道 $\boldsymbol{\varphi}$ 开始于 x 轴上，初始速度与 x 轴垂直，并且在未来某时刻 $t=\tau$ 同样以垂直 x 轴的速度与 x 轴相交，则该轨道是周期为 $T=2\tau$ 的周期轨道。需要注意的是，以上对称性并不限制 $\boldsymbol{\varphi}$ 与 x 轴相交的次数，$\boldsymbol{\varphi}$ 可以只在第 k 次相交时满足垂直条件，同样可以构成周期轨道。

下面给出流函数的概念[273-274]。设系统式(3.1)以 $\boldsymbol{X}(t_0)=\boldsymbol{X}_0$ 为初始状态的解轨迹为 $\boldsymbol{\varphi}(t,t_0)$，则 $\boldsymbol{\varphi}(t,t_0): \boldsymbol{X}(t_0) \to \boldsymbol{X}(t)$ 定义了动力学系统式(3.1)的流映射，它将 t_0 时刻的初始状

态映射到 t 时刻状态。这里进一步将流映射表示为 $\boldsymbol{\varphi}(t,\boldsymbol{X}_0)$，以便更明显地显示出其对初始状态 $\boldsymbol{X}(t_0)=\boldsymbol{X}_0$ 的依赖关系，下文中我们也将 $\boldsymbol{\varphi}$ 称为流函数。

这里构造一种特殊的流函数，它能将初始状态 $\boldsymbol{X}_0$ 映射到未来某时刻位于 x 轴上的另一状态，将其表示为 $\boldsymbol{\varphi}(k,\boldsymbol{X}_0)$，其中 k 为流函数与 x 轴相交的次数，相对于 $\boldsymbol{\varphi}$ 以给定时间作为积分终止条件，则 $\boldsymbol{\varphi}$ 以与 x 轴的第 k 次相交作为终止条件。为了计算 $\boldsymbol{\varphi}(k,\boldsymbol{X}_0)$ 的值，引入判别函数

$$\mathrm{Crit}(\boldsymbol{X})=y \tag{3.14}$$

在这里，判别函数具有简单形式，只是取状态 $\boldsymbol{X}$ 的 y 分量。对初始状态 $\boldsymbol{X}_0$ 逐步积分，并在每一步积分中计算判别函数的值，当其符号第 k 次发生改变时，表明流函数第 k 次跨越了 x 轴，这时以 $\mathrm{Crit}(\boldsymbol{X})$ 符号改变前后的 t 值作为初值，恰好可以应用 Brent 方法来解方程

$$\mathrm{Crit}[\boldsymbol{\varphi}(t,\boldsymbol{X}_0)]=0 \tag{3.15}$$

设解为 t^*，则

$$\boldsymbol{\varphi}(k,\boldsymbol{X}_0)=\boldsymbol{\varphi}(t^*,\boldsymbol{X}_0) \tag{3.16}$$

显然，$\boldsymbol{\varphi}(k,\boldsymbol{X}_0)$ 的解算包含了一个数值积分和一个数值求根过程，虽然无法得到其解析表达式，却仍然可以用数值方法研究 $\boldsymbol{\varphi}(k,\boldsymbol{X}_0)$ 的性质。

若以 $\varphi_{\dot{x}}$ 表示 $\boldsymbol{\varphi}$ 的 $\dot{x}$ 分量，则计算 Jacobi 能量 C 下的 Lyapunov 轨道等价于在平动点附近求解方程

$$\varphi^*(x)=\varphi_{\dot{x}}(1,\boldsymbol{X})=0 \tag{3.17}$$

其中

$$\boldsymbol{X}=\left[x \quad 0 \quad 0 \quad \sqrt{2\left(\frac{\mu}{1-\mu-x}+\frac{1-\mu}{\mu+x}+\frac{x^2}{2}\right)-C}\right] \tag{3.18}$$

以上方程同样可以应用数值求根方法解出，迭代初值当然也可以由线性化解析解给出，但更方便的方法是观察 $\varphi^*(x)$ 的曲线图（见图 3-2），寻找其与 x 轴的交点，由图中得到交点的近似坐标作为初值。

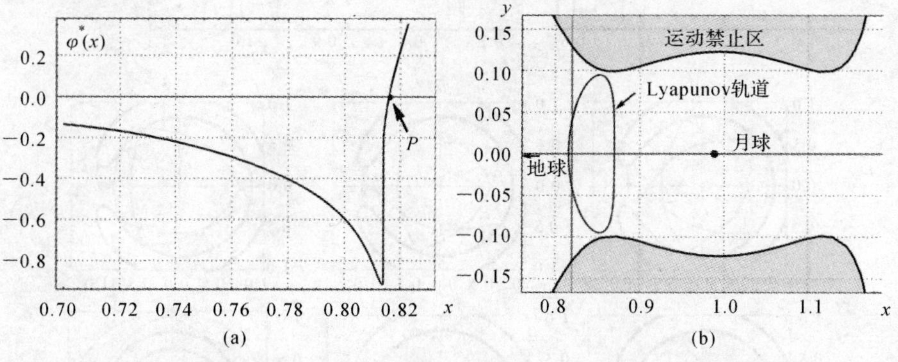

图 3-2　地月系统 L_1 点附近的 $\varphi^*(x)$ 曲线和以图中点 P 为初值迭代得到的 Lyapunov 轨道 ($\mu=0.012\,15, C=3.15$)

(a) L_1 点附近的 $\varphi^*(x)$ 曲线；(b) 迭代得到的 Lyapunov 轨道

构造流函数法本质上也是一种微分校正方法，它包含多个数值过程。该方法的优点是不需要以近似解析解作为迭代初值，只须从 $\varphi^*(x)$ 的曲线图中选取合适的点，因此不受非线性的影响，可以在近似解析解失效的更广大区域求取周期轨道的数值解。经过推广，该方法同样可以用来计算晕轨道，这时该方法选取初值的优越性将更明显。

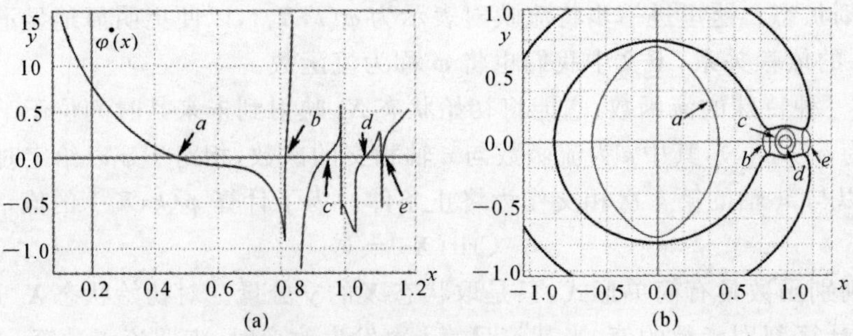

图 3-3　地月系统的 $\varphi^*(x)$ 曲线和多个零点所对应的周期轨道 ($\mu=0.012\ 15, C=3.15$)

(a) 地月系统的 $\varphi^*(x)$ 曲线；(b) 多个零点所对应的周期轨道

构造流函数法的另一个优点是它不但可以计算 Lyapunov 轨道，而且可以系统地计算一大类具有 x 轴对称性的周期轨道。图 3-3 在一个更大的范围内显示了 $k=1$ 时的 $\varphi_{vx}(k,\boldsymbol{X})$ 曲线，图中曲线与 x 轴的每一个交点都对应着一条周期轨道。随着相交次数 k 的增大，$\varphi_{vx}(k,\boldsymbol{X})$ 曲线会迅速变得非常复杂，同时可以得到越来越复杂的周期轨道(见图 3-4)。

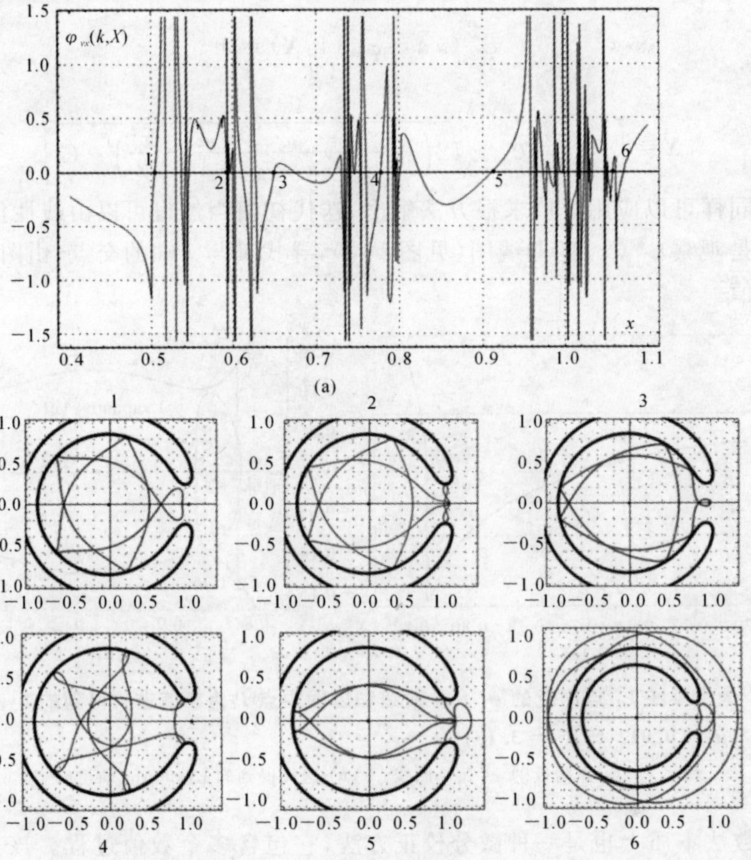

图 3-4　地月系统下相交次数 $k=3$ 时的 $\varphi_{vx}(k,\boldsymbol{X})$ 曲线及标示出的 $\varphi_{vx}(k,\boldsymbol{X})$ 曲线零点所对应的周期轨道($\mu=0.012\ 15, C=3.05$)

(a) $\varphi_{vx}(k,\boldsymbol{X})$ 曲线；(b) 在(a)中所标出的 $\varphi_{vx}(k,\boldsymbol{X})$ 曲线零点所对应的周期轨道

这些轨道不但揭示了CRTBP复杂的动力学行为(已知CRTBP具有无限多种周期轨道)，并且与共振引力加速机制有密切联系。研究中发现，$\varphi_{vx}(k,\boldsymbol{X})$ 曲线与 x 轴的交点分布并非完全杂乱无章，而是具有分形(fractal)特征，具有相同或类似属性的周期轨道总是集中在一段连续的区域内。利用这种特性和构造流函数方法，可以有针对性地寻找能在不同共振频率上跳转的周期轨道，图3-5给出了利用这种方法得到的两条周期轨道。其中，图3-5(a)所示为能够在1：2与3：4共振之间跳转的周期轨道，图3-5(b)所示为能够在3：4与5：6共振之间跳转的周期轨道。应用微分校正方法可进一步将这两种轨道拼接在一起，从而得到不断利用共振引力加速机制的低能量探测轨道。

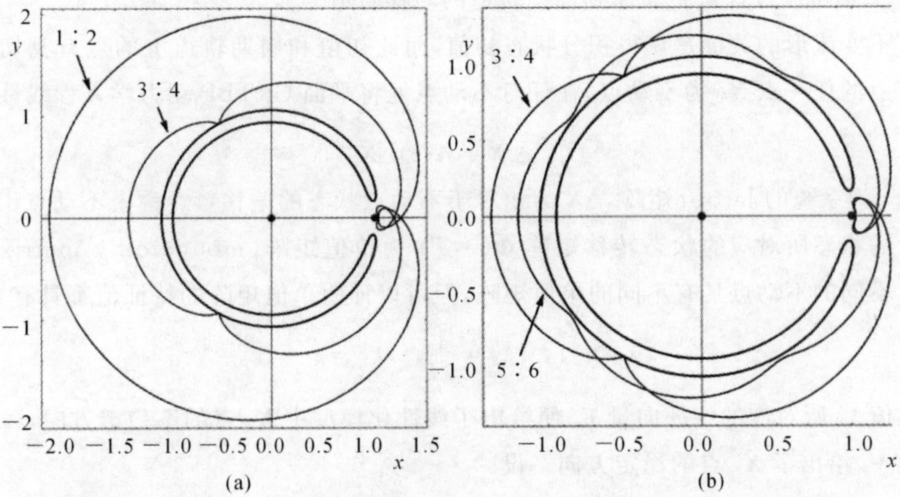

图3-5　利用构造流函数方法和 $\varphi_{vx}(k,\boldsymbol{X})$ 曲线分形特征得到的能在不同共振频率上跳转的周期轨道

(a) 能在1：2与3：4共振之间跳转的周期轨道；(b) 能在3：4与5：6共振之间跳转的周期轨道

3.2　不变流形及其计算

不变流形(invariant manifolds)是与平动点周期轨道紧密联系的相空间动力学结构，分为稳定流形和不稳定流形等类型[155]，Lyapunov轨道的不变流形形成管状通道，这个管道是不同类型运动的分界面，它把相空间内的运动分为管道外的非转移轨道、管道内的转移轨道以及管道上的渐近轨道[155-156]，后两者都提供了从两个引力天体向平动点周期轨道转移或者反向转移的低能耗途径，为平动点周期轨道的应用提供了现实可行性。

一般而言，假设在连续时间系统中存在一个有限集，例如，一个平动解集或者一个周期解集。Parker和Chua[157]对稳定流形和不稳定流形定义如下：

定义3.1　对于具有各阶连续偏导数的固定点 $\bar{x}^*$ 的稳定流形 $W^s_{loc}(\bar{x}^*)$ 是当 $t\to\infty$ 时，接近 $\bar{x}^*$ 的邻域内的所有 $\bar{x}$ 的集合。

定义 3.2 对于具有各阶连续偏导数的固定点 $\bar{x}^*$ 的不稳定流形 $W^{u}_{loc}(\bar{x}^*)$ 是当 $t\rightarrow\infty$ 时,接近 $\bar{x}^*$ 的邻域内的所有 $\bar{x}$ 的集合。

对于平动点周期轨道,不变流形是与周期轨道光滑连接的一簇空间轨道,它们在空间形成管状通道,称为流管。位于流管上的轨道簇可以无限逼近周期轨道,这种轨道也称为渐近轨道(asymptotic orbits),航天器在流管上的状态演化不需要耗费任何能量。

将平动点周期轨道不稳定流形和稳定流形分别记为 $W^{u}_{Li.p.o}$ 和 $W^{s}_{Li.p.o}$[158],若流形上质点的运动方向为远离周期轨道,则对应不稳定流形;若其上质点的运动方向为趋近周期轨道,则对应稳定流形。利用不稳定流形 $W^{u}_{Li.p.o}$ 可以设计从周期轨道到主天体的转移轨道,而利用稳定流形 $W^{s}_{Li.p.o}$ 则可以设计从主天体到周期轨道的转移轨道。

计算不变流形的关键是获得积分状态初值,而此初值和周期轨道上的点有密切关系。称周期轨道上的任一点 $\bar{\boldsymbol{X}}_0$ 为不动点,在任意不动点处将平面 CRTBP 动力学方程线性化,则有

$$\Delta\dot{\bar{\boldsymbol{X}}}=\boldsymbol{A}(t)\Delta\bar{\boldsymbol{X}} \tag{3.19}$$

其中,$\boldsymbol{A}(t)$ 为系统的 Jacobi 矩阵,$\Delta\bar{\boldsymbol{X}}$ 为相对于不动点状态的偏移量。称由不动点出发积分一个周期后的状态所对应的状态转移矩阵 $\boldsymbol{\Phi}(0,T)$ 为单值矩阵(monodromy matrix)[158]。周期轨道上不同的不动点具有不同的单值矩阵,但可以证明单值矩阵的特征值都具有如下形式:

$$\lambda_1>1,\quad \lambda_2=\frac{1}{\lambda_1},\quad \lambda_3=\lambda_4=1 \tag{3.20}$$

特征值 λ_1 所对应的特征向量 $\bar{\boldsymbol{V}}_u$ 便给出了线性化模型中 $\bar{\boldsymbol{X}}_0$ 点的不稳定方向,λ_2 所对应的特征向量 $\bar{\boldsymbol{V}}_s$ 给出了 $\bar{\boldsymbol{X}}_0$ 点的稳定方向。设

$$\left.\begin{aligned}\boldsymbol{Y}^s(\bar{\boldsymbol{X}}_0)&=\mathrm{Norm}[\bar{\boldsymbol{V}}_s]\\ \boldsymbol{Y}^u(\bar{\boldsymbol{X}}_0)&=\mathrm{Norm}[\bar{\boldsymbol{V}}_u]\end{aligned}\right\} \tag{3.21}$$

其中 $\mathrm{Norm}[\bar{\boldsymbol{V}}_s]$ 表示向量的单位化或规范化操作,则我们可以得到如下的积分状态初值:

$$\left.\begin{aligned}\boldsymbol{X}^s(\bar{\boldsymbol{X}}_0)&=\bar{\boldsymbol{X}}_0\pm\varepsilon\boldsymbol{Y}^s(\bar{\boldsymbol{X}}_0)\\ \boldsymbol{X}^u(\bar{\boldsymbol{X}}_0)&=\bar{\boldsymbol{X}}_0\pm\varepsilon\boldsymbol{Y}^u(\bar{\boldsymbol{X}}_0)\end{aligned}\right\} \tag{3.22}$$

其中,$\boldsymbol{X}^s(\bar{\boldsymbol{X}}_0)$ 为近似位于稳定流形上的初始状态,$\boldsymbol{X}^u(\bar{\boldsymbol{X}}_0)$ 为近似位于不稳定流形上的初始状态,ε 为一小量。若 ε 取值过大则会降低流形计算的精度,若取值过小则对应轨道会在平动点附近绕转很长时间而不离开,导致计算量的增大。根据 Gomez,Jorba,Masdemont 和 Simo 的研究结果,ε 取为10^{-6} 可得到较好的数值仿真效果[60]。

应注意到,不论是不稳定流形还是稳定流形,都对应着两个分支,一支朝向主天体,另一支则朝向次主天体,计算不稳定流形应正向时间积分,而计算稳定流形则应逆向时间积分。图 3-6 给出了地月系统 Jacobi 能量为 3.15 时,L_1 点 Lyapunov 轨道的不变流形。

由 CRTBP 的对称性可知,与同一 Lyapunov 轨道相联系的不稳定流形和稳定流形关于 x 轴对称。由图 3-6 可以发现,对于地月系统,月球是小质量天体,不变流形可以到达距离月球较近的空间,地球为大质量天体,不变流形距离地球始终较远。同样可知在日地系统中,地球成为小质量的天体,日地系统平动点的不变流形将可以到达地球附近。

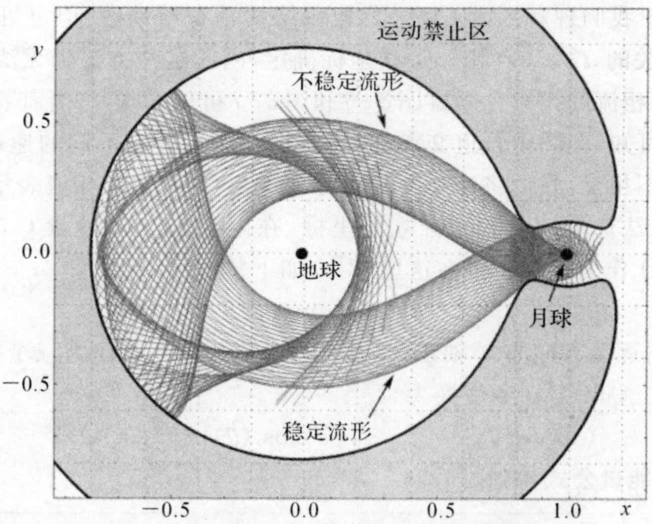

图 3-6　地月系统 L_1 点 Lyapunov 轨道的不变流形
($\mu = 0.012\ 15, C = 3.15$)

3.3　相空间的三维表示

虽然平面 CRTBP 下的航天器只能做二维平面运动，但却对应四维相空间结构，航天器在位置空间的轨迹只是相空间流的投影，并不能反映出动力学系统的全部特征，因此可以设法利用垂直于位置平面的第三维给出相空间流的更多信息。例如以(x, y, Ω)为坐标，可得到航天器的等效势能Ω随航天器的运动而变化的情况，图 3-7 以这种坐标给出了L_1点稳定流形的结构，配合等效势能曲面的显示，可以发现所有轨道确实始终位于势能面上。当轨道接近主天体时，Ω数值迅速增大，根据 Jacobi 能量C守恒可知，对应轨道速度也迅速增大；而当轨道远离主天体时，Ω数值逐渐趋近$C/2$，因此轨道速度趋向于零。

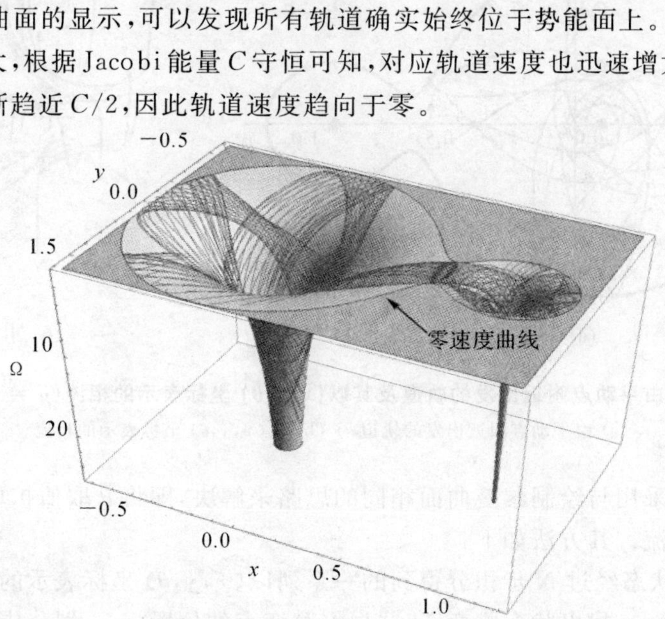

图 3-7　以(x, y, Ω)坐标表示的L_1点稳定流形($\mu = 0.1, C = 3.55$)

以上的方法对于我们理解平面 CRTBP 相流结构是有帮助的,但也可以发现三个坐标以 (x,y,Ω) 是冗余相关的,$\Omega(x,y)$ 由 (x,y) 坐标确定,因此这种方法仍无法表达出相流的全部信息,其本质上仍是相流的投影。观察图 3-6 和图 3-7 可以发现,二者都存在大量轨道相交的情况。进一步分析可知,在图中轨道交点处,两条相交轨道具有不同的速度分量,因此对应的相流在相空间中并不相交,我们将这样的交点称为伪交点,完整的相流表示应该能消除各种伪交点。为此,需要设法选取三个相互独立的坐标,在限定 Jacobi 能量 C 的情况下,显然可取 $(x,y,\dot{x})$ 或 $(x,y,\dot{y})$ 作为坐标。但在这里,引入如下角度量:

$$\theta=\arctan(\dot{x},\dot{y}) \tag{3.23}$$

θ 表示了航天器运动方向与 x 轴正方向的夹角,以 (x,y,θ) 作为三个独立的坐标,则它到标准形式状态向量 $(x,y,\dot{x},\dot{y})$ 的变换为

$$(x,y,\dot{x},\dot{y})=(x,y,|v|\cos(\theta),|v|\sin(\theta)) \tag{3.24}$$

其中 v 可由 Jacobi 能量公式得到,即

$$|v|=\sqrt{2\left[\frac{1}{2}(x^2+y^2)+\frac{1-\mu}{\sqrt{(x+\mu)^2+y^2}}+\frac{\mu}{\sqrt{(-x-\mu+1)^2+y^2}}\right]-C} \tag{3.25}$$

采用角度量 θ 的优点是,相对于 $(\dot{x},\dot{y})$ 坐标,θ 具有更明显的几何意义,并且能得到更具特征的庞加莱截面,本文中将多次用到庞加莱截面。

以 (x,y,θ) 为坐标同样也会带来一定的问题,由于 $\arctan(\dot{x},\dot{y})$ 的取值范围为 $(-\pi,\pi)$,当 θ 跨越 π 或 $-\pi$ 时会出现跳变,这会导致相流的不连贯,例如图 3-8 显示了一条由平动点附近出发的轨道及其以 (x,y,θ) 坐标表示的相流,可以发现,当相流穿越上部的 $\theta=\pi$ 平面时将从底部 $\theta=-\pi$ 平面出现,反之亦然。

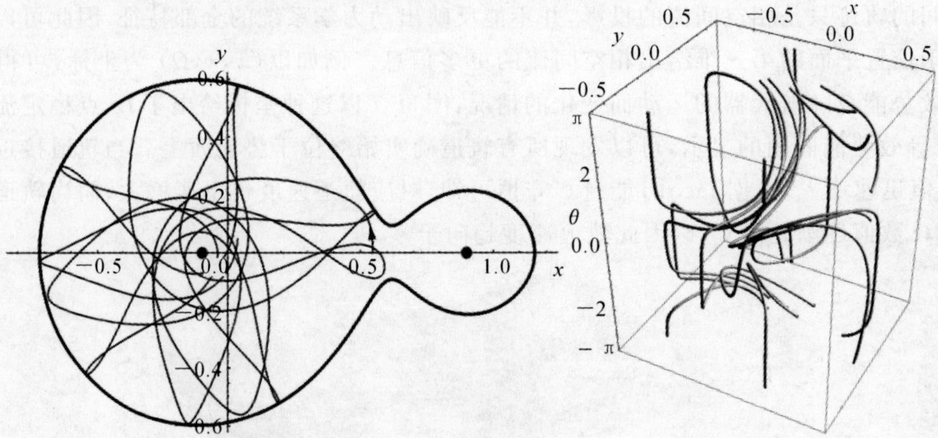

图 3-8　一条由平动点附近出发的轨道及其以 (x,y,θ) 坐标表示的相流($\mu=0.1,C=3.55$)

(a) 由平动点附近出发的轨道;　(b) 以 (x,y,θ) 坐标表示的相流

这个问题可以采用与绘制黎曼曲面相同的思路来解决,即将 θ 取值扩展到整个实数范围,从而得到连贯的相流。其方法如下:

(1) 设由初始状态经过 N 步积分得到的一系列以 (x,y,θ) 坐标表示的状态点为 $q_n(n=1,2,\cdots,N)$,首先搜索 q_n,找出状态跳变点,并根据跳变点的位置将 q_n 划分成 M 个子列,即

$$q_n = (q^1, q^2, q^3, \cdots, q^M) \tag{3.26}$$

设以 q_+^m 和 q_-^m 表示 q^m 的第一个和最后一个元素，则有

$$|(q_-^m)_\theta - (q_+^{m-1})_\theta| = 2\pi, \quad m = 1,2,\cdots,M-1 \tag{3.27}$$

其中$(q_Y^X)_\theta$ 表示 q_Y^X 的 θ 分量。

(2) 设数列 p 为

$$p = \{p_i \mid i = 1,2,3,\cdots,M\} \tag{3.28}$$

其迭代计算公式为

$$p_1 = 1, \quad p_{k+1} = \begin{cases} p_k + 2\pi, & (q_-^k)_\theta - (q_+^{k+1})_\theta > 0 \\ p_k - 2\pi, & (q_-^k)_\theta - (q_+^{k+1})_\theta < 0 \end{cases} \tag{3.29}$$

(3) 对子列 q^m 内每一个点的 θ 分量进行修正，即

$$(i^m)_\theta = (q_i^m)_\theta + p_m, \quad (i^m)_x = (q_i^m)_x, \quad (i^m)_y = (q_i^m)_y \tag{3.30}$$

则状态点 $\hat{q} = (\hat{q}^1, \hat{q}^2, \hat{q}^3, \cdots, \hat{q}^M)$ 便是消除跳变的状态点。经过变换后，图 3-8 所示相流便成为图 3-9 所示具有连贯性的结构。

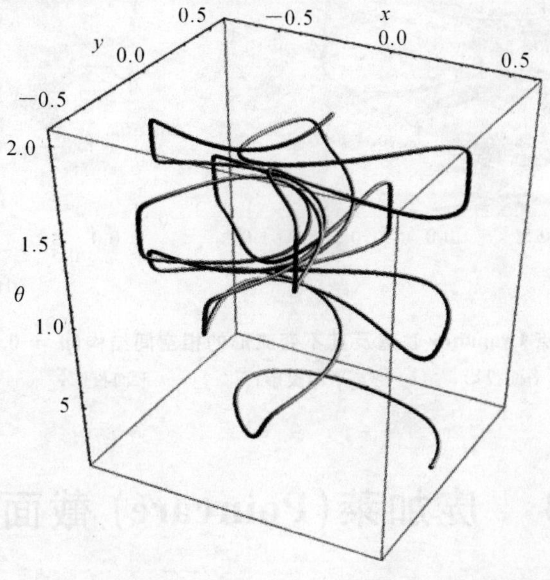

图 3-9　经过变换后，以 (x, y, θ) 坐标表示的相流具有了连贯性

用同样的方法可以研究 L_1 点 Lyapunov 轨道及其不变流形的相空间结构，如图 3-10 所示。

Lyapunov 轨道在相空间变成了沿 θ 轴方向的周期轨道，其稳定流形和不稳定流形具有三维管状结构，根据 G. Gomez 和 Koon[156] 的理论，管道内的任意相流将能够从一个主天体附近到达另一个主天体附近，从而形成转移轨道。由图 3-10 可以看出，当流形管道远离 Lyapunov 轨道时，管道非常狭窄，而当接近 Lyapunov 轨道时，管道口迅速扩张，占据了 L_1 点附近的大部分相空间，这意味着 L_1 点附近存在着大量转移轨道，因此能够到达 L_1 点附近的轨道通常具有转移特性。在平动点附近不变流形管道上的轨道确实没有发生相交，随着积分时间的推移，稳定流形和不稳定流形在相空间内沿主天体反复缠绕，具有复杂的空间结构。另外也应注意到，

虽然稳定流形和不稳定流形在图3-10所示积分时间段内始终没有相交,但它们在某些时段相当接近,随着流形的进一步演化,它们可能在相空间相交,从而形成同宿轨道(heteroclinic orbit)[138]。

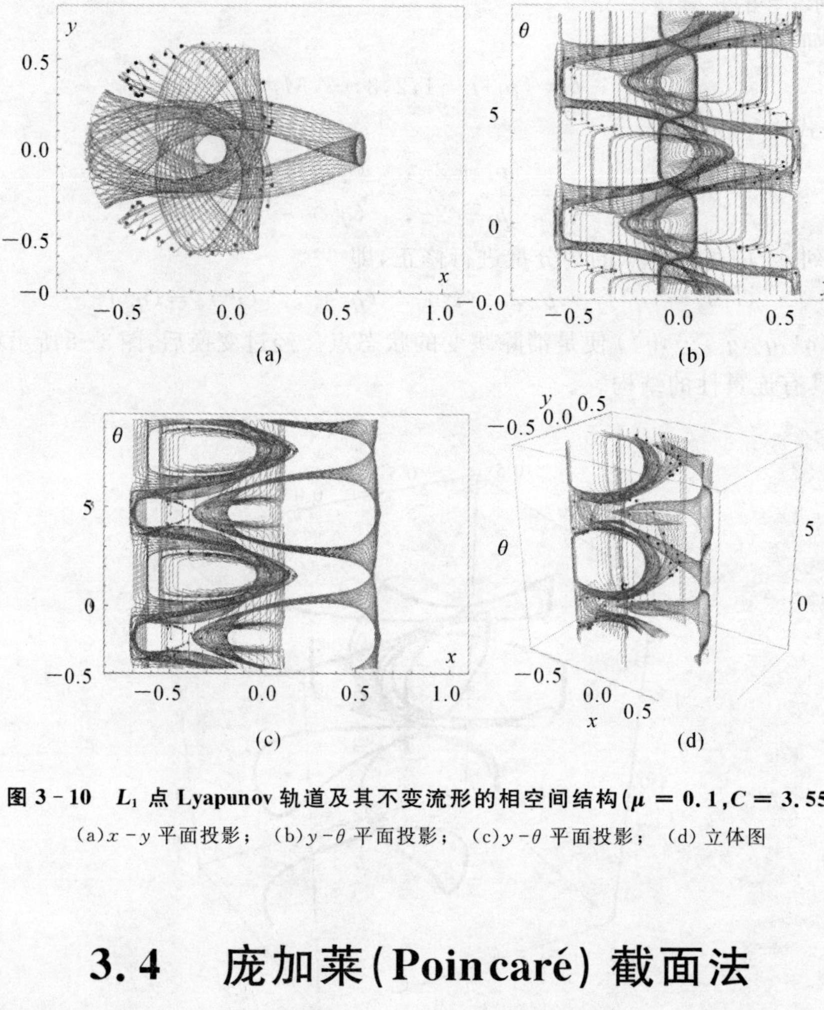

图3-10 L_1 点 Lyapunov 轨道及其不变流形的相空间结构($\mu=0.1, C=3.55$)

(a)$x-y$ 平面投影; (b)$y-\theta$ 平面投影; (c)$y-\theta$ 平面投影; (d) 立体图

3.4 庞加莱(Poincaré)截面法

对于 CRTBP 问题相流的研究,总是希望在保留相空间结构的基础上尽量降低相空间的维数,庞加莱(Poincaré)映射是研究动力学系统的重要方法,合理地选择庞加莱截面可以使相空间维数降低至少一维。

庞加莱映射是由 Henri Poincaré 于 1881 年定义的,是研究周期轨道的稳定性和分叉的最基本工具之一。

庞加莱映射的思想很简单。设有动力学系统

$$\dot{\boldsymbol{X}}=f(\boldsymbol{X}) \tag{3.31}$$

如果 Γ 是该系统经过点 $\boldsymbol{X}_0$ 的周期轨道,Σ 是在点 $\boldsymbol{X}_0$ 垂直于 Γ 的超平面,则对任意充分接近 $\boldsymbol{X}_0$ 的点 $\boldsymbol{X}\in\Sigma$,式(3.31) 在 $t=0$ 时过点 $\boldsymbol{X}$ 的轨线 $\varphi_t(\boldsymbol{X})$ 将在近 $\boldsymbol{X}_0$ 的附近与点 $P(\boldsymbol{X})$ 相交,映射 $\boldsymbol{X}\rightarrow P(\boldsymbol{X})$ 称为庞加莱(Poincaré) 映射[159-160],如图 3-11 所示。

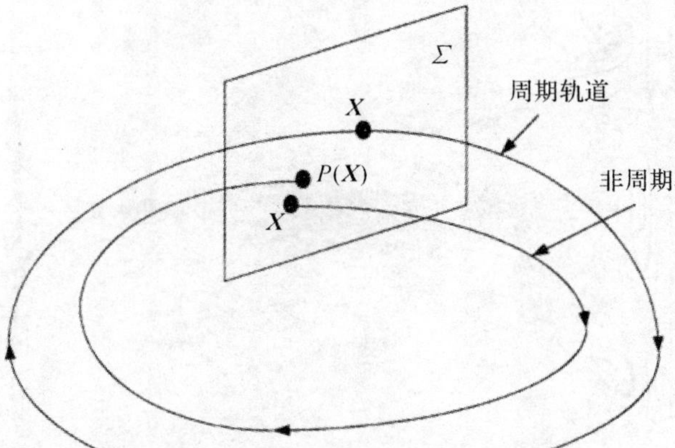

图 3-11　庞加莱(Poincaré)映射示意图

庞加莱映射也可对 Σ 是光滑曲面时定义，它过点 $\boldsymbol{X}_0 \in \Sigma$，$\Sigma$ 在点 X_0 与 Γ 不相切，此时，称为曲面 Σ 在点 X_0 与曲线 Γ 横截相交，Σ 面也称为庞加莱截面。

利用庞加莱截面可以得到离散动力学系统，通过分析周期轨道上离散的点，可以得到原动力学系统的特性[161]。

3.4.1　坐标轴截面法

为了保证所取庞加莱截面与相流横截相交，通常可将截面选在 x 轴上，即由 $y=0$ 所确定的超平面，取轨道与 x 轴的交点为截面点，这里我们按如下方法选取积分初始状态：在 x 轴上 $[0,0.9]$ 区间内以相同间隔均匀选取一系列点作为初始位置，以垂直于 x 轴的速度作为初始速度，并且保证所有初始状态具有相同的 Jacobi 能量 C。通过对大量初始状态进行积分，所得的截面交点通常能够在庞加莱截面上显现出一定的结构特征，通过分析这些特征能够使我们对平面 CRTBP 相空间整体结构有所了解。

图 3-12 显示了在地月系统($\mu=0.012\ 15$，$C=3.17$)下，按以上方法选取初值，对每条轨道积分 1 000 个单位时间所得到的庞加莱截面，可以发现平面 CRTBP 下的庞加莱截面具有复杂而精细的结构，首先注意到所有截面点均落在沿 x 轴对称的一个区域内，这是由于所有状态点均处于同一 Jacobi 能量流形上，而该区域是能量流形在 x-$\dot{x}$ 平面上的投影。截面内的区域可以明显地分为两种：一种是有序的、充满环状结构的区域，另一种则是无明显规律、充满噪点的混沌区。

根据动力学系统 KAM 理论(Kolmogorov-Arnold-Moser theorem)[162]，每一个环状结构(也称为 KAM 环)都对应着一条准周期轨道(见图 3-13(b))，而在一系列 KAM 环的中心，存在着一条周期轨道(见图 3-13(a))，在环状结构之外，混沌区占据了几乎所有的区域，我们称其为混沌海(chaos sea)。处于混沌区的相流通常对初值极其敏感，微小的扰动会导致完全不同的相流，这便给轨道的计算和预测带来了困难，但这也意味着新的轨道设计可能性。通过利用混沌轨道的敏感性，可以使航天器在混沌海占据的一大片相空间区域内来回跳转，并且只需要消耗极小的轨道机动能量。

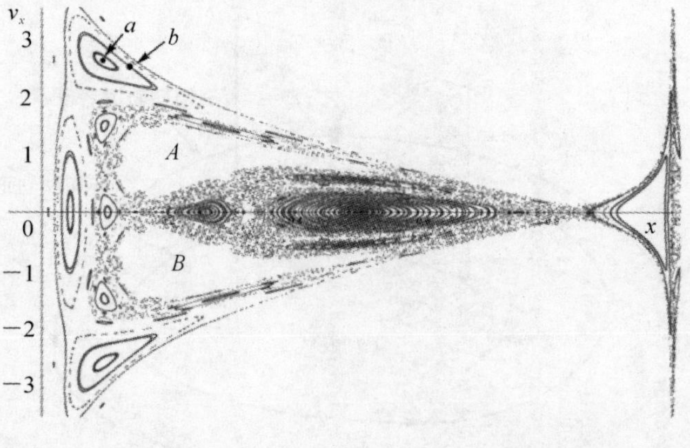

图 3-12　地月系统($\mu = 0.012\,15, C = 3.17$)下以 x 轴为截面得到的 $x - \dot{x}$ 庞加莱截面图

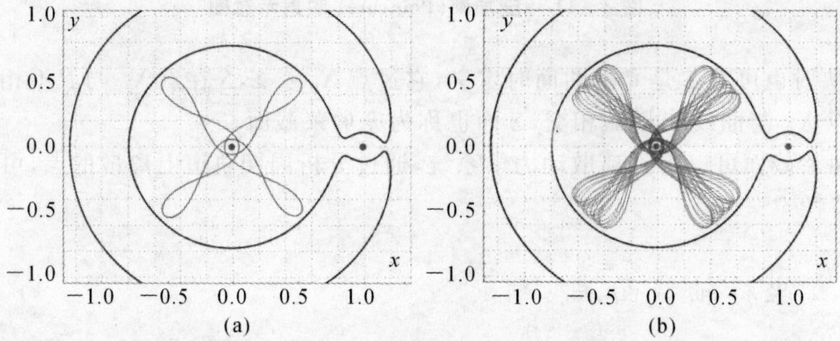

图 3-13　图 3-12 中 a 点和 b 点状态所对应的轨道

(a) 图 3-12 中 a 点状态所对应的轨道；(b) 图 3-12 中 b 点状态所对应的轨道

由于所选择的积分初始状态全部位于 x 轴的一段区间内，该区间相当于相空间内的一个线段，因此也可以将庞加莱截面视作该线段在庞加莱映射作用下不断变化的集合。根据前面的分析可以判断，线段的映射在 KAM 环区域仍应保持一定的有序结构，而在混沌海区域将破碎分离，通过在 x 轴上[0,0.9]区间内取一系列更密集的初始状态点($n=5\times10^3$)并对其积分较短的时间($t=60$)，可得到图 3-14，证明了以上的判断。

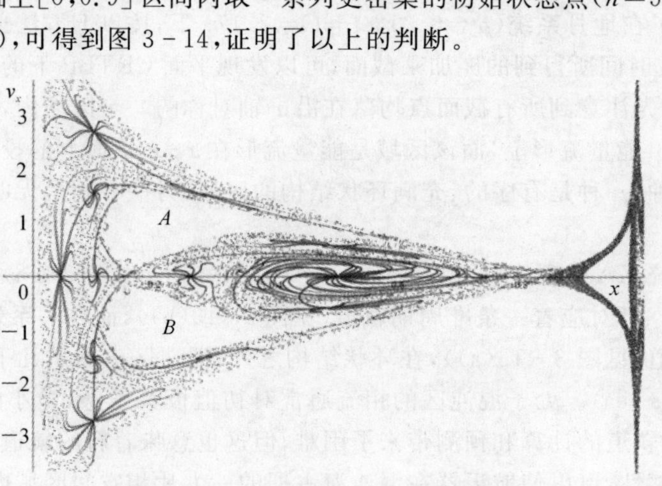

图 3-14　地月系统($\mu = 0.012\,15, C = 3.17$)下以 x 轴为截面得到的 $x - \dot{x}$ 庞加莱截面图(取 $n = 5\times10^3$ 个初始状态点，并积分 60 个单位时间)

由图 3-14 可以看出，线段在 KAM 环区域内虽发生了扭曲变形，但仍保持一维拓扑结构，这种结构在混沌海区域内不再保持，只能观察到无序的噪点。另外也注意到，在图 3-14 中可以很容易地确定各个周期轨道的位置，因为它们由映射曲线在 KAM 环区域内的交点给出。

在图 3-12 和图 3-14 中可发现存在两块空白区域（区域 A 和 B），区域内始终无相流经过，并且不在混沌海内。该区域与初始状态的选取有关，由于我们只选择了一个相空间的子集作为积分初值，所以庞加莱截面上可能无法显示出全部的相空间结构。这个问题可以通过直接在图中空白区域内选取适量的点作为积分初始状态并对其进行积分的方法来解决，从而补全庞加莱截面上的相流结构，其结果如图 3-15 所示。可以发现，A 和 B 是两个 KAM 环区域。

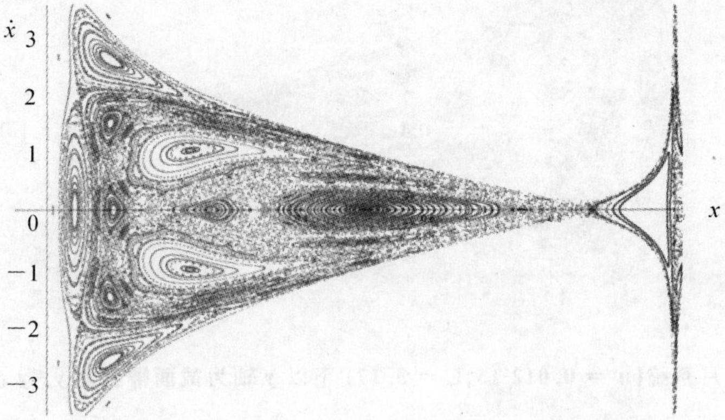

图 3-15　通过在空白区域内选取适量的点作为初始状态，得到了完整的 x-$\dot{x}$ 庞加莱截面图

随着 Jacobi 能量的变化，相流结构也会发生显著的改变，图 3-16 给出了 Jacobi 能量 C 逐渐增大时对应的一系列庞加莱截面。

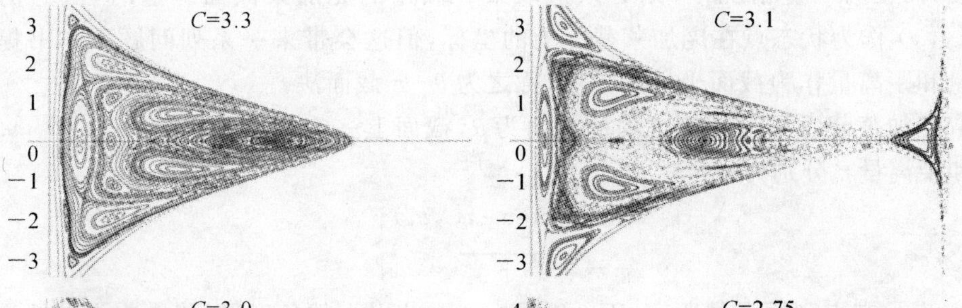

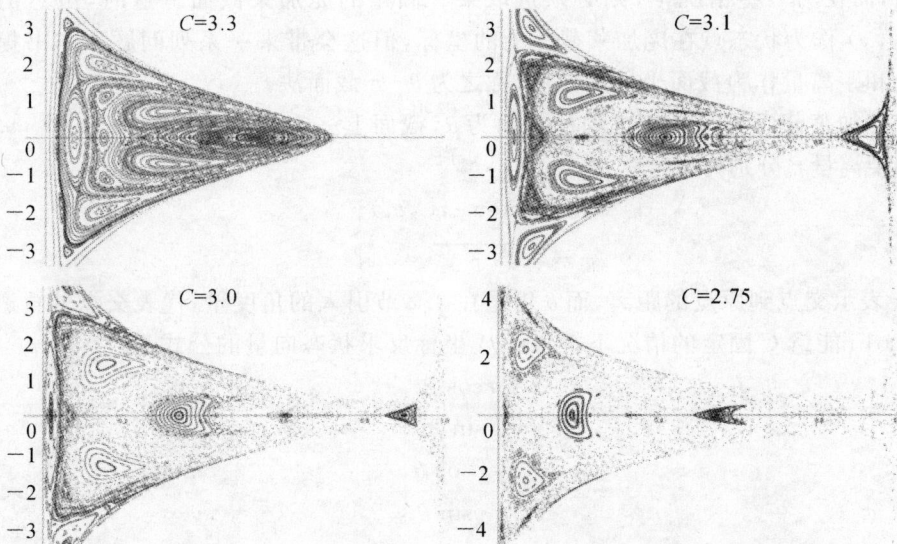

图 3-16　地月系统（$\mu = 0.012\ 15$）内 x-$\dot{x}$ 庞加莱截面结构随 Jacobi 能量的增大而变化的情况（较大的 C 值对应较低的 Jacobi 能量）

随着Jacobi能量的增大，航天器所能到达的相空间区域变大，但KAM环结构逐渐遭到破坏，取而代之的是扩大的混沌区域，在$C=2.75$的情况下，有序结构已经不多，相空间被大片混沌区域占据。由于y轴也具有与相流横截相交的特性，因此也可作为庞加莱截面，采用与前面相同的积分初值，可得到图3-17所示庞加莱截面。可以看出，与x轴截面最明显的不同是该截面不再具有对称性，但在整体拓扑结构上与x轴截面保持一致。这也验证了对于同一动力学系统，所有适当选取的庞加莱截面都具有拓扑共轭性的结论。

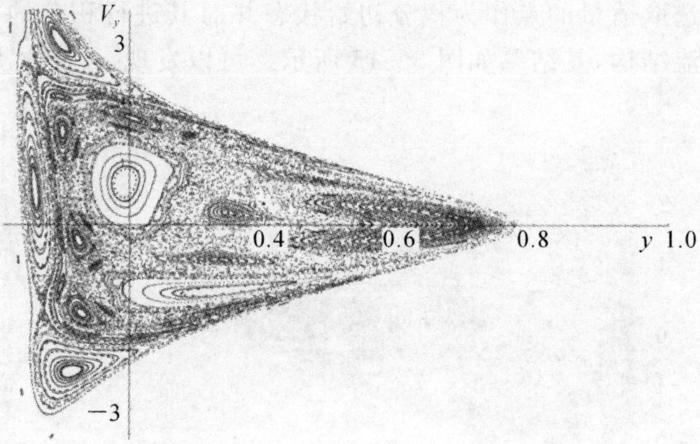

图3-17　地月系统($\mu=0.012\,15, C=3.17$)下以y轴为截面得到的$y-\dot{y}$庞加莱截面图

3.4.2　角度-距离截面法

庞加莱截面的选取并不要求与坐标轴平行，有时选取具有一定倾角的截面会给问题的研究带来方便，而在另一些情况下，则必须选取某一倾角的庞加莱截面。这时，虽然仍可选取$(x,\dot{x})$或$(y,\dot{y})$作为状态点在庞加莱截面上的坐标，但这会带来一系列问题。本书提出一种采用角度量和距离量作为截面坐标的方法，称之为$\theta-r$截面法。

设所取庞加莱截面与x轴正方向的夹角为β，截面上一交点的状态为(x,y,v_x,v_y)，则取角度量θ和距离量r分别为

$$\left.\begin{aligned}\theta&=\arctan\,(v_x,v_y)\\ r&=\sqrt{x^2+y^2}\end{aligned}\right\}\tag{3.32}$$

显然，r表示交点到原点的距离，而θ仍是在3.2节引入的角度量，代表交点处轨道速度的方向，在Jacobi能量C固定的情况下，由(r,θ)坐标反求状态向量的公式为

$$\left.\begin{aligned}x&=r\cos\beta\\ y&=r\sin\beta\\ v_x&=v\cos\theta\\ v_y&=v\sin\theta\end{aligned}\right\}\tag{3.33}$$

其中

$$v=\sqrt{2\left[\frac{1-\mu}{(\mu+r\cos\beta)^2+r^2\sin^2\beta}+\frac{\mu}{\sqrt{(-\mu-r\cos\beta+1)^2+r^2\sin^2\beta}}+\frac{1}{2}(r^2\sin^2\beta+r^2\cos^2\beta)\right]-C}\tag{3.34}$$

为说明 $\theta-r$ 截面坐标相对于一般 $(x,\dot{x})$ 或 $(y,\dot{y})$ 坐标的优越性，计算图 3-18 所示地月系统 L_1 点 Lyapunov 轨道的不稳定流形的庞加莱截面，分别取截面倾角为 100°，130°，160° 和 170°，将所得截面曲线绘制于同一幅图中，图 3-19 显示了以 (r,θ) 作为截面坐标和以 $(y,\dot{y})$ 作为截面坐标得到的结果。

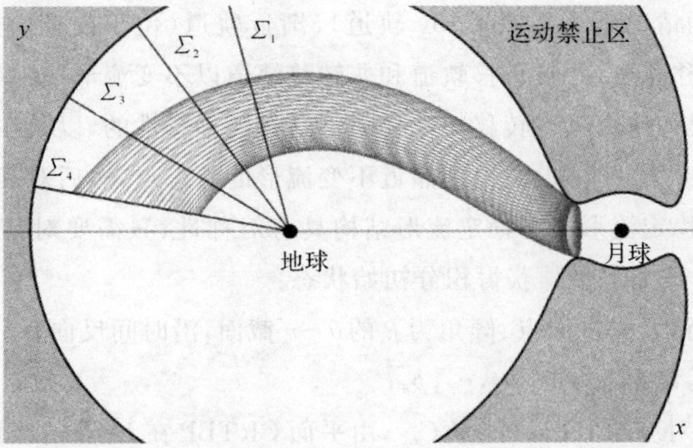

图 3-18　在地月系统($\mu = 0.012\ 15, C = 3.16$)中，选取倾角不同的四个庞加莱截面 $\Sigma_1, \Sigma_2, \Sigma_3$ 和 Σ_4，得到 L_1 点 Lyapunov 轨道不稳定流形的庞加莱截面图

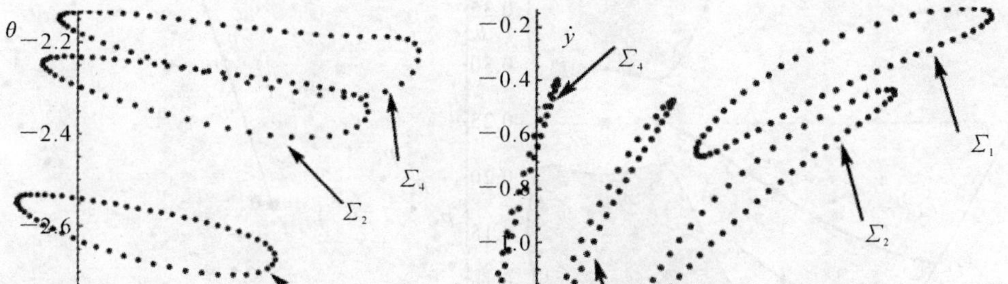

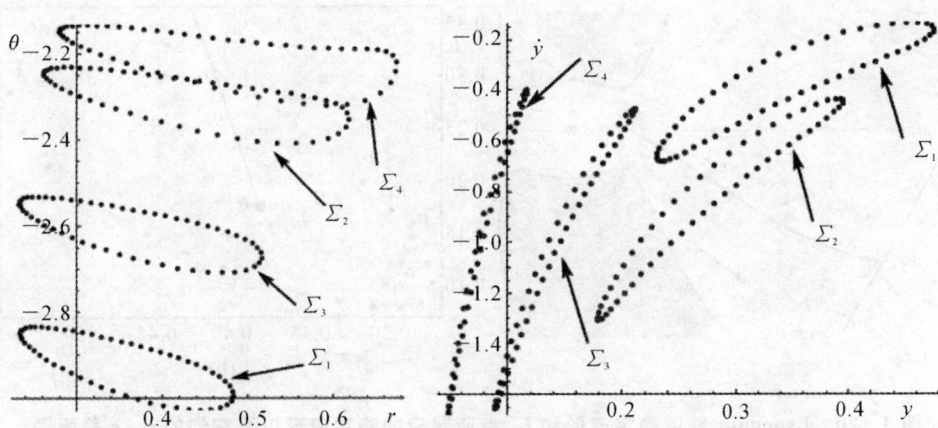

图 3-19　图 3-18 中庞加莱截面 $\Sigma_1, \Sigma_2, \Sigma_3$ 和 Σ_4 所对应的截面图

(a) 以 (r,θ) 作为截面坐标；　(b) 以 $(y,\dot{y})$ 作为截面坐标

可以看出，随着截面倾角的增大，$(y,\dot{y})$ 坐标下的流形截面被不断拉伸和挤压，在 $\beta=170°$ 时，具体结构已很难辨认，而 (r,θ) 坐标下的流形截面始终保持相对清晰的几何特征。另外，$(y,\dot{y})$ 坐标存在极限情况，当 $\beta=180°$ 时，所有截面点都集中在 $y=0$ 上，$(y,\dot{y})$ 坐标失效，而 (r,θ) 坐标却不存在这样的情况，随着 β 角的变化，$\theta-r$ 截面始终保持连续性。在后面的讨论中(如第 5 章)可以看到，$\theta-r$ 截面法还具有其他优点。

3.4.3 共线平动点区域相流的扭转特性

由于CRTBP中共线平动点L_1,L_2和L_3附近具有类似的相流结构，这里仍以地月系统L_1点附近的相流结构为例进行研究。根据G. Gomez，Koon[156]等人的论述，L_1点附近的轨道可以分为周期轨道（平面情况下为Lyapunov轨道）、渐近轨道（位于周期轨道不变流形上的轨道）、转移轨道和非转移轨道，并且转移轨道和非转移轨道以不变流形作为分界。那么，在不变流形区域附近，相流是如何由具有转移特性变为不具有转移特性的，以及在该变化过程中相流本身具有什么特点呢？为此，可设法得到靠近不变流形的状态点，然后对其进行积分来观察相流的演化情况。由于稳定流形与不稳定流形结构具有对称性，只需要对其中一种进行研究。这里结合$\theta-r$截面法按如下步骤获得积分初始状态：

(1) 如图3-20所示，取过原点、倾角为β的$\theta-r$截面，沿时间反向积分得到Lyapunov轨道稳定流形的截面点，设为$p_1,p_2,p_3,\cdots,p_n$；

(2) 计算L_1点所对应的Jacobi能量C_{L_1}，由平面CRTBP在L_1点的线性化方程得到L_1点的稳定方向，在能量C_{L_1}下沿此方向积分可得通过L_1点的稳定流形，这时的稳定流形退化为一条轨道，以该轨道与$\theta-r$截面的交点作为中心点o；

(3) 取$q=\{q_i \mid q_i=o+k(p_i-o),i=1,2,\cdots,n\}$作为积分初始状态。

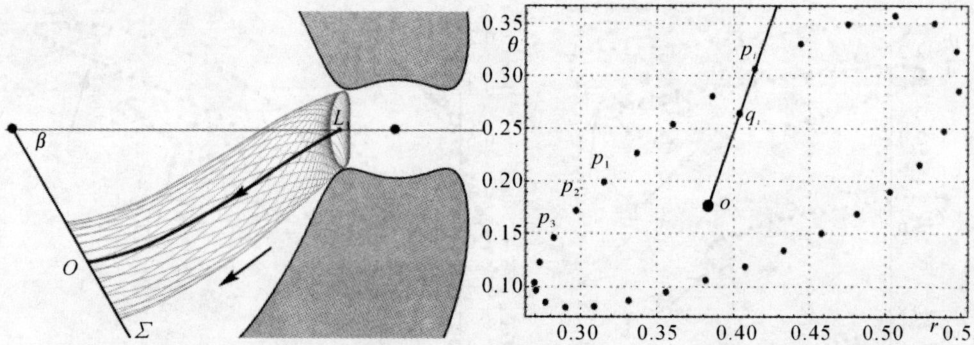

图3-20 Lyapunov轨道稳定流形和L_1点所对应的稳定流形以及它们的$\theta-r$截面图

(a)Lyapunov轨道稳定流形和L_1点所对应的稳定流形； (b)稳定流形的$\theta-r$截面图

显然，当$k=1$时q为稳定流形上的状态，若取k接近1，可得到接近稳定流形的状态，当$k<1$时得到流形内部的状态，当$k>1$时得到流形外部的状态，对q沿时间正向积分便可观察其相流在L_1点附近的演化情况。

按照以上方法，首先考察稳定流形内部的相流，如图3-21所示，取$k=0.98$，积分终止$\theta-r$截面为过月球且垂直于x轴的截面。正如所料，流形内部相流全部具有转移特性，并且注意到当相流接近L_1点区域时，会像Lyapunov轨道一样具有绕L_1点顺时针旋转的趋势，并会在L_1点附近停留较长时间。

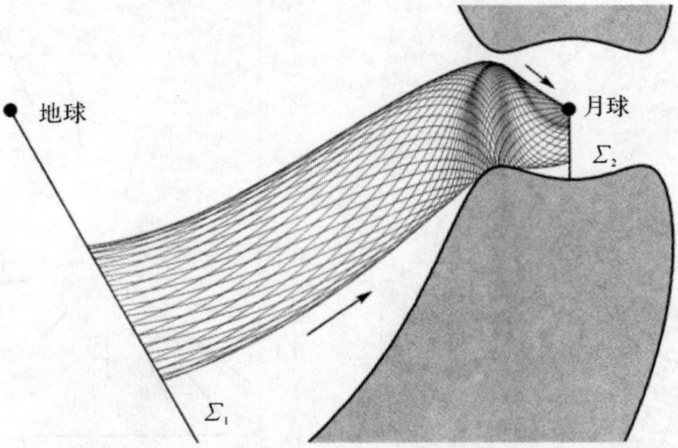

图 3-21 由 $\theta-r$ 截面 Σ_1 出发的稳定流形内部相流经过 L_1 点区域后到达月球附近截面 Σ_2

下面取流形内部不同程度靠近流形的状态(对应不同的 k 值)进行积分,观察其在通过 L_1 点区域前后的庞加莱截面 Σ_1 和 Σ_2,如图 3-22 所示。可以清楚地发现,相流在通过 L_1 点区域后被扭转了,并且越接近稳定流形的相流,被扭转的程度越严重,而对应的极限情况就是位于稳定流形上的渐近轨道,这时相流需要绕 L_1 点旋转无限圈并接近 Lyapunov 周期轨道。L_1 点区域相流的扭转特性还会带来另外一个效应,那就是相流在 L_1 点区域停留的时间变长。当相流接近流形时,需要在 L_1 点区域运动很长时间才能到达月球附近区域,而当相流距离流形较远时,则可迅速通过 L_1 点区域。

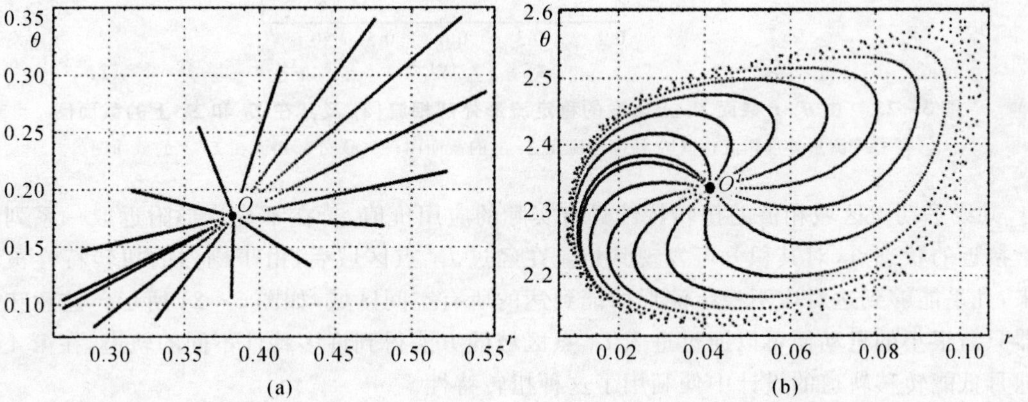

图 3-22 稳定流形内部相流在初始 $\theta-r$ 截面 Σ_1 和终止 $\theta-r$ 截面 Σ_2 上的截面图

(a) 在初始 $\theta-r$ 截面 Σ_1 上的截面图; (b) 在终止 $\theta-r$ 截面 Σ_2 上的截面图

类似地,考察稳定流形外部的相流特征,如图 3-23 所示,可发现接近流形的外部相流在 L_1 点区域仍具有扭转特性,在离开 L_1 点区域后,相流会沿 Lyapunov 轨道不稳定流形重新返回地球附近区域。同样,与内部情况类似,外部相流越靠近稳定流形,扭转程度越严重,并会在 L_1 点区域停留更长的时间。

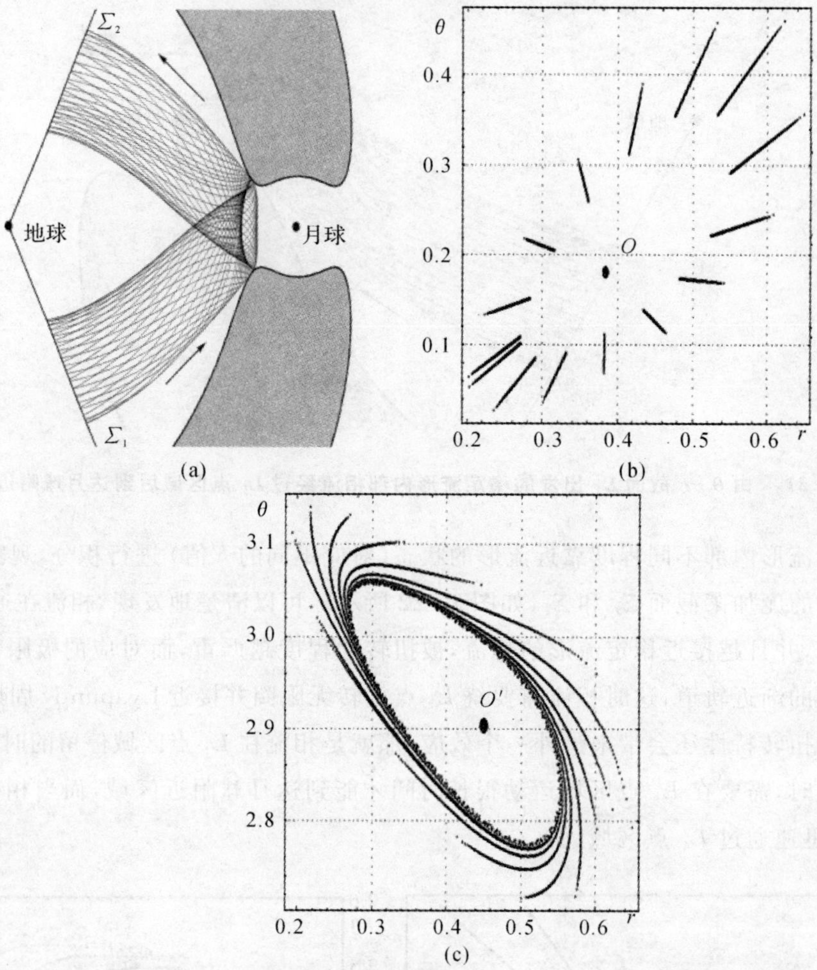

图 3-23　由 $\theta-r$ 截面 Σ_1 上出发的稳定流形外部相流(a)及其在 Σ_1 和 Σ_2 上的截面图

(a) 稳定流形外部相流；(b) 外部相流在 Σ_1 上的截面图；(c) 外部相流在 Σ_2 上的截面图

共线平动点区域相流的扭转特性具有实际的应用价值，若在不变流形附近取一系列相互非常接近的状态点，对其积分可发现其相流在经过 L_1 点区域后，由于剧烈的扭转特性被散布开来，几乎能够到达对应不稳定流形所能到达的所有空间区域，如图 3-24 所示。这意味着航天器只需很小的机动便可以通过进入 L_1 点区域的方法得到许多特性不同的轨道，在第 4 章介绍地月低能转移轨道的设计中便利用了这种扭转特性。

3.4.4　相流的转移特性

相流的转移特性是指相流在 CRTBP 动力学作用下，是否能够自行由一个位置区域（如地球附近）转移到另一个位置区域（如月球附近）的特性，这种自然的转移通常充分利用了 CRTBP 动力学的特性，可以看作是引力加速的一种形式，在进行深空探测任务的设计时，利用具有转移特性的相流有可能得到燃料消耗更少的飞行方案。

虽然基于 G. Gomez 和 Koon[156] 的理论可知 Lyapunov 轨道不变流形管道内部的相流具

有转移特性，但是不变流形的这种管状结构并不能长期保持，随着积分时间的延长，流形管道不但会发生扭曲，而且会发生破裂。

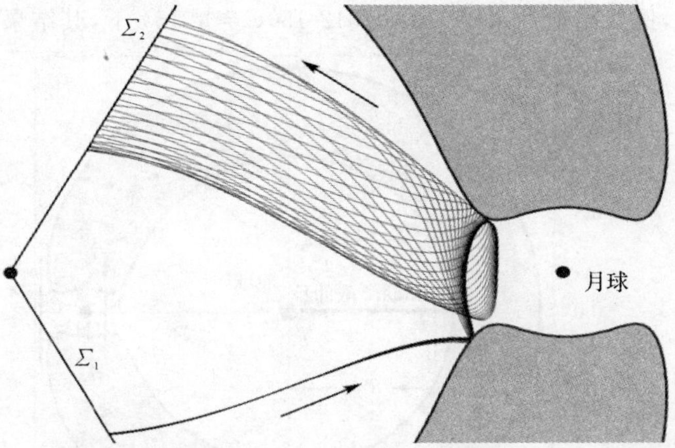

图 3-24　由 $\theta-r$ 截面 Σ_1 上出发的一系列位于稳定流形外部的相流，其初始状态非常接近，在经过 L_1 点区域后，由于剧烈的扭转特性被散布开来

图 3-25 显示了对 Lyapunov 轨道稳定流形积分得到两次庞加莱截面的情况，可以看出，在流形第二次与庞加莱截面相交之前，已经有一部分稳定流形穿过 L_1 点区域，到达了月球附近，这使得流形庞加莱截面图的封闭环形结构遭到破坏，从而也无法判断哪些区域处于稳定流形内部。

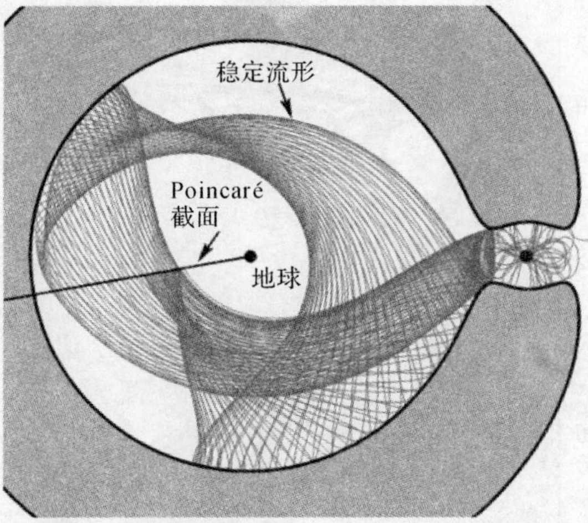

图 3-25　在地月系统($\mu=0.012\ 15, C=3.15$)下，对 Lyapunov 轨道稳定流形积分得到两次庞加莱截面时，已经有一部分稳定流形穿过 L_1 点区域，到达了月球附近，从而无法与庞加莱截面第二次相交

在流形管道破裂的情况下，为了进一步研究哪些相流具有转移特性，这里采用了一种打靶方法。如图 3-26 所示，选取 x 轴负方向为庞加莱截面 Σ，并以 (r,θ) 作为截面坐标，则地球附近所有轨道都将与 Σ 相交，且所有交点都处在 $\{(r,\theta)\mid 0<r\leqslant R, -\pi<\theta\leqslant\pi\}$ 的矩形范围内，因此该状态范围能给出地球附近相流结构的完整描述。我们在矩形范围内取均匀分布的

点阵作为初始状态点，对其在一定时间 T 内积分，若相流能够到达月球附近的靶平面 A，则判定该相流在积分时间内具有转移特性。通过这种方法，可以在截面 Σ 上标示出所有具有转移特性的初始状态点，例如在地月系统（$\mu=0.012\ 15, C=3.15$）下，其结果如图 3－27 所示。

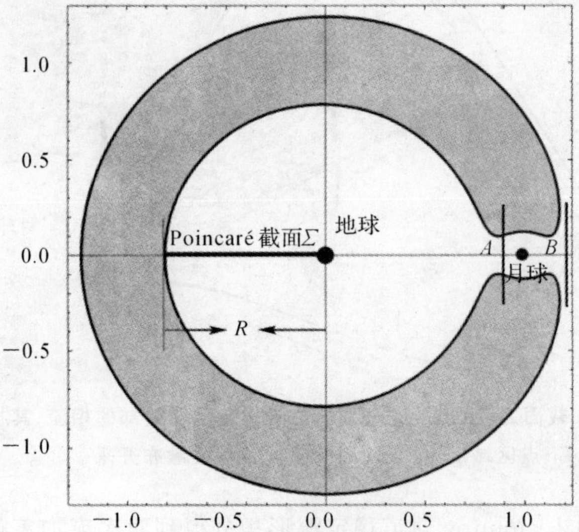

图 3－26　打靶方法示意图

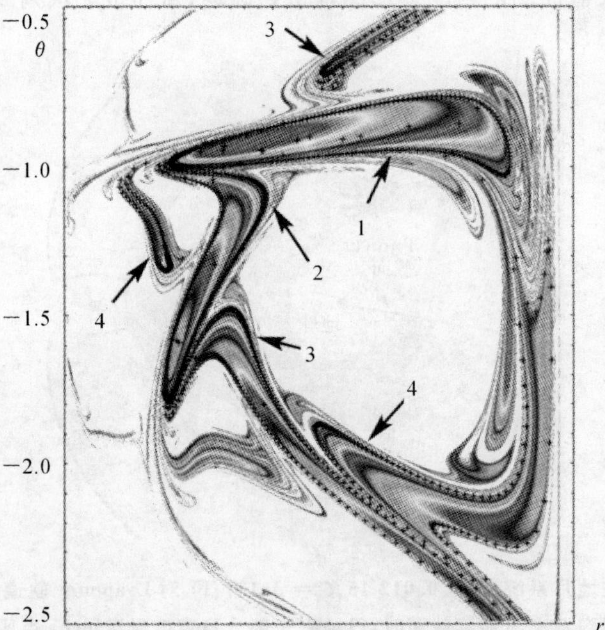

图 3－27　采用打靶方法得到的庞加莱(Poincaré)截面 Σ 上具有转移特性的状态点，以图 3－26 中 A 平面为靶平面，每个状态点的积分时间为 $T=60$，图中以"十"号标出了稳定流形与 Σ 相交的截面点，序号表示相流第几次与 Σ 相交($\mu=0.012\ 15, C=3.15$)

为了显示出转移特性区域的内部结构，图 3－27 中以不同深浅的颜色表示相流到达靶平面的时间，另外图中也给出了 L_1 点 Lyapunov 轨道稳定流形与 Σ 四次相交的截面点。可以看出，在第四次相交时，流形管道已经严重扭曲和破碎，除了在管道结构破碎前所确定的转移区域（曲线 1,2 内部）外，还存在大量具有转移特性的状态，并且这些状态的集合具有复杂的结构。同时还可以发现，在曲线 1,2 的边缘，颜色迅速变化，这说明相流到达靶平面的时间变化很快，这也验证了上一小节有关 L_1 点区域相流扭转特性的论述。

同样地，也可以选取图 3－26 中的 B 平面作为靶平面，这时将得到具有由地球附近区域到月球附近区域再到外部区域转移特性的相流，如图 3－28 所示。显然它是图 3－27 所示状态集合的子集，在 Jacobi 能量 $C=3.15$ 时，能够转移到外部区域的相流只占所有转移相流的一小部分。

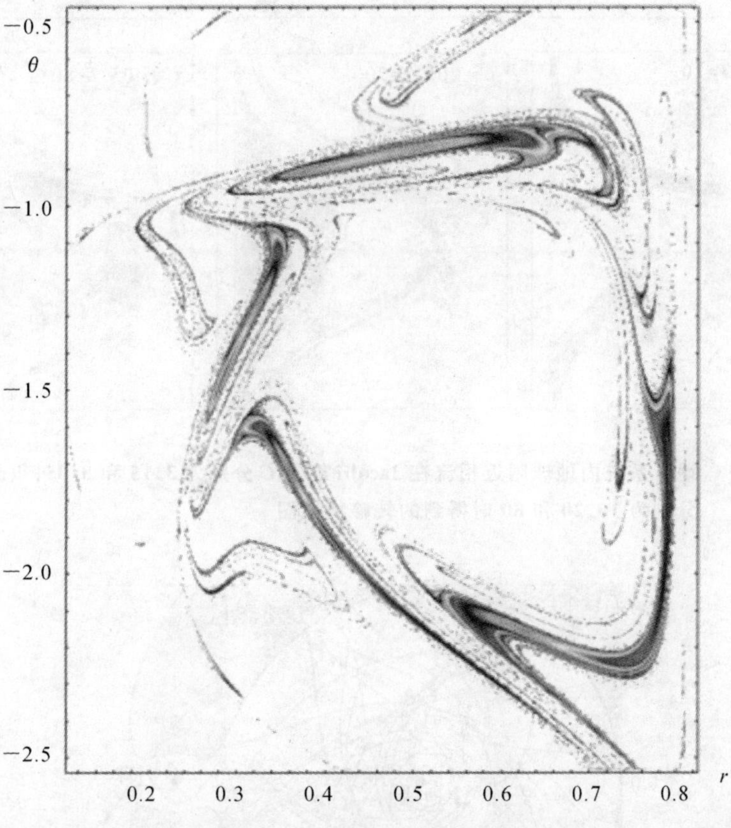

图 3－28　以图 3－26 中 B 平面作为靶平面得到的具有地球附近区域 → 月球附近区域 → 外部区域转移特性的相流

图 3－29 给出了相流转移特性随积分时间 T 和 Jacobi 能量 C 变化的情况，可以看出，随着 Jacobi 能量的增大，相空间具有转移特性的区域变大，相流更容易从地球附近到达月球附近。同样，随着积分时间的延长，越来越多的区域具有了转移特性，新出现的区域通常形状很不规则，有一些还具有明显的混沌特征。当然，新出现区域内的相流需要在地球附近运行更长的时间后才能通过 L_1 点颈部区域到达月球附近。

另外可以发现，随着时间的增大，一些 r 坐标值更小的状态点具有了转移特性，如图 3－29 中的点 P，其对应轨道如图 3－30 所示，这代表具有转移特性的相流到达了距地球更近的位置。充分利用这种轨道，可以设计能量消耗较低，但飞行时间较长的地月转移轨道。

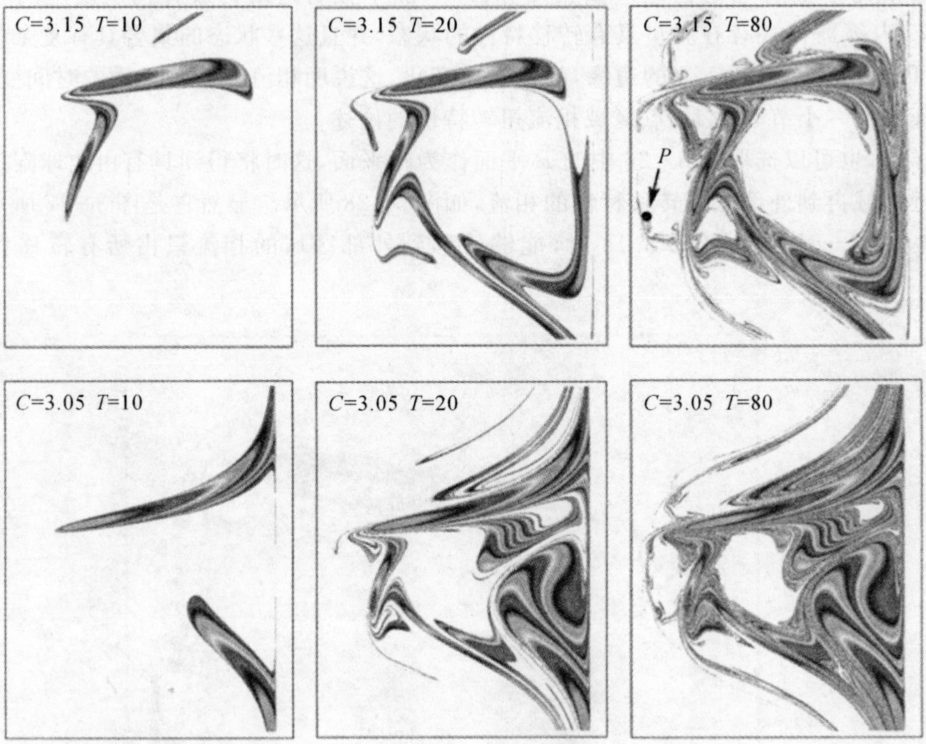

图 3-29　地月系统内地球附近相流在 Jacobi 能量 C 分别为 3.15 和 3.05，积分时间 T 分别为 10，20 和 80 时得到的转移特性图

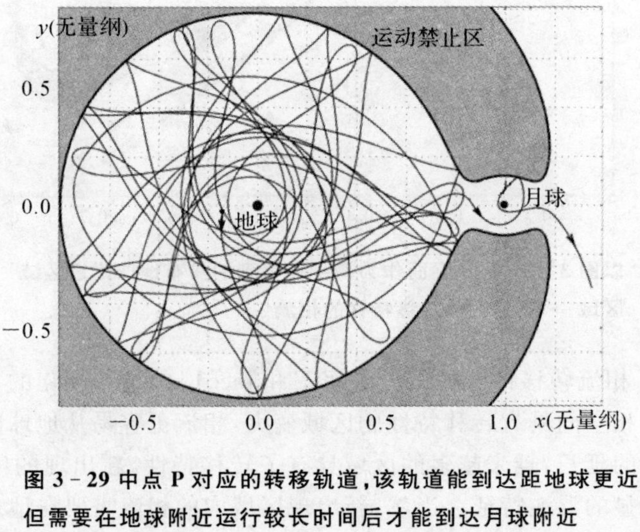

图 3-30　图 3-29 中点 P 对应的转移轨道，该轨道能到达距地球更近的位置，但需要在地球附近运行较长时间后才能到达月球附近

本章对圆形限制性三体问题的平面情况进行了研究，在介绍了经典微分校正方法的基础上，给出了一种计算 Lyapunov 轨道的新方法，即构造流函数法。该方法不需要以近似解析解作为迭代初值，不受非线性的影响，可以在近似解析解失效的情况下求取周期轨道数值解。利用该方法可以计算一大类具有 x 轴对称性的周期轨道。设计了平面圆形限制性三体问题相空间的三维表示方法，保持了相流的连贯性并消除了伪交点，通过将相流可视化，使限制性三体问题的许多动力学特征变得显而易见，也使我们可以有针对性地进行下一步深入研究。最后，介绍了庞加莱截面方法，提出了一种用角度－距离坐标表示庞加莱截面的新方法，基于该方法，研究了共线平动点区域相流的扭转特性和整体相流的转移特性。数值仿真结果揭示了CRTBP具有复杂的动力学行为，通过充分利用这些特征，可以完成很多传统设计方法无法完成的深空探测任务。

第4章　基于不变流形的转移轨道设计

本章将在前一章的基础上研究平面圆形限制性三体问题模型下两个基于不变流形的转移轨道设计问题。

月球探测轨道设计一直是国内外深空探测研究的热点之一。1968 年 Conley[155] 研究了平动点附近的相流结构，认为平动点轨道的不变流形将分为穿越轨道与非穿越轨道，而穿越轨道即可用来构造地月低能转移轨道。同时，McGehee[163] 也研究了平动点附近的运动形态，得到了类似的结果。E. Belbruno 等人[164] 在 1987 年用数值方法发现了借助太阳引力的地月低能转移轨道，后来发展成为弱稳定边界(WSB)理论。W. S. Koon 等人[165] 在四体模型下研究平动点流形的延伸情况，敏锐地意识到经过地月系统 L_2 点的流形管道与日地系统 L_2 点的流形管道相交，可能导致月球弹道捕获。类比 Apollo 型基于圆锥曲线拼接设计的直接转移，Koon 考虑实施不变流形拼接，即将太阳-地球-月球-航天器构成的四体问题分解成为两个圆形限制性三体问题(CRTBP)，将上述两个流形管道在适当的庞加莱(Poincaré)截面内进行拼接，通过优化算法得到位置及速度均连续的轨迹即为 Belbruno 所发现的 WSB 转移。Koon 的工作是基于日地系统 L_2 点流形进行的，发现通过选择合适的拼接相位角，同样可使地月系统 L_2 点的流形管道与日地系统 L_1 点的流形管道相交，从而设计基于日地系统 L_1 点流形的地月低能转移轨道。

地月系统平动点 L_1 点位于地球和月球之间，其特殊的空间位置和动力学特性使其对于深空探测具有重要意义，该点附近的周期轨道不受大气阻力影响，没有空间碎片、原子氧等侵袭，空间物资运输方便，且非常适合于进一步的深空探测，是建立太空基地和星际航行港的最佳选择。由于该点流形无法到达地球附近，因此需要采用新的方法来设计 L_1 点与地球之间的转移轨道。

4.1　地月低能转移轨道设计

相对于日地系统 L_2 点的流形，L_1 点流形具有如下特点：在相同的 Jacobi 能量下，L_1 点流形能够到达距地球更近的位置，如图 4-1 所示。这意味着若使 L_1 点、L_2 点的流形距地球最近的距离均等于停泊轨道的高度，则 L_1 点流形所处的 Jacobi 能量等级将低于 L_2 点流形的，因此在进行流形拼接时将有可能得到能量消耗更小的转移轨道，并且由于日地系统 L_1 点距离地球比 L_2 点更近(见图 4-1)，利用 L_1 点流形设计的转移轨道将有可能具有更短的飞行时间。本节将首先建立四体问题的双圆模型，给出会合坐标系之间的状态向量变换方法，通过选择合适的庞加莱(Poincaré)截面将日地系统 L_1 点流形和地月系统 L_2 点流形进行拼接，分析坐标变换导致的 Jacobi 能量不守恒问题。为了减小拼接点燃料消耗，将采用 $\theta-r$ 截面法，然后应用参数化方法求解庞加莱截面上的拼接初始状态向量。最后将对基于日地系统 L_1 点和 L_2 点流形所设计的转移轨道进行对比，从而证明基于 L_1 点流形的转移轨道将具有更低的燃料消耗和更短的飞行时间。

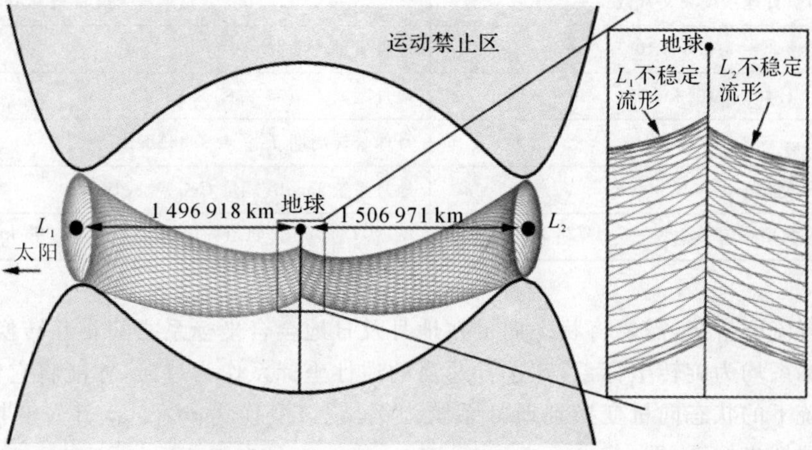

图 4-1　日地系统 L_1 点流形能够到达距地球更近的位置，并且 L_1 点距离地球比 L_2 点更近（日地系统 Jacobi 能量 $C_{SE}=3.000\ 88$）

4.1.1　四体问题双圆模型及其坐标变换

由于直接研究四体问题比较困难，现有的分析工具较少，对于太阳-地球-月球-航天器四体系统，这里将根据其特点将其解耦为两个限制性三体系统，称之为四体问题的双圆模型。如图 4-2 所示，将太阳、地球和月球构成一个圆形限制性三体问题（CRTBP），会合坐标系原点在日地质心；将地球、月球和航天器构成另一个圆形限制性三体问题（CRTBP），会合坐标系原点在地月质心。双圆模型的初始状态由初始相位角 θ_0 确定，模型所采用的天文常数如表 4-1 所示。

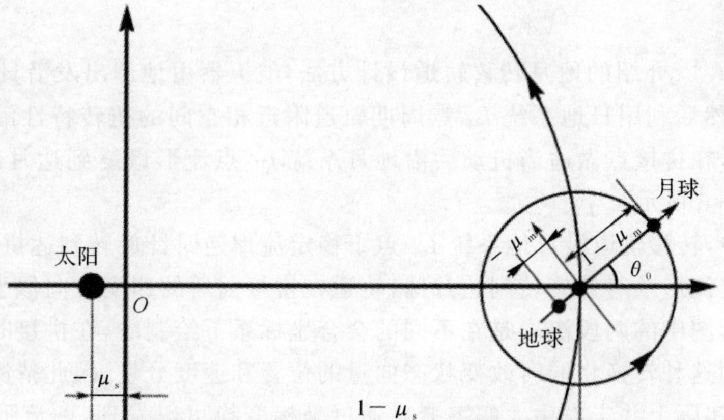

图 4-2　太阳-地球-月球-航天器四体系统的简化双圆模型

表 4-1 双圆模型所采用的天文常数

日地系统天文常数	地月系统天文常数
日地质量比参数 $\mu_{SE}=3.036\times10^{-6}$	地月质量比参数 $\mu_{EM}=0.012\ 15$
日地距离 $L_{SE}=1.496\times10^{8}$ km	地月距离 $L_{EM}=3.85\times10^{5}$ km
地球公转周期 $T_{ES}=3.156\times10^{7}$ s	月球公转周期 $T_{ME}=2.361\times10^{6}$ s
日地系统 Jacobi 能量 $C_{SE}=3.000\ 8$	地月系统 Jacobi 能量 $C_{EM}=3.16$
L_1 点 Lyapunov 轨道幅值 $A^{y}_{SEL_1}=781\ 724$ km	L_2 点 Lyapunov 轨道幅值 $A^{y}_{EML_2}=31\ 068$ km

为了进行流形拼接,需要将状态向量在地月及日地会合坐标系之间相互转换。由于地月、日地会合坐标系均为旋转坐标系,需选择适当的惯性坐标系作为过渡,才能将它们联系起来。以将日地系统下的状态向量变换到地月系统为例,记该变换为 $\boldsymbol{\Phi}_{SE\to EM}$,首先变换到以地月质心为原点的惯性坐标系,即

$$\boldsymbol{X}_{SE}^{in}=\boldsymbol{R}(t_{SE})\boldsymbol{X}_{SE}^{ro}+\boldsymbol{B}(-1+\mu_{SE}),\quad \boldsymbol{R}(t)=\begin{bmatrix}\cos t & -\sin t & 0 & 0\\ \sin t & \cos t & 0 & 0\\ -\sin t & -\cos t & \cos t & -\sin t\\ \cos t & -\sin t & \sin t & \cos t\end{bmatrix} \tag{4.1}$$

其中,t_{SE} 为日地系统下的无量纲时间,$\boldsymbol{X}_{SE}^{in}$ 为日地惯性坐标系下的状态向量,$\boldsymbol{X}_{SE}^{ro}$ 为日地会合坐标系下的状态向量,$\boldsymbol{B}=[1\quad 0\quad 0\quad 0]^{T}$。然后进行单位转换,变为地月系统下的无量纲量:

$$\boldsymbol{X}_{SE}^{in,pos}=\frac{L_{SE}}{L_{EM}}\boldsymbol{X}_{EM}^{in,pos},\quad \boldsymbol{X}_{EM}^{in,vel}=\frac{L_{SE}/T_{SE}}{L_{EM}/T_{EM}}\boldsymbol{X}_{SE}^{in,vel},\quad t_{EM}=\frac{T_{SE}}{T_{EM}}t_{SE} \tag{4.2}$$

最后进行旋转变换,得到地月会合坐标系下的状态向量

$$\boldsymbol{X}_{EM}^{ro}=\boldsymbol{R}(t_{M}+\theta_0)\boldsymbol{X}_{EM}^{in} \tag{4.3}$$

由地月系统向日地系统的变换(记为 $\boldsymbol{\Phi}_{EM\to SE}$)是上述变换的逆过程,这里不再赘述。

4.1.2 流形的选取与拼接

类似于 Koon[165] 介绍的地月转移轨道设计方法,航天器由地球出发沿日地系统 L_1 点稳定流形接近 L_1 点,然后利用日地系统 L_1 点周期轨道附近相空间的扭转特性沿不稳定流形到达拼接庞加莱截面,在拼接点做适当机动后沿地月系统 L_2 点流形最终到达月球附近。因此,流形的拼接如图 4-3 所示。

在图 4-3 中,转移轨道沿日地系统 L_1 点不稳定流形逆时针旋转到达拼接截面,然后沿地月系统 L_2 点稳定流形顺时针旋转到达月球,轨道在拼接前后的速度方向似乎发生了突变。但进一步分析发现,图中的两段流形是在不同的会合坐标系下绘制的,在拼接时需进行会合坐标系之间的转换,而这种转换将同时改变状态向量的位置和速度分量,因此猜测轨道在拼接点的速度方向及大小实际上并未发生大幅突变。通过坐标变换可以发现,两流形在截面处的速度基本一致。为验证此假设,将日地系统 L_1 点不稳定流形上一系列轨道与庞加莱截面的交点按上节给出的坐标变换全部变换到地月系统下,并绘制出各点的速度方向和大小,如图 4-4 所示。

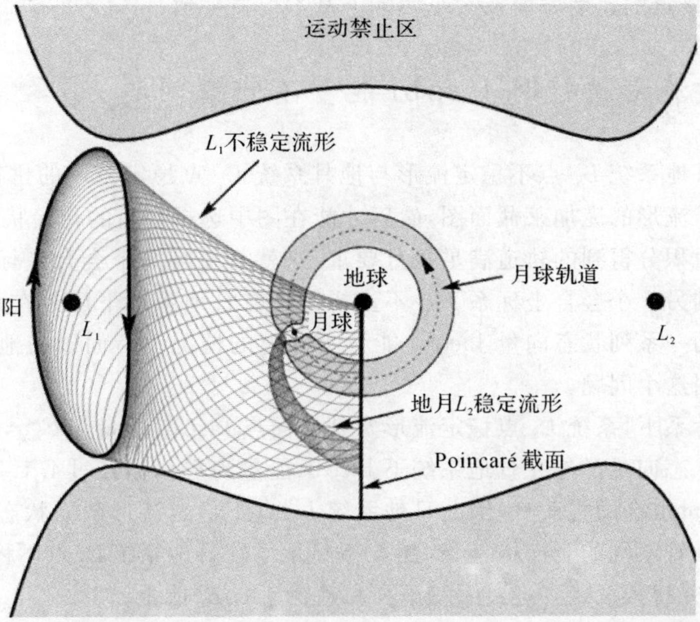

图 4－3　日地和地月系统流形的选取与拼接

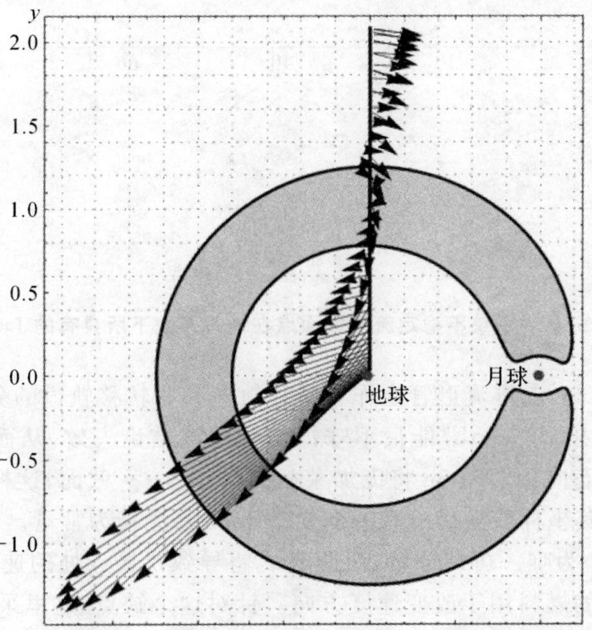

图 4－4　日地系统不稳定流形截面点在地月系统下的速度向量

由图 4－4 可以看出，随着日地系统 L_1 点不稳定流形截面点离地月系统坐标原点越来越远，其在地月系统下的速度方向确实由逆时针方向变为顺时针方向，这是由于地月会合坐标系为逆时针旋转坐标系，坐标变换会使截面点获得一个与距原点距离成正比的顺时针方向速度增量。当距原点足够远时，该增量将大于截面点本身的速度，从而使速度方向发生改变。计算表明，轨道在拼接点的速度方向及大小实际上基本保持一致。

4.1.3 流形拼接时 Jacobi 能量不守恒问题

为了实现日地系统 L_1 点不稳定流形与地月系统 L_2 点稳定流形的拼接，需要在同一坐标系下绘制这两个流形的庞加莱截面图，然后才能在图中选择合适的初始状态向量，使其沿时间变量向前或向后积分得到的轨道满足探月要求，这就需要将一个会合坐标系下得到的截面点状态向量变换到另一个会合坐标系下。不论拼接是在日地系统下还是在地月系统下进行，都会遇到变换后的一系列状态向量 Jacobi 能量不守恒的情况。下面以在地月坐标系下进行流形拼接为例说明这个问题。

在地月坐标系下，系统 L_2 点稳定流形及其截面点 Jacobi 能量为 C_{EM}，日地系统 L_1 点不稳定流形截面点状态向量虽然在日地系统下 Jacobi 能量为 C_{SE}，但经过 4.1.1 小节所介绍的坐标变换，Jacobi 能量也会随之改变，因此日地系统 L_1 点不稳定流形截面状态向量变换到地月系统下时可能会具有不同的 Jacobi 能量，图 4-5 显示了在日地系统 L_1 点不稳定流形截面上依次取 80 个状态点并将其变换到地月系统下所具有的 Jacobi 能量。

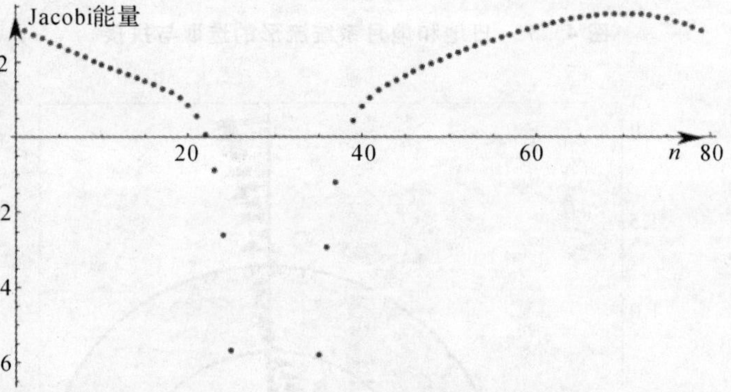

图 4-5 日地系统不稳定流形截面点在地月系统下所具有的 Jacobi 能量

由 Conley 的结论知，二维流形管道作为转移轨道和非转移轨道的分隔存在于 Jacobi 能量为常量的三维能量面内，而 Jacobi 能量不守恒将导致该结论失效，从而无法由庞加莱截面上一点直接反算出其状态向量。Koon 将庞加莱截面取作 $y-\dot{y}$ 截面，这样必须在拼接点引入适当的速度增量 Δv，使其坐标变换后的状态向量的 Jacobi 能量为常量。由于拼接点处$(x,y,\dot{y})$分量已经确定，所以 $\dot{x}$ 为唯一可调节量，而调节 $\dot{x}$ 将导致拼接点处的速度方向发生突变，并因此在机动时消耗一定的燃料用于改变速度方向。针对这个缺点，这里采用了角度(θ)-距离(r)变量来表示庞加莱截面的方法。

4.1.4 庞加莱截面和拼接点轨道机动的计算

这里用截面点的速度方向 θ 和截面点距截面原点的距离 r 这两个独立的变量来表示截面点的状态。在地月坐标系下取倾角为 β 的截面，如图 4-6 所示。设截面点状态为(x,y,v_x,v_y)，则其对应的 $\theta-r$ 截面点为

$$(r_1,\theta_1)=\varphi_{s\to\theta-r,\mathrm{EM}}(x,y,v_x,v_y)=\left(\sqrt{x^2+y^2},\arctan\frac{v_x}{v_y}\right) \tag{4.4}$$

相反地，设 $\theta-r$ 截面点为 (r,θ)，则其对应的状态向量为

$$\varphi_{\theta-r\to s,\mathrm{EM}}(r,\theta)=(r\cos\beta,r\sin\beta,v\cos\theta,v\sin\theta) \tag{4.5}$$

其中

$$v=\sqrt{2\left(\frac{1-\mu_{\mathrm{EM}}}{(\mu_{\mathrm{EM}}+r\cos\beta)^2+r^2\sin^2\beta}+\frac{\mu_{\mathrm{EM}}}{(-\mu_{\mathrm{EM}}-r\cos\beta+1)^2+r^2\sin^2\beta}+\frac{1}{2}(r^2\sin^2\beta+r^2\cos^2\beta)\right)-C_{\mathrm{EM}}}$$

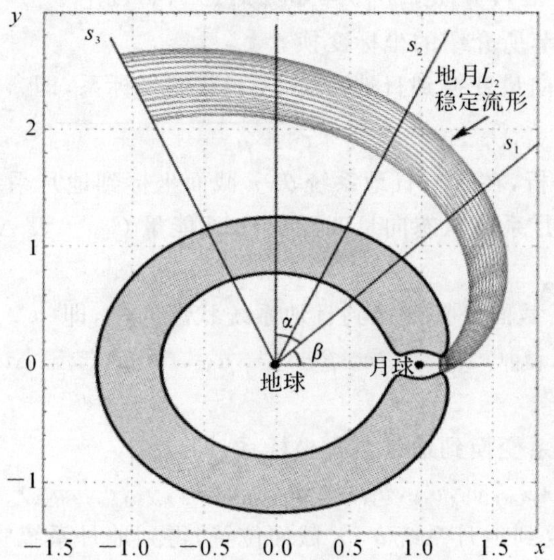

图 4-6　选取不同倾角的庞加莱截面

图 4-7 显示了日地系统 L_1 点不稳定流形和地月系统 L_2 点稳定流形在日地会合坐标系 $\theta-r$ 截面内拼接的情况，由于在 $\theta-r$ 截面内拼接的是位置和速度方向，由式(4.5)可知，当 Jacobi 能量改变时，速度大小 v 为唯一可调节量，因此基于 $\theta-r$ 截面的拼接可保证速度方向的连续性，并将所有的速度增量用于 Jacobi 能量的改变上，从而使燃料消耗最小化。

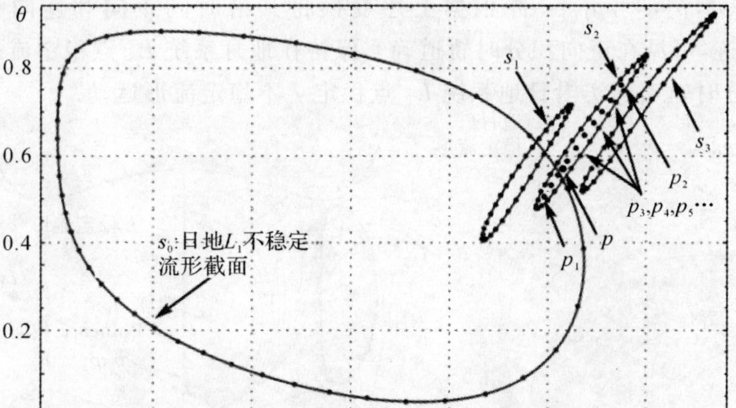

图 4-7　流形在日地会合坐标系 $\theta-r$ 截面内的拼接，地月稳定流形截面曲线 s_1,s_2,s_3 对应图 4-6 中不同倾角的庞加莱截面

设地月系统 L_2 点稳定流形的庞加莱截面点状态向量为 $(x_0, y_0, v_{x0}, v_{y0})$，$\alpha$ 为图 4-6 中日地-地月系统拼接相位角，则地月系统状态向量到日地系统 $\theta-r$ 截面坐标的变换可分为如下几步：

(1) 旋转相位角 α 使地月系统 $\theta-r$ 截面与日地系统 $\theta-r$ 截面重合，即

$$(x_1, y_1, v_{x1}, v_{y1}) = \boldsymbol{R}(\alpha)(x_0, y_0, v_{x0}, v_{y0}) \tag{4.6}$$

(2) 将地月会合坐标系变换到日地会合坐标系，即

$$(x_2, y_2, v_{x2}, v_{y2}) = \boldsymbol{\Phi}_{\mathrm{EM}\to\mathrm{SE}}(x_1, y_1, v_{x1}, v_{y1}) \tag{4.7}$$

其中，$\boldsymbol{\Phi}_{\mathrm{EM}\to\mathrm{SE}}$ 为 4.1.1 小节所介绍的坐标变换。

(3) 将日地系统状态向量变换到日地系统 $\theta-r$ 截面坐标系，即

$$(r,\theta) = \boldsymbol{\varphi}_{\mathrm{s}\to\theta-r,\mathrm{SE}}(x_2, y_2, v_{x2}, v_{y2}) = \left(\sqrt{|x_2+\mu_{\mathrm{s}}-1|^2+|y_2|^2}, \arctan(v_{x2}, v_{y2})\right) \tag{4.8}$$

根据 4.1.3 小节的分析，在进行日地系统 $\theta-r$ 截面坐标到地月系统状态向量的变换时，需引入轨道机动 Δv 以使地月系统状态向量匹配 Jacobi 能量 C_{EM}。设 Δv 大小为未知量，则变换分为如下几步：

(1) 由日地系统 $\theta-r$ 截面坐标变换到日地系统状态向量，即

$$(x_3, y_3, y_{x3}, y_{y3}) = \boldsymbol{\varphi}_{\theta-r\to\mathrm{SE}}(r,\theta) = (r\cos\beta + 1 - \mu_{\mathrm{SE}}, r\sin\beta, (v+\Delta v)\cos\theta, (v+\Delta v)\sin\theta) \tag{4.9}$$

(2) 由日地会合坐标系变换到地月会合坐标系，即

$$(x_4, y_4, v_{x4}, v_{y4}) = \boldsymbol{\Phi}_{\mathrm{SE}\to\mathrm{EM}}(x_3, y_3, v_{x3}, v_{y3}) \tag{4.10}$$

(3) 旋转 $-\alpha$ 角，回复到地月系统 $\theta-r$ 截面位置，得到地月系统状态向量

$$(x_5, y_5, v_{x5}, v_{y5}) = \boldsymbol{R}(-\alpha)(x_4, y_4, v_{x4}, v_{y4}) \tag{4.11}$$

由 Jacobi 能量匹配得到方程

$$2\left(\frac{\mu_{\mathrm{s}}}{(-\mu_{\mathrm{s}}-x_5+1)^2+y_5^2} + \frac{1-\mu_{\mathrm{s}}}{\sqrt{(\mu_{\mathrm{s}}+x_5)^2+y_5^2}} + \frac{1}{2}(x_5^2+y_5^2)\right) + v_{x5}^2 + v_{y5}^2 = C_{\mathrm{EM}} \tag{4.12}$$

解得轨道机动 Δv 后再次带入上述变换过程可得到地月系统状态向量。在图 4-8(a) 中取一系列截面点 $\{p_1, p_2, \cdots, p_{10}\}$，并根据上述变换将其沿时间正向和逆向积分，得到如图 4-8(b) 所示轨迹，可见在正向积分时轨道确实保持在地月系统 L_2 点稳定流形内并到达月球附近，而逆向积分时轨道确实沿日地系统 L_1 点稳定 / 不稳定流形运动。

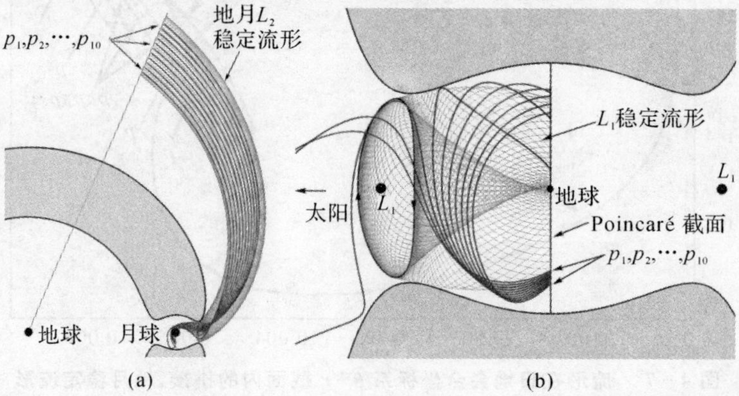

图 4-8　截面点 $p_1, p_2, \cdots, p_{10}$ 正向积分和逆向积分时得到的转移轨道

(a) 正向积分时得到的转移轨道；(b) 逆向积分时得到的转移轨道

4.1.5　庞加莱截面上积分初始状态的选择

根据第 3 章的分析可知，在图 4-7 所示的庞加莱截面上，探月轨道的积分初始状态应选在日地系统 L_1 点的不稳定流形截面曲线 s_0 外，并且在地月系统 L_2 点的稳定流形截面曲线 s_2 内，这里提出首先采用如下参数化方法构造初始状态函数，然后通过牛顿(Newton)迭代法求解参数取值来确定积分初始状态点的方法。首先在 s_2 曲线的内部取两点 p_1 和 p_2(坐标分别为 (r_{p1},θ_{p1}) 和 (r_{p2},θ_{p2}))，使 p_1 位于 s_0 内、p_2 位于 s_0 外并离 s_0 尽量远，然后在 p_1 和 p_2 的连线上寻找一点 p，其坐标为

$$(r_p,\theta_p)=(r_{p1},\theta_{p1})+k(r_{p2}-r_{p1},\theta_{p2}-\theta_{p1}),\quad (k\in[0,1]) \tag{4.13}$$

使 p 点逆向积分时能到达地球附近，这样就将在 s_2 内寻找 p 点的问题转化为在[0,1]范围内寻找 k 值的问题。对于不同的 k 值将 p 点对应状态逆向积分至再次到达庞加莱截面，如图 4-8(b) 所示，取交点到截面原点(地球)的距离为 d，则 d 随 k 变化的曲线如图 4-9(a) 所示。

当 k 在区间[0,0.2]内时，初始状态点落在 s_0 内，对应逃逸轨道，因此逆向积分时无法到达庞加莱截面(例如图 4-8 中截面点 p_1 对应的轨迹)。采用牛顿迭代法可解得曲线上 d 等于停泊轨道半径的 k 值(图中为 a 点，$k=0.26$)。需要注意的是，由于日地系统 L_1 点的不稳定流形附近相空间的扭转特性，k-d 曲线在趋近 $k=0.2$ 时会反复震荡并取得 d 等于停泊轨道半径的一系列 k 值，但由于震荡集中在 $k=0.2$ 附近一个极小的邻域内，而在图 4-9(a) 中无法看出，因此将 k 坐标用 $k=\lg(k-0.2)$ 替代，来绘制 k-d 曲线，从而展开 $k=0.2$ 附近的邻域，如图 4-9(b) 所示。

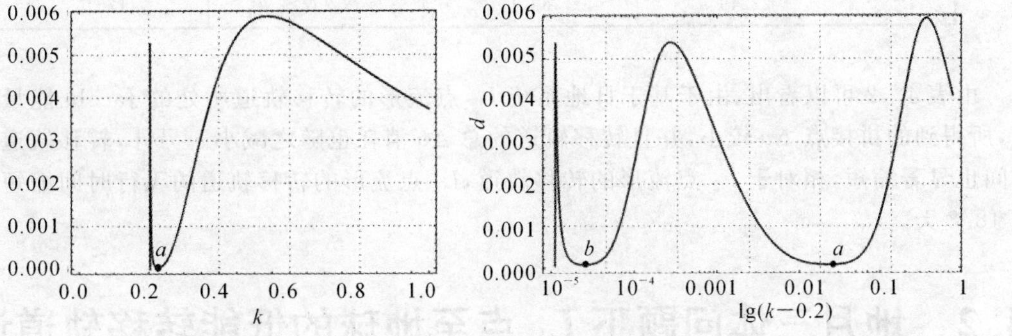

图 4-9　截面点到地球的距离 d 随 k 值变化的曲线

(a) k-d 曲线；(b) 用 $k=\lg(k-0.2)$ 替代 k 所绘制的 k-d 曲线

图 4-9(b) 中的 a 点和 b 点所对应的飞行轨道分别如图 4-10(a) 中的 γ_2 和 γ_1 所示。显然，轨道 γ_1 相对于 γ_2 多绕 L_1 点运行一周。为了得到最短的飞行时间，将 a 点对应的 k 值代入式(4.13)确定积分初始状态点，最终所得的探月轨道 γ_2 在日地会合坐标系和地月会合坐标系下的轨迹如图 4-10 所示。可以看出，由于采用了 θ-r 截面法，轨道在拼接点处是光滑的。数值计算表明，拼接点处轨道机动 Δv 的大小为 56.8 m/s，而采用 y-$\dot{y}$ 截面法得到的 Δv 为 67.9 m/s。可见，θ-r 截面法确实可以减少拼接时的燃料消耗。

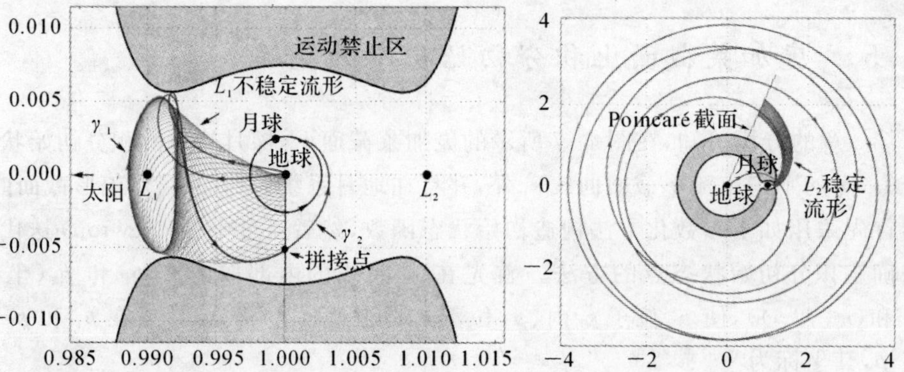

图 4-10　最终得到的探月轨道 γ_2 在日地会合坐标系和地月会合坐标系下的轨迹

(a) 探月轨道 γ_2 在日地会合坐标系下的轨迹；（b) 探月轨道 γ_2 在地月会合坐标系下的轨迹

4.1.6　数值仿真结果对比

用与本节类似的方法，在所采用数学模型相同的条件下，可以设计基于日地系统 L_2 点流形的地月转移轨道，与前面介绍的基于日地系统 L_1 点流形的转移轨道对比，所得数值结果见表 4-2。

表 4-2　基于日地系统 L_1 点和 L_2 点所设计的地月转移轨道轨道参数对比

	拼接相位角 α/(°)	拼接点 Δv/(m·s^{-1})	总 Δv 消耗 /(m·s^{-1})	飞行时间 / 天
L_1	202.92	56.8	3 183.4	151.7
L_2	23.49	69.1	3 202.5	170.5

由表 4-2 可以看出，由于基于日地系统 L_1 点流形的转移轨道所处的 Jacobi 能量等级较低，所得到的拼接点 Δv 较小，并且转移轨道的总 Δv 消耗也随之减小。另外，转移轨道的飞行时间也显著缩短，相对于 L_2 点流形的转移轨道，L_1 点流形的转移轨道的飞行时间缩短幅度达到 18.8 天。

4.2　地月三体问题下 L_1 点至地球的低能转移轨道设计

在空间飞行任务的历史中，利用拉格朗日点已完成了 6 项任务，所有这些任务都是在日地系统中开展的。这是由于日地系统 L_1 点流形能够到达地球附近，航天器可以方便地切入流形，使得转移轨道的设计较为简单。在地月系统中，L_1 点流形无法到达地球附近，因此需要采用新的方法来设计转移轨道。E. Belbruno 等人[164]在 1987 年用数值方法发现了借助太阳引力的地月低能转移轨道，后来发展成为弱稳定边界理论。W. S. Koon 等人[165]应用不变流形理论在一定意义上证明了二维情况下地月低能转移轨道的存在。F. B. Zazzera[158]基于 Lambert 弧拼接方法得到了地球至 L_1 点的转移轨道。现有的数值优化方法基本上是“摸黑”搜索低能量转移轨道，对轨道的转移机理缺乏认识。本节将介绍基于扰动流形的地月系统 L_1

点和地球停泊轨道之间转移轨道的设计方法，将首先构造扰动流形的参数化形式，通过搜索四维参数空间，给出多种经过数值优化的转移轨道；然后在总结数值仿真结果的基础上提出采用轨道角动量定性分析轨道转移机理的方法，明确从地月系统 L_1 点至地球之间转移轨道的设计应以降低轨道角动量为目标，从而克服了以往优化方法搜索的盲目性，揭示转移轨道所依据的动力学特征；最后给出基于轨道转移机理设计的低能转移轨道，以证明该方法的有效性。

4.2.1　扰动流形方法

在这里我们以从地月系统 L_1 点 Lyapunov 轨道（$A_x=10\ 470$ km，$A_y=31\ 068$ km）向地球 200 km 停泊轨道的转移为例来说明设计方法。由于 CRTBP 的对称性，由地球向地月系统 L_1 点 Lyapunov 轨道的转移轨道为这里所介绍的转移轨道沿 x 轴的镜像。由 CRTBP 动力学知，处在地月系统 L_1 点 Lyapunov 轨道上的航天器只需要很小的机动力便可进入 L_1 点不稳定流形并零消耗地沿流形滑动。由于地月系统 L_1 点不稳定流形不能到达地球附近，因此可以设法在流形上某处进行轨道机动。这种机动可以视作对原不稳定流形的速度扰动，这里将扰动后不稳定流形的演化称为扰动流形。若以航天器离开 Lyapunov 轨道的时刻为零时刻算起，设速度扰动施加的时刻为 Δt，扰动大小为 Δv_1，扰动方向与轨道速度方向的夹角为 α，则可将扰动流形表示为

$$W_{L_1,\mathrm{dis}}(\Delta t,\Delta v_1,\alpha) \tag{4.14}$$

由于流形上的每条轨道可以按其离开 Lyapunov 轨道的时刻 t 参数化，则扰动流形上的轨道可以表示为

$$l_{L_1,\mathrm{dis}}(t,\Delta t,\Delta v_1,\alpha) \tag{4.15}$$

图 4-11 显示了 $\Delta t=21.7$ 天，$\Delta v_1=400$ m/s，$\alpha=180°$ 时的扰动流形。

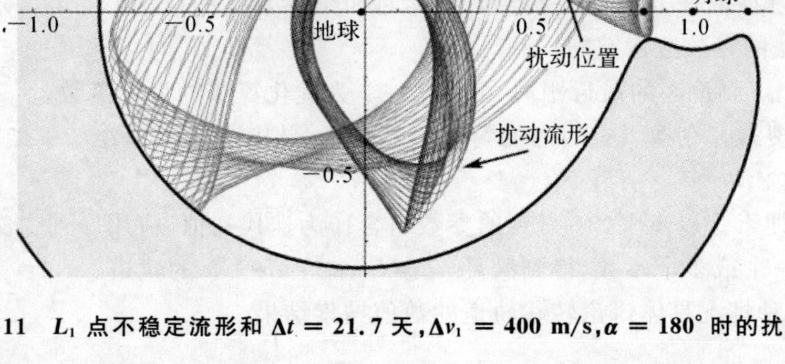

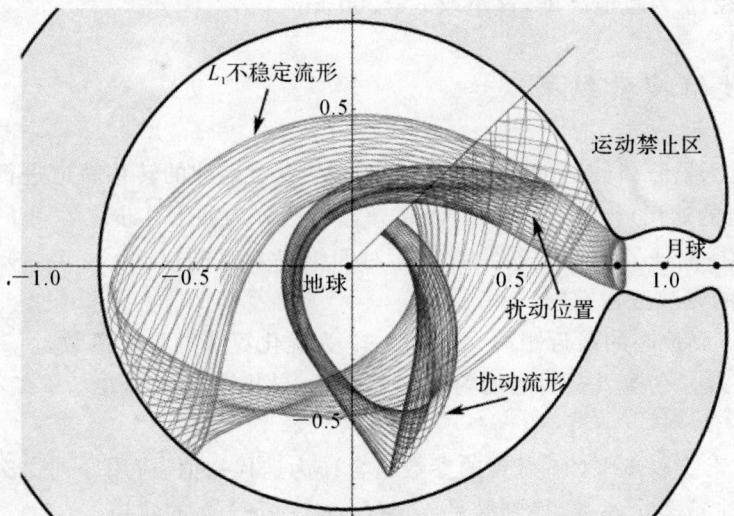

图 4-11　L_1 点不稳定流形和 $\Delta t=21.7$ 天，$\Delta v_1=400$ m/s，$\alpha=180°$ 时的扰动流形

由图 4-11 可以看出，因为引入了速度扰动，扰动流形到达了距地球更近的位置，因此通过适当选择参数 Δt，Δv_1 和 α，可使扰动流形与 200 km 地球停泊轨道相切，然后选择合适的参数

t,可在流形上找到一条与停泊轨道相切的轨道,使航天器就可以沿着该轨道从Lyapunov轨道出发,经过两次轨道机动转移到地球停泊轨道。第一次机动 Δv_1 使航天器离开 L_1 点不稳定流形进入扰动流形,第二次机动 Δv_2 使航天器由扰动流形转移到地球停泊轨道。

为了计算扰动流形,需要首先将 L_1 点的不稳定流形积分 Δt 时长,得到一系列状态向量,设其形式为 $\boldsymbol{X}=[x \quad y \quad v_x \quad v_y]^{\mathrm{T}}$,则在施加大小为 Δv、方向为 α 的扰动后得到的状态向量为

$$\boldsymbol{X}^* = [x \quad y \quad v_x^* \quad v_y^*]^{\mathrm{T}} \tag{4.16}$$

其中

$$v_x^* = \frac{\Delta v(v_x \cos\alpha - v_y \sin\alpha)}{\sqrt{|v_x \sin\alpha + v_y \cos\alpha|^2 + |v_x \cos\alpha - v_y \sin\alpha|^2}} + v_x \tag{4.17}$$

$$v_y^* = \frac{\Delta v(v_x \sin\alpha + v_y \cos\alpha)}{\sqrt{|v_x \sin\alpha + v_y \cos\alpha|^2 + |v_x \cos\alpha - v_y \sin\alpha|^2}} + v_y \tag{4.18}$$

对这一系列扰动状态向量进行积分,便可得到扰动流形。为了计算航天器在切入地球停泊轨道时所需的第二次机动 Δv_2 的大小,需要将切入点状态向量(设为 X_r)由地月会合坐标系变换到惯性坐标系下,即

$$\boldsymbol{X}_{\mathrm{in}} = \boldsymbol{R}(t)\boldsymbol{X}_r, \quad \boldsymbol{R}(t) = \begin{bmatrix} \cos t & -\sin t & 0 & 0 \\ \sin t & \cos t & 0 & 0 \\ -\sin t & -\cos t & \cos t & -\sin t \\ \cos t & -\sin t & \sin t & \cos t \end{bmatrix} \tag{4.19}$$

其中,$\boldsymbol{X}_{\mathrm{in}}$ 为切入点在地月质心惯性系下的状态向量,t 为轨道机动时刻,则

$$\Delta v_2 = |\boldsymbol{X}_{\mathrm{in}}^{\mathrm{vol}}| - v_{\mathrm{po}}, \quad v_{\mathrm{po}} = \sqrt{\frac{Gm}{R+h}} \tag{4.20}$$

其中,$\boldsymbol{X}_{\mathrm{in}}^{\mathrm{vol}}$ 为 $\boldsymbol{X}_{\mathrm{in}}$ 的速度分量,v_{po} 为停泊轨道的轨道速度,G 为系统的引力常数,m 为航天器的质量,R 为地球半径,h 为轨道高度,这里取 $h=200$ km。

4.2.2 数值搜索结果

由于地-月-航天器三体问题的非线性,下面对 L_1 点至地球的转移轨道进行数值求解。根据扰动流形上轨道的通用形式 $l_{L_1,\mathrm{dis}}(t, \Delta t, \Delta v_1, \alpha)$,算法分为如下几步:

(1) 根据实际探测任务和航天器性能指标对四维参数空间 $(t, \Delta t, \Delta v_1, \alpha)$ 进行降维或约束,确定优化算法的参数搜索空间。

(2) 选取 $l_{L_1,\mathrm{dis}}$ 到地心的最近距离 $d_{\min}(l_{L_1,\mathrm{dis}})$ 为优化算法的目标函数。

(3) 进行粗搜索。在搜索空间内均匀选择采样点,寻找满足 $d_{\min}(l_{L_1,\mathrm{dis}}) < 20\ 000$ km的参数组合。

(4) 进行精搜索。以步骤(3)得到的参数组合作为迭代初值,应用序列二次型规划(SQP)优化算法,微调一个或多个参数,得到满足 $d_{\min}(l_{L_1,\mathrm{dis}}) = R + h$ 的轨道。

下面针对几种情况具体讨论转移轨道的数值搜索结果。

1. $\boldsymbol{\Delta v_1}$ 机动方向与轨道速度方向相反的情况

在该情况下,Δv_1 全部用于减小航天器的动能,表4-3列出了所得到的三条转移轨道的相

关轨道参数，其中 ΔT 为转移轨道的飞行时间。这种情况下的典型转移轨道如图 4-12 所示。

表 4-3　反向机动的转移轨道参数

转移轨道序号	$\Delta v_1/(\mathrm{m\cdot s^{-1}})$	$\Delta v_2/(\mathrm{m\cdot s^{-1}})$	Δt/d	ΔT/d
1	1 640	2 539	32.83	35.17
2	1 572	2 587	118.97	129.5
3	1 513	2 614	72.65	76.32

该类轨道与 F. B. Zazzera[158] 基于 Lambert 弧拼接方法所得到的转移轨道类似，具有飞行时间较短的优点，对于地球到 L_1 点的转移轨道，在实际任务中 Δv_2 通常由运载火箭提供，而 Δv_1 需由航天器本身提供。由于航天器本身携带的燃料有限，因此希望 Δv_1 尽可能小，由表 4-3 可以看出，该类轨道 Δv_1 较大，实现起来较困难。

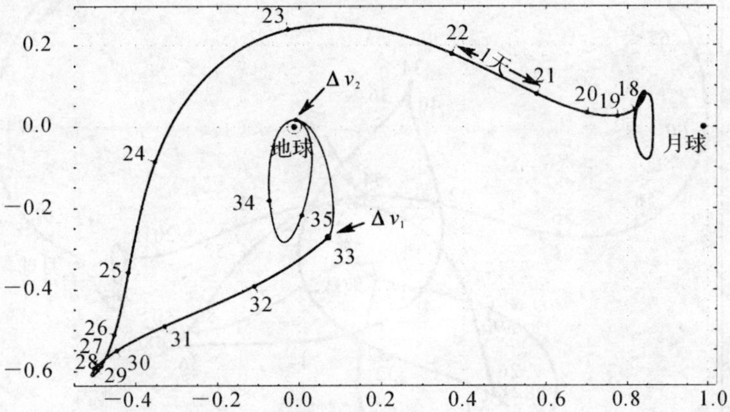

图 4-12　反向机动的转移轨道

($\Delta v_1 = 1\ 640$ m/s，　$\Delta v_2 = 2\ 539$ m/s，　$\Delta t = 32.83$ 天，　$\Delta T = 35.17$ 天)

2. Δv_1 机动方向与轨道速度方向一致的情况

在这种情况下，Δv_1 将使航天器的动能增加，图 4-13 显示了在 $t=0$，$\Delta v=180$ m/s，$\alpha=0$ 时，$d_{\min}$ 随机动时间 Δt 变化的曲线。可以看出，由于三体问题的非线性，轨道距地心的最近距离随机动时间剧烈变化，并且没有明显规律，取曲线上 $d_{\min}$ 等于停泊轨道半径的点 p，其对应的转移轨道如图 4-14 所示。表 4-4 总结了该类轨道的相关参数，该类轨道借助于增大的动能到达了月球附近，充分利用月球的引力作用使转移总能量消耗显著降低。另外，该类轨道 Δv_1 较小，但转移时间较长。

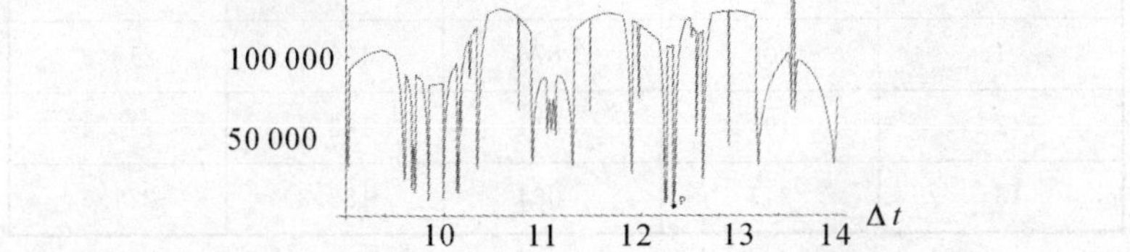

图 4-13　$d_{\min}$ 随机动时间 Δt 变化的曲线

表 4-4 径向机动的转移轨道参数

转移轨道序号	$\Delta v_1/(\mathrm{m \cdot s^{-1}})$	$\Delta v_2/(\mathrm{m \cdot s^{-1}})$	Δt/天	ΔT/天
1	180.4	2 976	53.62	90.48
2	206	2 884	114.7	155.5
3	187	2 932	148.6	192.3

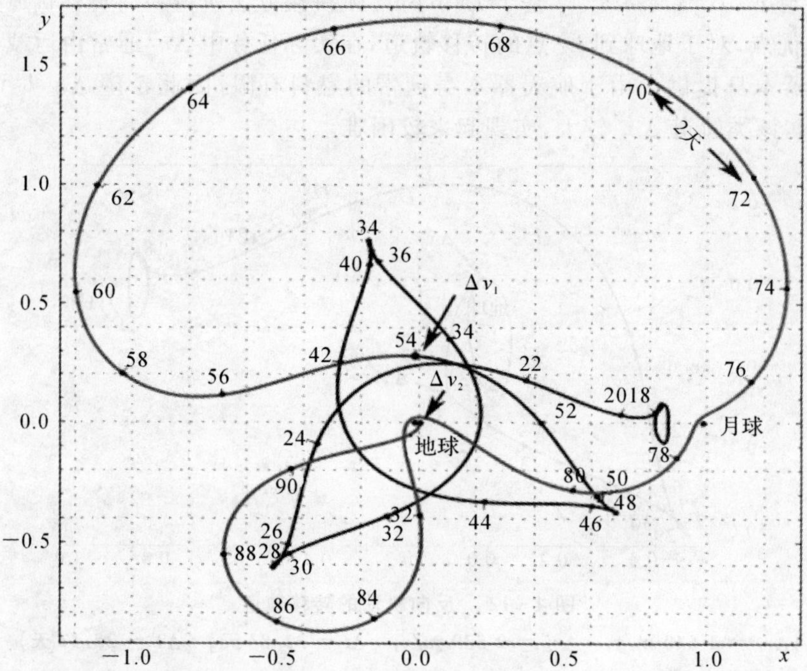

图 4-14 径向机动转移轨道

3. 机动时间 Δt 较长的情况

Δt 较长也就意味着总飞行时间较长，因此航天器有可能充分利用 CRTBP 轨道动力学特征，从而得到总能量消耗较小的转移轨道。该类型的典型轨道如图 4-15 所示，表 4-5 总结了该类轨道的相关参数。从表 4-5 可以看出，该类轨道中确实有总 Δv 较小的情况，但也发现飞行时间较长并不总意味着能量消耗较小。

表 4-5 飞行时间较长的转移轨道参数

转移轨道序号	$\Delta v_1/(\mathrm{m \cdot s^{-1}})$	$\Delta v_2/(\mathrm{m \cdot s^{-1}})$	Δt/天	ΔT/天
1	202	2 876	180.1	215.2
2	193	3 014	168.7	210.4
3	247	3 064	182.3	271.5

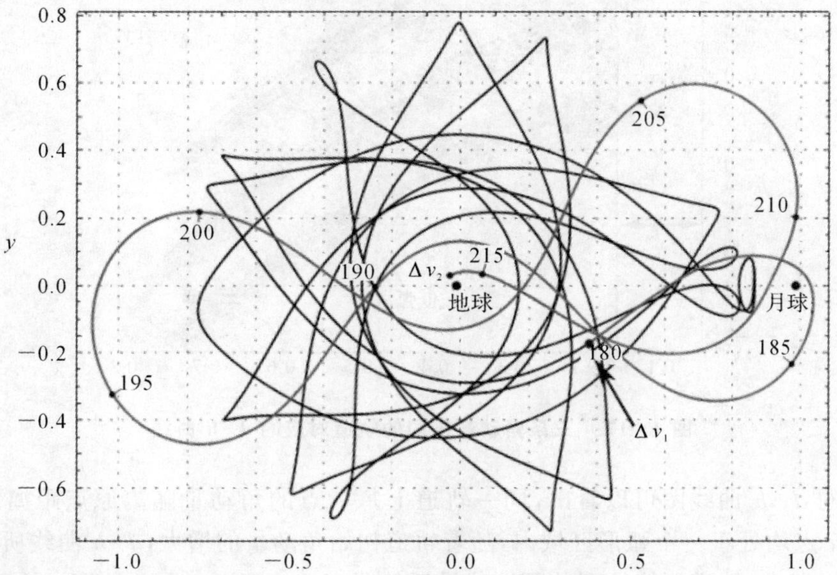

图 4-15　飞行时间较长的转移轨道

4.2.3　转移轨道机理分析

上一小节的参数空间数值搜索和优化方法并没有反映转移轨道内在的动力学原理，搜索过程具有相当的盲目性，并且由于三体问题的非线性和混沌效应，盲目地搜索并不总是能得到满足条件的优化轨道。我们通过对大量数值仿真结果的观察分析发现，虽然在 CRTBP 会合坐标系下航天器相对于原点的角动量不再守恒，但其取值依然存在一定的规律，并且是理解 L_1 点至地球转移轨道的关键。首先设航天器某时刻的状态向量为 $\boldsymbol{X}=[x \quad y \quad v_x \quad v_y]^{\mathrm{T}}$，相对于坐标系原点的角动量为 h，航天器到原点的距离为 d，则

$$h=v_y x-v_x y,\quad d=\sqrt{x^2+y^2} \tag{4.21}$$

为了说明角动量的变化规律，选取 3 条 Jacobi 能量相同而初始角动量不同的轨道，如图 4-16 所示，求取轨道上每一点所对应的(d,h)值，并将其绘制在 d-h 平面上，得到的 d-h 曲线如图 4-17 所示。

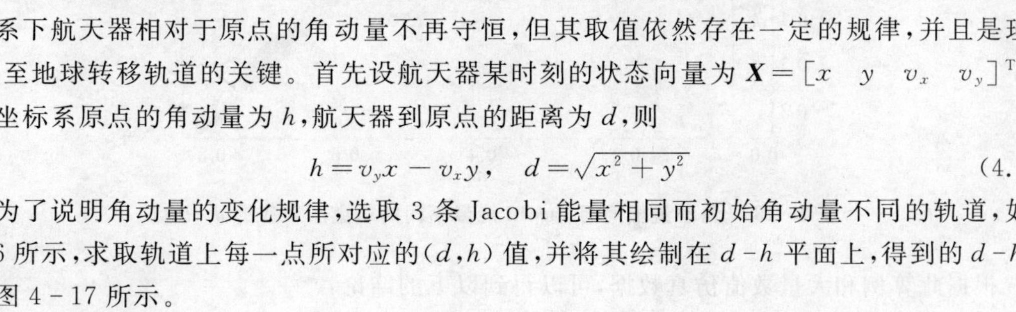

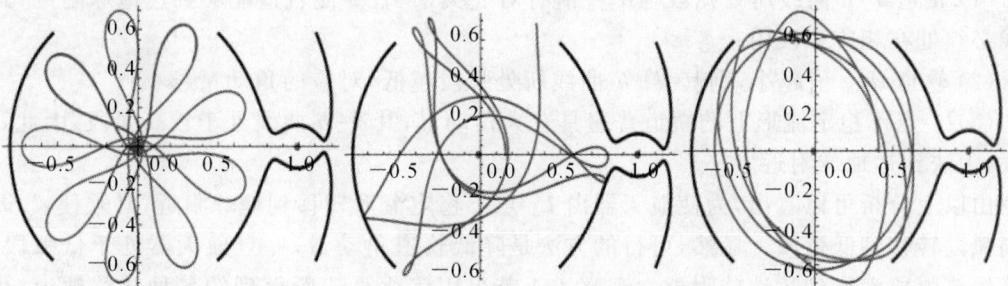

图 4-16　三条 Jacobi 能量相同而初始角动量不同的轨道

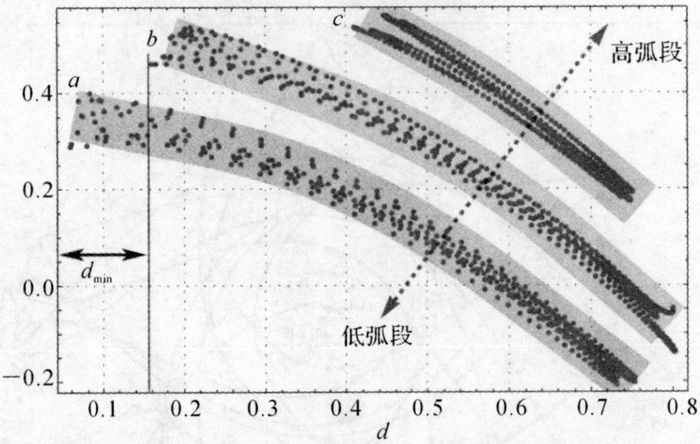

图 4-17　三条角动量不同的轨道对应的 *d*-*h* 曲线

由轨道的 $d-h$ 曲线图可以看出，同一轨道上每一点的角动量随离原点距离的增大而减小，并且 $d-h$ 点均处于一个弧形区域内，随着轨道初始角动量的增大，$d-h$ 曲线所处的弧段逐渐缩短并向上移动，轨道所能达到的距地球最近的距离 $d_{\min}$ 变大。图 4-18 显示了三条初始角动量相同但 Jacobi 能量不同的轨道所对应的 $d-h$ 曲线，可看出即使 Jacobi 能量不同，三条轨道的 $d-h$ 曲线却基本重合，并具有相同的 $d_{\min}$ 值。

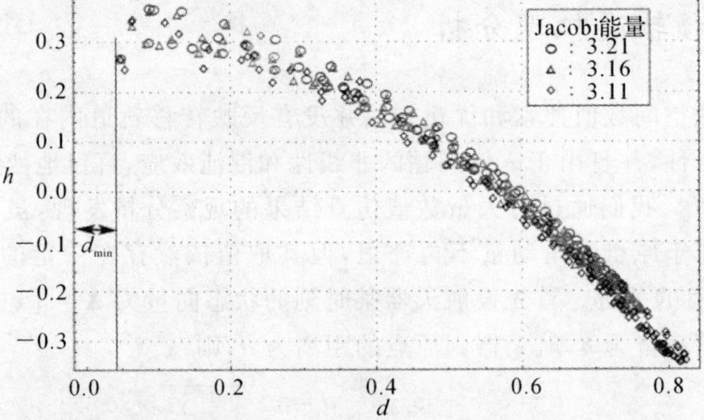

图 4-18　角动量相同而 Jacobi 能量不同的轨道所对应的 *d*-*h* 点

根据此算例和大量数值仿真数据，可以得到以下的结论：

(1) 轨道 $d-h$ 曲线所处弧段与 $d_{\min}$ 值有对应关系，若要使轨道能够到达地球附近，其 $d-h$ 曲线必须处在相应弧段内；

(2) 轨道 $d_{\min}$ 值越小，则其 $d-h$ 曲线所处弧段越低，对应的角动量越小；

(3) L_1 点不稳定流形上的轨道普遍具有大角动量，其 $d-h$ 曲线处于较高弧段，因此 $d_{\min}$ 值较大，无法到达地球附近。

由以上分析可以看出，为使航天器由 L_1 点不稳定流形转移到地球附近，必须使 $d-h$ 曲线由高弧段转移到低弧段。显然，可行的方法是降低轨道角动量，一旦航天器处于低弧段内，它便能沿该弧段滑行到达地球附近。观察 4.1 节采用优化算法所得到的各种转移轨道，可发现其轨道机动无一不是通过降低角动量来完成 L_1 点不稳定流形到地球停泊轨道的转移的。

降低角动量得到转移轨道的原理，也可通过分析简化二体模型看出，由于 L_1 点至地球的转移轨道本身的特点，在航天器飞向地球的轨道段可将月球引力视作一种小摄动，航天器仍近似遵循二体模型轨道动力学，为使航天器能到达地球附近，其轨道必须满足一定条件。设二体模型下航天器在惯性坐标系内的角动量为 h，能量为 C，则有

$$\left.\begin{aligned} h &= \boldsymbol{v}_{\perp}\ |\boldsymbol{r}| \\ C &= \frac{|\boldsymbol{v}|^2}{2} - \frac{1}{|\boldsymbol{r}|} \end{aligned}\right\} \tag{4.22}$$

其中，$\boldsymbol{v}$ 为航天器速度向量，$\boldsymbol{v}_{\perp}$ 为 $\boldsymbol{v}$ 在垂直于航天器-地球连线方向上的分量，$\boldsymbol{r}$ 为航天器位置向量。航天器在轨道近地点时有

$$\boldsymbol{v}_{\perp} = |\boldsymbol{v}| \tag{4.23}$$

代入式(4.22)可解得

$$\left.\begin{aligned} |\boldsymbol{v}_{\mathrm{peri}}| &= \frac{2Ch}{\sqrt{2Ch^2+1}-1} \\ |\boldsymbol{r}_{\mathrm{peri}}| &= \frac{\sqrt{2Ch^2+1}-1}{2C} \end{aligned}\right\} \tag{4.24}$$

其中，$|\boldsymbol{v}_{\mathrm{peri}}|$ 为航天器近地点速度，$|\boldsymbol{r}_{\mathrm{peri}}|$ 为近地距，将 $|\boldsymbol{r}_{\mathrm{peri}}|$ 对 h 求导，可得

$$\frac{\partial |\boldsymbol{r}_{\mathrm{peri}}|}{\partial |h|} = \frac{|h|}{\sqrt{1+2C\ |h|^2}} > 0, \quad h \neq 0 \tag{4.25}$$

于是，$|\boldsymbol{r}_{\mathrm{peri}}|$ 为 $|h|$ 的单调增函数，也就是说在能量 C 不变的情况下，若要使轨道近地距等于地球停泊轨道半径，则角动量 h 的绝对值必须减小到一定程度，根据惯性坐标系到旋转坐标系的变换公式，旋转坐标系下的角动量也必须相应降低。

4.2.4　基于转移机理的转移轨道设计

根据降低角动量的方法不同，L_1 点至地球的转移轨道设计可归为如下两类：

人工降低角动量。这种方法纯粹依靠变轨机动力来降低轨道角动量，对于大小相同的速度增量 Δv_1，其作用的位置距地球越远，且方向垂直于航天器－地球连线时，改变角动量的效果越明显。基于这种方法设计的转移轨道及其对应的 d-h 曲线如图 4-19 所示。该类轨道的优点是总的转移时间较短，轨道稳定性较好，缺点是相对于下述的第二类轨道来说，总 Δv 增量稍大。

(2) 借助月球引力降低角动量。数值仿真结果表明，当航天器飞越月球附近时，轨道角动量将受月球引力的影响而改变，例如图 4-20 显示了 $t=9.7$ 天，$\Delta t=25.7$ 天，$\Delta v_1=100$ m/s时，α 在$(0,2\pi)$之间变化时得到的一族轨道和其中一条轨道 s 的 d-h 曲线。可以看出，航天器飞离月球越近，月球引力对角动量的影响越显著。进一步分析发现，航天器从图 4-20 中 A 区域飞越月球时角动量将降低，从 B 区域飞越月球时角动量将增大。

基于以上原理，可设计转移轨道使其尽可能多地穿越 A 区域，并且尽可能少地穿越 B 区域，从而使角动量下降到需要的水平，得到接近地球的转移轨道。该类轨道的优点是充分利用月球引力加速作用，总能量消耗较小，但由于该类轨道依赖于和月球精确的相对位置关系，微小的轨道误差便可能使航天器完全偏离预定轨道(见图 4-13)，因此对轨道测量和控制精度要

求较高。

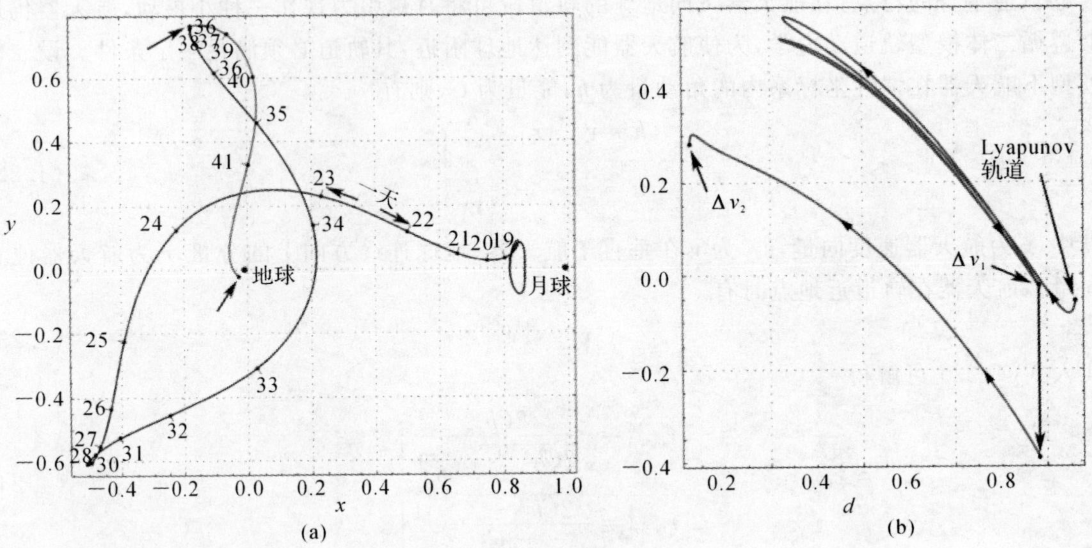

图 4-19　采用人工降低角动量方法得到的转移轨道及其 *d*-*h* 曲线

(a) 转移轨道；(b) *d*-*h* 曲线

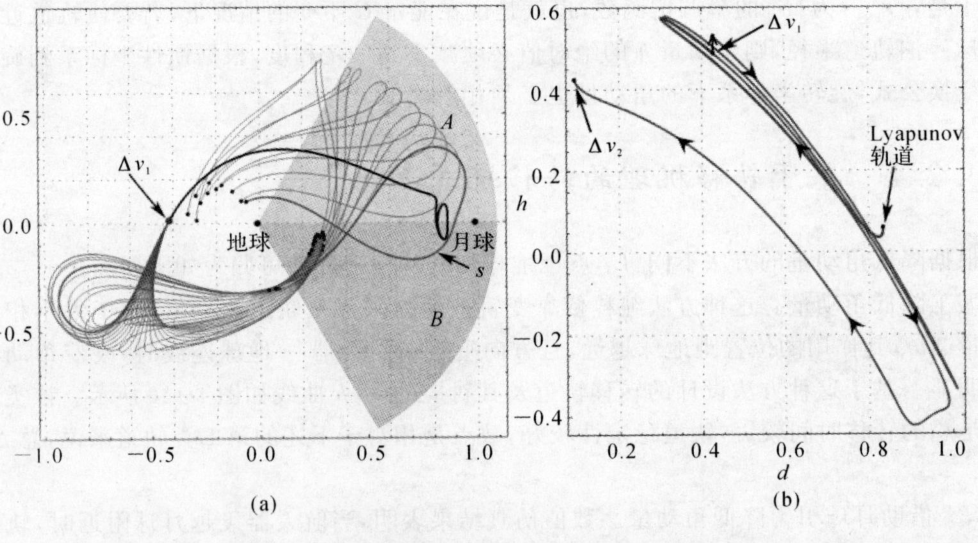

图 4-20　月球引力对转移轨道的影响示意图和其中轨道 *s* 的 *d*-*h* 曲线

(总 Δv = 3 136 m/s，ΔT = 159 天)

(a) 月球引力对转移轨道的影响示意图；(b) 轨道 *s* 的 *d*-*h* 曲线

以上两种方法并不相互排斥，因此可结合起来设计最优转移轨道，首先采用方法(1) 确定施加 Δv_1 的位置和方向，然后采用方法(2) 结合优化算法得到 Δv_1 的大小，最后计算得到 Δv_2。图 4-21 显示了结合两种方法设计的转移轨道以及对应的 d-h 曲线图，轨道机动不但本身能降低角动量，而且使转移轨道两次穿越 A 区域，充分利用了月球引力作用。该轨道具有能耗较小且稳定性较高的优点，但转移时间较长。

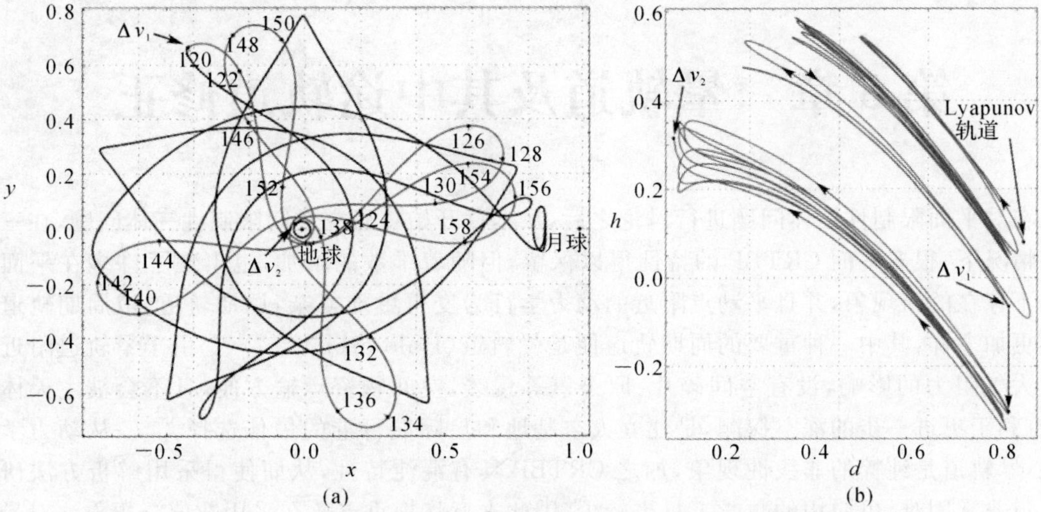

图 4-21　结合两种方法设计的转移轨道及其对应的 *d*-*h* 曲线

(总 Δ*v* = 3 136 m/s)

(a) 结合两种方法设计的转移轨道；(b) 对应的 *d*-*h* 曲线

在本章中我们首先给出了基于日地系统 L_1 点流形的地月低能转移轨道设计方法，仿真结果表明，基于日地系统 L_1 点流形的转移轨道具有更低的燃料消耗和更短的飞行时间。实际的空间环境存在很多扰动因素，由于采用双圆模型设计的转移轨道具有较高的精度，故在真实星历模型下，只需采用优化算法对所设计的轨道进行微小的修正，即可满足工程应用的要求。在本章所介绍的方法中，地月系统及日地系统 Jacobi 能量的选取具有一定的任意性，不同的 Jacobi 能量取值对最终设计的转移轨道燃料消耗会有一定的影响，可将本文的结果作为迭代初值，通过优化选择最合适的 Jacobi 能量，使转移轨道耗能最小。然后，我们介绍了基于扰动流形的地月系统 L_1 点至地球转移轨道的设计方法，给出了各种经过数值优化的转移轨道，在总结数值仿真结果的基础上提出了采用轨道角动量分析轨道转移机理的方法，利用该方法可以克服数值优化方法在大范围参数空间搜索的盲目性，极大地降低了计算量并提高了轨道设计效率，能对轨道的转移机理进行定性的分析。类似地，该方法同样可以用来分析和设计地月低能转移轨道。虽然这里是在平面模型下对设计方法进行论述的，但所介绍的方法也可扩展到三维模型，这时轨道角动量是一空间矢量，设计方法应以减小该矢量模值为目标。

第5章　晕轨道及其中途轨道修正

在对平面限制性三体问题进行讨论之后，从本章开始将研究空间限制性三体问题，在三维空间情况下，很多平面 CRTBP 的特性得以保留，但随着维数的增加，也出现了许多在平面情况中不存在的新现象，并且平动点附近的动力学行为变得更加复杂，周期轨道、拟周期轨道的分类更加多样，其中一种重要的周期轨道便是晕轨道(Halo orbit)[166-167]。由于晕轨道附近不存在大气阻力的影响，没有空间碎片、原子氧等侵袭，空间物资运输方便，且不会被主天体遮挡，有利于更进一步的深空探测，是建立太空基地和星际航行港的最佳选择[168]。从动力学上来说，晕轨道是纯粹的非线性现象，加之 CRTBP 具有混沌特性，从而使得采用解析方法研究晕轨道非常困难，可应用的数学工具也较少，因此本章将把重点放在采用数值分析方法对晕轨道进行研究上。

5.1　晕(Halo)轨道的计算方法

对于晕(Halo)轨道的计算是 20 世纪 60 年代兴起的，晕轨道的计算方法可以分为近似解析解计算和数值计算两类。在 20 世纪 70 年代左右 Richardson[35] 利用摄动法中的 Poincaré-Lindstedt 技巧，得到了晕轨道的三阶近似解析解，这是最早给出的晕轨道的三阶近似解析解，但这种解得到的晕轨道与实际的晕轨道有很大的差别。此后，Gomez，Jorba，Masdemont 以及 Simo[60,169] 给出了一种基于 Lindstedt-Poincaré 过程的近似解析解计算方法，可以在平动点附近区域内得到晕轨道及其他周期、拟周期轨道的高阶近似解析解表达式。计算晕轨道的经典数值方法是 Breakwell 和 Howell 等人[36] 在 20 世纪 80 年代所提出的基于状态转移矩阵的晕轨道的微分校正方法。这种方法可以得到实际的晕轨道，但对于半周期的求解比较麻烦，需要不断地调整步长，才能得到精确的周期。因此，针对经典微分校正方法的不足之处，本节提出了一种改进的晕轨道的微分校正方法。这种改进的微分校正方法与经典的微分校正法相比，由于对积分时间和初始条件同时进行了校正，提高了运行的效率。另外，本节还提出了一种基于构造流函数的晕轨道数值计算方法，利用这种方法计算晕轨道时，不需要以近似解析解作为迭代初值，而可以由函数曲线图中直观地得到迭代初值，因此不受非线性的影响，可以在近似解析解失效的更广大的区域内直接得到晕轨道的数值解。

5.1.1　利用 Richardson 方法计算晕轨道

晕轨道是共线平动点附近的周期轨道。设平动点的位置为(x_{Li}, y_{Li}, z_{Li})，$i=1,2,\cdots,5$，令

$$\left.\begin{aligned}\xi&=x-x_{Li}\\ \eta&=y-y_{Li}\\ \zeta&=z-z_{Li}\end{aligned}\right\}\tag{5.1}$$

则晕轨道的一般表达式为

$$\left.\begin{aligned}\xi &= -A_x\cos(\lambda t+\varphi)\\ \eta &= kA_x\cos(\lambda t+\varphi)\\ \zeta &= A_z\sin(\nu t+\varphi)\end{aligned}\right\}\tag{5.2}$$

其中 A_x 和 A_z 分别表示内平面和外平面的振幅，λ 和 ν 分别表示内平面和外平面的频率，φ 是相位角。

Richardson 利用摄动法中的 Poincaré-Lindstedt 技巧，得到了晕轨道的三阶近似解析解[35]，即

$$\begin{aligned}\xi = {} & a_{12}A_x^2 + a_{22}A_z^2 - A_x\cos(\lambda\tau+\varphi) + (a_{23}A_x^2 - a_{24}A_z^2)\cos(2\lambda\tau+2\varphi) + \\ & (a_{31}A_x^3 - a_{32}A_xA_z^2)\cos(3\lambda\tau+3\varphi)\end{aligned}\tag{5.3}$$

$$\begin{aligned}\eta = {} & kA_x\sin(\lambda\tau+\varphi) + (b_{21}A_x^2 - b_{22}A_z^2)\sin(2\lambda\tau+2\varphi) + \\ & (b_{31}A_x^3 - b_{32}A_xA_z^2)\sin(3\lambda\tau+3\varphi)\end{aligned}\tag{5.4}$$

$$\begin{aligned}\zeta = {} & \delta_nA_z\cos(\lambda\tau+\varphi) + \delta_nd_{21}A_xA_z(\cos(2\lambda\tau+2\varphi)-3) + \\ & \delta_n(d_{32}A_zA_x^2 - d_{31}A_z^3)\cos(3\lambda\tau+3\varphi)\end{aligned}\tag{5.5}$$

其中 a_{jk}，b_{jk} 和 d_{jk} 是系数，$\delta_n=\pm1$ 是开关函数，表示外平面的最大偏移量，τ 是时间变量，A_z 和 A_x 必须满足的关系式为

$$l_1^2A_x + l_2^2A_z + \Delta = 0\tag{5.6}$$

式中 l_1，l_2 和 Δ 均为常数。

对于各个系数的求解可参见参考文献[35]。为了消除长期项的影响，A_x 不能小于202 817 km。

选取日地系统的 L_1 点，$A_z=200\ 000$ km，根据上面的公式可计算出晕轨道，如图 5-1 所示。

为了消除长期项，则要求每个晕轨道存在最小的 A_x，日地系统 L_1 点晕轨道的最小值为 202 817.47 km。需要指出的是，三阶近似解析解给出的是晕轨道的几何直观，而不是航天器真实的运动轨迹。对于航天器真实的运动轨迹，还需要作进一步的修正。

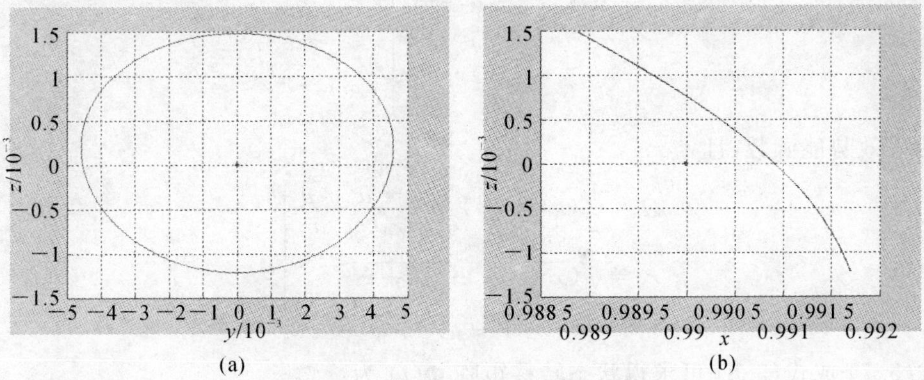

图 5-1　利用 Richardson 方法计算得到的晕轨道

(a) 晕轨道的 $y-z$ 平面投影；(b) 晕轨道的 $x-z$ 平面投影；

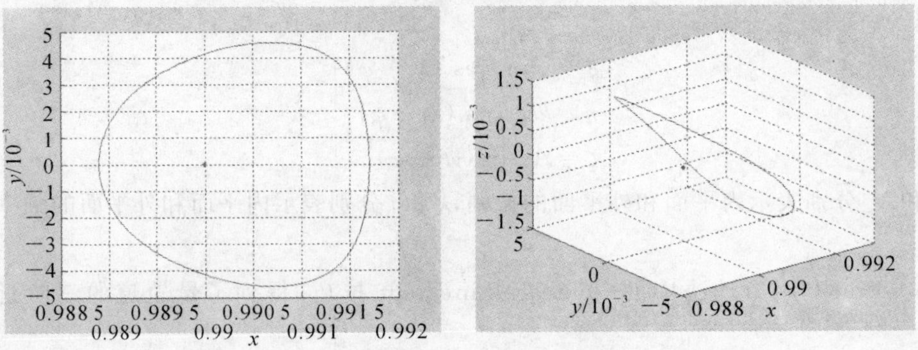

(c)　　(d)

续图 5-1　利用 Richardson 方法计算得到的晕轨道

(c) 晕轨道的 $x-y$ 平面投影；（d）晕轨道的三维图形

5.1.2　经典的晕轨道微分校正方法

Breakwell 和 Howell 等人在 20 世纪 80 年代提出了一种求解晕轨道的微分校正方法，这种方法主要是首先利用了晕轨道的对称性，求取轨道半个周期和 x 轴相交的末端值，然后利用牛顿迭代法求取轨道的初始条件，根据所得的初始条件采用两个半周期进行积分求得晕轨道。该方法与第 3 章中计算 Lyapunov 轨道的微分校正方法基本相似，但为了保持叙述的完整性，在这里我们仍简单介绍一下经典的晕轨道微分校正法。

圆形限制性三体问题的无量纲化方程为

$$\ddot{\boldsymbol{r}}+2\begin{bmatrix}-\dot{y}\\ \dot{x}\\ 0\end{bmatrix}=\left[\frac{\partial \Omega}{\partial \boldsymbol{r}}\right]^{\mathrm{T}} \tag{5.7}$$

或写为

$$\left.\begin{aligned}\ddot{x}-2\dot{y}&=\frac{\partial \Omega}{\partial x}\\ \ddot{y}+2\dot{x}&=\frac{\partial \Omega}{\partial y}\\ \ddot{z}&=\frac{\partial \Omega}{\partial z}\end{aligned}\right\} \tag{5.8}$$

其中 Ω 为等效势能函数，且

$$\left.\begin{aligned}\Omega&=\frac{1}{2}(x^2+y^2)+\frac{1-\mu}{r_1}+\frac{\mu}{r_2}\\ r_1&=\sqrt{(x+\mu)^2+y^2+z^2}\\ r_2&=\sqrt{(x-1+\mu)^2+y^2+z^2}\end{aligned}\right\} \tag{5.9}$$

由式(5.7) 或式(5.8) 可求得状态转移矩阵 $\boldsymbol{\Phi}(t)$ 为

$$\boldsymbol{\Phi}(t)=\begin{bmatrix}\boldsymbol{O} & \boldsymbol{I}_3\\ \boldsymbol{B} & \boldsymbol{C}\end{bmatrix} \tag{5.10}$$

其中 $\boldsymbol{O}$ 为 3×3 的零矩阵，$\boldsymbol{I}_3$ 为 3×3 的单位矩阵；$\boldsymbol{C}$ 为 3×3 的常数矩阵，将在后面给出。

$$\boldsymbol{B}=\begin{bmatrix}\Omega_{xx} & \Omega_{xy} & \Omega_{xz}\\ \Omega_{yx} & \Omega_{yy} & \Omega_{yz}\\ \Omega_{zx} & \Omega_{zy} & \Omega_{zz}\end{bmatrix} \tag{5.11}$$

式中 $\Omega_{jk}(j,k=x,y,z)$ 为等效势能函数 Ω 的 Jacobi 矩阵的元素，将在后面给出，矩阵 $\boldsymbol{B}$ 是对称矩阵。

对于式(5.7)或式(5.8)取 $y\to -y, t\to -t$，则式(5.7)或式(5.8)不变，说明对式(5.7)或式(5.8)积分所得的轨道是周期轨道，对于 x-z 平面对称。选取一个垂直于 x-z 平面的向量，记为 $\boldsymbol{X}$，则有

$$\boldsymbol{X}_0=[x_0\quad 0\quad z_0\quad 0\quad \dot{y}_0\quad 0]^{\mathrm{T}} \tag{5.12}$$

对该初始条件进行积分，直到 y 的符号改变，曲线和 x 轴相交，如果这时有

$$\boldsymbol{X}(t/2)=[x\quad 0\quad z\quad 0\quad \dot{y}\quad 0]^{\mathrm{T}} \tag{5.13}$$

说明该向量和 x 轴垂直，则轨道是周期性的。

使用 Kutta-Merson 法对式(5.7)或式(5.8)进行积分，直到 y 的符号改变。当 $|y|<10^{-11}$ 时，停止积分，这时刻的时间为 $t/2$；否则，减少步长，继续对初始条件积分，直至满足停止条件。

如果 $|\dot{x}|<10^{-8}$，$|\dot{z}|<10^{-8}$，则轨道被认为是周期轨道；如果不满足条件，则通过 $\dot{x}$ 和 $\dot{z}$ 调整三个初始值中的两个，然后再次积分[36]。

设初始时刻的校正量为 $\delta\boldsymbol{X}_0$，则有

$$\delta\boldsymbol{X}_0=[\delta x_0\quad 0\quad \delta z_0\quad 0\quad \delta\dot{y}_0\quad 0]^{\mathrm{T}} \tag{5.14}$$

因为在 $t/2$ 处，有 $y(t/2)=0$，所以只能调整 $\delta\dot{x}$ 和 $\delta\dot{z}$，其校正公式为

$$\delta\boldsymbol{X}=\boldsymbol{\Phi}(t/2,0)\delta\boldsymbol{X}_0+\frac{\partial\boldsymbol{X}}{\partial t}\delta(t/2) \tag{5.15}$$

其中

$$\delta y=0=\Phi_{21}\delta x_0+\Phi_{23}\delta z_0+\Phi_{25}\delta\dot{y}_0+\dot{y}\delta(t/2) \tag{5.16}$$

式中 Φ_{ij} 为矩阵 $\boldsymbol{\Phi}$ 在 i 行 j 列的元素。

如果固定 x_0，则有

$$\begin{bmatrix}\delta\dot{x}\\ \delta\dot{z}\end{bmatrix}=\left[\begin{pmatrix}\Phi_{43} & \Phi_{45}\\ \Phi_{63} & \Phi_{65}\end{pmatrix}-\frac{1}{\dot{y}}\begin{pmatrix}\ddot{x}\\ \ddot{z}\end{pmatrix}(\Phi_{23}\quad \Phi_{25})\right]\begin{bmatrix}\delta z_0\\ \delta\dot{y}_0\end{bmatrix} \tag{5.17}$$

该方法对于半周期的求解比较麻烦，需要不断地调整步长，才能得到精确的周期，同时对初始条件和半周期分为两次求解比较耗时，因此需要对该方法改进。

5.1.3　改进的晕轨道微分校正方法

1. 状态转移矩阵

将圆形限制性三体问题的方程式(5.9)写为

$$\begin{bmatrix}\ddot{x}\\\ddot{y}\\\ddot{z}\end{bmatrix}=\begin{bmatrix}2\dot{y}+\dfrac{\partial}{\partial x}\Omega\\-2\dot{x}+\dfrac{\partial}{\partial y}\Omega\\\dfrac{\partial}{\partial z}\Omega\end{bmatrix}\tag{5.18}$$

令变量 $\boldsymbol{p}=[x\quad y\quad z]^{\mathrm{T}}$，$\boldsymbol{q}=\dot{\boldsymbol{p}}=[\dot{x}\quad \dot{y}\quad \dot{z}]^{\mathrm{T}}$，则式(5.18)可写为

$$\begin{bmatrix}\dot{\boldsymbol{p}}\\\dot{\boldsymbol{q}}\end{bmatrix}=\begin{bmatrix}\dot{x}\\\dot{y}\\\dot{z}\\\ddot{x}\\\ddot{y}\\\ddot{z}\end{bmatrix}=\begin{bmatrix}\dot{x}\\\dot{y}\\\dot{z}\\2\dot{y}+\dfrac{\partial\Omega}{\partial x}\\-2\dot{x}+\dfrac{\partial\Omega}{\partial y}\\\dfrac{\partial\Omega}{\partial z}\end{bmatrix}=\boldsymbol{f}(\boldsymbol{p},\boldsymbol{q})\tag{5.19}$$

其中 $\boldsymbol{f}:\mathbf{R}^6\to\mathbf{R}^6$，定义了向量域的映射。令 $\boldsymbol{X}=\begin{bmatrix}\boldsymbol{p}\\\boldsymbol{q}\end{bmatrix}$，则式(5.19)可表示为

$$\dot{\boldsymbol{X}}=\boldsymbol{f}(\boldsymbol{X})\tag{5.20}$$

设方程式(5.20)解的轨迹为 $\boldsymbol{\varphi}(t,\boldsymbol{X})$，对 $\boldsymbol{\varphi}(t,\boldsymbol{X})$ 进行全微分，记为

$$\mathrm{D}\boldsymbol{\varphi}=(\mathrm{D}_t\boldsymbol{\varphi},\quad \mathrm{D}_{\boldsymbol{X}}\boldsymbol{\varphi})=\left(\frac{\partial\boldsymbol{\varphi}}{\partial t},\quad \mathrm{D}_{\boldsymbol{X}}\boldsymbol{\varphi}\right)\tag{5.21}$$

如果 $\boldsymbol{X}_0$ 被给定，则 $\dfrac{\partial\boldsymbol{\varphi}}{\partial t}=\dfrac{\mathrm{d}\boldsymbol{\varphi}}{\mathrm{d}t}=\boldsymbol{f}(\boldsymbol{\varphi}(t,\boldsymbol{X}_0))$ 是沿着 $\boldsymbol{\varphi}(t,\boldsymbol{X}_0)$ 的参考解。

若同时给定 $\boldsymbol{X}_0$，t_0 和 τ，令 $\boldsymbol{X}^*(\tau)=\boldsymbol{\varphi}(\tau,\boldsymbol{X}_0)$，$\boldsymbol{\Phi}(\tau,t_0)=\mathrm{D}_{\boldsymbol{X}_0}\boldsymbol{\varphi}(\tau,\boldsymbol{X}_0)$，其中 $\boldsymbol{X}^*$ 是参考轨迹，$\boldsymbol{\Phi}$ 是转移矩阵，t_0 是 $\boldsymbol{X}^*(t_0)=\boldsymbol{X}_0$ 时刻的时间。将转移矩阵 $\boldsymbol{\Phi}$ 对 t 求导，则有

$$\begin{aligned}\dot{\boldsymbol{\Phi}}&=\frac{\mathrm{d}}{\mathrm{d}t}\boldsymbol{\Phi}(t,t_0)\,|_{t=\tau}=\frac{\mathrm{d}}{\mathrm{d}t}[\mathrm{D}_{\boldsymbol{X}_0}\boldsymbol{\varphi}(t,\boldsymbol{X}_0)]_{t=\tau}=\mathrm{D}_{\boldsymbol{X}_0}\boldsymbol{f}(\boldsymbol{X}^*(\tau))=\\&[\mathrm{D}_{\boldsymbol{X}^*(\tau)}\boldsymbol{f}(\boldsymbol{X}^*(\tau))][\mathrm{D}_{\boldsymbol{X}_0}\boldsymbol{\varphi}(\tau,\boldsymbol{X}_0)]=\mathrm{D}_{\boldsymbol{X}}\boldsymbol{f}(\boldsymbol{X})\,|_{\boldsymbol{X}=\boldsymbol{X}^*(\tau)}\boldsymbol{\Phi}(\tau,t_0)\end{aligned}\tag{5.22}$$

当 $\tau=t_0$ 时，有 $\boldsymbol{\Phi}(t_0,t_0)=I$，令 $\boldsymbol{F}(t)=\mathrm{D}_{\boldsymbol{X}}\boldsymbol{f}(\boldsymbol{X})$，则式(5.22)可写为

$$\dot{\boldsymbol{\Phi}}(t,t_0)=\boldsymbol{F}(t)\boldsymbol{\Phi}(t,t_0)\tag{5.23}$$

式中 $\boldsymbol{F}$ 是状态传播矩阵，可求得 $\boldsymbol{F}$ 为

$$\boldsymbol{F}=\begin{bmatrix}\boldsymbol{O}&\boldsymbol{I}\\\boldsymbol{\Omega}_{\boldsymbol{XX}}&\boldsymbol{C}\end{bmatrix}\tag{5.24}$$

其中 $\boldsymbol{O}$ 为 3×3 的零矩阵，$\boldsymbol{I}$ 为 3×3 的单位矩阵，并且

$$\boldsymbol{C}=\begin{bmatrix}0&2&0\\-2&0&0\\0&0&0\end{bmatrix},\quad \boldsymbol{\Omega}_{\boldsymbol{XX}}\equiv\begin{bmatrix}\Omega_{xx}&\Omega_{xy}&\Omega_{xz}\\\Omega_{yx}&\Omega_{yy}&\Omega_{yz}\\\Omega_{zx}&\Omega_{zy}&\Omega_{zz}\end{bmatrix}$$

$\boldsymbol{\Omega}_{\boldsymbol{XX}}$ 中的各项表达式为

$$\Omega_{xx}=1-\frac{(1-\mu)}{r_1^3}-\frac{\mu}{r_2^3}+\frac{3(1-\mu)(x+\mu)^2}{r_1^5}+\frac{3\mu[x-(1-\mu)]^2}{r_2^5}$$

$$\Omega_{xy}=\frac{3(1-\mu)(x+\mu)y}{r_1^5}+\frac{3\mu[x-(1-\mu)]y}{r_2^5}$$

$$\Omega_{xz}=\frac{3(1-\mu)(x+\mu)z}{r_1^5}+\frac{3\mu[x-(1-\mu)]z}{r_2^5}$$

$$\Omega_{yy}=1-\frac{(1-\mu)}{r_1^3}-\frac{\mu}{r_2^3}+\frac{3(1-\mu)y^2}{r_1^5}+\frac{3\mu y^2}{r_2^5}$$

$$\Omega_{yz}=\frac{3(1-\mu)yz}{r_1^5}+\frac{3\mu yz}{r_2^5}$$

$$\Omega_{zz}=-\frac{(1-\mu)}{r_1^3}-\frac{\mu}{r_2^3}+\frac{3(1-\mu)z^2}{r_1^5}+\frac{3\mu z^2}{r_2^5}$$

由于 $\boldsymbol{\Omega}_{\boldsymbol{XX}}$ 是对称矩阵，故 $\Omega_{yx}=\Omega_{xy}$，$\Omega_{zx}=\Omega_{xz}$，$\Omega_{zy}=\Omega_{yz}$。

$\boldsymbol{F}$ 是 6×6 的矩阵，因此有 36 个一阶微分方程。因为 $\boldsymbol{F}$ 依赖参考轨迹，需要初始条件的一阶微分方程和 $\dot{\boldsymbol{\Phi}}(t,t_0)$ 同时积分，所以需要 42 个一阶微分方程。又由于计算轨道到达相应的位置和时间有关，因此需要一个和时间有关的一阶微分方程，所以全部的一阶微分方程为 43 个。

2. 改进的微分校正方法

轨道的微分校正方法使用牛顿迭代法通过状态转移矩阵来解不同的边界值问题。假设方程 $\boldsymbol{f}(\boldsymbol{X})=\boldsymbol{O}$，$\boldsymbol{f}$ 是在 Banach 空间的微分映射。假设 $\boldsymbol{X}_0^*$ 是初始条件 $\boldsymbol{X}_0$ 的参考解，满足 $\|\boldsymbol{f}(\boldsymbol{X}_0^*)\|<\varepsilon$，$\varepsilon$ 是给定的任意小的正常数，运用牛顿迭代法公式

$$\boldsymbol{X}_{n+1}=\boldsymbol{X}_n-[\mathrm{D}_{\boldsymbol{X}}\boldsymbol{f}(\boldsymbol{X}_n)]^{-1}\boldsymbol{f}(\boldsymbol{X}_n),\quad \boldsymbol{X}_0^*=\boldsymbol{X}_0 \tag{5.25}$$

它的解应当收敛于 $\boldsymbol{X}_0$。由 $f(\boldsymbol{X})=\boldsymbol{\varphi}(\tau,\boldsymbol{X})-\boldsymbol{X}_f$，其中 $f_X=\boldsymbol{\varphi}(\tau,\boldsymbol{X}_0)$，可得

$$[\mathrm{D}_{\boldsymbol{X}}\boldsymbol{f}]^{-1}=[\mathrm{D}_{\boldsymbol{X}}\boldsymbol{\varphi}(\tau,\boldsymbol{X})-\mathrm{D}_{\boldsymbol{X}}\boldsymbol{\varphi}(\tau,\boldsymbol{X}_0)]^{-1}=[\mathrm{D}_{\boldsymbol{X}}\boldsymbol{\varphi}(\tau,\boldsymbol{X})-\boldsymbol{O}]^{-1}=[\boldsymbol{\Phi}(\tau,t_0)]^{-1} \tag{5.26}$$

因此牛顿迭代法的算法公式可表示为

$$\boldsymbol{X}_{n+1}=\boldsymbol{X}_n-[\boldsymbol{\Phi}(\tau,t_0)\mid_{\boldsymbol{X}_n}]^{-1}\boldsymbol{f}(\boldsymbol{X}_n) \tag{5.27}$$

其中 $\boldsymbol{X}_1=\boldsymbol{X}_0^*$。

根据式(5.27) 即可得到系统校正过的初始值，然后把初始值代入系统方程即可得到校正了的轨迹。

把 $y\to-y$ 和 $t\to-t$ 代入轨迹 $\boldsymbol{\varphi}(t)$ 所得到的轨迹不变，说明轨迹是对称，选取垂直于 $x-y$ 平面的矢量作为初始值，即

$$\boldsymbol{X}_0=[x_0\quad 0\quad z_0\quad 0\quad \dot{y}_0\quad 0]^{\mathrm{T}}$$

将初始条件代入式(5.19) 进行 τ 时间的积分，即可得到一条另外一端垂直于 $x-y$ 平面的轨迹，即

$$\boldsymbol{X}(\tau)=[x(\tau)\quad 0\quad z(\tau)\quad 0\quad \dot{y}(\tau)\quad 0]^{\mathrm{T}}$$

根据 τ 时刻的 $\boldsymbol{X}(\tau)$，利用式(5.27) 对初始条件进行校正，即可得到校正后的初始条件，然后利用校正后的初始条件对式(5.19) 进行 2τ 时间的积分，可得到对称的晕轨道。

若固定 x_0 来选取 $\boldsymbol{f}(\boldsymbol{X})$，由初始条件可看出需要调整的量为 z_0，$\dot{y}_0$ 和 τ。由于 $\dot{x}^*(\tau^*)$，

$\dot{z}^*(\tau^*)$ 以及 $y^*(\tau^*)$ 都为零，定义 $\boldsymbol{\varphi}(\tau,\boldsymbol{X})$ 为

$$\boldsymbol{\varphi}(x,y,z,\dot{x},\dot{y},\dot{z},\tau)=\begin{bmatrix}\varphi_1(x,y,z,\dot{x},\dot{y},\dot{z},\tau)\\\varphi_2(x,y,z,\dot{x},\dot{y},\dot{z},\tau)\\\varphi_3(x,y,z,\dot{x},\dot{y},\dot{z},\tau)\\\varphi_4(x,y,z,\dot{x},\dot{y},\dot{z},\tau)\\\varphi_5(x,y,z,\dot{x},\dot{y},\dot{z},\tau)\\\varphi_6(x,y,z,\dot{x},\dot{y},\dot{z},\tau)\end{bmatrix} \tag{5.28}$$

以及 $\boldsymbol{f}(\boldsymbol{X})$ 为

$$\boldsymbol{f}(z,\dot{y},\tau)=\begin{bmatrix}\varphi_4(x_0,0,z,0,\dot{y},0,\tau)\\\varphi_6(x_0,0,z,0,\dot{y},0,\tau)\\\varphi_2(x_0,0,z,0,\dot{y},0,\tau)\end{bmatrix} \tag{5.29}$$

为了求出初始条件，根据 $\|\boldsymbol{f}(\boldsymbol{X}_0^*)\|<\varepsilon$，则有

$$\boldsymbol{f}(z_0^*,0^*,\tau^*)\cong\begin{bmatrix}0\\0\\0\end{bmatrix} \tag{5.30}$$

对于式(5.25)有 $\boldsymbol{X}=[z\quad \dot{y}\quad \tau]^{\mathrm{T}}$，并且选取 $\boldsymbol{X}_0=[z_0\quad \dot{y}_0\quad \tau_0]^{\mathrm{T}}$。由于 z_0 和 $\dot{y}_0$ 的初始值与转移矩阵 $\boldsymbol{\Phi}$ 有关，转移时间 τ 与向量 $\boldsymbol{f}$ 有关，则 $D_X\boldsymbol{f}(\boldsymbol{X})$ 的表达式为

$$\mathrm{D}_{\boldsymbol{X}}\boldsymbol{f}(\boldsymbol{X})=\begin{bmatrix}\dfrac{\partial\varphi_4}{\partial z} & \dfrac{\partial\varphi_4}{\partial\dot{y}} & \dfrac{\partial\varphi_4}{\partial\tau}\\\dfrac{\partial\varphi_6}{\partial z} & \dfrac{\partial\varphi_6}{\partial\dot{y}} & \dfrac{\partial\varphi_6}{\partial\tau}\\\dfrac{\partial\varphi_2}{\partial z} & \dfrac{\partial\varphi_2}{\partial\dot{y}} & \dfrac{\partial\varphi_2}{\partial\tau}\end{bmatrix}=\begin{bmatrix}\boldsymbol{\Phi}_{43} & \boldsymbol{\Phi}_{45} & f_4(x_0,0,z(\tau),0,\dot{y}(\tau),0)\\\boldsymbol{\Phi}_{63} & \boldsymbol{\Phi}_{65} & f_6(x_0,0,z(\tau),0,\dot{y}(\tau),0)\\\boldsymbol{\Phi}_{23} & \boldsymbol{\Phi}_{25} & f_2(x_0,0,z(\tau),0,\dot{y}(\tau),0)\end{bmatrix} \tag{5.31}$$

其中 $\boldsymbol{f}=[f_1\quad f_2\quad f_3\quad f_4\quad f_5\quad f_6]^{\mathrm{T}}$ 是向量域的映射，表达式为式(5.19)，并且 $z(\tau)=\varphi_3(x_0,0,z,0,\dot{y},0,\tau)$，$\dot{y}_0=\varphi_5(x_0,0,z,0,\dot{y},0,\tau)$。为了更好地使迭代收敛，需要取一个靠近 τ_0 的初始值。首先任取时间 t 对式(5.19)进行积分，得到曲线 $\boldsymbol{\varphi}$ 和 x 轴相交的时间 τ，在靠近 τ 的范围内取值作为初始值 τ_0，然后运用式(5.25)即可以求出初始值。

3. 数字仿真结果

以日地系统为例，地球质量 $m_e=5.973\,6\times10^{24}$ kg，太阳质量 $m_s=1.989\,1\times10^{30}$ kg，则 $\mu=m_e/(m_e+m_s)=3.05\times10^{-6}$，选取 $A_z=200\,000$ km，根据式(5.6)可得 $A_x=213\,299$ km，然后根据式(5.25)～式(5.27)可得初始条件 x_0 和 z_0，根据 $v_0^2=2\Omega-C$，取 $C=3.000\,8$，可求得 v_0，则初始条件为

$$\boldsymbol{X}_0=[0.991\,694\,640\,459\,803\quad 0\quad -0.001\,215\,281\,960\,509\,12\quad 0\quad -0.011\,054\,786\,601\,146\quad 0]^{\mathrm{T}}$$

对初始条件进行积分，所得曲线和 x 轴相交，该时刻的 $\tau_0\approx1.40$，取 $\varepsilon=10^{-8}$，经过14次迭代，$\boldsymbol{f}(z_0^*,0^*,\tau^*)\approx\boldsymbol{O}$，可得校正后的初始条件为

$$\boldsymbol{X}_{\mathrm{halo}}=[0.991\,694\,640\,459\,803\quad 0\quad -0.001\,092\,309\,592\,40\quad 0\quad -0.010\,091\,169\,577\,86\quad 0]^{\mathrm{T}}$$

$$\tau_{\mathrm{halo}}=1.529\,369\,530\,856\,70$$

对初始条件 $\boldsymbol{X}_{\mathrm{halo}}$ 经过 $2\tau_{\mathrm{halo}}$ 时间积分得到的轨道如图 5－2 所示。由图 5－2 可以看到，发

散的轨迹得到了校正，形成了真实的晕轨道。这种方法与传统的微分校正法相比，由于对积分时间和初始条件同时进行了校正，因此提高了运行的效率。

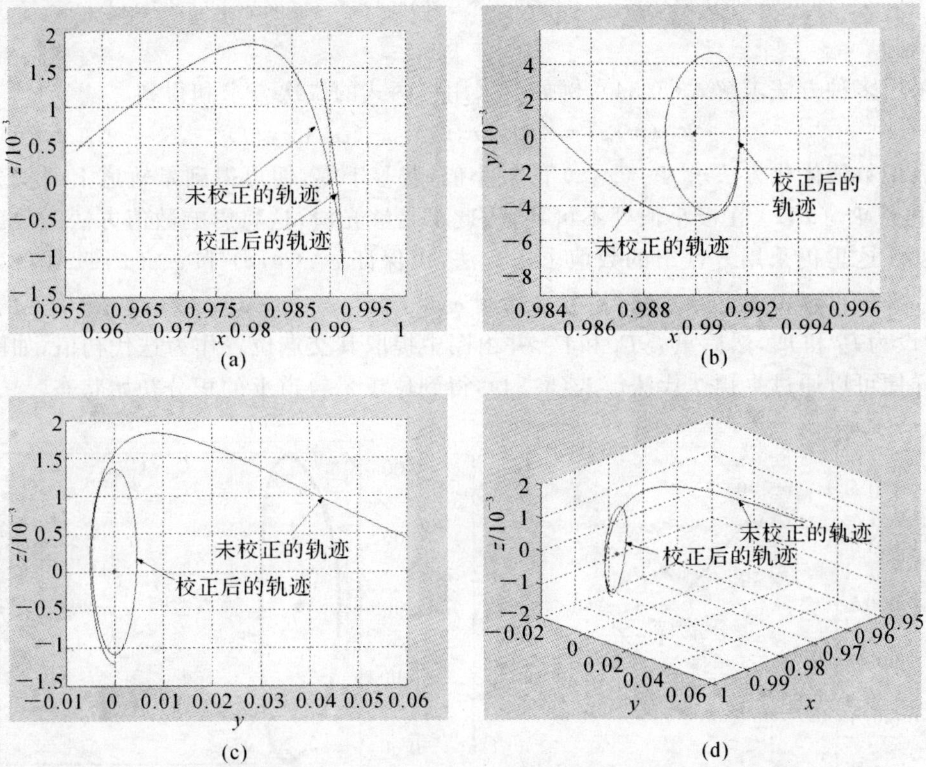

图 5-2　改进的晕轨道微分校正方法的数字仿真结果

(a) 晕轨道的 $x-z$ 平面投影；(b) 晕轨道的 $x-y$ 平面投影；

(c) 晕轨道的 $y-z$ 平面投影；(d) 晕轨道的三维图形

5.1.4　基于构造流函数的晕轨道数值计算方法

根据第 3 章中叙述的圆形限制性三体问题(CRTBP) 的对称性，晕轨道的计算等同于在共线平动点附近区域寻找由 $x-z$ 平面垂直出发，经过一段时间后再次垂直返回 $x-z$ 平面的轨道。与求解 Lyapunov 轨道类似，这里引入流函数 $\boldsymbol{\varphi}$，它将初始状态 $\boldsymbol{X}_0$ 映射到未来某时刻与 $x-z$ 平面相交的另一状态 $\boldsymbol{X}$，同样将其表示为

$$\boldsymbol{X}=\boldsymbol{\varphi}(k,\boldsymbol{X}_0) \tag{5.32}$$

其中 k 表示相流 $\boldsymbol{\varphi}(t,X_0)$ 与 $x-z$ 平面相交的次数，$\boldsymbol{\varphi}(k,\boldsymbol{X}_0)$ 的积分终止判别函数为

$$\mathrm{crit}(\boldsymbol{X})=y \tag{5.33}$$

显然，$\boldsymbol{\varphi}(k,\boldsymbol{X}_0)$ 可按与第 3 章类似的方法计算，若以 φ_{vx} 和 φ_{vy} 表示 φ 的 $\dot{x}$ 和 $\dot{y}$ 分量，则计算 Jacobi 能量 C 下的晕轨道等价于在平动点附近求解

$$\left.\begin{aligned}\varphi_{vx}^{*}(x,z)=\varphi_{vx}(1,\boldsymbol{X})=0\\ \varphi_{vy}^{*}(x,z)=\varphi_{vy}(1,\boldsymbol{X})=0\end{aligned}\right\} \tag{5.34}$$

其中

$$\boldsymbol{X}=\left[x\quad 0\quad z\quad 0\quad \sqrt{2\left(\frac{x^2}{2}+\frac{\mu}{\sqrt{(-x-\mu+1)^2+z^2}}+\frac{1-\mu}{\sqrt{(x+\mu)^2+z^2}}\right)-C}\quad 0\right]^{\mathrm{T}} \tag{5.35}$$

可采用多种方法求解式(5.34),例如可采用将两式的二次方求和得到

$$\Psi^*(x,z)=(\varphi_{vx}^*(x,z))^2+(\varphi_{vy}^*(x,z))^2 \tag{5.36}$$

然后用数值优化方法求 $\Psi^*(x,z)$ 的极小值,若等于零,便可得到晕轨道上的积分初始状态。但由于 $\Psi^*(x,z)$ 在极小值处不可导,因此不足够光滑,这将影响数值方法的收敛速度和计算精度。这里仍采用方程组的数值求根方法,以保证 $\varphi_{vx}^*(x,z)$ 和 $\varphi_{vy}^*(x,z)$ 在解处的光滑性。迭代初值可以由如下方法获得:分别绘制 $\varphi_{vx}^*(x,z)=0$ 和 $\varphi_{vy}^*(x,z)=0$ 所确定的 $x-z$ 关系曲线,设为 Γ_1 和 Γ_2,然后重叠 Γ_1 和 Γ_2,并由图中提取其交点位置作为迭代初值,如图 5-3 所示。这样便可以通过牛顿迭代法解式(5.34),得到位于晕轨道上的积分初始状态。

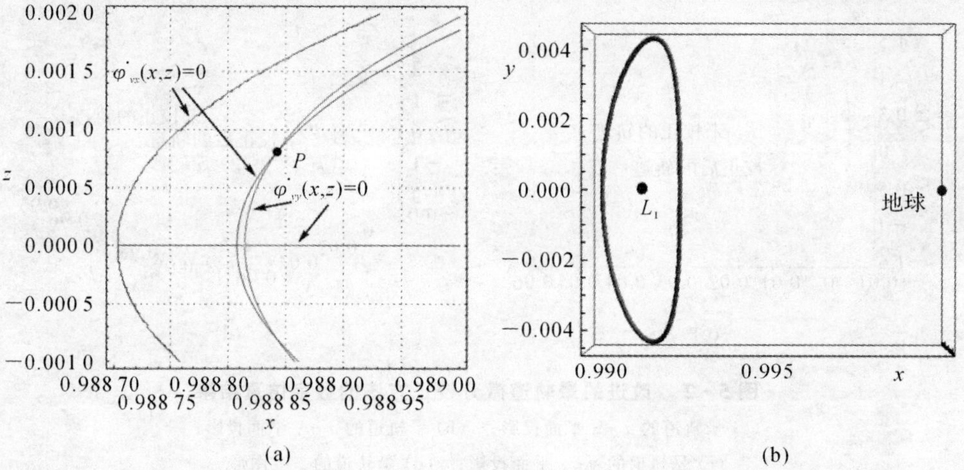

图 5-3　日地系统 L_1 点附近的 $\varphi_{vx}^*(x,z)=0$ 和 $\varphi_{vy}^*(x,z)=0$ 曲线及以图中 P 点为初值迭代得到的晕轨道($\mu=3.036\times10^{-6}$, $C=3.008\,3$)

(a) $\varphi_{vx}^*(x,z)=0$ 和 $\varphi_{vy}^*(x,z)=0$ 曲线; (b) 以图中 P 点为初值迭代得到的晕轨道

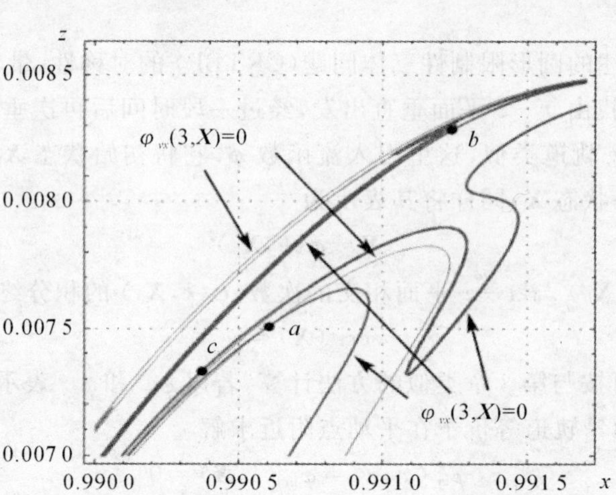

图 5-4　日地系统 L_1 点附近的 $\varphi_{vx}(3,X)=0$ 和 $\varphi_{vy}(3,X)=0$ 的 $x-z$ 曲线图($\mu=3.036\times10^{-6}$, $C=3.008\,3$)

可见，采用构造流函数的方法计算晕轨道，不需要以近似解析解作为迭代初值，而可以由函数曲线图中直观地得到，因此不受非线性的影响，可以在近似解析解失效的更广大的区域内直接得到晕轨道的数值解。另外，通过调整相交次数 k 的值，采用构造流函数法可以得到一大类具有 $x-z$ 平面对称性的三维周期轨道，图 5-4 显示了 $k=3$ 时 $\varphi_{vx}(k,\boldsymbol{X})=0$ 和 $\varphi_{vy}(k,\boldsymbol{X})=0$ 的 $x-z$ 曲线图，图中标示出的 3 个交点分别对应不同的三维周期轨道，如图 5-5 所示。

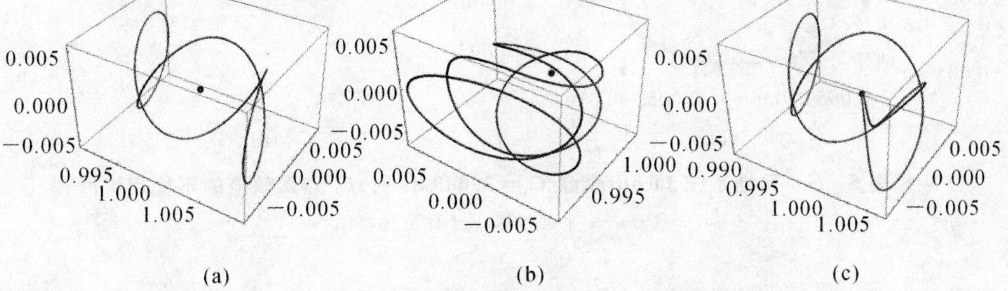

图 5-5　图 5-4 中 a,b,c 三点所对应的三条周期轨道

(a)a 点所对应的周期轨道；(b)b 点所对应的周期轨道；(c)c 点所对应的周期轨道

5.2　晕轨道的不变流形

与平面情形下的 Lyapunov 轨道类似，晕轨道的双曲动力学特性(hyperbolic nature)决定了它也拥有稳定流形和不稳定流形，同样可采用与 3.2 节类似的方法计算。在三维情况下，晕轨道上每一点的单值矩阵所具有的特征值的形式为

$$\lambda_1>1,\quad \lambda_2=1/\lambda_1,\quad \lambda_3=\lambda_4=1,\quad \lambda_5=\bar{\lambda}_6,\quad |\lambda_5|=1 \tag{5.37}$$

其中，λ_5 和 λ_6 是一对共轭复数，λ_1 和 λ_2 对应的特征向量给出了该点的稳定和不稳定方向[171]。由此可近似得到对应的稳定、不稳定流形积分初始状态，对其进行积分便可得到稳定、不稳定流形。在日地系统下 Jacobi 能量 $C=3.000\ 83$ 时，L_1 点晕轨道的不稳定流形如图 5-6 所示。

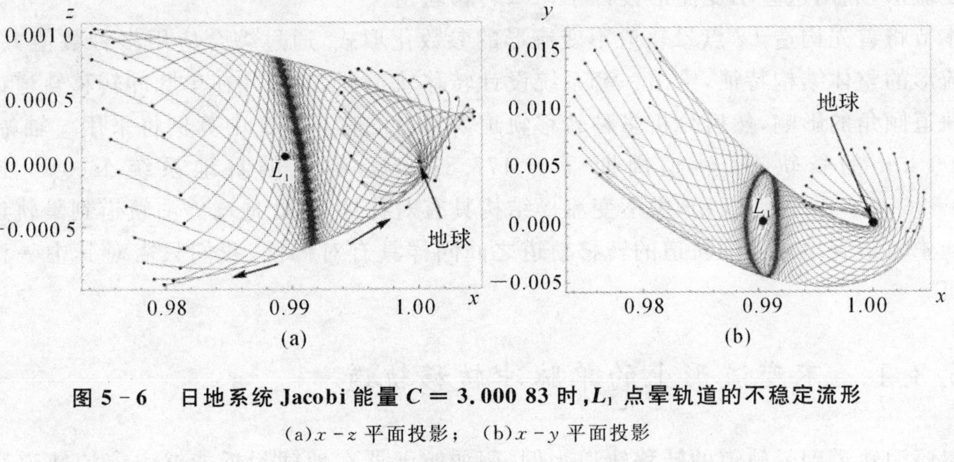

图 5-6　日地系统 Jacobi 能量 $C=3.000\ 83$ 时，L_1 点晕轨道的不稳定流形

(a)$x-z$ 平面投影；(b)$x-y$ 平面投影

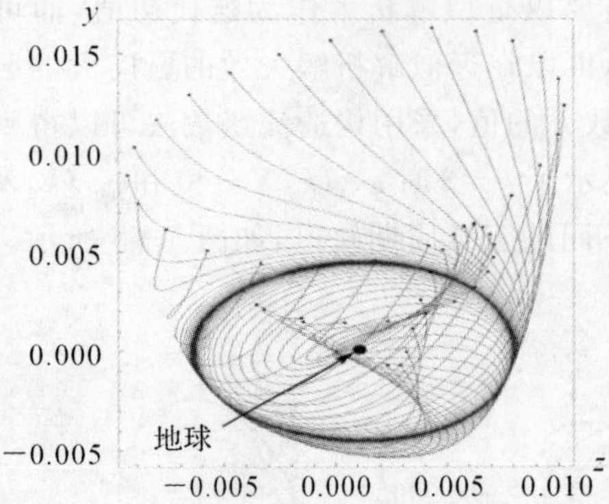

(c)

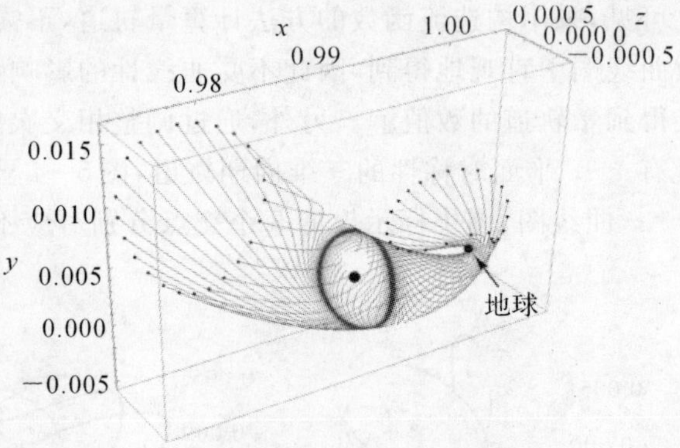

(d)

续图 5-6　日地系统 Jacobi 能量 $C=3.000\ 83$ 时，L_1 点晕轨道的不稳定流形

(c) $z-y$ 平面投影；(d) 立体视图

5.3　日地系统 L_1 点晕轨道的转移轨道设计

在日地系统内，L_1 点晕轨道是观测太阳活动的理想位置，位于该轨道上的航天器能保持对太阳的监测，始终不会被地球遮挡，我国的夸父计划也将发射到达 L_1 点晕轨道的探测器。由于 L_1 点晕轨道的不变流形能够到达地球附近（见图 5-6），因此为地球和晕轨道之间的转移提供了天然的低能量通道。在 1973 年，Amario[58] 分析了从天体到平动点之间的转移轨道的设计，利用燃料最优法则分析了从平动点到地球或月球的圆轨道之间的转移，可是他对于转移的研究只是一个附带的方面。1980 年，Farquhar 等人[59] 对于 ISEE-3 任务的分析结果包含了航天器从地球到日地系统 L_1 点之间转移轨迹的飞行数据。Gomez，Jorba，Masdemont，Simo 等人[112] 首先将不变流形理论应用于地球停泊轨道到平动点的转移轨道设计。Howell，Barden，Wilson，Lo 等人[113] 将不变流形方法与微分校正方法相结合，设计了日地系统地球停泊轨道到晕轨道的转移轨道。Lo 等人[68-69] 对于晕轨道进行了分类，并且讨论了这些晕轨道的不变流形，利用这些不变流形设计了一些转移轨道。

本节将首先构造 L_1 点晕轨道不变流形的参数化形式，通过综合应用多种数值方法，得到不变流形的整体结构特征，给出一套系统设计转移轨道的方法，并在单脉冲转移轨道设计中考虑了轨道倾角的影响，然后分析多种转移轨道所具有的特点。文中算例将采用 z 轴幅值 $A_z=120\ 000$ km 的晕轨道，轨道周期 $T=177.878$ 天，对应的日地系统 Jacobi 能量 $C=3.000\ 826\ 42$。由于 CRTBP 中不变流形结构具有对称性，因此地球停泊轨道到晕轨道的转移轨道与晕轨道到地球停泊轨道的转移轨道之间同样具有对称性，我们只需对其中一种进行研究即可。

5.3.1　不变流形上的单脉冲转移轨道

以停泊轨道到晕轨道的转移轨道为例，假如航天器在地球附近能够由停泊轨道直接切入晕轨道稳定流形，则在此次脉冲机动之后，在无扰动的理想情况下，航天器将不再需要任何机动，会自然地沿着稳定流形滑动到达晕轨道，我们将这种轨道称为流形上的单脉冲转移轨道。当然，这种轨道存在的前提是稳定流形能够到达地球停泊轨道的高度，实际中通常将地球静止轨道的高度（轨道半径为 42 160 km）作为所能达到的地球停泊轨道高度的上限。这样，假设停泊轨道的轨道半径能在 42 160 ～ 6 578.14 km（对应 200 km 停泊轨道半径）的范围内调整，则下一步就需要寻找能够到达这个高度范围的晕轨道稳定流形。

首先给出晕轨道稳定流形的参数化流函数形式。根据不变流形的定义，晕轨道上每个状态点 $\boldsymbol{X}_0$ 都对应一条渐近轨道，当沿时间逆向积分时可到达地球附近。渐近轨道可由流函数 $\boldsymbol{\varphi}(t,\boldsymbol{X}_0)$ 给出参数化形式，而晕轨道上每个状态点又可以由积分初始状态 $\boldsymbol{X}_0^{\text{halo}}$ 积分 t^* $(0 \leqslant t^* < T)$ 时间而唯一确定，因此可以将稳定流形向地球延伸的分支完整地表示为

$$\varphi_z^*(t^*,t)=\boldsymbol{\varphi}(t,F[\varphi(t^*,\boldsymbol{X}_0^{\text{halo}})]) \tag{5.38}$$

其中 $F[\boldsymbol{X}]$ 表示由晕轨道上状态 $\boldsymbol{X}$ 通过计算单值矩阵得到对应稳定流形初始状态的过程。为了计算上的方便，这里用参数 τ 代替 t^*，二者相互间的关系为

$$\tau=t^*/T,\quad \tau\in[0,1) \tag{5.39}$$

则 $\tau=0$ 对应晕轨道上的远地点，$\tau=0.5$ 对应晕轨道上的近地点。

接下来需要计算流形上每条轨道在到达近地点时的轨道高度，这里通过导出合适的判别函数，使轨道积分在到达近地点时终止。设轨道上的状态点为 $\boldsymbol{X}=[x\quad y\quad z\quad v_x\quad v_y\quad v_z]^{\mathrm{T}}$，则该点距地球的距离为

$$r=\sqrt{(x+\mu-1)^2+y^2+z^2} \tag{5.40}$$

对积分时间 t 求导得

$$\dot{r}=\frac{\mathrm{d}r}{\mathrm{d}t}=\frac{v_x(x+\mu-1)+yv_y+zv_z}{\sqrt{(x+\mu-1)^2+y^2+z^2}} \tag{5.41}$$

于是，当 $\dot{r}<0$ 时轨道逐渐靠近地球，$\dot{r}>0$ 时逐渐远离地球，因此 $\dot{r}=0$ 给出了轨道到达近地点的判别函数，即其判别函数为

$$\mathrm{crit}(x,y,z,v_x,v_y,v_z)=\frac{v_x(x+\mu-1)+yv_y+zv_z}{\sqrt{(x+\mu-1)^2+y^2+z^2}} \tag{5.42}$$

解方程

$$\mathrm{crit}(\varphi_s^*(\tau,t))=0 \tag{5.43}$$

可得参数 τ 所对应的近地点时刻 $\hat{t}$，于是晕轨道上一点所对应的稳定流形到达近地点的状态可表示为

$$\boldsymbol{\varphi}_{\mathrm{s}}(\tau)=[x(\tau)\quad y(\tau)\quad z(\tau)\quad v_x(\tau)\quad v_y(\tau)\quad v_z(\tau)]^{\mathrm{T}}=\boldsymbol{\varphi}_{\mathrm{s}}^*(\tau,\hat{t}) \tag{5.44}$$

若以 $\varphi_{\mathrm{s}}^r(\tau)$ 表示近地点到地心的距离，则

$$\varphi_{\mathrm{s}}^r(\tau)=\sqrt{(x(\tau)+\mu-1)^2+y^2(\tau)+z^2(\tau)} \tag{5.45}$$

图 5-7(b) 给出了 $\varphi_{\mathrm{s}}^r(\tau)$ 随 τ 变化情况。

由图 5-7 可以看到，从晕轨道上不同位置出发的轨道到达近地点时的轨道半径变化巨大，距地球最近的情况出现在 $\tau=0.05$ 附近，对应于晕轨道上的远地点附近，采用数值优化方法可求得 $\varphi_{\mathrm{s}}^r(\tau)$ 的极小值点为 $\tau=0.032\,475\,2$，$\varphi_{\mathrm{s}}^r(\tau)=11\,533.9$ km，图 5-7(b) 中标出了落在停泊轨道高度区间[42 160 km，6 578.14 km] 内的 τ 值范围。这里的计算结果与 Gomez，Jorba，

Masdemont, Simo[60] 所得结果一致，同时也支持了 Stalos, Folta, Short, Jen, Seacord[174] 关于"转移轨道在晕轨道远地点附近切入晕轨道时，轨道机动燃料消耗较小"的论断。

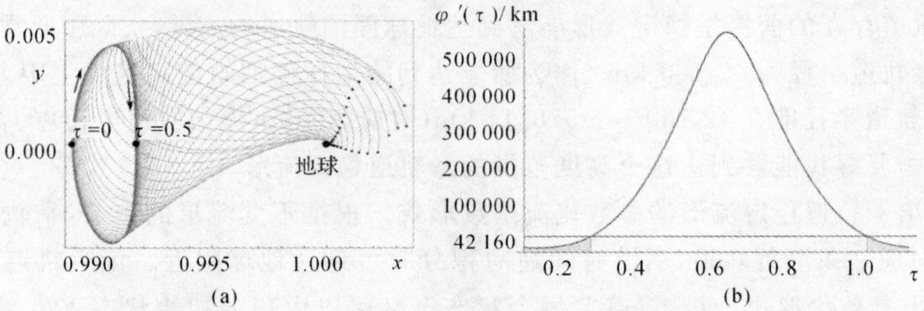

图 5-7　在晕轨道上按时间参数 τ 等间隔取一系列点，将其对应稳定流形积分至到达近地点情况以及近地点轨道半径 $\varphi_s^r(\tau)$ 随 τ 变化情况

(a) 对应稳定流形积分至到达近地点情况；(b) $\varphi_s^r(\tau)$ 随 τ 变化情况

转移轨道设计中需要考虑的另一个约束条件是停泊轨道的轨道倾角，通常进行改变轨道面的机动时会耗费大量能量，因此这里在避免这种机动的情况下设计了转移轨道。这时，地面发射站的地理纬度决定了地球停泊轨道所能达到的最小轨道倾角，这里以西昌卫星发射中心为例，其位于北纬 28.2°，则直接发射所能获得的停泊轨道倾角范围为[28.2°, 151.8°]。为了使由停泊轨道切入稳定流形时燃料消耗最小，总是希望稳定流形与停泊轨道在切入点速度方向一致，这就要求稳定流形在近地点处的轨道倾角落在[28.2°, 151.8°]范围内。下面首先给出近地点轨道倾角的计算方法。在以日地连线为 x 轴的日心惯性坐标系下，设稳定流形上一条轨道的近地点状态为 $\boldsymbol{X}=[x \quad y \quad z \quad v_x \quad v_y \quad v_z]^{\mathrm{T}}$，则对应轨道倾角为 $\boldsymbol{X}$ 所在轨道面与地球赤道面的夹角，其大小等同于轨道面的法向量 $\boldsymbol{A}$ 与地轴的夹角。轨道面的法向量可由 $\boldsymbol{X}$ 相对于地球的位置向量和速度向量作叉积得到，即

$$\boldsymbol{A}=[x-d \quad y \quad z]^{\mathrm{T}}\times[v_x \quad v_y \quad v_z]^{\mathrm{T}}=[yv_z-zv_y \quad dv_z+zv_x-xv_z \quad -dv_y-yv_x+xv_y]^{\mathrm{T}} \tag{5.46}$$

其中 d 为日地距离，地轴的方向矢量 $\boldsymbol{B}$ 可由图 5-8 中的角 α 和 β 确定，即

$$\boldsymbol{B}=[\cos\alpha\cos\beta \quad \cos\alpha\sin\beta \quad \sin\alpha]^{\mathrm{T}} \tag{5.47}$$

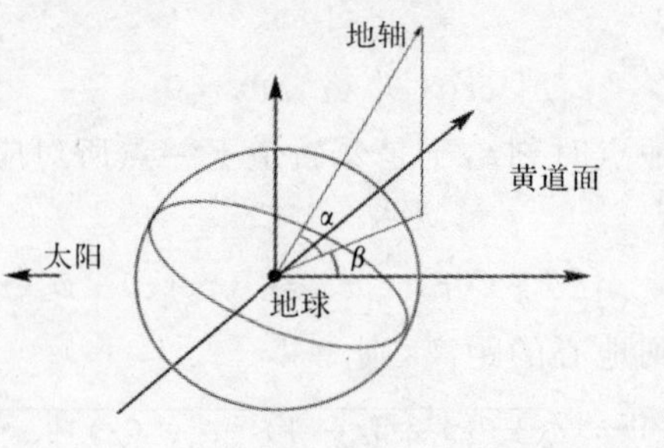

图 5-8　日心惯性坐标系下的地轴方向矢量

由日地系统黄赤交角为 26.5° 得角 α 的大小为

$$\alpha=90°-26.5°=63.5° \tag{5.48}$$

β 角与具体星历有关，例如在春分点时为 −90°，变化周期为一年，于是所求轨道倾角 ξ 为

$$\xi(\boldsymbol{X}) = \arccos\left(\frac{\boldsymbol{A}\cdot\boldsymbol{B}}{|\boldsymbol{A}|\,|\boldsymbol{B}|}\right) =$$
$$\arccos\left(\frac{(-dv_y - yv_x + xv_y)\sin\alpha}{c_\xi} + \frac{(dv_z + zv_x - xv_z)\cos\alpha\sin\beta}{c_\xi} + \frac{(yv_z - zv_y)\cos\alpha\cos\beta}{c_\xi}\right) \quad (5.49)$$

其中

$$c_\xi = \sqrt{[(x-d)v_y - yv_x]^2 + [(d-x)v_z + zv_x]^2 + (yv_z - zv_y)^2} \quad (5.50)$$

若设 φ_s^ξ 为

$$\varphi_s^\xi(\tau) = \xi(\varphi_s(\tau)) \quad (5.51)$$

则 $\varphi_s^\xi(\tau)$ 给出了稳定流形上近地点轨道倾角随 τ 变化的情况，如图 5-9 所示。

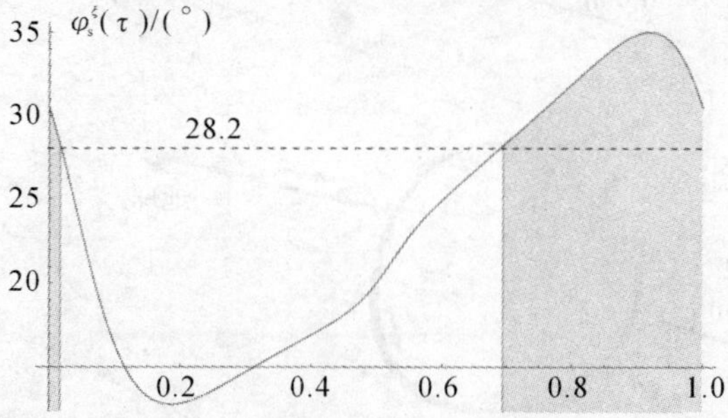

图 5-9　日地系统位于春分点时，稳定流形上的近地点轨道倾角 $\varphi_s^\xi(\tau)$ 随晕轨道参数 τ 变化的情况（图中用阴影标出了轨道倾角大于 28.2°（西昌卫星发射中心纬度）的 τ 值范围）

综合近地点轨道半径 $\varphi_s^r \in [42\ 160\ \mathrm{km}, 6\ 578.14\ \mathrm{km}]$ 和近地点轨道倾角 $\varphi_s^\xi \geqslant 28.2°$ 两个约束条件，我们可以得到满足转移轨道要求的 τ 值范围，该范围内的晕轨道稳定流形都可以作为转移轨道的候选对象。图 5-10 给出了一年内四个典型时刻的 $\varphi_s^r(\tau)$ 和 $\varphi_s^\xi(\tau)$ 曲线图，并表示出了满足各种约束条件的 τ 值范围。

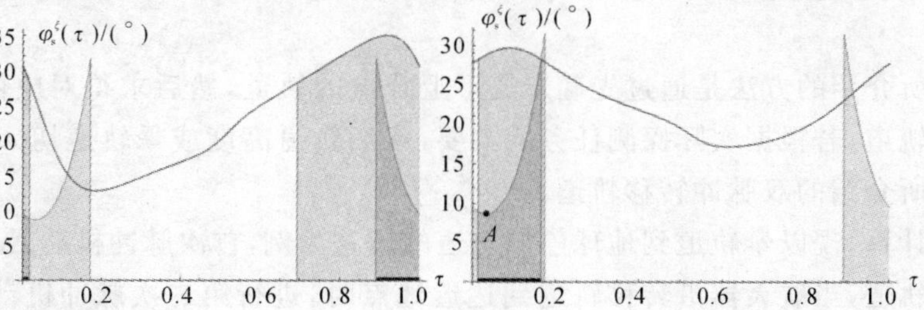

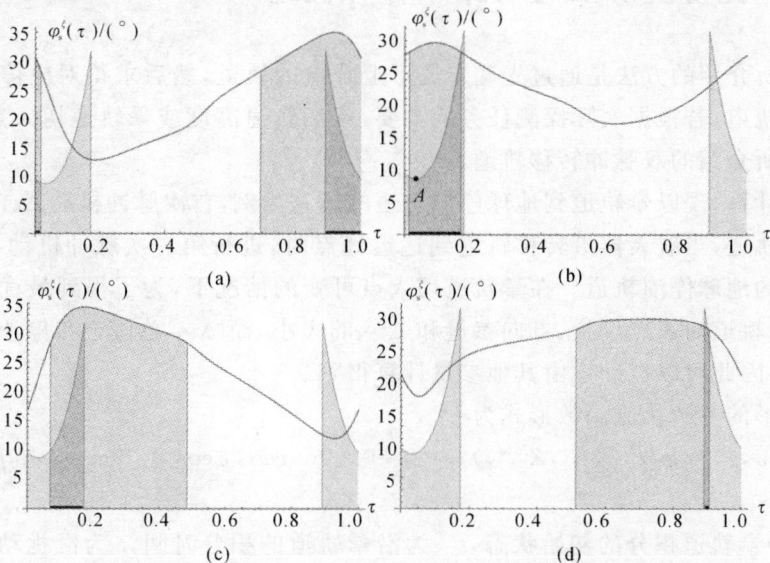

图 5-10　日地系统四个典型时刻的 $\varphi_s^r(\tau)$ 和 $\varphi_s^\xi(\tau)$ 曲线图（已对 $\varphi_s^r(\tau)$ 进行了缩放，并用阴影标出了分别满足各约束条件的 τ 值范围）

(a) 春分；(b) 夏至；(c) 秋分；(d) 冬至

由图 5-10 可以看出，$\varphi_s^r(\tau)$ 不随星历改变，而 $\varphi_s^\xi(\tau)$ 的约束条件所确定的窗口随着时间的推移逐渐发生变化并且从左向右移动，在秋分到冬至期间，有一段时间内两种约束甚至没有交集，而在春分到夏至期间，两种约束的交集始终较大，并且交集跨越了 $\varphi_s^r(\tau)$ 的极小值点，因此这种单脉冲转移轨道更适合于在春分到夏至期间发射。图 5-10 中夏至时 A 点所对应的转移轨道如图 5-11 所示，其对应的地球停泊轨道半径为 11 533.9 km，停泊轨道切入转移轨道的轨道机动 Δv 为 2 435.01 m/s。

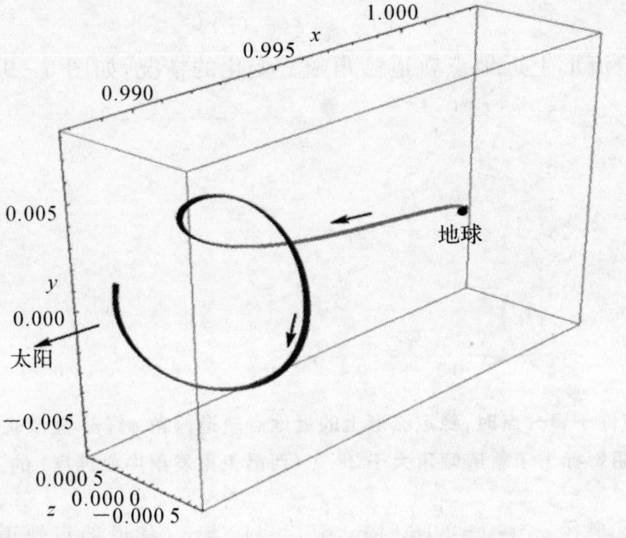

图 5-11　日地系统夏至时 $\varphi_s^r(\tau)$ 的极小值点所对应的地球停泊轨道到晕轨道的转移轨道

5.3.2　扰动流形上的双脉冲转移轨道

上一小节所介绍的方法是通过先确定流形上合适的轨道，然后求得对应停泊轨道高度的方法得到转移轨道，若根据实际探测任务的需要，停泊轨道高度或晕轨道切入点已预先确定，则可采用下面所介绍的双脉冲转移轨道。

为了便于计算，现以晕轨道到地球停泊轨道的转移为例，首次脉冲机动 Δv_1 使航天器由晕轨道切入转移轨道，当航天器沿转移轨道到达近地点时，进行第二次脉冲机动 Δv_2，使航天器进入指定高度的地球停泊轨道。在晕轨道切入点可变的情况下，为了得到最优的低能量转移轨道，需优化晕轨道切入点位置、方向参量和 Δv_1 的大小，而 Δv_2 总假定与停泊轨道在切入点速度方向一致，因此可以被动地由其他参量计算得到。

设扰动流形的参数化流函数形式为

$$\boldsymbol{\varphi}_u^*(t^*, t, v, \alpha, \beta) = \boldsymbol{\varphi}(t, \varphi(t^*, \boldsymbol{X}_0^{\text{halo}})) + [0 \quad 0 \quad 0 \quad v\cos\alpha\cos\beta \quad v\cos\alpha\sin\beta \quad v\sin\alpha]^{\mathrm{T}} \tag{5.52}$$

其中，$\boldsymbol{X}_0^{\text{halo}}$ 仍为晕轨道积分的初始状态，t^* 为沿晕轨道的积分时间，t 为沿扰动流形的积分时间，v 表示机动 Δv_1 的大小，角度 α 和 β 给出了 Δv_1 的方向，其定义与图 5－8 中相同，仍用 τ 代替 t^*，其关系为

$$\tau = t^*/T \tag{5.53}$$

与 5.3.1 小节方法类似,根据判别函数式(5.42)将 $\boldsymbol{\varphi}_u^*$ 积分到轨道近地点,并将其表示为流函数 $\boldsymbol{\varphi}_u$,即

$$\boldsymbol{\varphi}_u(\tau,v,\alpha,\beta)=\boldsymbol{\varphi}_u^*(\tau T,\hat{t},v,\alpha,\beta) \tag{5.54}$$

其中,$\hat{t}$ 为轨道到达近地点的时刻。若以 $\varphi_u^r(\tau,v,\alpha,\beta)$ 表示近地点到地心的距离,则下面研究 $\varphi_u^r(\tau,v,\alpha,\beta)$ 与参量 τ,v,α,β 的关系。由于参数空间为 4 维,不便于可视化和数值优化,这里首先固定 τ 和 v,观察 φ_u^r 与机动施加方向 α 和 β 的关系。若取 $\tau=0$,$v=20$ m/s,则 $\varphi_u^r(\tau,v,\alpha,\beta)$ 随参量 α 和 β 的变化情况如图 5-12 所示。

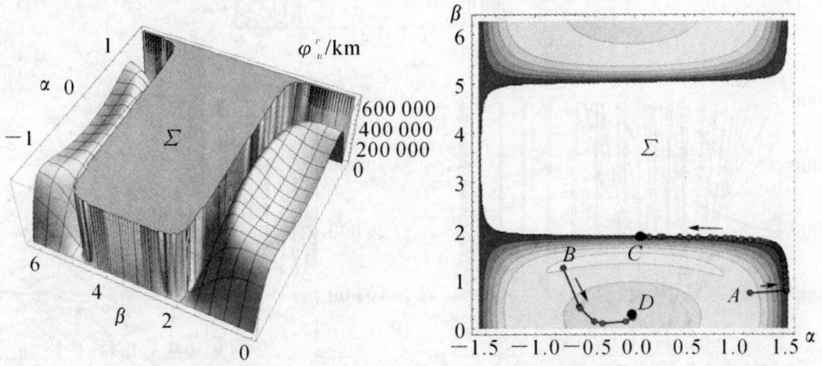

图 5-12　固定 $\tau=0, v=20$ m/s 时 $\boldsymbol{\varphi}_u^r(\tau,v,\alpha,\beta)$ 随参量 α 和 β 的变化情况

(a) 三维曲面图;(b) 等高线图

由图 5-12 可以看到,平面区域 Σ 对应的轨道无法到达地球附近,而是沿不稳定流形的另一个分支向太阳方向飞行,在等高线图中的深色区域对应 φ_u^r 值较小,A 和 B 为数值优化算法迭代初值,分别收敛到 C 和 D 两点。若在图 5-12(b) 所示的等高线图中选取不同的初值,可用求取局部极值的牛顿法迭代计算局部极小值。图中显示了两次迭代收敛的过程,其中初值 A 收敛到 $C(\varphi_u^r=6\ 665.57$ km,$\alpha=0.076\ 957\ 8$,$\beta=1.883\ 17)$,初值 B 收敛到 $D(\varphi_u^r=434\ 867$ km,$\alpha=-0.025\ 191$,$\beta=0.266\ 478)$。可以发现,φ_u^r 在 D 点附近变化较平缓,而在 C 点附近变化剧烈,这时极小值位于一个狭长的缝隙之中。进一步计算表明,φ_u^r 在 C 点取得全局极小值。另外也可注意到,极值点都位于 $\alpha=0$ 附近,通过选取不同的 τ 和 v 进行大量的数值仿真可以发现,φ_u^r 总在 $\alpha=0$ 附近取得最小值。这意味着若要使扰动流形上的轨道到达距地球尽可能近的位置,则机动 Δv_1 应施加在与 $x-y$ 平面平行的平面内,即 Δv_1 在 z 方向上的分量近似为零。因此,下面我们固定在 $\alpha=0$,观察晕轨道切入点位置参数 τ 与 φ_u^r 极小值的关系,仍以 $v=20$ m/s 为例,取 τ 在 0～1 之间一系列等间隔点,对每个 τ 值绘制 $\varphi_u^r-\beta$ 曲线,如图 5-13 所示。

在图 5-13(a) 中,φ_u^r 在一段区域 Σ 内没有取值,这仍是因为该段区域对应的轨道没有到达地球附近,而是沿另一支不稳定流形分支运动,围绕太阳旋转。图中所示该族 $\varphi_u^r-\beta$ 曲线明显存在两个局部极小值区域。首先观察 b 区域,可以看出 $\tau=0$ 对应曲线所取得的极小值是该族曲线中最小的,再观察 c 区域,$\tau=0.4$ 对应曲线取得该族曲线的最小极值点,并且 c 区域内取得的局部极小值大于 b 区域内的局部极小值。同样,经过大量数值分析可以发现,以上特征具有普遍性。于是可得出以下结论:在固定 v 值的情况下,所有扰动流形上的轨道中,晕轨道切入点位于远地点附近(对应 $\tau=0$),并且机动 Δv_1 在 z 方向分量近似为零($\alpha=0$) 所对应的转移轨

道能到达距地球最近的位置。

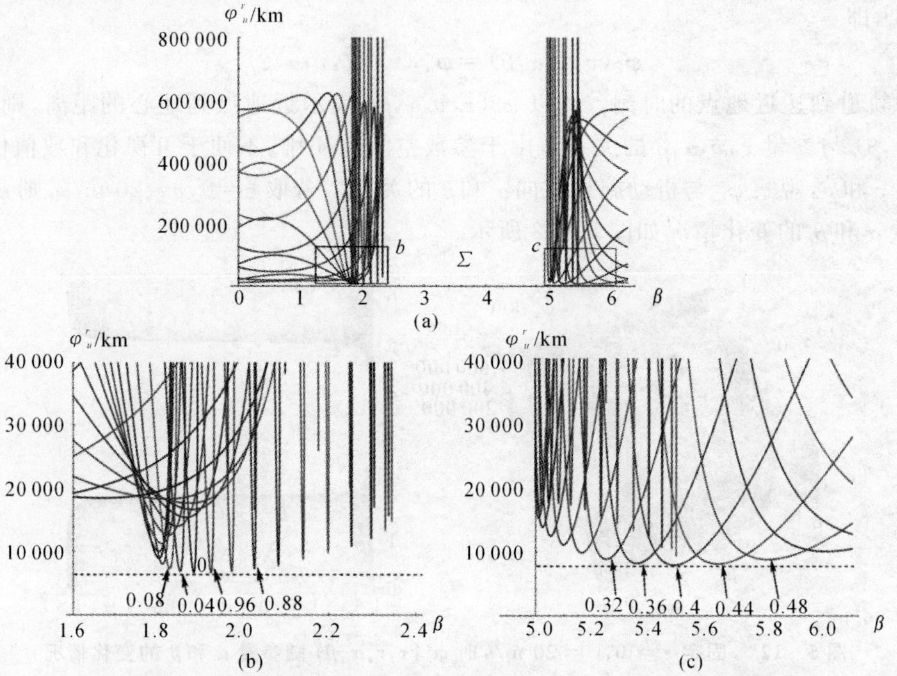

图 5-13 在 $\tau=0, v=20$ m/s 时，取 τ 在 0～1 之间一系列等间隔点得到的 $\varphi_u^r-\beta$ 曲线（图中数值表示曲线对应的 τ 值）

(a) $\varphi_u^r-\beta$ 曲线；(b) 极小值区域 b 的放大图；(c) 极小值区域 c 的放大图

接下来在固定 $\tau=0$ 和 $\alpha=0$ 的情况下，求取能使转移轨道到达指定停泊轨道高度（这里以 200 km 停泊轨道为例，对应轨道半径为 6 578.14 km）的最小 Δv_1 及其方向。选取若干 v 值并观察对应 $\varphi_u^r-\beta$ 曲线变化的情况，如图 5-14 所示。

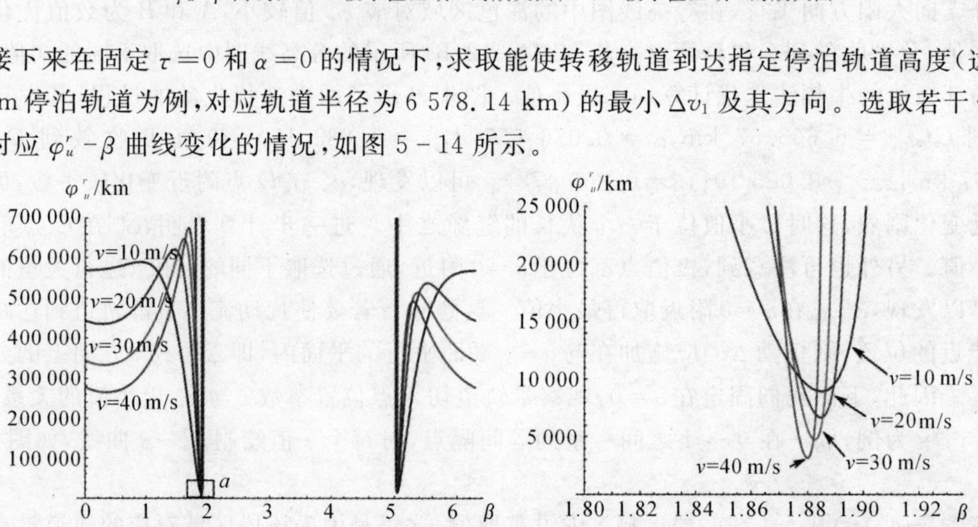

图 5-14 在固定 $\tau=0$ 和 $\alpha=0$ 的情况下，v 值分别取 10,20,30,40 m/s 时所得到的 $\varphi_u^r-\beta$ 曲线

(a) $\varphi_u^r-\beta$ 曲线；(b) 图(a)中 a 区域的放大

由图 5-14 可以看出，随机动大小 v 的增大，φ_u^r 所能取得的极小值确实在逐渐减小，于是构造函数

$$\tilde{\varphi}_u^r(v)=\min_{\beta}\left[\varphi_u^r(0,v,0,\beta)\right] \tag{5.55}$$

则 $\tilde{\varphi}_u^r(v)$ 是一个迭代求局部极小值的过程。观察图 5－14(b) 可以发现函数极值相对集中，这给迭代初值的选取带来了方便。对于不同的 v 值，可选取同一个 $\beta=1.88$ 作为迭代初值，并能保证迭代的收敛。这样就可以计算得到 $\tilde{\varphi}_u^r - v$ 曲线，如图 5－15 所示。

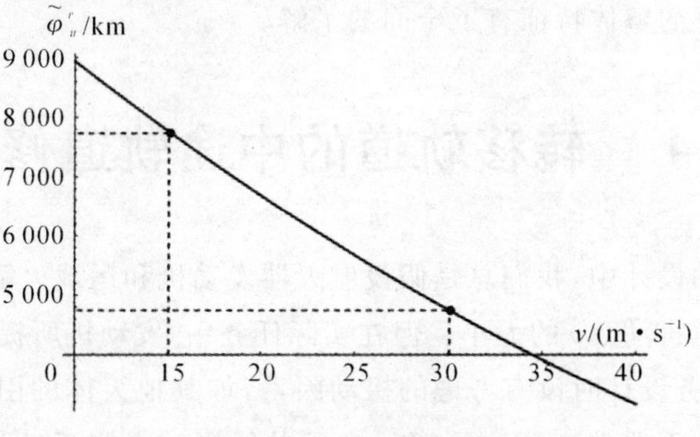

图 5－15　$\tilde{\varphi}_u^r - v$ 曲线

由图 5－15 可见，$\tilde{\varphi}_u^r$ 随 v 的增大单调下降。以区间[15,30]作为迭代初值，可采用 Brent 方法求解方程

$$\tilde{\varphi}_u^r(v) = R_{200\ \mathrm{km}} \tag{5.56}$$

其中 $R_{200\ \mathrm{km}}$ 为 200 km 停泊轨道半径。求得 v 值后由式(5.55) 右边迭代过程可给出对应 β，结果为 $v=20.498\ 5$ m/s，$\beta=1.884\ 72$，这样便求得了晕轨道到 200 km 停泊轨道的转移轨道。该求解过程保证了所得结果是近似全局最优的，航天器在近地点切入停泊轨道的机动 $|\Delta v_2|=3\ 250.2$ m/s。

按照以上过程，同样可求解其他固定晕轨道切入点和固定停泊轨道高度的转移轨道，例如若固定晕轨道切入点为近地点(对应 $\tau=0.5$)，停泊轨道高度仍为 200 km，这时 $\tilde{\varphi}_u^r(v)$ 为

$$\tilde{\varphi}_u^r(v) = \min_{\beta} \varphi_u^r(0.5, v, 0, \beta) \tag{5.57}$$

仿照以上过程，最终所得转移轨道如图 5－16 所示，并有 $v=33.058\ 2$ m/s，$\beta=5.720\ 53$，$|\Delta v_2|=3\ 250.23$ m/s。

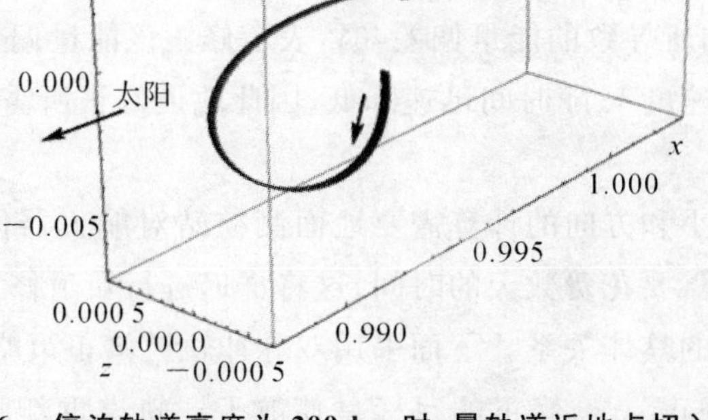

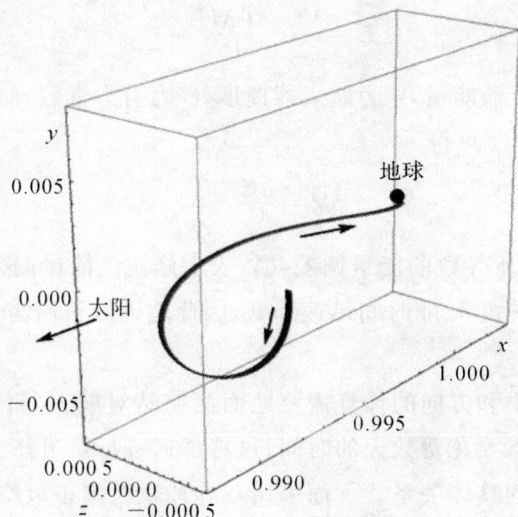

图 5－16　停泊轨道高度为 200 km 时，晕轨道近地点切入的转移轨道

正如所料，在晕轨道近地点切入转移轨道相对于远地点会消耗更多的能量，并且两者的$|\Delta v_2|$几乎相同。

本节采用逐步化简的方法，用较小的计算量得到了近似最优的转移轨道，并且在计算过程中也对晕轨道扰动流形的整体特征有了全面的了解。

5.4 转移轨道的中途轨道修正

在前面转移轨道的设计中，我们总是假设航天器发动机和运载火箭工作在理想状态，从而能精确地提供所需轨道机动Δv的大小。但在实际任务中，发动机所提供的轨道机动Δv不可能没有误差，并且在任务设计时没有考虑的摄动因素，如其他天体的引力摄动及太阳风、太阳光压摄动等都可能使航天器偏离预定轨道。由于共线平动点附近轨道都具有很强的不稳定性，对扰动非常敏感，因此为保证实际探测任务的成功，必须实施中途轨道修正。

平动点探测任务的中途轨道修正可分为两类：一类是转移轨道的中途轨道修正，这类修正发生在航天器转移轨道飞行阶段；第二类则是将航天器保持在预定平动点周期轨道附近的修正，这类修正也称为轨道的稳定保持(station keeping)。本节首先研究第一类中途轨道修正，即转移轨道的中途轨道修正。

在转移轨道飞行阶段，通常最重要的误差来源是航天器由地球停泊轨道切入转移轨道时发动机所提供的轨道机动Δv大小的误差，以美国Genesis任务为例[172-173]，在由200 km停泊轨道切入转移轨道时，发动机施加Δv的大小为3 200 m/s，而Δv量值的误差预计为7 m/s。虽然相对于3 200 m/s而言，7 m/s的误差不算很大，但由于晕轨道任务对扰动的极端敏感性，通常必须在转移轨道开始的七天之内进行修正，否则进行轨道修正的Δv会迅速超出航天器推力系统所能提供的范围。在切入转移轨道初期，航天器仍位于地球附近，因此可采用二体模型进行近似描述，于是有

$$E=\frac{V^2}{2}-\frac{GM}{R} \tag{5.58}$$

式中，E为二体问题下的航天器能量，V为航天器速度，G为引力常数，M为地球质量，R为航天器到地心的距离。由式(5.58)可得

$$\delta V=\frac{\delta E}{V} \tag{5.59}$$

式中，δE表示初始轨道机动所导致的能量偏差，δV表示修正该能量偏差所需的速度增量。对于典型的晕轨道转移轨道，速度V随时间迅速降低，因此轨道修正所需的δV量值随时间迅速增大。

另一方面，轨道修正大小和方向的计算需要地面测控站对航天器位置和速度进行非常精确的测量，而这种测量通常需要花费数天的时间，这将推迟进行轨道修正的时间。这里主要研究轨道修正Δv和修正时间的具体关系。下面采用双脉冲轨道修正策略，假设航天器在进入转移轨道若干天后进行轨道修正Δv_1，修正的目标是使航天器轨道重新瞄准预先设计好的晕轨

道切入点，并且要求航天器在预定时间内到达该点，然后进行第二次脉冲机动 Δv_2，使航天器进入预定晕轨道。在确定轨道修正时刻以后求解轨道修正 Δv_1 和 Δv_2 的问题等价于一个交会问题：预定轨道与实际轨道从空间同一点（航天器转移轨道切入点）出发，经过相同的时间到达晕轨道切入点。该问题可以通过构造如下微分校正过程解决。

设由转移轨道切入点到修正点的时间为 t_{TCM}，航天器在轨道修正时刻的状态为 $\boldsymbol{X}_0 = [x_0 \quad y_0 \quad z_0 \quad v_{x0} \quad v_{y0} \quad v_{z0}]^{\mathrm{T}}$，修正 Δv_1 的坐标形式为$(\Delta v_x, \Delta v_y, \Delta v_z)$，转移轨道预定总飞行时间为 T，则航天器由修正点飞行 $T - t_{\mathrm{TCM}}$ 时间后的状态为

$$\boldsymbol{\varphi}(T - t_{\mathrm{TCM}}, (x_0, y_0, z_0, v_{x0} + \Delta v_x, v_{y0} + \Delta v_y, v_{z0} + \Delta v_z)) \tag{5.60}$$

为求解以上交会问题，需求解方程组

$$\left.\begin{aligned}
f_x(\Delta v_x, \Delta v_y, \Delta v_z) &= \varphi_x(T - t_{\mathrm{TCM}}, (x_0, y_0, z_0, v_{x0} + \Delta v_x, v_{y0} + \Delta v_y, v_{z0} + \Delta v_z)) - x_{\mathrm{halo}} = 0 \\
f_y(\Delta v_x, \Delta v_y, \Delta v_z) &= \varphi_y(T - t_{\mathrm{TCM}}, (x_0, y_0, z_0, v_{x0} + \Delta v_x, v_{y0} + \Delta v_y, v_{z0} + \Delta v_z)) - y_{\mathrm{halo}} = 0 \\
f_z(\Delta v_x, \Delta v_y, \Delta v_z) &= \varphi_z(T - t_{\mathrm{TCM}}, (x_0, y_0, z_0, v_{x0} + \Delta v_x, v_{y0} + \Delta v_y, v_{z0} + \Delta v_z)) - z_{\mathrm{halo}} = 0
\end{aligned}\right\} \tag{5.61}$$

其中 $\varphi_x, \varphi_y, \varphi_z$ 分别表示 $\boldsymbol{\varphi}$ 的 x, y, z 分量，$(x_{\mathrm{halo}}, y_{\mathrm{halo}}, z_{\mathrm{halo}})$ 为预定晕轨道切入点的坐标，应用牛顿迭代法可求解$(\Delta v_x, \Delta v_y, \Delta v_z)$，即

$$\begin{bmatrix} \Delta v_x(k+1) \\ \Delta v_y(k+1) \\ \Delta v_z(k+1) \end{bmatrix} = \begin{bmatrix} \Delta v_x(k) \\ \Delta v_y(k) \\ \Delta v_z(k) \end{bmatrix} - [\mathrm{D}\boldsymbol{f}(\Delta v_x(k), \Delta v_y(k), \Delta v_z(k))]^{-1} \begin{bmatrix} f_x(\Delta v_x(k), \Delta v_y(k), \Delta v_z(k)) \\ f_x(\Delta v_x(k), \Delta v_y(k), \Delta v_z(k)) \\ f_x(\Delta v_x(k), \Delta v_y(k), \Delta v_z(k)) \end{bmatrix} \tag{5.62}$$

其中雅可比矩阵 $\mathrm{D}\boldsymbol{f}$ 为

$$\mathrm{D}\boldsymbol{f}(\Delta v_x(k), \Delta v_y(k), \Delta v_z(k)) = \begin{bmatrix} \dfrac{\partial \varphi_x}{\partial v_x} & \dfrac{\partial \varphi_x}{\partial v_y} & \dfrac{\partial \varphi_x}{\partial v_z} \\ \dfrac{\partial \varphi_y}{\partial v_x} & \dfrac{\partial \varphi_y}{\partial v_y} & \dfrac{\partial \varphi_y}{\partial v_z} \\ \dfrac{\partial \varphi_z}{\partial v_x} & \dfrac{\partial \varphi_z}{\partial v_y} & \dfrac{\partial \varphi_z}{\partial v_z} \end{bmatrix} = \begin{bmatrix} \Phi_{1,4} & \Phi_{1,5} & \Phi_{1,6} \\ \Phi_{2,4} & \Phi_{2,5} & \Phi_{2,6} \\ \Phi_{3,4} & \Phi_{3,5} & \Phi_{3,6} \end{bmatrix} \tag{5.63}$$

其中 $\Phi_{X,Y}$ 表示流函数 $\boldsymbol{\varphi}$ 的状态转移矩阵 $\boldsymbol{\Phi}$ 的第 X 行 Y 列的元素，由于轨道修正 Δv_1 本身量值较小，因此可对式(5.62)以 $[\Delta v_x(0) \quad \Delta v_y(0) \quad \Delta v_z(0)]^{\mathrm{T}} = [0 \quad 0 \quad 0]^{\mathrm{T}}$ 作为初值进行迭代。在求得解$(\Delta v_x, \Delta v_y, \Delta v_z)$之后，若设机动 Δv_2 的坐标分量为$(\Delta v_x(h), \Delta v_y(h), \Delta v_z(h))$，则

$$\left.\begin{aligned}
\Delta v_x(h) &= v_{x,\mathrm{halo}} - \varphi_{vx}(T - t_{\mathrm{TCM}}, (x_0, y_0, z_0, v_{x0} + \Delta v_x, v_{y0} + \Delta v_y, v_{z0} + \Delta v_z)) \\
\Delta v_y(h) &= v_{y,\mathrm{halo}} - \varphi_{vy}(T - t_{\mathrm{TCM}}, (x_0, y_0, z_0, v_{x0} + \Delta v_x, v_{y0} + \Delta v_y, v_{z0} + \Delta v_z)) \\
\Delta v_z(h) &= v_{z,\mathrm{halo}} - \varphi_{vy}(T - t_{\mathrm{TCM}}, (x_0, y_0, z_0, v_{x0} + \Delta v_x, v_{y0} + \Delta v_y, v_{z0} + \Delta v_z))
\end{aligned}\right\} \tag{5.64}$$

其中 $\varphi_{vx}, \varphi_{vy}$ 和 φ_{vz} 分别表示 $\boldsymbol{\varphi}$ 的 v_x, v_y 和 v_z 分量，$v_{x,\mathrm{halo}}, v_{y,\mathrm{halo}}$ 和 $v_{z,\mathrm{halo}}$ 为预定晕轨道切入点的速度分量。

下面以图 5-11 所示轨道为参考轨道，设转移轨道初始切入点机动误差为 ε_v，采用上述方法计算 t_{TCM} 与 ε_v 取不同值时的轨道修正 Δv_1 和 Δv_2 的大小，计算结果见表 5-1。

表 5-1　t_{TCM} 与 ε_v 取不同值时的轨道修正 Δv_1 和 Δv_2 数据

t_{TCM}/天	ε_v/(m·s^{-1})	$\lvert\Delta v_1\rvert$/(m·s^{-1})	$\lvert\Delta v_2\rvert$/(m·s^{-1})	$\lvert\Delta v_1\rvert+\lvert\Delta v_2\rvert$/(m·s^{-1})
1	7	49.130 798 485	30.641 920 825	79.772 719 309
	5	35.165 527 086	31.328 349 877	66.493 876 963
	3	21.143 421 331	32.017 836 428	53.161 257 76
	1	7.063 907 467	32.710 325 086	39.774 232 553
	−1	7.073 597 438 5	33.405 766 213	40.479 363 652
	−3	21.269 684 652	34.104 114 37	55.373 7990 23
	−5	35.524 955 612	34.805 329 527	70.330 285 139
	−7	49.840 020 809	35.509 375 546	85.349 396 355
3	7	78.557 389 358	24.669 405 933	103.226 795 29
	5	56.375 018 044	27.012 005 613	83.387 023 657
	3	33.986 015 063	29.399 634 161	63.385 649 224
	1	11.385 413 502	31.828 369 717	43.213 783 219
	−1	11.431 949 096	34.295 617 737	45.727 566 832
	−3	34.471 442 077	36.799 737 121	71.271 179 198
	−5	57.738 654 929	39.339 794 272	97.078 449 201
	−7	81.239 410 035	41.915 399 732	123.154 809 77
5	7	105.278 586 54	14.678 419 077	119.957 005 62
	5	75.799 558 218	19.402 374 112	95.201 932 329
	3	45.855 617 246	24.610 890 906	70.466 508 152
	1	15.418 887 845	30.165 205 397	45.584 093 241
	−1	15.543 450 018	36.022 437 398	51.565 887 415
	−3	47.071 167 405	42.184 480 023	89.255 647 428
	−5	79.213 662 072	48.681 657 625	127.895 319 7
	−7	112.035 706 99	55.572 134 793	167.607 841 78

由表 5-1 中数据可得到如下结论：

(1) $\lvert\Delta v_2\rvert$ 与 ε_v 近似呈线性关系，而 $\lvert\Delta v_1\rvert$ 与 ε_v 的绝对值近似呈线性关系，$\lvert\Delta v_2\rvert$ 随 ε_v 的增大缓慢增大，$\lvert\Delta v_1\rvert$ 随 $\lvert\varepsilon_v\rvert$ 的增大迅速增大；

(2) $\lvert\Delta v_1\rvert$ 和 $\lvert\Delta v_2\rvert$ 都与修正时间 t_{TCM} 近似呈线性关系；

(3) 对表中所列各种情况，采用本节介绍的轨道修正方法得到的总 Δv 消耗都小于 170 m/s，对于实际航天任务来说这个消耗是可以接受的，并且可以发现多数情况下的总 Δv 消耗都远小于该上限值。

5.5　晕轨道的中途轨道修正

如上节所述,晕轨道的轨道修正又称为晕轨道的稳定保持。由于共线平动点附近的周期轨道具有内在不稳定性,为使航天器始终保持在参考轨道附近,必须对航天器实施轨道控制。对于晕轨道的稳定保持,主要有目标点法(target point approach)[106,175]和 Floquet 模式法(Floquet mode approach)[176]。另外,本书第 8 章提出的投影到中心流形的方法,同样可用于晕轨道的稳定保持,并能取得很好的控制效果。

目标点法是最早由 Howell 和 Pernicka[106]提出的一种晕轨道的稳定保持方法,该方法的控制目标是使航天器始终保持在参考轨道附近。为达到这个目标,采用了最优控制方法来最小化一个加权代价函数,该代价函数是由轨道机动以及航天器在未来若干个时间点相对于参考轨道的偏差经过适当加权后构成,这些时间点所对应的航天器状态就称为目标点。目标点法不依赖于预定轨道的类型,因此适用范围较广,但由于代价函数中的加权矩阵只能凭经验获得,通常需要经过大量反复试验,因而需耗费大量时间。另外,该方法并没有充分利用晕轨道本身的动力学特征,所以轨道修正的燃料消耗相对较大。

本节主要对 Floquet 模式法进行详细分析,该方法与目标点法具有显著的不同,它充分利用了不变流形理论和 Floquet 模式理论,采用晕轨道单值矩阵的 Floquet 模式来计算航天器状态偏差的不稳定分量,然后求解适当的轨道机动来消除此不稳定分量。虽然目标点法的思路较直接并已经被成功地应用于实际航天任务,但 Floquet 模式法作为一种较新的方法,整合了更多的动力学系统信息,因此能得到燃料消耗少得多的稳定保持方案。

5.5.1　Floquet 模式法

根据 Floquet 理论[177-178],晕轨道上一点附近的动力学行为由该点的单值矩阵特征值 λ_i 和特征向量 $e_i(i=1,2,\cdots,6)$ 所决定,Floquet 模式法本质上就是要设计一个控制器,使之能有效地消除状态偏差 $\delta\boldsymbol{\varepsilon}(t)$ 的不稳定分量,且

$$\delta\boldsymbol{\varepsilon}(t)=[\delta x\quad \delta y\quad \delta z\quad \delta\dot{x}\quad \delta\dot{y}\quad \delta\dot{z}]^{\mathrm{T}} \tag{5.65}$$

在时刻 t,$\delta\boldsymbol{\varepsilon}(t)$ 可用 Floquet 模式 $\bar{e}_i(t)$ 表示为

$$\delta\boldsymbol{\varepsilon}(t)=\sum_{i=1}^{6}\alpha_i\bar{e}_i(t) \tag{5.66}$$

其中 $\bar{e}_i(t)$ 是 $e_i(t)$ 的单位化向量,则控制器的控制目标是通过施加速度增量

$$\Delta v=[0\quad 0\quad 0\quad \Delta v_x\quad \Delta v_y\quad \Delta v_z]^{\mathrm{T}} \tag{5.67}$$

从而使偏差向量 $\delta\varepsilon(t)$ 中的不稳定分量 α_1 减小到零。由于剩下的 5 个偏差分量并不会随时间呈指数形式放大,因此不会在未来产生巨大的状态偏差。

虽然 $\bar{e}_i(t)$ 彼此线性无关,但并不一定满足正交条件,设 $\bar{e}_2,\bar{e}_3,\cdots,\bar{e}_6$ 所张成的超平面为 Γ,在这里引入垂直于 Γ 的向量 $\boldsymbol{\Pi}$,即所谓的投影因子向量,并要求 $\boldsymbol{\Pi}$ 在 $\bar{e}_1(t)$ 上的投影为单位长度,即 $\boldsymbol{\Pi}$ 满足方程

$$\begin{bmatrix} e_1(t) \\ \bar{e}_2(t) \\ \bar{e}_3(t) \\ \bar{e}_4(t) \\ \bar{e}_5(t) \\ \bar{e}_6(t) \end{bmatrix} \boldsymbol{\Pi} = \begin{bmatrix} 1 \\ 0 \\ 0 \\ 0 \\ 0 \\ 0 \end{bmatrix} \tag{5.68}$$

于是有

$$\delta \boldsymbol{\varepsilon}(t) \cdot \boldsymbol{\Pi} = \alpha_1 \tag{5.69}$$

为消除不稳定分量，施加机动 Δv 使机动后的偏差向量位于超平面 Γ 之内，即

$$(\delta \boldsymbol{\varepsilon} + \Delta v)\boldsymbol{\Pi} = 0 \tag{5.70}$$

将式(5.66)、式(5.67)代入式(5.70)，整理后可得

$$\Delta v_x \pi_4 + \Delta v_y \pi_5 + \Delta v_z \pi_6 + \alpha_1 = 0 \tag{5.71}$$

其中，π_4，π_5 和 π_6 为向量 $\boldsymbol{\Pi}$ 的后三个分量。根据实际航天器的控制系统结构，可得到满足约束条件式(5.71)并最小化 Δv 模值的单轴、双轴或三轴控制器。对于 x 轴单轴控制器，有 $\Delta v_y = 0$ 和 $\Delta v_z = 0$，代入式(5.71)可得

$$\Delta v_x = -\alpha_1 / \pi_4 \tag{5.72}$$

对于 $x-y$ 双轴控制器，有 $\Delta v_z = 0$，可求得最小化 Δv 模值的解为

$$\Delta v_x = -\frac{\alpha_1 \pi_4}{\pi_4^2 + \pi_5^2}, \quad \Delta v_y = -\frac{\alpha_1 \pi_5}{\pi_4^2 + \pi_5^2} \tag{5.73}$$

对于 $x-y-z$ 三轴控制器，式(5.71)确定了三维参数空间内的一个约束平面，而 Δv 模值最小的解为坐标原点在该平面上的垂足，于是可解得

$$\Delta v_x = -\frac{\alpha_1 \pi_4}{\pi_4^2 + \pi_5^2 + \pi_6^2}, \quad \Delta v_y = -\frac{\alpha_1 \pi_5}{\pi_4^2 + \pi_5^2 + \pi_6^2}, \quad \Delta v_z = -\frac{\alpha_1 \pi_6}{\pi_4^2 + \pi_5^2 + \pi_6^2} \tag{5.74}$$

5.5.2 数字仿真结果分析

首先对比单轴、双轴或三轴控制器的性能，仍以日地系统 L_1 点 $A_Z = 120\ 000$ km 晕轨道为例，采用包含月球、木星、土星引力摄动的星历模型，假设要求航天器沿晕轨道飞行 3 年时间，航天器每隔 100 天进行一次轨道修正，则 3 年内稳定保持所需的轨道机动 Δv 数据见表 5-2。

表 5-2 采用 Floquet 模式法进行稳定保持得到的 3 年内轨道机动 Δv 数据

单位：$m \cdot s^{-1}$

机动次数	x 单轴轨道机动 Δv	$x-y$ 双轴轨道机动 Δv	$x-y-z$ 三轴轨道机动 Δv
1	2.095	1.996	1.995
2	0.844	0.595	0.595
3	1.343	1.366	1.366
4	1.438	1.147	1.146
5	3.398	3.193	3.188
6	1.552	1.452	1.450

续表

机动次数	x 单轴轨道机动 Δv	$x-y$ 双轴轨道机动 Δv	$x-y-z$ 三轴轨道机动 Δv
7	2.603	2.986	2.979
8	0.691	0.632	0.631
9	3.339	2.617	2.617
10	3.518	3.154	3.154
$\sum \Delta v_i$	20.825	19.141	19.126

由表 5-2 可以看到，由于控制器自由度的限制，x 单轴控制消耗的总 Δv 最多，而优化空间最大的 $x-y-z$ 三轴控制消耗的总 Δv 最少，但也注意到三种控制方式的总 Δv 消耗相差不多，特别是 $x-y$ 双轴控制和 $x-y-z$ 三轴控制总 Δv 仅相差 0.015 m/s。为了分析这个现象的原因，观察在 $x-y-z$ 三轴控制中每次轨道机动的方向，如图 5-17 所示。

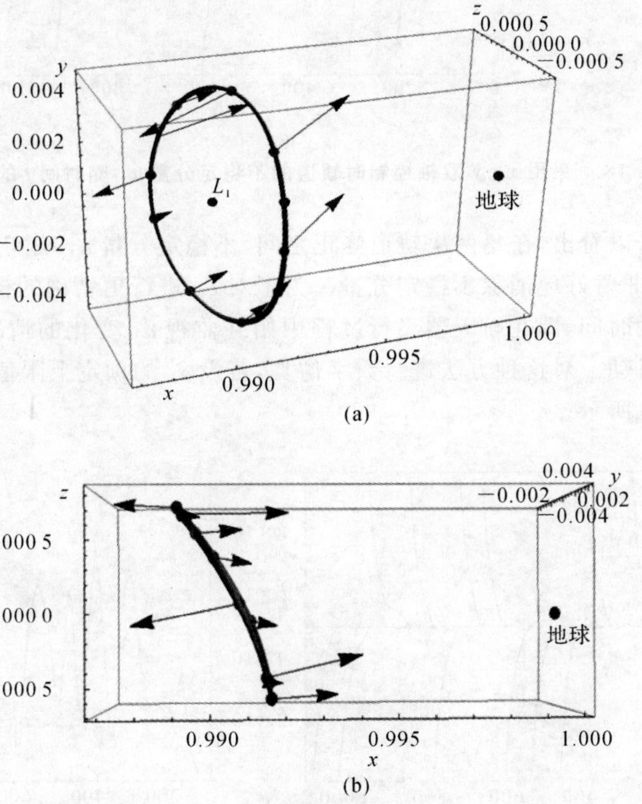

图 5-17　航天器采用 $x-y-z$ 三轴控制 3 年内的飞行轨迹和每次机动的方向（箭头长短表示对应 Δv 的大小）

(a) 立体图；(b) $x-z$ 平面投影图

由图 5-17 可以看出，所有机动几乎都与 $x-y$ 平面平行，并且都与 x 轴保持较小的夹角，这意味着由 $x-y-z$ 三轴控制器给出的最优机动方向，可以由 $x-y$ 双轴控制器较好地实现，甚至也可以由 x 单轴控制器近似实现。在实际深空探测任务中，采用结构相对简单的控制系统通常能简化任务设计、获得更高的可靠性并增大有效载荷，因此对于晕轨道的稳定保持，可采

用 $x-y$ 双轴甚至 x 单轴控制器。美国 NASA 于 1995 年 11 月发射的 SOHO 深空探测器[179] 便采用类似 x 轴单轴控制器的控制方式进行晕轨道的稳定保持，在下面的数字仿真中，我们将主要采用 $x-y$ 双轴控制方式。

由于 Floquet 模式法的核心是消除状态误差的不稳定分量，因此可以观察在整个稳定保持过程中不稳定分量 α_1 的变化情况，对于表 5-2 中 $x-y$ 双轴控制情况，对应不稳定分量的变化如图 5-18 所示。

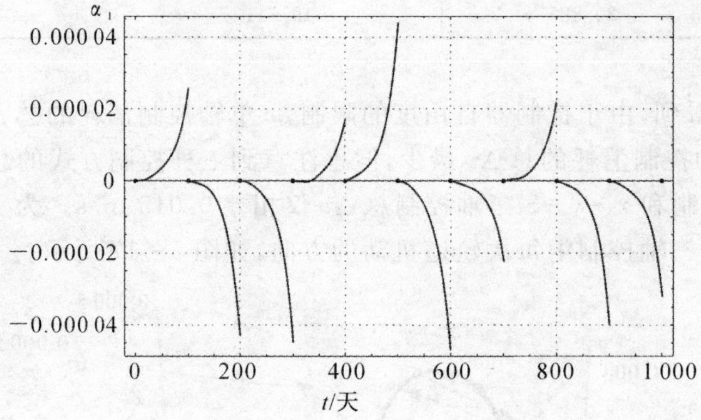

图 5-18　采用 $x-y$ 双轴控制时轨道的不稳定分量 α_1 随时间 t 的变化情况

由图 5-18 可以看出，在每两次轨道修正之间，不稳定分量 α_1 确实呈指数形式变大，而经过轨道修正，可以非常好地消除不稳定分量。为了对 α_1 进行更精确的控制，可考虑根据 α_1 值的大小确定机动的时间，即在航天器飞行过程中始终监视 α_1 变化的情况，一旦达到预定的上限值时立即施行机动。对这种方法进行数字仿真，若设 α_1 的预定上限值 $\alpha_{1,\max}$ 为 0.000 01，所得结果如图 5-19 所示。

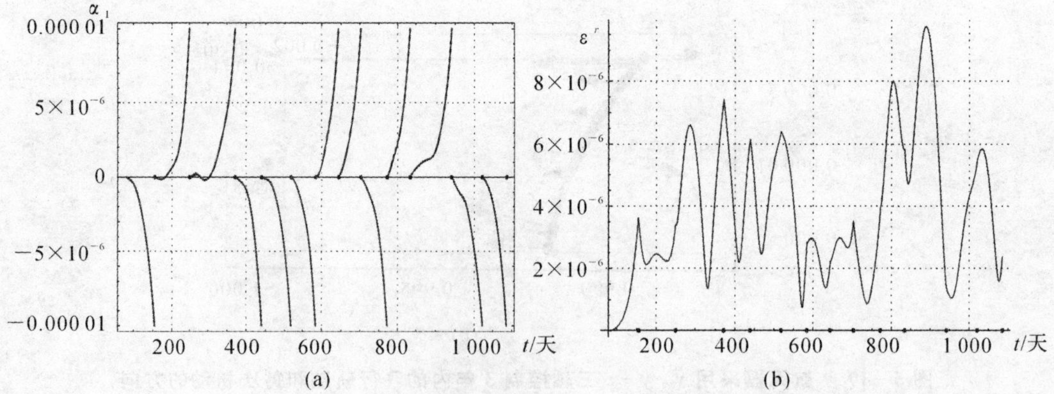

图 5-19　α_1 及航天器位置偏差模值 ε^r 随时间变化的情况

(a)α_1-t 曲线；　(b)ε^r-t 曲线

由图 5-19 可以看到，由于扰动的存在，轨道机动的时间间隔不再恒定，但 α_1 始终被限制在 $[-\alpha_{1,\max},\alpha_{1,\max}]$ 之间，航天器的位置偏差也被控制在较小的范围内。表 5-3 给出了 $\alpha_{1,\max}$ 分别取 10^{-5}，10^{-4} 和 10^{-3} 时的轨道修正 Δv 数据。

表 5-3　$\alpha_{1,\max}$ 分别取不同值时对应的轨道修正 Δv 的数据

机动次数	轨道修正 Δv 数据 /($m \cdot s^{-1}$)		
	$\alpha_{1,\max}=10^{-5}$	$\alpha_{1,\max}=10^{-4}$	$\alpha_{1,\max}=10^{-3}$
1	0.54	4.83	39.3
2	0.40	5.29	50.6
3	0.51	4.76	53.5
4	0.38	3.83	41.2
5	0.54	4.48	48.7
6	0.45	5.44	54.1
7	0.42	4.15	54.0
8	0.54	4.97	—
9	0.43	—	—
10	0.47	—	—
11	0.45	—	—
12	0.50	—	—
13	0.51	—	—
$\sum \Delta v_i$	6.181	37.78	341.4

由表 5-3 可以看出，不稳定分量上限 $\alpha_{1,\max}$ 取值较小时航天器在 3 年飞行时间内所需的轨道修正次数较多，但由于精确控制了 α_1 的指数型增长，每一次 Δv 消耗都在 1 m/s 之内，总 Δv 消耗也很小。当 $\alpha_{1,\max}$ 取值较大时，所需轨道修正次数虽然变少，但每次 Δv 消耗都会增大很多，导致总 Δv 迅速变大。图 5-20 给出了 $\alpha_{1,\max}=10^{-3}$ 时航天器在 3 年内的飞行轨道和位置偏差随时间变化的情况。该情况下航天器实际轨道与预定轨道已有明显偏离，随着飞行时间的延长，这种偏离越来越大，这是因为 Floquet 模式法本身只关注不稳定分量的消除，而其他偏差分量会逐渐累积，并且不会被消除。当累积偏差增大到一定程度时，Floquet 模式法便不能再给出有效的 Δv 控制量，从而使晕轨道的稳定保持失效。由以上分析可知，提高稳定保持精度和降低 Δv 消耗的有效方法是保持一定的轨道修正频率，从而将不稳定分量始终控制在较低水平。

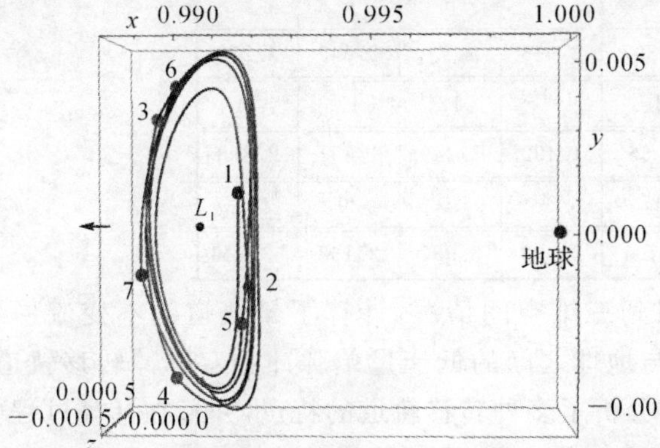

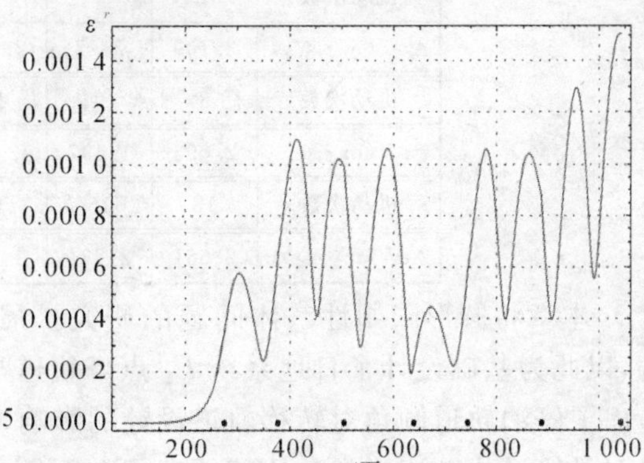

图 5-20　$\alpha_{1,\max}=10^{-3}$ 时航天器在 3 年内的飞行轨道和位置偏差的模值 ε^r 随时间变化的情况（在图(a) 中标出了 7 次轨道机动的位置）

(a) 航天器在 3 年内的飞行轨道；(b) 位置偏差的模值 ε^r 随时间变化的情况

在实际深空探测任务中，轨道机动的实施通常还要考虑其他诸多因素，例如地面测控站对航天器位置和速度的测量无法持续进行，两次测量的时间间隔通常最短为数天，这使得无法在航天器不稳定分量恰好等于 $\alpha_{1,\max}$ 时进行机动。连续两次轨道机动的时间间隔由于受制于测轨间隔、航天器的物理特性、飞行任务的规划等因素，同样必须大于某个最小值。另外，航天器速度和位置的测量以及机动的施加都会存在误差，本书在考虑测轨时间间隔约束、测量误差和机动误差的情况下，采用 Floquet 模式法进行了为期 1 900 天稳定保持过程的数字仿真，其仿真结果如图 5－21 所示，图中曲线上的黑点表示测轨时间点，x 轴上的黑点表示机动时间点，测轨时间间隔的下限为 3 天，位置测量误差限为 10 000 m，速度测量误差限为 0.5 m/s，轨道机动误差限为 0.1 m/s，不稳定分量上限 $\alpha_{1,\max}$ 为 0.00 005。所有机动 Δv 数据汇总列在表 5－4 中。

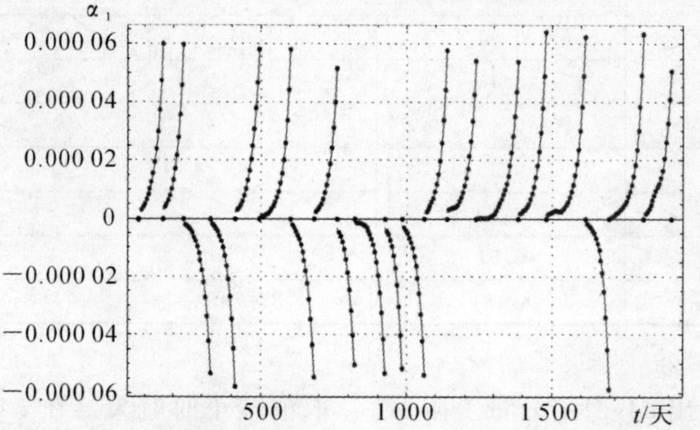

图 5－21　采用 Floquet 模式法进行为期 1 900 天稳定保持的仿真结果

由图 5－21 可以看出，在考虑测轨时间间隔约束、测量误差和机动误差的情况下，Floquet 模式法仍旧能够很好地进行晕轨道的稳定保持，但由于测轨时间间隔的约束，会出现 $\alpha_1 > \alpha_{1,\max}$ 的情况，并且由于各种误差的存在，轨道修正无法完全抵消不稳定分量。这导致在整个飞行过程中，航天器需要进行较多次数的轨道机动，并且总 Δv 消耗也比未考虑误差时的情况有所增大。

表 5－4　图 5－19 对应的轨道机动 Δv 数据

机动次数	1	2	3	4	5	6	7
$\Delta v_i/(\mathrm{m\cdot s^{-1}})$	3.169	2.43	2.807	2.938	2.71	2.845	3.276
机动次数	8	9	10	11	12	13	14
$\Delta v_i/(\mathrm{m\cdot s^{-1}})$	2.095	1.497	2.66	1.492	3.249	1.651	2.878
机动次数	15	16	17	18	19	20	$\sum \Delta v_i$
$\Delta v_i/(\mathrm{m\cdot s^{-1}})$	2.661	2.731	3.701	2.903	3.387	2.168	53.246

本章将圆形限制性三体问题的研究扩展到三维空间情况，计算了晕轨道的不变流形结构，以此为基础设计了日地系统 L_1 点晕轨道与地球之间的低能量单脉冲和双脉冲转移轨道，考虑了停泊轨道倾角对转移轨道设计的影响，分析了多种转移轨道的特点，并且在计算过程中也对晕轨道扰动流形的整体特征有了全面的了解。针对实际中的扰动因素，设计了转移轨道的双脉冲轨道修正策略，分析了轨道修正的燃料消耗与状态误差和修正时间的关系。最后，讨论了晕轨道的稳定保持问题，分析了控制器的选择、不稳定分量的消除、实际摄动和约束等因素对 Floquet 模式法性能的影响。

第6章 共线平动点的中心流形

在三维限制性三体问题中，共线平动点附近不仅存在周期轨道的稳定、不稳定流形，还存在另外一类重要的不变流形结构，这就是共线平动点附近的中心流形(Center Manifold)[180-181]。通过对共线平动点附近区域动力学的线性分析，可知其具有中心×中心×鞍点的动力学模式[182]。这种模式在非线性情况下得以保持，因此决定了共线平动点附近的相流都可以看作是由两种简谐振动和一种双曲不稳定运动复合而成。这意味着存在一类特殊的相流，其双曲运动分量恰好为零，从而使运动始终保持在平动点附近。该类相流包括了前面介绍过的 Lyapunov 轨道、晕轨道等周期轨道，还包括 Lissajous 轨道、Quasi-Halo 轨道等拟周期轨道，所有该类相流的集合构成了共线平动点的中心流形。共线平动点中心流形的重要性主要体现在以下几个方面：

(1)由于双曲不稳定运动的存在，共线平动点附近相流都具有高度不稳定性[31,60,183]。这种内在不稳定性给周期、拟周期轨道的计算带来了困难，虽然通过利用对称性可以计算 Lyapunov 轨道、晕轨道等周期轨道，但拟周期轨道不再具有这种对称性，这导致该类轨道的计算一直较为困难。而通过计算中心流形，不但可以得到所有拟周期轨道，而且可以对平动点附近有界轨道的种类和分布有一个全面的了解。

(2)在实际空间任务中，通常将平动点附近的有界轨道作为工作轨道，而采用数值方法进行计算时，这类有界轨道的动力学特性会随着时间的推移迅速淹没在不稳定分量的指数型增长中。而通过计算中心流形，可将动力学行为限制在该中心流形子空间内，从而研究有界轨道的长期演化特性。另外，由于消除了双曲运动，CRTBP 对应的哈密尔顿系统自由度由三维降为二维，从而也降低了研究的难度。

(3)虽然在平面情况下，Lyapunov 轨道的稳定、不稳定流形是相空间转移轨道与非转移轨道的分界，但在三维情况下，晕轨道的稳定、不稳定流形并不能作为这种分界。这时，中心流形的稳定、不稳定流形将成为转移轨道与非转移轨道的分界。

(4)在三维限制性三体问题中，中心流形的稳定、不稳定流形是镶嵌在五维能量面内的四维结构，这种高维相空间内的不变流形结构为转移轨道的设计提供了大量的可能性和灵活性(见第8章)。

(5)由计算中心流形的过程可导出一套分析周期、拟周期轨道稳定性的方法，利用该方法可以得到一种十分有效的平动点轨道稳定保持策略(见第8章)。

尽管人们早已认识到中心流形的重要性，但计算中心流形的数学方法并不多。对于平动点中心流形的计算，主要是采用 Gomez，Jorba，Masdemont，Simo 等人导出的方法，称之为化简到中心流形过程(reduction to the center manifold)[60,184]。这是一种半数值半分析方法(级数展开形式本身是解析的，但多项式系数却需要通过数值方法计算得到)，该方法能够得到平动点中心流形的高阶近似，其基本思想是利用 CRTBP 作为哈密尔顿系统的特点，将对应的哈密尔顿量在平动点展开成级数形式，然后通过应用 Lie 级数方法，实施一系列正则坐标变换，达到将双曲运动行为与中心运动行为解耦的目的。在得到中心流形后，固定能量等级可得到三维相空间，然后通过选取合适的庞加莱(Poincaré)截面可得到相空间的二维截面图，这样我们便可以研究中心流形在不同能量等级下的结构。

为了得到中心流形的高阶近似，化简到中心流形过程需要对项数极其巨大的多项式进行运算，因此是一个相当耗时的过程，并且这也约束着实际所能计算的中心流形阶数。本章将对化简到中心流形的整个过程进行讨论，给出该过程中每个环节的计算方法，对中心流形哈密尔顿量的计算、非线性坐标变换的求取等环节进行改进，以便降低计算量、提高算法的并行程度。文中还将给出相互补充的坐标变换方法，对比分析各方法的特点，通过实际算例证明算法的有效性。此外，还将对中心流形及其稳定、不稳定流形的结构进行研究。

6.1 中心流形的计算

6.1.1 动力学方程及哈密尔顿函数的级数展开

为了研究分析的方便并使级数展开具有较好的数值特性，首先对动力学方程式(2.19)进行坐标平移和缩放变换，使坐标原点与所要研究的平动点重合，并将该平动点与距其最近的主天体之间的距离变换为单位距离。该坐标变换可表示为

$$\left.\begin{aligned} X &= \mp \gamma_j x + \mu + a \\ Y &= \mp \gamma_j y \\ Z &= \gamma_j z \end{aligned}\right\} \tag{6.1}$$

其中符号 $\mp$ 的上部符号对应 L_1 点和 L_2 点，下部符号对应 L_3 点，对 L_1 点有 $a=-1+\gamma_1$，对 L_2 点有 $a=-1-\gamma_2$，对 L_3 点有 $a=\gamma_3$，$\gamma_j\,(j=1,2,3)$ 为平动点到距其最近主天体的距离。由参考文献[31]知，γ_j 可由下述欧拉 5 次方程的正根给出：

$$\gamma_j^5 \mp (3-\mu)\gamma_j^4 + (3-2\mu)\gamma_j^3 - \mu\gamma_j^2 \pm 2\mu\gamma_j - \mu = 0, \quad j=1,2 \tag{6.2}$$

$$\gamma_j^5 + (2+\mu)\gamma_j^4 + (1+2\mu)\gamma_j^3 - (1-\mu)\gamma_j^2 - 2(1-\mu)\gamma_j - (1-\mu) = 0, \quad j=3 \tag{6.3}$$

其中符号 $\mp$ 和 $\pm$ 的上部符号对应 L_1 点，下部符号对应 L_2 点。上述方程可以通过牛顿迭代法并以 $(\mu/3)^{1/3}$ 作为初值迭代得到数值解，对于地月系统可求得 $\gamma_1=0.150\,932$，$\gamma_2=0.167\,83$，$\gamma_3=0.992\,912$。

观察动力学方程式(2.19)可以看到，其非线性项是 $(1-\mu)/r_1+\mu/r_2$，为了对其进行级数展开，这里应用公式

$$\frac{1}{\sqrt{(x-A)^2+(y-B)^2+(z-C)^2}} = \frac{1}{D}\sum_{n=0}^{\infty}\left(\frac{\rho}{D}\right)^n p_n\left(\frac{Ax+By+Cz}{D\rho}\right) \tag{6.4}$$

其中，$D=\sqrt{A^2+B^2+C^2}$，$\rho=\sqrt{x^2+y^2+z^2}$，p_n 为 n 阶勒让德多项式，通过将式(6.1)代入式(2.19)并应用式(6.4)可将动力学方程表示为

$$\left.\begin{aligned}&\ddot{x}-2\dot{y}-(1+2c_2)x=\frac{\partial}{\partial x}\sum_{n\geqslant 3}c_n(\mu)\rho^n p_n\left(\frac{x}{\rho}\right)\\&\ddot{y}+2\dot{x}+(c_2-1)y=\frac{\partial}{\partial y}\sum_{n\geqslant 3}c_n(\mu)\rho^n p_n\left(\frac{x}{\rho}\right)\\&\ddot{z}+c_2 z=\frac{\partial}{\partial z}\sum_{n\geqslant 3}c_n(\mu)\rho^n p_n\left(\frac{x}{\rho}\right)\end{aligned}\right\}\tag{6.5}$$

其中等式左边是方程的线性部分，右边是非线性部分，系数 $c_n(\mu)$ 由下面两式给出：

$$c_n(\mu)=\frac{1}{\gamma_j^3}\left((\pm 1)^n\mu+(-1)^n\frac{(1-\mu)\gamma_j^{n+1}}{(1\mp\gamma_j)^{n+1}}\right),\quad 对于\ L_j,j=1,2\tag{6.6}$$

$$c_n(\mu)=\frac{(-1)^n}{\gamma_3^3}\left(1-\mu+\frac{\mu\gamma_3^{n+1}}{(1+\gamma_3)^{n+1}}\right),\quad 对于\ L_3\tag{6.7}$$

其中符号“$\mp$”和“$\pm$”的上部符号对应 L_1 点，下部符号对应 L_2 点。对于地月系统 L_1 点有 $c_2=5.147\ 57$，$c_3=3.246\ 84$，$c_4=3.584\ 72$。

若定义哈密尔顿系统的动量变量为

$$\left.\begin{aligned}p_x&=\dot{x}-y\\p_y&=\dot{y}+x\\p_z&=\dot{z}\end{aligned}\right\}\tag{6.8}$$

则动力学方程式(6.5) 对应的哈密尔顿函数形式为

$$H=\frac{1}{2}(P_x^2+P_y^2+P_z^2)+yp_x-xp_y-\sum_{n\geqslant 2}c_n(\mu)\rho^n p_n\left(\frac{x}{\rho}\right)\tag{6.9}$$

式(6.5) 和式(6.9) 中的非线性项 $\rho^n p_n(x/\rho)$ 可通过勒让德多项式 p_n 满足的递推关系计算到任意阶次，例如，若定义

$$T_n(x,y,z)=\rho^n p_n\left(\frac{x}{\rho}\right)\tag{6.10}$$

则不难验证 T_n 是 n 阶齐次多项式，并且满足递推关系式

$$T_n=\frac{(2n-1)xT_{n-1}}{n}-\frac{(n-1)T_{n-2}(x^2+y^2+z^2)}{n},\quad T_0=1,\quad T_1=x\tag{6.11}$$

式(6.11) 非常适合于利用计算机进行符号运算，从而可以方便地得到动力学方程式(6.5) 哈密尔顿函数的高阶展开式，例如在地月系统中计算 L_1 点哈密尔顿函数的四阶展开式为

$$\begin{aligned}H_4=&\frac{1}{2}(p_x^2+p_y^2+p_z^2)-xp_y+yp_x-3.246\ 84\left(x^3-\frac{3}{2}x(y^2+z^2)\right)-5.147\ 57x^2-\\&3.584\ 72\left(x^4-3x^2(y^2+z^2)+\frac{3}{8}(y^2+z^2)^2\right)+2.573\ 79(y^2+z^2)\end{aligned}\tag{6.12}$$

6.1.2　线性化哈密尔顿函数及其规范形式

平动点附近的线性化模型可由 CRTBP 哈密尔顿函数的二次项给出，即

$$H_2=\frac{1}{2}\left[c_2(-2x^2+y^2+z^2)+2yp_x-2xp_y+p_x^2+p_y^2+p_z^2\right]\tag{6.13}$$

根据哈密尔顿动力学理论[185-187]可知，能够找到一个实线性辛坐标变换矩阵，将式(6.13)变换为实规范形式(real normal form)

$$H_2=\lambda p_1q_1+\frac{\omega_p}{2}(p_2^2+q_2^2)+\frac{\omega_v}{2}(p_3^2+q_3^2) \tag{6.14}$$

其中 λ，ω_p 和 ω_v 均为正实数。将 H_2 化为式(6.14)所示规范形式是化简到中心流形过程的第一步。由于对共线平动点有 $c_2>1$，由式(6.13)不难发现，垂直方向(z 轴方向)是一个频率为 $\omega_v=\sqrt{c_2}$ 的简谐振子，并已经与另外两个方向解耦。因此，在下面的讨论中，将注意力集中在两个未解耦的方向，即

$$H_2=\frac{1}{2}(c_2(-2x^2+y^2)+2yp_x-2xp_y+p_x^2+p_y^2) \tag{6.15}$$

为简化表达，仍用 H_2 表示化简过的哈密尔顿函数。

接下来将设法把式(6.15)通过坐标变换化为规范形式，为此引入 4×4 矩阵

$$\boldsymbol{J}=\begin{bmatrix}\boldsymbol{O} & \boldsymbol{I}_2\\ -\boldsymbol{I}_2 & \boldsymbol{O}\end{bmatrix} \tag{6.16}$$

其中 $\boldsymbol{I}_2$ 为 2×2 单位矩阵，则根据哈密尔顿动力学理论，式(6.15)对应的动力学方程为

$$\begin{bmatrix}\dot{x}\\ \dot{y}\\ \dot{p}_x\\ \dot{p}_y\end{bmatrix}=\boldsymbol{J}\nabla H_2=\boldsymbol{JM}\begin{bmatrix}x\\ y\\ p_x\\ p_y\end{bmatrix} \tag{6.17}$$

其中 ∇H_2 表示 H_2 的梯度函数，

$$\boldsymbol{M}=\begin{bmatrix}0 & 1 & 1 & 0\\ -1 & 0 & 0 & 1\\ 2c_2 & 0 & 0 & 1\\ 0 & -c_2 & -1 & 0\end{bmatrix} \tag{6.18}$$

则线性系统式(6.17)的特征多项式为

$$p(\lambda)=\lambda^4+(2-c_2)\lambda^2+(1+c_2-2c_2^2) \tag{6.19}$$

设 $\eta=\lambda^2$，则 $p(\lambda)=0$ 的根为

$$\eta_1=\frac{c_2-2-\sqrt{9c_2-8c_2}}{2},\quad \eta_2=\frac{c_2-2+\sqrt{9c_2-8c_2}}{2} \tag{6.20}$$

由于 $c_2>1$，则有 $\eta_1<0$，$\eta_2>0$，这也表明平动点具有中心×中心×鞍点的动力学构型。定义

$$\lambda=\sqrt{\eta_2},\quad \omega_p=\sqrt{-\eta_1} \tag{6.21}$$

接着，我们求得式(6.18)的特征向量，并用它构造一个线性辛坐标变换，从而将式(6.15)化为实正规形式。为此，定义 $\boldsymbol{M}_\beta=\boldsymbol{M}-\beta\boldsymbol{I}_4$，则

$$\boldsymbol{M}_\beta=\begin{bmatrix}\boldsymbol{A}_\beta & \boldsymbol{I}_2\\ \boldsymbol{B} & \boldsymbol{A}_\beta\end{bmatrix},\quad \boldsymbol{A}_\beta=\begin{bmatrix}-\beta & 1\\ -1 & -\beta\end{bmatrix},\quad \boldsymbol{B}=\begin{bmatrix}2c_2 & 0\\ 0 & -c_2\end{bmatrix} \tag{6.22}$$

这样，若将 $\boldsymbol{M}_\beta$ 的核设为($\boldsymbol{k}_1$，$\boldsymbol{k}_2$)，则可通过首先求解

$$(\boldsymbol{B}-\boldsymbol{A}_\beta^2)\boldsymbol{k}_1=\boldsymbol{O} \tag{6.23}$$

然后求解

$$\boldsymbol{k}_2=-\boldsymbol{A}_\beta\boldsymbol{k}_1 \tag{6.24}$$

的方法将($\boldsymbol{k}_1,\boldsymbol{k}_2$)解出,这样得到 $\boldsymbol{M}$ 的特征向量为

$$\boldsymbol{e_M}=[2\beta \quad \beta^2-2c_2-1 \quad \beta^2+2c_2+1 \quad \beta^3+(1-2c_2)\beta]^{\mathrm{T}} \tag{6.25}$$

其中 β 为 $\boldsymbol{M}$ 的一个特征值。

以求取特征值 $\mathrm{i}\omega_p$ 的特征向量为例,由式(6.19)可得

$$\omega_p^4+(2-c_2)\omega_p^2+(1+c_2-2c_2^2)=0 \tag{6.26}$$

将 $\beta=\mathrm{i}\omega_p$ 代入式(6.25)并将实部和虚部分离为 $\boldsymbol{u}_{\omega_p}+\mathrm{i}\boldsymbol{v}_{\omega_p}$,可得到两个特征向量

$$\boldsymbol{u}_{\omega_p}=[0 \quad -2c_2-\omega_p^2-1 \quad 2c_2-\omega_p^2+1 \quad 0]^{\mathrm{T}} \tag{6.27}$$

$$\boldsymbol{v}_{\omega_p}=[2\omega_p \quad 0 \quad 0 \quad (1-2c_2)\omega_p-\omega_p^3]^{\mathrm{T}} \tag{6.28}$$

类似地,可得到特征值 $\pm\lambda$ 所对应的特征向量

$$\boldsymbol{u}_{+\lambda}=[2\lambda \quad -1+\lambda^2-2c_2 \quad 1+\lambda^2+2c_2 \quad \lambda^3+\lambda(1-2c_2)]^{\mathrm{T}} \tag{6.29}$$

$$\boldsymbol{u}_{-\lambda}=[-2\lambda \quad -1+\lambda^2-2c_2 \quad 1+\lambda^2+2c_2 \quad -\lambda^3-\lambda(1-2c_2)]^{\mathrm{T}} \tag{6.30}$$

首先考虑以特征向量构成的矩阵 $\boldsymbol{C}$ 作为坐标变换矩阵,即

$$\boldsymbol{C}=[\boldsymbol{u}_{+\lambda} \quad \boldsymbol{u}_{\omega_p} \quad \boldsymbol{u}_{-\lambda} \quad \boldsymbol{v}_{\omega_p}] \tag{6.31}$$

为判断矩阵 $\boldsymbol{C}$ 是否为辛矩阵,可检查辛矩阵判别条件[188-189]

$$\boldsymbol{C}^{\mathrm{T}}\boldsymbol{J}\boldsymbol{C}=\boldsymbol{J} \tag{6.32}$$

经过计算可得

$$\boldsymbol{C}^{\mathrm{T}}\boldsymbol{J}\boldsymbol{C}=\begin{bmatrix}\boldsymbol{O} & \boldsymbol{D}\\ -\boldsymbol{D} & \boldsymbol{O}\end{bmatrix},\quad \boldsymbol{D}=\begin{bmatrix}d_\lambda & 0\\ 0 & d_{\omega_p}\end{bmatrix} \tag{6.33}$$

其中

$$d_\lambda=2\lambda((3c_2+4)\lambda^2-6c_2^2+5c_2+4) \tag{6.34}$$

$$d_{\omega_p}=\omega_p((3c_2+4)\omega_p^2+6c_2^2-5c_2-4) \tag{6.35}$$

由式(6.33)可知,为了得到一个线性辛变换,需要对矩阵 $\boldsymbol{C}$ 的各个列向量乘上一个系数。由于当 $0<\mu\leqslant 1/2$ 时,d_λ 和 d_{ω_p} 均大于零,于是设

$$s_1=\sqrt{d_\lambda},\quad s_2=\sqrt{d_{\omega_p}} \tag{6.36}$$

则辛变换矩阵为

$$\boldsymbol{C}=\begin{bmatrix}\dfrac{\boldsymbol{u}_{+\lambda}}{s_1} & \dfrac{\boldsymbol{u}_{\omega_p}}{s_2} & \dfrac{\boldsymbol{u}_{-\lambda}}{s_1} & \dfrac{\boldsymbol{v}_{\omega_p}}{s_2}\end{bmatrix} \tag{6.37}$$

为得到式(6.13)所对应的完整的辛坐标变换,需重新加入垂直方向变量(z,p_z)。为得到辛变换,应用如下替换形式:

$$z=\frac{1}{\sqrt{\omega_v}}q_3,\quad p_z=\sqrt{\omega_v}\,p_3 \tag{6.38}$$

这意味着最终的辛坐标变换矩阵 $\boldsymbol{C}$ 为

$$
\boldsymbol{C}=\begin{bmatrix}
\frac{2\lambda}{s_1} & 0 & 0 & -\frac{2\lambda}{s_1} & \frac{2\omega_p}{s_2} & 0 \\
\frac{-2c_2+\lambda^2-1}{s_1} & \frac{-2c_2-\omega_p^2-1}{s_2} & 0 & \frac{-2c_2+\lambda^2-1}{s_1} & 0 & 0 \\
0 & 0 & \frac{1}{\sqrt{\omega_v}} & 0 & 0 & 0 \\
\frac{2c_2+\lambda^2+1}{s_1} & \frac{2c_2-\omega_p^2+1}{s_2} & 0 & \frac{2c_2+\lambda^2+1}{s_1} & 0 & 0 \\
\frac{(1-2c_2)\lambda+\lambda^3}{s_1} & 0 & 0 & \frac{(2c_2-1)\lambda-\lambda^3}{s_1} & \frac{(1-2c_2)\omega_p-\omega_p^3}{s_2} & 0 \\
0 & 0 & 0 & 0 & 0 & \sqrt{\omega_v}
\end{bmatrix} p \tag{6.39}
$$

通过变换

$$
\begin{bmatrix} x \\ y \\ z \\ p_x \\ p_y \\ p_z \end{bmatrix}=\boldsymbol{C}\begin{bmatrix} q_1 \\ q_2 \\ q_3 \\ p_1 \\ p_2 \\ p_3 \end{bmatrix} \tag{6.40}
$$

哈密尔顿函数式(6.13)成为实规范形式,即

$$
H_2=\lambda p_1 q_1+\frac{\omega_p}{2}(p_2^2+q_2^2)+\frac{\omega_v}{2}(p_3^2+q_3^2) \tag{6.41}
$$

于是容易得到 H_2 对应的线性化动力学方程为

$$
\left.\begin{aligned}
\dot{q}_1 &= \lambda q_1 \\
\dot{q}_2 &= \omega_p p_2 \\
\dot{q}_3 &= \omega_v p_3 \\
\dot{p}_1 &= -\lambda p_1 \\
\dot{p}_2 &= -\omega_p q_2 \\
\dot{p}_3 &= -\omega_v q_3
\end{aligned}\right\} \tag{6.42}
$$

该方程组可方便地进行求解,解之得

$$
\left.\begin{aligned}
q_1(t) &= q_1(0)\mathrm{e}^{\lambda t} \\
p_1(t) &= p_1(0)\mathrm{e}^{-\lambda t} \\
q_2(t)+\mathrm{i}p_2(t) &= [q_2(0)+\mathrm{i}p_2(0)]\,\mathrm{e}^{-\mathrm{i}\omega_p t} \\
q_3(t)+\mathrm{i}p_3(t) &= [q_3(0)+\mathrm{i}p_3(0)]\,\mathrm{e}^{-\mathrm{i}\omega_v t}
\end{aligned}\right\} \tag{6.43}
$$

其中 $[q_1(0) \quad q_2(0) \quad q_3(0) \quad p_1(0) \quad p_2(0) \quad p_3(0)]^{\mathrm{T}}$ 为初始状态。

6.1.3 哈密尔顿函数的非线性项

在得到哈密尔顿函数线性部分的规范形式后,进一步考虑其非线性部分。为了尽量简化

后面环节中应用 Lie 级数方法计算生成函数的难度，这里首先将 H_2 化为复数规范形式。通过引入复数坐标变换

$$\left.\begin{aligned} q_1 &\to q_1 \\ q_2 &\to \frac{q_2 + \mathrm{i}p_2}{\sqrt{2}} \\ q_3 &\to \frac{q_3 + \mathrm{i}p_3}{\sqrt{2}} \\ p_1 &\to p_1 \\ p_2 &\to \frac{p_2 + \mathrm{i}q_2}{\sqrt{2}} \\ p_3 &\to \frac{p_3 + \mathrm{i}q_3}{\sqrt{2}} \end{aligned}\right\} \tag{6.44}$$

将式(6.41)变为

$$H_2 = \lambda p_1 q_1 + \mathrm{i}\omega_p p_2 q_2 + \mathrm{i}\omega_v p_3 q_3 \tag{6.45}$$

接着我们若对包含非线性部分的完整哈密尔顿函数施行式(6.40)和式(6.44)所示变换，则其级数展开具有的形式为

$$H(q,p) = H_2(q,p) + \sum_{n\geqslant 3} H_n(q,p) = H_2(q,p) + \sum_{n\geqslant 3} h_{i_1,j_1,i_2,j_2,i_3,j_3} q_1^{i_1} p_1^{j_1} q_2^{i_2} p_2^{j_2} q_3^{i_3} p_3^{j_3} \tag{6.46}$$

其中 $H_2(q,p)$ 由式(6.45)给出，$H_n(q,p)$ 为 n 阶齐次多项式。在下面的讨论中通常将单项式 $h_{i_1,j_1,i_2,j_2,i_3,j_3} q_1^{i_1} p_1^{j_1} q_2^{i_2} p_2^{j_2} q_3^{i_3} p_3^{j_3}$ 简化表示为 $\{i_1,j_1,i_2,j_2,i_3,j_3\} \to h_{i_1,j_1,i_2,j_2,i_3,j_3}$ 的形式。对于地月系统，则可计算得到 $H_3(q,p)$ 包含的各项，见表 6-1。

表 6-1　在地月系统中计算 $H_3(q,p)$ 得到的各项

$\{i_1,j_1,i_2,j_2,i_3,j_3\} \to h_{i_1,j_1,i_2,j_2,i_3,j_3}$	$\{i_1,j_1,i_2,j_2,i_3,j_3\} \to h_{i_1,j_1,i_2,j_2,i_3,j_3}$
{3,0,0,0,0,0} →− 0.134 851	{2,1,0,0,0,0} → 0.655 576
{2,0,1,0,0,0} → 0.350 41 − 0.189 86i	{2,0,0,1,0,0} →− 0.189 86 + 0.350 41i
{1,2,0,0,0,0} →− 0.655 576	{1,1,1,0,0,0} → 0.469 632i
{1,1,0,1,0,0} → 0.469 632	{1,0,2,0,0,0} → 0.565 206 + 0.125 511i
{1,0,1,1,0,0} → 0.826 189i	{1,0,0,2,0,0} →− 0.565 206 + 0.125 511i
{1,0,0,0,2,0} → 0.422 184	{1,0,0,0,1,1} → 0.844 367i
{1,0,0,0,0,2} →− 0.422 184	{0,3,0,0,0,0} → 0.1348 51
{0,2,1,0,0,0} →− 0.350 41 − 0.189 86i	{0,2,0,1,0,0} →− 0.189 86 − 0.350 41i
{0,1,2,0,0,0} →− 0.565 206 + 0.125 511i	{0,1,1,1,0,0} →− 0.826 189i
{0,1,0,2,0,0} → 0.565 206 + 0.1255 11i	{0,1,0,0,2,0} →− 0.422 184
{0,1,0,0,1,1} →− 0.844 367i	{0,1,0,0,0,2} → 0.422 184
{0,0,3,0,0,0} → 0.184 286i	{0,0,2,1,0,0} →− 0.147 963
{0,0,1,2,0,0} → 0.147 963i	{0,0,1,0,2,0} → 0.151 219i
{0,0,1,0,1,1} →− 0.302 438	{0,0,1,0,0,2} →− 0.151 219i
{0,0,0,3,0,0} →− 0.184 286	{0,0,0,1,2,0} → 0.151 219
{0,0,0,1,1,1} → 0.302 438i	{0,0,0,1,0,2} →− 0.151 219

接下来化简到中心流形的过程与普通规范形式的计算类似，通过消去哈密尔顿函数展开式(6.46)中的某些项，得到与 $H_2(q,p)$ 中心方向相切的不变流形，采用的方法与 Deprit[190] 方法类似，通过 Lie 级数方法实施一系列正则坐标变换。虽然该方法在理论上并不收敛，但仍能给出共线平动点附近动力学行为的非常好的近似，是计算中心流形的有效方法。

6.1.4 正则变换

由哈密尔顿动力学[191-193] 知，正则坐标变换是能够维持哈密尔顿方程形式不变的变换，相对于研究 CRTBP 的 6 个微分方程，通过正则变换，我们只需要对一个哈密尔顿函数进行研究即可。通常，正则变换的获得较为困难，这里采用的方法利用了哈密尔顿系统相流的如下特性：

(1) 设 $\Psi_t(q,p)$ 为哈密尔顿系统时长为 t 的相流，则变换

$$(\tilde{q},\tilde{p})=\Psi_t(q,p) \tag{6.47}$$

是一个正则变换。

(2) 设 $G(q,p)$ 是一个 n 自由度哈密尔顿系统，并且 $G(q,p)$ 内的相流为 Φ_t，则任何光滑函数 f 在变换 Φ_t 下随时长 t 的演化由如下方程给出：

$$\frac{\mathrm{d}}{\mathrm{d}t}(f\circ\Phi_t)=\{f,G\}\circ\Phi_t \tag{6.48}$$

其中 $\{\cdot,\cdot\}$ 称为泊松括号(Poisson bracket)，它对任何两个光滑函数 $F(q,p)$ 和 $G(q,p)$ 具有定义

$$\{F,G\}=\sum_{i=1}^{3}\left(\frac{\partial F}{\partial q_i}\frac{\partial G}{\partial p_i}-\frac{\partial F}{\partial p_i}\frac{\partial G}{\partial q_i}\right) \tag{6.49}$$

在后面的过程中会大量遇到两个齐次多项式的泊松括号计算，为便于计算机的实现，这里采用了如下恒等式：

$$\begin{aligned}&\left\{\sum_{k_1,k_2,k_3,l_1,l_2,l_3}p_{k_1,k_2,k_3,l_1,l_2,l_3}x_1^{k_1}x_2^{k_2}x_3^{k_3}y_1^{l_1}y_2^{l_2}y_3^{l_3},\ \sum_{\tilde{k}_1,\tilde{k}_2,\tilde{k}_3,\tilde{l}_1,\tilde{l}_2,\tilde{l}_3}q_{\tilde{k}_1,\tilde{k}_2,\tilde{k}_3,\tilde{l}_1,\tilde{l}_2,\tilde{l}_3}x_1^{\tilde{k}_1}x_2^{\tilde{k}_2}x_3^{\tilde{k}_3}y_1^{\tilde{l}_1}y_2^{\tilde{l}_2}y_3^{\tilde{l}_3}\right\}=\\&\sum_{k_1,k_2,k_3,l_1,l_2,l_3,\tilde{k}_1,\tilde{k}_2,\tilde{k}_3,\tilde{l}_1,\tilde{l}_2,\tilde{l}_3}p_{k_1,k_2,k_3,l_1,l_2,l_3}q_{\tilde{k}_1,\tilde{k}_2,\tilde{k}_3,\tilde{l}_1,\tilde{l}_2,\tilde{l}_3}\left(\sum_{j=1}^{3}(k_j\tilde{l}_j-\tilde{k}_jl_j)\right)\times\\&\frac{x_1^{k_1+\tilde{k}_1}x_2^{k_2+\tilde{k}_2}x_3^{k_3+\tilde{k}_3}y_1^{l_1+\tilde{l}_1}y_2^{l_2+\tilde{l}_2}y_3^{l_3+\tilde{l}_3}}{x_jy_j}\end{aligned} \tag{6.50}$$

6.1.5 Lie 级数方法

通过泰勒级数展开方法不难证明，应用哈密尔顿系统 G 内时长为 1 的流映射作为正则变换，将哈密尔顿函数 H 变换为 $\hat{H}$，并有

$$\hat{H}\equiv H+\{H,G\}+\frac{1}{2}\{\{H,G\},G\}+\frac{1}{3!}\{\{\{H,G\},G\},G\}+\cdots \tag{6.51}$$

其中 $\hat{H}$ 为变换后的哈密尔顿函数。这种正则变换通常称为 Lie 变换或 Lie 级数方法[190]，而哈密尔顿函数G通常称为正则变换的生成函数(generating function)[194]。式(6.51)的形式非常适合于利用计算机进行计算，虽然 Lie 级数本身是无穷级数，但在实际应用中，我们只需截取

其若干阶次便可得到很好的近似结果[194]。

不难发现，如果 P 和 Q 分别为 r 阶和 s 阶齐次多项式，则它们的泊松括号 $\{P,Q\}$ 为 $r+s-2$ 阶齐次多项式。这意味着如果以三阶齐次多项式 G_3 作为生成函数，设正则变换后 $\hat{H}$ 的 n 阶齐次多项式为 $\hat{H}_n$，则有关系

2 阶：$\hat{H}_2=H_2$

3 阶：$\hat{H}_3=H_3+\{H_2,G_3\}$

4 阶：$\hat{H}_4=H_4+\{H_3,G_3\}+\dfrac{1}{2}\{\{H_2,G_3\},G_3\}$

5 阶：$\hat{H}_5=H_5+\{H_4,G_3\}+\dfrac{1}{2}\{\{H_3,G_3\},G_3\}+\dfrac{1}{3!}\{\{\{H_2,G_3\},G_3\},G_3\}$

……

若要消去变换后哈密尔顿函数 $\hat{H}$ 中所有的三次项，即使

$$\hat{H}_3=0 \tag{6.52}$$

则必须寻找满足以下方程的 G_3：

$$\{H_2,G_3\}=-H_3 \tag{6.53}$$

为了表达上的方便，首先给出如下定义：设 $\boldsymbol{x}=[x_1\quad x_2\quad\cdots\quad x_m]^{\mathrm{T}}$ 和 $\boldsymbol{k}=[k_1\quad k_2\quad\cdots\quad k_m]^{\mathrm{T}}$ 为两个 m 维向量，则用 $\boldsymbol{x}^k$ 表示单项式 $x_1^{k_1}x_2^{k_2}\cdots x_m^{k_m}$，并用 $|k|$ 表示 $\sum_j|k_j|$，接着设

$$H_3(q,p)=\sum_{|k_q|+|k_p|}h_{k_q,k_p}q^{k_q}p^{k_p} \tag{6.54}$$

$$G_3(q,p)=\sum_{|k_q|+|k_p|}g_{k_q,k_p}q^{k_q}p^{k_p} \tag{6.55}$$

并由式(6.45)有

$$H_2(q,p)=\sum_{j=1}^{3}\omega_jq_jp_j \tag{6.56}$$

式中 $\omega_1=\lambda,\omega_2=\mathrm{i}\omega_p,\omega_3=\mathrm{i}\omega_v$。由于

$$\{H_2,G_3\}=\sum_{|k_q|+|k_p|=3}\langle k_p-k_q,\boldsymbol{\omega}\rangle g_{k_q,k_p}q^{k_q}p^{k_p} \tag{6.57}$$

其中

$$\langle k_p-k_q,\boldsymbol{\omega}\rangle=(k_p-k_q)\cdot\boldsymbol{\omega},\quad \boldsymbol{\omega}=[\omega_1\quad\omega_2\quad\omega_3]^{\mathrm{T}} \tag{6.58}$$

于是立即可得到

$$G_3(q,p)=\sum_{|k_q|+|k_p|=3}\frac{-h_{k_q,k_p}}{\langle k_p-k_q,\omega\rangle}q^{k_q}p^{k_p} \tag{6.59}$$

需要注意的是，G_3 之所以具有式(6.59)的形式是因为我们已经将 H_2 化为式(6.56)中的对角形式。

6.1.6　化简到中心流形

为了得到中心流形，我们不需要通过正则变换消去哈密尔顿函数 H 中的所有高阶项，而只需要将双曲方向和中心方向解耦，因此只需要消去 H_n 中的某些项。消项的方法并不唯一，

这里应用下面的方法。

设 H_n 的形式为

$$H_n=\sum_n h_{i,j}q_1^{i_1}p_1^{j_1}q_2^{i_2}p_2^{j_2}q_3^{i_3}p_3^{j_3} \tag{6.60}$$

则为得到中心流形，只需在 H_n 中消去 $i_1\neq j_1$ 的项，于是根据式(6.59)可知，生成函数 G_3 为

$$G_3(q,p)=\sum_{n=3}\frac{-h_{i,j}}{(j_1-i_1)\lambda+(j_2-i_2)\mathrm{i}\omega_p+(j_3-i_3)\mathrm{i}\omega_v}q_1^{i_1}p_1^{j_1}q_2^{i_2}p_2^{j_2}q_3^{i_3}p_3^{j_3} \tag{6.61}$$

其中 $i_1\neq j_1$，那么应用 G_3 对式(6.46)进行变换，变换后的哈密尔顿函数 $\hat{H}$ 具有如下形式

$$\hat{H}(q,p)=H_2(q,p)+\hat{H}_3(q,p)+\hat{H}_4(q,p)+\cdots \tag{6.62}$$

式中

$$\hat{H}_3(q,p)=\hat{H}_3(q_1,p_1,q_2,p_2,q_3,p_3) \tag{6.63}$$

若设 G_3 的形式为

$$G_3=\sum_{i+j=3}g_{i,j}q_1^{i_1}p_1^{j_1}q_2^{i_2}p_2^{j_2}q_3^{i_3}p_3^{j_3} \tag{6.64}$$

则在地月系统中按照以上过程可求得 G_3 所包含的各项，仍采用简化的表达形式，即将 $g_{i,j}q_1^{i_1}p_1^{j_1}q_2^{i_2}p_2^{j_2}q_3^{i_3}p_3^{j_3}$ 表示为 $\{i_1,j_1,i_2,j_2,i_3,j_3\}\rightarrow g_{i,j}$，则 G_3 中的各项如表 6-2 所示。经过 G_3 变换后得到的 $\hat{H}_3$ 和 $\hat{H}_4$ 分别见表 6-3 和表 6-4。

表 6-2　地月系统中计算 G_3 所包含的各项

$\{i_1,j_1,i_2,j_2,i_3,j_3\}\rightarrow g_{i,j}$	$\{i_1,j_1,i_2,j_2,i_3,j_3\}\rightarrow g_{i,j}$
{3,0,0,0,0,0} →− 0.015 330 7	{2,1,0,0,0,0} → 0.223 59
{2,0,1,0,0,0} → 0.040 455 7 − 0.048 481 3i	{2,0,0,1,0,0} →− 0.048 481 3 + 0.040 455 7i
{1,2,0,0,0,0} → 0.223 59	{1,0,2,0,0,0} → 0.073 803 2 − 0.074 711 8i
{1,0,1,1,0,0} → 0.281 779i	{1,0,0,2,0,0} →− 0.073 803 2 − 0.074 711 8i
{1,0,0,0,2,0} → 0.042 411 1 − 0.065 635 7i	{1,0,0,0,1,1} → 0.287 979i
{1,0,0,0,0,2} →− 0.042 411 1 − 0.065 635 7i	{0,3,0,0,0,0} →− 0.015 330 7
{0,2,1,0,0,0} → 0.040 455 7 + 0.0484 813i	{0,2,0,1,0,0} → 0.048 481 3 + 0.040 455 7i
{0,1,2,0,0,0} → 0.073 803 2 + 0.074 711 8i	{0,1,1,1,0,0} → 0.281 779i
{0,1,0,2,0,0} →− 0.073 803 2 + 0.074 711 8i	{0,1,0,0,2,0} → 0.042 411 1 + 0.065 635 7i
{0,1,0,0,1,1} → 0.287 979i	{0,1,0,0,0,2} →− 0.042 411 1 + 0.065 635 7i

表 6-3　经过 G_3 变换后得到 $\hat{H}_3$

$\{i_1,j_1,i_2,j_2,i_3,j_3\}\rightarrow g_{i,j}$	$\{i_1,j_1,i_2,j_2,i_3,j_3\}\rightarrow g_{i,j}$
{1,1,1,0,0,0} → 0.469 632i	{1,1,0,1,0,0} → 0.469 632
{0,0,3,0,0,0} → 0.184 286i	{0,0,2,1,0,0} →− 0.147 963
{0,0,1,2,0,0} → 0.1479 63i	{0,0,1,0,2,0} → 0.151 219i
{0,0,1,0,1,1} →− 0.302 438	{0,0,1,0,0,2} →− 0.151 219i
{0,0,0,3,0,0} →− 0.184 286	{0,0,0,1,2,0} → 0.151 219
{0,0,0,1,1,1} → 0.302 438i	{0,0,0,1,0,2} →− 0.151 219

表 6-4　经过 G_3 变换后得到的 $\hat{H}_4$

$\{i_1,j_1,i_2,j_2,i_3,j_3\}\to g_{i,j}$	$\{i_1,j_1,i_2,j_2,i_3,j_3\}\to g_{i,j}$
{4,0,0,0,0,0} →− 0.072 211 6	{0,3,0,1,0,0} → 0.063 582 7 + 0.302 147i
{3,0,0,1,0,0} →− 0.063 582 7 + 0.302 147i	{0,2,0,2,0,0} →− 0.268 524 − 0.270 637i
{2,1,0,1,0,0} → 0.221 717 − 0.267 786i	{0,2,0,0,0,2} →− 0.294 639 − 0.094 007 2i
{2,0,0,2,0,0} →− 0.268 524 + 0.270 637i	{0,1,1,2,0,0} → 0.296 751 − 0.089 932 3i
{2,0,0,0,0,2} →− 0.294 639 + 0.094 007 2i	{0,1,1,0,0,2} → 0.061 56 + 0.174 145i
{1,2,0,1,0,0} →− 0.221 717 − 0.267 786i	{0,1,0,1,1,1} → 0.211 542 − 0.260 309i
{1,1,0,2,0,0} → 0.634 995	{0,0,3,1,0,0} →− 0.124 674i
{1,1,0,0,0,2} → 0.416 969	{0,0,2,0,1,1} →− 0.171 575i
{1,0,1,2,0,0} → 0.296 751 + 0.089 932 3i	{0,0,1,1,2,0} →− 0.054 477i
{1,0,1,0,0,2} → 0.061 56 − 0.174 145i	{0,0,0,4,0,0} →− 0.111 224
{1,0,0,1,1,1} → 0.211 542 + 0.260 309i	{0,0,0,2,0,2} →− 0.151 438
{0,3,1,0,0,0} → 0.302 147 + 0.063 582 7i	{0,0,0,0,2,2} → 0.112 749
{0,2,1,1,0,0} → 0.381 833i	{3,0,1,0,0,0} → 0.302 147 − 0.063 582 7i
{0,2,0,0,1,1} → 0.481 593i	{2,1,1,0,0,0} →− 0.267 786 + 0.221 717i
{0,1,2,1,0,0} → 0.089 932 3 − 0.296 751i	{2,0,1,1,0,0} → 0.381 833i
{0,1,1,0,1,1} → 0.260 309 − 0.211 542i	{2,0,0,0,1,1} → 0.481 593i
{0,1,0,1,2,0} →− 0.174 145 − 0.061 56i	{1,2,1,0,0,0} →− 0.267 786 − 0.221 717i
{0,0,4,0,0,0} →− 0.111 224	{1,1,1,1,0,0} →− 0.634 688i
{0,0,2,0,2,0} →− 0.151 438	{1,1,0,0,1,1} →− 0.567 569i
{0,0,1,3,0,0} → 0.124 674i	{1,0,2,1,0,0} →− 0.089 932 3 − 0.296 751i
{0,0,1,1,0,2} → 0.054 477i	{1,0,1,0,1,1} →− 0.260 309 − 0.211 542i
{0,0,0,2,1,1} → 0.171 575i	{1,0,0,1,2,0} → 0.174 145 − 0.061 56i
{0,0,0,0,3,1} →− 0.103 756i	{0,4,0,0,0,0} →− 0.072 211 6
{0,0,0,0,0,4} →− 0.047 381 3	{0,2,2,0,0,0} → 0.268 524 − 0.270 637i
{3,1,0,0,0,0} → 0.178 896	{0,2,0,0,2,0} → 0.294 639 − 0.094 007 2i
{2,2,0,0,0,0} →− 0.124 891	{0,1,3,0,0,0} →− 0.276 816 − 0.243 048i
{2,0,2,0,0,0} → 0.268 524 + 0.270 637i	{0,1,1,0,2,0} →− 0.221 17 − 0.220 144i
{2,0,0,0,2,0} → 0.294 639 + 0.094 007 2i	{0,1,0,3,0,0} → 0.243 048 + 0.276 816i
{1,3,0,0,0,0} → 0.178 896	{0,1,0,1,0,2} → 0.220 144 + 0.221 17i
{1,1,2,0,0,0} →− 0.634 995	{0,0,2,2,0,0} → 0.090 319 6
{1,1,0,0,2,0} →− 0.416 969	{0,0,2,0,0,2} → 0.134 962
{1,0,3,0,0,0} →− 0.276 816 + 0.243 048i	{0,0,1,1,1,1} →− 0.058 8915
{1,0,1,0,2,0} →− 0.221 17 + 0.220144i	{0,0,0,2,2,0} → 0.134 962
{1,0,0,3,0,0} →− 0.243 048 + 0.276 816i	{0,0,0,0,4,0} →− 0.047 381 3
{1,0,0,1,0,2} →− 0.220 144 + 0.221 17i	{0,0,0,0,1,3} → 0.103 756i

由表 6-3 和表 6-4 可以发现，经过 G_3 变换，$\hat{H}_3$ 中只保留了 q_1 与 p_1 次方数相等的项，从而使 $\hat{H}_3$ 依赖于 q_1 和 p_1 的乘积，而 $\hat{H}$ 中大于 3 次的项仍分别依赖于 q_1 和 p_1。

与以上过程类似，可以计算生成函数 G_4，从而将式(6.62)中的 $\hat{H}_4$ 变换为如下形式：

$$\hat{H}_4(q,p)=\hat{H}_4(q_1,p_1,q_2,p_2,q_3,p_3) \tag{6.65}$$

该过程可以循环进行到任意阶次，对于 n 阶齐次多项式，计算对其进行变换的生成函数 G_n 的方法为

$$G_n(q,p)=\sum_{|i|+|j|=n}\frac{-h_{i,j}}{(j_1-i_1)\lambda+(j_2-i_2)\mathrm{i}\omega_p+(j_3-i_3)\mathrm{i}\omega_v}q_1^{i_1}p_1^{j_1}q_2^{i_2}p_2^{j_2}q_3^{i_3}p_3^{j_3} \tag{6.66}$$

其中 $i_1\neq j_1$。由于 λ,ω_p 和 ω_v 不等于零，可以发现式(6.66)中分母始终不为零，因此不会出现级数展开的小分母问题，并有

$$|(j_1-i_1)\lambda+(j_2-i_2)\mathrm{i}\omega_p+(j_3-i_3)\mathrm{i}\omega_v|\geqslant|\lambda| \tag{6.67}$$

这使得经过 G_n 变换后的 $\hat{H}$ 余项 $\hat{H}_{n+1}$ 在平动点附近一个较大的区域内保持很小，因而通过以上过程可以得到平动点附近动力学行为的很好近似。

在上述理论的支持下，假设要得到 N 阶中心流形，下面具体给出逐步计算 $G_1,G_2,\cdots,G_N$ 以及对应 $\hat{H}$ 的方法。以 $N=5$ 为例，为简化表达，以 H 表示施行变换 G_n 前的哈密尔顿函数，$\hat{H}$ 表示施行变换 G_n 后的哈密尔顿函数。首先考虑施行变换 G_5，观察式(6.51)中各阶次项可得

$$\hat{H}_2=H_2,\quad \hat{H}_3=H_3,\quad \hat{H}_4=H_4,\quad \hat{H}_5=H_5+\{H_2,G_5\} \tag{6.68}$$

于是得知需要先计算 H_2,H_3,H_4,H_5，由变换 G_4 得

$$\hat{H}_2=H_2,\quad \hat{H}_3=H_3,\quad \hat{H}_4=H_4+\{H_2,G_4\},\quad \hat{H}_5=H_5+\{H_3,G_4\} \tag{6.69}$$

继续反向推导，由变换 G_3 得

$$\left.\begin{aligned}&\hat{H}_2=H_2,\quad \hat{H}_3=H_3+\{H_2,G_3\}\\&\hat{H}_4=H_4+\{H_3,G_3\}+\frac{1}{2}\{\{H_2,G_3\},G_3\}\\&\hat{H}_5=H_5+\{H_4,G_3\}+\frac{1}{2}\{\{H_3,G_3\},G_3\}+\frac{1}{3!}\{\{\{H_2,G_3\},G_3\},G_3\}\end{aligned}\right\} \tag{6.70}$$

由以上过程可发现，施行变换 G_n 前后，$H_{n-1},H_{n-2},\cdots,H_2$ 保持不变，为得到 N 阶中心流形，需要在每一步变换 G_n 中，重新计算 $H_n,H_{n+1},\cdots,H_N$。为了便于计算机运算，可以总结出 H_n 经过 G_m 变换后将满足以下形式：

$$\hat{H}_n=H_n+\{H_n,G_m\}+\frac{1}{2!}\{\{H_n,G_m\},G_m\}+\cdots+\frac{1}{k!}\{\{\cdots\{H_n,G_m\},G_m\}\cdots,G_m\},$$
$$k\in\mathbf{N},\quad k<\frac{n-1}{m-2} \tag{6.71}$$

同样可注意到，随着阶次 N 的提高，以上过程需要进行大量泊松括号的运算，并且所涉及的齐次多项式的项数也会以指数形式增长，因此应设法尽量降低计算量，提高计算效率。观察式(6.70)可以发现，多个泊松括号的运算不止出现了一次，于是就应考虑避免这种重复的计算。为了明确泊松括号之间的相互依赖关系，再次考察 G_3 变换，将计算各阶 $\hat{H}_n$ 所需的泊松括号按如下形式列表，并将 $\{\{\cdots\{H_n,G_m\},G_m\}\cdots,G_m\}$ 简写为 $H_n,G_m,\cdots,G_m$，即

H_3:				H_2,G_3
H_4:			H_3,G_3	H_2,G_3,G_3
H_5:		H_4,G_3	H_3,G_3,G_3	H_2,G_3,G_3,G_3
H_6:	H_5,G_3	H_4,G_3,G_3	H_3,G_3,G_3,G_3	H_2,G_3,G_3,G_3,G_3
	⋮	⋮	⋮	⋮

可以发现，表中每一列泊松括号可以由上至下逐步迭代计算，而列与列之间相互无关，再观察 G_4 变换，则有

$$
\begin{array}{llllllll}
\hat{H}_4: & & & & & & H_2,G_4 \\
\hat{H}_5: & & & & H_3,G_4 & & \\
\hat{H}_6: & & & H_4,G_4 & & & H_2,G_4,G_4 \\
\hat{H}_7: & & H_5,G_4 & & H_3,G_4,G_4 & & \\
\hat{H}_8: & H_6,G_4 & & H_4,G_4,G_4 & & & H_2,G_4,G_4,G_4 \\
\vdots & & & \vdots & & & \vdots
\end{array}
$$

不难看出，以上特征仍然得到保持，只是每一列各个元素之间都间隔一行，对于一般情况，可得到如下改进的计算 $\hat{H}_n,\hat{H}_{n+1},\cdots,\hat{H}_N$ 的方法：

(1) 共需要计算 $N-n+1$ 列泊松括号。设列数从右向左算起，即 H_2,G_2 所在列为第 1 列，第 i 列中元素自上而下依次为 $\text{poisson}_1^i,\text{poisson}_2^i,\cdots,\text{poisson}_I^i$，元素数量 I 为

$$
I=\left\lfloor\frac{-i-n+N-1}{n-2}+1\right\rfloor \tag{6.72}
$$

其中符号 $\lfloor\cdot\rfloor$ 为取整运算。

(2) 采用迭代方法依次计算 $\text{poisson}_1^i,\text{poisson}_2^i,\cdots,\text{poisson}_I^i$：

$$
\text{poisson}_1^i=\{H_{i+1},G_n\},\ \text{poisson}_{k+1}^i=\{\text{poisson}_k^i,G_n\},\ k=1,2,\cdots,I \tag{6.73}
$$

(3) 根据式(6.71)将表中各行泊松括号组合，得到 $\hat{H}_n,\hat{H}_{n+1},\cdots,\hat{H}_N$。需要注意的是，各列中相邻元素间隔的行数为 $n-2$，于是有

$$
\hat{H}_{n+i-1}=H_{n+i-1}+\sum_{k=0}^{\left\lfloor\frac{i}{n-2}\right\rfloor}\frac{1}{(k+1)!}\text{poisson}_{k+1}^{i-k(n-2)},\ i=1,2,\cdots,N-n+1 \tag{6.74}
$$

以上算法避免了所有泊松括号的重复计算，并且由于计算量主要集中在第(2)步，而对于每一列，式(6.73)的计算彼此无关，因此可以方便地利用计算机进行并行化处理。表 6-5 对比了阶次 N 取不同值时，采用以上改进算法进行计算和直接采用式(6.71)进行计算所需的计算时间。

表 6-5　地月系统下，N 取不同值时采用直接算法和改进算法计算 Lie 变换的计算时间对比（采用 AMD PhenomⅡ×4 940 四核处理器）　　单位：s

N	式(6.73)直接计算	改进算法(单线程)	改进算法(4 线程)
4	0.078	0.016	0.006
5	0.094	0.046	0.017
6	0.422	0.171	0.059
7	0.827	0.499	0.166
8	2.715	1.466	0.489
9	5.507	3.947	1.317
10	15.818	9.189	3.516

通过将以上过程进行到阶次 N，我们得到如下形式的哈密尔顿函数：

$$
\begin{aligned}
\overline{H}(q,p)&=H_2(q,p)+\overline{H}_2(q,p)+\cdots+\overline{H}_n(q,p)+R_N(q,p)=\\
&\overline{H}_N(q,p)+R_N(q,p)
\end{aligned} \tag{6.75}
$$

其中

$$
\overline{H}_N(q,p)=\overline{H}_N(q_1p_1,q_2,p_2,q_3,p_3) \tag{6.76}
$$

是一个 N 阶多项式，并且已经消去了所有 $i_1 \neq j_1$ 的项，R_N 为阶数大于 N 的余项。同样有 $\overline{H}_N$ 依赖于 q_1 和 p_1 的乘积，而 R_N 则分别依赖于 q_1 和 p_1。由于 R_N 在平动点附近很小，故在下一步计算中将其忽略。设 $I = q_1 p_1$，于是有

$$\overline{H}_N(q,p) = H_2(I,q_2,p_2,q_3,p_3) + \sum_{n=3}^{N} \overline{H}_n(I,q_2,p_2,q_3,p_3) \tag{6.77}$$

由哈密尔顿力学知，以上截断 R_N 后的 $\overline{H}_n$ 具有守恒量 $I = q_1 p_1$，通过设置 $I = 0$，我们便剥离了双曲不稳定动力学行为分量，于是便得到了二自由度中心流形的哈密尔顿函数

$$H_N^{cm}(q_2,p_2,q_3,p_3) = \overline{H}_N(0,q_2,p_2,q_3,p_3) \tag{6.78}$$

注意到这时的 H_N^{cm} 仍为复数形式。最后，应用式(6.44)的逆变换

$$q_2 \to \frac{q_2}{\sqrt{2}} - \frac{\mathrm{i}p_2}{\sqrt{2}}, \quad p_2 \to \frac{p_2}{\sqrt{2}} - \frac{\mathrm{i}q_2}{\sqrt{2}}$$

$$q_3 \to \frac{q_3}{\sqrt{2}} - \frac{\mathrm{i}p_3}{\sqrt{2}}, \quad p_3 \to \frac{p_3}{\sqrt{2}} - \frac{\mathrm{i}q_3}{\sqrt{2}}$$

将中心流形的哈密尔顿函数 H_N^{cm} 化为实数系数形式：

$$H_N^{cm}(q_2,p_2,q_3,p_3) = H_2(q_2,p_2,q_3,p_3) + \sum_{n=3}^{N} H_n(q_2,p_2,q_3,p_3) \tag{6.79}$$

其中

$$H_2(q_2,p_2,q_3,p_3) = \frac{\omega_p}{2}(q_2^2 + p_2^2) + \frac{\omega_v}{2}(q_3^2 + p_3^2) \tag{6.80}$$

按上述的化简到中心流形的过程，可计算地月系统共线平动点中心流形的各阶近似，表6-6给出了地月系统 L_1 点中心流形的5阶哈密尔顿函数，表6-7统计了中心流形各阶哈密尔顿函数 H_n^{cm} 和生成函数 G_n 所包含的项数及所占存储空间大小的数据。

表 6-6　地月系统 L_1 点中心流形的 5 阶哈密尔顿函数 H_5^{cm} 所包含的各项

$\{i_1,j_1,i_2,j_2,i_3,j_3\} \to h_{i,j}$	$\{i_1,j_1,i_2,j_2,i_3,j_3\} \to h_{i,j}$
{0,0,4,1,0,0} → −0.144 473	{0,0,4,0,0,0} → −0.140 529
{0,0,3,0,1,1} → −0.074 135 4	{0,0,2,3,0,0} → 0.205 95
{0,0,2,2,0,0} → 0.288 512	{0,0,2,1,2,0} → −0.168 245
{0,0,2,1,0,2} → 0.131 81	{0,0,2,1,0,0} → 0.495 555
{0,0,2,0,2,0} → −0.241 503	{0,0,2,0,0,2} → 0.099 373 9
{0,0,2,0,0,0} → 1.167 19	{0,0,1,2,1,1} → 0.101 9
{0,0,1,1,1,1} → 0.032 952	{0,0,1,0,3,1} → −0.063 795 1
{0,0,1,0,1,3} → 0.017 621	{0,0,0,5,0,0} → −0.011 533
{0,0,0,4,0,0} → −0.015 854 7	{0,0,0,3,2,0} → 0.110 959
{0,0,0,3,0,2} → −0.022 752 2	{0,0,0,3,0,0} → −0.025 683 9
{0,0,0,2,2,0} → 0.216 472	{0,0,0,2,0,2} → −0.015 451 2
{0,0,0,2,0,0} → 1.167 19	{0,0,0,1,4,0} → −0.037 741 9
{0,0,0,1,2,2} → 0.127 569	{0,0,0,1,2,0} → 0.427 711
{0,0,0,1,0,4} → −0.010 546 8	{0,0,0,0,4,0} → −0.103 756
{0,0,0,0,2,2} → 0.085 769 2	{0,0,0,0,2,0} → 1.134 41
{0,0,0,0,0,2} → 1.134 41	

表 6-7　中心流形各阶哈密尔顿函数 H_n^{cm} 和生成函数 G_n 所包含的项数及所占存储空间大小

n	H_n^{cm} 项数	H_n^{cm} 大小 /byte	G_n 项数	G_n 大小 /byte
2	4	576	—	—
3	7	456	20	3 696
4	17	1 784	44	9 392
5	31	2 488	96	22 720
6	55	4 832	176	45 632
7	85	6 208	316	88 256
8	130	10 016	516	153 024
9	185	12 552	826	257 360
10	261	18 176	1 246	405 520
11	352	22 224	1 848	624 400
12	471	30 016	2 632	918 864
13	611	35 928	3 696	1 327 200
14	787	46 240	5 040	1 856 736
15	991	54 368	6 792	2 559 328
16	1 240	67 552	8 952	3 443 040
17	1 525	78 248	11 682	4 575 216
18	1 865	94 656	14 982	5 967 024
19	2 250	108 272	19 052	7 703 472
20	2 701	128 256	23 892	9 796 592

6.1.7　中心流形坐标到 CRTBP 会合坐标的变换

化简到中心流形过程还包括另一部分重要的计算，也就是给出由中心流形坐标到 CRTBP 会合坐标的显式坐标变换公式，利用该坐标变换公式可以计算会合坐标系下的周期、拟周期轨道，也可以得到中心流形在位置空间中的庞加莱截面。

由上一小节逐步得到中心流形哈密尔顿函数 H_N^{cm} 的计算过程，我们不难将整个坐标变换流程表示为

$$
\begin{aligned}
&(x,y,z,v_x,v_y,v_z)\xrightarrow{A}(x_1,y_1,z_1,p_{x_1},p_{y_1},p_{z_1})\xrightarrow{C}(x_2,y_2,z_2,p_{x_2},p_{y_2},p_{z_2})\xrightarrow{D}\\
&(q_1^2,p_1^2,q_2^2,p_2^2,q_3^2,p_3^2)\xrightarrow{G_3}(q_1^3,p_1^3,q_2^3,p_2^3,q_3^3,p_3^3)\xrightarrow{G_4}\cdots\xrightarrow{G_N}\\
&(q_1^N,p_1^N,q_2^N,p_2^N,q_3^N,p_3^N)\xrightarrow{D^{-1}}(q_1^{cm},p_1^{cm},q_2^{cm},p_2^{cm},q_3^{cm},p_3^{cm})
\end{aligned}
\tag{6.81}
$$

其中，A,C,D,D^{-1} 均为线性正则变换，而 $G_3,G_4,\cdots,G_N$ 为非线性正则变换。对于 L_1 点来说，根据式(6.1) 和式(6.8)，第一步变换 A 可以得到

$$\left.\begin{array}{l} x \rightarrow x\gamma_1 - \gamma_1 - \mu + 1 \\ y \rightarrow y\gamma_1 \\ z \rightarrow z\gamma_1 \\ v_x \rightarrow p_x\gamma_1 + y\gamma_1 \\ v_y \rightarrow p_y\gamma_1 - x\gamma_1 \\ v_z \rightarrow p_z\gamma_1 \end{array}\right\} \tag{6.82}$$

变换 C 对应式(6.40)线性正则变换，D 对应式(6.44)复数化变换，D^{-1} 对应 D 的逆变换，即实数化变换。下面着重研究非线性变换 $G_3, G_4, \cdots, G_N$。

1. 第一种坐标变换方法

首先考虑生成函数 G_3 对应的变换。设变换后的坐标为$(q_1, p_1, q_2, p_2, q_3, p_3)$，则根据 Lie 级数理论，该变换可以通过将$(q_1, p_1, q_2, p_2, q_3, p_3)$中每一维坐标视作一个哈密尔顿函数 H，从而应用式(6.51)可得到

$$q_i^{(3)} = q_i + \{q_i, G_3\} + \frac{1}{2!}\{\{q_i, G_3\}, G_3\} + \frac{1}{3!}\{\{\{q_i, G_3\}, G_3\}, G_3\} + \cdots \tag{6.83}$$

$$p_i^{(3)} = p_i + \{p_i, G_3\} + \frac{1}{2!}\{\{p_i, G_3\}, G_3\} + \frac{1}{3!}\{\{\{p_i, G_3\}, G_3\}, G_3\} + \cdots \tag{6.84}$$

其中 $i=1,2,3$。需要注意的是，上式中的 q_i 和 p_i 应始终以符号形式进行运算，而不能首先代入具体坐标值得出结果，因此得到的 $q_i^{(3)}$ 和 $p_i^{(3)}$ 均为多项式级数。接着，对于生成函数 G_4，可将式(6.83)和式(6.84)中的 $q_i^{(3)}$ 和 $p_i^{(3)}$ 视作哈密尔顿函数 H，再次应用式(6.51)得到 G_3, G_4 的复合变换为

$$q_i^{(4)} = q_i^{(3)} + \{q_i^{(3)}, G_4\} + \frac{1}{2!}\{\{q_i^{(3)}, G_4\}, G_4\} + \frac{1}{3!}\{\{\{q_i^{(3)}, G_4\}, G_4\}, G_4\} + \cdots \tag{6.85}$$

$$p_i^{(4)} = p_i^{(3)} + \{p_i^{(3)}, G_4\} + \frac{1}{2!}\{\{p_i^{(3)}, G_4\}, G_4\} + \frac{1}{3!}\{\{\{p_i^{(3)}, G_4\}, G_4\}, G_4\} + \cdots \tag{6.86}$$

以上迭代过程可递推进行到所求中心流形的阶次 N，这时由非线性变换 $G_3, G_4, \cdots, G_N$ 复合而成的坐标变换为

$$q_i^2 = q_i^N(q_1^N, p_1^N, q_2^N, p_2^N, q_3^N, p_3^N) \tag{6.87}$$

$$p_i^2 = p_i^N(q_1^N, p_1^N, q_2^N, p_2^N, q_3^N, p_3^N) \tag{6.88}$$

其中 $q_i^2, p_i^2, q_i^N, p_i^N$ 的定义与式(6.81)中的相同。在实际计算中，每一步迭代只需要进行到与所求中心流形相同的阶次即可，但即使这样，每一步仍需要对6个多项式进行 Lie 级数运算，因此得到最终变换 $q_i^{(N)}$ 和 $p_i^{(N)}$ 比得到中心流形本身的计算量还要大。为了降低计算量，避免重复的泊松括号计算，仍可采用上一小节提出的改进方法，但需要注意的是，与中心流形情况不同，式(6.83)和式(6.84)包含一次项，这意味着对应的泊松括号列表会多出一行，以 G_3 变换为例，有

$\hat{H}_2$:					H_1, G_3
$\hat{H}_3$:				H_2, G_3	H_1, G_3, G_3
$\hat{H}_4$:			H_3, G_3	H_2, G_3, G_3	H_1, G_3, G_3, G_3
$\hat{H}_5$:		H_4, G_3	H_3, G_3, G_3	H_2, G_3, G_3, G_3	H_1, G_3, G_3, G_3, G_3
$\hat{H}_6$:	H_5, G_3	H_4, G_3, G_3	H_3, G_3, G_3, G_3	H_2, G_3, G_3, G_3, G_3	$H_1, G_3, G_3, G_3, G_3, G_3$
$\vdots$	$\vdots$	$\vdots$		$\vdots$	$\vdots$

不但得到最终变换的计算量较大，而且得到的 $q_i^{(N)}$ 和 $p_i^{(N)}$ 所包含的项数也随着 N 的增大以几何级数形式变大(见表 6-8)，因此对具体坐标点实施以上变换也需要较大的计算量。

表 6-8　取不同 N 值时，非线性变换 $q_1^{(N)}$ 和 $q_2^{(N)}$ 所包含的项数

N	$q_1^{(N)}$ 项数	$q_2^{(N)}$ 项数
3	43	37
4	114	107
5	250	243
6	496	489
7	912	905
8	1 583	1 576
9	2 619	2 612
10	4 166	4 159
11	6 406	6 399
12	9 570	9 563
13	13 938	13 931
14	19 854	19 847
15	27 726	27 719

由于下文中需要进行大量中心流形坐标到 CRTBP 会合坐标的变换(如计算中心流形在位置空间的庞加莱截面)，因此应考虑尽量降低施行变换 $q_i^{(N)}$ 和 $p_i^{(N)}$ 所需的计算量，这里采用对 $q_i^{(N)}$ 和 $p_i^{(N)}$ 的表达式进行优化的方法。首先引入多项式的 Horner 形式，设有多项式

$$p_n(x) = a_n x^n + a_{n-1} x^{n-1} + \cdots + a_0 \tag{6.89}$$

则可以通过逐步升级的递归算法将 $p_n(x)$ 分解为如下形式：

$$p_n(x) = [(a_n x + a_{n-1})x + \cdots]x + a_0 \tag{6.90}$$

这种形式便称为多项式的 Horner 形式[195-196]。观察式(6.90)不难发现，这种形式允许采用最少的乘法次数来进行多项式求值，非常适合于多项式的计算机计算，虽然这里的 $q_i^{(N)}$ 和 $p_i^{(N)}$ 均为多变量多项式，我们仍可以将其视作某一变量的幂级数，从而应用 Horner 方法逐步得到优化的表达式形式。由于多项式 $q_i^{(N)}$ 和 $p_i^{(N)}$ 均较冗长，为了简化表达，这里以地月系统 L_1 点中心流形的四阶哈密尔顿函数 H_4^{cm} 为例，说明获得 Horner 形式的步骤。H_4^{cm} 的展开形式为

$$H_4^{\mathrm{cm}} = -0.015\,9p_2^4 - 0.025\,7p_2^3 - 0.015\,5p_3^2p_2^2 + 0.289q_2^2p_2^2 + 0.216q_3^2p_2^2 + 1.17p_2^2 +$$
$$0.496q_2^2p_2 + 0.428q_3^2p_2 + 0.033q_2p_2q_3p_3 - 0.141q_2^4 - 0.104q_3^4 + 1.13p_3^2 +$$

$$0.0994p_3^2q_2^2+1.17q_2^2+0.0858p_3^2q_3^2-0.242q_2^2q_3^2+1.13q_3^2 \tag{6.91}$$

其优化过程为：

(1) 首先寻找表达式中具有最高次方的变量，在 H_4^{cm} 中为 p_2，q_2 和 q_3，从中选取任意一个，这里选取 q_3，将 H_4^{cm} 视作该变量的幂级数，应用 Horner 方法得到

$$\begin{aligned}H_4^{cm}=&-0.0159p_2^4-0.0257p_2^3-0.0155p_3^2p_2^2+0.289q_2^2p_2^2+1.17p_2^2+\\&0.496q_2^2p_2-0.141q_2^4+1.13p_3^2+0.0994p_3^2q_2^2+1.17q_2^2+\\&q_3[0.033p_2p_3q_2+q_3(0.216p_2^2+0.428p_2+0.0858p_3^2-0.242q_2^2-0.104q_3^2+1.13)]\end{aligned} \tag{6.92}$$

(2) 类似地，在式(6.92) 中寻找具有最高次方的变量，为 p_2 和 q_2，从中选取任一个，这里选取 q_2，将式(6.92) 视作该变量的幂级数，应用 Horner 方法得

$$\begin{aligned}H_4^{cm}=&-0.0159p_2^4-0.0257p_2^3-0.0155p_3^2p_2^2+1.17p_2^2+1.13p_3^2+\\&q_2^2(0.289p_2^2+0.496p_2-0.141q_2^2+0.0994p_3^2+1.17)+\\&q_3[0.033p_2p_3q_2+q_3(0.216p_2^2+0.428p_2+0.0858p_3^2-0.242q_2^2-0.104q_3^2+1.13)]\end{aligned} \tag{6.93}$$

(3) 重复以上过程，直到 H_4^{cm} 的形式不再发生改变，最终得到

$$\begin{aligned}H_4^{cm}=&p_2^2[-0.0155p_3^2+p_2(-0.0159p_2-0.0257)+1.17]+1.13p_3^2+\\&q_2^2[0.0994p_3^2-0.141q_2^2+p_2(0.289p_2+0.496)+1.17]+\\&q_3\{0.033p_2p_3q_2+q_3[p_2(0.216p_2+0.428)+0.0858p_3^2-0.242q_2^2-0.104q_3^2+1.13]\}\end{aligned} \tag{6.94}$$

通过以上的优化过程，最终所得的 H_4^{cm} 形式只需进行 26 次乘法运算，而式(6.19) 中 H_4^{cm} 的最初形式需要进行 57 次乘法运算，通常情况下，将 $q_i^{(N)}$ 和 $p_i^{(N)}$ 按以上方法化为 Horner 形式，可以将多项式求值运算量减小一半左右。

观察式(6.94) 可以发现，多项式内仍存在重复计算的子式，如 p_3^2 和 p_2^2 等，利用 Mathematica 计算系统，可编程搜索多项式内包含的重复模式，通过将这些模式提出并赋给中间变量，可进一步减小多项式求值运算量。对于式(6.94) 中的 H_4^{cm} 可得到

$$\begin{aligned}H_4^{cm}=&\mathrm{temp}_2[-0.0155\,\mathrm{temp}_1+p_2(-0.0159p_2-0.0257)+1.17]+1.13\,\mathrm{temp}_1+\\&\mathrm{temp}_3[0.0994\,\mathrm{temp}_1-0.141\,\mathrm{temp}_3+p_2(0.289p_2+0.496)+1.17]+\\&q_3\{0.033p_2p_3q_2+q_3[p_2(0.216p_2+0.428)+0.0858\,\mathrm{temp}_1-0.242\,\mathrm{temp}_3-\\&0.104\,\mathrm{temp}_4+1.13]\}\end{aligned} \tag{6.95}$$

其中$\mathrm{temp}_1=p_3^2$，$\mathrm{temp}_2=p_2^2$，$\mathrm{temp}_3=q_2^2$，$\mathrm{temp}_4=q_3^2$。大量数值实验表明，经过以上两种优化过程，施行变换 $q_i^{(N)}$ 和 $p_i^{(N)}$ 的计算速度通常有 2 到 3 倍的提高。

2. 第二种坐标变换方法

作为第一种变换方法的补充，这里给出第二种变换方法。该方法的理论基础实际上与第一种变换方法相同，但与第一种方法 $G_3\rightarrow G_4\rightarrow\cdots\rightarrow G_N$ 的变换顺序相反。首先考虑 G_N，可将变换写成向量函数形式

$$\overline{X}=\Phi_N(X)=\begin{cases}p_i+\{p_i,G_N\}+\dfrac{1}{2!}\{\{p_i,G_N\},G_N\}+\cdots, & i=1,2,3\\ q_i+\{q_i,G_N\}+\dfrac{1}{2!}\{\{q_i,G_N\},G_N\}+\cdots, & i=1,2,3\end{cases} \tag{6.96}$$

其中 $X=(q_1,p_1,q_2,p_2,q_3,p_3)$ 为变换前坐标，$\overline{X}=(\overline{q}_1,\overline{p}_1,\overline{q}_2,\overline{p}_2,\overline{q}_3,\overline{p}_3)$ 为变换后坐标，Φ_N 为变换函数，则 Φ_N 给出了由 X 到 $\overline{X}$ 的计算方法。类似地可得到 $G_{N-1},G_{N-2},\cdots,G_3$ 对应的变换函数 $\Phi_{N-1},\Phi_{N-2},\cdots,\Phi_3$。需要注意的是，在每一步中，都采用与式(6.96)右边相似的形式，只是替换其中的 G_N，而 q_1 和 p_1 始终以单变量的形式带入运算。与第一种情况类似，Φ_n 的计算也只需进行到与中心流形相同的阶次。这样，我们可以将整个非线性变换过程表示为嵌套形式

$$\hat{X}=\Phi_{N,N-1,\cdots,3}(X)=\Phi_3(\cdots(\Phi_{N-1}(\Phi_N(X))))\tag{6.97}$$

其中 X 仍为 Φ_N 变换前的坐标，$\hat{X}$ 为变换后的坐标。注意到式(6.97)已为最终的非线性变换公式，不再需要将等式右端的嵌套形式通过符号运算而展开。

该方法与第一种方法的主要区别是将整个非线性变换过程拆分成一系列小的变换步骤，从而使每一个步骤的变换函数 Φ_n 具有较简单的表达式，在应用变换时，只需依次对 Φ_n 表达式进行求值，因此避免了同时载入非常巨大的多项式，降低了运算对内存的需求，具有较高的空间利用率。对于所得变换函数 $\Phi_3,\Phi_4,\cdots,\Phi_N$，仍可以应用 Horner 形式和提取重复子式的方法优化表达式，进一步提高运算的时间和空间效率。表 6-9 对比了两种方法生成坐标变换和施行变换的计算时间。

表 6-9　中心流形阶次 N 取不同值时两种方法生成坐标变换和施行变换计算时间（表达式已优化）

N	第一种方法		第二种方法	
	变换生成时间 /s	变换施行时间 /s	变换生成时间 /s	变换施行时间 /s
8	7.581	0.016	3.666	0.019
10	46.036	0.031	16.021	0.047
12	197.232	0.047	41.715	0.109

由表 6-9 可以看出，第一种方法生成坐标变换的速度较慢，施行变换的速度较快；第二种方法生成坐标变换的速度较快，但施行变换的速度较慢。因此，根据实际问题的特点，若硬件系统内存较小并且需要进行坐标变换的次数较少，则可选用第二种方法达到整体计算时间最小；若内存较大并且需要进行坐标变换的次数较多，则可选用第一种方法。这是由于坐标变换的生成只需要进行一次，然后施行变换的过程就能以较快的速度反复进行。

6.2　中心流形的结构

在得到中心流形的哈密尔顿函数 H_N^{cm} 后，容易求得其对应的动力学方程

$$\left.\begin{aligned}\dot{q}_2&=\frac{\partial H_N^{\mathrm{cm}}}{\partial p_2}\\\dot{q}_3&=\frac{\partial H_N^{\mathrm{cm}}}{\partial p_3}\\\dot{p}_2&=\frac{\partial H_N^{\mathrm{cm}}}{\partial q_2}\\\dot{p}_3&=\frac{\partial H_N^{\mathrm{cm}}}{\partial q_3}\end{aligned}\right\}\tag{6.98}$$

并且其相流满足哈密尔顿函数 H_N^{cm} 给出的守恒量

$$H_N^{cm}(q_2, p_2, q_3, p_3) = C_{center} \tag{6.99}$$

在下面的叙述中，若无进一步说明，均以地月系统 L_1 点中心流形的15阶近似 H_{15}^{cm} 为例进行计算。

6.2.1 中心流形上积分初值的获得

由式(6.99)可知，通过固定能量等级 C_{center} 可得到四维相空间内的三自由度能量流形，由于维数仍然较高，不便于积分初值的获得，这里通过选取超平面 $q_2=0$ 得到能量流形的截面，然后在该截面上设法选取积分初值。之所以选取 $q_2=0$ 作为截面，是因为经过大量数值仿真可以发现，中心流形上的相流都与超平面 $q_2=0$ 横截相交，这意味着由截面上的积分初始状态出发，可以得到所有中心流形上的轨道。能量流形的 $q_2=0$ 截面为

$$H_N^{cm}(0, p_2, q_3, p_3) = C_{center} \tag{6.100}$$

这样，式(6.100)隐式决定了三维相空间 (p_2, q_3, p_3) 内的一个二维能量曲面，其构型如图6-1所示。

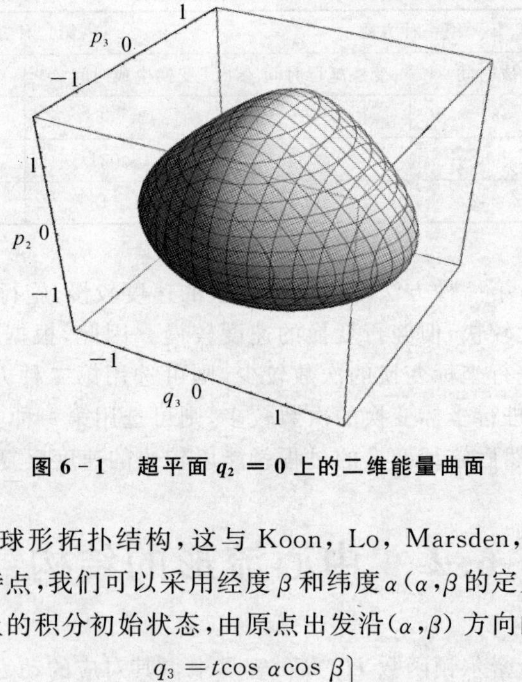

图6-1 超平面 $q_2=0$ 上的二维能量曲面

显然，能量曲面具有球形拓扑结构，这与Koon, Lo, Marsden, Ross[138]的论述是一致的。根据该曲面的几何特点，我们可以采用经度 β 和纬度 α（α，β 的定义可参考图5-6）两个角度参量来唯一确定曲面上的积分初始状态，由原点出发沿 (α, β) 方向的射线可表示为

$$\left.\begin{aligned} q_3 &= t\cos\alpha\cos\beta \\ p_3 &= t\cos\alpha\sin\beta \\ p_2 &= t\sin\alpha \end{aligned}\right\} \tag{6.101}$$

将式(6.101)代入式(6.100)可解得参数 t，代回式(6.101)可得到曲面与射线的交点。由于式(6.100)为 N 次代数方程，因此采用数值方法可得到 N 个根 $t_1, t_2, \cdots, t_N$，其中只有一个对应二维能量曲面上的积分初值，其他皆为取中心流形的 N 阶近似而引入的伪根。首先排除其中取值为复数的根，对于剩下的多个实根 $t_1, t_2, \cdots, t_n$，采用如下方法选取一个：

(1) 由中心流形的2阶近似计算对应二维能量曲面与 p_2 正方向的交点，即将 $q_3=0$ 和

$p_3=0$ 代入式 $H_2^{cm}(0,p_2,q_3,p_3)=C_{center}$，解得

$$p_2^*=\sqrt{\frac{2C_{center}}{\omega_p}} \tag{6.102}$$

（2）取半径为 $r=(1+k)p_2^*$ 的辅助球，其中 k 为一小量，选取实根 $t_1,t_2,\cdots,t_n$ 中对应（p_2，q_3，p_3）坐标距离辅助球面最近的 t^* 作为所求的根。

图 6-2 显示了 $k=0.1$ 且能量 C_{center} 分别为 1.0 和 2.0 时二维能量曲面与辅助球面的关系。不难发现，根据 2 阶中心流形计算的辅助球面能给出高阶能量曲面较好的近似，因此采用以上方法总是能得到参量 α 和 β 所对应的积分初始状态。

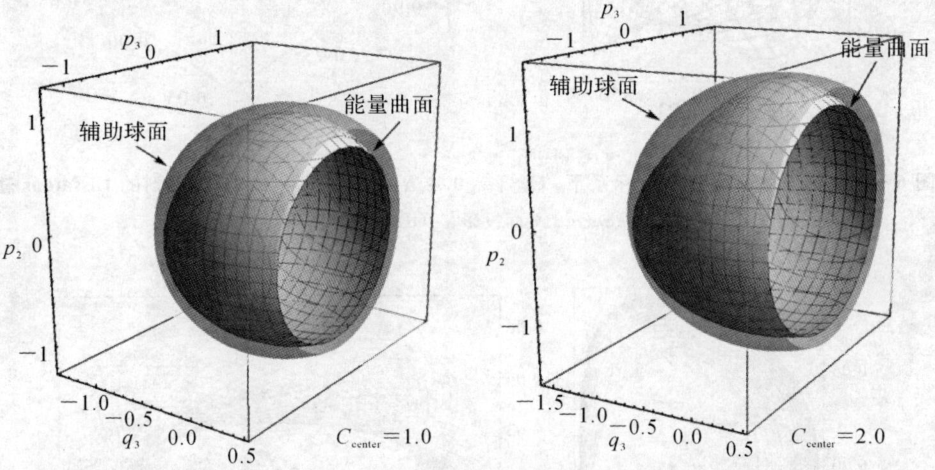

图 6-2　C_{center} 分别为 1.0 和 2.0 时二维能量曲面与辅助球面的关系（取 $k=0.1$）

在得到积分初始状态后，便可以按照中心流形上的动力学方程式(6.98)进行积分，从而得到中心流形坐标下的相流轨迹，若进一步对轨迹上每一点进行在 6.1.7 小节所介绍的坐标变换，就可以得到 CRTBP 会合坐标系下的相流轨迹。图 6-3、图 6-4 给出了 C_{center}，α 和 β 取不同值时得到的中心流形上两种典型的拟周期轨道。

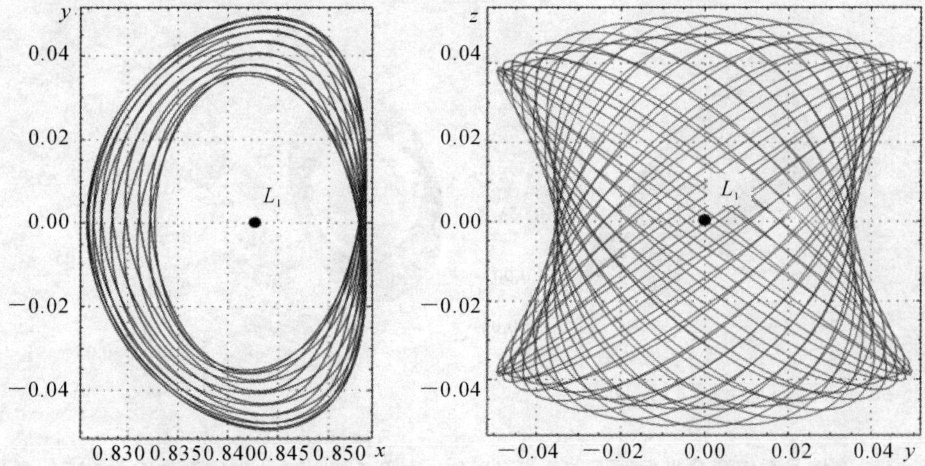

图 6-3　在地月系统会合坐标系下，$C_{center}=0.4$，$\alpha=5.5$，$\beta=2.46$ 时得到的 Lissajous 轨道

(a) $x-y$ 平面投影；(b) $z-y$ 平面投影

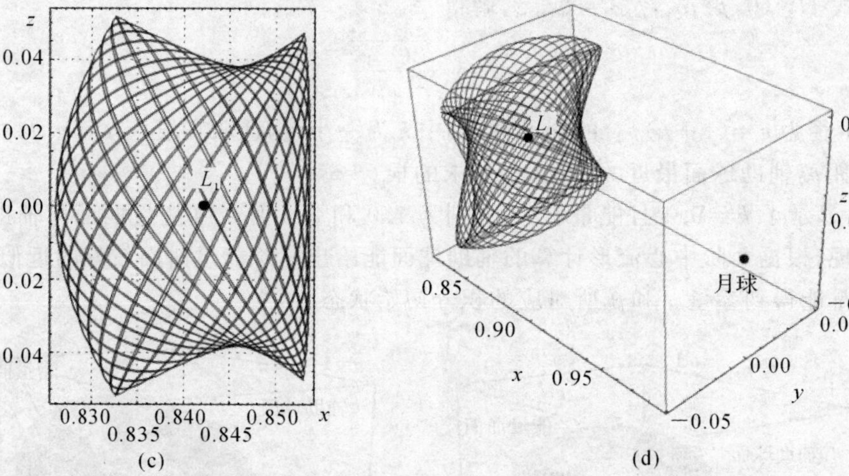

续图 6-3　在地月系统会合坐标系下，$C_{center}=0.4$，$\alpha=5.5$，$\beta=2.46$ 时得到的 Lissajous 轨道

(c) $x-z$ 平面投影；(d) 立体视图

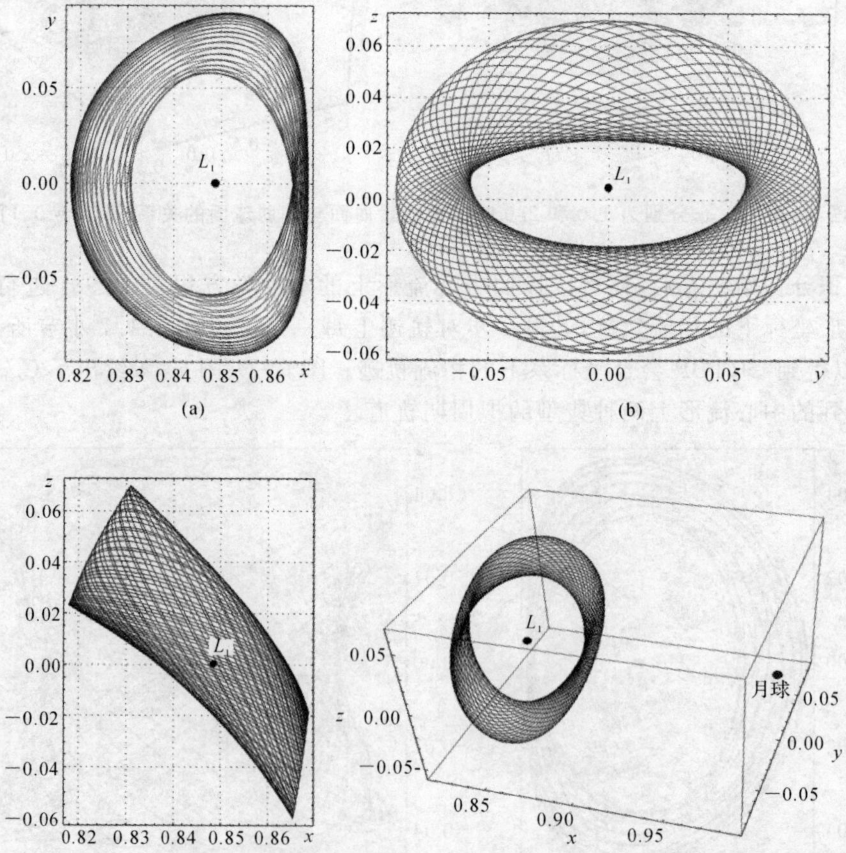

图 6-4　在地月系统会合坐标系下，$C_{center}=0.8$，$\alpha=2.5$，$\beta=1.1$ 时得到的 Quasi-Halo 轨道

(a) $x-y$ 平面投影；(b) $z-y$ 平面投影；(c) $x-z$ 平面投影；(d) 立体视图

6.2.2　中心流形的庞加莱截面

采用上一小节的方法，可以系统地获得中心流形上的各种轨道。由于参数 α 和 β 的取值范围分别为$[0,2\pi]$和$[-\pi/2,\pi/2]$，在该矩形参数空间内，我们可以选取均匀分布的点阵，计算对应的中心流形上的积分初始状态，通过选取合适的庞加莱截面并对这样一系列初始状态进行积分，可以在中心流形子状态空间(q_2,p_2,q_3,p_3)下得到三维的庞加莱截面，将其进一步投影在某个坐标平面上，就可以通过研究该二维庞加莱截面来了解中心流形的结构。下面计算中仍采用中心流形的 15 阶近似 H_{15}^{cm}，并总是将所得三维庞加莱截面投影到超平面 $q_2=0$ 上，图 6-5 给出了 $C_{\mathrm{center}}=0.7$ 时以 $q_2=0$ 为截面按照以上过程得到的二维庞加莱截面图。

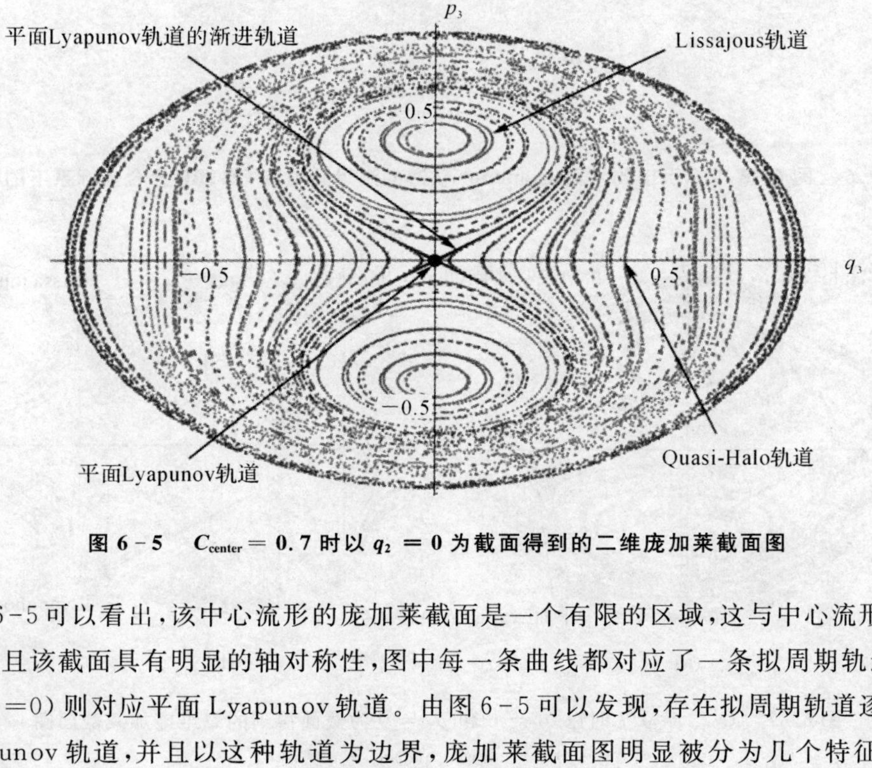

图 6-5　$C_{\mathrm{center}}=0.7$ 时以 $q_2=0$ 为截面得到的二维庞加莱截面图

由图 6-5 可以看出，该中心流形的庞加莱截面是一个有限的区域，这与中心流形的定义是相符的，并且该截面具有明显的轴对称性，图中每一条曲线都对应了一条拟周期轨道，而原点$(q_3=0,p_3=0)$则对应平面 Lyapunov 轨道。由图 6-5 可以发现，存在拟周期轨道逐渐趋近于平面 Lyapunov 轨道，并且以这种轨道为边界，庞加莱截面图明显被分为几个特征不同的区域。这种拟周期轨道可以看做是 Lyapunov 轨道在中心流形上的稳定、不稳定流形，这种轨道的存在同时也意味着即使在中心流形上，平面 Lyapunov 轨道依然是不稳定的，微小的初始状态偏差便能使Lyapunov轨道变成截然不同的拟周期轨道。图 6-5 中标示出的平面 Lyapunov 轨道的渐近轨道在 CRTBP 会合坐标系下的构型如图 6-6 所示。

由于这种渐近轨道具有独特的性质：由位于地月白道面内的 Lyapunov 轨道出发，只需要经过很小的机动，便可利用中心流形动力学自然获得较大的 z 轴方向轨道幅值，因此这种轨道在深空探测任务设计中具有实际应用价值。

类似地，可以计算了 $C_{\mathrm{center}}=0.7$ 时以 $q_3=0$ 和 $p_3=0$ 为截面的二维庞加莱截面图，如图 6-7 所示。

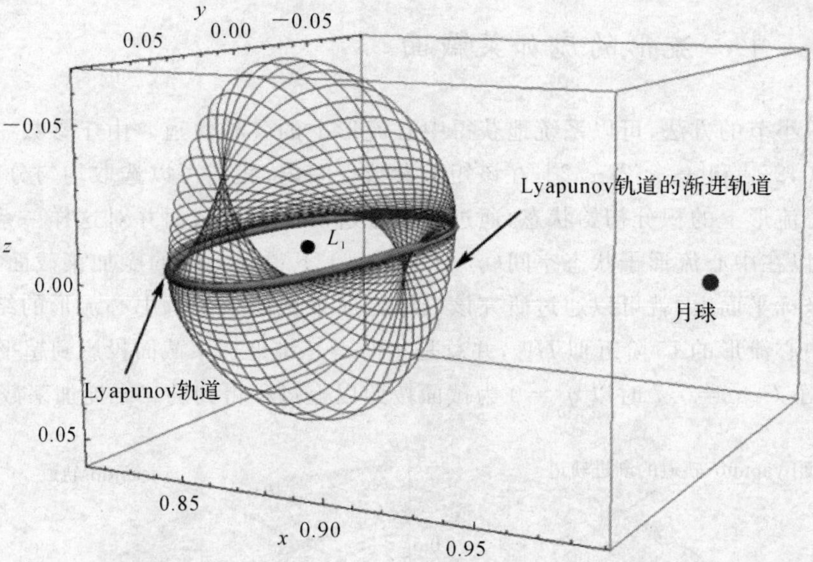

图 6-6　图 6-5 中标示出的平面 Lyapunov 轨道的渐近轨道在 CRTBP 会合坐标系下的构型

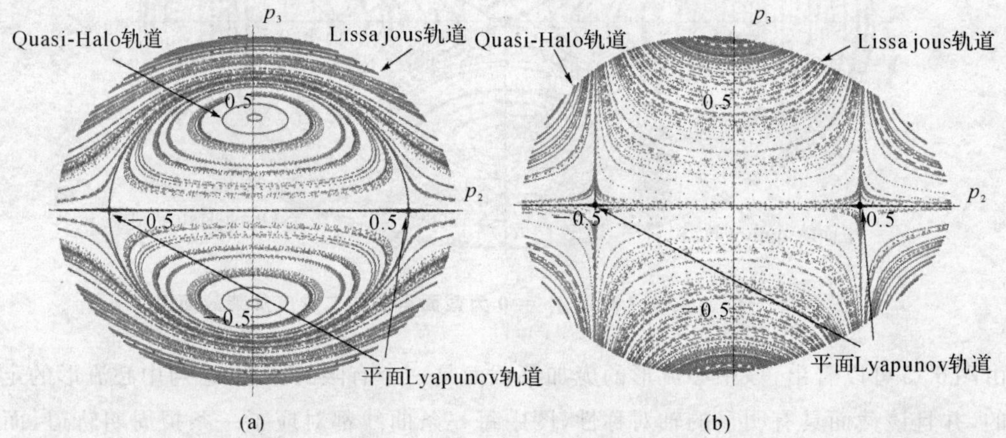

图 6-7　$C_{\text{center}}=0.7$ 时以 $q_3=0$ 和 $p_3=0$ 为截面得到的二维庞加莱截面图

(a)$q_3=0$ 截面；（b)$p_3=0$ 截面

正如所料，以上截面中的结构仍以平面 Lyapunov 轨道的渐近轨道作为分界，并且具有沿 p_2 轴的对称性，但相对于 $p_2=0$ 截面中拟周期轨道都对应一条封闭的曲线，而在 $q_3=0$ 和 $p_3=0$ 截面中，拟周期轨道在很多情况下对应一条并不封闭的线段。

以上均是在中心流形坐标下取得庞加莱截面，下面设法通过坐标变换方法得到中心流形在 CRTBP 会合坐标下的庞加莱截面。以 $x-y$ 平面作为庞加莱截面为例，首先设中心流形坐标到 CRTBP 会合坐标的变换为

$$\boldsymbol{X}=\boldsymbol{\Psi}(\boldsymbol{X}_{\text{center}}) \tag{6.103}$$

其中 $\boldsymbol{X}=[x\quad y\quad z\quad v_x\quad v_y\quad v_z]^{\mathrm{T}}$ 为会合坐标向量，$\boldsymbol{X}_{\text{center}}=[q_2\quad p_2\quad q_3\quad p_3]^{\mathrm{T}}$ 为中心流形

坐标向量。这里遇到的主要问题是，即使经过 6.1.7 小节的优化，变换 $\boldsymbol{\Psi}$ 仍需要很大的运算量，以 15 阶中心流形为例，计算一次 $\boldsymbol{\Psi}(\boldsymbol{X}_{\text{center}})$ 的过程包含了对约 16 万个单项式进行求值运算。因此，若在积分的每一步都进行这样的变换，为得到会合坐标下的庞加莱截面所需的计算量是惊人的。于是这里设计了如下算法来减少 $\boldsymbol{\Psi}(\boldsymbol{X}_{\text{center}})$ 的计算次数，以得到所求的庞加莱截面：

(1) 将中心流形上一初始状态 $\boldsymbol{X}_{\text{center}}^0$ 积分得到 (q_2, p_2, q_3, p_3) 坐标下的一条轨道，将其表示为 $\boldsymbol{\varphi}(t, \boldsymbol{X}_{\text{center}}^0)$，在该轨道上以时间间隔 Δt 均匀选取一系列状态点，将其表示为

$$\boldsymbol{X}_{\text{center}}^1, \boldsymbol{X}_{\text{center}}^2, \cdots, \boldsymbol{X}_{\text{center}}^n \tag{6.104}$$

显然有

$$\boldsymbol{X}_{\text{center}}^n = \boldsymbol{\varphi}(n \times \Delta t, \boldsymbol{X}_{\text{center}}^0) \tag{6.105}$$

(2)对式(6.104)中各元素施行坐标变换 $\boldsymbol{\Psi}$，并取变换后坐标的 z 分量为

$$\boldsymbol{\Psi}(\boldsymbol{X}_{\text{center}}^1)|_z, \boldsymbol{\Psi}(\boldsymbol{X}_{\text{center}}^2)|_z, \cdots, \boldsymbol{\Psi}(\boldsymbol{X}_{\text{center}}^n)|_z \tag{6.106}$$

(3) 设有符号函数

$$\text{sign}(x) = \begin{cases} 1, & x > 0 \\ -1, & x < 0 \end{cases} \tag{6.107}$$

将式(6.107) 应用于式(6.106)，得到如下包含 -1 和 1 元素的序列

$$s_1, s_2, \cdots, s_n \tag{6.108}$$

(4) 将式(6.108) 所有元素向右移动一个位置得

$$s_n, s_1, s_2, \cdots, s_{n-1} \tag{6.109}$$

将式(6.109) 与式(6.108) 对应元素相乘，得到如下形式的序列

$$k_1, k_2, \cdots, k_n \tag{6.110}$$

则其中每一个 $k_m = -1$ 的元素都表示轨道在会合坐标系下跨越了一次 $x-y$ 平面，并有轨道与 $x-y$ 平面相交的时刻 t^* 满足 $t^* \in [(m-1)\Delta t, m\Delta t]$。

(5) 对每一个 k_m，以 $(m-1)\Delta t, m\Delta t$ 作为迭代初值，采用 Brent 方法解方程

$$\boldsymbol{\Psi}(\boldsymbol{\varphi}(t, \boldsymbol{X}_{\text{center}}^0))|_z = 0 \tag{6.111}$$

将所得根 t^* 代入方程

$$\boldsymbol{X}^* = \boldsymbol{\Psi}(\boldsymbol{\varphi}(t^*, \boldsymbol{X}_{\text{center}}^0)) \tag{6.112}$$

即可得到轨道在会合坐标系 $x-y$ 截面上的截面点 $\boldsymbol{X}^*$。

采用以上求取截面点的方法，通过选择合适的时间间隔 Δt，可使整体计算量减小 7 到 8 倍，配合并行计算方法，在 $C_{\text{center}} = 0.7$ 时，可得到图 6-8 所示会合坐标系下的庞加莱截面。

由图 6-8 可以清楚地看到，整个中心流形具有沿 x 轴的对称性，平面 Lyapunov 轨道及其渐近轨道将中心流形划分为几个不同的区域，在上下两个同心环状区域内的轨道是 Quasi-Halo 轨道，在一族 Quasi-Halo 轨道的中心，存在一条周期轨道，即晕轨道，在中间的同心环状区域内的轨道是 Lissajous 轨道，在一族 Lissajous 轨道的中心，同样存在一条周期轨道，即所谓的垂直 Lyapunov 轨道。由图中也可以看出，与平面 Lyapunov 轨道不同，晕轨道和垂直 Lyapunov 轨道在中心流形上是稳定的。

下面分析中心流形的结构随能量水平 C_{center} 而变化的情况，如图 6-9 所示。

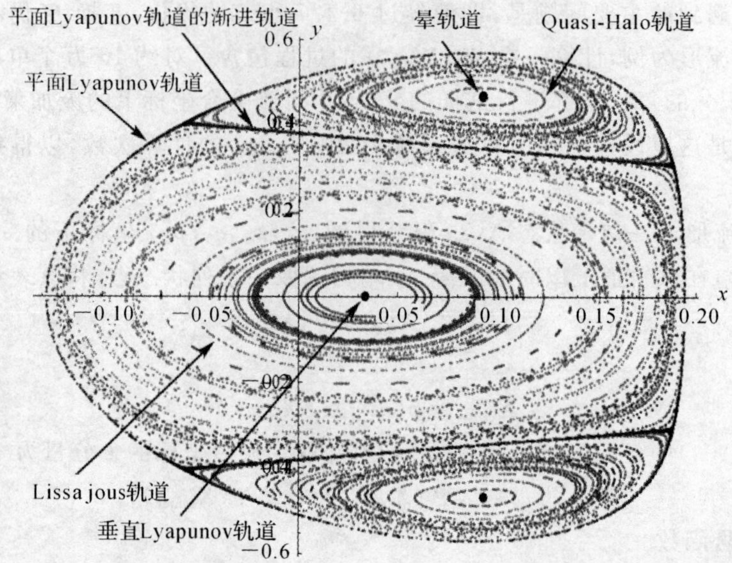

图 6-8　地月系统会合坐标系下，$C_{center}=0.7$ 时 L_1 点中心流形的 $x-y$ 截面

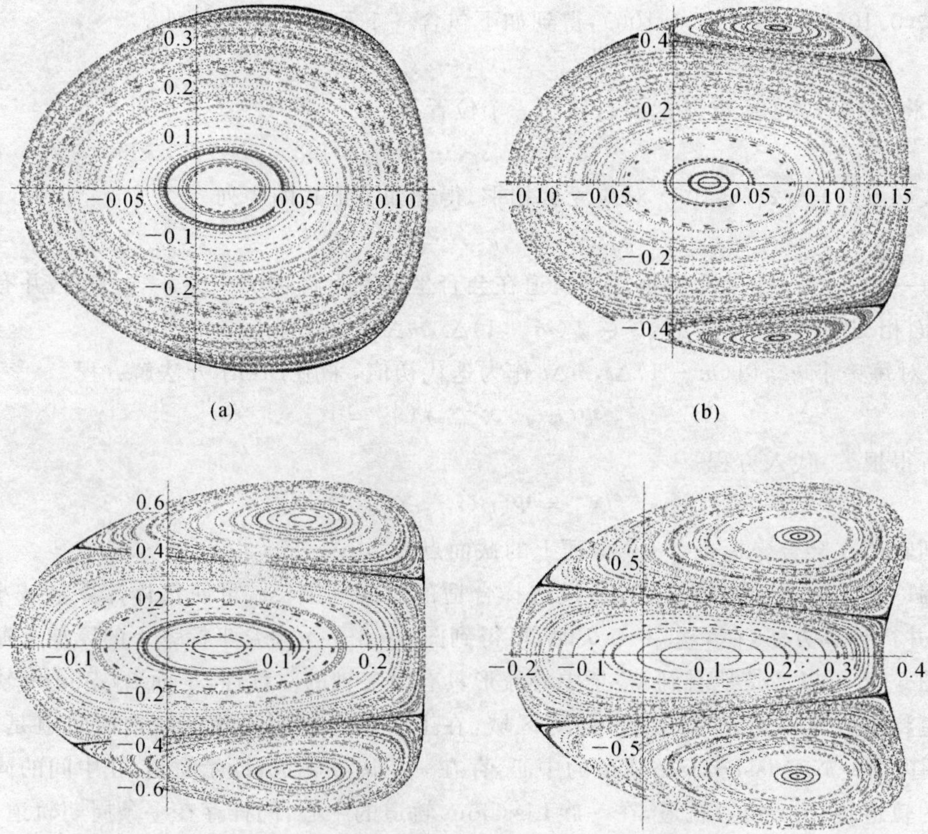

图 6-9　地月系统 L_1 点中心流形的结构随能量水平 C_{center} 变化的情况

(a) $C_{center}=0.3$；　(b) $C_{center}=0.5$

(c) $C_{center}=1.0$；　(d) $C_{center}=1.8$

由图 6-9 可以看出，在 C_{center} 较小时，并不存在 Quasi-Halo 轨道和晕轨道，只有当能量水平 C_{center} 增大到一定程度、非线性作用足够显著的时候，Quasi-Halo 轨道和晕轨道才由平面 Lyapunov 轨道经非线性分岔而产生。随着能量水平 C_{center} 的进一步提高，中心流形本身逐渐变大，并且 Quasi-Halo 轨道所占区域也相对变大，而 Lissajous 轨道所占区域被逐渐被挤压变小。

6.3　中心流形的稳定和不稳定流形

由于化简到中心流形过程已经通过一系列正则变换将双曲不稳定方向 q_1, p_1 与中心方向 q_2, p_2, q_3, p_3 解耦，因此我们可以方便地通过在 q_1, p_1 方向引入微小的不稳定分量 ε，并通过坐标变换得到会合坐标系下中心流形的稳定和不稳定流形所对应的积分初始状态。根据稳定和不稳定流形的定义，我们可以将中心流形坐标系下的稳定和不稳定流形分别表示为

$$W_{\pm}^{s}(M_{C_{center}}^{N}) = \{(q,p) H_N^{cm} = C_{center}, q_1 = 0\} \tag{6.113}$$

$$W_{\pm}^{u}(M_{C_{center}}^{N}) = \{(q,p) H_N^{cm} = C_{center}, p_1 = 0\} \tag{6.114}$$

其中，$M_{C_{center}}^{N}$ 为能量水平 C_{center} 下的 N 阶中心流形，$W_{\pm}^{s}$ 为稳定流形，$W_{\pm}^{u}$ 为不稳定流形，H_N^{cm} 为其对应的 N 阶哈密尔顿函数，$\pm$ 号分别对应流形的两个分支。由于中心流形的稳定和不稳定流形结构仍具有对称性，下面以不稳定流形为例说明计算过程。

为了近似计算出完整的不稳定流形，首先需要得到遍布于整个中心流形的积分初始状态，这可通过如下三个步骤完成：

(1) 按照与 6.2.2 小节相同的方法，在参数 α, β 分别为 $[0, 2\pi]$ 和 $[-\pi/2, \pi/2]$ 的取值范围内，选取均匀分布的点阵，并求取对应的位于中心流形上的积分初始状态，这样所得到的一系列状态全部位于 $q_2 = 0$ 超平面内。

(2) 对以上每个初始状态在中心流形上进行积分，则相流将离开 $q_2 = 0$ 超平面，并遍布整个中心流形。

(3) 在每一条相流上按积分时间均匀选取一系列状态点，则通过选取合适的采样密度，可使得到的所有状态点遍布整个中心流形。

按上述方法所得到的积分初始状态都具有如下形式：

$$\boldsymbol{X}_{center} = [0 \quad 0 \quad q_2 \quad p_2 \quad q_3 \quad p_3]^{T} \tag{6.115}$$

接着，根据式(6.114)，引入微小的不稳定分量 ε，即

$$\boldsymbol{X}_{center}^{*} = \boldsymbol{X}_{center} + [\pm\varepsilon \quad 0 \quad 0 \quad 0 \quad 0 \quad 0]^{T} \tag{6.116}$$

通过式(6.103) 的坐标变换 $\boldsymbol{\Psi}$，可得到所求的会合坐标系下不稳定流形的积分初始状态 $\boldsymbol{X}^{*}$

$$\boldsymbol{X}^{*} = \boldsymbol{\Psi}(\boldsymbol{X}_{center}^{*}) \tag{6.117}$$

对其进行积分便可得到近似位于不稳定流形上的相流。图 6-10 显示了按以上过程得到的地月系统 L_1 点中心流形的不稳定流形向月球延伸的分支。

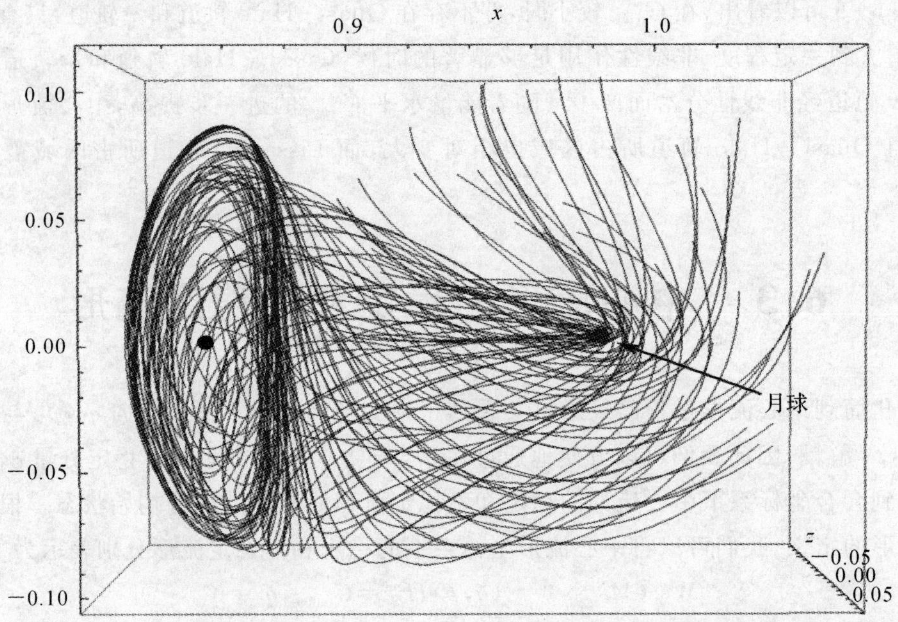

图 6-10　在地月系统下 $C_{\text{center}}=0.8$ 时，L_1 点中心流形的不稳定流形向月球延伸的分支

由于中心流形的不稳定流形本身具有复杂的结构，为了对这种结构有更清楚的了解，仍可采用取庞加莱截面的方法来降低系统的维数。下面以过月球且垂直于 x 轴的平面为庞加莱截面，将所得不稳定流形的截面点投影在不同二维平面上，可得到如图 6-11 所示的截面图。

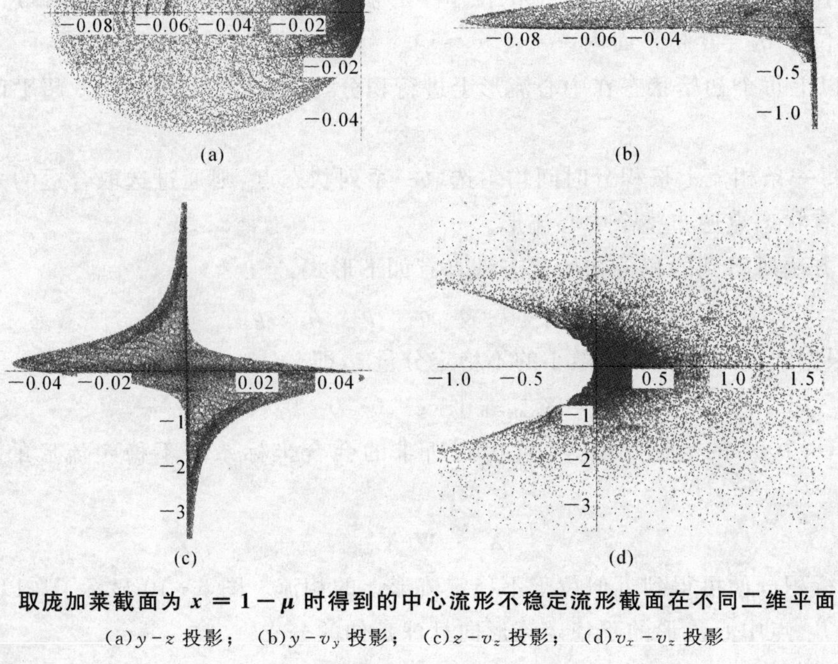

图 6-11　取庞加莱截面为 $x=1-\mu$ 时得到的中心流形不稳定流形截面在不同二维平面上的投影

(a) $y-z$ 投影；(b) $y-v_y$ 投影；(c) $z-v_z$ 投影；(d) v_x-v_z 投影

由于以上不稳定流形截面本身为 5 维结构，很难直观想象其空间构型，通过将其投影在不同二维平面上，可发现其具有截然不同的投影结构图，这进一步证明了中心流形的不稳定流形具有复杂的结构。

利用庞加莱截面法和中心流形的稳定、不稳定流形结构，我们还可以得到一类重要的轨道，这就是同一平动点中心流形的同宿连接(homoclinic connections)轨道和不同平动点中心流形之间的异宿连接(heteroclini connections)轨道。以日地系统 L_1 点和 L_2 点的中心流形的异宿连接轨道为例，选取通过月球且垂直于 x 轴的平面为庞加莱截面，将 L_1 点中心流形的不稳定流形积分直到与庞加莱截面第 k 次相交，并将所得到的一系列截面点记为 Σ_1。类似地，将 L_2 点中心流形的稳定流形沿时间逆向积分直到与庞加莱截面第 k 次相交，将所得到的截面点记为 Σ_2。若 Σ_1 与 Σ_2 在某些位置相交，则意味着存在由 L_1 点中心流形到 L_2 点中心流形的异宿连接。为了寻找 Σ_1 与 Σ_2 的交点，可以计算 5 维空间中 Σ_1 内每一点到 Σ_2 内每一点的欧几里得距离，如果该距离小于预先设定的小量 ε，则可认为得到了近似交点，然后通过构造微分校正方法，以近似交点为初值，可迭代求取交点的精确值，对该交点沿时间正向和反向积分便可得到异宿连接轨道。

图 6-12 给出了按照以上过程求得的一条连接 L_1 点 Quasi-Halo 轨道和 L_2 点 Lissajous 轨道的异宿轨道。

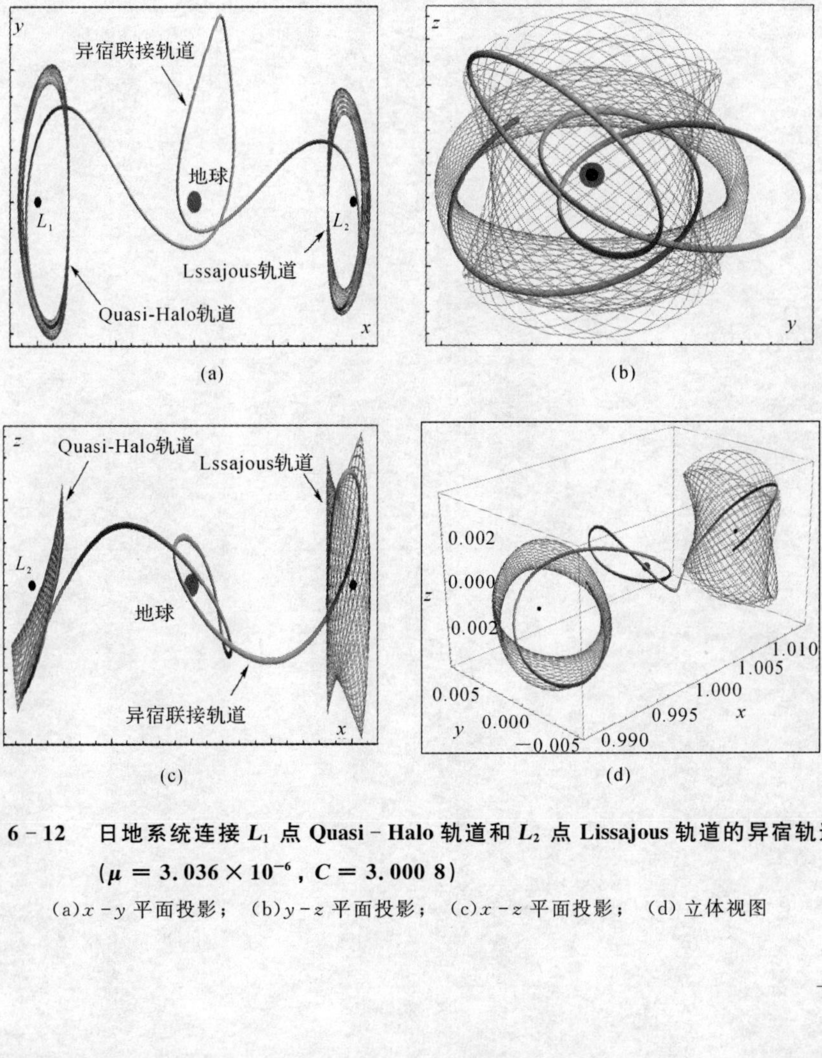

图 6-12　日地系统连接 L_1 点 Quasi-Halo 轨道和 L_2 点 Lissajous 轨道的异宿轨道 ($\mu = 3.036\times10^{-6}$, $C = 3.0008$)

(a) $x-y$ 平面投影；(b) $y-z$ 平面投影；(c) $x-z$ 平面投影；(d) 立体视图

在平动点探测任务中,异宿连接轨道具有实际应用价值[65-66,197],由于它是一种渐近轨道,沿该轨道由一个平动点附近到达另一个平动点附近不需要消耗任何能量,因此它提供了一种 L_1 点和 L_2 点不同种类有界轨道(包括晕轨道、Quasi - Halo 轨道、Lissajous 轨道等)之间的零消耗转移轨道,利用这种轨道或以这种轨道为基础,通常能够得到满足实际探测任务要求的低能量转移轨道。

本章给出了基于哈密尔顿系统正则变换和 Lie 级数方法的化简到中心流形的过程,详细讨论了该过程中每个环节的计算方法,针对非线性正则变换存在的运算量过大和泊松括号重复计算问题,提出了一种改进的便于并行计算的方法,并编程实现了该算法。实际计算表明,改进后的算法能显著提高中心流形的计算速度。文中推导了中心流形坐标到会合坐标的变换,给出两种相互补充的计算方法,通过引入多项式的 Horner 形式和提取重复子式的方法得到了优化的表达式形式,显著降低了计算量。文中还利用中心流形及其坐标变换,得到了拟周期轨道的计算方法,设计了求取中心流形庞加莱截面的方法,给出了中心流形的稳定和不稳定流形,并通过流形拼接得到了 L_1 点和 L_2 点拟周期轨道的异宿连接轨道。

第 7 章　拟周期轨道的数值计算

本章将研究共线平动点附近拟周期轨道的数值计算方法。由于拟周期轨道不再具有类似晕轨道那样的垂直判定条件，并且不具有周期性，因此其数值计算一直较为困难。虽然在上一章中利用中心流形可以得到各种拟周期轨道的较好近似，但化简到中心流形过程作为一种半数值、半分析方法，其计算复杂度随中心流形阶次的提高成指数型增长，因此限制了拟周期轨道的计算精度。另外，由级数展开过程可知，该方法只在平动点附近一个有限区域内有效。

Gomez 等利用 Lindstedt - Poincaré 过程设计了一种寻找拟周期轨道的数值方法[198]，但此方法仍具有收敛区域较小的问题，并且对于每一类拟周期轨道要设计不同的程序进行计算。Gomez 和 Mondelo 应用一种改进的傅里叶级数方法计算了拟周期轨道族[180-181]，但该方法计算量很大，只能在超级计算机上运行。E. Kolemen 给出了一种基于庞加莱(Poincaré)截面的傅里叶级数形式计算拟周期轨道的新思路[199]，但并没有给出具体的计算方法。本书按照 E. Kolemen 的思路，将给出多种计算拟周期轨道的具体方法，对傅里叶系数微分校正过程的构造等问题将进行详细的讨论。

7.1　微分校正方法的构造

这里采用的方法将利用拟周期轨道的拓扑环面结构，通过选取合适的庞加莱截面，可以得到拟周期轨道与截面的封闭交线，此交线上的状态点正好可以用周期性傅里叶级数表示，通过构造微分校正方法，可以逐渐修正傅里叶级数各项的系数，从而使交线上的所有状态点都越来越趋近真实的拟周期轨道拓扑环面。经过若干次迭代后，在所得交线上选取一组状态点，对其进行积分便可得到所求的拟周期轨道。由于 Quasi - Halo 轨道和 Lissajous 轨道都具有拓扑环面结构，因此其计算方法是类似的。下面以 Quasi - Halo 轨道为例说明微分校正过程的构造。

假设已经由中心流形方法得到了 Quasi - Halo 轨道的近似解，并采用数值方法得到了对应能量等级下的晕轨道。选取庞加莱截面为 $x-y$ 平面，设晕轨道与该截面的交点为$(x_{\text{halo}}, y_{\text{halo}})$，引入角度参量 θ：

$$\theta=\arctan\frac{y_0-y_{\text{halo}}}{x_0-x_{\text{halo}}} \tag{7.1}$$

其中(x,y)为 Quasi - Halo 轨道与庞加莱截面的任意一个交点，则可将 Quasi - Halo 轨道与截面的封闭交线表示为傅里叶级数形式，即

$$
\boldsymbol{X}(\theta)=\begin{bmatrix} x \\ y \\ z \\ v_x \\ v_y \\ v_z \end{bmatrix}=\begin{bmatrix} q_1^x+\sum_{n=1}^{\infty}(q_{2n}^x\cos(n\theta)+q_{2n+1}^x\sin(n\theta)) \\ q_1^y+\sum_{n=1}^{\infty}(q_{2n}^y\cos(n\theta)+q_{2n+1}^y\sin(n\theta)) \\ q_1^z+\sum_{n=1}^{\infty}(q_{2n}^z\cos(n\theta)+q_{2n+1}^z\sin(n\theta)) \\ q_1^{v_x}+\sum_{n=1}^{\infty}(q_{2n}^{v_x}\cos(n\theta)+q_{2n+1}^{v_x}\sin(n\theta)) \\ q_1^{v_y}+\sum_{n=1}^{\infty}(q_{2n}^{v_y}\cos(n\theta)+q_{2n+1}^{v_y}\sin(n\theta)) \\ q_1^{v_z}+\sum_{n=1}^{\infty}(q_{2n}^{v_z}\cos(n\theta)+q_{2n+1}^{v_z}\sin(n\theta)) \end{bmatrix} \tag{7.2}
$$

通过选取一系列 θ 值，可得到位于交线上的一系列状态点 $\boldsymbol{X}_0^1,\boldsymbol{X}_0^2,\cdots,\boldsymbol{X}_0^N$。对每一个状态点按 CRTBP 动力学方程进行积分，直到相流再次与庞加莱截面相交，即

$$
\boldsymbol{X}_T^n=\boldsymbol{P}(\boldsymbol{X}_0^n)=\boldsymbol{\varphi}(T(\boldsymbol{X}_0^n),\boldsymbol{X}_0^n) \tag{7.3}
$$

其中 $\boldsymbol{X}_T^n$ 为积分终止状态。通过以上积分过程，附带可以求得 $\boldsymbol{X}_0^n$ 到 $\boldsymbol{X}_T^n$ 的状态转移矩阵，将其记作 $\boldsymbol{\Phi}$，在后面的迭代过程中将会用到。

为了简化表达，在下面的论述中将 $\boldsymbol{X}_0^n$ 和 $\boldsymbol{X}_T^n$ 分别简写为 $\boldsymbol{X}_0$ 和 $\boldsymbol{X}_T$，则根据式(7.1)可得到积分终止状态 $\boldsymbol{X}_T$ 所对应的角度参量值，将其设为 θ_T，如图 7-1 所示。显然，θ_T 是初始状态 $\boldsymbol{X}_0$ 的函数，于是求解 Quasi-Halo 轨道就等同于求解傅里叶系数 $q_n^x,q_n^y,\cdots,q_n^{v_z}$ 以使 $\boldsymbol{X}_0$ 积分一周后得到的 $\boldsymbol{X}_T$ 仍位于式(7.2)所示的封闭交线上，即满足方程

$$
\boldsymbol{F}(q)=\boldsymbol{X}_T-\boldsymbol{X}(\theta_T)=\boldsymbol{0} \tag{7.4}
$$

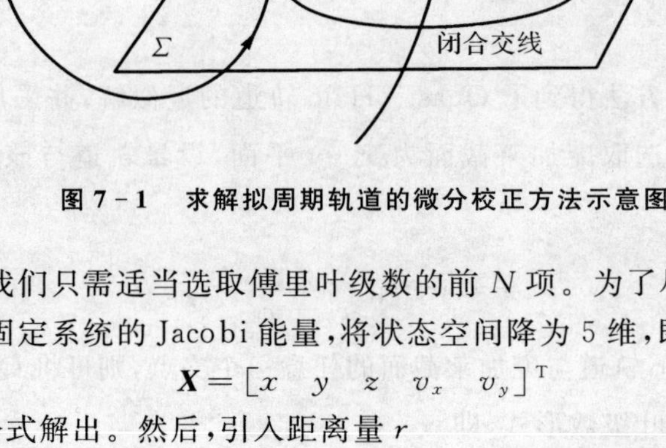

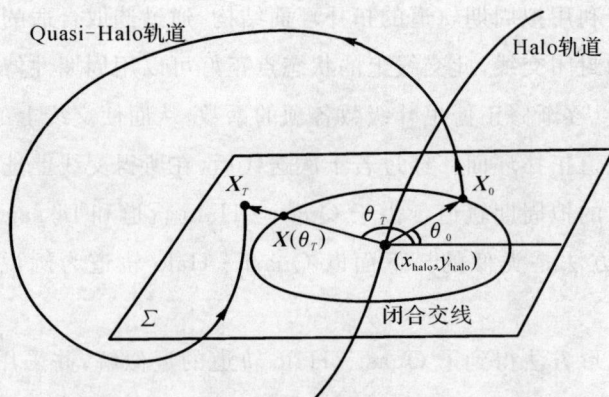

图 7-1　求解拟周期轨道的微分校正方法示意图

在实际计算时，我们只需适当选取傅里叶级数的前 N 项。为了尽量减少所需求解的傅里叶系数的个数，首先固定系统的 Jacobi 能量，将状态空间降为 5 维，即

$$
\boldsymbol{X}=[x\quad y\quad z\quad v_x\quad v_y]^{\mathrm{T}}
$$

v_z 可根据能量公式解出。然后，引入距离量 r

$$r=\sqrt{(x-x_{\text{halo}})^2+(y-y_{\text{halo}})^2} \tag{7.5}$$

则有

$$\left.\begin{aligned} x&=r\cos\theta+x_{\text{halo}} \\ y&=r\sin\theta+y_{\text{halo}} \end{aligned}\right\} \tag{7.6}$$

由庞加莱截面得 $z=0$，于是独立的状态变量只有 3 个，即 r, v_x 和 v_y，只需要得到这 3 个变量的傅里叶级数，便可以确定 Quasi - Halo 轨道与截面的封闭交线上任意一点的状态。另外需要注意的是，积分一周到再次与庞加莱截面相交的时间 T，也是需要微分校正的参量。这样，需要求解的傅里叶系数包含在如下形式的独立状态变量 $\boldsymbol{X}$ 中：

$$\boldsymbol{X}(\theta)=\begin{bmatrix} r(\theta) \\ v_x(\theta) \\ v_y(\theta) \\ T(\theta) \end{bmatrix}=\begin{bmatrix} q_1^r+\sum_{n=1}^{\infty}(q_{2n}^r\cos(n\theta)+q_{2n+1}^r\sin(n\theta)) \\ q_1^{v_x}+\sum_{n=1}^{\infty}(q_{2n}^{v_x}\cos(n\theta)+q_{2n+1}^{v_x}\sin(n\theta)) \\ q_1^{v_y}+\sum_{n=1}^{\infty}(q_{2n}^{v_y}\cos(n\theta)+q_{2n+1}^{v_y}\sin(n\theta)) \\ q_1^T+\sum_{n=1}^{\infty}(q_{2n}^T\cos(n\theta)+q_{2n+1}^T\sin(n\theta)) \end{bmatrix} \tag{7.7}$$

为了计算上的方便，将式(7.7) 中的无穷级数取前 N 项，并将 $\boldsymbol{X}$ 写为矩阵－向量乘积的形式

$$\boldsymbol{X}=\boldsymbol{QM} \tag{7.8}$$

其中，$\boldsymbol{Q}$ 为需要求解的傅里叶系数矩阵

$$\boldsymbol{Q}=\begin{bmatrix} q_1^r & q_2^r & \cdots & q_N^r \\ q_1^{v_x} & q_2^{v_x} & \cdots & q_N^{v_x} \\ q_1^{v_y} & q_1^{v_y} & \cdots & q_N^{v_y} \\ q_1^T & q_2^T & \cdots & q_N^T \end{bmatrix} \tag{7.9}$$

$\boldsymbol{M}$ 为 N 维列向量，即

$$\boldsymbol{M}=[1\quad \cos\theta\quad \sin\theta\quad \cos(2\theta)\quad \sin(2\theta)\quad \cdots\quad \cos(N-1)\theta/2\quad \sin(N-1)\theta/2]^{\mathrm{T}} \tag{7.10}$$

这样，方程式(7.4) 可具体写为

$$\boldsymbol{F}(\theta)=\begin{bmatrix} x_T \\ y_T \\ z_T \\ v_{x_T} \\ v_{y_T} \end{bmatrix}-\begin{bmatrix} r(\theta_T)\cos\theta_T \\ r(\theta_T)\sin\theta_T \\ 0 \\ v_x(\theta_T) \\ v_y(\theta_T) \end{bmatrix}=\boldsymbol{X}_T-\boldsymbol{AQ}^*\boldsymbol{M}=\boldsymbol{0} \tag{7.11}$$

其中

$$\boldsymbol{X}_T=[x_T \quad y_T \quad z_T \quad v_{xT} \quad v_{yT}]^{\mathrm{T}} \tag{7.12}$$

$$\boldsymbol{A}=\begin{bmatrix} \cos\theta_T & 0 & 0 & 0 & 0 \\ 0 & \sin\theta_T & 0 & 0 & 0 \\ 0 & 0 & 0 & 0 & 0 \\ 0 & 0 & 0 & 1 & 0 \\ 0 & 0 & 0 & 0 & 1 \end{bmatrix} \tag{7.13}$$

$$\boldsymbol{Q}^*=\begin{bmatrix} q_1^r & q_2^r & q_3^r & \cdots & q_N^r \\ q_1^r & q_2^r & q_3^r & \cdots & q_N^r \\ 0 & 0 & 0 & \cdots & 0 \\ q_1^{v_x} & q_2^{v_x} & q_3^{v_x} & \cdots & q_N^{v_x} \\ q_1^{v_y} & q_2^{v_y} & q_3^{v_y} & \cdots & q_N^{v_y} \end{bmatrix} \tag{7.14}$$

对方程式(7.11)应用牛顿迭代法，假设迭代初值为$\boldsymbol{Q}^0$，则迭代公式为

$$\boldsymbol{Q}^{j+1}=\boldsymbol{Q}^j-[\mathrm{D}\boldsymbol{F}(\boldsymbol{Q}^j)]^{-1}\boldsymbol{F}(\boldsymbol{Q}^j) \tag{7.15}$$

为了得到式(7.15)的显式形式，需要设法给出$\boldsymbol{F}(\boldsymbol{Q})$对$\boldsymbol{Q}$的导数$\mathrm{D}\boldsymbol{F}(\boldsymbol{Q})$的表达式。由于向量对矩阵的导数是三维张量，需首先给出张量的表示形式。设有三维张量$\boldsymbol{B}_{m\times n\times c}$，则在下面计算中将其记作

$$\boldsymbol{B}_{m\times n\times c}=\left[\begin{bmatrix} b_{111} & b_{121} & \cdots & b_{1n1} \\ b_{211} & b_{221} & \cdots & b_{2n1} \\ \vdots & \vdots & & \vdots \\ b_{m11} & b_{m22} & \cdots & b_{mn1} \end{bmatrix},\begin{bmatrix} b_{112} & b_{122} & \cdots & b_{1n2} \\ b_{212} & b_{222} & \cdots & b_{2n2} \\ \vdots & \vdots & & \vdots \\ b_{m12} & b_{m22} & \cdots & b_{mn2} \end{bmatrix},\cdots,\begin{bmatrix} b_{11c} & b_{12c} & \cdots & b_{1nc} \\ b_{21c} & b_{22c} & \cdots & b_{2nc} \\ \vdots & \vdots & & \vdots \\ b_{m1c} & b_{m2c} & \cdots & b_{mnc} \end{bmatrix}\right] \tag{7.16}$$

根据链式求导法则有

$$\mathrm{D}\boldsymbol{F}(\boldsymbol{Q})=\frac{\mathrm{d}\boldsymbol{X}_T}{\mathrm{d}\boldsymbol{X}_0^*}\frac{\mathrm{d}\boldsymbol{X}_0^*}{\mathrm{d}\boldsymbol{X}_0}\frac{\mathrm{d}\boldsymbol{X}_0}{\mathrm{d}\boldsymbol{Q}}-\left(\frac{\partial(\boldsymbol{AQ}^*\boldsymbol{M})}{\partial\boldsymbol{Q}}+\frac{\partial(\boldsymbol{AQ}^*\boldsymbol{M})}{\partial\theta_T}\frac{\mathrm{d}\theta_T}{\mathrm{d}\boldsymbol{Q}}\right) \tag{7.17}$$

其中

$$\boldsymbol{X}_0^*=[x_0 \quad y_0 \quad v_{x0} \quad v_{y0} \quad T]^{\mathrm{T}}=[x(\theta_0) \quad y(\theta_0) \quad v_x(\theta_0) \quad v_y(\theta_0) \quad T(\theta_0)]^{\mathrm{T}} \tag{7.18}$$

$$\boldsymbol{X}_0=[r_0 \quad v_{x0} \quad v_{y0} \quad T]^{\mathrm{T}}=[r(\theta_0) \quad v_x(\theta_0) \quad v_y(\theta_0) \quad T(\theta_0)]^{\mathrm{T}} \tag{7.19}$$

下面依次给出式(7.17)每一项的计算方法。首先观察第一项$\mathrm{d}\boldsymbol{X}_T/\mathrm{d}\boldsymbol{X}_0^*$，则有

$$\frac{\mathrm{d}\boldsymbol{X}_T}{\mathrm{d}\boldsymbol{X}_0^*}=\begin{bmatrix} \frac{\mathrm{d}x_T}{\mathrm{d}x_0} & \frac{\mathrm{d}x_T}{\mathrm{d}y_0} & \frac{\mathrm{d}x_T}{\mathrm{d}v_{x0}} & \frac{\mathrm{d}x_T}{\mathrm{d}v_{y0}} & \frac{\mathrm{d}x_T}{\mathrm{d}T} \\ \frac{\mathrm{d}y_T}{\mathrm{d}x_0} & \frac{\mathrm{d}y_T}{\mathrm{d}y_0} & \frac{\mathrm{d}y_T}{\mathrm{d}v_{x0}} & \frac{\mathrm{d}y_T}{\mathrm{d}v_{y0}} & \frac{\mathrm{d}y_T}{\mathrm{d}T} \\ \frac{\mathrm{d}z_T}{\mathrm{d}x_0} & \frac{\mathrm{d}z_T}{\mathrm{d}y_0} & \frac{\mathrm{d}z_T}{\mathrm{d}v_{x0}} & \frac{\mathrm{d}z_T}{\mathrm{d}v_{y0}} & \frac{\mathrm{d}z_T}{\mathrm{d}T} \\ \frac{\mathrm{d}v_{xT}}{\mathrm{d}x_0} & \frac{\mathrm{d}v_{xT}}{\mathrm{d}y_0} & \frac{\mathrm{d}v_{xT}}{\mathrm{d}v_{x0}} & \frac{\mathrm{d}v_{xT}}{\mathrm{d}v_{y0}} & \frac{\mathrm{d}v_{xT}}{\mathrm{d}T} \\ \frac{\mathrm{d}v_{yT}}{\mathrm{d}x_0} & \frac{\mathrm{d}v_{yT}}{\mathrm{d}y_0} & \frac{\mathrm{d}v_{yT}}{\mathrm{d}v_{x0}} & \frac{\mathrm{d}v_{yT}}{\mathrm{d}v_{y0}} & \frac{\mathrm{d}v_{yT}}{\mathrm{d}T} \end{bmatrix}=\begin{bmatrix} \Phi_{11} & \Phi_{12} & \Phi_{14} & \Phi_{15} & \frac{\mathrm{d}x_T}{\mathrm{d}T} \\ \Phi_{21} & \Phi_{22} & \Phi_{24} & \Phi_{25} & \frac{\mathrm{d}y_T}{\mathrm{d}T} \\ \Phi_{31} & \Phi_{32} & \Phi_{34} & \Phi_{35} & \frac{\mathrm{d}z_T}{\mathrm{d}T} \\ \Phi_{41} & \Phi_{42} & \Phi_{44} & \Phi_{45} & \frac{\mathrm{d}v_{xT}}{\mathrm{d}T} \\ \Phi_{51} & \Phi_{52} & \Phi_{54} & \Phi_{55} & \frac{\mathrm{d}v_{yT}}{\mathrm{d}T} \end{bmatrix} \tag{7.20}$$

显然，矩阵的前四列均对应状态转移矩阵$\boldsymbol{\Phi}$中的元素，最后一列则可由 CRTBP 动力学方

程得到，即

$$
\left.\begin{aligned}
&\frac{\mathrm{d}x_T}{\mathrm{d}T}=v_{xT}\\
&\frac{\mathrm{d}y_T}{\mathrm{d}T}=v_{yT}\\
&\frac{\mathrm{d}z_T}{\mathrm{d}T}=v_{zT}\\
&\frac{\mathrm{d}v_{xT}}{\mathrm{d}T}=2v_{yT}-\frac{\mu(x_T+\mu-1)}{[(x_T+\mu-1)^2+y_T^2+z_T^2]^{3/2}}-\frac{(1-\mu)(x_T+\mu)}{[(x_T+\mu)^2+y_T^2+z_T^2]^{3/2}}+x_T\\
&\frac{\mathrm{d}v_{xT}}{\mathrm{d}T}=-2v_{xT}-\frac{\mu y_T}{[(x_T+\mu-1)^2+y_T^2+z_T^2]^{3/2}}-\frac{(1-\mu)y_T}{[(x_T+\mu)^2+y_T^2+z_T^2]^{3/2}}+y_T
\end{aligned}\right\}
\tag{7.21}
$$

导数项 $\mathrm{d}\boldsymbol{X}_0^*/\mathrm{d}\boldsymbol{X}_0$ 可根据式(7.6)得到，即

$$
\frac{\mathrm{d}\boldsymbol{X}_0^*}{\mathrm{d}\boldsymbol{X}_0}=\begin{bmatrix}\cos\theta_0 & 0 & 0 & 0\\ \sin\theta_0 & 0 & 0 & 0\\ 0 & 1 & 0 & 0\\ 0 & 0 & 1 & 0\\ 0 & 0 & 0 & 1\end{bmatrix}
\tag{7.22}
$$

再观察 $\mathrm{d}\boldsymbol{X}_0/\mathrm{d}\boldsymbol{Q}$。由于 $\boldsymbol{X}_0$ 为列向量，$\boldsymbol{Q}$ 为二维矩阵，于是 $\mathrm{d}\boldsymbol{X}_0/\mathrm{d}\boldsymbol{Q}$ 可写为如下形式的张量：

$$
\frac{\mathrm{d}\boldsymbol{X}_0}{\mathrm{d}\boldsymbol{Q}}=\left[\begin{bmatrix}\frac{\mathrm{d}r_0}{\mathrm{d}q_1^r} & \frac{\mathrm{d}r_0}{\mathrm{d}q_1^{v_x}} & \frac{\mathrm{d}r_0}{\mathrm{d}q_1^{v_y}} & \frac{\mathrm{d}r_0}{\mathrm{d}q_1^T}\\ \frac{\mathrm{d}v_{x0}}{\mathrm{d}q_1^r} & \frac{\mathrm{d}v_{x0}}{\mathrm{d}q_1^{v_x}} & \frac{\mathrm{d}v_{x0}}{\mathrm{d}q_1^{v_y}} & \frac{\mathrm{d}v_{x0}}{\mathrm{d}q_1^T}\\ \frac{\mathrm{d}v_{y0}}{\mathrm{d}q_1^r} & \frac{\mathrm{d}v_{y0}}{\mathrm{d}q_1^{v_x}} & \frac{\mathrm{d}v_{y0}}{\mathrm{d}q_1^{v_y}} & \frac{\mathrm{d}v_{y0}}{\mathrm{d}q_1^T}\\ \frac{\mathrm{d}T}{\mathrm{d}q_1^r} & \frac{\mathrm{d}T}{\mathrm{d}q_1^{v_x}} & \frac{\mathrm{d}T}{\mathrm{d}q_1^{v_y}} & \frac{\mathrm{d}T}{\mathrm{d}q_1^T}\end{bmatrix},\begin{bmatrix}\frac{\mathrm{d}r_0}{\mathrm{d}q_2^r} & \frac{\mathrm{d}r_0}{\mathrm{d}q_2^{v_x}} & \frac{\mathrm{d}r_0}{\mathrm{d}q_2^{v_y}} & \frac{\mathrm{d}r_0}{\mathrm{d}q_2^T}\\ \frac{\mathrm{d}v_{x0}}{\mathrm{d}q_2^r} & \frac{\mathrm{d}v_{x0}}{\mathrm{d}q_2^{v_x}} & \frac{\mathrm{d}v_{x0}}{\mathrm{d}q_2^{v_y}} & \frac{\mathrm{d}v_{x0}}{\mathrm{d}q_2^T}\\ \frac{\mathrm{d}v_{y0}}{\mathrm{d}q_2^r} & \frac{\mathrm{d}v_{y0}}{\mathrm{d}q_2^{v_x}} & \frac{\mathrm{d}v_{y0}}{\mathrm{d}q_2^{v_y}} & \frac{\mathrm{d}v_{y0}}{\mathrm{d}q_2^T}\\ \frac{\mathrm{d}T}{\mathrm{d}q_2^r} & \frac{\mathrm{d}T}{\mathrm{d}q_2^{v_x}} & \frac{\mathrm{d}T}{\mathrm{d}q_2^{v_y}} & \frac{\mathrm{d}T}{\mathrm{d}q_2^T}\end{bmatrix},\cdots\right]
\tag{7.23}
$$

若将式(7.10)中向量 $\boldsymbol{M}$ 的第 i 个元素表示为 m_i，则根据式(7.7)不难得到

$$
\frac{\mathrm{d}\boldsymbol{X}_0}{\mathrm{d}\boldsymbol{Q}}=\left[\begin{bmatrix}m_1 & 0 & 0 & 0\\ 0 & m_1 & 0 & 0\\ 0 & 0 & m_1 & 0\\ 0 & 0 & 0 & m_1\end{bmatrix},\begin{bmatrix}m_2 & 0 & 0 & 0\\ 0 & m_2 & 0 & 0\\ 0 & 0 & m_2 & 0\\ 0 & 0 & 0 & m_2\end{bmatrix},\cdots\right]
\tag{7.24}
$$

再来观察式(7.17)等号右端的导数项 $\partial(\boldsymbol{A}\boldsymbol{Q}^*\boldsymbol{M})/\partial\boldsymbol{Q}$，由于 $\partial(\boldsymbol{A}\boldsymbol{Q}^*\boldsymbol{M})/\partial\boldsymbol{Q}$ 为一列向量，于是可仿照式(7.23)得到

$$
\frac{\partial(\boldsymbol{A}\boldsymbol{Q}^*\boldsymbol{M})}{\partial\boldsymbol{Q}}=\boldsymbol{A}\left[\begin{bmatrix}m_1 & 0 & 0 & 0\\ m_1 & 0 & 0 & 0\\ 0 & 0 & 0 & 0\\ 0 & m_1 & 0 & 0\\ 0 & 0 & m_1 & 0\end{bmatrix},\begin{bmatrix}m_2 & 0 & 0 & 0\\ m_2 & 0 & 0 & 0\\ 0 & 0 & 0 & 0\\ 0 & m_2 & 0 & 0\\ 0 & 0 & m_2 & 0\end{bmatrix},\cdots\right]
\tag{7.25}
$$

接着，考虑式(7.17)式中的 $\partial(\boldsymbol{A}\boldsymbol{Q}^*\boldsymbol{M})/\partial\theta_T$，根据矩阵的分部求导法则有

$$\frac{\partial(\boldsymbol{AQ}^{*}\boldsymbol{M})}{\partial\theta_T}=\frac{\partial\boldsymbol{A}}{\partial\theta_T}\boldsymbol{Q}^{*}\boldsymbol{M}+\boldsymbol{AQ}^{*}\frac{\partial\boldsymbol{M}}{\partial\theta_T}\tag{7.26}$$

由于 θ_T 为标量，由式(7.13) 和式(7.10) 容易求得 $\partial\boldsymbol{A}/\partial\theta_T$ 和 $\partial\boldsymbol{M}/\partial\theta_T$ 分别为

$$\frac{\partial\boldsymbol{A}}{\partial\theta_T}=\begin{bmatrix}-\sin\theta & 0 & 0 & 0 & 0\\ 0 & \cos\theta & 0 & 0 & 0\\ 0 & 0 & 0 & 0 & 0\\ 0 & 0 & 0 & 0 & 0\\ 0 & 0 & 0 & 0 & 0\end{bmatrix}\tag{7.27}$$

$$\frac{\partial\boldsymbol{M}}{\partial\theta_T}=[0\quad -\sin\theta_T\quad \cos\theta_T\quad -2\sin(2\theta_T)\quad 2\cos(2\theta_T)\quad \cdots]^{\mathrm{T}}\tag{7.28}$$

最后，观察式(7.17) 中的 $\mathrm{d}\theta_T/\mathrm{d}\boldsymbol{Q}$，由于 θ_T 无法直接对 $\boldsymbol{Q}$ 求导，故将该式进一步分解为

$$\frac{\mathrm{d}\theta_T}{\mathrm{d}\boldsymbol{Q}}=\frac{\mathrm{d}\theta_T}{\mathrm{d}\boldsymbol{X}_T}\frac{\mathrm{d}\boldsymbol{X}_T}{\mathrm{d}\boldsymbol{X}_0^{*}}\frac{\mathrm{d}\boldsymbol{X}_0^{*}}{\mathrm{d}\boldsymbol{X}_0}\frac{\mathrm{d}\boldsymbol{X}_0}{\mathrm{d}\boldsymbol{Q}}\tag{7.29}$$

其中后三项导数前面已经给出，根据式(7.1) 可求得第一项 $\mathrm{d}\theta_T/\mathrm{d}\boldsymbol{X}_T$ 为

$$\frac{\mathrm{d}\theta_T}{\mathrm{d}\boldsymbol{X}_T}=\left[\frac{y_{\mathrm{halo}}-y_T}{(x_T-x_{\mathrm{halo}})^2+(y_T-y_{\mathrm{halo}})^2}\quad \frac{x_T-x_{\mathrm{halo}}}{(x_T-x_{\mathrm{halo}})^2+(y_T-y_{\mathrm{halo}})^2}\quad 0\quad 0\quad 0\right]\tag{7.30}$$

于是，式(7.17) 的所有导数项便可全部求出，所得 $\mathrm{D}\boldsymbol{F}(\boldsymbol{Q})$ 为三维 $4\times4\times N$ 张量。为便于下一步的计算，将牛顿迭代公式(7.15) 写为

$$\mathrm{D}\boldsymbol{F}(\boldsymbol{Q}^j)\cdot\Delta\boldsymbol{Q}^j=-\boldsymbol{F}(\boldsymbol{Q}^j)\tag{7.31}$$

其中

$$\Delta\boldsymbol{Q}^j=\boldsymbol{Q}^{j+1}-\boldsymbol{Q}^j\tag{7.32}$$

可以看出，式(7.31) 为包含 5 个方程的方程组，而 $\Delta\boldsymbol{Q}^j$ 则包含 $4\times N$ 个未知量(通常取 $N>0$)，因此为了保证迭代过程的收敛性和计算精度，我们在初值 $\boldsymbol{Q}^0$ 确定的封闭交线上选取一系列采样点(对应不同的 θ_0 值)，按照以上过程得到一系列式(7.31) 构成的方程组。为了便于将所有方程联立求解，首先对式(7.31) 左端包含的张量运算进行化简，将 $\Delta\boldsymbol{Q}^j$ 简写为 $\Delta\boldsymbol{Q}$ 并按行拉直，得到

$$\overline{\Delta\boldsymbol{Q}}=[\delta q_1^r\quad \delta q_2^r\quad \cdots\quad \delta q_N^r\quad \delta q_1^{v_x}\quad \delta q_2^{v_x}\quad \cdots\quad \delta q_N^{v_x}\quad \cdots\quad \delta q_1^T\quad \cdots\quad \delta q_N^T]^{\mathrm{T}}\tag{7.33}$$

将 $\mathrm{D}\boldsymbol{F}(\boldsymbol{Q}^j)$ 简写为 $\mathrm{D}\boldsymbol{F}(\boldsymbol{Q})$，并设

$$\mathrm{D}\boldsymbol{F}(\boldsymbol{Q})=\left[\begin{bmatrix}f_{111} & f_{121} & f_{131} & f_{141}\\ f_{211} & f_{221} & f_{231} & f_{241}\\ f_{311} & f_{321} & f_{331} & f_{341}\\ f_{411} & f_{421} & f_{431} & f_{441}\end{bmatrix},\begin{bmatrix}f_{112} & f_{122} & f_{132} & f_{142}\\ f_{212} & f_{222} & f_{232} & f_{242}\\ f_{312} & f_{322} & f_{332} & f_{342}\\ f_{412} & f_{422} & f_{432} & f_{442}\end{bmatrix},\cdots,\begin{bmatrix}f_{11N} & f_{12N} & f_{13N} & f_{14N}\\ f_{21N} & f_{22N} & f_{23N} & f_{24N}\\ f_{31N} & f_{32N} & f_{33N} & f_{34N}\\ f_{41N} & f_{42N} & f_{43N} & f_{44N}\end{bmatrix}\right]\tag{7.34}$$

将 $\mathrm{D}\boldsymbol{F}(\boldsymbol{Q})$ 按第三维拉直，得到如下形式的矩阵：

$$\mathrm{D}\,\overline{\boldsymbol{F}(\boldsymbol{Q})}=\begin{bmatrix}f_{111} & f_{112} & \cdots & f_{11N} & f_{121} & f_{122} & \cdots & f_{12N} & f_{141} & \cdots & f_{14N}\\ f_{211} & f_{212} & \cdots & f_{21N} & f_{221} & f_{222} & \cdots & f_{22N} & f_{241} & \cdots & f_{24N}\\ f_{311} & f_{312} & \cdots & f_{31N} & f_{321} & f_{322} & \cdots & f_{32N} & f_{341} & \cdots & f_{34N}\\ f_{411} & f_{412} & \cdots & f_{41N} & f_{421} & f_{422} & \cdots & f_{42N} & f_{441} & \cdots & f_{44N}\end{bmatrix}\tag{7.35}$$

则根据张量内积的运算法则可知式(7.31)等价于下述形式的线性方程组：

$$\mathrm{D}\,\overline{\boldsymbol{F}(\boldsymbol{Q})}\cdot\overline{\Delta\boldsymbol{Q}}=-\boldsymbol{F}(\boldsymbol{Q}) \tag{7.36}$$

根据式(7.36)，可方便地将一系列采样点对应的方程组进行联立，设共取 k 个采样点，对于第 n 个采样点有

$$\mathrm{D}\,\overline{\boldsymbol{F}(\boldsymbol{Q})_n}\cdot\overline{\Delta\boldsymbol{Q}}=-\boldsymbol{F}(\boldsymbol{Q})_n \tag{7.37}$$

其中

$$\boldsymbol{F}(\boldsymbol{Q})_n=\begin{bmatrix}g_1^n & g_2^n & g_3^n & g_4^n\end{bmatrix}^{\mathrm{T}} \tag{7.38}$$

$$\overline{\mathrm{D}\boldsymbol{F}(\boldsymbol{Q})_n}=\begin{bmatrix}
f_{111}^n & f_{112}^n & \cdots & f_{11N}^n & f_{121}^n & f_{122}^n & \cdots & f_{12N}^n & f_{141}^n & \cdots & f_{14N}^n\\
f_{211}^n & f_{212}^n & \cdots & f_{21N}^n & f_{221}^n & f_{222}^n & \cdots & f_{22N}^n & f_{241}^n & \cdots & f_{24N}^n\\
f_{311}^n & f_{312}^n & \cdots & f_{31N}^n & f_{321}^n & f_{322}^n & \cdots & f_{32N}^n & f_{341}^n & \cdots & f_{34N}^n\\
f_{411}^n & f_{412}^n & \cdots & f_{41N}^n & f_{421}^n & f_{422}^n & \cdots & f_{42N}^n & f_{441}^n & \cdots & f_{44N}^n
\end{bmatrix} \tag{7.39}$$

则联立方程组为

$$\overline{\mathrm{D}\boldsymbol{F}(\boldsymbol{Q})^*}\cdot\overline{\Delta\boldsymbol{Q}}=-\boldsymbol{F}(\boldsymbol{Q})^* \tag{7.40}$$

其中

$$\boldsymbol{F}(\boldsymbol{Q})^*=\begin{bmatrix}g_1^1 & g_2^1 & g_3^1 & g_4^1 & \cdots & g_1^K & g_2^K & g_3^K & g_4^K\end{bmatrix} \tag{7.41}$$

$$\overline{\mathrm{D}\boldsymbol{F}(\boldsymbol{Q})^*}=\begin{bmatrix}
f_{111}^1 & f_{112}^1 & \cdots & f_{11N}^1 & \cdots & f_{141}^1 & f_{142}^1 & \cdots & f_{14N}^1\\
f_{211}^1 & f_{212}^1 & \cdots & f_{21N}^1 & \cdots & f_{241}^1 & f_{242}^1 & \cdots & f_{24N}^1\\
f_{311}^1 & f_{312}^1 & \cdots & f_{31N}^1 & \cdots & f_{341}^1 & f_{342}^1 & \cdots & f_{34N}^1\\
f_{411}^1 & f_{412}^1 & \cdots & f_{41N}^1 & \cdots & f_{441}^1 & f_{442}^1 & \cdots & f_{44N}^1\\
\vdots & \vdots & & \vdots & & \vdots & \vdots & & \vdots\\
f_{111}^K & f_{112}^K & \cdots & f_{11N}^K & \cdots & f_{141}^K & f_{142}^K & \cdots & f_{14N}^K\\
f_{211}^K & f_{212}^K & \cdots & f_{21N}^K & \cdots & f_{241}^K & f_{242}^K & \cdots & f_{24N}^K\\
f_{311}^K & f_{312}^K & \cdots & f_{31N}^K & \cdots & f_{341}^K & f_{342}^K & \cdots & f_{34N}^K\\
f_{411}^K & f_{412}^K & \cdots & f_{41N}^K & \cdots & f_{441}^K & f_{442}^K & \cdots & f_{44N}^K
\end{bmatrix} \tag{7.42}$$

于是可求得方程组式(7.40)的极小范数解为

$$\overline{\Delta\boldsymbol{Q}}^*=-\overline{\mathrm{D}\boldsymbol{F}(\boldsymbol{Q})^{*\mathrm{T}}}\left[\overline{\mathrm{D}\boldsymbol{F}(\boldsymbol{Q})^*}\cdot\overline{\mathrm{D}\boldsymbol{F}(\boldsymbol{Q})^{*\mathrm{T}}}\right]^{-1}\boldsymbol{F}(\boldsymbol{Q})^* \tag{7.43}$$

最后，将 $\overline{\Delta\boldsymbol{Q}}^*$ 按式(7.33)的逆过程整理为 $4\times N$ 矩阵形式，设为 $\Delta\boldsymbol{Q}^*$，于是得

$$\boldsymbol{Q}^{j+1}=\boldsymbol{Q}^j+\Delta\boldsymbol{Q}^* \tag{7.44}$$

这样，便完成了一次完整的迭代过程。由于牛顿迭代法具有平方收敛速度，因此对于较好的迭代初值，通常只需要很少的迭代次数便可达到所需的计算精度。

图7-2显示了在地月系统Jacobi能量 $C=3.165\,5$ 情况下，以由 L_1 点8阶中心流形计算得到的一条Quasi-Halo轨道为初值，取 $x-y$ 平面为庞加莱截面，采用以上微分校正方法迭代收敛的过程。可以看出，在该算例中只需经过5次迭代，庞加莱截面上的采样点便很好地收敛到了一条真正的Quasi-Halo轨道上。

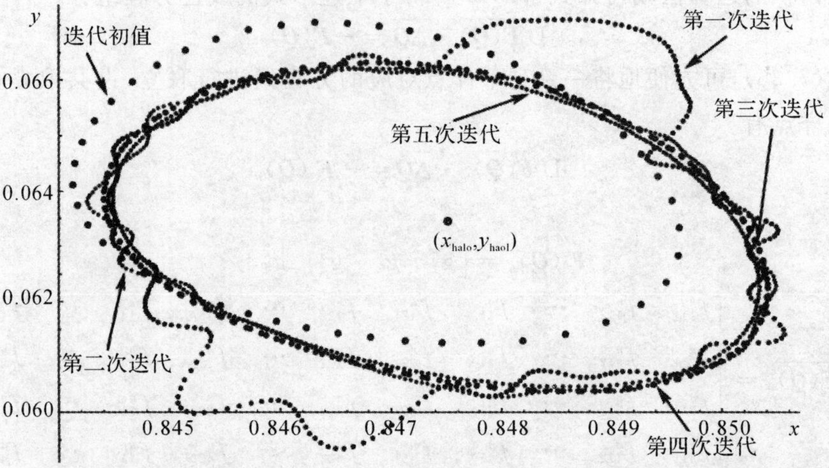

图 7-2　采用本节介绍的微分校正方法计算一条地月系统 Quasi-Halo 轨道的迭代收敛过程 (Jacobi 能量 $C = 3.1655$)

7.2　并行打靶方法

上一节所介绍的微分校正方法是通过求解拟(准)周期轨道与一个庞加莱截面的封闭交线来得到拟周期轨道的数值近似,该方法在每一步迭代过程中需要对各个采样点积分一周,得到相流与庞加莱截面的交点。由于平动点附近的轨道存在指数不稳定性(对于地月系统 L_1 点 Lyapunov 指数大于 10^3),采样点相对于真实拟周期轨道的微小偏差在一周积分时间内可能会变得非常巨大。这种不稳定性会严重影响微分校正方法的收敛性与稳定性,这也意味着必须提供相当精确的迭代初值才能得到拟周期轨道的数值解。为了克服这种不稳定性的影响,增大微分校正方法的收敛区间和稳定性,我们可以通过选取多个庞加莱截面来缩短对每个采样点的积分时间,从而限制不稳定性的指数增长。这种微分校正方法是一种所谓的并行打靶方法(Multiple shooting method)[200-201]。

仍以地月系统 L_1 点 Quasi-Halo 轨道为例,如图 7-3 所示,选取一系列通过 x 轴的庞加莱截面 $\Sigma_1, \Sigma_2, \Sigma_3, \cdots, \Sigma_K$,则 Quasi-Halo 轨道与每一个截面的交线都是一条封闭曲线。利用上一节所介绍的方法每次只能求解一条相空间内的封闭交线,而利用并行打靶方法可以同时求解 K 条封闭交线。由于每一个截面上的采样状态点只需积分到与相邻的下一个截面相交即可,因此通过选择合适的庞加莱截面位置和数量,可以很好地控制不稳定性的增长。

如图 7-3 所示,并行打靶方法微分校正的目标是逐渐修正各个庞加莱截面上的封闭交线(仍以傅里叶级数形式表示),以使由每条交线上出发的采样点在到达相邻下一个截面时仍位于该截面对应的封闭交线上。以上的目标在实际计算时对应逐渐修正一系列傅里叶级数的系数,从而使图 7-3 中的误差 $\varepsilon_1, \varepsilon_2, \varepsilon_3, \cdots, \varepsilon_K$ 同时趋近于零。由以上分析可以看出,并行打靶方法是上一节微分校正方法的拓展。下面具体推导并行打靶方法的迭代公式。

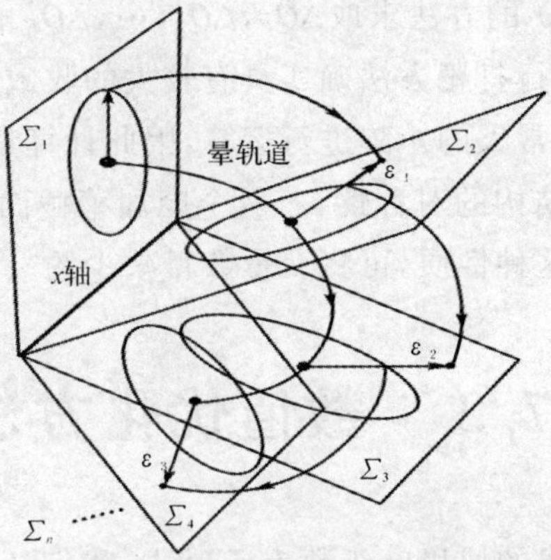

图 7-3　求取 Quasi-Halo 轨道的并行打靶方法示意图

设选取截面 Σ_k 封闭交线上对应角度参量 θ_0 的采样点，将其积分到与截面 Σ_{k+1} 相交，则可得满足如下方程的 Quasi-Halo 轨道：

$$\boldsymbol{F}(\boldsymbol{Q}_k,\boldsymbol{Q}_{k+1})=\boldsymbol{X}_T(\boldsymbol{Q}_k)-\boldsymbol{X}_{\theta(X_T)}(\boldsymbol{Q}_{k+1}) \tag{7.45}$$

其中 $\boldsymbol{X}_T(\boldsymbol{Q}_k)$ 为积分终止状态，$\boldsymbol{X}_{\theta(X_T)}(\boldsymbol{Q}_{k+1})$ 则为 $\boldsymbol{X}_T(\boldsymbol{Q}_k)$ 对应的位于 Σ_{k+1} 封闭交线上的状态。可以看出，该方程与两套傅里叶系数 $\boldsymbol{Q}_k,\boldsymbol{Q}_{k+1}$ 相关。按与上一节类似的方法，参照式(7.17)可求得 $\boldsymbol{F}$ 的导数为

$$\mathrm{D}\boldsymbol{F}(\boldsymbol{Q}_k,\boldsymbol{Q}_{k+1})=\frac{\mathrm{d}\boldsymbol{X}_T}{\mathrm{d}\boldsymbol{Q}_k}-\left(\frac{\mathrm{d}(\boldsymbol{A}\boldsymbol{Q}^*\boldsymbol{M})}{\mathrm{d}\boldsymbol{Q}_{k+1}}+\frac{\mathrm{d}(\boldsymbol{A}\boldsymbol{Q}^*\boldsymbol{M})}{\mathrm{d}\boldsymbol{Q}_T}\frac{\mathrm{d}\boldsymbol{Q}_T}{\mathrm{d}\boldsymbol{Q}_k}\right) \tag{7.46}$$

将其写为

$$\mathrm{D}\boldsymbol{F}(\boldsymbol{Q}_k,\boldsymbol{Q}_{k+1})=\boldsymbol{A}_1^k-\boldsymbol{A}_2^k-\boldsymbol{A}_3^k \tag{7.47}$$

其中 $\boldsymbol{A}_1^k,\boldsymbol{A}_2^k,\boldsymbol{A}_3^k$ 均为三维张量，并且

$$\boldsymbol{A}_1^k=\frac{\mathrm{d}\boldsymbol{X}_T}{\mathrm{d}\boldsymbol{Q}_k},\quad \boldsymbol{A}_2^k=\frac{\mathrm{d}(\boldsymbol{A}\boldsymbol{Q}^*\boldsymbol{M})}{\mathrm{d}\boldsymbol{Q}_{k+1}},\quad \boldsymbol{A}_3^k=\frac{\mathrm{d}(\boldsymbol{A}\boldsymbol{Q}^*\boldsymbol{M})}{\mathrm{d}\boldsymbol{Q}_T}\frac{\mathrm{d}\boldsymbol{Q}_T}{\mathrm{d}\boldsymbol{Q}_k} \tag{7.48}$$

将 $\boldsymbol{A}_1^k,\boldsymbol{A}_2^k,\boldsymbol{A}_3^k$ 分别按式(7.35)拉直，得二维矩阵

$$\overline{\mathrm{D}\boldsymbol{F}(\boldsymbol{Q}_k,\boldsymbol{Q}_{k+1})}=\overline{\boldsymbol{A}_1^k}-\overline{\boldsymbol{A}_2^k}-\overline{\boldsymbol{A}_3^k} \tag{7.49}$$

若在截面 Σ_k 封闭交线上取一系列采样点，则按上一节的过程可得到类似式(7.40)形式的方程组

$$(\overline{\boldsymbol{A}_1^k}-\overline{\boldsymbol{A}_3^k})\,\overline{\Delta\boldsymbol{Q}_k}-\overline{\boldsymbol{A}_2^k}\,\overline{\Delta\boldsymbol{Q}_{k+1}}=-\overline{\mathrm{D}\boldsymbol{F}(\boldsymbol{Q}_k,\boldsymbol{Q}_{k+1})} \tag{7.50}$$

其中 $\overline{\Delta\boldsymbol{Q}_k},\overline{\Delta\boldsymbol{Q}_{k+1}},\overline{\mathrm{D}\boldsymbol{F}(\boldsymbol{Q}_k,\boldsymbol{Q}_{k+1})}$ 均已按式(7.33)拉直。

对所有截面 $\Sigma_1,\Sigma_2,\Sigma_3,\cdots,\Sigma_K$ 重复以上过程，可得到类似式(7.50)的方程组。将所有方程组综合起来，可得到如下形式的分块矩阵：

$$\begin{bmatrix} \overline{\boldsymbol{A}_1^1}-\overline{\boldsymbol{A}_3^1} & \overline{\boldsymbol{A}_2^1} & \boldsymbol{O} & \cdots & \boldsymbol{O} & \boldsymbol{O} \\ \boldsymbol{O} & \overline{\boldsymbol{A}_1^2}-\overline{\boldsymbol{A}_3^2} & \overline{\boldsymbol{A}_2^2} & \cdots & \boldsymbol{O} & \boldsymbol{O} \\ \vdots & \vdots & \vdots & & \vdots & \vdots \\ \boldsymbol{O} & \boldsymbol{O} & \boldsymbol{O} & \cdots & \overline{\boldsymbol{A}_1^{K-1}}-\overline{\boldsymbol{A}_3^{K-1}} & \overline{\boldsymbol{A}_2^{K-1}} \\ \overline{\boldsymbol{A}_2^K} & \boldsymbol{O} & \boldsymbol{O} & \cdots & \boldsymbol{O} & \overline{\boldsymbol{A}_1^K}-\overline{\boldsymbol{A}_3^K} \end{bmatrix} \begin{bmatrix} \overline{\Delta\boldsymbol{Q}_1} \\ \overline{\Delta\boldsymbol{Q}_2} \\ \vdots \\ \overline{\Delta\boldsymbol{Q}_{K-1}} \\ \overline{\Delta\boldsymbol{Q}_K} \end{bmatrix} = \begin{bmatrix} \overline{\boldsymbol{F}(\boldsymbol{Q}_1,\boldsymbol{Q}_2)} \\ \overline{\boldsymbol{F}(\boldsymbol{Q}_2,\boldsymbol{Q}_3)} \\ \vdots \\ \overline{\boldsymbol{F}(\boldsymbol{Q}_{K-1},\boldsymbol{Q}_K)} \\ \overline{\boldsymbol{F}(\boldsymbol{Q}_K,\boldsymbol{Q}_1)} \end{bmatrix} \tag{7.51}$$

于是便可按类似式(7.43)的方法求取$\overline{\Delta \boldsymbol{Q}_1},\overline{\Delta \boldsymbol{Q}_2},\cdots,\overline{\Delta \boldsymbol{Q}_K}$的极小范数解,从而完成了一次迭代过程。数值仿真表明,并行打靶方法确实具有较大的收敛区间,从而降低了对初值精度的要求,但由于该方法需要对非常大的矩阵进行运算,因此计算量相对较大。一种降低计算量的方法是利用拟周期轨道环面结构的对称性,若两个庞加莱截面沿$x-z$平面对称,则所得封闭交线同样具有对称性。利用这种性质,可将变量数目减少约一半左右。

7.3 数值优化方法

基于庞加莱截面封闭交线的傅里叶级数表示形式,我们还可以将拟周期轨道的求解问题转化为一个数值优化问题。仍以地月系统L_1点Quasi-Halo轨道为例,取$x-y$平面为庞加莱截面,设初始封闭交线为Γ_0,则相对于7.2节方法考虑为Γ_0上某采样点积分一周后与Γ_0的偏差,我们可以考虑将整个封闭交线积分一周直到再次与庞加莱截面相交,从而得到整条交线Γ_0的映射,设为Γ_1。若能设法衡量两条封闭曲线Γ_0与Γ_1的距离,就可以将该距离作为目标函数,采用通用的数值优化方法逐渐缩小这个距离,直到距离为零,即Γ_0与Γ_1重合,从而也就得到了Quasi-Halo轨道的数值解。

为了定义封闭曲线Γ_0与Γ_1的距离,我们可以利用其傅里叶级数形式。设对应的系数矩阵分别为$\boldsymbol{Q}_0$和$\boldsymbol{Q}_1$,它们都具有式(7.9)的形式。定义

$$\Delta \boldsymbol{Q}=\boldsymbol{Q}_1-\boldsymbol{Q}_0 \tag{7.52}$$

则当$\Delta \boldsymbol{Q}$为零矩阵时Γ_0与Γ_1重合,于是定义距离为$\Delta \boldsymbol{Q}$中所有元素的平方和,即

$$d(\Gamma_0,\Gamma_1)=\mathrm{Trace}(\Delta \boldsymbol{Q}\Delta \boldsymbol{Q}^{\mathrm{T}}) \tag{7.53}$$

其中,Trace($\boldsymbol{M}$)为矩阵$\boldsymbol{M}$的迹。

在实际计算时,为了在每一步迭代过程中得到Γ_1对应的系数矩阵$\boldsymbol{Q}_1$,我们仍需在Γ_0上选取一系列采样点,将它们积分一周直到再次与庞加莱截面相交,然后根据所得交点,通过曲线拟合方法计算出$\boldsymbol{Q}_1$。为了获得较高的计算精度,需要截取傅里叶级数较多的项数,对应$\boldsymbol{Q}_0$中需要优化的变量较多,因此为了求解该优化问题,需要选用能够在高维参数空间搜索最优值的有效方法。我们在Mathematica环境下通过数值仿真对比了多种优化算法求Quasi-Halo轨道的效果,如表7-1所示。由表中可以看出,各种数值优化算法的计算效果差别很大,有些算法(如Principal Axis方法[202])计算速度相对较快并且收敛,有些算法(如Quasi-Newton方法[203-204])速度较慢且不能得到收敛的结果。图7-4给出了按照本节所介绍的方法,采用Principal Axis优化算法得到的一条Quasi-Halo轨道。

总的来说,本节所介绍的求取拟周期轨道的方法具有思路较直接、构造过程较简单的优点,并且通过选用合适的优化算法,能得到较大的收敛区间,但该方法强烈依赖于计算机的运算能力,通常优化过程所需的时间较长。

本章根据拟周期轨道的不变环形结构,将庞加莱截面上的封闭交线表示成傅里叶级数形式,用封闭交线的求解代替拟周期轨道本身的求解,进而构造了求解封闭交线傅里叶系数的单步微分校正方法、并行打靶方法和数值优化方法等三种数值计算方法,显著提高了数值求解的

时间和空间效率。实际计算表明，并行打靶方法和数值优化方法相互补充，都具有较大的收敛区间，能用相对较小的计算量得到精度较高的拟周期轨道数值解。

表 7-1　采用本节所介绍方法，截取傅里叶级数的前 21 项，在 Mathematica 环境下，通过多种数值优化算法求取 Quasi-Halo 轨道的计算结果

数值优化算法	计算时间 /s	计算结果
Conjugate Gradient[205]	3 728	发散
Principal Axis[202]	1 576	收敛
Levenberg Marquardt[206-207]	2 310	收敛
Newton[203,208]	7 315	发散
Quasi-Newton[203-204]	6 326	发散
Interior Point[209-210]	9 831	收敛

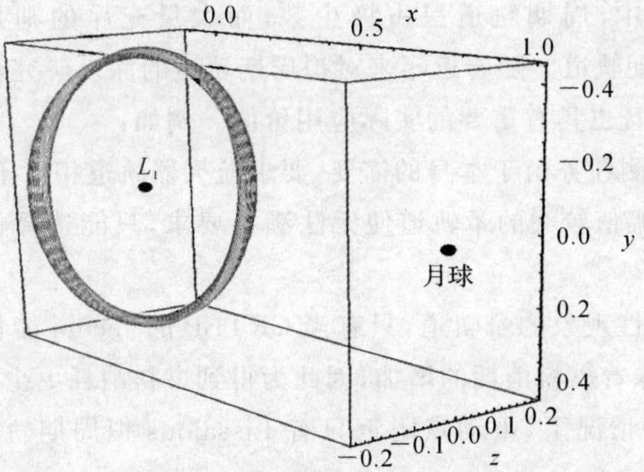

图 7-4　按照本节所介绍方法，采用 Principal Axis 优化算法得到的 Quasi-Halo 轨道

第8章 基于拟周期轨道的任务设计

8.1 引言

共线拉格朗日点(平动点)附近存在着 Quasi - Halo 轨道和 Lissajous 轨道两种类型的拟周期轨道,相对于 Lyapunov 轨道、晕轨道等周期轨道所具有的一维曲线拓扑结构,共线平动点附近的拟周期轨道具有二维环面拓扑结构。由平动点中心流形的结构不难发现,在平动点附近所有的有界轨道中,周期轨道只占极少数,而大量充斥的则是 Quasi - Halo 轨道和 Lissajous 轨道等拟周期轨道。随着近年来对拟周期轨道的深入研究,人们逐渐发现其不仅具有重要的理论意义,而且也具有重要的实际应用价值。例如:

(1)一些平动点探测任务由于本身的需要,要求航天器轨道相对于日地连线始终保持较小的幅值[142,211-212],这时幅值较大的晕轨道便无法满足要求,只能选择幅值较小的 Lissajous 拟周期轨道。

(2)作为纯粹非线性现象的晕轨道,只有当 CRTBP 的 Jacobi 能量足够大时才能出现,而较大的 Jacobi 能量意味着燃料消耗的增加,因此为得到燃料消耗更少的飞行轨道,需要 Jacobi 能量足够小,而在这种情况下,平动点附近只有 Lissajous 拟周期轨道能够满足任务设计的要求。

(3)由于拟周期轨道具有二维环面结构,因此其对应的稳定、不稳定流形具有三维结构,相对于晕轨道不变流形只具有二维管状结构。拟周期轨道的高维不变流形结构为转移轨道的设计提供了大量的可能性和灵活性[61,156,203]。

(4)近年来兴起的航天器编队飞行任务,通常要求航天器之间保持尽可能大的空间间隔,并具有尽可能小的编队保持燃料消耗,而具有二维环面结构的拟周期轨道为多个航天器的编队提供了理想的场所[214-216],并且由于这种环面结构是 CRTBP 动力学本身所具有的,所以能显著降低编队保持所需的燃料消耗。

表 8-1 给出了近年来已经进行和将要进行的平动点探测任务,不难发现,越来越多的探测任务选择了拟周期轨道作为预定轨道。

本章将在研究拟周期轨道不变流形结构和 Lissajous 轨道遮挡问题的基础上,首先讨论拟周期轨道转移轨道的设计,通过充分利用不变流形结构,得到能量消耗近似全局最优的转移轨道。然后,讨论拟周期轨道的稳定保持策略,通过将动力学中心流形结构引入轨道控制方法的设计之中,得到了一种新的稳定保持方法。该方法不但适用于拟周期轨道,也同样适用于周期轨道。数值仿真结果表明,本文所提出的方法具有较强的稳定性,能在消耗很少燃料的基础上达到很好的稳定保持效果。

表 8-1　近年来已经进行和将要进行的平动点探测任务

任务名称	平动点	轨道类型	发射年份/年	描 述
ISEE-3(NASA)	日地 L_1 点	Halo	1978	Solar wind, cosmic rays
WIND(NASA)	日地 L_1 点	Lissajous	1994	Solar wind, Earth magnetosphere
SOHO(ESA - NASA)	日地 L_1 点	Halo	1996	Solar observatory
ACE(NASA)	日地 L_1 点	Lissajous	1997	Solar wind, particles
MAP(NASA)	日地 L_2 点	Lissajous	2001	Background cosmic radiation
GENESIS(NASA)	日地 L_1, L_2	Lissajous	2001	Solar wind composition
WSO	日地 L_2 点	Halo	2006	Ultraviolet astronomy
FIRST(ESA)	日地 L_2 点	Lissajous	2007	Infrared astronomy
PLANK(ESA)	日地 L_2 点	Lissajous	2007	Cosmic microwave background
TRIANA(NASA)	日地 L_1 点	Lissajous	2008	Earth observation
GAIA(ESA)	日地 L_2 点	Lissajous	2012	Astrometry
NGST/JWST(NASA)	日地 L_2 点	Lissajous	2011	Space telescope
Constellation X (NASA)	日地 L_2 点	Lissajous	2013	X - ray astronomy
DARWIN(ESA)	日地 L_2 点	Halo	2014	Planetary systems
TPF(NASA)	日地 L_2 点	Lissajous	2015	Planetary systems

8.2　拟周期轨道的不变流形结构

在第 6 章我们曾讨论了平动点中心流形的稳定、不稳定流形计算方法，因此对于中心流形上的单独一条拟周期轨道，其不变流形是中心流形的不变流形的一个子集，可通过如下步骤计算：

(1)通过化简到中心流形方法，在中心流形坐标系下计算拟周期轨道；

(2) 在所得轨道上选取一系列采样点 $\boldsymbol{X}_1, \boldsymbol{X}_2, \cdots, \boldsymbol{X}_N$，对每个采样点引入微小的稳定或不稳定方向增量 ε，对于稳定流形，有

$$\boldsymbol{X}_n^{\mathrm{s}} = \boldsymbol{X}_x + [0 \quad \pm\varepsilon \quad 0 \quad 0 \quad 0 \quad 0]^{\mathrm{T}} \tag{8.1}$$

对于不稳定流形，有

$$\boldsymbol{X}_n^{\mathrm{u}} = \boldsymbol{X}_x + [\pm\varepsilon \quad 0 \quad 0 \quad 0 \quad 0 \quad 0]^{\mathrm{T}} \tag{8.2}$$

(3) 对所得状态点施行由中心流形坐标到会合坐标的变换，然后在 CRTBP 动力学模型下按时间正向(对应不稳定流形) 或反向(对应稳定流形) 积分，便可得到拟周期轨道稳定、不稳定流形的近似。

由于拟周期轨道不具有周期性，一般情况下不能形成封闭轨道。因此，为了得到完整的稳定、不稳定流形，理论上需要将拟周期轨道积分无限长的时间，并在其上选取无限多的采样点，而在实际计算中，只需将拟周期轨道积分一段足够长的时间便可得到其整体上的构型。例如，

图 8－1 显示了将日地系统 L_1 点一条 Lissajous 轨道分别积分 $T=130$（无量纲时间单位）和 $T=260$ 时得到的中心流形坐标下的轨迹。可以看出，在积分 $T=130$ 之后，Lissajous 轨道的整体结构已经形成，进一步的积分会使轨道更加密集地缠绕，并逐渐填满整个环面结构。

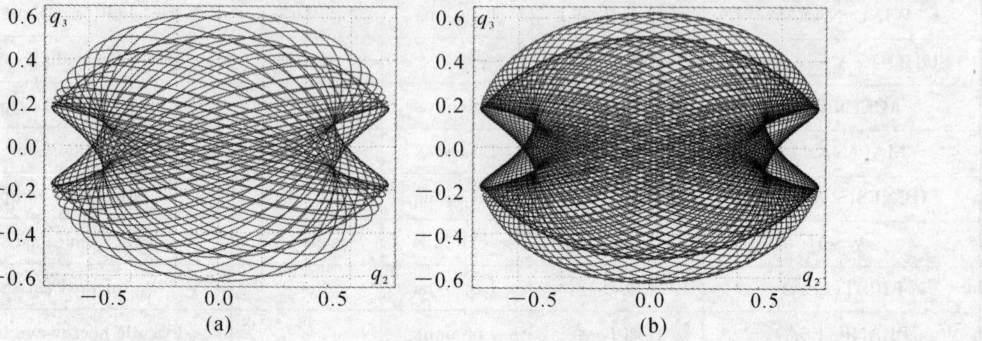

图 8－1　对日地系统 L_1 点一条 Lissajous 轨道积分不同时长得到的中心流形坐标(q_2，q_3)下的轨迹

(a) $T=130$；(b) $T=260$

图 8－2 给出了该 Lissajous 轨道中的一段所对应的不稳定流形向地球延伸的分支。

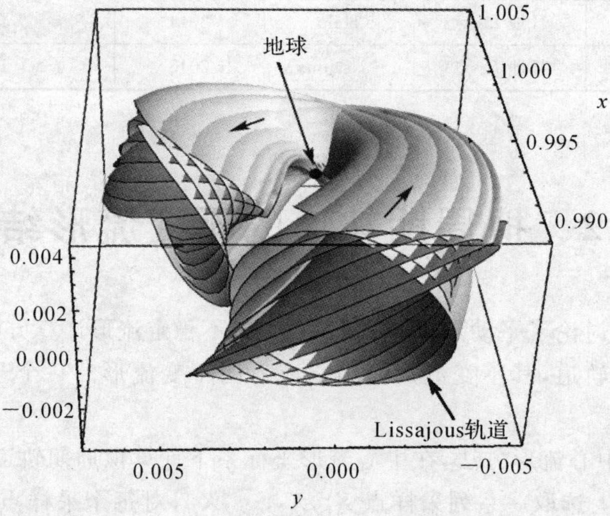

图 8－2　一段 Lissajous 轨道所对应的不稳定流形向地球延伸的分支(日地会合坐标系)

由图 8-2 可以看出，相对于晕轨道不变流形的管状结构，拟周期轨道不变流形具有更加复杂的空间结构。随着拟周期轨道积分时间的延长，对应不变流形同样能够填满位置空间内的一个区域，这给转移轨道的设计提供了更多可选择的余地。为了对拟周期轨道不变流形的结构有进一步的了解，仍可采用庞加莱截面方法。对于上述 Lissajous 轨道，可选取通过地心且垂直于 x 轴的平面作庞加莱截面，则其不稳定流形的截面如图 8－3 所示。

由图 8－3 可以看出，日地系统 L_1 点 Lissajous 轨道的不变流形能够到达距地球很近的位置，并且与庞加莱截面相交于一个二维区域，该区域具有沿 y 轴的对称性。采用完全类似的方法可以计算 Quasi－Halo 轨道不变流形的庞加莱截面，如图 8－4 所示。

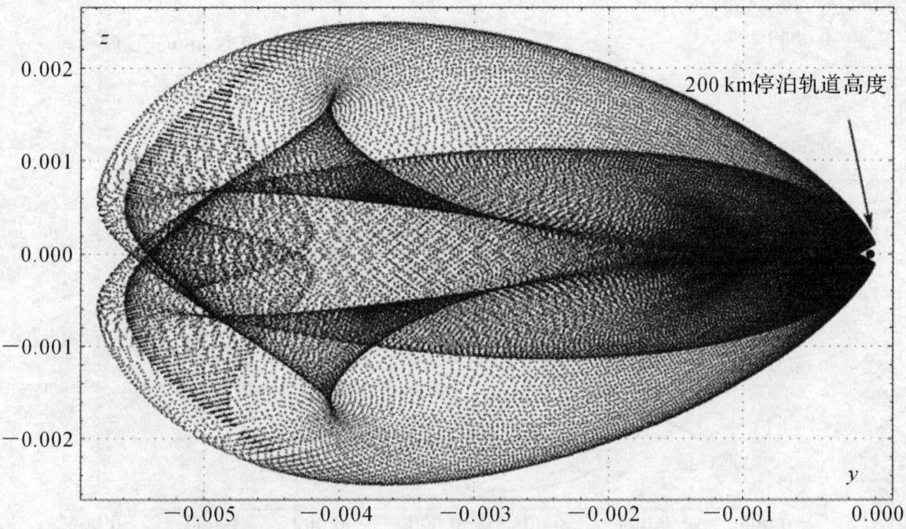

图 8-3　Lissajous 轨道不稳定流形的庞加莱截面

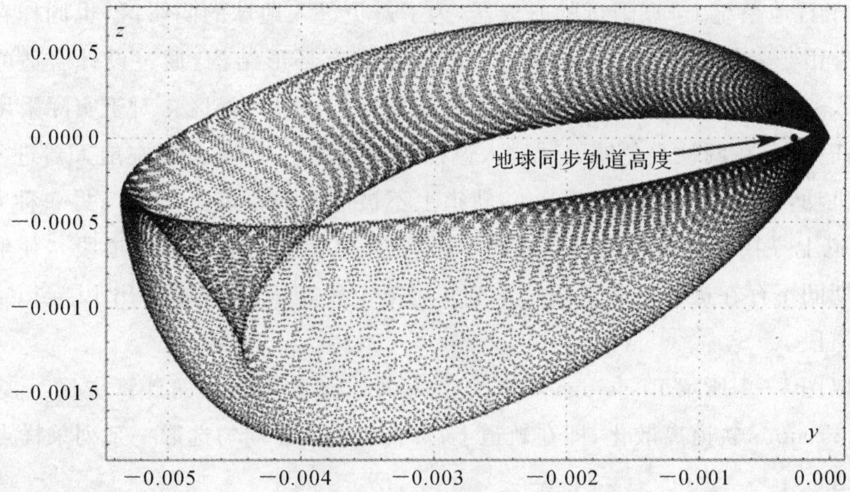

图 8-4　日地系统 L_1 点一条 Quasi-Halo 轨道的不稳定流形所对应的庞加莱截面

8.3　Lissajous 轨道的遮挡问题

对于位于日地系统 L_1 点和 L_3 点附近的航天器，为了避免太阳的电磁干扰对航天器与地球通讯的影响，要求航天器-地球连线与日-地连线的夹角必须大于某个角度值 β。这个约束等同于在会合坐标系 y-z 平面上存在一个圆形遮挡区域，如图 8-5 所示。航天器为了保持与地球的可靠通讯，应避免进入该区域，所以航天器的轨道应始终位于该区域之外。

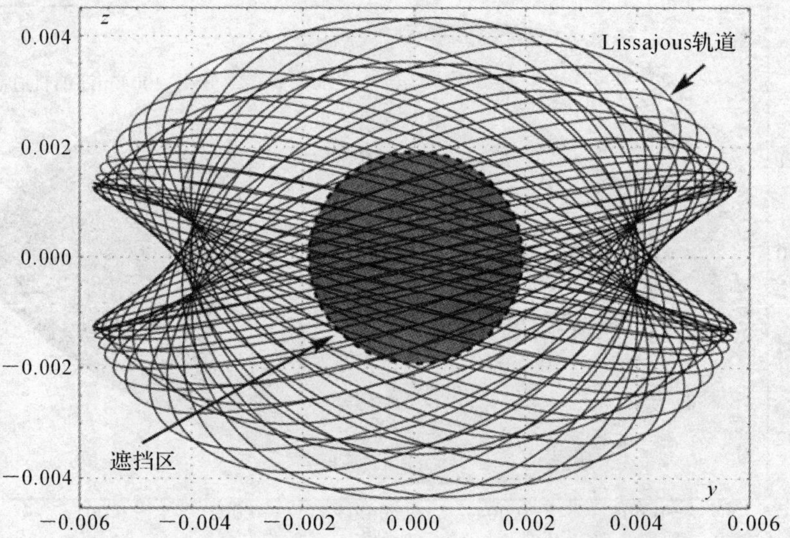

图 8-5　日地系统 L_1 点附近存在的圆形遮挡区域

对于位于日地系统 L_2 点附近的航天器，为了避免进入地球的阴影区，也同样存在类似的圆形遮挡区。由于晕轨道和 Quasi-Halo 轨道本身具有环形结构，通过设计合适的轨道幅值便可避免进入遮挡区，而 Lissajous 轨道则不可避免地会经过遮挡区。对于实际采用 Lissajous 轨道的探测任务，存在两种避免航天器进入遮挡区的方法：一种方法是在航天器进入遮挡区之前进行轨道机动，使其重新回到 Lissajous 轨道上不被遮挡的轨道段[217-218]；另一种方法则是在 Lissajous 轨道上寻找能长期处在遮挡区之外的轨道段(称之为非遮挡轨道段)，使航天器在实际执行任务期间不存在被遮挡的问题。本节采用第二种方法，设法求解出 Lissajous 轨道上满足要求的轨道段。

下面仍以图 8-1 所示 Lissajous 轨道为例，说明非遮挡轨道段的计算步骤：

(1) 将 Lissajous 轨道离散化，即在轨道上以时间间隔 Δt 均匀选取一系列采样点，记为 $\boldsymbol{X}=\{\boldsymbol{X}_1,\boldsymbol{X}_2,\cdots,\boldsymbol{X}_N\}$；

(2) 按如下方法计算数列 $s=\{s_1,s_2,\cdots,s_N\}$：

$$s_n=\begin{cases}1, & \boldsymbol{X}_n\ \text{位于遮挡区内}\\ 0, & \boldsymbol{X}_n\ \text{位于遮挡区外}\end{cases} \tag{8.3}$$

(3) 计算每个采样点在数列 s 中到距其最近的遮挡点的距离，可得数列 $d=\{d_1,d_2,\cdots,d_N\}$，并有

$$d_n=\text{nearst}[s_{n+1},s_{n+2},\cdots,s_N]-n \tag{8.4}$$

其中函数 $\text{nearst}[s_{n+1},s_{n+2},\cdots,s_N]$ 表示依次搜索数列 $s_{n+1},s_{n+2},\cdots,s_N$，找到第一个满足 $s_k=1$ 的元素，并返回 s_k 在 s 中的位置，即 k。这样，$d_n\times\Delta t$ 便代表了 $\boldsymbol{X}_n$ 沿 Lissajous 轨道运行到达遮挡区所需的时间；

(4) 设航天器预定在 Lissajous 轨道上停留时长为 T，则可在数列 d 中搜索满足下式的

元素：

$$d_n \times \Delta t \geqslant T \tag{8.5}$$

设所得结果为 $d_{n1}, d_{n2}, \cdots, d_{nk}$，于是可知由状态点 $\boldsymbol{X}_{n1}, \boldsymbol{X}_{n2}, \cdots, \boldsymbol{X}_{nk}$ 开始的轨道段能够在时长 T 内始终保持在遮挡区之外。

假设航天器-地球-太阳的最小夹角 β 为 $10°$(对应遮挡区半径为 0.001 746 4)，航天器预定在 Lissajous 轨道上停留两年时间，则按以上过程求得的所有非遮挡轨道段的起始点如图8-6所示。

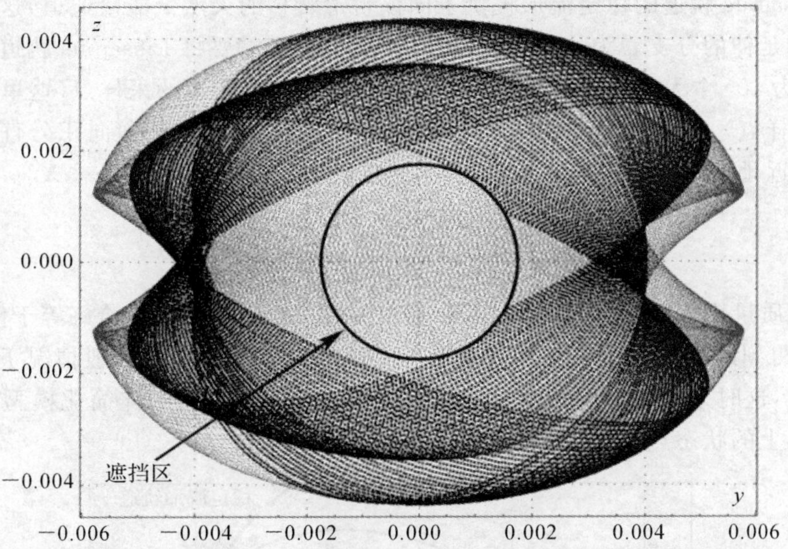

图 8-6　Lissajous 轨道上连续两年时间不被遮挡的轨道段对应的起始点(黑色点)，图中以灰色点显示了 Lissajous 轨道上其余的采样点($\boldsymbol{\beta} = \mathbf{10°}$)

图 8-7 给出了当夹角 β 或时长 T 增大时，非遮挡轨道段的起始点变化的情况。可以看出，随着 β 和 T 的增大，满足非遮挡要求的起始状态点会变得越来越少。

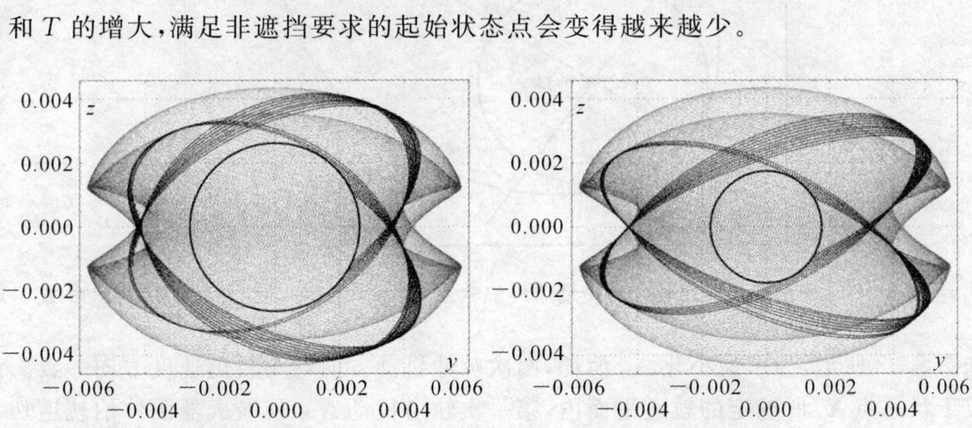

图 8-7　当夹角 $\boldsymbol{\beta}$ 或时长 $\boldsymbol{T}$ 增大时，非遮挡轨道段的起始点变化的情况

(a)$\beta = 15°, T = 2$ 年；(b)$\beta = 10°, T = 4$ 年

8.4 转移轨道的设计

在前面两节内容的基础上，我们便可以研究拟周期轨道和地球停泊轨道之间的转移轨道的设计问题。这里以日地系统内 200 km 地球停泊轨道到拉格朗日 L_1 点 Lissajous 轨道（如图 8-1 所示）的转移为例说明设计方法，根据 CRTBP 及稳定、不稳定流形结构的对称性，容易得到反向转移轨道。

由于 Lissajous 轨道的稳定流形提供了向该轨道转移的天然低能量通道，这里首先计算稳定流形向地球延伸的分支。为了得到较完整的稳定流形，需要将 Lissajous 轨道积分足够长的时间（这里取为 10^3 个无量纲时间单位），并在其上选取足够密集的采样点（这里取均匀分布的 $N=106$ 个采样点），然后将每个采样点对应的稳定流形轨道沿时间逆向积分直到到达距地球最近的位置（近地点），并将所得一系列积分结束状态记为 $\boldsymbol{X}_1, \boldsymbol{X}_2, \cdots, \boldsymbol{X}_N$。设状态 $\boldsymbol{X}_n = \begin{bmatrix} x_n & y_n & z_n & v_{x_n} & v_{y_n} & v_{z_n} \end{bmatrix}^{\mathrm{T}}$ 到地心的距离为 R_n，则

$$R_n = \sqrt{(x_n - 1 + \mu)^2 + y_n^2 + z_n^2} \tag{8.6}$$

其中 μ 为日地质量比常数，本文计算中通常取为 3.036×10^{-6}。若 R_n 恰好等于停泊轨道半径，则由 $\boldsymbol{X}_n$ 便可得到地球停泊轨道直接切入稳定流形的转移轨道。而一般情况下，R_n 取值大于停泊轨道半径，这时采用如下双脉冲变轨方法，可在地球-航天器二体简化模型下得到停泊轨道到稳定流形上的状态点 $\boldsymbol{X}_n$ 的转移轨道，如图 8-8 所示。

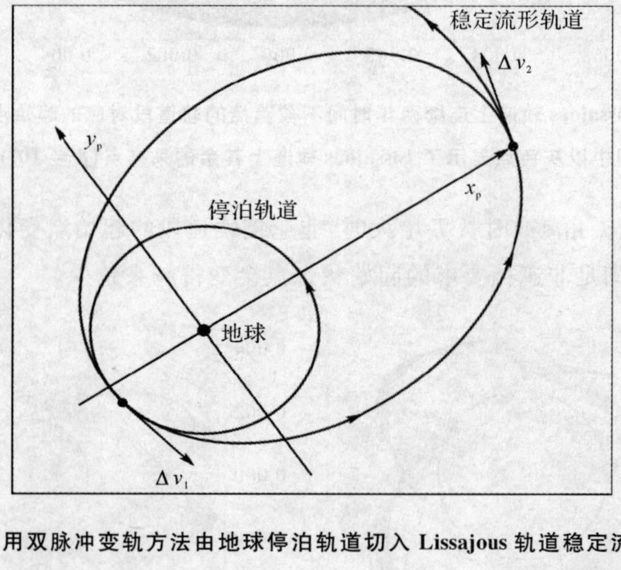

图 8-8　采用双脉冲变轨方法由地球停泊轨道切入 Lissajous 轨道稳定流形的示意图

如图 8-8 所示，为了最小化 Δv 消耗，两次脉冲机动方向均与轨道速度方向一致。设停泊轨道位于状态点 $\boldsymbol{X}_n$ 所确定的轨道平面内，第一次轨道机动 Δv_1 使航天器由停泊轨道切入一条在 (x_n, y_n, z_n) 处与 $\boldsymbol{X}_n$ 速度方向相切的椭圆轨道，第二次轨道机动 Δv_2 使航天器在 (x_n, y_n, z_n) 点切入稳定流形。显然，Δv_1 和 Δv_2 的计算可以转化为一个平面二体问题。下面首先将 $\boldsymbol{X}_n$ 变换到以日地连线为 x 轴的地心惯性坐标系下，即有

$$\left.\begin{aligned}
x_i &= x_n - (1-\mu) \\
y_i &= y_n \\
z_i &= z_n \\
v_{x_i} &= v_{x_n} - y_n \\
v_{y_i} &= v_{y_n} + x_n - (1-\mu) \\
v_{z_i} &= v_{z_n}
\end{aligned}\right\} \tag{8.7}$$

其中 $\boldsymbol{X}_i = \begin{bmatrix} x_i & y_i & z_i & v_{x_i} & v_{y_i} & v_{z_i} \end{bmatrix}^{\mathrm{T}}$ 为 $\boldsymbol{X}_n$ 对应的地心惯性系下的状态。接下来以点(x_i, y_i, z_i)与地心的连线为 x 轴、$\boldsymbol{X}_i$ 确定的平面为坐标面建立平面坐标，则有坐标变换

$$\left.\begin{aligned}
& x_{\mathrm{p}} = \sqrt{x_i^2 + y_i^2 + z_i^2} \\
& y_{\mathrm{p}} = 0 \\
& v_{x_{\mathrm{p}}} = \mathrm{Normalize}[(x_i, y_i, z_i)] \\
& v_{y_{\mathrm{p}}} = \mathrm{Normalize}[(x_i, y_i, z_i) \times ((x_i, y_i, z_i) \times (v_{x_i}, v_{y_i}, v_{z_i}))] \cdot (v_{x_i}, v_{y_i}, v_{z_i})
\end{aligned}\right\} \tag{8.8}$$

其中 $\boldsymbol{X}_{\mathrm{p}} = \begin{bmatrix} x_{\mathrm{p}} & y_{\mathrm{p}} & v_{x_{\mathrm{p}}} & v_{y_{\mathrm{p}}} \end{bmatrix}^{\mathrm{T}}$ 为 $\boldsymbol{X}_i$ 对应的平面坐标系下状态，函数 $\mathrm{Normalize}[(x_i, y_i, z_i)]$ 表示对向量 $\begin{bmatrix} x_i & y_i & z_i \end{bmatrix}^{\mathrm{T}}$ 的单位化运算。下面在该平面坐标系下计算 Δv_1 和 Δv_2 的大小。由于 Δv_2 的方向与$(v_{x_{\mathrm{p}}}, v_{y_{\mathrm{p}}})$的方向相同，于是可设航天器在椭圆轨道上$(x_{\mathrm{p}}, y_{\mathrm{p}})$处，施加机动 Δv_2 之前的状态为 $\begin{bmatrix} x_{\mathrm{p}} & y_{\mathrm{p}} & kv_{x_{\mathrm{p}}} & kv_{y_{\mathrm{p}}} \end{bmatrix}^{\mathrm{T}}$。由图 8-8 可知，椭圆轨道近地点高度为地球停泊轨道半径 h，根据二体问题模型有

$$h = a(1 - \sqrt{\boldsymbol{e} \cdot \boldsymbol{e}}) \tag{8.9}$$

$$a = -\frac{1}{2E} \tag{8.10}$$

$$E = \frac{|\boldsymbol{v}|^2}{2} - \frac{1}{|\boldsymbol{r}|} \tag{8.11}$$

$$\boldsymbol{e} = \left(|\boldsymbol{v}|^2 - \frac{1}{|\boldsymbol{r}|}\right)\boldsymbol{r} - (\boldsymbol{r} \cdot \boldsymbol{v})\boldsymbol{v} \tag{8.12}$$

其中 a 为椭圆轨道的半长轴，$\boldsymbol{e}$ 为偏心率向量，E 为椭圆轨道的能量，将 $\boldsymbol{r} = (x_{\mathrm{p}}, y_{\mathrm{p}})$ 和 $\boldsymbol{v} = (v_{x_{\mathrm{p}}}, v_{y_{\mathrm{p}}})$ 代入式(8.11)和式(8.12)，可得

$$E = \frac{1}{2}(k^2 v_{x_{\mathrm{p}}}^2 + k^2 v_{y_{\mathrm{p}}}^2) - \frac{1}{\sqrt{x^2 + y^2}} \tag{8.13}$$

$$\boldsymbol{e} = \begin{cases} x\left(\dfrac{1}{2}(k^2 v_{x_{\mathrm{p}}}^2 + k^2 v_{y_{\mathrm{p}}}^2) - \dfrac{1}{\sqrt{x^2 + y^2}}\right) - kv_{x_{\mathrm{p}}}(v_{x_{\mathrm{p}}} x + v_{y_{\mathrm{p}}} y) \\ y\left(\dfrac{1}{2}(k^2 v_{x_{\mathrm{p}}}^2 + k^2 v_{y_{\mathrm{p}}}^2) - \dfrac{1}{\sqrt{x^2 + y^2}}\right) - kv_{y_{\mathrm{p}}}(v_{x_{\mathrm{p}}} x + v_{y_{\mathrm{p}}} y) \end{cases} \tag{8.14}$$

将式(8.10)、式(8.13)和式(8.14)代入式(8.9)得到关于参数 k 的方程，采用数值方法可解得 k 的值，于是 Δv_2 的大小为

$$|\Delta v_2| = (1-k)|\boldsymbol{v}| \tag{8.15}$$

然后，Δv_1 的大小可根据椭圆轨道与停泊轨道的能量差计算。设停泊轨道的能量为 E_{p}，则有

$$E_{\mathrm{p}} = \frac{|\boldsymbol{v}_h|^2}{2} - \frac{1}{h} \tag{8.16}$$

$$|\boldsymbol{v}_h| = \sqrt{1/h} \tag{8.17}$$

其中 $|\boldsymbol{v}_h|$ 为停泊轨道速度。于是在椭圆轨道与停泊轨道相切点有

$$E - E_{\mathrm{p}} = \frac{|\boldsymbol{v}_{\mathrm{t}}|^2}{2} - \frac{|\boldsymbol{v}_h|^2}{2} \tag{8.18}$$

其中 $|\boldsymbol{v}_t|$ 为椭圆轨道在切点处的速度。由式(8.18)可解得

$$|\boldsymbol{v}_{\mathrm{t}}| = \sqrt{\frac{2}{h} + k^2 v_{x_{\mathrm{p}}}^2 + k^2 v_{y_{\mathrm{p}}}^2 - \frac{2}{\sqrt{x^2 + y^2}}} \tag{8.19}$$

于是求得 Δv_1 的大小为

$$|\Delta v_1| = |\boldsymbol{v}_{\mathrm{t}}| - |\boldsymbol{v}_h| \tag{8.20}$$

设转移轨道的总 Δv 消耗为 ΔV,则

$$\Delta V = |\Delta v_1| + |\Delta v_2| \tag{8.21}$$

根据稳定流形上轨道的近地点状态 $\boldsymbol{X}_i = \begin{bmatrix} x_i & y_i & z_i & v_{x_i} & v_{y_i} & v_{z_i} \end{bmatrix}^{\mathrm{T}}$,还可以计算停泊轨道相对于地球赤道面的轨道倾角 ξ,由于计算方法已在 5.3.1 小节作过详细介绍,这里不再赘述。

按照以上过程,计算 X 中每个状态点 X_n 对应的 R_n,ΔV 和 ξ_n(以春分点时刻为例),并将结果投影在不同的坐标平面上,从而可观察各个参量之间的关系,如图 8-9 所示。

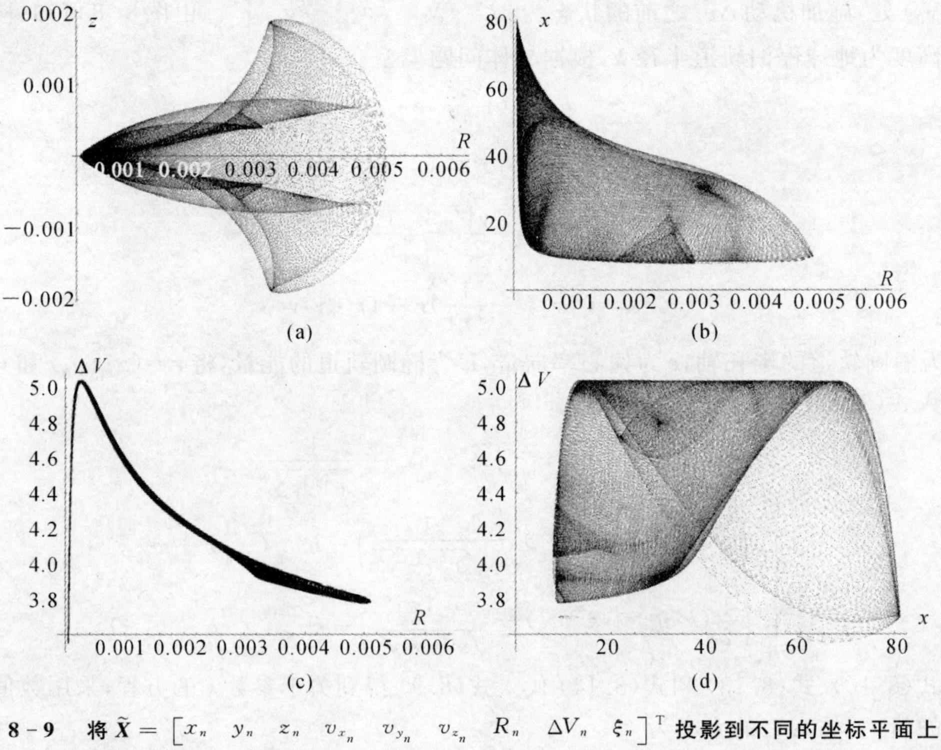

图 8-9　将 $\widetilde{\boldsymbol{X}} = \begin{bmatrix} x_n & y_n & z_n & v_{x_n} & v_{y_n} & v_{z_n} & R_n & \Delta V_n & \xi_n \end{bmatrix}^{\mathrm{T}}$ 投影到不同的坐标平面上,得到各参量之间的关系图

(a)$R-z$ 投影;　(b)$R-x$ 投影;　(c)$R-\Delta V$ 投影;　(d)$x-\Delta V$ 投影

由图 8-9 可以看出,$\widetilde{\boldsymbol{X}}$ 的 $R-z$ 投影具有沿 R 轴的对称性,状态点的分布并不均匀,存在大量距地球较近的状态。由 $R-x$ 投影可看出,稳定流形覆盖了一个相当大的轨道倾角范围,并

且随近地点轨道半径 R 的增大，轨道倾角范围逐渐缩小。由 $R-\Delta V$ 投影可以发现，ΔV 随 R 的变化具有明显的规律，所有投影点都集中在一个很窄的条带范围内，随着 R 的减小，ΔV 先增大而后在距地球较近时迅速变小，这意味着选择近地点高度尽可能接近停泊轨道的稳定流形轨道作为转移轨道，能显著降低总燃料消耗。

接下来综合考虑 Lissajous 轨道的遮挡问题。为使航天器在由转移轨道切入 Lissajous 轨道时直接进入非遮挡轨道段，首先按 8.3 节方法计算所有非遮挡轨道段对应的起始状态点，然后计算这些状态点所对应的稳定流形轨道，将其积分至近地点得到一系列状态向量 $\boldsymbol{X}^*=\{\boldsymbol{X}_1^*,\boldsymbol{X}_2^*,\cdots,\boldsymbol{X}_M^*\}$，同样可计算每个状态 $\boldsymbol{X}_n^*$ 所对应的转移轨道参数 R_n^*, V_n^*, x_n^*，将结果按图 8-9 方式投影在不同的坐标平面上，如图 8-10 所示。

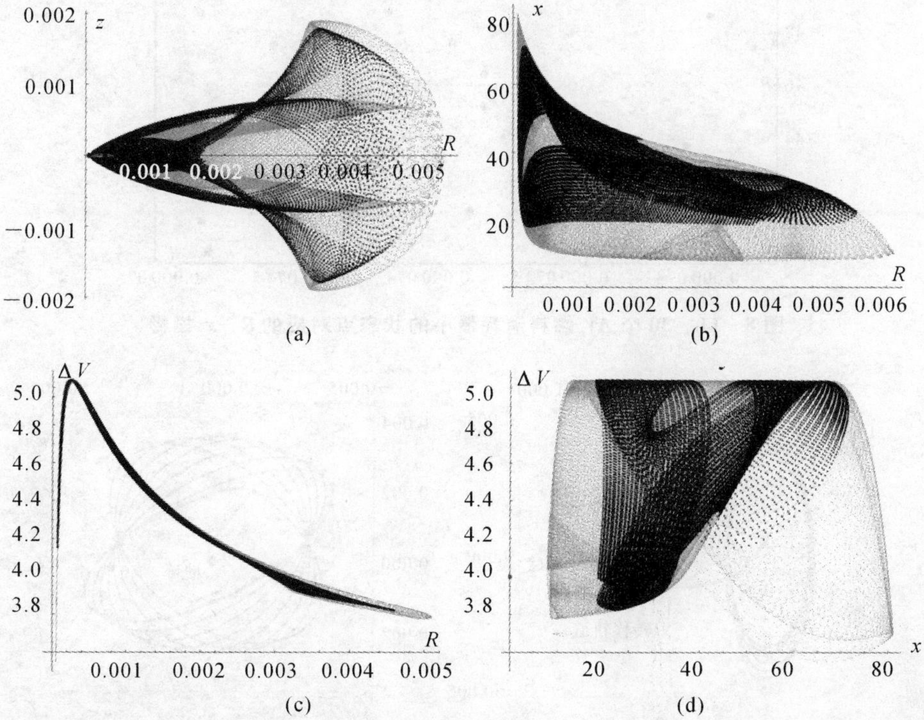

图 8-10　将 $\widetilde{\boldsymbol{X}}=[x_n \quad y_n \quad z_n \quad v_{x_n} \quad v_{y_n} \quad v_{z_n} \quad R_n \quad \Delta V_n \quad \xi_n]^{\mathrm{T}}$ 投影到不同的坐标平面上，得到各参量之间的关系图（作为参照，图中也以灰色点给出了完整稳定流形对应的投影）

(a)$R-z$ 投影；(b)$R-x$ 投影；(c)$R-\Delta V$ 投影；(d)$x-\Delta V$ 投影

由图 8-10 中的 $R-\Delta V$ 投影图可以看出，在满足非遮挡的条件下，转移轨道在地球附近所能达到的最小 ΔV 约为 4.15 km/s。在该最小值附近选取 30 个投影点，将对应状态重新投影到 $R-x$ 平面上，如图 8-11 所示。

综合考虑 ΔV 和轨道倾角 ξ 两种因素，在这里选取图中 p 点对应的状态 $\boldsymbol{X}_{\mathrm{p}}^*$ 为转移轨道的备选状态点，最后对备选状态点 $\boldsymbol{X}_{\mathrm{p}}^*$ 进行局部优化。由于每个近地点状态 $\boldsymbol{X}_n$ 都对应 Lissajous 轨道上的一个积分起始状态，而该起始状态可由 Lissajous 轨道的积分时间 t 参数化，于是有

$$\boldsymbol{X}_n=\boldsymbol{f}(t)=\boldsymbol{\varphi}(\boldsymbol{\psi}(\boldsymbol{\varphi}(t),\boldsymbol{X}_0^{\mathrm{Lissajous}}))+[0 \quad \boldsymbol{\varepsilon} \quad 0 \quad 0 \quad 0]^{\mathrm{T}} \tag{8.22}$$

其中 $\boldsymbol{X}_0^{\mathrm{Lissajous}}$ 为中心流形坐标下 Lissajous 轨道的积分初始状态，$\boldsymbol{f}$ 为中心流形上的流函数，$\boldsymbol{\psi}$

为中心流形到会合坐标的变换，$\boldsymbol{\varphi}$ 为会合坐标下由初始状态得到近地点状态的函数。为了构造优化过程，设代价函数为

$$F(t)=c_1\ |\Delta V|^2+c_2\ |\xi|^2 \tag{8.23}$$

其中 c_1 和 c_2 为加权系数。显然，ΔV 和 ξ 均为 $\boldsymbol{X}_n$ 的函数，于是 F 为 t 的函数。以 $\boldsymbol{X}_p^*$ 对应的参数 t^* 作为迭代初值，采用数值局部优化方法可求得最小化 F 的参数 t 值，进而得到所求的转移轨道，其结果如图 8－12 所示。

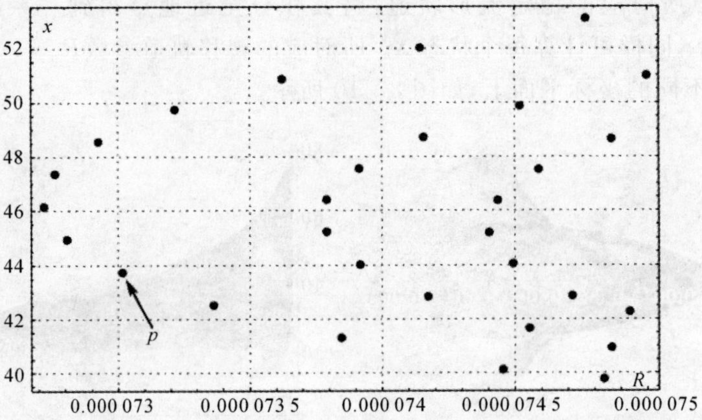

图 8－11　30 个 ΔV 燃料消耗最小的状态点对应的 R－x 投影

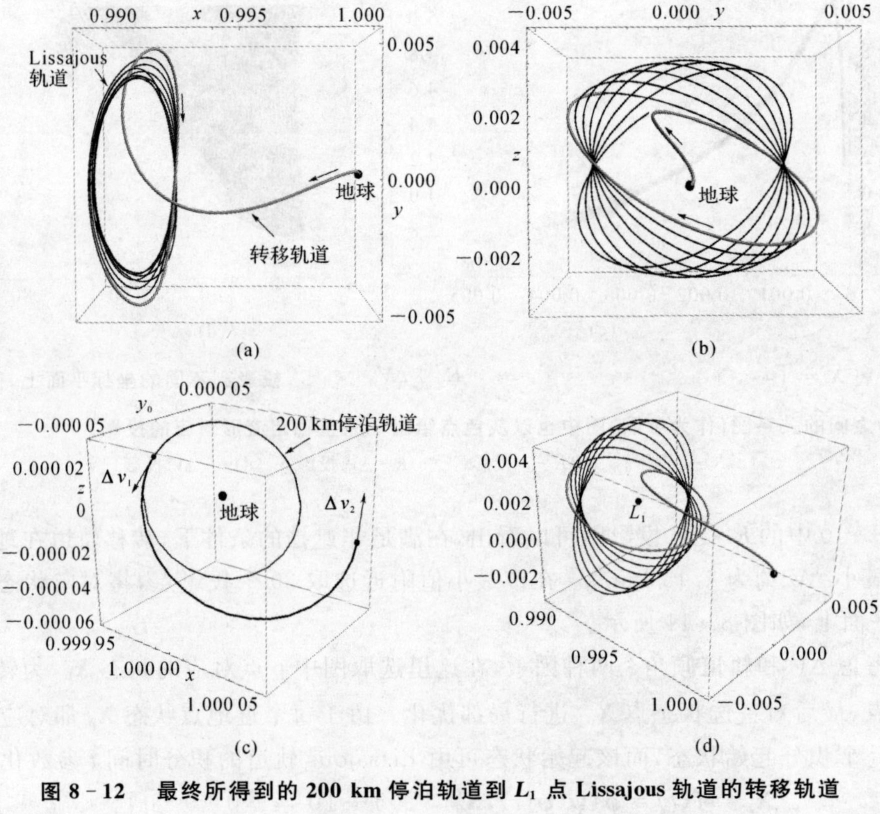

图 8－12　最终所得到的 200 km 停泊轨道到 L_1 点 Lissajous 轨道的转移轨道

(a) $x-y$ 投影；(b) $y-z$ 投影；(c) 地球附近的部分；(d) 整体立体图

该转移轨道对应的稳定流形轨道近地点轨道半径为 11 536 km，对应的停泊轨道倾角为 43.2°，两次轨道机动大小分别为 $\Delta v_1 = 976.98$ m/s，$\Delta v_2 = 3\ 194.69$ m/s。

以上的求解过程保证了所得到结果是近似全局最优的。由图 8－12 可以看出，转移轨道确实切入了 Lissajous 轨道上的非遮挡轨道段，航天器在此后至少两年时间内不会出现遮挡问题。

8.5　拟周期轨道的稳定保持

由平动点动力学知道，拟周期轨道与晕轨道等周期轨道一样具有强不稳定性。对于基于拟周期轨道的深空探测任务来说，由于各种建模、未建模误差的存在和测控站测轨精度的限制，航天器实际飞行轨道必然会出现偏差。为了避免偏差的指数型增长，使航天器始终沿预定轨道飞行，必须进行轨道控制，也即拟周期轨道的稳定保持。

在 5.5 节介绍的两种晕轨道稳定保持策略中，由于目标点法并不依赖于预定轨道的类型，因此也可应用于拟周期轨道的稳定保持。但正因为该方法的普适性，它并没有整合平动点的动力学特征，因此进行稳定保持所需的燃料消耗必然较大。而 Floquet 模式法虽然基于动力系统理论设计，但却依赖于轨道的周期性。由于拟周期轨道不再具有周期性，因此无法应用该方法计算轨道上状态点所对应的单值矩阵，于是便无法得到有关不稳定方向的信息，导致 Floquet 模式法不能应用于拟周期轨道的稳定保持。

本节将共线平动点的中心流形结构引入轨道控制方法的设计中，提出了一种充分整合平动点动力学信息的拟周期轨道稳定保持方法。该方法的中心思想是通过中心流形的计算，得到偏差状态点所对应的不稳定分量，然后设法通过引入机动 Δv 将该状态点投影到中心流形上，从而达到消除不稳定分量的目的。由于该方法利用了平动点的动力学特性，并且只消除偏差状态中以指数形式增长的不稳定分量，因此能极大地降低了轨道修正所需的燃料消耗。另外，这种基于投影到中心流形的稳定保持方法同样适用于平动点其他种类周期、拟周期轨道的稳定保持。数值仿真结果表明，该方法具有很好的控制精度和鲁棒性，并能显著降低稳定保持所需的燃料消耗。

8.5.1　会合坐标到中心流形坐标的变换

在第 6 章中，通过化简到中心流形的过程，我们将平动点附近相空间的稳定、不稳定方向与中心方向解耦，于是在中心流形坐标系（$q_1, p_1, q_2, p_2, q_3, p_3$）下，$p_1$ 和 q_1 坐标分别对应于解耦的稳定和不稳定方向。由于稳定分量 p_1 会随时间自动趋向于零，因而不稳定分量 q_1 给出了相空间内对应状态点不稳定程度的度量。这意味着若能够得到会合坐标系到中心流形坐标系的变换，我们就可以利用该变换计算会合坐标系下平动点附近任意状态的不稳定分量的大小，而根据这种不稳定性信息，可进一步设计消除它的方案，从而得到轨道的稳定保持方法。下面我们首先给出会合坐标到中心流形坐标变换的计算方法。

显然，该变换是6.1.7小节计算的中心流形坐标到会合坐标变换的逆过程，我们简称其为逆向变换，这对应式(6.81)中由左至右的变换过程。该过程同样包含线性变换和非线性变换两个部分。对于线性部分，可以方便地通过矩阵求逆得到对应的逆变换，而对于非线性部分，可基于Lie级数和生成函数的如下性质计算逆变换：在Lie级数式(6.51)中，生成函数G所对应的正则变换与生成函数$-G$所对应的正则变换互为逆变换。这是因为G所对应的正则变换其实是G代表的哈密尔顿系统内单位时间的流映射，于是逆变换便对应该系统内逆向积分单位时间得到的流映射，这等效于将哈密尔顿系统G的向量场反转方向，即对应哈密尔顿系统$-G$。

根据以上的特性，接着可以按照与6.1.7小节类似的过程得到逆变换的两种计算方法。

设所求中心流形阶次为N，对应于第一种坐标变换方法，这里需要首先计算$-G_N$变换，即

$$q_i^{(N)} = q_i + \{q_i, -G_N\} + \frac{1}{2!}\{\{q_i, -G_N\}, -G_N\} + \frac{1}{3!}\{\{\{q_i, -G_N\}, G_N\}, G_N\} + \cdots \tag{8.24}$$

$$p_i^{(N)} = p_i + \{p_i, -G_N\} + \frac{1}{2!}\{\{p_i, -G_N\}, -G_N\} + \frac{1}{3!}\{\{\{p_i, -G_N\}, -G_N\}, -G_N\} + \cdots \tag{8.25}$$

然后将$q_i^{(N)}$和$p_i^{(N)}$代入下式计算$-G_{N-1}$的对应变换：

$$q_i^{(N-1)} = q_i^{(N)} + \{q_i^{(N)}, -G_{N-1}\} + \frac{1}{2!}\{\{q_i^{(N)}, -G_{N-1}\}, -G_{N-1}\} + \cdots \tag{8.26}$$

$$p_i^{(N-1)} = p_i^{(N)} + \{p_i^{(N)}, -G_{N-1}\} + \frac{1}{2!}\{\{p_i^{(N)}, -G_{N-1}\}, -G_{N-1}\} + \cdots \tag{8.27}$$

按以上迭代过程依次进行$-G_N, -G_{N-1}, \cdots, -G_3$的计算，最终便得到了完整的非线性逆向变换公式。

对应于6.1.7小节第二种坐标变换方法，在这里则需要分别计算$-G_3, -G_4, \cdots, -G_N$所对应的变换$\Phi_3, \Phi_4, \cdots, \Phi_N$，以$-G_N$为例，有

$$\bar{\boldsymbol{X}} = \Phi_N(\boldsymbol{X}) = \begin{cases} q_i + \{q_i, -G_N\} + \dfrac{1}{2!}\{\{q_i, -G_N\}, -G_N\} + \cdots, i = 1,2,3 \\ p_i + \{p_i, -G_N\} + \dfrac{1}{2!}\{\{p_i, -G_N\}, -G_N\} + \cdots, i = 1,2,3 \end{cases} \tag{8.28}$$

其中$\boldsymbol{X} = (q_1, p_1, q_2, p_2, q_3, p_3)$为变换前坐标，$\bar{\boldsymbol{X}} = (\bar{q}_1, \bar{p}_1, \bar{q}_2, \bar{p}_2, \bar{q}_3, \bar{p}_3)$为变换后坐标，然后将各变换按如下形式嵌套，可得到完整的非线性逆向变换为

$$\hat{\boldsymbol{X}} = \Phi_{3,4,\cdots,N}(\boldsymbol{X}) = \boldsymbol{\Phi}_N(\cdots(\Phi_4(\Phi_3(\boldsymbol{X})))) \tag{8.29}$$

其中$\boldsymbol{X}$为Φ_3变换前的坐标，$\hat{\boldsymbol{X}}$为整个非线性逆向变换后的坐标。对于以上两种变换方法，仍可以应用6.1.7小节介绍的Horner形式和提取重复子式方法来优化变换表达式，进一步提高运算的时间和空间效率。

8.5.2 投影到中心流形方法

设会合坐标系下含有偏差的拟周期轨道上的一状态点为

$$\boldsymbol{X}_e = \begin{bmatrix} x_e & y_e & z_e & v_{x_e} & v_{y_e} & v_{z_e} \end{bmatrix}^{\mathrm{T}}$$

则根据上一小节的逆向变换过程，可得到 $\boldsymbol{X}_e$ 对应的不稳定程度的度量，即不稳定分量 q_1：

$$q_1 = q_1(\boldsymbol{X}_e) \tag{8.30}$$

假设在点 $\boldsymbol{X}_e$ 引入轨道机动 Δv，使机动后的状态向量所对应的 q_1 分量为零，从而达到稳定保持的目的。现在设法计算所需要的轨道机动 Δv。对于 $x-y$ 双轴控制，设机动向量为 $[\delta v_x \quad \delta v_y]^{\mathrm{T}}$，则可得到机动后的状态所对应的 q_1 分量为

$$q_1 = q_1(x_e, y_e, z_e, v_{x_e} + \delta v_x, v_{y_e} + \delta v_y, v_{z_e}) \tag{8.31}$$

令该不稳定分量等于零，可得到 δv_x 和 δv_y 所满足的隐式关系式

$$q_1(x_e, y_e, z_e, v_{x_e} + \delta v_x, v_{y_e} + \delta v_y, v_{z_e}) = 0 \tag{8.32}$$

于是，可采用优化方法在满足约束条件式(8.32)的情况下求解具有最小欧几里得范数的机动向量 $[\delta v_x \quad \delta v_y]^{\mathrm{T}}$。由坐标变换过程可知，式(8.32)为一个代数多项式等式，该优化问题可以方便地采用数值方法求解。

三轴控制的求解与以上双轴控制类似，这时式(8.32)对应三维参数空间内的二维约束曲面。而对于单轴机动控制，约束条件式(8.32)对应一个一元高次方程，这时的约束优化问题退化为代数方程的求根问题。

8.5.3 数值仿真和分析

在下面的数字仿真中，以如图 8-13 所示地月系统 L_1 点 Lissajous 轨道为参考轨道。该轨道由 6 阶中心流形计算得到，轨道在 x 轴、y 轴和 z 轴方向的最大幅值分别为 $A_x = 8\ 253$ km，$A_y = 25\ 140$ km，$A_z = 18\ 335$ km。在 CRTBP 会合坐标下，该轨道的初始状态为 $\boldsymbol{X}_0 = [0.829 \quad -0.000\ 393 \quad -0.047\ 6 \quad 0.002\ 79 \quad 0.107\ 7 \quad -0.040\ 66]^{\mathrm{T}}$，若将其积分 3 个无量纲时间单位(对应 13.047 天)，可得图 8-14 所示轨迹。可以看出，即使在动力学方程本身不含有扰动的情况下，由于中心流形及其坐标变换计算精度的限制和积分过程中截断误差等因素的存在，积分轨道在指数不稳定性的作用下迅速偏离参考轨道。若在该轨道上以时间间隔 0.5 选取若干状态点，按 8.5.1 小节逆向变换方法可得到其在中心流形坐标系下的坐标，结果见表 8-2。

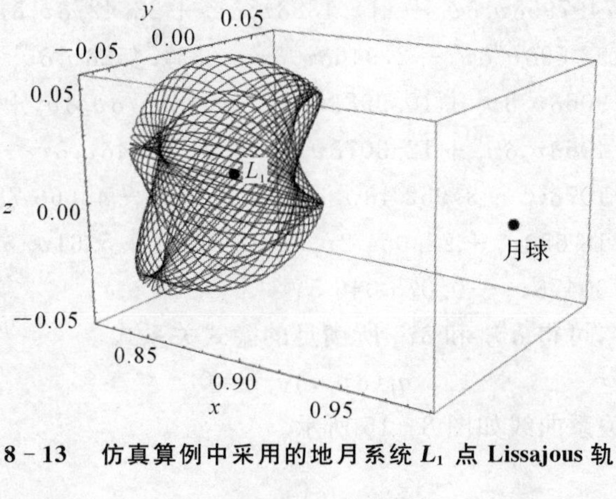

图 8-13　仿真算例中采用的地月系统 L_1 点 Lissajous 轨道

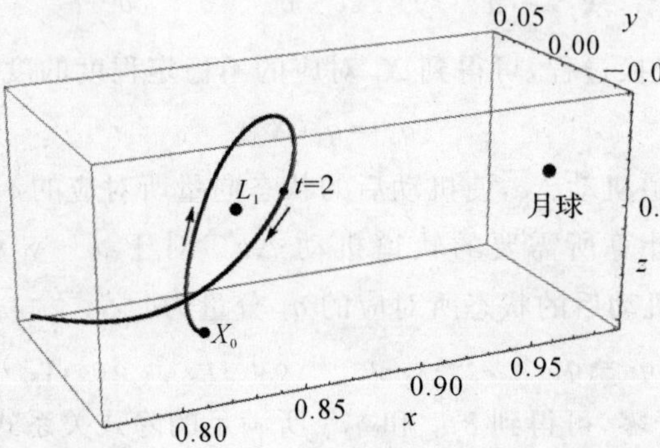

图 8-14　在 CRTBP 会合坐标下，将初始状态 X_0 积分 3 个时间单位所得轨迹

表 8-2　在偏差轨道上均匀选取若干状态点，通过变换所得到的在中心流形坐标系下的坐标

t	q_1	p_1	q_2	p_2	q_3	p_3
0.0	−0.000 033 796 3	0.000 052 645	−0.000 019 330 9	−0.456 657	−0.477 664	−0.178 919
0.5	−0.000 976 189	−0.000 103 956	−0.403 984	−0.239 483	−0.413 708	0.283 534
1.0	−0.003 503 24	−0.000 166 302	−0.356 949	0.238 86	0.075 011 3	0.478 553
1.5	−0.017 113 2	−0.000 254 882	0.132 355	0.419 008	0.445 77	0.080 230 2
2.0	−0.073 046 5	0.000 158 375	0.487 655	−0.006 825 69	0.233 545	−0.384 257
2.5	−0.276 92	0.000 031 569 9	0.236 857	−0.431 862	−0.253 47	−0.378 311
3.0	−0.997 551	−0.016 154 8	−0.266 08	−0.404 465	−0.482 882	0.003 164 09

正如所料，不稳定分量 q_1 确实随时间以指数形式增大。假设在该偏差轨道上 $t=2$ 时刻(对应 8.698 26 天)按投影到中心流形方法施加一次轨道机动，采用 x-y 双轴控制方式，计算机动量$(\delta v_x, \delta v_y)$的大小，容易得到 $t=2$ 时刻的状态向量为

$$\boldsymbol{X}_{t=2}=[0.841\,653\quad -0.049\,738\,2\quad 0.024\,128\,5\quad -0.049\,874\,9\quad -0.008\,183\,04\quad -0.085\,897]^{\mathrm{T}}$$

将施加机动后的状态向量代入逆向坐标变换公式(与中心流形一样，精确至 6 阶)，得到 q_1 不稳定分量的表达式为

$$\begin{aligned}q_1(\delta v_x,\delta v_y)=&-74.795\delta v_x^5\delta v_y+114.138\delta v_x^4\delta v_y^2+23.427\delta v_x^4\delta v_y-242.38\delta v_x^3\delta v_y^3-\\&5.192\,59\delta v_x^3\delta v_y^2-2.946\delta v_x^3\delta v_y-331.452\delta v_x^2\delta v_y^4+134.717\delta v_x^2\delta v_y^3-\\&20.906\delta v_x^2\delta v_y^2+10.998\delta v_x^2\delta v_y-184.57\delta v_x\delta v_y^5+126.663\delta v_x\delta v_y^4-\\&35.496\delta v_x\delta v_y^3+12.307\delta v_x\delta v_y^2-2.718\,4\delta v_x\delta v_y-12.193\,4\delta v_x^6+\\&19.197\delta v_x^5-3.952\,4\delta v_x^4+0.990\,2\delta v_x^3-4.566\,7\delta v_x^2+2.939\,86\delta v_x-\\&7.318\,65\delta v_y^6+22.054\,2v_y^5-10.504v_y^4+5.61v_y^3-2.953\,18v_y^2+\\&1.73047\delta v_y-0.073\,046\,5\end{aligned}\tag{8.33}$$

令上式右端等于零，可得 δv_x 和 δv_y 所满足的隐式关系式

$$q_1(\delta v_x,\delta v_y)=0\tag{8.34}$$

对应的 δv_x - δv_y 关系曲线如图 8-15 所示。

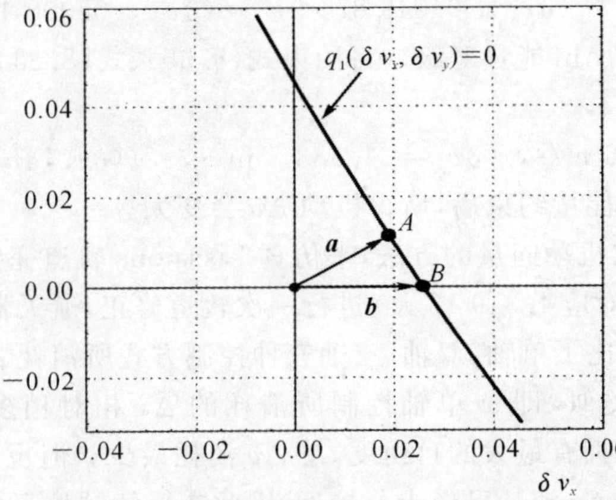

图 8－15　$q_1(\delta v_x, \delta v_y) = 0$ 决定的 $\delta v_x - \delta v_y$ 关系曲线

接着，采用数值优化方法可求得该曲线上具有最小欧几里得范数的 A 点对应的机动 δv_x 和 δv_y 的大小为

$$\delta v_x = 19.535\ 1\ \text{m/s},\quad \delta v_y = 11.561\ 9\ \text{m/s},\quad |(\delta v_x, \delta v_x)| = 22.7\ \text{m/s}$$

图 8－16 显示了在施加以上机动后 3 个单位时间内的轨道演化情况。可以看出，在轨道修正之后，探测器又可以在平动点附近停留大约 2 个单位时间，然后随着轨道偏差的进一步增大才离开平动点区域，这证明了所施加的轨道稳定保持机动是有效的。

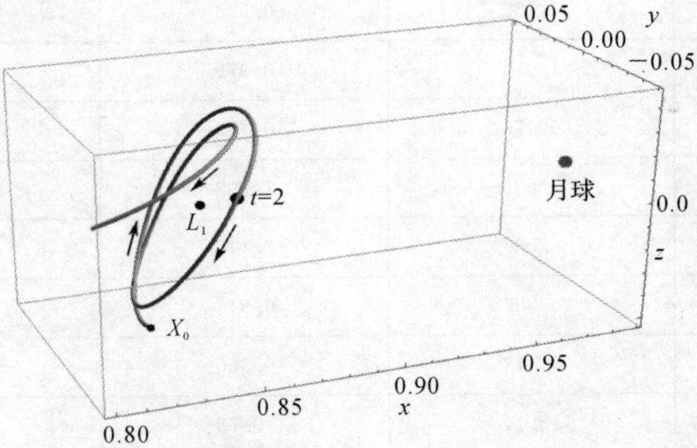

图 8－16　在 $t = 2$ 时刻施加机动后 3 个单位时间内的轨道演化情况

由图 8－15 也可知道，若采用 x 轴单轴控制方式，则机动向量为图中 $\boldsymbol{b}$ 向量。由于该向量被限制在 x 轴方向上，机动 Δv 显然大于 $x-y$ 双轴控制对应的 $\boldsymbol{a}$ 向量。若采用 $x-y-z$ 三轴控制，则约束条件对应三维参数空间内的一个二维曲面，同样可应用数值优化方法求得曲面上距原点最近的点，从而得到对应的机动向量。

另外还应注意到，以上求取机动向量的过程并不能保证机动后轨道的 Jacobi 能量不变，而实际上是将偏差状态投影到所有能量等级中最小化 Δv 的中心流形上。如果实际探测任务对轨道的 Jacobi 能量有特殊的要求（如限定能量等级保持不变等），则可将机动后的状态向量代入 Jacobi 能量公式，得到方程式

$$3.168\ 11-(\delta v_x-0.049\ 874\ 9)^2-(\delta v_y-0.008\ 183\ 04)^2=E^* \tag{8.35}$$

其中 E^* 为所限定的Jacobi能量等级。将约束式(8.35)、式(8.34)联立可解得两个根，其中模值较小的根为

$$\delta v_x=6.433\ 36\ \mathrm{m/s},\quad \delta v_y=34.583\ 5\ \mathrm{m/s},\quad |(\delta v_x,\delta v_x)|=35.176\ 8\ \mathrm{m/s}$$

显然，增加 Jacobi 能量约束后，所得机动 Δv 会变大。

下面按照以上求取机动向量的方法，来仿真 Lissajous 轨道完整的稳定保持过程。首先假设每隔一个单位时间(对应4.349 13天)进行一次轨道修正，航天器沿Lissajous轨道运行总时间为 $T=10$，表 8-3 对比了单轴、双轴、三轴三种控制方式所消耗 Δv 的数据。所得结果与第5章晕轨道的稳定保持类似，即 x 单轴控制所消耗的 Δv 相对稍多，其次是 $x-y$ 双轴控制，$x-y-z$ 三轴控制由于拥有最大的自由度，总 Δv 消耗最少。但也应注意到，$x-y$ 双轴控制与 $x-y-z$ 三轴控制的总 Δv 消耗已经十分接近，因此在后续的仿真中，我们都采用 $x-y$ 双轴控制方式。

表 8-3　采用本节方法进行 Lissajous 轨道稳定保持得到的 10 次轨道机动 Δv 数据

单位：$\mathrm{m\cdot s^{-1}}$

机动次数	x 单轴控制	$x-y$ 双轴控制	$x-y-z$ 三轴控制
1	1.447	1.314	1.288
2	0.925	0.785	0.779
3	1.214	1.141	1.131
4	1.139	0.948	0.930
5	1.093	0.972	0.957
6	0.476	0.452	0.446
7	2.539	1.998	1.949
8	2.587	2.449	2.407
9	0.307	0.311	0.305
10	0.412	0.366	0.357
$\sum \Delta v_i$	12.14	10.73	10.55

图 8-17 给出了表 8-3 中 $x-y$ 双轴控制过程中不稳定分量 q_1、稳定分量 p_1 及 Jacobi 能量随时间变化的情况，可见采用投影到中心流形方法计算得到的轨道机动确实能很好地消除不稳定分量，而稳定分量 p_1 虽然在每次机动后会发生跳变增大，但显然会随着时间的推移自动趋向于零。

为了避免不稳定分量在某些时段内增长过大而导致 Δv 消耗增大(如表 8-3 中第7次和第8次机动)，我们可以对航天器飞行过程中 q_1 分量进行更精确的控制，监视 q_1 的变化情况，当 q_1 达到预定上限值 $\max q_1$ 时，立即施行轨道机动。图 8-18 显示了 $\max q_1=0.003$ 时以这种方式确定轨道机动时刻，航天器在前 20 次机动过程中 q_1 的变化情况，以及机动在会合坐标系下施加的位置。

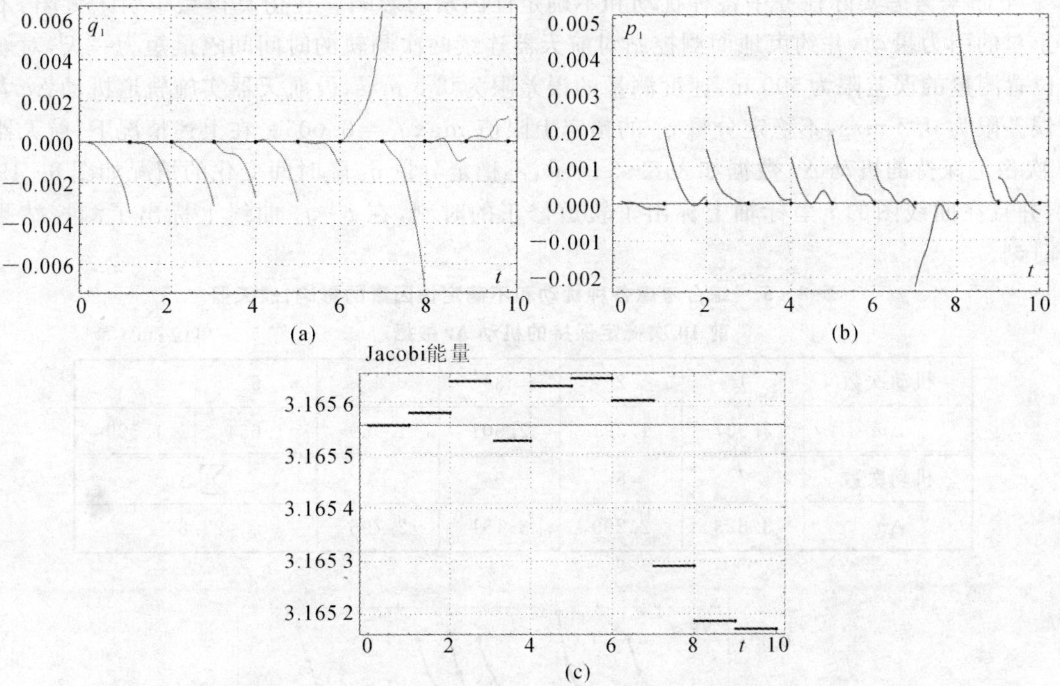

图 8-17　$x-y$ 双轴控制过程中不稳定分量 q_1、稳定分量 p_1 及 Jacobi 能量随时间变化的情况

(a) 不稳定分量 q_1 随时间变化的情况；(b) 稳定分量 p_1 随时间变化的情况；

(c)Jacobi 能量随时间变化的情况

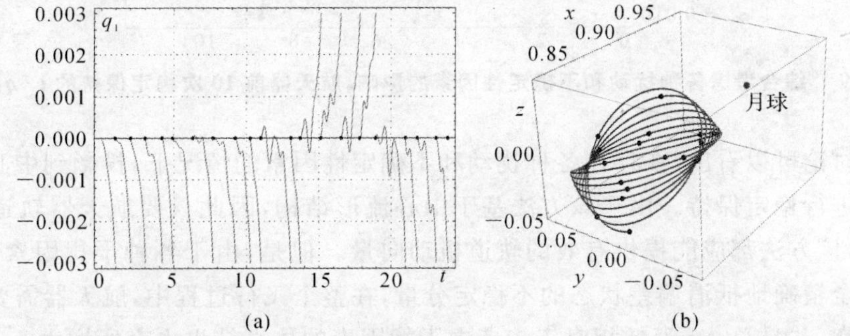

图 8-18　取 $\max q_1 = 0.003$ 时航天器在前 20 次机动过程中 q_1 的变化情况和机动在会合坐标系下施加的位置

(a) 航天器在前 20 次机动过程中 q_1 的变化情况；(b) 机动在会合坐标系下施加的位置

由图 8-18 可以看出，轨道机动的时间间隔能够根据不稳定分量的变化情况而确定，不稳定分量始终被限制在预定的区域内，前 10 次轨道机动的大小见表 8-4。

表 8-4　图 8-18 中轨道的前 10 次机动 Δv 数据　　单位：$\mathrm{m \cdot s^{-1}}$

机动次数	1	2	3	4	5	6
Δv_i	1.134	0.944	1.096	0.965	0.967	1.141
机动次数	7	8	9	10	$\sum \Delta v_i$	
Δv_i	0.965	1.132	0.922	1.078	10.34	

下面来考虑实际任务中各种扰动和不确定性因素的影响。在仿真模型中引入太阳、木星和土星的引力摄动,并约束地面测控站对航天器连续两次测轨的时间间隔最短为一天,对航天器位置测量的误差限为500 m,速度测量的误差限为0.5 m/s,设航天器实施轨道机动Δv大小的误差限为0.2 m/s,不稳定分量q_1的预定上限值$\max q_1=0.005$。在上述情况下,航天器前10次稳定保持的机动Δv数据如表8-5所示,不稳定分量q_1随时间变化的情况如图8-19所示,并且在曲线图的t坐标轴上标出了轨道修正的时刻,在$t-q_1$曲线上标出了测控站测轨的时刻。

表8-5　综合考虑各种扰动和不确定性因素的影响,航天器前10次稳定保持的机动Δv数据　单位:m·s^{-1}

机动次数	1	2	3	4	5	6
Δv_i	2.907	1.391	2.501	1.969	1.654	1.529
机动次数	7	8	9	10	$\sum\Delta v_i$	
Δv_i	3.623	2.299	3.151	2.796	23.82	

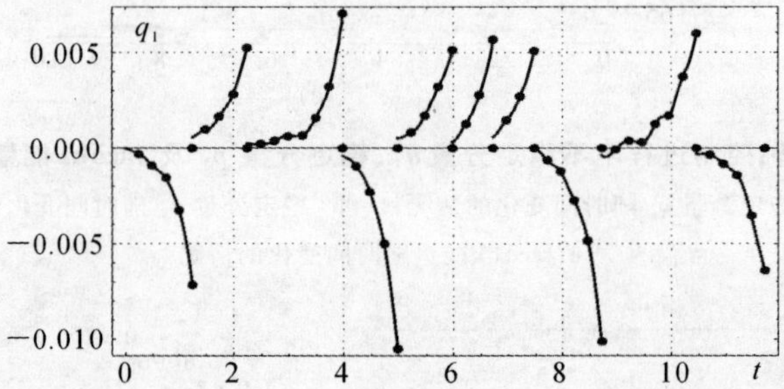

图8-19　综合考虑各种扰动和不确定性因素的影响,航天器前10次稳定保持的$t-q_1$曲线图

由以上讨论可以看出,在存在各种扰动和不确定性因素的情况下,投影到中心流形方法仍能够较好地进行稳定保持。由于该方法基于中心流形结构,因此只要航天器轨道仍处于平动点附近区域,该方法都应能提供有效的轨道机动向量。但是,由于各种干扰因素的存在,轨道修正无法完全精确地抵消偏差状态的不稳定分量,在整个飞行过程中,航天器需要保持一定的轨道修正频率,并且总Δv消耗相对于未考虑干扰因素的仿真结果也有所增大。

8.5.4　晕轨道情况下投影到中心流形方法与Floquet模式法的对比

投影到中心流形方法不仅适用于拟周期轨道的稳定保持,也适用于周期轨道的稳定保持。因此,在晕轨道情况下,便可以将投影到中心流形方法与同样基于动力系统理论的Floquet模式法进行对比。下面以地月系统L_1点晕轨道(x,y,z方向最大幅值分别为$A_x=$ 10 059 km,$A_y=$26 355 km,$A_z=$16 039 km)为例,对比两种方法的稳定保持效果。

为了充分体现两种方法本身的性能,首先忽略各种不确定性因素的影响,并都采用$x-y$双轴控制模式,假设每隔固定时间7天施行一次轨道机动。表8-6给出了采用中心流形不同阶次近似的投影到中心流形方法和Floquet模式法进行10次稳定保持机动的Δv仿真数据。

表 8－6　投影到中心流形方法(不同阶次)和 Floquet 模式法的 Δv 仿真数据　　单位:m·s^{-1}

机动次数	Δv					
	Floquet 模式法	投影到中心流形法				
		6 阶	8 阶	10 阶	13 阶	15 阶
1	1.752	1.547	1.722	1.75	1.754	1.754
2	0.175	16.55	2.618	0.34	0.024	0.004
3	0.109	6.184	2.781	0.009	0.054	0.004
4	0.206	19.11	2.33	0.566	0.074	0.021
5	0.325	8.29	1.394	0.506	0.023	0.007
6	0.117	7.579	1.599	0.275	0.017	0.001
7	0.168	9.90	1.376	0.189	0.01	0.108
8	0.069	19.71	2.599	0.444	0.029	0.01
9	0.213	10.7	1.299	0.203	0.022	0.009
10	0.265	14.03	2.398	0.386	0.101	0.028
$\sum \Delta v_i$	3.403	113.6	20.12	4.671	2.109	1.945

可以看出,当中心流形及其坐标变换计算阶数较低时,投影到中心流形方法的 Δv 消耗大于 Floquet 模式法,而当中心流形及其坐标变换的计算阶数逐步提高时,投影到中心流形方法的 Δv 消耗迅速减小,在上表中从 13 阶开始,总 Δv 消耗已经小于 Floquet 模式法,在 15 阶情况下,总 Δv 消耗约为 Floquet 模式法的 1/2。由此可知,在达到相同稳定保持效果的情况下,只要采用具有较高精度的中心流形进行计算,投影到中心流形方法比 Floquet 模式法更节省燃料消耗。

下面通过增大轨道修正之间的时间间隔,来考察两种方法的稳定性。将机动的时间间隔增大为 11 天,其他条件不变,仿真结果见表 8－7。

表 8－7　机动时间间隔为 11 天时,两种稳定保持方法的 Δv 仿真数据　　单位:m·s^{-1}

机动次数	1	2	3	4	5	6
Floquet 模式法	22.71	30.74	12.17	231.2	—	—
投影到到中心流形法(10 阶)	22.69	12.21	1.121	14.03	0.924	18.03
机动次数	7	8	9	10	$\sum \Delta v_i$	
Floquet 模式法	—	—	—	—	296.9	
投影到到中心流形法(10 阶)	4.272	3.02	10.48	7.178	93.97	

可以看出,由于机动时间间隔的增大,轨道修正 Δv 也随之增大,表中 Floquet 模式法只得到前 4 次数据,这是因为在第四次机动时,航天器已经严重偏离了预定轨道,如图 8－20 所示,接下来 Floquet 方法计算的机动已经失效,无法继续进行轨道的稳定保持。而采用投影到中心流形方法,航天器经过 10 次轨道修正,仍能稳定地保持在预定轨道附近(见图 8－20),并且每次修正 Δv 都保持较稳定的数值。

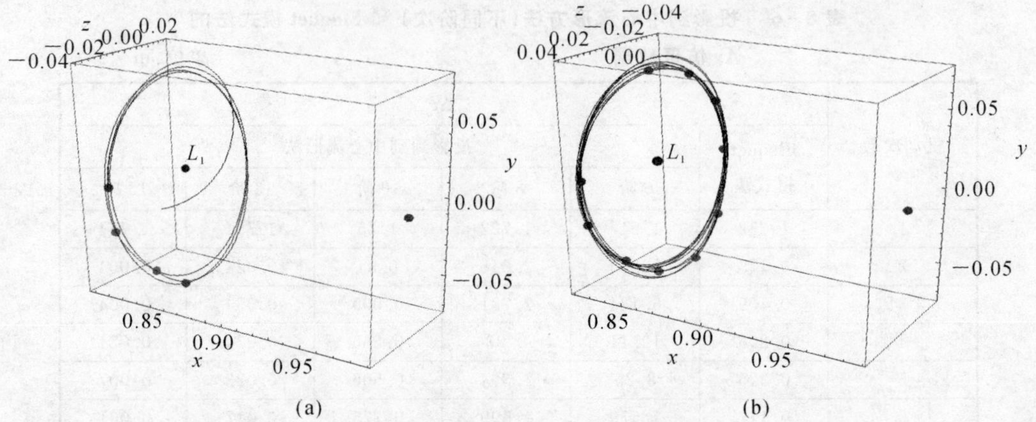

图 8-20　机动时间隔为 11 天时，两种稳定保持方法对应的航天器轨道

（图中同时用黑点标出了轨道上机动施加的位置）

(a)Floquet 模式法；　(b)投影到中心流形法

产生以上结果的原因是两种方法计算偏差状态不稳定分量的机理不同，在 Floquet 模式法中，是通过将预定轨道与实际轨道同时积分的方法，将预定晕轨道上对应点的不稳定方向作为实际轨道上偏差状态点的不稳定方向，因此当偏差状态点距晕轨道较近时，Floquet 方法能给出比较精确的近似不稳定方向。而当偏差状态点距晕轨道较远时，显然 Floquet 方法给出的不稳定方向也会具有较大误差，并且在进行了多次轨道修正之后，偏差状态点所处的 Jacobi 能量水平已与预定轨道不同，这也会进一步引入不稳定方向的计算误差。因此，当误差增大到一定程度时，就导致了 Floquet 方法的失效。而投影到中心流形方法则不存在以上两个引入误差的因素，只要中心流形的计算足够精确，该方法给出的总是偏差状态点本身的不稳定分量，并且投影过程总是将偏差状态投影到所有 Jacobi 能量等级中最小化 Δv 的中心流形上，因此保证了计算精度不受 Jacobi 能量改变的影响。

最后，我们来对比在考虑各种扰动因素的情况下两种方法的稳定保持效果。在仿真模型中引入太阳、木星和土星的引力摄动，并约束地面测控站对航天器连续两次测轨的时间间隔最短为 15 h，对航天器位置测量的误差限为 500 m，速度测量的误差限为 0.3 m/s，设航天器实施轨道机动 Δv 大小的误差限为 0.2 m/s，不稳定分量预定上限值在两种方法中分别为 $\max \alpha_1 = 0.001$ 和 $\max q_1 = 0.004$，仿真结果如表 8-8 和图 8-21、图 8-22 所示。

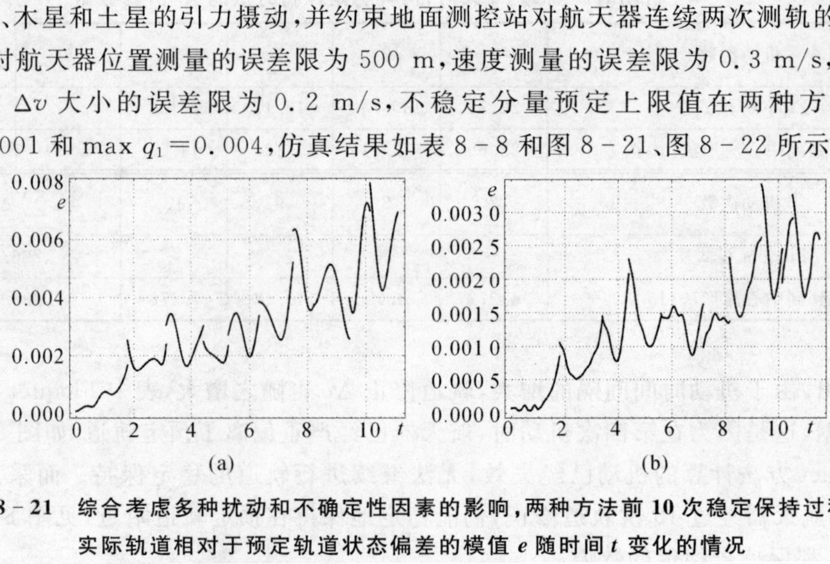

图 8-21　综合考虑多种扰动和不确定性因素的影响，两种方法前 10 次稳定保持过程中实际轨道相对于预定轨道状态偏差的模值 e 随时间 t 变化的情况

(a)Floquet 模式法；　(b)投影到中心流形法

可以看出，在考虑扰动因素的情况下，投影到中心流形方法仍拥有较 Floquet 方法更好的性能，在航天器大约 47 天的飞行时间内，相对于 Floquet 方法能节省约 30％的稳定保持燃料消耗。

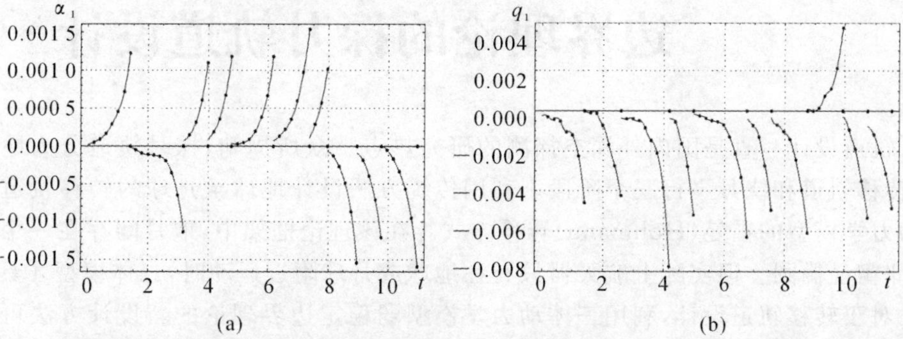

图 8－22　综合考虑多种扰动和不确定性因素的影响，两种方法前 10 次稳定保持的不稳定分量随时间变化曲线图（图中在时间轴上用黑点标出了轨道修正时刻，在曲线上用黑点标出了测控站测轨的时刻）

(a)Floquet 模式法；（b）投影到中心流形法

表 8－8　在考虑各种扰动因素的情况下两种方法的稳定保持 Δv 数据　　单位：$m \cdot s^{-1}$

机动次数	1	2	3	4	5	6
Floquet 模式法	1.672	2.119	1.597	1.845	2.021	2.299
投影到到中心流形法（15 阶）	1.721	1.315	2.034	1.251	1.794	1.605
机动次数	7	8	9	10		$\sum \Delta v_i$
Floquet 模式法	1.988	2.663	1.700	3.352		21.26
投影到到中心流形法（15 阶）	1.140	1.242	1.679	1.409		15.19

本章在综合应用前面各章方法的基础上，讨论了拟周期轨道任务设计中的若干问题。首先研究了拟周期轨道的不变流形结构和 Lissajous 轨道的遮挡问题，然后讨论了拟周期轨道转移轨道的设计，通过充分利用不变流形结构和庞加莱截面方法，得到了考虑轨道倾角因素并且能量消耗近似全局最优的转移轨道。最后，讨论了拟周期轨道的稳定保持策略，通过将动力学中心流形结构引入轨道控制方法的设计之中，提出了一种基于投影到中心流形的稳定保持方法。该方法的基本思路是首先求得中心流形到会合坐标的逆向变换，然后设法将偏差状态投影到中心流形上。文中通过对 Lissajous 轨道和晕轨道稳定保持的数值仿真结果表明，所提出的方法具有较强的稳定性，能在显著降低燃料消耗的基础上达到很好的轨道稳定保持效果。

第9章 基于三体动力学模型弱稳定边界理论的探月轨道设计

探月轨道设计一直是国内外深空探测的研究热点。众所周知，探月轨道分为地球停泊轨道、地月转移轨道和绕月飞行三个阶段。利用传统方法设计地球至月球的转移轨道时一般采用二体动力学模型的霍曼(Hohmann)转移方式。在该理论框架中，地月间存在一个能量最省的轨道，即霍曼椭圆。但实际上航天器只有在地球或月球附近运动时，二体模型才具有较高的准确性。对于转移轨道设计，利用三体动力学模型弱稳定边界理论的新设计方法可以比传统的霍曼转移节省更多的燃料。例如，日本将所发射的航天器在 Belbruno 和 Miller 弱稳定边界理论的指导下，于 1991 年对轨道进行了重新设计，以便使航天器完成额外的任务。这一获得新生的航天器被命名为 Hiten，在太阳和月球的影响下借助月球引力加速从地球停泊轨道飞行至地球的弱边界，再在太阳和地球的影响下借助月球轨道捕获轨线飞行至月球的弱边界。虽然其飞行时间大幅增加，但比霍曼变轨节省了 20%左右的燃料。

Lo[234]，Ross，Koon[165,309]，Marsden 和 Gomez[311]等人研究发现，在天体空间遍布着类似管道的不变流形，并且可以分为稳定流形和不稳定流形。航天器可以沿稳定流形进入晕(Halo)轨道，也可以沿不稳定流形离开晕轨道。利用这些稳定、不稳定的不变流形以及不同流形之间的交叉拼接可以实现航天器的低成本发射、返回及轨道机动，从而对 Hiten 探月器的轨道给出了更为深刻的数学、力学解释[81]。1961 年 Colombo 最先提出将平动点用于探月飞行，紧接着美国人 Farquhar 于 1966 年提出利用 L_2 点的晕轨道进行月球背面的探测，阿波罗 17 号飞船最初的着陆点就选在月球背向地球的一面，当时计划在地月系统的 L_2 点附近布置一颗中继卫星，以支持着陆任务。后来由于经费的削减，着陆点还是改在了朝向地球的一面，计划中的 L_2 点也被取消[312]。Farquhar 于 1968 年提出利用日地系统中的 L_1 点建立对太阳的观测站[237]。1978 年 11 月 20 日由 NASA 发射的 ISEE－3 是第一个在日地系统 L_1 点晕轨道的深空探测器，取得了巨大成功。M. W. Lo 等人应用他们提出的行星间高速公路(IPS)理论和 JPL 开发的轨道设计软件 LTool2001，初步设计并计算了利用平动点及 Halo 轨道实施探月和月球取样返回的轨道[313]。Belbruno 等人[314]在 1987 年用数值方法发现了借助太阳引力的地月低能转移轨道，后来发展成为弱稳定边界理论。Koon 等人[165]则应用晕轨道的不变流形理论在一定意义上证明了二维情况下的地月低能转移轨道的存在。Gómez，Main，Barden，Howell 等人研究了利用晕轨道的不变流形进行从地球停泊轨道到日地系统 L_1 点和 L_2 点晕轨道的转移轨道设计方法[64,113,311]。

国内对于利用三体动力学模型弱稳定边界理论的探月轨道设计方法的研究开始较晚，但取得了较大的进展。清华大学的龚胜平等人[80]提出了基于不变流形的登月轨道设计，考虑了黄道面和白道面之间不为零的三维情况，将太阳-地球-月亮-卫星组成的四体问题分解为由太阳-地球-卫星和地球-月亮-卫星组成的非共面的两个限制性三体问题，该方法使用了太阳-地球和地球-月亮的合成坐标系，以太阳为坐标原点，给出了在两个三体系统晕轨道不变流形与两个轨道面相交处进行小的变轨来设计低成本探月轨道的方法。另外，俞辉等人[81]提出了双三体系统不变流形拼接成的低成本探月轨道设计方法，给出了流形的结构以及更合理的拼接方式，但这种方法耗费的时间过长，不具有实际的应用价值。徐明等人[79]研究了利用太阳引力进入地月系统的 L_1 点及 L_2 点的晕轨道，以及由晕轨道进入近月轨道的问题，两者综合起来构成了一条完整的地月低能转移轨道。然而，这种方法需要严格控制晕轨道的入轨点，实现起来比较困难。

地月系统的转移轨道设计，主要包括三个方面的内容：两个晕轨道直接的转移轨道设计，从晕轨道到月球的登月轨道设计，从地球到月球的登月轨道设计。本章将从四个方面对转移轨道技术进行研究。

(1)利用改进的时频分析法对两条转移轨道之间的转移可能性进行分析，通过对晕轨道之间转移轨道的研究进行可行性验证，并寻求两个晕轨道之间能量不相等的情况下的转移轨道的设计方法。

(2)利用地月系统 L_1 点不变流形和 L_1 点的第四类Ⅲ形状轨道的不变流形实现从 L_1 点晕轨道登月的转移轨道设计。

(3)利用日地系统 L_1 点晕轨道的不变流形和地月系统 L_1 点不变流形设计登月转移轨道。

(4)利用日地系统 L_1 点的不变流形和地月系统 L_1 点的不变流形设计从地球停泊轨道到月球停泊轨道的转移轨道。

9.1　利用不变流形和庞加莱截面的转移轨道设计

对于晕轨道的转移，最近几年主要是利用不变流形和庞加莱截面进行转移轨道设计，Koon 等人[65]提出了一种数字结构的路径描述方法。下面对这种方法进行具体介绍。

9.1.1　数字结构的路径描述方法

小天体在质心旋转坐标系中的运动方程可表示为

$$\ddot{r}+2\begin{bmatrix}-\dot{y}\\ \dot{x}\\ 0\end{bmatrix}=\left(\frac{\partial\Omega}{\partial r}\right)^{\mathrm{T}} \tag{9.1}$$

其中

$$\Omega=\frac{1}{2}(x^2+y^2)+U(r_1,r_2) \tag{9.2}$$

$$U(r_1,r_2)=\frac{1-\mu}{r_1}+\frac{\mu}{r_2} \tag{9.3}$$

在限制性三体问题讨论中，为了某种需要，常将 Ω 表示为

$$\Omega=\frac{1}{2}[(x^2+y^2)+\mu(1-\mu)]+\frac{1-\mu}{r_1}+\frac{\mu}{r_2} \tag{9.4}$$

进而可表示为“对称”形式，即

$$\Omega=\left\{\frac{1}{2}[(x^2+y^2+z^2)+\mu(1-\mu)]+\frac{1-\mu}{r_1}+\frac{\mu}{r_2}\right\}-\frac{1}{2}z^2=$$
$$\left\{\frac{1}{2}[(1-\mu)r_1^2+\mu r_2^2]+\frac{1-\mu}{r_1}+\frac{\mu}{r_2}\right\}-\frac{1}{2}z^2 \tag{9.5}$$

由上述方程可知三体问题具有对称性，对于 Lyapunov 轨道来说，如果它的不稳定流形已知，则稳定流形可以通过对称性得到。如果以 $y=0,x<0$ 选取庞加莱截面，则稳定流形和不稳定流形在庞加莱截面上有相同的交点，对这些点分别进行稳定流形和不稳定流形的反向积分，它们的轨迹将同宿于Lyapunov轨道。这些轨道称为(q,p)同构同宿轨道，其中q和p分别指不稳定流形和稳定流形穿越庞加莱截面的次数。同构同宿轨道主要用于从内区域转移到外区域。对于区域的划分，主要是根据能量层来划分的，能量层内的称为内区域，用(I)表示，能量层外的称为外区域，用(E)表示，质量大的如太阳所在的区域称为恒星区域，用(S)表示，围绕质量大的天体旋转的小天体区域称为行星区域，用(P)表示。为了连接内部区域的晕轨道，如 L_1 点和 L_2 点的晕轨道，需要用到异构同宿轨道，选取 $x=1-\mu$ 的庞加莱截面，不变流形和截面相交，两个相交截面的公共区域为转移区域，包围截面的两个曲线相交的交点为渐近轨道的交点。从交点出发反向积分，轨道将到达晕轨道。其余的属于非转移区域。于是利用同构同宿和异构同宿轨道构成了从内区域向外区域转移的转移链，如图 9-1 所示。

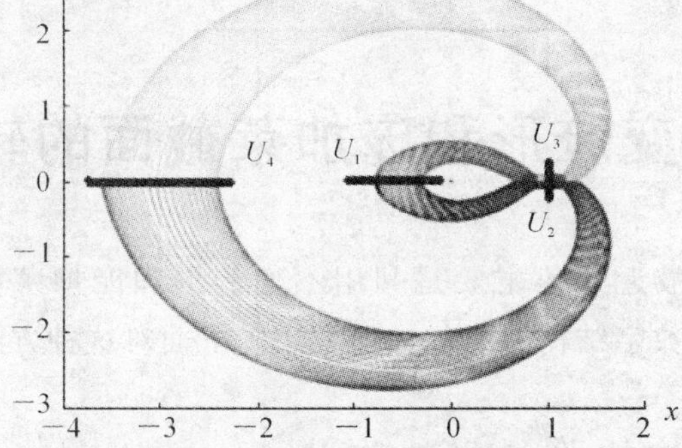

图 9-1　同构同宿和异构同宿轨道示意图

靠近这条区域转移链的轨道能够使用符号序列来特征化，称为符号动力学描述。首先，使用 4 个符号 u_1,u_2,u_3,u_4 来描述轨道处于 4 个庞加莱截面 U_1,U_2,U_3,U_4 的相应截面，根据图 9-1 可以清楚地看到，如果 u_1 转移到 u_4，必须通过别的截面，它们两个之间没有直接的转移关系。同理可知，u_1 与 u_2 可以直接转移，因此可以得出转移矩阵为

$$\boldsymbol{A}=\begin{bmatrix}1&1&0&0\\0&0&1&1\\1&1&0&0\\0&0&1&1\end{bmatrix} \tag{9.6}$$

该矩阵主要是为了表示轨道连接的性质，设 A_{kl} 为转移矩阵$\boldsymbol{A}$ 的第k 行 l 列元素，如果 $A_{kl}=1$，则表示 u_k 与 u_l 是可以直接转移的；否则，$A_{kl}=0$。因此，对于从 u_1 向 u_4 的转移，有 $A_{14}=0$。现在，对上面的 u_i 中的i 的定义进行扩展，取i 属于整数集，并取值区域为$(-\infty,+\infty)$，用r表示轨迹进入 L_1 点或 L_2 点的晕轨道围绕 L_1 点或 L_2 点旋转的圈数，则这个转移链可表示为

$$(u,r)=(\cdots,(u_{i,-1},r_{-1});(u_{i0},r_0),(u_{i1},r_1),(u_{i2},r_2),\cdots) \tag{9.7}$$

其中，分号把过去的转移轨迹单独划分出来。如果初始条件为(u_{i0},r_0)，即起始点在U_{i0}的庞加莱截面上，根据上面的序列，可以定义下面的三种情况：

(1)$\beta_1=(\cdots;(u_{i0},r_0),\cdots,(u_{ik},\infty))$，这个轨道在第$k$次连接后将渐近于一个Lyapunov轨道。如果$u_{ik}=1,3$，那么这个轨道将渐近于$L_1$点的晕轨道并且保持在晕轨道。如果$u_{ik}=2,4$，那么这个轨道将渐近于$L_2$点的晕轨道并且保持在晕轨道。

(2)$\beta_2=(\infty,(u_{i,-l},r_{-l}),\cdots;(u_{i0},r_0),\cdots)$，这条轨道反向积分通过第$l$次迭代后将渐近于Lyapunov轨道。如果$u_{i,-l}=1,2$，那么它将渐近于$L_1$点的晕轨道；如果$u_{i,-l}=3,4$，它将渐近于$L_2$的晕轨道。

(3)$\beta_3=(\infty,(u_{i,-l},r_{-l}),\cdots;(u_{i0},r_0),\cdots,(u_{ik},\infty))$，这种轨道是上面两种轨道的综合，如果取$u_{ik}=1,3$或$2,4$，则前向积分在第$k$次迭代后将渐近于$L_1$点或$L_2$点的晕轨道；如果$u_{i,-l}=1,2$或$3,4$，则后向积分在第$l$次迭代后将渐近于$L_1$点或$L_2$点的晕轨道。

对于式(9.7)形成的转移链可以截断形成一条有限的转移路径，在这条转移路径附近存在着不变集。这个不变集包含着的轨道具有和这条转移路径相同的路径，而且这些轨道可以可视化在庞加莱截面上。这种方法能够很好地表示转移轨道的路径，并且能够求出所有的转移轨道，现在基本上都采用这种转移轨道的设计方法。但该方法不能够求出从一条晕轨道到另一条晕轨道的转移概率，因此Michael Dellnitz等人[72-73]提出了利用不变流形的不变子集的方法来求出转移概率。这一方法的思路是，对于庞加莱截面所包含的区域应用泛函中区间套定理进行划分，可转移的区域通过划分可以用概率密度来表示，当从一个庞加莱截面转移到另一个庞加来截面时，两者的概率密度之比即为转移概率。然而，这种方法只适用于包含在庞加莱截面内的面积区域，不适合于包含庞加莱截面的曲线，即只适用于转移轨道和非转移轨道，不适用于渐近轨道。Luz V Vela-Arevalo等人[74]提出了采用时频分析的方法来研究转移可能性，可是他们也只是研究了转移轨道和非转移轨道的可能性，对于渐近轨道也没有研究。为了对渐近轨道的可能性进行研究，本节提出一种改进的时频分析方法，下面对这种方法进行介绍。

9.1.2　利用改进的时频分析方法研究转移轨道的可能性

根据Michael Dellnitz等人的论述，在庞加莱(Poincaré)截面上任取一点q，对其进行反向积分，假设取这个点第一次返回庞加莱截面的时间为t，在转移轨道内的点将直接穿过晕轨道而不再返回截面，则转移轨道的时间$t_{tr}=\infty$；在非转移轨道区域的点将不通过晕轨道而是返回截面，则非转移轨道的时间$t_{utr}<\infty$；渐近轨道上的点将到达晕轨道，并在轨道上运行一段时间后将继续前进，不返回截面，它的转移时间为t_{as}。把t_{as}投影到x和y轴上，则有$t_{asx}=\infty$，$t_{asy}<\infty$。这说明在x轴方向，渐近轨道有着接近于转移轨道的特性，而在y轴方向，渐近轨道有着接近于非转移轨道的特性。又根据Luz V Vela-Arevalo等人的论述，在转移区域内，瞬时频率为常值，在非转移轨道区域内，瞬时频率是时变的。这说明在x轴方向上渐近轨道有着转移轨道的频率特性，而在y轴方向上渐近轨道有着非转移轨道的频率特性。下面分析渐近轨道的瞬时频率。

由于系统的坐标系为旋转坐标系，需要把旋转坐标系变换为惯性坐标系。设旋转坐标系

的 x 轴与惯性坐标系的 X 轴间的夹角为 $\theta(t)$，则有 $t^*=t/n, \theta(t)=nt^*=t$，其中 t^* 是有量纲时间，t 为无量纲时间，n 为两大天体之间的相对运动的角速度，于是旋转坐标系变换到惯性坐标系的方程为

$$\begin{bmatrix} X \\ Y \end{bmatrix} = \begin{bmatrix} \cos t & -\sin t \\ \sin t & \cos t \end{bmatrix} \begin{bmatrix} x \\ y \end{bmatrix} = \begin{bmatrix} x\cos t - y\sin t \\ x\sin t + y\cos t \end{bmatrix} \tag{9.8}$$

坐标变成了与时间有关的变量，分别为 $X(t)$ 和 $Y(t)$。可设函数

$$f(t) = X(t) + \mathrm{i}Y(t) \tag{9.9}$$

若将 $f(t)$ 作为解析信号需要满足三个条件：① $f(t)$ 满足傅里叶变换，$\hat{f}(\xi)=0, \xi<0$；② 函数 $f(t)$ 的虚部和实部要满足 Hilbert 变换，即 $HX(t)=Y(t)$；③ f 对于时间 t 是受限的，其中 t 满足复合函数 $\Psi(t+\mathrm{i}\tau)$ 在上半复平面内是可解析的条件，即 Ψ 对于 $\tau\geqslant 0$ 是可解析的。经验证，$f(t)$ 满足上述三个条件，是解析信号，于是它的瞬时频率的幅值可定义为

$$A_f(t) = \sqrt{X^2(t) + Y^2(t)} \tag{9.10}$$

相角可定义为

$$\Phi_f(t) = \arctan \frac{X(t)}{Y(t)} \tag{9.11}$$

瞬时频率为

$$W(t) = \frac{1}{2\pi} \dot{\Phi}_f(t) \tag{9.12}$$

现在把惯性坐标变换为旋转坐标，则有

$$f(t) = X(t) + \mathrm{i}Y(t) = \mathrm{e}^{-\mathrm{i}t}(x(t) + \mathrm{i}y(t)) \tag{9.13}$$

瞬时频率的幅值为

$$a_f(t) = \sqrt{[\mathrm{e}^{-\mathrm{i}t}x(t)]^2 + [\mathrm{e}^{-\mathrm{i}t}y(t)]^2} = \mathrm{e}^{-\mathrm{i}t}\sqrt{x^2(t) + y^2(t)} \tag{9.14}$$

相角为

$$\phi_f(t) = \arctan \frac{\mathrm{e}^{-\mathrm{i}t}x(t)}{\mathrm{e}^{-\mathrm{i}t}y(t)} = \arctan \frac{x(t)}{y(t)} \tag{9.15}$$

瞬时频率为

$$w(t) = \frac{1}{2\pi} \dot{\phi}_f(t) \tag{9.16}$$

若把时间 t 沿着 x 轴和 y 轴分解，则瞬时频率也沿着 x 轴和 y 轴分解为 $w_x(t)$ 和 $w_y(t)$。根据对轨道的划分，对于转移轨道有 $t_{\mathrm{tr}}\to\infty$，即 $t_{\mathrm{tr}x}\to\infty$，则有 $w(t)=\mathrm{const}$(常数)，$w_x(t)=\mathrm{const}$；对于非转移轨道有 $t_{\mathrm{utr}}<\infty$，即 $t_{\mathrm{utr}x}<\infty$，则有 $w(t)\neq\mathrm{const}$，瞬时频率是时变的，$w_x(t)\neq\mathrm{const}$；对于渐近轨道由于 $t_{\mathrm{as}x}\to\infty, t_{\mathrm{asy}}<\infty$，则有 $w_x(t)=\mathrm{const}$，而 $w_y(t)\neq\mathrm{const}$。时间和频率按 x 轴和 y 轴分解的示意图如图 9-2 所示。

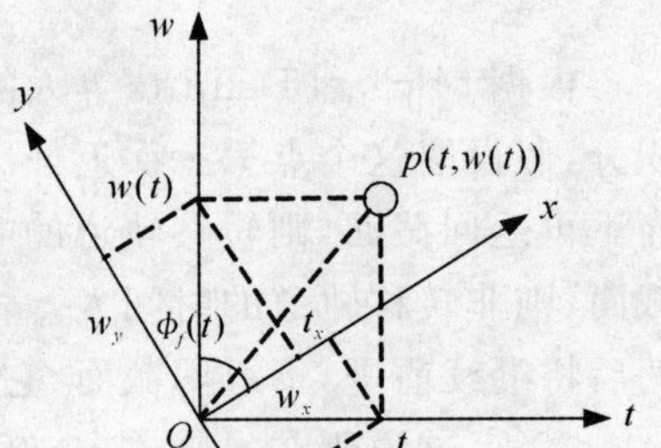

图 9-2　时间和频率分解示意图

由于要把频率分解为常值频率和瞬时频率，而频率与时间有关，因此取 Oxy 坐标系为旋转坐标系。在 tOw 平面内，取时间-频率曲线上 t 时刻对应的点 p 的坐标为 $(t, w(t))$。由于 w 轴和 x 轴之间的夹角为

$\phi_f(t)$，根据图 9-2 所示，则可得

$$t_x = t\cos\left[\frac{\pi}{2} - \phi_f(t)\right] = t\sin\phi_f(t) \tag{9.17}$$

$$t_y = t\sin\left[\frac{\pi}{2} - \phi_f(t)\right] = t\cos\phi_f(t) \tag{9.18}$$

$$w_x = w(t)\cos\phi_f(t) \tag{9.19}$$

$$w_y = w(t)\sin\phi_f(t) \tag{9.20}$$

如果分别以 t_x 和 w_x 及 t_y 和 w_y 构成两个时间-频率坐标系，则可以利用时频分析工具箱进行分析。在此为了简便起见，我们利用短时傅里叶变换对 $f(t)$，$w(t)$，$w_x(t)$ 和 $w_y(t)$ 进行分析，判断它们是常值频率还是时变频率，以此来判断庞加莱截面上的相交点产生的轨道是否为渐近轨道。

在下一节中，将以地月系统中的 L_1 点和 L_2 点之间的转移轨道的设计来验证这种方法的可行性。

9.2 地月系统中晕轨道之间的转移轨道设计

9.2.1 L_1 点和 L_2 点之间的转移轨道设计

Koon，Lo 等人[65,314] 在进行同一天体拉格朗日点 L_1 和 L_2 的晕轨道之间的转移轨道设计时，提出的条件是要求两个晕轨道之间的能量相等。为了满足这一条件，需要仔细地选择晕轨道的初始条件。由于各个拉格朗日点的能量不同，因此要满足这一条件十分困难。本节提出一种在两个晕轨道能量不相等的情况下，利用流形的庞加莱第二次截面进行全流形的转移轨道设计方案。首先任意选择一个 $C_{\mathrm{Halo},L1}$，使得 $C_3 < C_{\mathrm{Halo},L1} < C_1$，然后根据 $C_{\mathrm{Halo},L1}$ 在 x 轴上选择一个初始位置 x_0，求得一个最初的速度 $\dot{y}_0$，然后把 $(x_0,0,0,\dot{y}_0)$ 代入式(9.1)，对式(9.1)进行积分，可得围绕 L_1 点的一个轨道。这个轨道不是实际的晕轨道，需要对该轨道进行轨道矫正。利用牛顿迭代法对初始速度 $\dot{y}_0$ 和周期 T 进行微分矫正。具体方法参阅参考文献[278]。根据所求得的初始条件 $(x'_0,0,0,\dot{y}'_0)$ 和周期 T'，可求出实际的晕轨道和能量 $C'_{\mathrm{Halo},L1}$，其中 $C_2 < C'_{\mathrm{Halo},L1} < C_1$。同理，可求得围绕 L_2 点的晕轨道和能量 $C'_{\mathrm{Halo},L2}$，其中 $C_3 < C'_{\mathrm{Halo},L2} < C_2$。在 L_1 点的晕轨道上取一点，选取适当的 ε，利用系统的状态转移矩阵，求出其状态向量，然后利用下式求得该点流形的初始条件，向后进行积分，得到该点的稳定流形：

$$\bar{\boldsymbol{y}} = C_1 \mathrm{e}^{\lambda_1 t}\bar{\boldsymbol{\eta}}_1 + C_2 \mathrm{e}^{\lambda_2 t}\bar{\boldsymbol{\eta}}_2 + C_3 \mathrm{e}^{\lambda_3 t}\bar{\boldsymbol{\eta}}_3 \tag{9.21}$$

式中，$\lambda_1,\lambda_2,\lambda_3$ 是系统状态方程 $\dot{\bar{\boldsymbol{y}}} = \boldsymbol{A}\bar{\boldsymbol{y}}$ 中 (3×3) 状态矩阵 $\boldsymbol{A}$ 的特征值；$\bar{\boldsymbol{\eta}}_1,\bar{\boldsymbol{\eta}}_2,\bar{\boldsymbol{\eta}}_3$ 是与特征值相对应的特征向量。

对 L_1 点的晕轨道均匀取点，然后计算其流形，可得到晕轨道的稳定流形管道，记为 $W^{\mathrm{s}}_{L1,\mathrm{p.o.}}$。同理，对 L_2 点的晕轨道计算其不稳定流形管道，记为 $W^{\mathrm{u}}_{L2,\mathrm{p.o.}}$。这两个流形都是围绕着月球旋转，积分时间越长，围绕月球旋转的圈数越多。在 $x=1-\mu$ 处，选取庞加莱截面，截取两个流形，如图 9-3 所示。这两个流形绕月球旋转不到一圈，因此流形和庞加莱截面只相交一

次。稳定流形和不稳定流形的庞加莱截面分别记为 $\Gamma_{L1}^{s,1}$ 和 $\Gamma_{L2}^{u,1}$，其中上角标中的 1 表示流形和庞加莱截面相交了一次。由图 9-4 可以看出，$\Gamma_{L1}^{s,1}$ 和 $\Gamma_{L2}^{u,1}$ 不相交，即表示在稳定流形和不稳定流形绕月球旋转不到一圈的情况下，L_1 点的晕轨道和 L_2 点的晕轨道之间不存在全流形的转移轨道。为了解决这一问题，我们分别加大了稳定流形和不稳定流形的积分时间，让这两个流形围绕月球旋转一圈，与所取的庞加莱截面第二次相交，分别记为 $\Gamma_{L1}^{s,2}$ 和 $\Gamma_{L2}^{u,2}$，其中上角标中的 2 表示流形和庞加莱截面的第 2 次相交，如图 9-3 所示。由图 9-3 可以看出，$\Gamma_{L1}^{s,1}\cap\Gamma_{L2}^{u,2}$ 产生两个交点 1 和 2，$\Gamma_{L1}^{s,2}\cap\Gamma_{L2}^{u,2}$ 产生 4 个交点，分别为 3，4，5，6，$\Gamma_{L1}^{s,2}\cap\Gamma_{L2}^{u,1}$ 产生 2 个交点 7 和 8，在两个相交的截面之间形成相交区域。在此区间取值，作为初始值，然后分别对稳定流形和不稳定流形进行逆向积分，将形成穿过晕轨道的转移轨道，不和晕轨道相交，即转移轨道在流形管道内移动。如果取两个相交曲线的交点作为初始值，然后对稳定流形和不稳定流形逆向积分，将形成在流形管壁上移动的转移轨道。该转移轨道将和原来的晕轨道相交，形成晕轨道之间的转移轨道。因此，地月系统 L_1 点和 L_2 点之间的转移只可能有几种有限的情况。如图 9-4 所示，它提供了 8 个交点，则最多有 8 种情况的转移，但也有可能少于 8 种，因为形成庞加莱截面的曲线是根据有限的点利用样条插值拟合出来的，这些曲线可能包括了属于非转移轨道的点。下面给出一个具体的算例。

例 9.1　设地月系统中的地球为 m_1，月球为 m_2，则

$$\mu=0.012\ 277\ 471,\quad C_1=3.189\ 5,\quad C_2=3.173\ 2,\quad C_3=3.012\ 3$$

给定 L_1 点晕轨道的初始条件为 $\boldsymbol{X}_{L1}=[0.858\ 45\quad 0\quad 0\quad -0.162\ 29]^{\mathrm{T}}$，周期 $T_{L1}=2.765\ 9$，$d_{L1}=1\times10^{-5}$ Au，则 $C_{\mathrm{Halo},L1}=3.182\ 4$，计算晕轨道和稳定流形；$L_2$ 点轨道的初始条件为 $\boldsymbol{X}_{L2}=[1.131\ 5\quad 0\quad 0\quad 0.125\ 06]^{\mathrm{T}}$，周期 $T_{L2}=3.395\ 5$，$d_{L2}=1\times10^{-5}$ Au，其中 Au 为距离的天文单位，相当于地球到太阳的平均距离，1 Au $\approx 1.496\times10^{8}$ km，其精确值为 1 Au= 149 597 870 700 m，则 $C_{\mathrm{Halo},L2}=3.170\ 4$，计算晕轨道和不稳定流形。在 $x=1-\mu$ 处，取庞加莱截面如图 9-3 所示。在图 9-3 中，由于稳定流形经过月球，于是在截取庞加莱截面时，部分流形没有绕过月球，而由于月球引力的作用，遇到能量层后折返，再绕月球旋转，这时遇到截面，生成的庞加莱截面如图 9-4 所示。

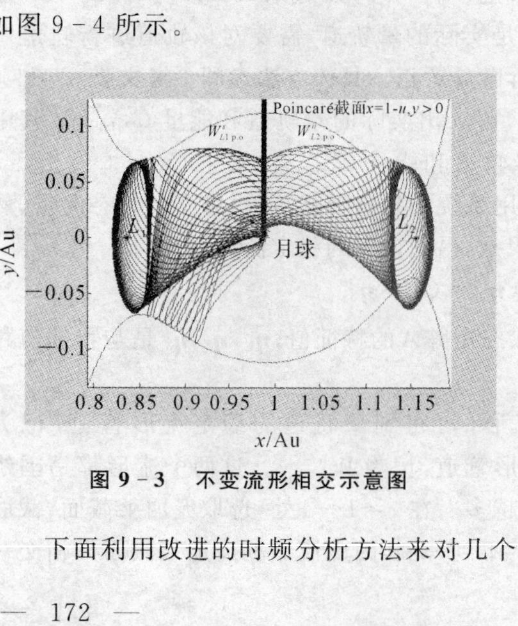

图 9-3　不变流形相交示意图

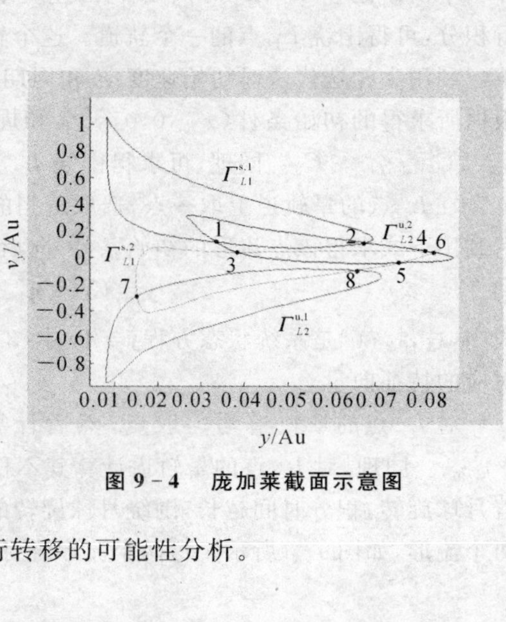

图 9-4　庞加莱截面示意图

下面利用改进的时频分析方法来对几个点进行转移的可能性分析。

9.2.2　利用改进的时频分析方法进行转移可能性分析的仿真结果

对于图 9-4 中的 6 点，取其初始值为 $x_0=0.987\ 841\ 229\ 371\ 63$，$y_0=0.083\ 479\ 501\ 722\ 26$，$v_{x0}=0.280\ 416\ 983\ 625\ 07$，$v_{y0}=0.037\ 095\ 439\ 000\ 41$，然后对图 9-4 中的 4 点，取其初始值为 $x_0=0.987\ 819\ 349\ 817\ 91$，$y_0=0.081\ 885\ 817\ 309\ 75$，$v_{x0}=0.292\ 525\ 028\ 637\ 77$，$v_{y0}=0.037\ 650\ 262\ 627\ 66$。对这两个点分别进行不稳定流形的逆向积分，根据前面的推导，分别得到 $f(t)$，$w(t)$，$w_x(t)$，$w_y(t)$，t_x，t_y 六个表达式的值，根据这六个值分别绘制了相应的图形。然后，为了更清晰地了解它们的差别，利用短时傅里叶变换提取了它们的特性。在提取频率特性的过程中，为了保持统一性，统一取采样点数为 $N=2\ 000$，采样频率为 1。由图 9-5 可以看出，对于 6 点来说，它的 $w_x(t)$ 是时变的，并且 $w_y(t)$ 也是时变的，在轨迹到达 L_2 点的晕轨道附近时保持在一个 $-4\times10^{-3}\sim4\times10^{-3}$ 的频率范围内，即在 y 轴上的频率分量很小，主要是 x 轴的频率分量。而由其时频分析图可以看出，在轨迹到达 L_2 的晕轨道附近时是时变的。对于 $w(t)$，它的时频图和 $w_x(t)$ 的时频图很相似，因此对于非转移轨道来说，可以根据 $w(t)$ 来判断其转移特性。由 $f(t)$ 的时频图可以看出，当轨迹到达 L_2 点的晕轨道附近时，频率发生了剧烈的变化。由图 9-6 可以看出，对于 4 点来说，$w_x(t)$ 在轨迹到达 L_2 点晕轨道附近的过程中，其频率基本保持常值，在到达晕轨道的瞬间，频率发生了剧烈变化。对于 $w_y(t)$ 来说，t_y 在 $(-20\sim20)$ 天的区间内，其频率值保持在 $-2\times10^{-3}\sim2.5\times10^{-3}$ 之间，即轨迹在 y 方向的投影相当于一个椭圆，$w_y(t)$ 是一个时变频率。对于 $w(t)$ 来说，它的时频图也和 $w_x(t)$ 的时频图很相似，但由于要判定渐近轨道和非转移轨道，因此必须再对 $w(t)$ 进行分解，这样才能判定。由 $f(t)$ 的时频图可以看出，实际上渐近轨道仍然是有着时变频率的。

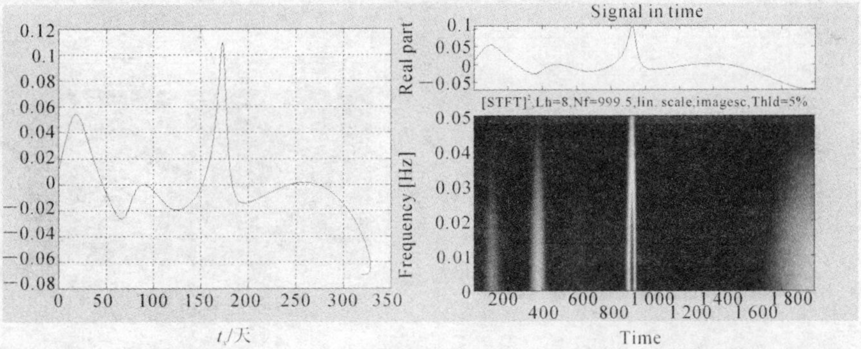

(a)

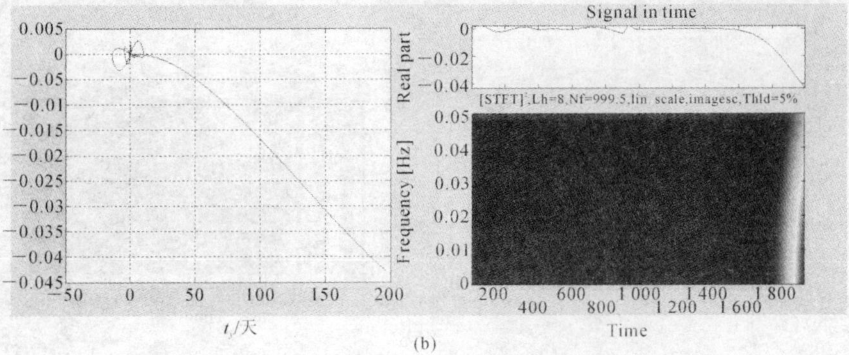

(b)

图 9-5　6 点的 $w_x(t)$，$w_y(t)$，$w(t)$，$f(t)$ 时频图

(a) $w_x(t)$ 时频图；　(b) $w_y(t)$ 时频图

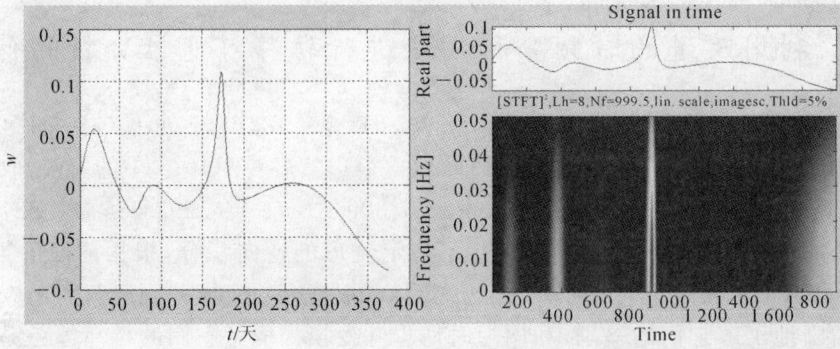

(c)

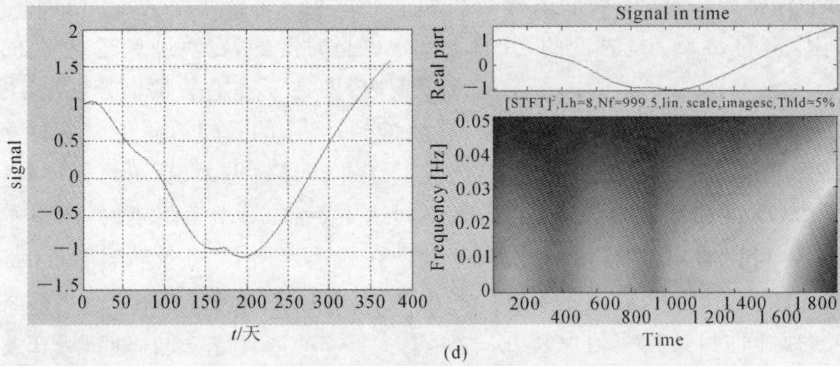

(d)

续图 9-5　6 点的 $w_x(t)$, $w_y(t)$, $w(t)$, $f(t)$ 时频图

(c) $w(t)$ 时频图；(d) $f(t)$ 时频图

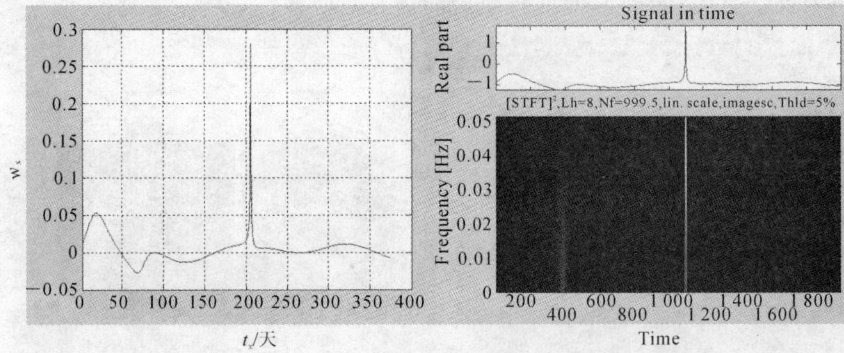

(a)

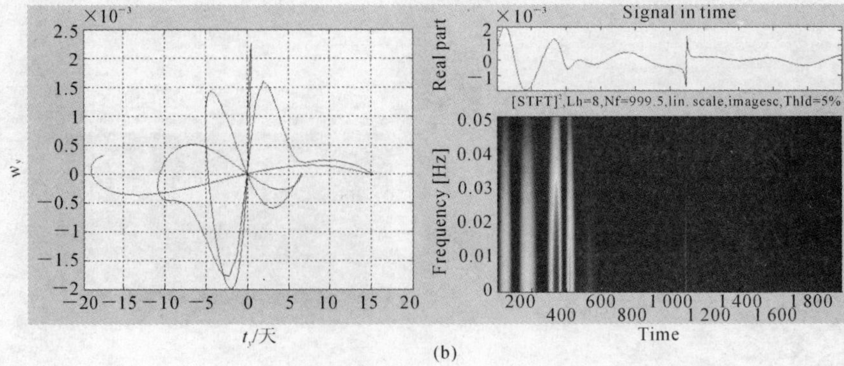

(b)

图 9-6　4 点的 $w_x(t)$, $w_y(t)$, $w(t)$, $f(t)$ 时频图

(a) $w_x(t)$ 时频图；(b) $w_y(t)$ 时频图

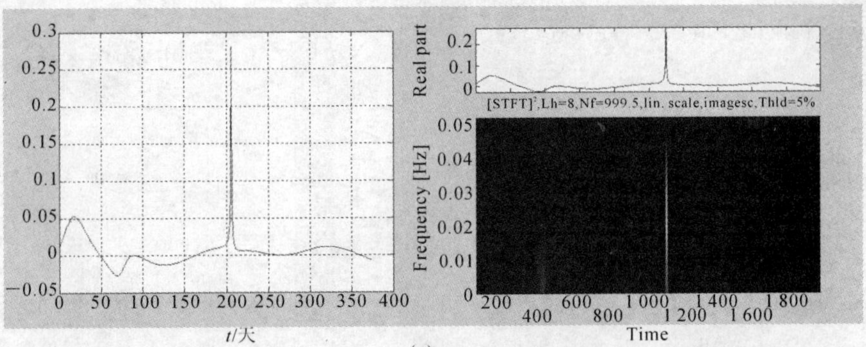

(c)

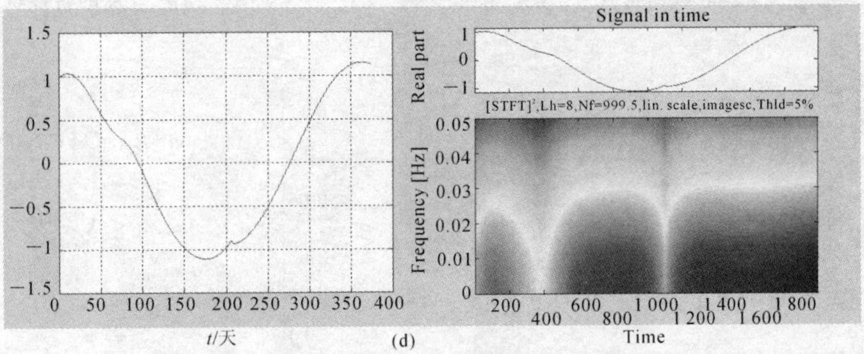

(d)

续图 9－6　4 点的 $w_x(t)$，$w_y(t)$，$w(t)$，$f(t)$ 时频图

(c) $w(t)$ 时频图；（d) $f(t)$ 时频图

由时频图我们可以得出，6 点是非转移轨道，4 点属于渐近轨道。同理，1 点、2 点、3 点、5 点、7 点和 8 点都属于渐近轨道，因此在地月系统中，从 L_2 的晕轨道转移到 L_1 点晕轨道的转移轨道族由 1 点、2 点、3 点、4 点、5 点、6 点、7 点和 8 点组成。图 9－7 给出了 6 点的非转移轨道，图 9－8 给出了 4 点从 L_2 的晕轨道转移到 L_1 的晕轨道的转移轨道。

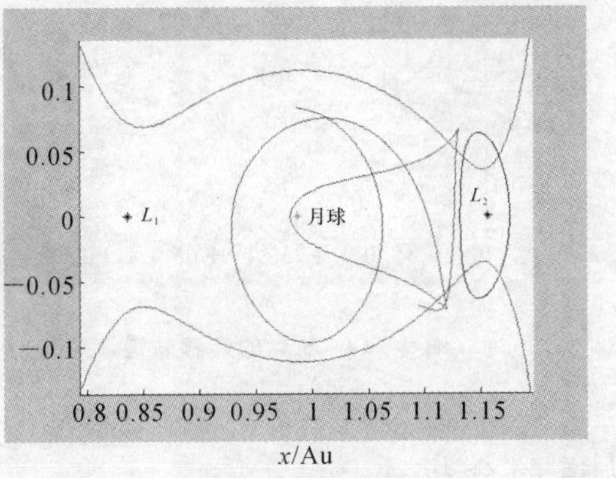

图 9－7　6 点的非转移轨道

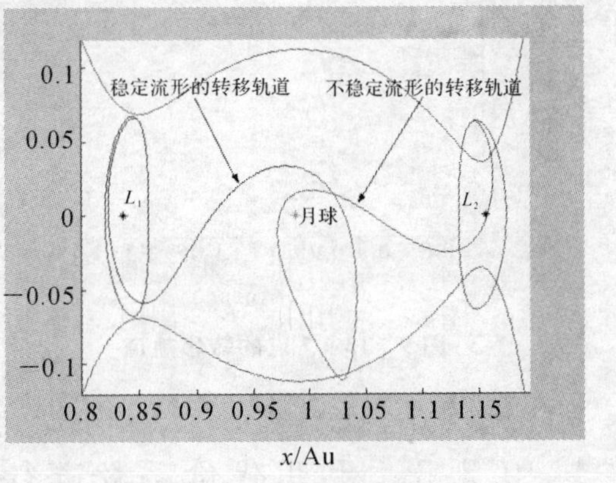

图 9－8　4 点的转移轨道

其他几点的转移轨道如图 9－9 ～ 图 9－14 所示。

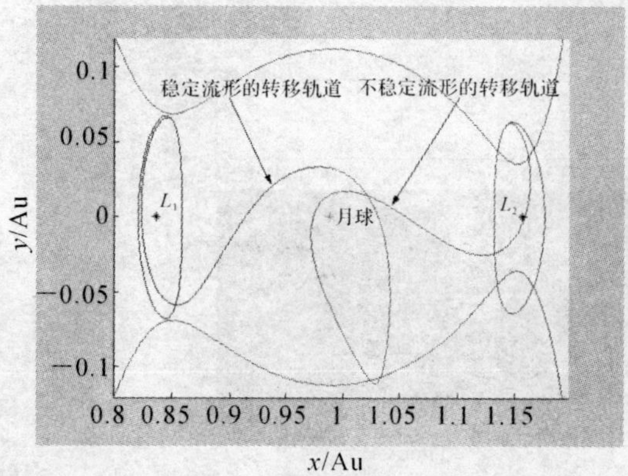

图 9-9　1 点的转移轨道

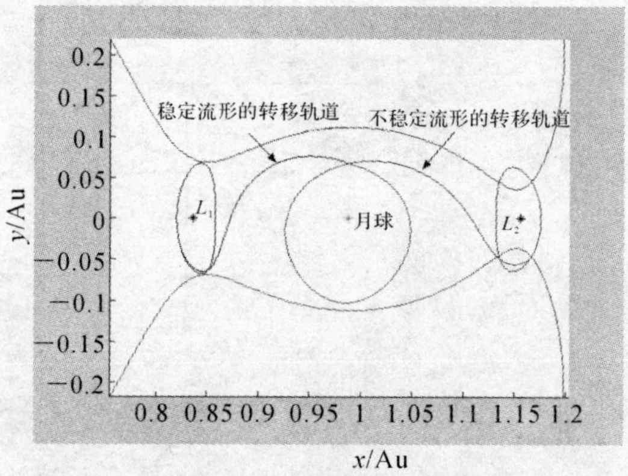

图 9-10　2 点的转移轨道

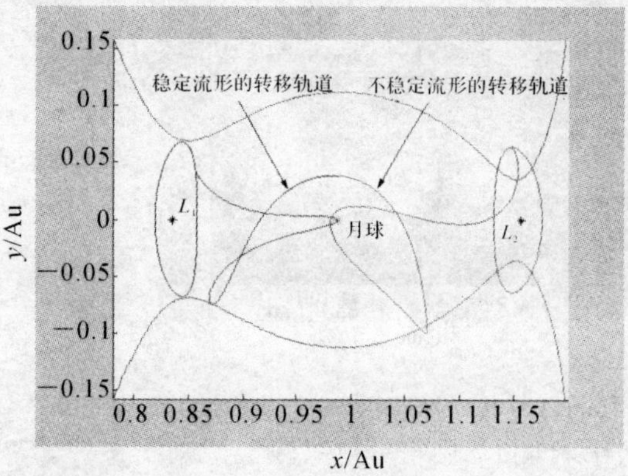

图 9-11　3 点的转移轨道

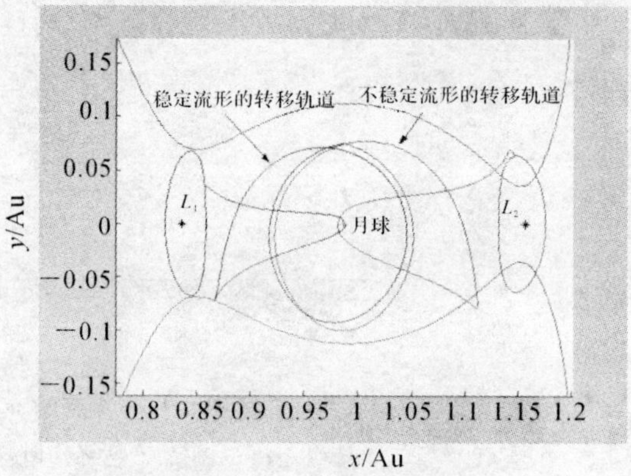

图 9-12　5 点的转移轨道

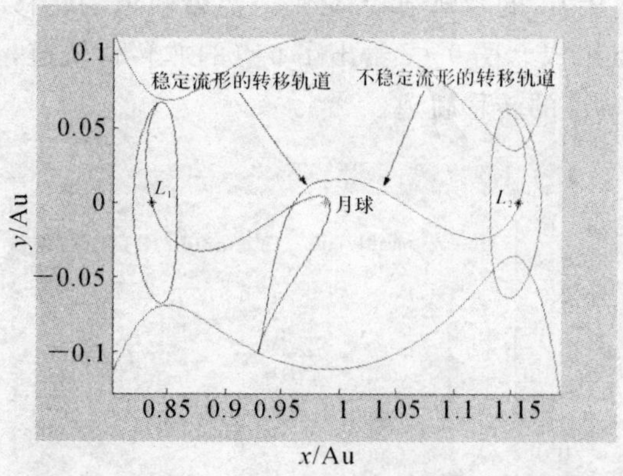

图 9-13　7 点的转移轨道

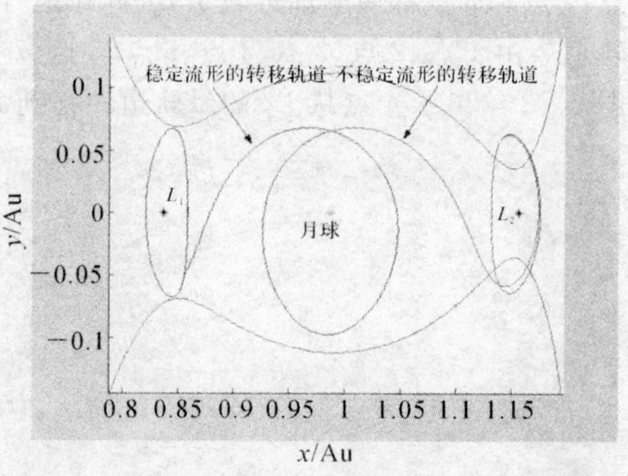

图 9-14　8 点的转移轨道

9.2.3　利用代价函数进行转移轨道的分析

以稳定流形和不稳定流形拼接点的代价为例，定义代价函数为 $\Delta \mathbf{V}$，则有

$$\Delta \boldsymbol{V} = \boldsymbol{V}_s - \boldsymbol{V}_u \tag{9.22}$$

其中，$\boldsymbol{V}_s$ 是稳定流形在交点的速度矢量，$\boldsymbol{V}_u$ 是不稳定流形在交点的速度矢量。

由式(9.22)可得

$$\Delta v = \sqrt{v_s^2 + v_u^2 - 2v_s v_u \cos\theta} \tag{9.23}$$

式中，v_s 是稳定流形在交点的速度标量，v_u 是不稳定流形在交点的速度标量，θ 为两个速度矢量之间的夹角。

现根据最小代价的原则及花费转移时间相对较少的原则来分析几种转移轨道，以便得到最优的转移轨道。由于航天器在流形上转移不需要施加额外的速度增量，因此我们只考虑从晕轨道进入流形、由一个流形进入另一个流形以及由流形进入晕轨道的速度增量。在上面的算例中，航天器从 L_2 点的晕轨道进入不稳定流形，其代价设为 Δv_1，由不稳定流形通过两个流形的拼接点进入稳定流形，其代价设为 Δv_2，由稳定流形进入 L_1 的晕轨道，其代价设为 Δv_3，总的转移代价设为 Δv，则有

$$\Delta v = \Delta v_1 + \Delta v_2 + \Delta v_3 \tag{9.24}$$

转移时间包括不稳定流形上的转移时间 T_1 和稳定流形上的转移时间 T_2，总的转移时间为 T，则

$$T = T_1 + T_2 \tag{9.25}$$

为了找到最优的转移轨道，主要的代价函数是 Δv，使得其最小，即寻找 Δv_{min}，次要的代价函数为 T，即在满足主要目标的同时，考虑次要的目标。表 9-1 列出了上面算例中 1～8 点的 Δv 和 T，其中 6 点因为不属于转移轨道，所以未列出。

表 9-1　地月系统 L_1 点和 L_2 点的晕轨道之间各转移轨道的代价和时间

代价＼点序号	1 点	2 点	3 点	4 点	5 点	7 点	8 点
$\Delta v_1/(km \cdot s^{-1})$	0.017 5	0.039 6	0.035 3	0.008 7	0.074 3	0.026 4	0.026 4
$\Delta v_2/(km \cdot s^{-1})$	0.005 1	0.063 0	0.005 6	0.015 0	0.133 4	0.234 3	0.007 6
$\Delta v_3/(km \cdot s^{-1})$	0.019 8	0.007 6	0.246 8	0.034 6	0.249 0	0.017 8	0.017 8
$\Delta v/(km \cdot s^{-1})$	0.042 4	0.110 3	0.287 7	0.058 3	0.456 8	0.278 4	0.051 8
T/ 天	21.117	19.641	19.024	36.825	37.021	17.224	22.407

由表 9-1 可以看出，Δv 最大的是 5 点。这是由于 5 点的稳定流形是属于 9.2.1 小节所述的部分流形在第一次绕月球旋转时，首先碰到能量层折返以后才绕月球旋转，因此代价和时间都比别的几点多。代价相对少的为 1 点、4 点和 8 点，其中 1 点所需代价最少，是属于稳定流形和庞加莱截面的第一次相交的截面与不稳定流形和庞加莱截面的第二次相交的截面的交点，由于稳定流形没有绕月球旋转完一圈，因此所需时间比 4 点少。8 点与 1 点基本情况相同，只是所需时间较多，因此 1 点是最优的转移轨道。1 点与 2 点相比，2 点主要是在不稳定流形与晕轨道的拼接以及不稳定流形向稳定流形的转移上所花代价较多，尽管所花时间比 1 点少，但仍然不是最优的转移轨道。

9.3 地月系统中的晕轨道到月球的转移轨道设计

在这一节中,我们主要研究晕轨道到月球的转移轨道设计,即利用晕轨道及不变流形来设计登月轨道的问题。对于幅值 A_x 不同的晕轨道,其不变流形绕月旋转的情况也不相同。当 A_x 幅值比较小时,它的不变流形将绕月球旋转而不通过月球;当 A_x 幅值增加到一定程度时,则不变流形将经过月球,并将月球包含在不变流形之内。因此,本节将分两种情况讨论利用晕轨道和不变流形进行登月转移轨道的设计问题。

9.3.1 利用不变流形直接登月的转移轨道设计

1. 利用不变流形直接登月的转移轨道设计算例

下面我们将利用一个算例来讨论如何利用地球和月球之间 L_1 点的晕轨道及其不变流形来设计登月轨道的转移轨道问题。

例 9.2 设月球质量为 m,地球质量为 M,则 $\mu=m/(m+M)=0.012\ 277\ 471$,选取 L_1 点晕轨道的初始条件为 $\boldsymbol{X}_0=[0.843\ 68\quad 0\quad 0\quad -0.058\ 814]^{\mathrm{T}}$,月球的平均直径为 $R=3\ 478$ km,周期 $T=5.400\ 8$,不稳定流形中的 $d=2\times10^{-4}$,对系统方程式(9.1)进行积分,可得 L_1 点的不稳定流形绕月球旋转的图形如图 9-15 所示。图 9-16 显示了不稳定流形绕月球旋转的细节。这里定义月球的停泊轨道高度为 h,它表示了从月球表面到最近的不稳定流形之间的距离。

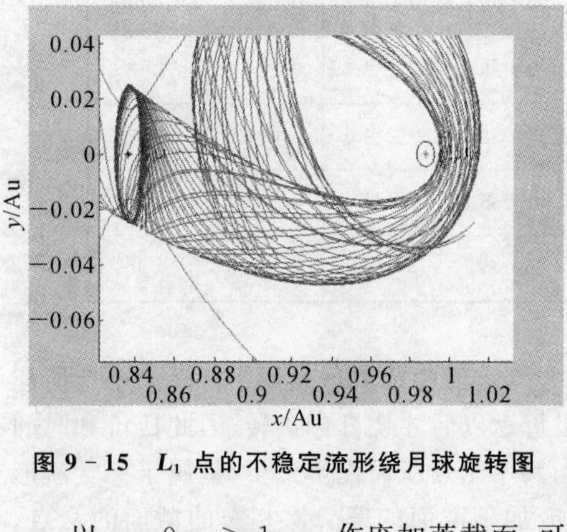

图 9-15 L_1 点的不稳定流形绕月球旋转图

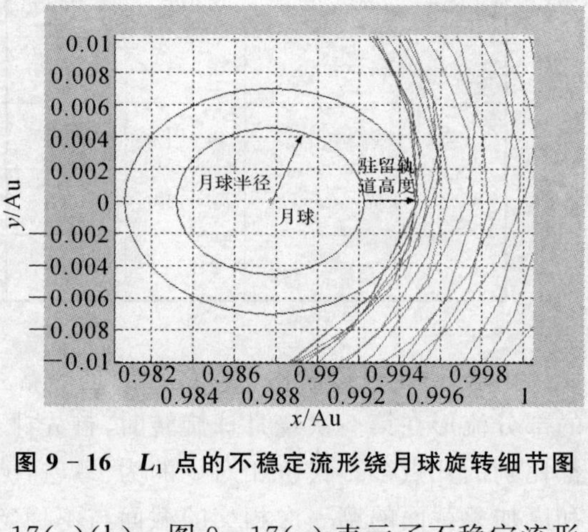

图 9-16 L_1 点的不稳定流形绕月球旋转细节图

以 $y=0, x>1-\mu$ 作庞加莱截面,可得图 9-17(a)(b)。图 9-17(a) 表示了不稳定流形被庞加莱截面截取的情况;图 9-17(b) 表示了在 $y=0, x=1-\mu$ 处的庞加莱截面图,图中横坐标是 x 轴,纵坐标是 $\dot{x}$ 轴,图中给出了月球的中心以及月球的表面。为了求出流形距离月球的最小停泊高度,需要求出庞加莱截面距离月球表面的最短距离。通过月球表面(黑实线)作垂直于月球表面的垂线,该垂线和庞加莱截面相交,在月球表面和庞加莱截面之间最短的距离即

为最小停泊高度 h。由图 9-17 可以求出本算例中的最小停泊高度为 $h=183$ km。根据最短距离和庞加莱截面相交的点和该点的坐标$(x,\dot{x})$，应用三次样条插值法，可求出该点的$(y,\dot{y})$，然后以$[x \quad y \quad \dot{x} \quad \dot{y}]^{\mathrm{T}}$ 作为初始条件，进行逆向积分，即可求出从 L_1 点的晕轨道转移到月球停泊轨道的转移轨道，如图 9-18 所示。在图 9-18 中，转移轨道在 L_1 点的晕轨道上施加一个微小的扰动，即可进入不稳定流形，不稳定流形通过和月球停泊轨道相交的交点，进入月球的停泊轨道，通过停泊轨道即可到达月球表面。在这个转移过程中，从晕轨道进入不稳定流形，这个过程所花费的代价为零，即航天器在晕轨道上运行一个周期后，将偏离晕轨道进入不稳定流形，这个过程不需要额外的代价，只需要适当地施加一个微小的扰动，即可完成。航天器进入不稳定流形后，通过一段时间的运行和月球的停泊轨道相交。从不稳定流形进入月球的停泊轨道需要一定的代价，这里统一使用速度的增量来表示所花费的代价，该代价已经利用式(9.22) ~ 式(9.24) 给出了定义。根据上述分析，从 L_1 点的晕轨道转移到月球的停泊轨道所花费的代价即为从不稳定流形转移到月球停泊轨道所花费的代价，计算结果为 $\Delta v=0.304\ 5$ km/s，转移时间为 $t=11.56$ 天。下面将根据能量来分析转移轨道特性。

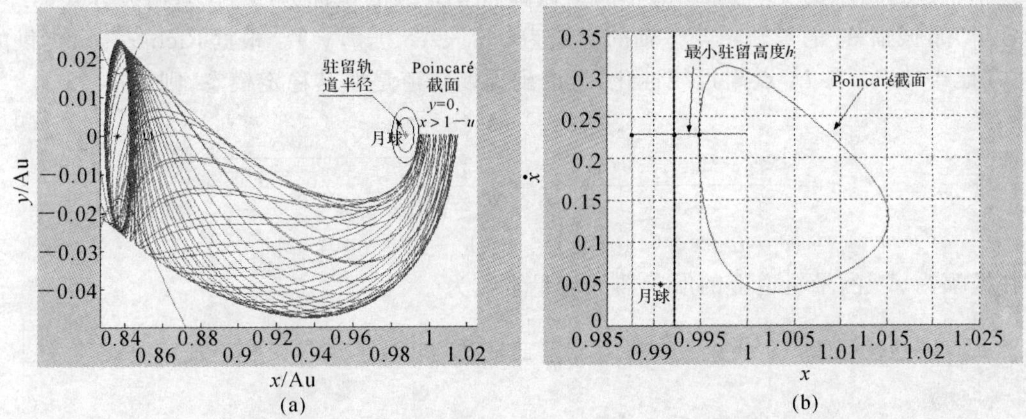

图 9-17　L_1 点的不稳定流形和庞加莱截面相交示意图

(a) 不稳定流形被庞加莱截面截取的情况；(b) 在 $y=0, x=1-\mu$ 处的庞加莱截面图

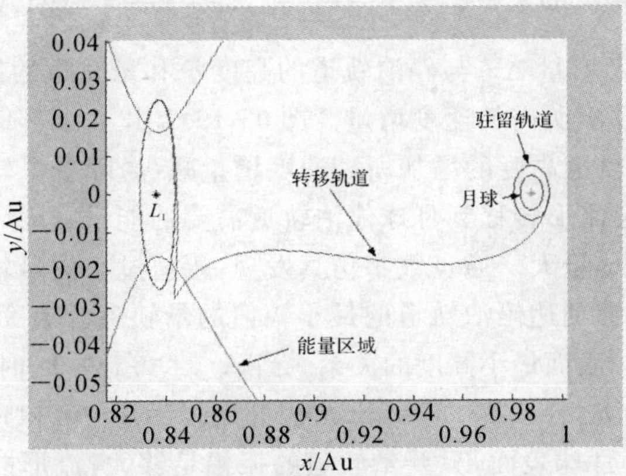

图 9-18　L_1 点的晕轨道到月球的转移轨道

2. 基于能量的转移轨道特性分析

龚胜平等人[80] 利用能量分析的方法研究了转移轨道的能量，在此借用这种方法来对转移轨道进行分析。三体问题的积分常数 C 代表系统能量，即

$$C=\frac{1}{2}(\dot{x}^2+\dot{y}^2)-\left[\frac{1}{2}(x^2+y^2)+\frac{1-\mu}{r_1}+\frac{\mu}{r_2}+\mu(1-\mu)\right] \tag{9.26}$$

其中，r_1 为月球到航天器质心的距离，r_2 为地球到航天器质心的距离。当月球停泊轨道上的航天器在轨运行时，只有 r_1 变化，当停泊轨道不高时，$r_1\approx 1-\mu$。设停泊轨道的高度为 h，月球的半径为 R_M，在轨航天器的速度为 $v=\sqrt{Gm/(R_M+h)}=\sqrt{\mu/(R_M+h)}$，则航天器的能量常数为

$$\begin{aligned}C_1&=\frac{\mu}{2(R_M+h)}-\left[\frac{1}{2}(1-\mu)^2+1+\frac{\mu}{R_M+h}+\mu(1-\mu)\right]=\\&-\left[\frac{1}{2}(1-\mu)^2+1+\frac{\mu}{2(R_M+h)}+\mu(1-\mu)\right]\end{aligned} \tag{9.27}$$

设晕轨道与 x 轴的交点到 L_1 的距离为振幅 A_x，L_2 点的坐标为 $(x_M, 0)$，由方程式(9.5)的对称性可知，振幅 A_x 的晕轨道与 x 轴的交点为 $(x_M-A_x, 0, 0, \dot{y}_0)$。根据 Richardson 提供的理论，将方程式(9.1)在 L_1 点附近线性化，考虑到周期轨道是取其稳定模态，则可得

$$\dot{y}_0=-A_x\xi\tau \tag{9.28}$$

其中

$$\tau=\frac{-(\xi^2+2c+1)}{2\xi},\quad \xi=\sqrt{\frac{1}{2}(c-2-\sqrt{9c^2-8c})}$$

$$c=\mu\,|x_M-1+\mu|^{-3}+(1-\mu)\,|x_M+\mu|^{-3}$$

在振幅为 A_x 的晕轨道上的航天器的能量常数为

$$C_2=\frac{1}{2}A_x^2\xi^2\tau^2-\left[\frac{1}{2}(x_M-A_x)^2+\frac{1-\mu}{x_M-A_x+\mu}+\frac{\mu}{x_M-A_x-1+\mu}+\mu(1-\mu)\right] \tag{9.29}$$

因为 $C_1<C_2$，所以必须给停泊轨道上的航天器一个速度增量，使航天器的能量常数达到 C_2，航天器才可能到达晕轨道。假定施加速度增量的方向与航天器在轨速度方向一致(需要的速度增量最小)，则速度增量的大小为

$$\Delta V=\sqrt{2(C_2-C_1)+\frac{\mu}{R_M+h}}-\frac{\mu}{R_M+h}=\Delta V(A_x, h) \tag{9.30}$$

式(9.30)给出了速度增量 ΔV 与停泊轨道的高度 h 和晕轨道的振幅 A_x 的近似解析表达式，给定 A_x 和 h 就可估算出所需的速度增量。图 9-19 给出了 ΔV 随 h 和 A_x 变化的关系。由图 9-19 可知，随着停泊轨道高度的增加所需速度增量减少，随着晕轨道振幅的增加所需速度增量增加。由于从不稳定流形转移到月球停泊轨道需要的能量减少，为了尽可能地减少能量，需要 L_1 点晕轨道的幅值尽量大。通过数字仿真发现，幅值过小的晕轨道流形无法到达月球附近，所以存在一个流形能够到达停泊轨道的最小幅值的晕轨道。表 9-2 给出了晕轨道的振幅 A_x 与其流形能够达到月球表面最小高度的关系。当 $A_x=0.144\ 04$ 时，不稳定流形能够到达月球表面的最小停泊高度为 $h_{\min}=183.975\ 8$ km，因此选择 $A_x=0.144\ 04$ 的流形来设计登月轨道。$h<0$ 表明能够到达月球表面，只要晕轨道的振幅足够大，流形能够到达月球表面的任意位置。

表 9-2　晕轨道的振幅与能到达月球表面最小停泊高度的关系

晕轨道振幅 A_x	流形能够到达月球表面的最小停泊高度 $h_{\min}$/km
0.140 54	3 562.741 3
0.140 64	2 778.963 4
0.140 74	2 034.724 3
0.140 84	1 575.662 4
0.140 94	1 315.437 5
0.141 04	1 000.125 3
0.142 04	753.893 4
0.143 04	345.742 6
0.144 04	183.975 8
0.145 04	−60.772 3

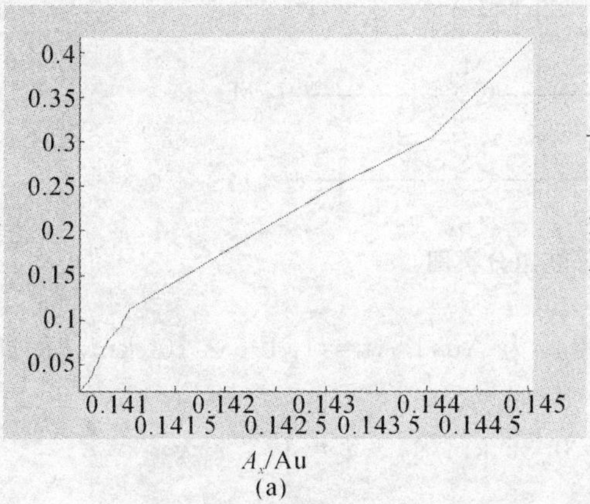

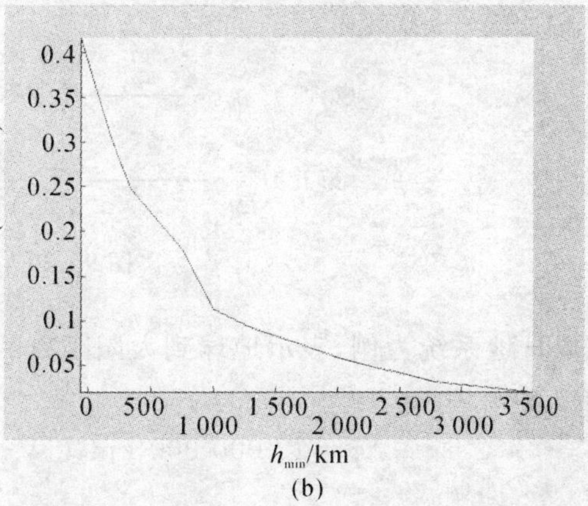

图 9-19　ΔV 与振幅 A_x 及最小停泊轨道高度 $h_{\min}$ 的关系

(a)ΔV 随 A_x 变化的曲线；(b)ΔV 随 $h_{\min}$ 变化的曲线

9.3.2　利用 L_1 点晕轨道的不变流形和第四类 Ⅲ 形状晕轨道的不变流形间接登月的转移轨道设计

在 9.3.1 小节中我们研究了利用不变流形直接登月的转移轨道设计方法，但利用这种方法所设计的登月轨道需花费较长的时间，并且由于选取流形中距离月球表面最近的轨迹时对于晕轨道插入点的要求非常严格，实现起来较为困难，因此在这一小节我们研究利用第四类 Ⅲ 形状的晕轨道及其不变流形来设计间接登月轨道的方法。

1. Lyapunov 轨道的分类

Lyapunov 轨道设计是平面圆形限制性三体问题，是晕轨道的特殊情况，即在 $z=0, \ddot{z}=0$ 的条件下的晕轨道。由于平面外的运动对平面内的运动影响很小，因此常通过对平面内轨道的划分来进行晕轨道的划分。对于 Lyapunov 轨道的分类，Stròmgren[315] 提出根据轨道的来源将 Lyapunov 轨道划分为 5 类，例如，有的来源于 L_1 可以划分为一类，而有的来源于 L_2 又可以划分为另一类。这类划分的问题是当一个轨道族靠近另一个轨道族时，轨道的来源可能不清楚。Broucke[316] 根据轨道和 x 轴相交的初始点位置 X_0 以及半周期时和 x 轴相交的另一个位置 X_1 来划分 Lyapunov 轨道，Lo[69] 则利用连续的方法来分类 Lyapunov 轨道，这些划分都是以 Broucke 划分法为基础来划分的。本小节也采用这种划分法，提出一种以位置和形状来划分的晕轨道分类法，将轨道划分为 5 类，如图 9－20 所示，其中 M_1 是质量大的天体，M_2 是质量小的天体。

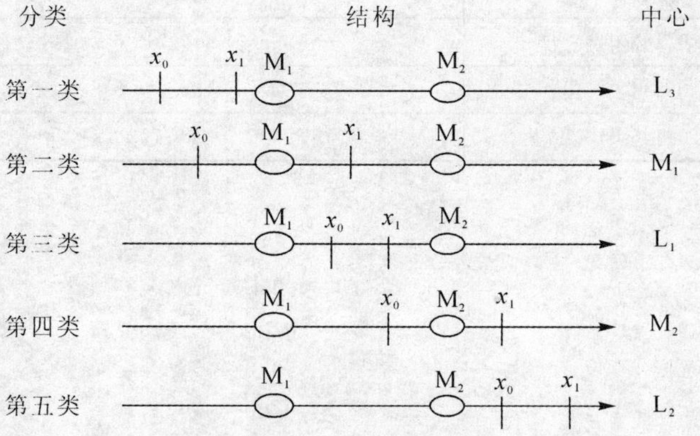

图 9－20　晕轨道分类图

以日地系统为例，表示地球到太阳距离的单位为 Au，1 Au＝1.496×10^8 km。例如，假设初始位置为

$$X_0=12\ 000\ 000\ \text{km},\quad V_0=0.35\ \text{km/s},\quad T=175.2\ 天$$

则有

$$x_0=1\ 200\ 000\times\frac{1}{1.496\times10^8}=0.008\ 02\ \text{Au}$$

$$v_0=0.35\times\frac{1}{1.496\times10^8}\times\frac{365.25\times24\times60\times60}{2\pi}=0.011\ 8\ \text{Au/tu}$$

$$t=175.2\times\frac{2\pi}{365.25}=3.05\ \text{tu}$$

其中，tu 为时间单位，1 tu＝58.13 天。

Lyapunov 轨道采用上述的单位，对距离、速度和周期的初始条件进行了变换，从而产生晕轨道。为了清晰地表示出速度与位置的关系、能量与初始位置的关系以及周期与初始位置的关系，在图 9－21 ～ 图 9－26 中位置、速度和周期没有进行变换。

根据轨道的形状和作用，可以把 Lyapunov 轨道分为 5 种形状，然后再根据所处的位置，可将 Lyapunov 轨道族分为 5 类：

(1) 第一类：第一类 Lyapunov 轨道如图 9－21 所示。从图 9－21 中可以看出，晕轨道是围绕着平动点 L_3 所形成的轨道，能量随着初始位置远离平动点而增加。周期在初始位置位于 2.5×10^8 km 附近时陡然增加。

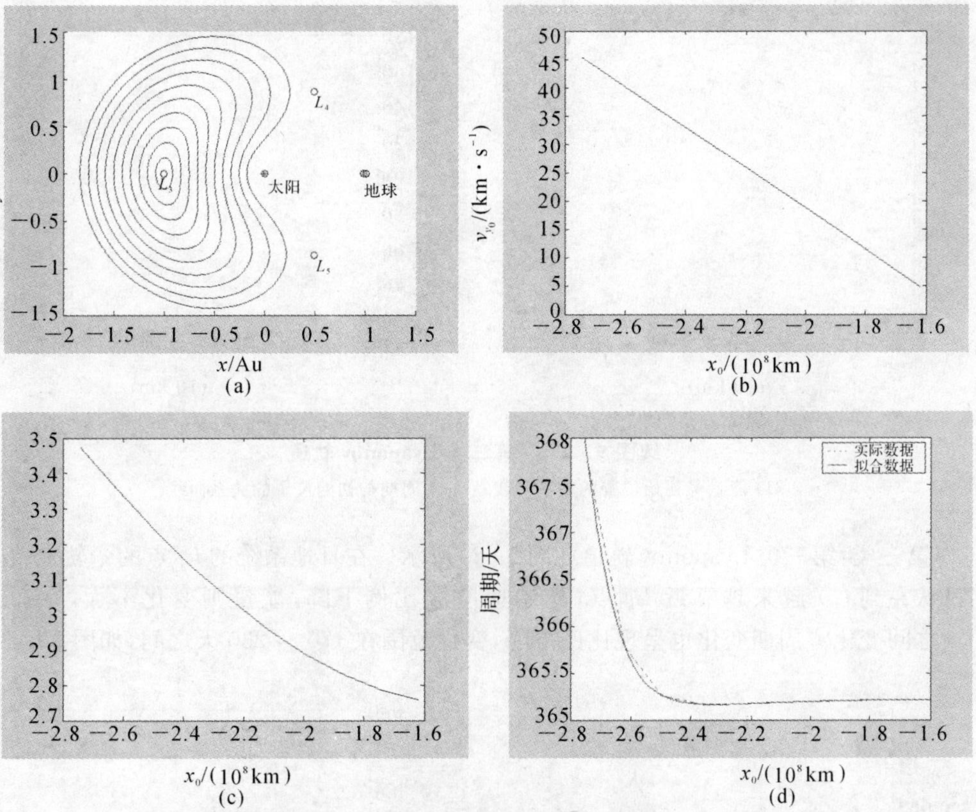

图 9-21　第一类 Lyapunov 轨道

(a) 第一类 Lyapunov 轨道图形；(b) 速度与初始位置的关系曲线；

(c) 能量与初始位置的关系曲线；(d) 周期与初始位置的关系曲线

(2) 第二类：第二类 Lyapunov 轨道如图 9-22 所示。从图 9-22 可以看出，晕轨道族是以太阳为中心的一组轨道，该轨道随着初始位置靠近太阳(从左向右渐近太阳)，初始速度开始减小然后逐渐增大，能量也逐渐增加，所用的周期逐渐减小。

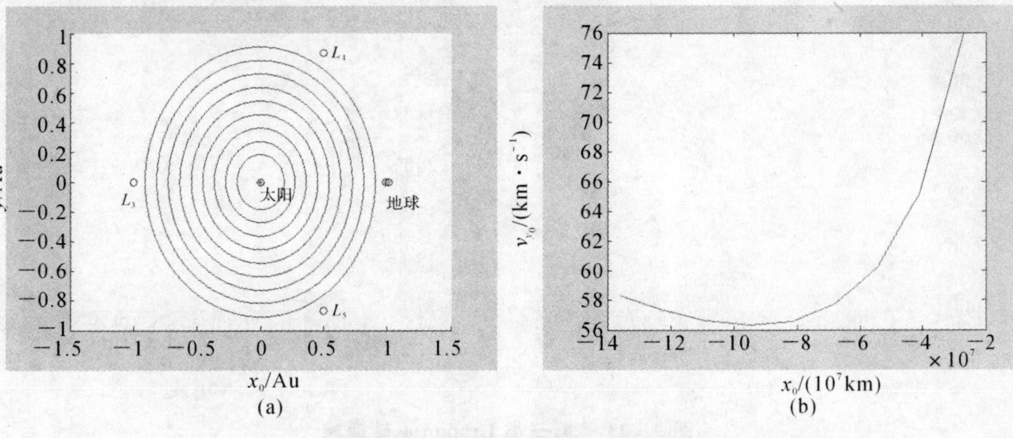

图 9-22　第二类 Lyapunov 轨道

(a) 第二类 Lyapunov 轨道图形；(b) 速度与初始位置的关系曲线

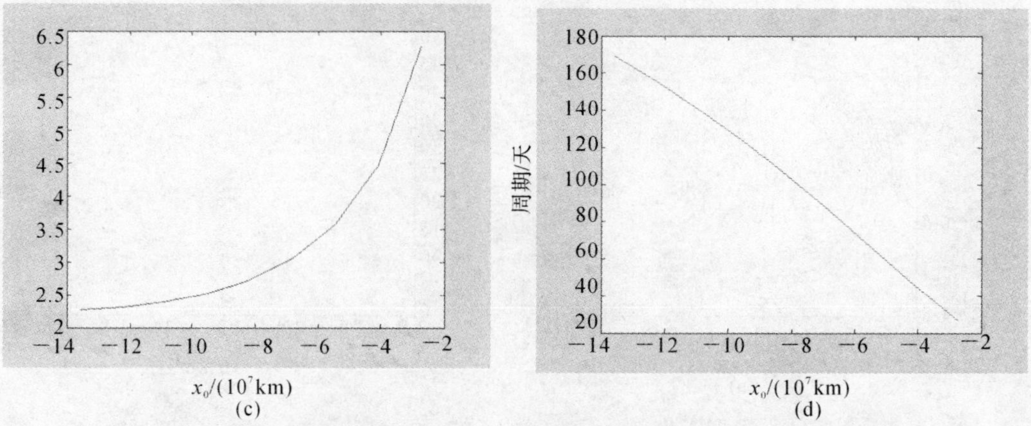

续图 9－22　第二类 Lyapunov 轨道

(c) 能量与初始位置的关系曲线；(d) 周期与初始位置的关系曲线

(3) 第三类：第三类 Lyapunov 轨道如图 9－23 所示。在日地系统的 L_1 点的晕轨道族，随着初始位置（从左到右）越来越靠近 L_1 点，初始速度成比例下降，能量则变化不大，在3.000 6～3.000 8之间变化。周期变化也呈现比例下降，变化范围在 170～230 天之间，如图 9－23 所示。

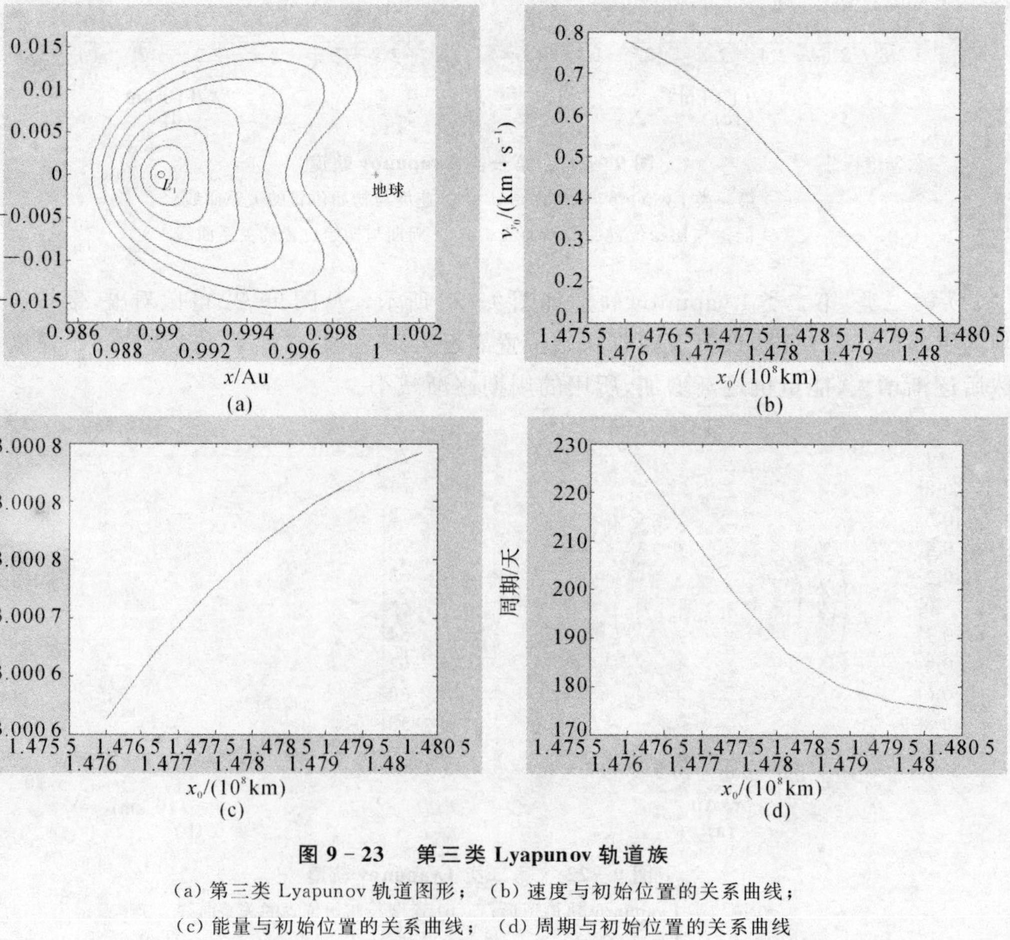

图 9－23　第三类 Lyapunov 轨道族

(a) 第三类 Lyapunov 轨道图形；(b) 速度与初始位置的关系曲线；

(c) 能量与初始位置的关系曲线；(d) 周期与初始位置的关系曲线

(4) 第四类：第四类 Lyapunov 轨道如图 9－24 ～ 图 9－27 所示，是以地球为中心的 Lyapunov 轨道族，这类轨道的形状有很大区别，可以分为以下四种形状，分别以 Ⅰ，Ⅱ，Ⅲ，Ⅳ 来表示。

1) 第四类 Ⅰ 形状：第四类 Ⅰ 形状 Lyapunov 轨道如图 9－24 所示，是以地球为中心、形状近似圆形的 Lyapunov 轨道族。这类轨道的初始位置在($0.9\times10^8 \sim 1.1\times10^8$ km)之间，能量在 3.000 8 ～ 3.001 6 之间，周期在 20 ～ 100 天。随着初始位置的增加，初始速度以抛物线形式增加，能量也相应地以抛物线形式增加，而周期则比例下降。这种形式的轨道和二体问题的轨道相似，主要是地球引力的作用。

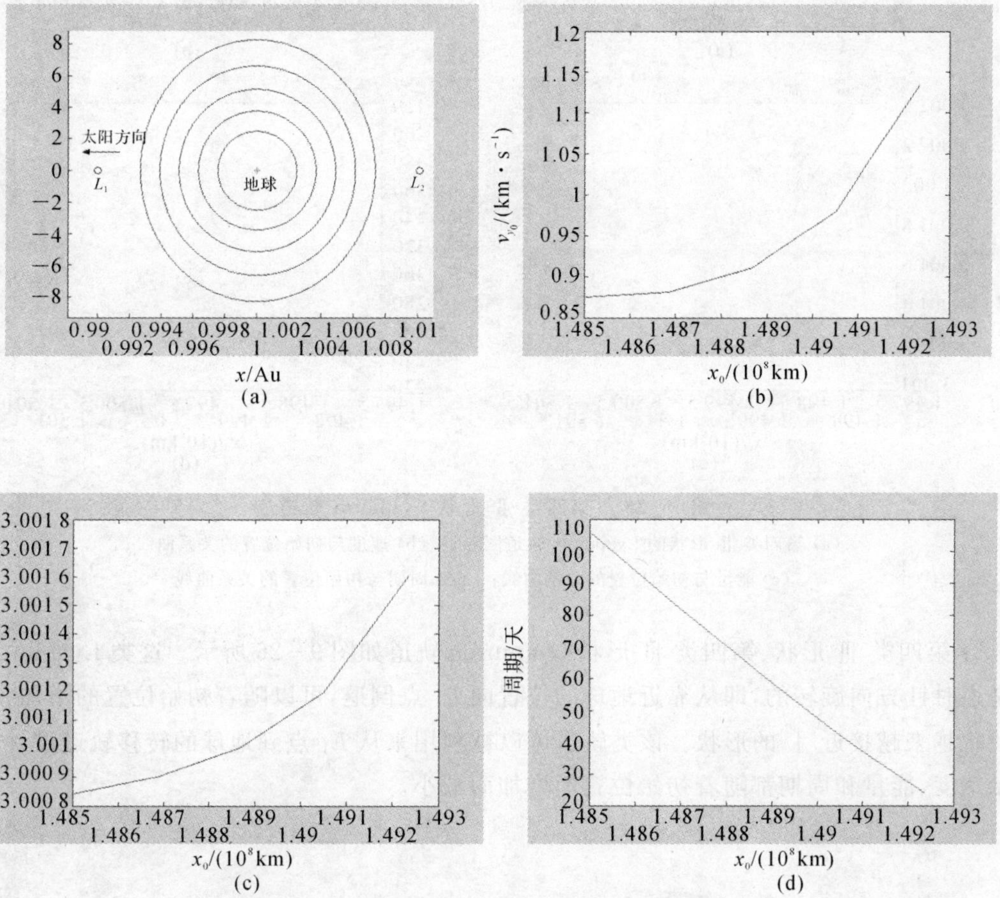

图 9－24　第四类 Ⅰ 形状的 Lyapunov 轨道族

(a) 第四类 Ⅰ 形状的 Lyapunov 轨道图形；(b) 速度与初始位置的关系曲线；
(c) 能量与初始位置的关系曲线；(d) 周期与初始位置的关系曲线

2) 第四类 Ⅱ 形状：第四类 Ⅱ 形状 Lyapunov 轨道如图 9－25 所示。这类 Lyapunov 轨道族像两个葫芦对接一样，它的初始位置在 $1.49\times10^8 \sim 1.50\times10^8$ km 之间，能量在3.001 ～ 3.002 4 之间，周期在 230 ～ 400 天之间。随着初始位置的增大，初始速度减小，能量和周期则比例减小。从图形中可以看出，这类轨道是在一个很小的位置范围内存在，当初始位置很靠近地球时，利用这类轨道可以实现从地球的停泊轨道出发，然后返回地球停泊轨道的多次往返任务。

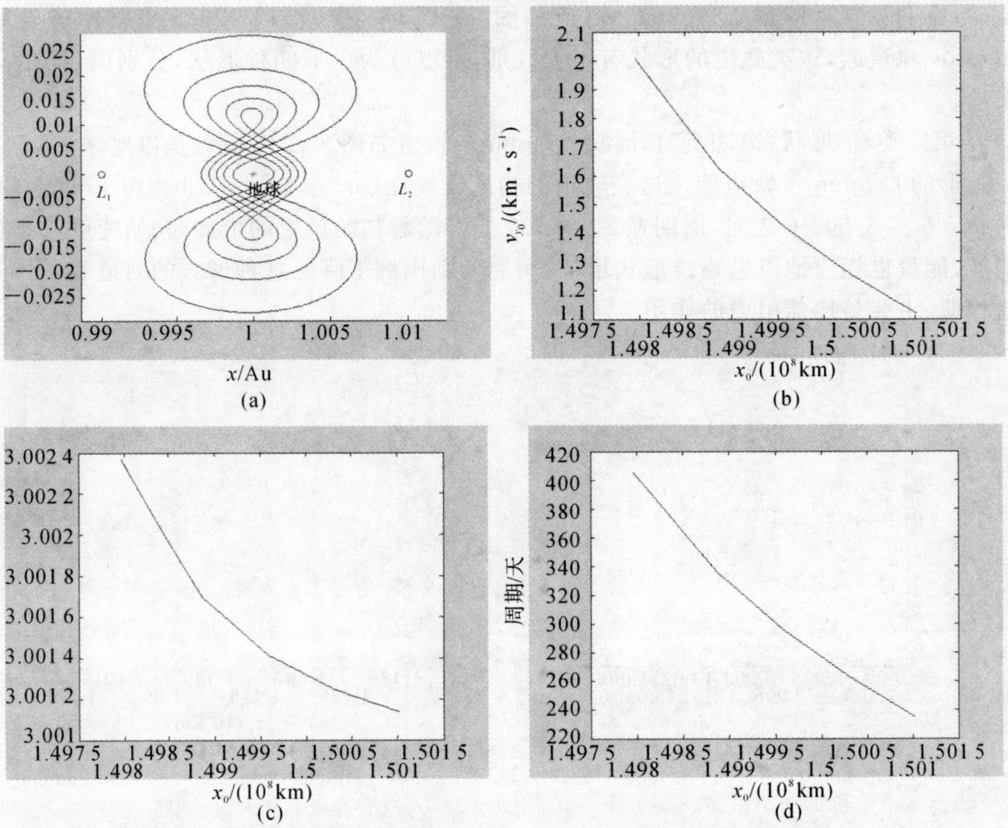

图 9-25　第四类 Ⅱ 形状 Lyapunov 轨道族

(a) 第四类 Ⅱ 形状的 Lyapunov 轨道图形；(b) 速度与初始位置的关系曲线；
(c) 能量与初始位置的关系曲线；(d) 周期与初始位置的关系曲线

3) 第四类 Ⅲ 形状：第四类 Ⅲ 形状 Lyapunov 轨道如图 9-26 所示。这类 Lyapunov 轨道族是逆时针方向旋转的，即从靠近地球的位置向 L_1 点倒退，可以随着初始位置的增加，轨道的形状将越来越接近 Ⅰ 的形状。该类轨道可以被利用来从 L_1 点到地球的转移轨道设计。它的初始速度、能量和周期都随着初始位置的增加而减小。

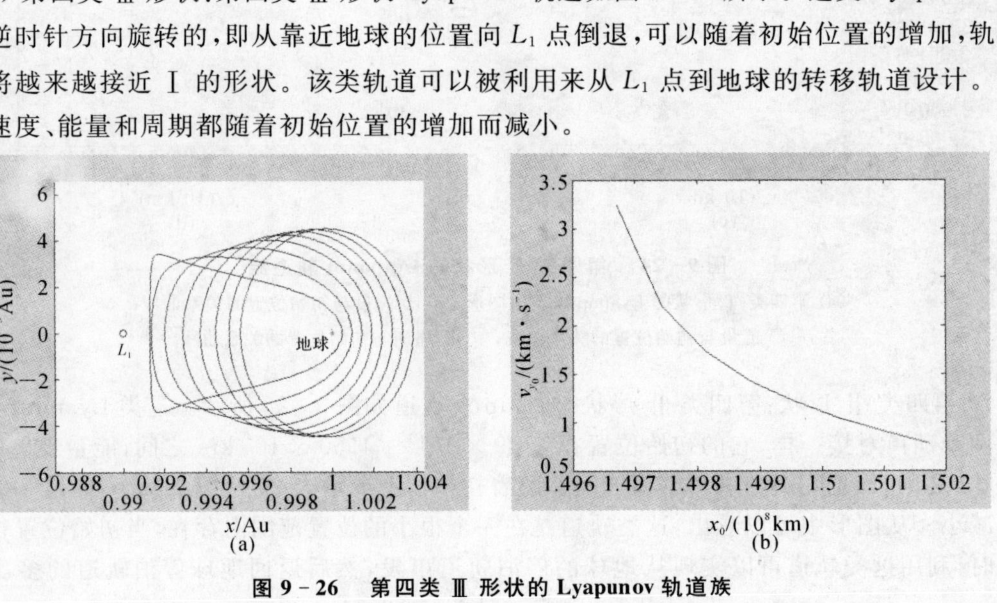

图 9-26　第四类 Ⅲ 形状的 Lyapunov 轨道族

(a) 第四类 Ⅲ 形状的 Lyapunov 轨道图形；(b) 速度与初始位置的关系曲线

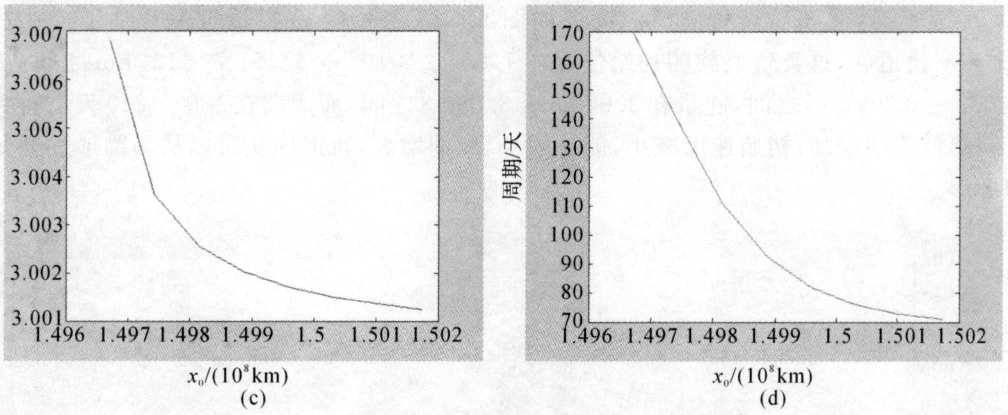

续图 9-26　第四类 Ⅲ 形状的 Lyapunov 轨道族

(c) 能量与初始位置的关系曲线；(d) 周期与初始位置的关系曲线

4) 第四类 Ⅳ 形状：第四类 Ⅳ 形状 Lyapunov 轨道如图 9-27 所示。这类轨道是从 Ⅰ 形状的轨道随着初始位置的增加而形成的，这类位置的轨道也可以作为从地球到 L_2 点的 Lyapunov 转移轨道。从图 9-27 可以看出，这类轨道是从地球附近沿着逆时针方向逐渐向 L_2 方向退却，初始速度和能量随着初始位置的增加而减小，周期随着初始位置的增加而增加，在周期中，有一段是下降的，这说明最初轨道的周期是处于 Ⅰ 形状的轨道。

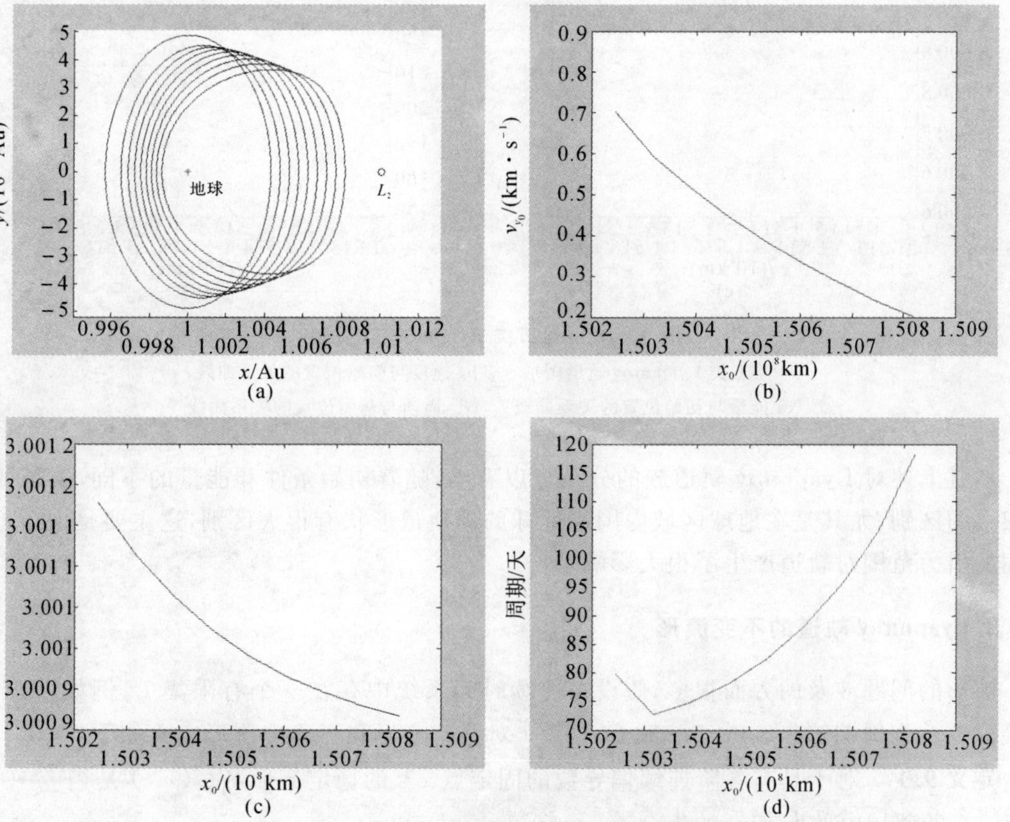

图 9-27　第四类 Ⅳ 形状的 Lyapunov 轨道族

(a) 第四类 Ⅳ 形状的 Lyapunov 轨道图形；(b) 速度与初始位置的关系曲线；

(c) 能量与初始位置的关系曲线；(d) 周期与初始位置的关系曲线

(5) 第五类：第五类 Lyapunov 轨道如图 9-28 所示。这类轨道是以 L_2 点为中心的 Lyapunov 轨道族，这类轨道族的初始位置在 $1.151\,2\times10^8\sim1.151\,7\times10^8$ km 之间，初始速度在 0.2～0.9 km/s 之间，能量在 3.000 6～3.000 8 之间，而周期在 180～240 天之间变化。随着初始位置的增加，初始速度减小，能量减小，周期增大，轨道形状可以从马蹄形逐渐变化到近似圆形。

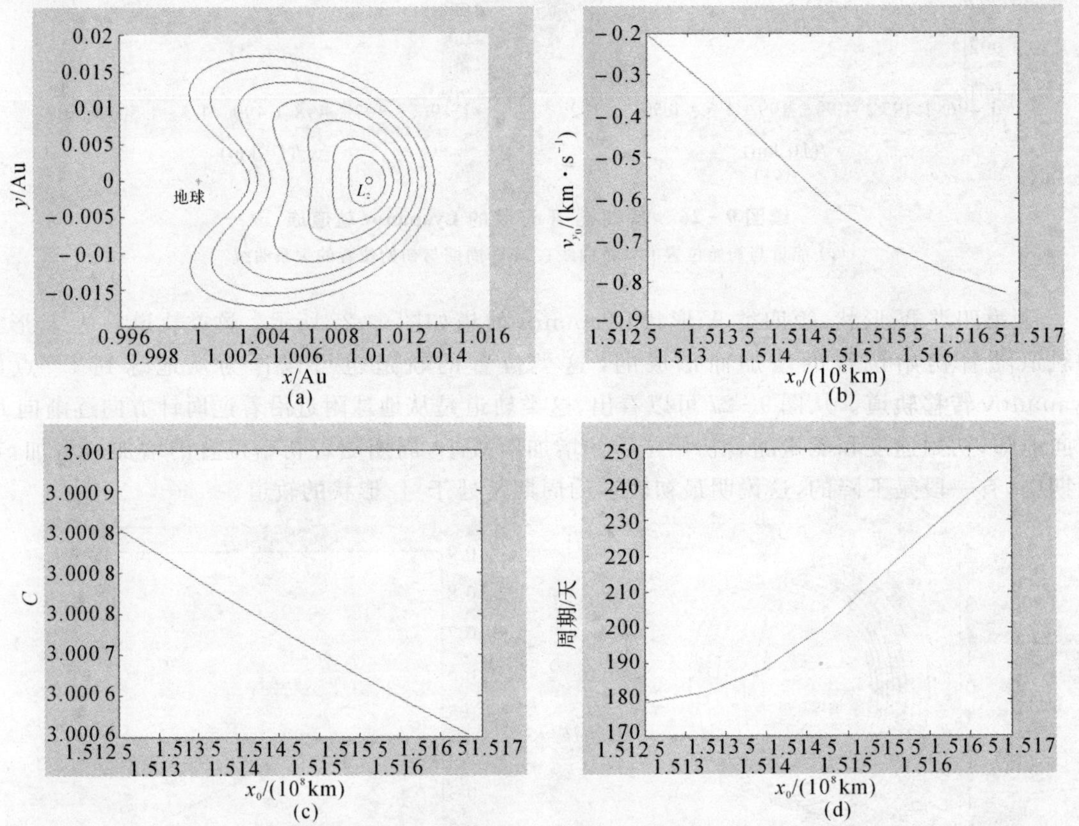

图 9-28　第五类 Lyapunov 轨道族

(a) 第五类 Lyapunov 轨道图形；(b) 速度与初始位置的关系曲线；
(c) 能量与初始位置的关系曲线；(d) 周期与初始位置的关系曲线

通过上述对 Lyapunov 轨道族的分类可以看出，随着初始条件和能量的不同，轨道的形状有很大的区别，尤其是在地球区域内围绕地球的晕轨道形状有很大区别，这主要是由于地球和太阳的引力范围对轨道产生了很大影响。

2. Lyapunov 轨道的不变流形

流形的问题涉及的方面很多，假设在连续时间系统中存在一个有限集 L，例如，一个平动解集或者一个周期解集。Parker 和 Chua[157] 对稳定流形和不稳定流形定义如下：

定义 9.1　对于具有各阶连续偏导数的固定点 $\bar{x}^*$ 的稳定流形 $W^s_{loc}(\bar{x}^*)$ 是当 $j\to\infty$ 时，接近 $\bar{x}^*$ 的邻域内的所有 $\bar{x}$ 的集合。

定义 9.2　对于具有各阶连续偏导数的固定点 $\bar{x}^*$ 的不稳定流形 $W^u_{loc}(\bar{x}^*)$ 是当 $j\to-\infty$

时，接近 $\bar{x}^*$ 的邻域内的所有 $\bar{x}$ 的集合。

在上述定义中，j 表示的是映射迭代的次数，$W^s_{loc}(\bar{x}^*)$ 和 $W^u_{loc}(\bar{x}^*)$ 属于线性系统定义的稳定子空间和不稳定子空间的类，这表示了 $W^s_{loc}(\bar{x}^*)$ 和 $W^u_{loc}(\bar{x}^*)$ 是不变的。

周期轨道的流形是以平动点为中心的。根据 Llibre[317] 的论述，稳定和不稳定流形分别表示为 $W^s_{Li,p.o}$ 和 $W^u_{Li,p.o}$。如果航天器在稳定流形上，它的轨迹是朝着周期轨道方向前进的，如果在不稳定流形上，它的轨迹运行方向是离开周期轨道的。这个特性在转移轨道的设计中有很重要的作用。

Gómez[156] 将不变流形上的轨道划分为转移轨道和非转移轨道，转移轨道是指航天器的轨迹在不变流形的“管道”内，而非转移轨道则是指航天器的轨迹在不变流形的管道外。转移轨道位于管道内是由于初始条件位于流形的庞加莱截面内。由于单值矩阵表示了从轨道上的一点 $\boldsymbol{X}_0$ 到庞加莱截面上的一点 $\boldsymbol{X}$ 轨迹的一阶映射，则有

$$\boldsymbol{X} \mapsto \boldsymbol{X}_0 + \boldsymbol{M}(\boldsymbol{X} - \boldsymbol{X}_0) \quad (\mapsto \text{表示映射}) \tag{9.31}$$

它的特征矢量表示了轨道上点的一维流形的方向。因此，如果 $\boldsymbol{X}_0^i$ 是轨道上的任意点，则通过后向积分初始条件获得的稳定流形为

$$\boldsymbol{X}_{0,s}^i = \boldsymbol{X}_0^i \pm d\boldsymbol{V}_s^i \tag{9.32}$$

其中 $\boldsymbol{V}_s^i$ 是 X_0^i 的特征向量，参数 d 表示了转移轨道上的点和初始点之间的距离，d 越小，则流形越接近于真实情况。符号 ± 表示了流形的两个不同分支。同样地，不稳定流形可通过前向积分获得。

对于 Lyapunov 轨道的不变流形的计算过程为，首先离散化 Lyapunov 轨道，取其轨道上的一点 $\boldsymbol{X}_0^i$，然后计算 Lyapunov 轨道状态转移矩阵 $\boldsymbol{\Phi}$，通过 $\boldsymbol{\Phi}$ 得到特征向量 $\boldsymbol{V}$，然后利用状态转移矩阵 $\boldsymbol{\Phi}$ 来转移特征向量 $\boldsymbol{V}$，即可得到对于 Lyapunov 轨道上所取这一点的扰动，记为 $\boldsymbol{PV}$，对扰动 $\boldsymbol{PV}$ 进行归一化处理，所得结果记为 $\boldsymbol{u\_PV}$，然后选取一极小值，记为 ε，利用下式

$$\boldsymbol{X}_{0,s}^i = \boldsymbol{X}_0^i \pm \varepsilon \times \boldsymbol{u\_PV} \tag{9.33}$$

则可以将 Lyapunov 轨道上的一点转移到不变流形上。

下面对 Lyapunov 分类轨道的不变流形进行数字仿真。

式(9.33)中的 ε 选取不同的值将会对流形的形状和方向产生很大的影响，这主要是由于流形的曲率和扭矩对 ε 值很敏感[232]。下面分别选取 $\varepsilon=2\times10^{-5}$ 和 $\varepsilon=2\times10^{-8}$ 对日地系统 L_2 点两个不同形状的 Lyapunov 轨道的不稳定流形进行仿真。

(1)图 9-29 所示为 $\varepsilon=2\times10^{-8}$ 和 $\varepsilon=2\times10^{-5}$ 时的仿真结果。其初始条件为

$$x_0=1.011\,051\,779\,081\,52,\quad y_0=0,\quad \dot{x}_0=0,\quad \dot{y}_0=-0.006\,948\,264\,680\,522\,83$$
$$C=3.000\,880\,162\,087\,34,\quad \tau=3.082\,202\,408\,142\,02$$

图 9-30 所示为 $\varepsilon=2\times10^{-8}$ 和 $\varepsilon=2\times10^{-5}$ 时的仿真结果。其初始条件为

$$x_0=1.013\,935\,648\,645\,84,\quad y_0=0,\quad \dot{x}_0=0,\quad \dot{y}_0=-0.027\,798\,678\,826\,195\,4$$
$$C=3.000\,617\,159\,089\,58,\quad \tau=4.195\,237\,252\,937\,95$$

由图 9-29 和图 9-30 可以看出，取 $\varepsilon=2\times10^{-5}$ 和 $\varepsilon=2\times10^{-8}$ 的图形有很大差别。对于图 9-29 来说，由于取 $\varepsilon=2\times10^{-8}$，不稳定流形的曲率很大，因此最初不稳定流形的曲线是贴着 Lyapunov 轨道的，不稳定流形的“管道”相对很小；当取 $\varepsilon=2\times10^{-5}$ 时，不稳定流形的曲率相对变小，不稳定流形的“管道”看起来和 Lyapunov 轨道相接。对于图 9-30 来说，取 $\varepsilon=2\times$

10^{-8},不稳定流形的曲线相对集中,并且穿过地球。当取 $\varepsilon=2\times10^{-5}$ 时,不稳定流形的曲线经过一段时间的积分,曲线族呈发散状。由此可见,ε 值的选取对流形的影响很大。

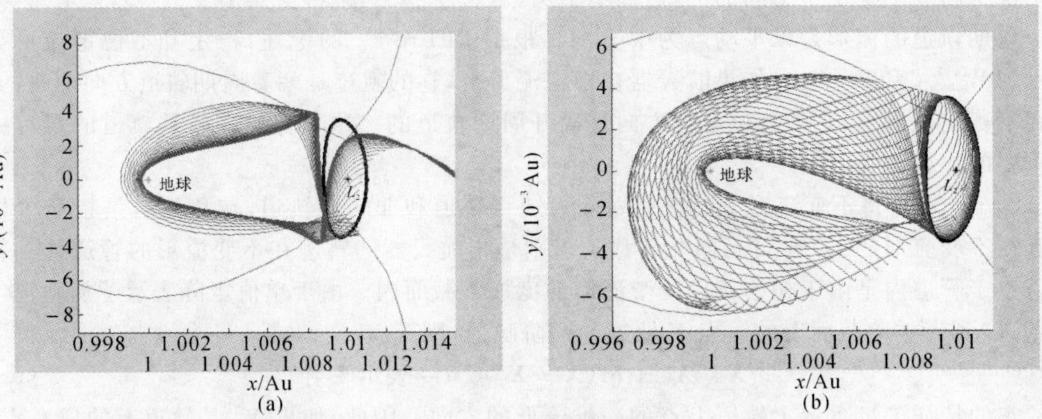

图 9-29　日地系统 L_2 点 Lyapunov 轨道取不同的 ε 值的不稳定流形

(a)$\varepsilon=2\times10^{-8}$；(b)$\varepsilon=2\times10^{-5}$

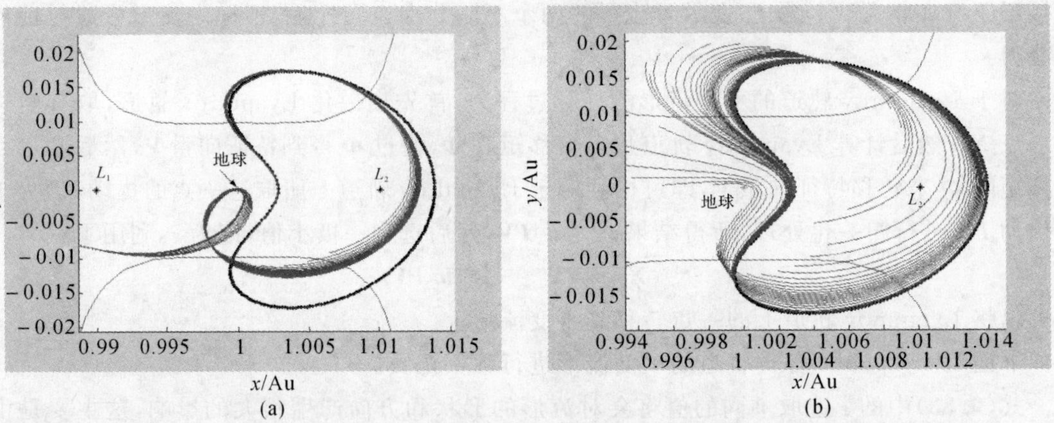

图 9-30　日地系统 L_2 点 Lyapunov 轨道取不同的 ε 值的不稳定流形

(a)$\varepsilon=2\times10^{-8}$；(b)$\varepsilon=2\times10^{-5}$

下面对不同类型的 Lyapunov 轨道的不变流形进行仿真。

(2)第一类 Lyapunov 轨道不变流形的仿真结果。初始条件选取为

$$x_0=-1.833\,338\,211\,646\,74,\quad y_0=0,\quad \dot{x}_0=0,\quad \dot{y}_0=1.524\,796\,563\,626\,26,$$

$$C=3.289\,533\,547\,611\,59,\quad \tau=6.326\,190\,768\,047\,47,\quad \varepsilon=2\times10^{-8}$$

其仿真结果如图 9-31 所示。

从图 9-31 可以看出,稳定流形和不稳定流形几乎贴着 Lyapunov 轨道,为了更好地显示稳定流形和不稳定流形,取其三维视图。由于 z 轴上的数量级很小,达到10^{-23},因此可以把不变流形看成是二维的。从其三维视图可以看出稳定流形在 z 轴的上方,而不稳定流形在 z 轴的下方。

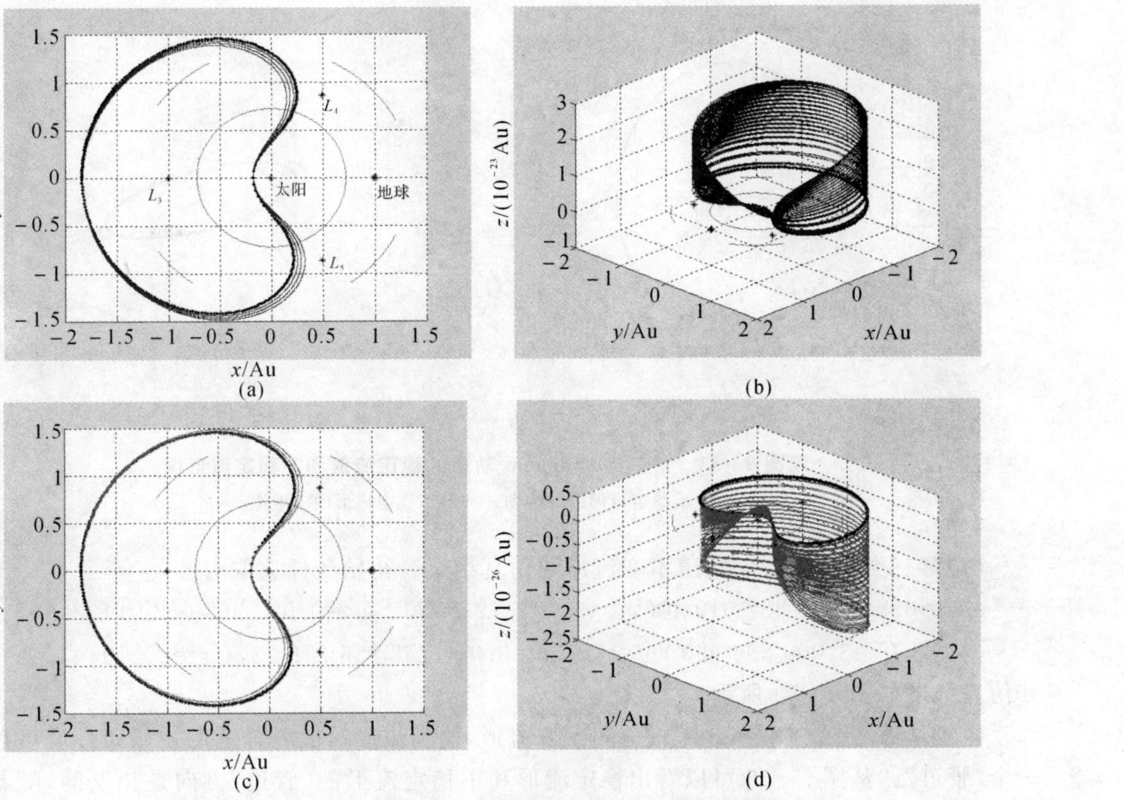

图 9-31　第一类 Lyapunov 轨道的稳定流形和不稳定流形图

(a)稳定流形的二维图；（b)稳定流形的三维图；

(c)不稳定流形的二维图；（d)不稳定流形的三维图

(3)第二类 Lyapunov 轨道不变流形的仿真结果。初始条件选取为

$$x_0=-0.909\ 091\ 788\ 344\ 235,\quad y_0=0,\quad \dot{x}_0=0,\quad \dot{y}_0=1.957\ 890\ 210\ 344\ 72,$$

$$C=1.109\ 782\ 585\ 583\ 62,\quad \tau=2.917\ 394\ 918\ 911\ 77,\quad \varepsilon=2\times10^{-5}$$

其仿真结果如图 9-32 所示。

由图 9-32 可以看出，由于能量很小，整个区域连通了，稳定流形和不稳定流形的形状像一根绳子系在了 Lyapunov 轨道上。

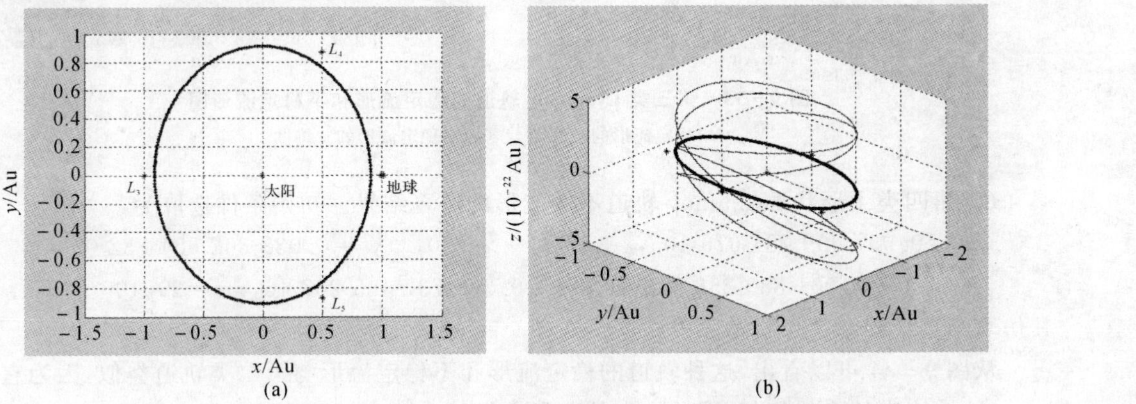

图 9-32　第二类 Lyapunov 轨道的稳定流形和不稳定流形图

(a)稳定流形的二维图；（b)稳定流形的三维图

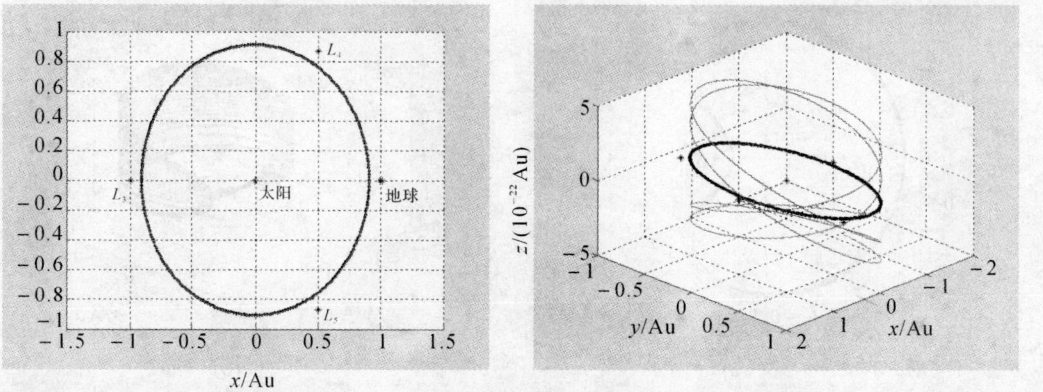

(c) (d)

续图 9-32 第二类 Lyapunov 轨道的稳定流形和不稳定流形图

(c)不稳定流形的二维图； (d)不稳定流形的三维图

(4)第三类 Lyapunov 轨道不变流形的仿真结果。初始条件选取为

$$x_0=0.989\ 493\ 437\ 019\ 406,\quad y_0=0,\quad \dot{x}_0=0,\quad \dot{y}_0=0.003\ 368\ 082\ 014\ 302\ 88,$$

$$C=3.000\ 896\ 990\ 866\ 13,\quad \tau=3.017\ 753\ 156\ 278\ 22,\quad \varepsilon=2\times10^{-5}$$

其仿真结果如图 9-33 所示。

由于是 L_1 点的 Lyapunov 轨道的不变流形，这类流形一般取合适的初始条件就可以形成一个“管道”。从图 9-33 可以看出稳定流形和不稳定流形的“管道”方向是相反的，随着积分时间的增大，这些流形将碰到能量壁，在太阳区域内形成一条弯曲的“管道”。

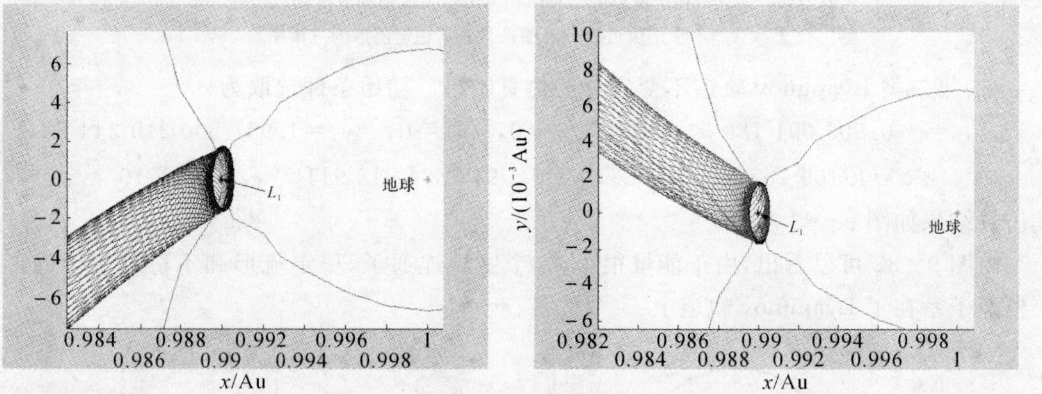

图 9-33 第三类 Lyapunov 轨道的稳定流形和不稳定流形图

(a)稳定流形的二维图； (b)不稳定流形的二维图

(5)第四类Ⅰ形状 Lyapunov 轨道不变流形的仿真结果。初始条件选取为

$$x_0=0.997\ 609\ 784\ 676\ 105,\quad y_0=0,\quad \dot{x}_0=0,\quad \dot{y}_0=0.038\ 302\ 554\ 832\ 093\ 4,$$

$$C=3.001\ 830\ 258\ 956\ 31,\quad \tau=0.395\ 737\ 485\ 267\ 46,\quad \varepsilon=2\times10^{-5}$$

其仿真结果如图 9-34 所示。

从图 9-34 可以看出，这种轨道的稳定流形和不稳定流形与第二类轨道类似，因为它们的 Lyapunov 轨道的形状相似，因此产生的流形也类似。

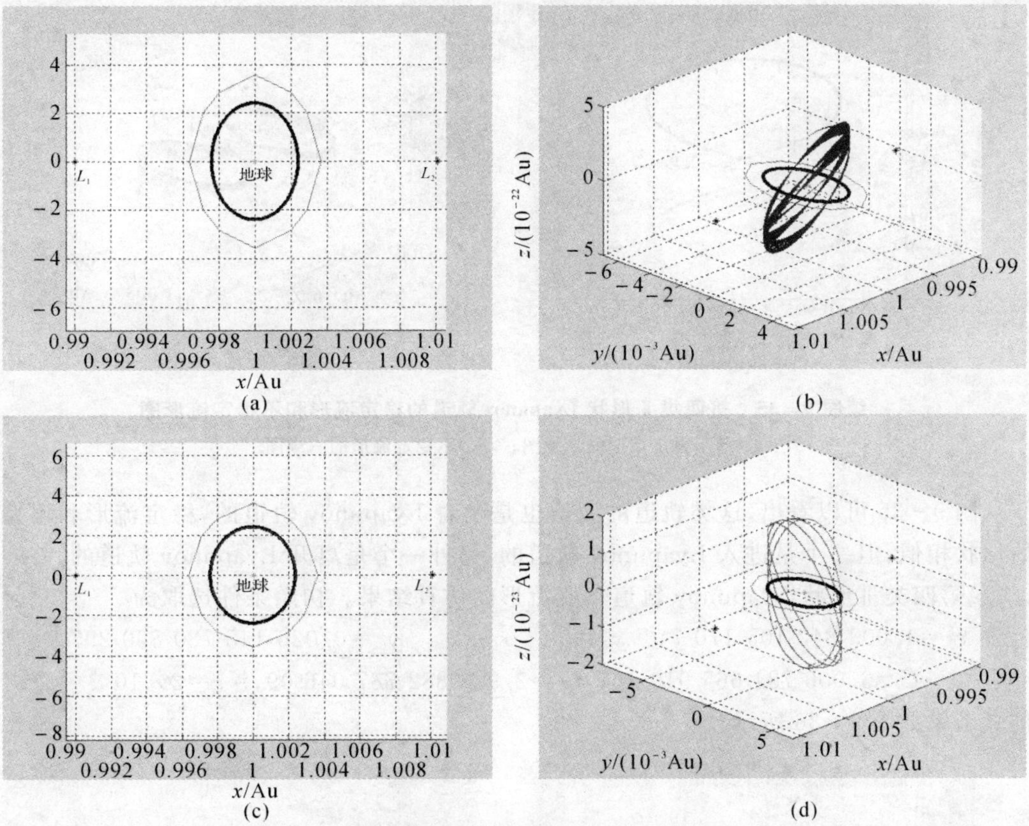

图 9-34　第四类Ⅰ形状 Lyapunov 轨道的稳定流形和不稳定流形图

(a)稳定流形的二维图；(b)稳定流形的三维图；

(c)不稳定流形的二维图；(d)不稳定流形的三维图

(6)第四类Ⅱ形状 Lyapunov 轨道不变流形的仿真结果。初始条件选取为

$$x_0=1.001\ 313\ 494\ 900\ 54,\quad y_0=0,\quad \dot{x}_0=0,\quad \dot{y}_0=0.067\ 304\ 610\ 744\ 865\ 8,$$

$$C=3.002\ 367\ 801\ 808\ 87,\quad \tau=3.483\ 729\ 187\ 549\ 63,\quad \varepsilon=2\times10^{-8}$$

其仿真结果如图 9-35 所示。

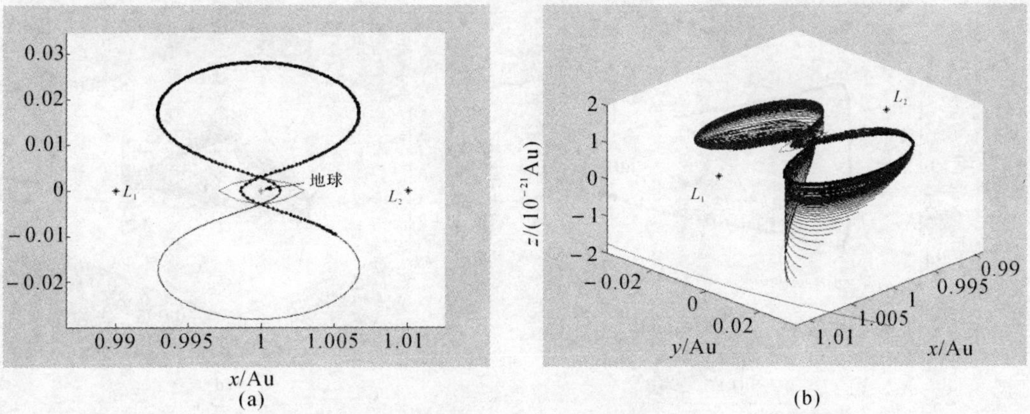

图 9-35　第四类Ⅱ形状 Lyapunov 轨道的稳定流形和不稳定流形图

(a)稳定流形的二维图；(b)稳定流形的三维图

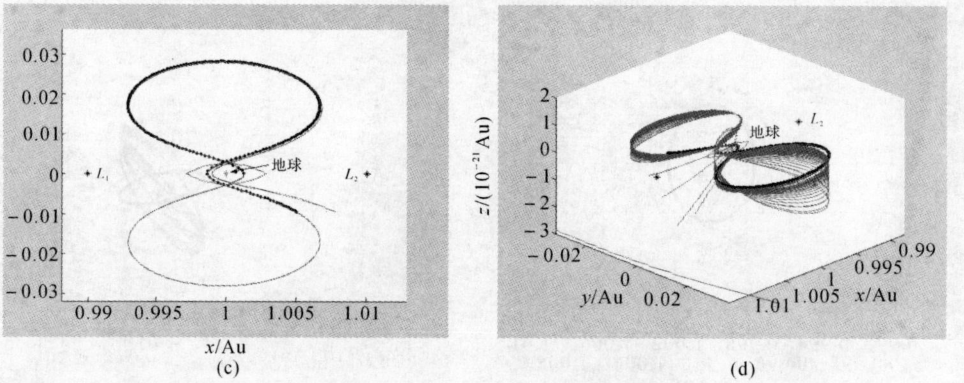

续图 9-35　第四类Ⅱ形状 Lyapunov 轨道的稳定流形和不稳定流形图

(c)不稳定流形的二维图；　(d)不稳定流形的三维图

从图 9-35 可以看出，这类轨道的流形也是贴着 Lyapunov 轨道的，稳定流形和不稳定流形的形状相似，但一个是进入 Lyapunov 轨道的，另外一个是离开 Lyapunov 轨道的。

(7)第四类Ⅲ形状 Lyapunov 轨道不变流形的仿真结果。初始条件选取为

$$x_0=1.003\,842\,105\,170\,7,\quad y_0=0,\quad \dot{x}_0=0,\quad \dot{y}_0=0.026\,145\,780\,890\,297\,9,$$

$$C=3.006\,784\,665\,910\,16,\quad \tau=2.923\,882\,787\,046\,09,\quad \varepsilon=2\times10^{-8}$$

其仿真结果如图 9-36 所示。

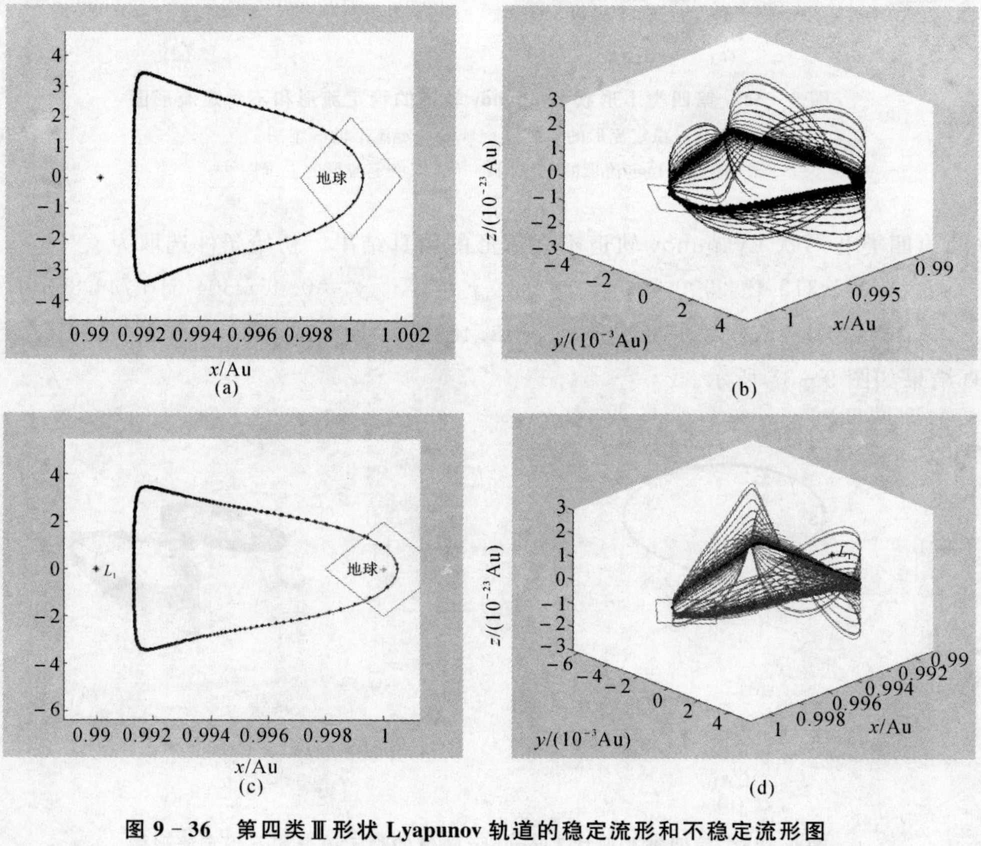

图 9-36　第四类Ⅲ形状 Lyapunov 轨道的稳定流形和不稳定流形图

(a)稳定流形的二维图；　(b)稳定流形的三维图；

(c)不稳定流形的二维图；　(d)不稳定流形的三维图

从图 9-36 可以看出，不变流形是贴者 Lyapunov 轨道的，由于这个轨道是从地球向 L_1 点方向退却的，因此对于设计从地球到 L_1 附近的转移轨道，既可以利用 Lyapunov 轨道，也可以利用不变流形来设计。但是，由于不变流形的要求比 Lyapunov 轨道的要求低，而且有多条曲线，因此一般采用不变流形进行设计。

(8)第四类Ⅳ形状 Lyapunov 轨道不变流形的仿真结果。初始条件选取为

$$x_0=1.008\ 167\ 909\ 517\ 19,\quad y_0=0,\quad \dot{x}_0=0,\quad \dot{y}_0=0.006\ 722\ 584\ 951\ 975\ 43,$$

$$C=3.000\ 911\ 983\ 601,\quad \tau=2.034\ 131\ 473\ 032\ 66,\quad \varepsilon=2\times10^{-5}$$

其仿真结果如图 9-37 所示。

从图 9-37 可以看出，这类轨道的不变流形和Ⅲ形状的不变流形是相似的，只不过这类轨道族是从地球向 L_2 方向退却的。

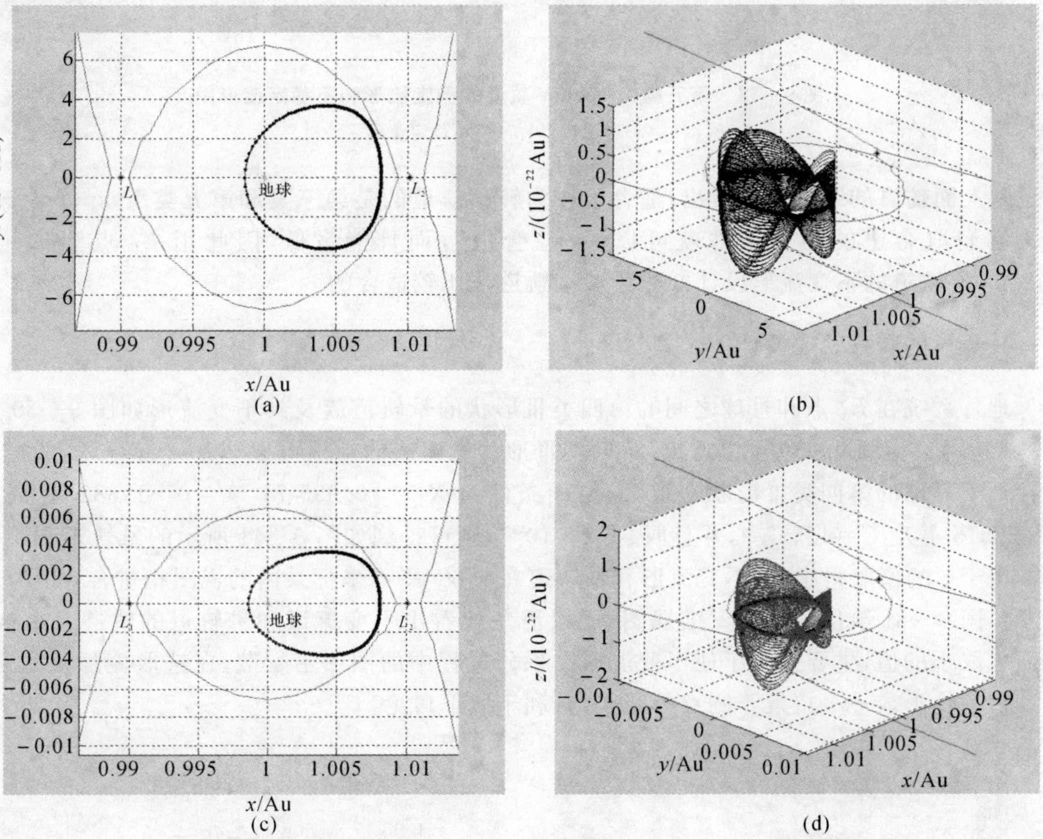

图 9-37　第四类Ⅳ形状 Lyapunov 轨道的稳定流形和不稳定流形图

(a)稳定流形的二维图；(b)稳定流形的三维图；

(c)不稳定流形的二维图；(d)不稳定流形的三维图

(8)第五类 Lyapunov 轨道不变流形的仿真结果。初始条件选取为

$$x_0=1.011\ 051\ 779\ 081\ 52,\quad y_0=0,\quad \dot{x}_0=0,\quad \dot{y}_0=-0.006\ 948\ 264\ 680\ 522\ 83,$$

$$C=3.000\ 880\ 162\ 087\ 34,\quad \tau=3.082\ 202\ 408\ 142\ 02,\quad \varepsilon=2\times10^{-5}$$

其仿真结果如图 9-38 所示。

从图 9-38 可以看出，对于 L_2 点的 Lyapunov 轨道的不变流形，选取适当的初始条件，即

可以形成和 Lyapunov 轨道相接的“管道”。

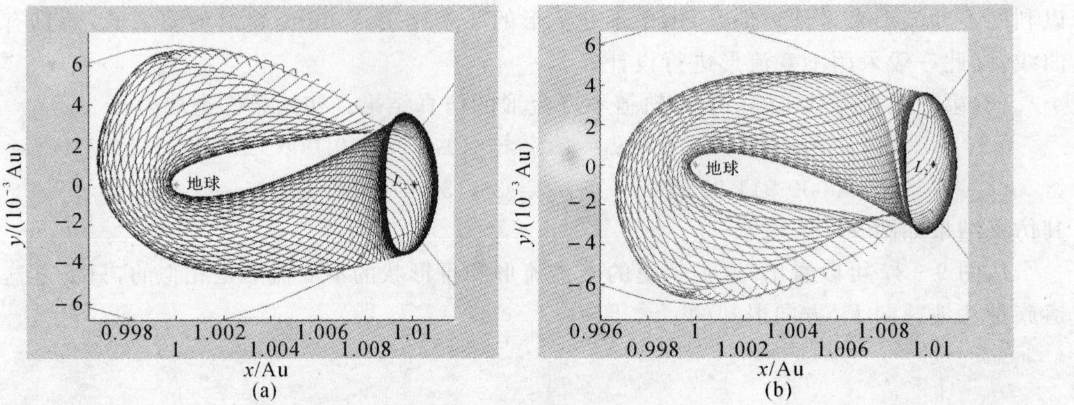

图 9-38 第五类 Lyapunov 轨道的稳定流形和不稳定流形图

(a)稳定流形； (b)不稳定流形

从上面仿真的结果可以看出，适合于作为转移轨道的是第三类和第五类 Lyapunov 轨道，因为它们取合适的初始条件就可以形成“管道”，而且能量低，因此用 L_1 点和 L_2 点的 Lyapunov 轨道的不变流形设计低能量转移轨道是比较适合的。

3. 登月的转移轨道设计

地月系统在 L_1 点和月球之间的第四类Ⅲ形状的晕轨道族及其不变流形如图 9-39 和图 9-40 所示。由图 9-39 可以看出，第四类Ⅲ形状轨道族的轨道可以非常接近月球，选择一条最接近于月球的第四类Ⅲ形状轨道，其初始条件为 $\boldsymbol{X}_0=[0.995\ 74\quad 0\quad 0\quad 1.682]^{\mathrm{T}}$，周期为 $T=2.515\ 4$ 天，$C=4.597\ 9$，并且取 $\varepsilon=2\times10^{-8}$，则可得到如图 9-41 所示的晕轨道和不变流形。由于 ε 的值取得小，故不变流形和晕轨道在 $x-y$ 平面坐标系内的视图相重合，如图9-40 所示。图 9-41 给出了它的三维视图，可以清楚地看出不变流形和晕轨道的轨迹。在这里 ε 之所以取小的值，主要是为了使不变流形在积分过程中的图形不发散，在选取庞加莱截面时，不变流形将形成一个接近于圆点的截面，有利于以下讨论。

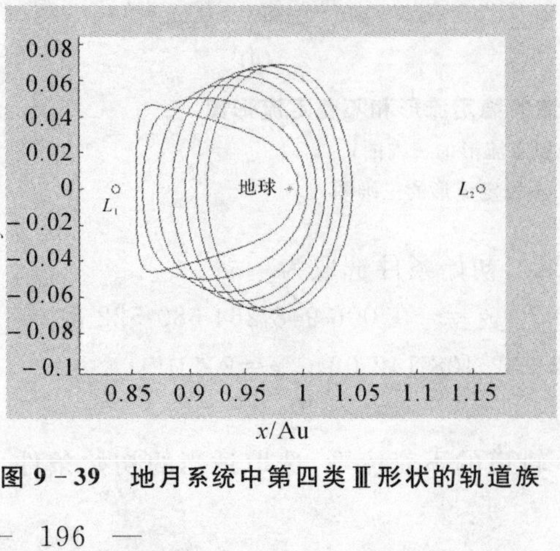

图 9-39 地月系统中第四类Ⅲ形状的轨道族

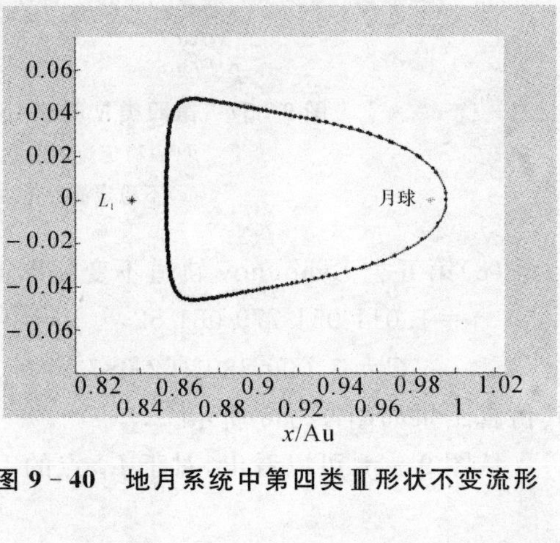

图 9-40 地月系统中第四类Ⅲ形状不变流形

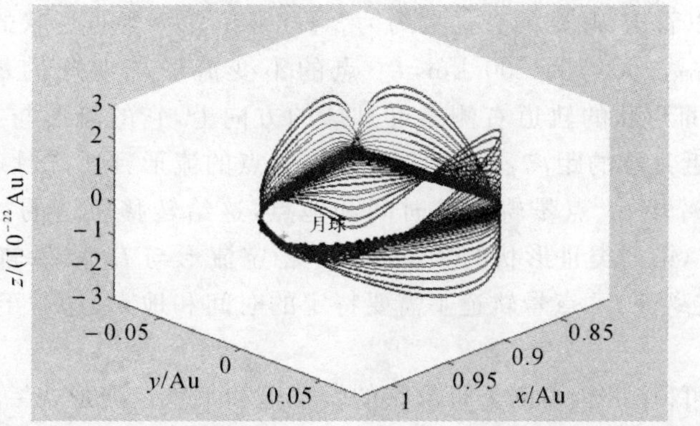

图 9-41　地月系统中第四类Ⅲ形状晕轨道及不变流形的三维图

若选取地月系统 L_1 点晕轨道的初始条件与例 9.2 的初始条件相同，把它和第四类Ⅲ形状的轨道及稳定流形共同显示在视图上，则如图 9-42 所示，其不稳定流形和稳定流形与月球的最小距离如图 9-43 所示。

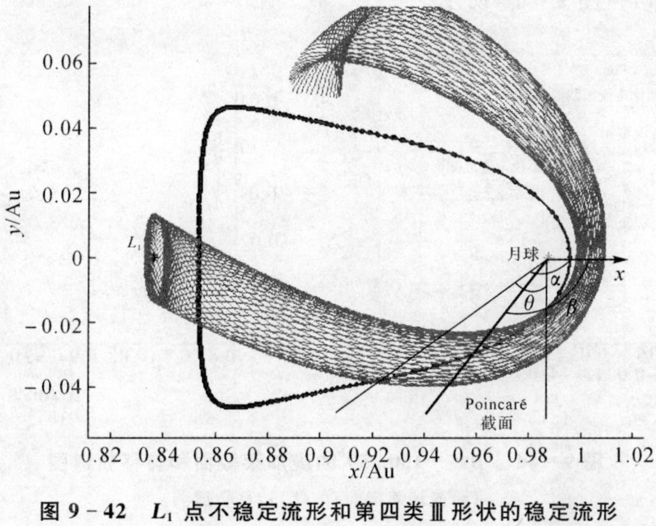

图 9-42　L_1 点不稳定流形和第四类Ⅲ形状的稳定流形

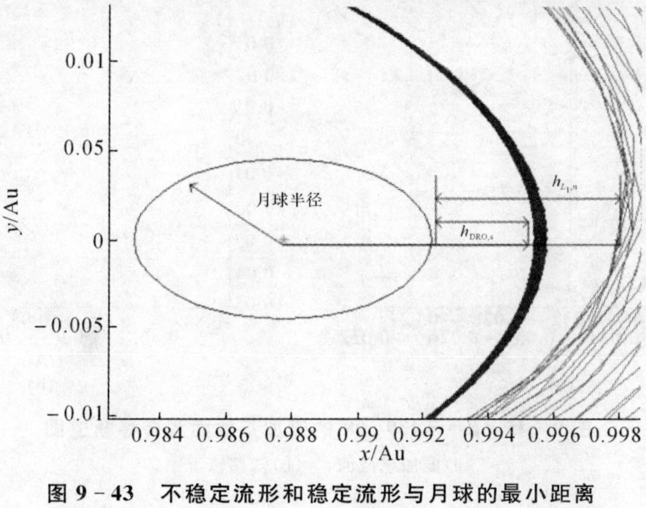

图 9-43　不稳定流形和稳定流形与月球的最小距离

由图 9-43 可以看出，月球的直径大约为 3 478 km，第四类Ⅲ形状的晕轨道及不变流形离月球的最近距离 $h_{DRO,s}$ 大约为 200 km，L_1 点的不变流形离地球的最近距离 $h_{L_1,u}$ 大约为 400 km。在第四类Ⅲ形状的轨道右侧靠近月球的方向上，它的流形与月球的距离要小于 L_1 点的稳定流形最接近月球的距离，并且要想使用 L_1 点的流形到达离月球最近的距离，需要准确地选择转移轨道离开 L_1 点晕轨道的时间和地点，这给转移轨道的控制带来一定的困难。由图4-21可以看出，第四类Ⅲ形状的晕轨道和不稳定流形与 L_1 点晕轨道的稳定流形完全相交，这使得转移轨道离开 L_1 点晕轨道不需要特定的时间和地点，这对于控制转移轨道带来了一定的方便。

由图 9-42 中可以看出，第四类Ⅲ形状的晕轨道和不稳定流形在一定的角度范围内和 L_1 点晕轨道的稳定流形相交。下面我们将讨论在不同角度庞加莱截面下的转移轨道的情况。

以月球为原点，按顺时针方向选取角度，取 $\alpha_1=-150.59°$ 为第四类Ⅲ形状的晕轨道和不稳定流形与 L_1 点晕轨道的稳定流形相交的最大角度，取 $\alpha_2=-93.023°$ 为第四类Ⅲ形状的晕轨道和不稳定流形与 L_1 点晕轨道的稳定流形相交的最小角度，设两角度之间的夹角为 $\theta=|\alpha_1-\alpha_2|$，对 θ 进行 5 等分，则庞加莱截面的角度为 $\beta_i=\alpha_1-(i-1)\times(\theta/5)$，总共有 6 种转移轨道的情况，如图 9-44～图 9-49 所示。

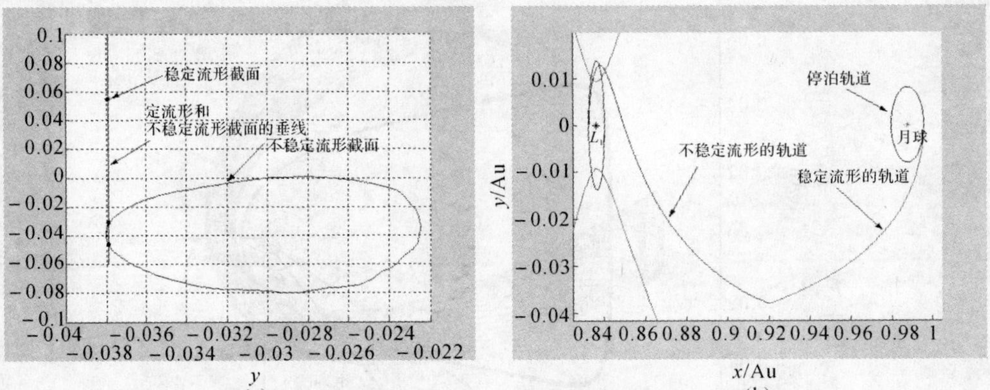

(a)　　(b)

图 9-44　$\beta=-150.59°$ 的庞加莱截面和转移轨道图

(a)庞加莱截面；(b)转移轨道图

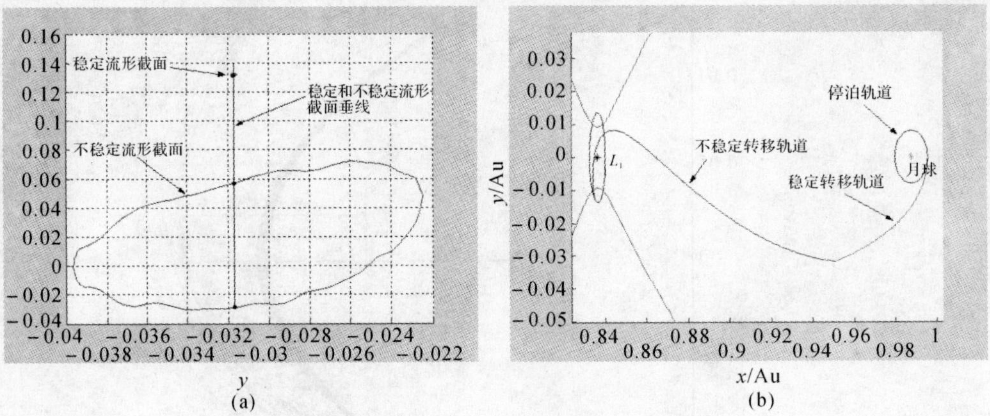

(a)　　(b)

图 9-45　$\beta=-139.08°$ 的庞加莱截面和转移轨道图

(a)庞加莱截面；(b)转移轨道图

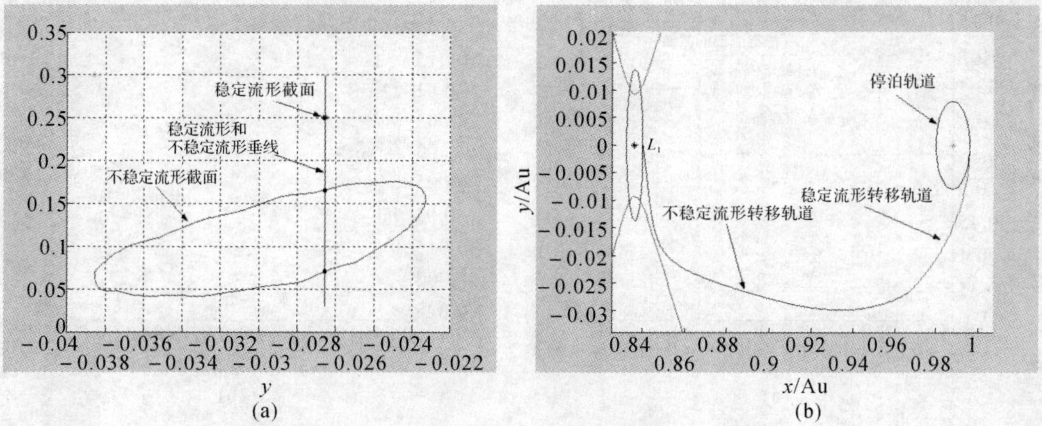

图 9-46　β= －127.56°的庞加莱截面和转移轨道

(a)庞加莱截面；(b)转移轨道图

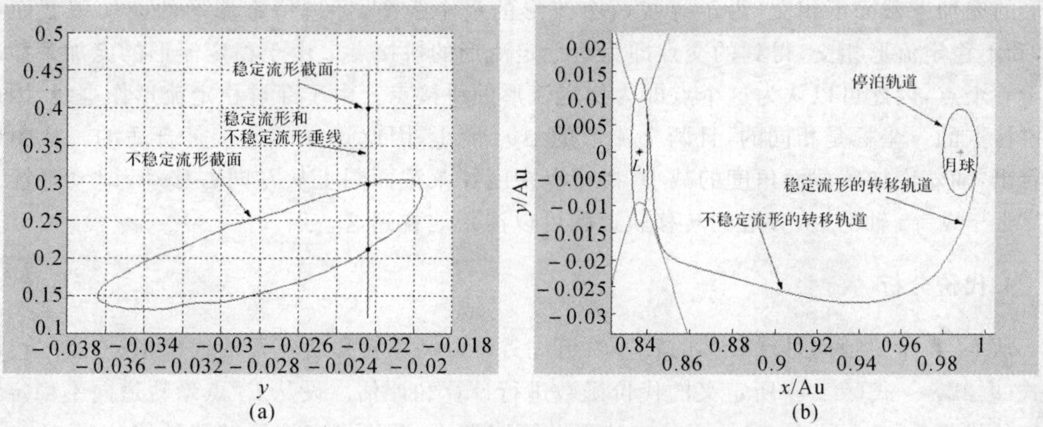

图 9-47　β= －116.05°的庞加莱截面和转移轨道图

(a)庞加莱截面；(b)转移轨道图

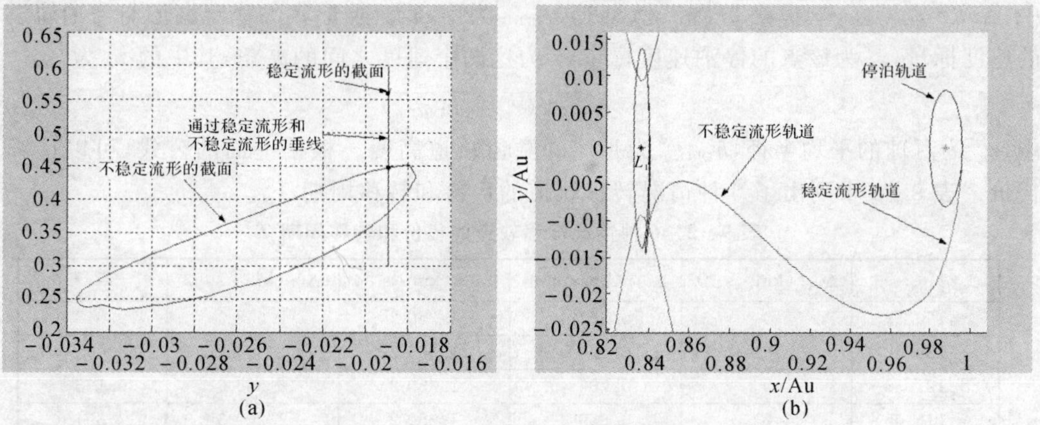

图 9-48　β= －104.54°的庞加莱截面和转移轨道图

(a)庞加莱截面；(b)转移轨道图

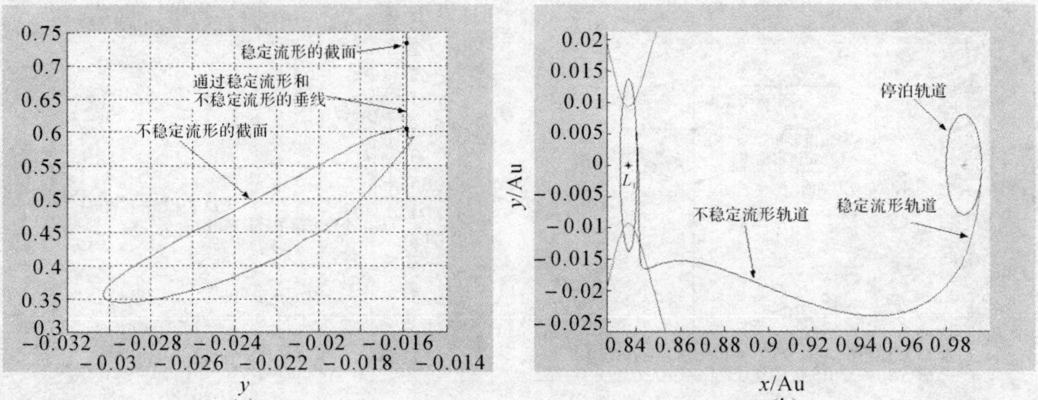

(a) (b)

图 9-49 β= −93.023°的庞加莱截面和转移轨道图

(a)庞加莱截面； (b)转移轨道图

从图 9-44～图 9-49 可以看出，第四类Ⅲ形状的稳定流形的庞加莱截面和 L_1 点不稳定流形的庞加莱截面不相交，为了寻找两个流形的最小距离，穿过稳定流形的庞加莱截面作垂线，和不稳定流形相交，得到的交点即为不稳定流形的拼接点。由于稳定流形的庞加莱截面近似于一个点，因此可以认为这个点即为稳定流形的拼接点。由于穿过稳定流形作垂线，因此两个拼接点的 y 坐标是相同的，且两个流形的 Δv_y 最小，因此这样的连接是合适的。从图中可以看出，随着庞加莱截面角度的减小，拼接点在庞加莱截面图上从左向右移动，即 y 坐标是逐渐靠近于 $y=0$ 轴的，从旁边的转移轨道图可以清楚地看到这一点。

4. 代价分析

从 L_1 点晕轨道向月球转移的转移轨道优劣可以利用转移所花费的代价来进行评价，即利用式(9.22)～式(9.24)所定义的代价函数进行计算和评估。设从 L_1 点晕轨道向不稳定流形转移的代价为 Δv_1，从 L_1 点的不稳定流形向第四类 Ⅲ 形状稳定流形转移的代价为 Δv_2，由第四类 Ⅲ 形状的稳定流形向停泊轨道转移的代价为 Δv_3，总的代价为 Δv，则有

$$\Delta v = \Delta v_1 + \Delta v_2 + \Delta v_3 \tag{9.34}$$

其中，$\Delta v_3 = \sqrt{v_{\mathrm{DRO,u}}^2 + v_{\mathrm{t}}^2 - 2v_{\mathrm{DRO,u}} v_t \cos\theta}$，$v_{\mathrm{DRO,u}}$ 为第四类 Ⅲ 形状的稳定流形与停泊轨道相切点的速度标量，v_{t} 为该点的停泊速度标量，θ 为这两个速度之间的夹角，其中的 v_{t} 为

$$v_{\mathrm{t}} = \sqrt{\mu/(r_{\mathrm{m}} + h_{\mathrm{DRO,u}})} \tag{9.35}$$

式中，r_{m} 为月球的平均半径，$h_{\mathrm{DRO,u}}$ 为月球的驻留轨道高度。根据上面的公式，可以计算出总的代价。表 9-3 中列出了 6 种情况转移轨道的代价和转移周期 T。

表 9-3 6 种情况转移轨道的代价和转移周期 T

β/(°)	Δv_1/(km·s^{-1})	Δv_2/(km·s^{-1})	Δv_3/(km·s^{-1})	Δv/(km·s^{-1})	T/天
−150.59	0	0.307 8	1.350 2	1.658 0	9.018 0
−139.08	0	0.511 0	1.350 2	1.861 2	8.005 5
−127.56	0	0.705 4	1.350 2	2.055 6	6.165 1
−116.05	0	0.859 2	1.350 2	2.209 3	7.561 6
−104.54	0	1.012 0	1.350 2	2.362 2	10.695 5
−93.023	0	0.778 4	1.350 2	2.128 6	8.344 5

由表 9-3 可以看出，从 L_1 点的晕轨道到其不变流形不需要花费代价，只需要加很少的扰动，即可进入其不变流形。另外，由第四类 Ⅲ 形状的不变流形进入停泊轨道所需代价是固定的，主要的代价变化是由 L_1 点的不稳定流形进入第四类 Ⅲ 形状的稳定流形的代价变化。由表 9-3 还可以看出，随着庞加莱截面角度的减小，由不稳定流形进入稳定流形的代价逐渐增加，但当庞加莱截面角度靠近右边的相交边界时，即 $\beta=-93.03°$ 时，由于第四类 Ⅲ 形状晕轨道不稳定流形速度的增加，反而减少了转移轨道的代价，如图 9-50 所示。图中折线示出了转移轨道的代价随着庞加莱截面角度变化的情况。

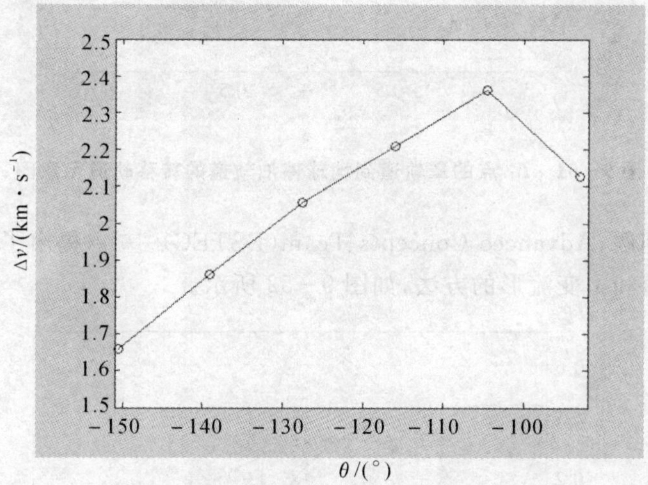

图 9-50　庞加莱截面角度与代价函数的关系图

由上述分析可以看出，选取庞加莱截面时，角度靠近稳定流形和不稳定流形相交的左右两个边界时，所花费的代价相对于其他角度的截面来说要少。在本例中，靠近左边庞加莱截面所花费的代价最小，因此最优转移轨道是当 $\beta=-150.59°$ 时的转移轨道。

由于直接利用不变流形进行从 L_1 点晕轨道到月球停泊轨道的转移轨道设计时，所设计的转移轨道的转移时间长并且难以精确控制插入点，因此我们提出了利用不变流形和第四类 Ⅲ 形状晕轨道的不变流形来设计转移轨道。这种轨道花费的代价多于直接利用不变流形，但少于利用霍夫曼转移的代价，节省了约 9% 的代价。这种转移轨道花费的时间比直接利用不变流形的转移轨道少 3 天，并且所能到达的距离月球的最小距离小，因此这种转移轨道优于直接利用不变流形所设计的转移轨道，也优于利用霍夫曼转移所设计的转移轨道。

9.4　利用日地系统和地月系统设计从地球通过 L_1 点的晕轨道到达月球的转移轨道

由于从 L_1 点的晕轨道转移到地球停泊轨道的距离很长，因此不能从地球直接转移到 L_1 点晕轨道的不变流形上，如图 9-51 所示。

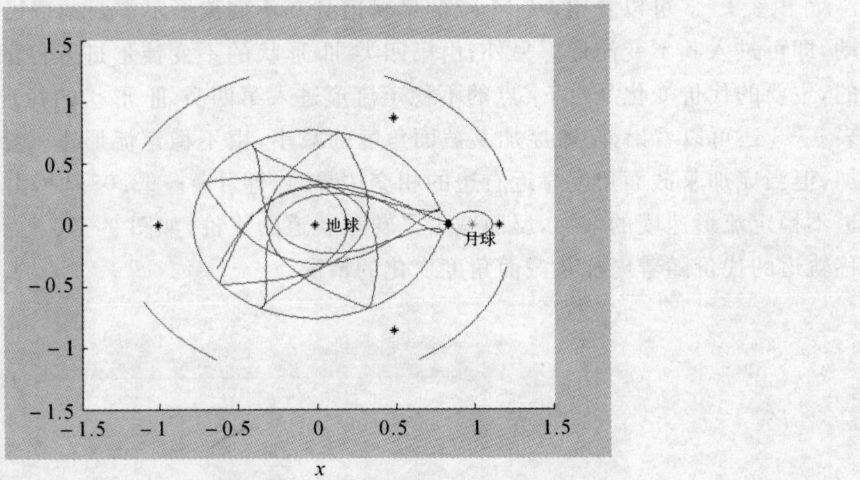

图 9-51 L_1 点的晕轨道到地球停泊轨道的转移轨道示意图

为了解决这个问题，Advanced Concepts Team(ESTEC)[318-319] 提出了利用 Lambert 弧段来连接地球停泊轨道和不变流形的方法，如图 9-52 所示。

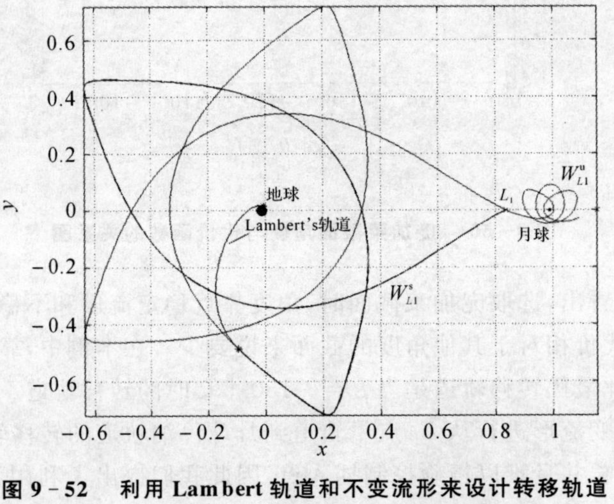

图 9-52 利用 Lambert 轨道和不变流形来设计转移轨道

另外一种方法是，利用日地系统 L_1 点的不变流形和地月系统 L_1 点的不变流形来设计从地球停泊轨道到月球停泊轨道的转移轨道。这种方法可以得到低能量的转移轨道，比利用 Lambert 轨道和不变流形轨道来设计转移轨道所需要的代价少。因此本节将采用第二种方法来设计转移轨道。

由于太阳-地球-月球-航天器构成了限制性四体问题，Koon 等人[67] 把这四体问题划分为两个三体问题，即太阳-地球-航天器和地球-月球-航天器两个独立的平面圆形限制性三体问题，通过把两个三体问题的坐标变换到以太阳为中心的坐标上，形成一个合成坐标，在合成坐标中利用太阳-地球-航天器的 L_2 点的不变流形在地球区域内生成地球-月球-航天器的 L_2 点的不变流形，利用两个相交流形来设计转移轨道。在本节中我们把两个三体问题的坐标变换到以地球为中心的坐标上，利用日地系统 L_1 点的不变流形和地月系统 L_1 点的不变流形相交来设计转移轨道，并且研究取不同角度的庞加莱截面对转移轨道设计的影响以及月球绕地球的旋转角度的变化对转移轨道设计的影响。

9.4.1　合成坐标的生成

由于日地系统中太阳和地球的距离是地月系统中地球和月球距离的几倍，因此以地球和月球的距离为基本单位。设太阳到地球的距离为λ_{se}，地球到月球的距离为λ_{em}，则$\lambda=\lambda_{se}/\lambda_{em}$；以太阳-地球的连线为水平轴$x_{se}$，月球绕地球旋转的轴为$x_{em}$，它们之间的夹角为$\theta$。由于在三体问题中航天器采用的是以质心为原点的旋转坐标系，因此需要把质心变换到地球上。对于把地月系统中以质心为原点的航天器坐标变换到以地球为原点的航天器坐标的变换公式为

$$\begin{bmatrix} x_e \\ y_e \\ z_e \\ \dot{x}_e \\ \dot{y}_e \\ \dot{z}_e \end{bmatrix} = \boldsymbol{A} \begin{bmatrix} x_{em} \\ y_{em} \\ z_{em} \\ \dot{x}_{em} \\ \dot{y}_{em} \\ \dot{z}_{em} \end{bmatrix} + \begin{bmatrix} \mu_{em} \\ 0 \\ 0 \\ 0 \\ 0 \\ 0 \end{bmatrix} \tag{9.36}$$

其中，x_{em}，y_{em}，z_{em}为航天器在地月系统中的位置分量；$\dot{x}_{em}$，$\dot{y}_{em}$，$\dot{z}_{em}$为速度分量；$\mu_{em}=m_m/(m_e+m_m)$，m_m为月球质量，m_e为地球质量；$\boldsymbol{A}$为6×6的矩阵；x_e，y_e，z_e为航天器在地球坐标中的位置分量；$\dot{x}_e$，$\dot{y}_e$，$\dot{z}_e$为其相应的速度分量，并且

$$\boldsymbol{A} = \begin{bmatrix} \cos\theta & -\sin\theta & 0 & 0 & 0 & 0 \\ \sin\theta & \cos\theta & 0 & 0 & 0 & 0 \\ 0 & 0 & 1 & 0 & 0 & 0 \\ 0 & 0 & 0 & \cos\theta & -\sin\theta & 0 \\ 0 & 0 & 0 & \sin\theta & \cos\theta & 0 \\ 0 & 0 & 0 & 0 & 0 & 1 \end{bmatrix} \tag{9.37}$$

式中，θ为月球与地球连线与太阳-地球连线之间的夹角。

对于把日地系统中以质心为原点的航天器坐标变换到以地球为原点的航天器坐标的变换公式为

$$\begin{bmatrix} x_e \\ y_e \\ z_e \\ \dot{x}_e \\ \dot{y}_e \\ \dot{z}_e \end{bmatrix} = \begin{bmatrix} \lambda x_{se} \\ \lambda y_{se} \\ \lambda z_{se} \\ \dot{x}_{se} \\ \dot{y}_{se} \\ \dot{z}_{se} \end{bmatrix} - \begin{bmatrix} \lambda(1-\mu_{se}) \\ 0 \\ 0 \\ 0 \\ 0 \\ 0 \end{bmatrix} \tag{9.38}$$

其中，x_{se}，y_{se}，z_{se}为航天器在日地系统中的位置分量；$\dot{x}_{se}$，$\dot{y}_{se}$，$\dot{z}_{se}$为其相应的速度分量；$\mu_{se}=m_e/(m_e+m_s)$，m_e为地球质量，m_s为太阳质量。

通过式(9.36)和式(9.38)可以把两个三体问题的坐标合成。下面将进行转移轨道设计。

9.4.2 转移轨道设计

地球与太阳的距离为$\lambda_{se}=1.496\times10^{8}$ km，地球与月球的距离为$\lambda_{em}=384\ 400$ km，则$\lambda=389.18$。选取日地系统L_1点轨道的初始条件为$x_0=0.991\ 326\ 617\ 897\ 607$，$y_0=0$，$z_0=0$，$\dot{x}_0=0$，$\dot{y}_0=-0.008\ 310\ 884\ 405\ 463\ 79$，$\dot{z}_0=0$，$\tau_{se}=3.047\ 607\ 335\ 860\ 57$，$\varepsilon=2\times10^{-8}$；地月系统$L_1$点轨道的初始条件为$x_0=0.839\ 463\ 026\ 466\ 87$，$y_0=0$，$z_0=0$，$\dot{x}_0=0$，$\dot{y}_0=-0.025\ 968\ 312\ 829\ 86$，$\dot{z}_0=0$，$\tau_{em}=2.692\ 399\ 595\ 285\ 86$，$\theta=-125°$，其中$\tau_{se}$和$\tau_{em}$分别为日地系统$L_1$点和地月系统$L_1$点晕轨道的周期。根据两个晕轨道的初始条件，分别计算晕轨道和不变流形。因为是从地球的停泊轨道到月球的停泊轨道，因此日地系统选择不稳定流形，地月系统选择稳定流形，两个流形相交图如图 9-53 所示。

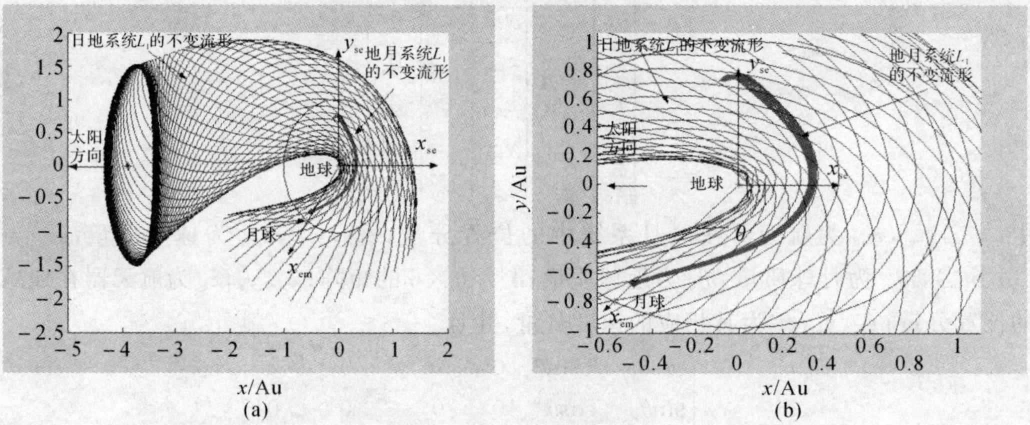

图 9-53 日地系统不变流形和地月系统不变流形相交图

(a) 两个不变流形的相交图； (b) 局部放大图

图 9-53(a) 显示了两个流形相交的整体情况，可以看出日地系统L_1点流形的幅度很大，而地月系统L_1点流形的幅度小；9-53(b) 显示了两个流行绕过地球时的情况，可以看出日地系统的流形绕过地球时，几乎是"擦"着地球过去的，因此可以和地球的停泊轨道相交。选取庞加莱截面的角度为$\beta=-120°$，和两个流形相交得到如图 9-54 所示的庞加莱截面。从图中可以看出，日地系统的庞加莱截面和地月系统的庞加莱截面不相交，和上一节一样，过两个截面作一条垂线，这样在垂线上的两个流形的点的位置是相同的，不同的是它们的速度，因此从一个流形到另一个流形需要花费代价。由于图 9-54 所示的地月系统的庞加莱截面像一个点，因此图 9-55 显示了地月系统的庞加莱截面，它是一个椭圆，图中的虚线表示了经过庞加莱截面的垂线。利用图 9-54 所示的庞加莱截面，可以得到两个流形在$\beta=-120°$时的速度和位置，再利用得到的位置和速度作为初始条件进行反向积分，可以得到转移轨道。对于日地系统的在庞加莱截面处获得的初始条件进行反向积分，和地球的停泊轨道相交，可以得到从停泊轨道到日地系统流形的转移轨道。从地月系统在庞加莱截面处获得的初始条件进行反向积分，转移轨道将到达地月系统的晕轨道处，进一步积分，转移轨道将在晕轨道上运行一个周期，然后离开晕轨道，进入月球区域，并且绕月球旋转。选取月球的停泊轨道，转移轨道与月球的停泊轨道相交，形成一条完整的从地球停泊轨道通过地月系统L_1点的晕轨道到达月球停泊轨道

的转移轨道，如图 9－56 所示。图 9－57 所示为转移轨道经过地月系统 L_1 点晕轨道的情况，图 9－58 所示为转移轨道与月球停泊轨道的拼接情况。

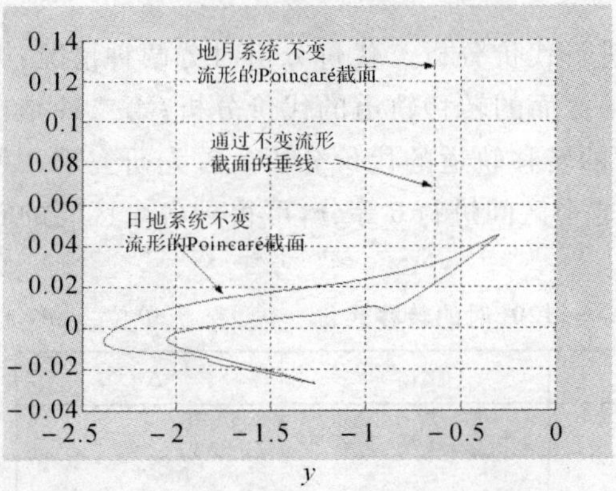

图 9－54　$\theta=-125°,\beta=-120°$ 庞加莱截面

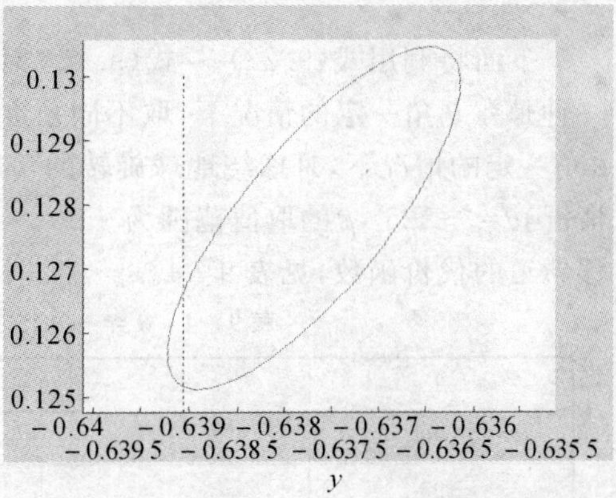

图 9－55　地月系统 L_1 点流形的庞加莱截面

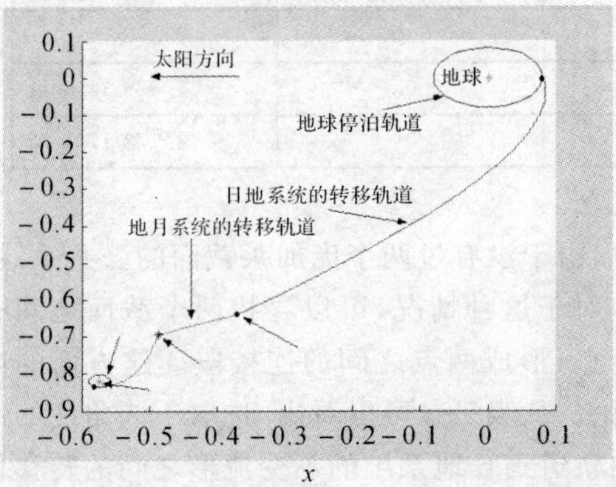

图 9－56　地球停泊轨道到月球停泊轨道的转移轨道

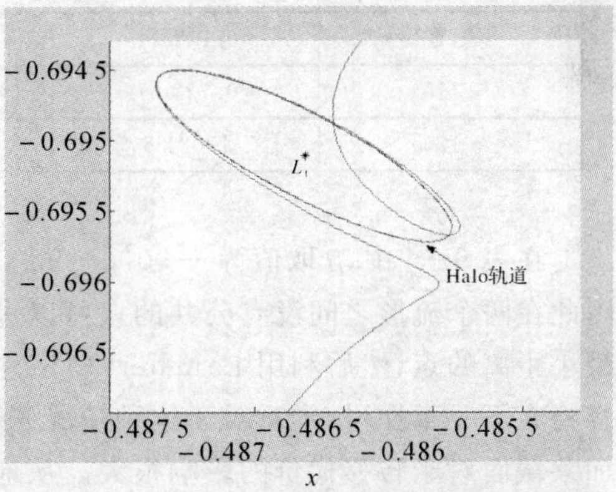

图 9－57　转移轨道通过 L_1 点晕轨道的情况

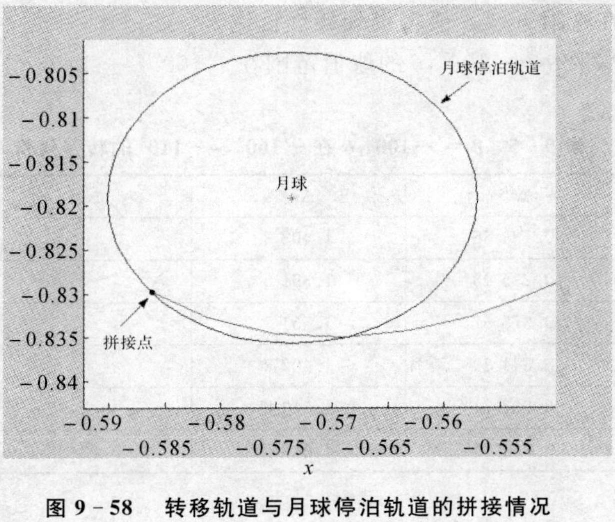

图 9－58　转移轨道与月球停泊轨道的拼接情况

9.4.3 代价分析

下面将利用式(9.22)～式(9.25)对转移轨道进行代价分析。代价分析时分两种情况：第一种是在θ角一定的情况下，取不同角度β的庞加莱截面的转移轨道的代价分析；第二种是在β角一定的情况下，月球绕地球旋转的角度θ不同时的转移轨道的代价分析。首先研究第一种情况，$\theta=-125°$，β的取值范围为$-90°$～$-120°$，对这个区间进行6等分，可得到各个区间的转移轨道的代价函数，见表9-4。

表9-4 $\theta=-125°$，β在$-90°$～$-120°$时的转移代价 单位：$km \cdot s^{-1}$

β	Δv_1	Δv_2	Δv_3	Δv
−90°	—	—	—	—
−95°	—	—	—	—
−100°	0.634 13	1.454 2	0	2.088 3
−105°	—	—	—	—
−110°	0.741 14	1.631 9	0	2.373 1
−115°	0.722 57	1.106 7	0	1.829 3
−120°	1.021 6	1.751 5	0	2.773 1

在表9-4中，β取值为$-90°$，$-95°$，$-105°$时，由于没有过两个庞加莱截面的公共垂线，因此在两个流形之间没有公共的点可以进行拼接。对于这种情况，可以寻找两个截面之间有最小距离的点，然后利用Lam bert轨道连接这两个点，形成两点之间的连接段。这方面的内容将在下一章探讨，本章对于这种情况先暂时不讨论。从表9-4可以看出，选取不同角度的庞加莱截面对于转移代价的影响很大。从地球的停泊轨道到日地系统的不变流形之间的转移代价Δv_1少于两个流形之间的转移代价Δv_2。从不变流形进入月球停泊轨道的代价是Δv_3，可以看出Δv_3为0，也即是说从不变流形到月球的停泊轨道是零代价。很显然，在β取值$-115°$时，所花费的代价最少，在这附近取β值将得到最优轨道。

对于第二种情况，取$\beta=-100°$，θ的取值范围在$-160°$～$-110°$，分为5个区间，可得转移代价，见表9-5。

表9-5 $\beta=-100°$，θ在$-160°$～$-110°$的转移代价 单位：$km \cdot s^{-1}$

θ	Δv_1	Δv_2	Δv_3	Δv
−160°	0.134 36	1.402 3	0	1.536 7
−150°	0.235 98	1.391 5	0	1.627 5
−140°	0.375 67	1.551 7	0	1.927 4
−130°	0.541 39	1.402 3	0	1.943 7
−120°	0.732 74	1.573 8	0	2.306 6
−110°	0.964 55	1.508 5	0	2.473 1

从表9-5可以看出，随着θ角度的增大，转移代价也增大，主要是由于从地球的停泊轨道

进入日地系统不变流形的代价增加的幅度大，在 θ 取值为 $-160°$ 的附近转移代价最小，因此在这附近取值可以得到最优轨道。

从表 9-4 和表 9-5 可以看出，随着 θ 和 β 的变化，最优轨道也不相同，因此要获得最优轨道，必须使用优化算法，在给定的 θ 和 β 的取值范围内，寻找最优轨道。在下一章中将介绍如何利用优化技术来选取最优轨道。

在这一节中我们提出了以地球为合成坐标原点，将限制性四体问题划分为两个限制性三体问题来设计从地球停泊轨道通过 L_1 点晕轨道向月球停泊轨道转移的转移轨道设计方法。这种方法也可以用于行星之间的转移轨道设计，并且有利于庞加莱截面的选取。而 Koon 等人提出的方法仅适用于地月系统，不具有普遍性。

第 10 章 低能量转移轨道的优化技术

当研究一个 n 体问题的转移轨道时，轨道的优化是一个重要问题，因为系统的完整性丧失，6 个轨道参数也就不存在了。另外，由于模型中考虑了更多的引力，如果没有一个好的初始条件，则航天器的运动将是很难预测的。在这一章中，我们首先对用于轨迹优化的技术进行比较和选择，然后针对智能技术中的粒子群算法进行改进，提出了一种改进的自适应范围复合粒子群优化技术，以便减少轨道设计中的搜索空间，解决轨道设计中的搜索空间大的问题，然后利用这种改进的算法对行星间的转移轨道进行优化。

10.1 优化技术的选择

10.1.1 优化技术中的基本成分

OTC 组织 1996 年对优化问题进行了阐述[320]：找到一组变量值，这组变量值所构成的目标函数的最小或最大值满足约束条件。

这个阐述体现了优化问题的三个基本组成，即目标函数、变量和约束。

目标函数 f 是指需要最大或最小化的函数。例如，航天器上的科学载荷最大化，或最小化航天器飞行的时间。注意最大化函数 f 与最小化函数的相反数是一样的，即 $\max f=\min(-f)$。

变量是指对目标函数的值有影响的量。例如，影响科学载荷的变量为可携带燃料的最大量，而轨道的选择将影响飞行时间。

约束是指变量的取值范围。例如，航天器总的质量是由发射条件限制的。

不是所有的组成成分都是必需的。例如，大多数优化问题都只有一个目标函数，但有两个例外：

(1)无目标函数：当处理一个可行性问题时，不需要优化任何问题，只要求问题的约束条件能够被满足。

(2)多个目标函数：这是指有一组的目标要同时优化。这样的问题经常被重新化成单一的目标问题，或某些目标被约束代替。

一方面，变量不能够被省略，因为它们经常被用来定义目标函数和约束问题。另一方面，对于约束来说，它不是基本的，经常有大量的无约束的优化问题。约束问题的优化算法是无约束问题的优化算法的延伸[320]。

10.1.2　优化技术的选择

根据 Goldberg 的论述[321]，优化技术可划分为三种类型：基于微分、枚举和随机的优化技术。对于限制性三体问题来说，基于微分的优化技术的计算是很复杂的，由于问题的非线性，其梯度很难计算，而且使用这种方法找到的最小值也不能够满足三体问题。

像蒙特卡罗方法等随机技术也不适合于限制性三体问题，因为三体问题的轨道对初始条件的改变是很敏感的，并且随机技术也不适合于搜索大的空间，因为它需要大的样本空间来确保全局最优。

对于枚举技术，主要包含以下几种方法。

1. 模拟退火算法

这种算法是基于金属退火的机理而建立起来的一种优化算法，一般需要设置能量函数，当达到冷却状态时能量函数最小。模拟退火算法具有较强的局部搜索能力[322]。

模拟退火算法不适合于限制性三体问题，因为模拟退火算法需要花费很长时间进行迭代，并且随着搜索空间的增大，问题的复杂度将大大地增加。

2. 差分进化(DE)算法

差分进化(DE)算法是由 Storn 等人于 1995 年提出的另一种新的进化算法[323]，最初的设想是用于解决切比雪夫多项式问题，后来发现差分进化算法也是解决复杂优化问题的有效技术，并且在 IEEE 组织的首届进化算法大赛中表现突出，得到广泛的好评，之后不断改进并被广泛应用。差分进化算法是一种基于群体智能理论的优化算法，其本质是一种基于实数编码的贪婪进化搜索算法。它通过群体内个体间的合作与竞争产生的群体智能指导优化搜索，具有群体搜索和协同搜索的特点，适合于和其他算法联合组合成性能更优的算法。

差分进化算法是一种基于遗传算法的不完全概率全局优化技术。这种算法适用于全局优化，它和别的优化技术相结合能够取得很好的效果，但是单独使用效果不好。

3. 遗传算法

1975 年 J. H. Holland 系统地提出遗传算法的完整结构和理论[324]，其基本思想是从代表问题可能潜在解集的一个种群开始的，而一个种群则由经过基因编码的一定数目的个体组成，每个个体实际上是染色体带有特征的实体。染色体作为遗传物质的主要载体，即多个基因的集合，其内部表现(即基因型)是某种基因组合，它决定了个体的形状的外部表现，如黑头发的特征是由染色体中控制这一特征的某种基因组合决定的。因此，在一开始需要实现从表现型到基因型的映射即编码工作。初代种群产生之后，按照适者生存和优胜劣汰的原理，逐代演化产生出越来越好的近似解。在每一代，根据问题域中个体的适应度大小挑选个体，并借助于自然遗传学的遗传算子进行组合交叉和变异，产生出代表新的解集的种群。这个过程将导致种群像自然进化一样的后生代种群比前代更加适应于环境，末代种群的最优个体经过解码，可以作为问题的近似最优解。

4. 蚁群算法

蚁群算法是由意大利学者 M. Dorigo 等人首先提出来、近年得到快速发展的一种新型优化算法[325]。蚁群优化算法是模拟自然界中真实蚁群的觅食行为而形成的一种模拟进化算法，由于取得了较好的试验结果，蚁群优化算法已经引起了众多研究者的研究热情，基于蚁群算法已经取得了很多的研究与应用成果。这些研究已经表明，蚁群算法用于组合优化问题具有很强的发现较好解的能力，算法不仅利用了正反馈原理，在一定程度上可以加快进化过程，而且是一种本质并行的算法，个体之间不断进行信息交流和传递，有利于发现较好解。蚁群算法具有较强的鲁棒性，对蚁群算法模型稍加修改，便可以应用于其他问题。蚁群算法易于与其他启发方法相结合，以改善算法的性能，即使在动态环境下蚁群算法也能表现出高度的灵活性和健壮性。

5. 粒子群算法(PSO)

粒子群算法是通过观察鸟类的觅食行为得到启发所产生的一种优化算法，最初用于解释复杂的社会行为和连续函数问题的优化。PSO 保留了基于种群的全局搜索策略，只是采用简单的速度位移模式，避免了复杂的遗传操作，通过对个体最优和全局最优的记忆使其可以动态追踪当前的搜索情况以调整其搜索策略，具有较强的全局收敛能力和鲁棒性，而且算法的使用不需要借助具体的背景信息。PSO 作为一种更高效的并行搜索算法，非常适合于对复杂环境中的优化问题进行求解，已经得到广泛应用和不断发展[104]。

对于遗传算法、蚁群算法和粒子群算法来说，都能够进行全局优化和局部优化，遗传算法使用的是二进制编码，而蚁群算法和粒子群算法使用的是实数编码，遗传算法的收敛速度慢，粒子群算法和蚁群算法的收敛速度快。在限制性三体问题中，轨道的设计涉及流形理论，使用实数编码比较方便，因此可以采用粒子群算法或蚁群算法。两种算法都是模拟生物的觅食习性，在这里我们仅就粒子群算法进行讨论。

10.2 粒子群优化算法

粒子群优化(Particle Swarm Optimization, PSO)算法最早是在 1995 年由美国社会心理学家 James Kennedy 和电气工程师 Russell Eberhart 共同提出的[326]，其基本思想是受他们早期对许多鸟类的群体行为进行建模与仿真研究结果的启发，而他们的模型及仿真算法主要利用了生物学家 Frank Heppner 的模型。Eberhart 和 Kennedy 对 Heppner 的模型进行了修正，以便粒子能够飞向解空间并在最好解处降落。1995 年，Kennedy 和 Eberhart 在 IEEE 国际神经网络学术会议上正式发表了题为 *Particle Swarm Optimization* 的文章，标志着粒子群算法的诞生。PSO 算法概念简单，实现容易，对大规模数学优化问题具有很快的计算速度及较好的全局搜索能力，与遗传算法相比具有收敛速度快的优点。但是，由于粒子群算法建立在对社会模型仿真的基础上，因而在算法初期并没有严格的数学基础，随着 Clerc[327] 和 Van den Bergh[328] 等人研究成果的公开发表，粒子群算法的严格数学基础正在逐步建立。

基本粒子群算法是函数优化的有力工具，其优点是收敛速度快且需设置的参数少；缺点是容易陷入局部极值点，搜索精度不高。针对其缺点，当前典型的改进算法有自适应粒子群优化算法[329]、混沌粒子群优化算法[330]、简约粒子群优化算法[331]、广义粒子群优化算法[332]等。

YuShi Hui 和 Eberhart 首次提出了惯性权重 w 的概念[333]，并通过研究惯性因子 w 对优化性能的影响，发现较大的 w 值有利于跳出局部极小点，较小的 w 值有利于算法的收敛，提出了自适应和模糊粒子群优化算法[334]，以获得更佳的全局优化效果。自适应粒子群优化算法通过线性地减少 w 值来动态地调整参数，而模糊粒子群算法则在此基础上利用模糊规则动态调整 w 值以改善粒子群优化算法的性能。为了进一步提高 PSO 算法的基本性能，许多学者还尝试了将 PSO 算法与其他智能计算方法相融合，以突破其自身局限。参考文献[335]受遗传算法、自然选择机制的启示，将遗传算子与基本粒子群优化算法相结合提出了杂交和混合粒子群优化算法。国内也有很多学者进行了算法融合方面的研究，提出了基于模拟退火的 PSO 算法[336]、免疫粒子群算法[337]、基于群体适应度观测自适应变异的 PSO 算法[338]、将 PSO 算法与差别进化算法结合[339]等，这些智能方法的融合均取得了满意的结果，在一定范围内改善了算法的性能。

10.2.1　基本 PSO 算法

PSO 算法与其他进化类算法相类似，也采用"群体"与"进化"的概念，同样也是依据个体（粒子）的适应值大小进行操作。所不同的是，PSO 算法不像其他进化算法那样对于个体使用进化算子，而是将每个个体看作是在 n 维搜索空间中的一个没有质量和体积的粒子，并在搜索空间中按一定的速度飞行。该飞行速度由个体的飞行经验和群体的飞行经验进行动态调整。

设

$X_i=(x_{i1},x_{i2},\cdots,x_{id})$ 为粒子 i 的当前位置，其中 $x_{ik}(k=1,2,\cdots,d)$ 表示待优化的参数；

$V_i=(v_{i1},v_{i2},\cdots,v_{id})$ 为粒子 i 在搜索空间中的当前飞行速度；

$P_i=(p_{i1},p_{i2},\cdots,p_{id})$ 为粒子 i 经历的最优位置，也就是粒子 i 经过的有最优适应值的位置，称为个体最优位置，即 P_{best}。

设 $f(X)$ 为最小化的目标函数，则粒子 i 的当前最优位置由式(10.1)确定，即

$$P_i(t+1)=\begin{cases}P_i(t) & \text{if} \quad f(X_i(t+1))\geqslant f(P_i(t))\\ X_i(t+1) & \text{if} \quad f(X_i(t+1))<f(P_i(t))\end{cases} \tag{10.1}$$

设群体中粒子数为 s，群体中所有粒子所经历过的最优位置为 $P_{\mathrm{g}}(t)$，称为全局最优位置，则有

$$P_{\mathrm{g}}(t)\in\{P_0(t),P_1(t),\cdots,P_s(t)\mid f(P_{\mathrm{g}}(t))\}=\min\{f(P_0(t)),f(P_1(t)),\cdots,f(P_s(t))\} \tag{10.2}$$

基本 PSO 算法的进化方程可描述为

$$v_{ij}(t+1)=v_{ij}(t)+c_1r_{1j}(t)(p_{ij}(t)-x_{ij}(t))+c_2r_{2j}(t)(p_{gj}(t)-x_{ij}(t)) \tag{10.3}$$

$$x_{ij}(t+1)=x_{ij}(t+1)+v_{ij}(t+1) \tag{10.4}$$

式(10.3)为粒子的速度更新公式，式(10.4)为粒子的位置更新公式。其中，j 表示粒子的第 j 维；i 表示粒子 i；t 表示第 t 代；c_1 和 c_2 为加速度常数，通常在[0,2]范围内取值；r_1 和 r_2 为[0,1]内均匀分布随机数。为了减少在进化过程中粒子离开搜索空间的可能性，v_{ij} 通常限定

在一定范围内，即 $v_{ij} \in [-v_{\max}, v_{\max}]$。如果问题的搜索空间限定在 $[-x_{\max}, x_{\max}]$ 内，则可设定 $v_{\max} = kx_{\max}$，$0.1 \leqslant k \leqslant 1.0$。

式(10.3)中的第一部分代表当前速度，为粒子在搜索空间中飞行提供必要的动力；第二部分为认知部分，代表粒子自身的思考，促使粒子向个体最优位置 P_{best} 飞行；第三部分为社会部分，表示粒子之间的相互协作和影响，促使粒子向全局最优位置 G_{best} 飞行。

10.2.2 PSO 算法的两种基本进化模型

在基本 PSO 算法中，根据直接相互作用的粒子群定义可构造 PSO 算法的两种不同版本，也就是说，可以通过定义全局最优粒子(位置)或局部最优粒子(位置)构造具有不同社会行为的 PSO 算法。

1. 全局最优模型 G_{best}

全局最优模型 G_{best} 以牺牲算法的鲁棒性为代价提高算法的收敛速度，基本 PSO 算法就是该模型的具体实现。在该模型中，整个算法以该粒子为吸引子，将所有粒子拉向它，所有粒子将最终收敛于该位置。如果在进化过程中，该粒子接收不到有效的更新，则粒子群将出现类似于遗传算法中的早熟现象。由式(10.1)～式(10.4)所描述的模型就是最优的全局模型。

2. 局部最优模型 L_{best}

为了防止全局最优模型 G_{best} 可能出现的早熟现象，局部最优模型 L_{best} 采用了多吸引子替代 G_{best} 模型中的单个吸引子。首先，将整个粒子群分解为若干个子群，在每个子群中保留其局部最优粒子 $P_l(t)$，称之为局部最优位置或邻域最优位置，假设第 i 个子群处于长度为 l 的邻域内，则 L_{best} 模型的进化方程可描述为

$$N_i = \{P_{i-l}(t), P_{i-l+1}(t), \cdots, P_{i-1}(t), P_i(t), P_{i+1}(t), \cdots, P_{i+l-1}(t), P_{i+1}(t)\} \tag{10.5}$$

$$P_l(t) \in \{N_i \mid f(P_l(t)) = \min f(a)\}, \forall a \in N_i \tag{10.6}$$

$$v_{ij}(t+1) = v_{ij}(t) + c_1 r_{1j}(t)(p_{ij}(t) - x_{ij}(t)) + c_2 r_{2j}(t)(p_{lj}(t) - x_{ij}(t)) \tag{10.7}$$

$$x_{ij}(t+1) = x_{ij}(t) + v_{ij}(t+1) \tag{10.8}$$

子群 N_i 中的粒子与其在搜索空间域内所处的位置无关，仅依赖粒子的索引数或者粒子的编码。这样，一方面避免了粒子间的聚类分析，节省了计算空间，另一方面能够更快更好地了解信息在整个群体间的扩散。

G_{best} 模型实际上是 L_{best} 模型在 $l=s$ 时的特殊情况。实验证明，$l=1$ 时的 L_{best} 模型的收敛速度低于 G_{best} 模型，而当 $1<l<s$ 时，L_{best} 模型的收敛速度仍低于 G_{best} 模型，但收敛的全局最优性明显改善。

10.2.3 复合最优模型 PSO 算法

全局最优模型算法具有收敛速度快、局部搜索能力强的优点，缺点是鲁棒性差。若种群中最优个体为全局次优点，则算法将陷入全局次优点而出现早熟现象。局部最优模型以邻域中最优个体作为搜索方向，能有效保持种群的多样性，全局搜索能力强，鲁棒性好，但收敛速度

慢。结合这两种模型的特点，吴亮红等提出了一种复合全局最优模型和局部最优模型的PSO(HMPSO)算法[340]。该算法在搜索的初始阶段强调局部最优粒子的作用，以提高算法的全局搜索能力和鲁棒性，而在搜索后期则更多地强调全局最优粒子的作用，以提高算法的收敛速度和精度。

1. 算法原理

在Gbest模型的PSO算法中，每个粒子只向自身最好的飞行经验和种群中最好粒子的飞行经验学习，这样容易使算法陷入局部最优而出现早熟现象。实验表明，这种算法随着迭代次数的增加，算法的性能并不能得到改善。在L_{best}模型的PSO算法中，每个粒子只向自身最优的飞行经验和邻域中最优的飞行经验学习，增加群体中粒子的多样性，收敛的全局最优性能有所改善，但收敛速度降低。良好的搜索策略应该是在搜索的前期有较强的全局搜索能力，尽可能多地发现可能全局最优的粒子，而在搜索的后期则具有较强的局部搜索能力，提高算法的收敛速度和精度。因此，结合PSO两种基本模型的各自特点，在速度进化方程中考虑自身经历的最优位置P_{best}的同时，将邻域最优位置L_{best}与全局最优位置G_{best}同时考虑进来。在搜索的前期更多地考虑L_{best}模型的作用，而较少考虑G_{best}模型的作用，而随着进化的不断进行，逐步加大G_{best}模型的作用而减少L_{best}模型的作用，这样自适应地结合L_{best}模型和G_{best}模型的优点，以提高算法的全局搜索能力和收敛效率。这符合最优模型PSO算法的基本思想。基于这种思想，最优模型PSO的位置更新方程保持不变，而速度更新方程为

$$v_{id}=wv_{id}+c_1(p_{id}-x_{id})\text{rand}_1(\cdot)+[c_2(p_{ld}-x_{id})+c_3(p_{gd}-x_{id})]\text{rand}_2(\cdot) \tag{10.9}$$

式中，$\text{rand}_1(\cdot)$和$\text{rand}_2(\cdot)$为搜索空间，$c_1=2$，$c_2+c_3=2$，一般要求随进化的进行减少c_2，而增加c_3，即随着进化的进行逐渐地减少L_{best}模型的作用而增加G_{best}模型的作用。c_2和c_3的设计方法有多种，可以是线性变化的也可以是非线性变化的，如果只考虑两者的相互作用而不随进化进行有规律的变化，也可采用随机的形式，下面介绍这三种形式。

(1) 线性变化形式

$$c_2=\frac{2(T-t)}{T},\quad c_3=\frac{2t}{T} \tag{10.10}$$

其中，t为当前迭代次数，T为最大迭代次数。

(2) 非线性变化方式

$$\sigma=\exp(-k\,(t/T)^2) \tag{10.11}$$

$$c_2=2\sigma \tag{10.12}$$

$$c_3=2(1-\sigma) \tag{10.13}$$

其中$k>1$。若k较小，则c_2和c_3变化平稳，类似于线性变化方式；若k较大，则c_2和c_3变化很陡，c_2很快由1变化到比较小的数，而c_3则相反。

(3) 随机变化方式

$$\sigma=\text{rand}[0,1] \tag{10.14}$$

$$c_2=2\sigma \tag{10.15}$$

$$c_3=2(1-\sigma) \tag{10.16}$$

其中σ为[0,1]之间的随机数。

2. 算法流程

第 1 步：在规定的搜索空间中随机初始化粒子群（设群体规模为 n，维数为 d）中每一粒子的速度、位置、P_{best} 和 G_{best}；

第 2 步：在整个种群中按照设定邻域的大小，根据粒子的随机序号进行邻域划分；

第 3 步：计算每个粒子的适应值 fitness；

第 4 步：对于每个粒子，将其适应值与其经历过的最优位置 P_{best} 进行比较，如果较优，则用当前的位置替换 P_{best}，否则 P_{best} 保持不变；

第 5 步：对于每个粒子，将其适应值与邻域中最优位置 L_{best} 进行比较，如果较优，则用当前的位置替换 L_{best}，否则 L_{best} 保持不变；

第 6 步：对于每个粒子，将其适应值与全局最优位置 G_{best} 进行比较，如果较优，则用当前位置替换 G_{best}，否则 G_{best} 保持不变；

第 7 步：按式(10.9)更新每个粒子的速度；

第 8 步：判断粒子速度是否超出设定的最大速度 V_{max}，如超出则取最大速度 V_{max}；

第 9 步：按式(10.4)更新粒子的位置；

第 10 步：如未达到给定的结束条件或最大的迭代次数则返回第 3 步。

10.2.4 改进的自适应范围复合最优模型 PSO 算法

在上一小节的复合最优模型 PSO 算法中，由于搜索范围在初始搜索阶段已经给定，这意味着在迭代过程中，需要重复搜索许多不需要的区域，因此在本小节中将利用 PSO 算法中成员的一些梯度信息来减少不必要的搜索区域。

为了表达方便，对式(10.4)和式(10.9)进行一定的简化处理，并表示成 k 次迭代的表达式，即

$$x_{ij}^{k+1} = x_{ij}^{k} + v_{ij}^{k+1} \tag{10.17}$$

$$v_{ij}^{k+1} = wv_{ij}^{k} + c_1(p_{ij}^{k} - x_{ij}^{k})\mathrm{rand}_1(\cdot) + [c_2(p_{lj}^{k} - x_{ij}^{k}) + c_3(p_{gj}^{k} - x_{ij}^{k})]\mathrm{rand}_2(\cdot) \tag{10.18}$$

这里主要是把式(10.4)中的 t 用上标 k 来表示，表示算法的第 k 次迭代。式(10.18)中的 w 表示权重，可以根据下列表达式来确定：

$$w = w_{max} - \frac{k(w_{max} - w_{min})}{k_{max}} \tag{10.19}$$

根据参考文献[341]，可选取 $w_{max} = 0.9$，$w_{min} = 0.4$。

1. 建立活动的搜索区域范围

在执行复合最优模型 PSO 算法过程中，在每一次迭代发生后，计算 x_{ij} 的均值 μ_{ij} 和标准差 σ_{ij}，则 $x_{ij} \sim N(\mu_{ij}, \sigma_{ij}^2)$，可表示为

$$N(x) = \exp\left(-\frac{(x_{ij} - \mu_{ij})^2}{2\sigma_{ij}^2}\right) \tag{10.20}$$

$$\mu_{ij} - \sqrt{-2\sigma_{Lij}^2 \lg a} \leqslant x_{ij} \leqslant \mu_{ij} + \sqrt{-2\sigma_{Rij}^2 \lg a} \tag{10.21}$$

其中，σ_{Lij} 和 σ_{Rij} 表示第 i 个粒子在左边和右边的标准差，它们单独给定；a 是一个系统参数，表

示式(10.20)中的垂直轴，则活动搜索区域如图 10-1 所示。

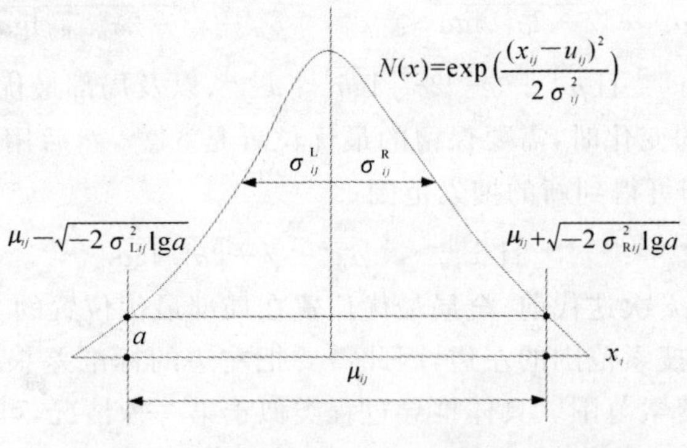

图 10-1　第 i 个粒子的活动搜索范围示意图

在图 10-1 中，假设 σ_{Lij} 和 σ_{Rij} 是相同的，接下来将对这两个量进行更新。

2. 最优位置的保持

由图 10-1 可以看出，第 i 粒子在第 k 次迭代时，它的搜索区域是由均值和标准差来确定的，因此随着迭代的继续，在每次迭代时都将更新活动搜索区域。由于搜索区域是活动的，则直到第 k 次迭代时，所保留的最优位置将有可能跑出活动搜索区域，因此需要把式(10.21)根据在第 k 次迭代前的最优位置进行修改。由式(10.20)可知，算法在进行局部搜索时，有一个最优的位置 x_{lij}^{best}，在进行全局搜索时有一个最优的位置 x_{gij}^{best}。下面将分几种情况进行讨论。

(1) 第一种情况：$x_{lij}^{best} \leqslant x_{gij}^{best}$ 且 $\mu_{ij}+\sqrt{-2\sigma_{Rij}^2 \lg a} < x_{gij}^{best}$。

如图 10-2 所示，图中表示了局部与全局的最优位置。由式(10.18)可以看出，当进行局部搜索时，由于受到全局搜索的影响，需要扩大它的搜索范围，即要把在 k 次迭代前的全局最优位置包括进搜索范围，因此它的 k 次迭代前的最优位置为 x_{gij}^{best}。

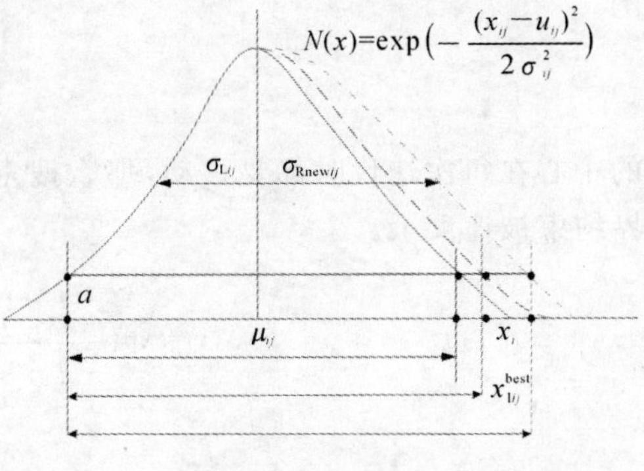

图 10-2　由新的标准差得到的新的搜索范围

由图 10-2 可以看出新的标准差为 σ_{newRij}，它的计算公式为

$$a=\exp\left(-\frac{(x_{gij}^{best}-\mu_{ij})^2}{2\sigma_{newRij}^2}\right) \tag{10.22}$$

$$\sigma_{newRij}=\sqrt{-\frac{(x_{gij}^{best}-\mu_{ij})^2}{2\lg a}} \tag{10.23}$$

那么,新的搜索范围可以定义为

$$\mu_{ij} - \sqrt{-2\sigma_{\mathrm{L}ij}^2 \lg a} \leqslant x_{ij} \leqslant \mu_{ij} + \sqrt{-2\sigma_{\mathrm{newR}ij}^2 \lg a} \qquad (10.24)$$

同理,对于 $x_{\mathrm{g}ij}^{\mathrm{best}} \leqslant x_{\mathrm{l}ij}^{\mathrm{best}}$ 且 $\mu_{ij} + \sqrt{-2\sigma_{\mathrm{R}ij}^2 \lg a} < x_{\mathrm{l}ij}^{\mathrm{best}}$,以及局部最优位置比全局最优位置大时,则在进行搜索范围的变化时,需要保留的最优位置是 $x_{\mathrm{l}ij}^{\mathrm{best}}$,然后用 $x_{\mathrm{l}ij}^{\mathrm{best}}$ 替换式(10.22)~式(10.24) 中的 $x_{\mathrm{g}ij}^{\mathrm{best}}$,即可得到新的搜索范围。

(2) 第二种情况: $x_{\mathrm{g}ij}^{\mathrm{best}} \leqslant x_{\mathrm{l}ij}^{\mathrm{best}}$ 且 $x_{\mathrm{g}ij}^{\mathrm{best}} < \mu_{ij} - \sqrt{-2\sigma_{\mathrm{L}ij}^2 \lg a}$。

这种情况反映了在 k 次迭代前,全局最优位置在局部最优位置的左边,并且全局最优位置与局部最优位置都位于搜索范围的左边,因此需要把左边的标准差根据全局最优位置重新进行计算,得出新的活动搜索范围。具体推导过程类似于第一种情况,可得到新的搜索范围为

$$\mu_{ij} - \sqrt{-2\sigma_{\mathrm{newL}ij}^2 \lg a} \leqslant x_{ij} \leqslant \mu_{ij} + \sqrt{-2\sigma_{\mathrm{R}ij}^2 \lg a} \qquad (10.25)$$

其中 $\sigma_{\mathrm{newL}ij} = \sqrt{-\dfrac{(x_{\mathrm{g}ij}^{\mathrm{best}} - \mu_{ij})^2}{2 \lg a}}$。

当 $x_{\mathrm{l}ij}^{\mathrm{best}} \leqslant x_{\mathrm{g}ij}^{\mathrm{best}}$ 且 $x_{\mathrm{l}ij}^{\mathrm{best}} < \mu_{ij} - \sqrt{-2\sigma_{\mathrm{L}ij}^2 \lg a}$ 时,类似于第一种情况,取第 k 次迭代前的最优位置为 $x_{\mathrm{l}ij}^{\mathrm{best}}$,同理可推导新的搜索活动范围。

(3) 第三种情况: $x_{\mathrm{l}ij}^{\mathrm{best}} < \mu_{ij} - \sqrt{-2\sigma_{\mathrm{L}ij}^2 \lg a}$ 且 $\mu_{ij} + \sqrt{-2\sigma_{\mathrm{R}ij}^2 \lg a} < x_{\mathrm{g}ij}^{\mathrm{best}}$。

这种情况及在第 k 次迭代前,局部最优位置位于活动搜索区域外的左边,全局最优位置位于活动搜索区域外的右边,分别保留左边的局部最优位置和右边的局部最优位置,类似于第一种情况的推导,可得新的活动搜索区域范围为

$$\mu_{ij} - \sqrt{-2\sigma_{\mathrm{newL}ij}^2 \lg a} \leqslant x_{ij} \leqslant \mu_{ij} + \sqrt{-2\sigma_{\mathrm{newR}ij}^2 \lg a} \qquad (10.26)$$

其中, $\sigma_{\mathrm{newL}ij} = \sqrt{-\dfrac{(x_{\mathrm{l}ij}^{\mathrm{best}} - \mu_{ij})^2}{2 \lg a}}$, $\sigma_{\mathrm{newR}ij} = \sqrt{-\dfrac{(x_{\mathrm{g}ij}^{\mathrm{best}} - \mu_{ij})^2}{2 \lg a}}$。

同理,当 $x_{\mathrm{g}ij}^{\mathrm{best}} < \mu_{ij} - \sqrt{-2\sigma_{\mathrm{L}ij}^2 \lg a}$ 且 $\mu_{ij} + \sqrt{-2\sigma_{\mathrm{R}ij}^2 \lg a} < x_{\mathrm{l}ij}^{\mathrm{best}}$ 时,类似于上式的推导,可以推导出新的搜索活动范围。

3. 边界约束的处理

由于活动的搜索范围的中心在每次迭代时都要移动,那么搜索区域将有可能违反边界约束,如图 10-3 所示,下边界约束被违反了。

$$N(x) = \exp\left(-\frac{(x_{ij} - u_{ij})^2}{2\sigma_{ij}^2}\right)$$

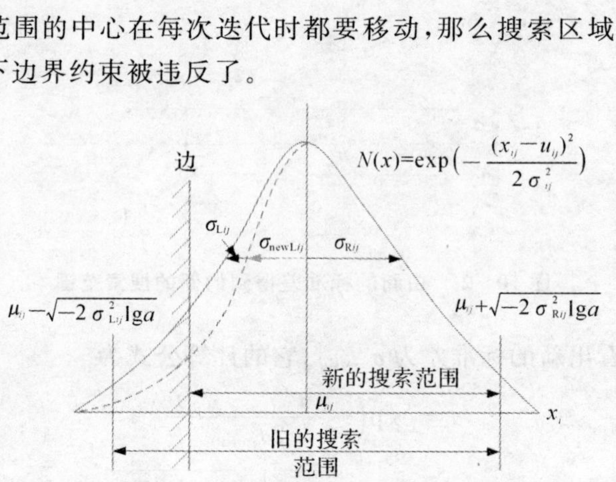

图 10-3 由边界约束得到的新的搜索范围

根据图10－3，新标准差 $\sigma_{\text{newL}ij}$ 的计算公式为

$$\sigma_{\text{newL}ij}=\sqrt{-\frac{(x_{ij}^{\text{L}}-\mu_{ij})^2}{2\lg a}} \tag{10.27}$$

其中 x_{ij}^{L} 是下边界约束，则新的搜索范围为

$$\mu_{ij}-\sqrt{-2\sigma_{\text{newL}ij}^2\lg a}\leqslant x_{ij}\leqslant\mu_{ij}+\sqrt{-2\sigma_{\text{R}ij}^2\lg a} \tag{10.28}$$

同理，可以对上边界约束进行相同的处理。

4. 算法参数 a 的确定

由于算法到最后阶段，搜索范围需要最小，因此 a 的变化需要根据式(10.21)从小变大，因此 a 的变化公式为

$$a=a_{\min}+\frac{k(a_{\max}-a_{\min})}{k_{\max}} \tag{10.29}$$

其中，$a_{\min}$ 可以取近似于0的数，例如，可以取 $a=1\times10^{-3}$；对于 $a_{\max}$ 的取值，如果 a 取为1，搜索到最后阶段时根据式(10.29)，$a\approx0$，则由式(10.21)可知活动搜索范围将趋近于0。因此需要选取适当的 $a_{\max}$ 值，使得搜索进入最后阶段时有足够的搜索空间。根据上面的分析，我们可以将第 i 个变量的最小标准差定义为

$$\sigma_{\min}=\varepsilon(x_{ij}^{\text{R}}-x_{ij}^{\text{L}}) \tag{10.30}$$

其中，x_{ij}^{R} 和 x_{ij}^{L} 分别代表第 i 个变量 j 维的右边界和左边界，ε 为任意的一个小数。那么，由式(10.22)得

$$a_{\max}=\exp\left(-\frac{(x_{ij}^{\text{R}}-\mu_{ij})^2}{2\sigma_{\min}^2}\right)=\exp\left(-\frac{\left(\dfrac{x_{ij}^{\text{R}}-x_{ij}^{\text{L}}}{2}\right)^2}{2\left(\dfrac{\sigma_{\min}}{2}\right)^2}\right)=\exp\left(-\frac{1}{2\varepsilon^2}\right) \tag{10.31}$$

5. 算法流程

改进的自适应范围复合最优模型粒子群算法可以描述如下：当 $k=1$ 时，算法执行10.2.3小节中的复合最优模型PSO算法到第9步，然后执行 $k=k+1$ 迭代时，按下列步骤进行：

第10步：执行迭代次数 $k=k+1$，计算每个粒子的均值 μ_{ij} 和标准差 σ_{ij}，在这一步中，设标准差 $\sigma_{ij}=\sigma_{\text{R}ij}=\sigma_{\text{L}ij}$；

第11步：检查标准差

$$\sigma_{\text{L}ij}<\sigma_{\text{L}ij,\min}\rightarrow\sigma_{\text{L}ij}=\sigma_{\text{L}ij,\min} \tag{10.32}$$

$$\sigma_{\text{R}ij}<\sigma_{\text{R}ij,\min}\rightarrow\sigma_{\text{R}ij}=\sigma_{\text{R}ij,\min} \tag{10.33}$$

其中

$$\sigma_{\text{L}ij,\min}=\sigma_{\text{R}ij,\min}=\frac{\sigma_{\min}}{2} \tag{10.34}$$

第12步：由式(10.29)更新系统参数 a；

第13步：由式(10.21)确立活动搜索范围；

第14步：如果局部模型和全局模型的最优位置没有包括在活动搜索范围内，则根据式(10.22)～式(10.26)改变活动搜索范围；

第15步：如果边界约束被违反，则根据式(10.27)和式(10.28)改变活动搜索范围；

第 16 步:根据式(10.17) 和式(10.18) 更新位置和速度;

第 17 步:根据式(10.19) 更新惯性权重 w;

第 18 步:如果 $k < k_{\max}$,则返回到第 10 步,否则,算法结束。

6. 仿真结果

为了验证改进的自适应范围复合最优模型 PSO 算法的有效性,这里选择了多模态函数进行仿真分析。选取函数 $f=x\sin(4\pi x)-y\sin(4\pi y+\pi+1)$,$x,y\in[-1,2]$,该函数峰值较多,且函数值相差较大。要求寻找函数 f 的最大值,即 $f\to f_{\max}$。如果运用标准的PSO算法,容易陷入局部最优解,得不到全局最优解,所以在这里采用改进的自适应范围复合最优模型 PSO 算法。

首先,确定 a 的取值,这里取 $a_{\min}=1\times10^{-3}$。为了求出 $a_{\max}$,需要选取合适的ε,图 10-4(a) 给出了 a 随ε 的变化情况。从图 10-4(a) 可以看出,随着迭代次数的增加,a 的值在增大;ε 值越小,a 的值增长越快。图 10-4(b) 示出了搜索范围随 ε 的变化情况,随着迭代次数的增加,搜索范围在逐步地减少,ε 值越小,搜索范围越小。当 ε 取 0.01 时,从图 10-4(b) 可以看出,开始的搜索范围和最后阶段的搜索范围相差不大,即开始阶段的搜索范围很小。为了在开始阶段尽可能地搜索大的范围,由图中可以看出,当 $\varepsilon\approx0.1$ 时,可以使搜索范围的宽度在开始阶段达到 1,在最后阶段的搜索时,搜索范围的宽度趋近于 0.25,搜索范围减少了 1/4,这说明取 $\varepsilon\approx0.1$ 是合适的。

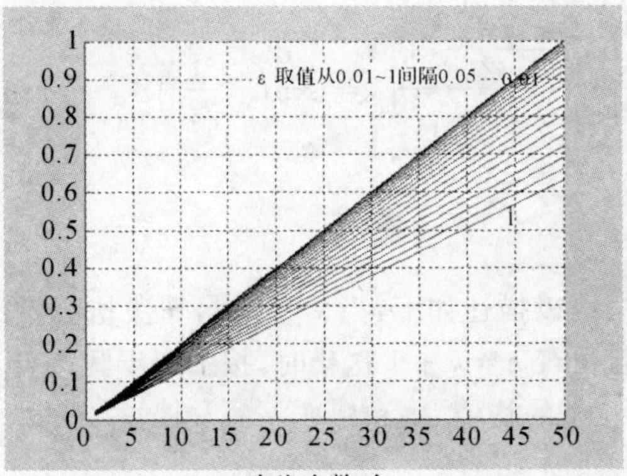

(a)

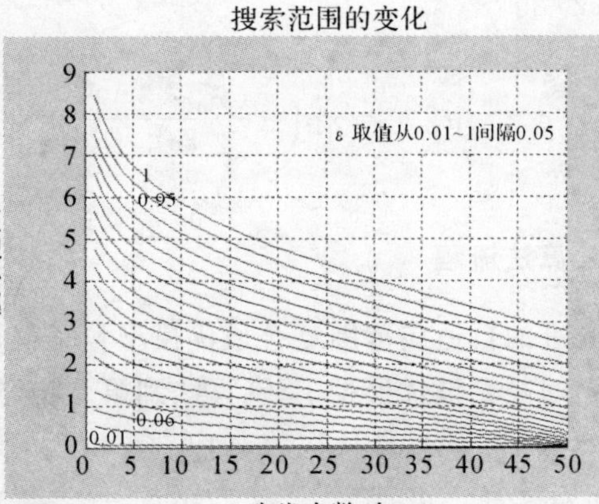

(b)

图 10-4　a 和搜索范围随 ε 变化的情况

(a) a 随 ε 变化的情况;　(b) 搜索范围随 ε 变化的情况

然后,根据式(10.30) 和式(10.31) 可以确定 $a_{\max}$,根据式(10.29) 可以确定 a。算法中取粒子数 $N=100$,迭代次数 $k=50$,图 10-5 ～ 图 10-7 给出了粒子的初始位置、迭代 1/3 时粒子的位置和粒子的最终位置。图 10-5 中的粒子是随机分布的,经过 1/3 迭代时,大部分的粒子聚集于全局最优位置附近,最终粒子收敛于全局最优位置。全局最优位置为 $x=1.628\,9$,$y=2.000\,0$,最优适应度值 $f=3.309\,9$。图 10-8 ～ 图 10-11 示出了搜索范围的变化情况,图中圆点表示全局最优,正方形点表示局部最优。其中,图 10-8 示出了在初始阶段搜索范围,在该阶段没有使用自适应搜索范围,因此没有包含全局最优以及局部最优;图 10-9 示出了开始使用活动搜索范围时的情况，从图中可以看出，搜索范围包含了全局最优和局部最优，搜索范围比开始阶段的搜索范围相对要小；图 10-10 表示了迭代进行了 1/3 时搜索范围的变化情况，可以看出随着大部分粒子聚集于全局最优附近，搜索范围进一步减少，由于全局最优点在函数的边界上，因此搜索范围的上界是以函数边界的上界来替代的；图 10-11 表示了最后搜索阶段搜索范围的变化，由于在复合最优模型 PSO 算法中，根据粒子的编号随机划分了许多邻域，因此有许多局部最优点，到最后搜索阶段时，局部最优将与全局最优重合。图 10-12 示出了算法适应度的最优值、均值和标准差的变化趋势。由图 10-12 可以看出，当迭代次数达到 8 次时，算法找到了最优的适应度值，当迭代次数达到 30 次时，适应度的均值与适应度值的最优值重合，即所有粒子都找到了最优值。标准差的表现与均值的表现正好相反，当到达最优位置时，标准差趋近于 0，这符合优化算法的要求。图 10-13 给出了复合最优模型 PSO 算法与改进的自适应范围的复合最优模型 PSO 算法的适应度均值的收敛速度的比较。由图 10-13 可以看出，当迭代次数达到 30 次时，改进算法的所有粒子都找到了最优值，而复合最优模型 PSO 算法则当迭代次数达到 40 次时，所有粒子才能到达最优位置，因此改进的算法提高了收敛速度。

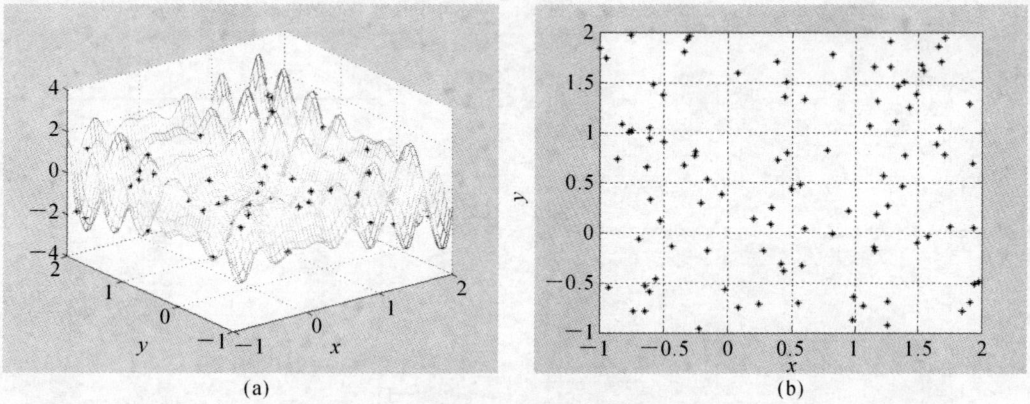

图 10-5　粒子的初始位置分布图

(a) 粒子初始位置分布的三维图；(b) 粒子初始位置分布的平面图

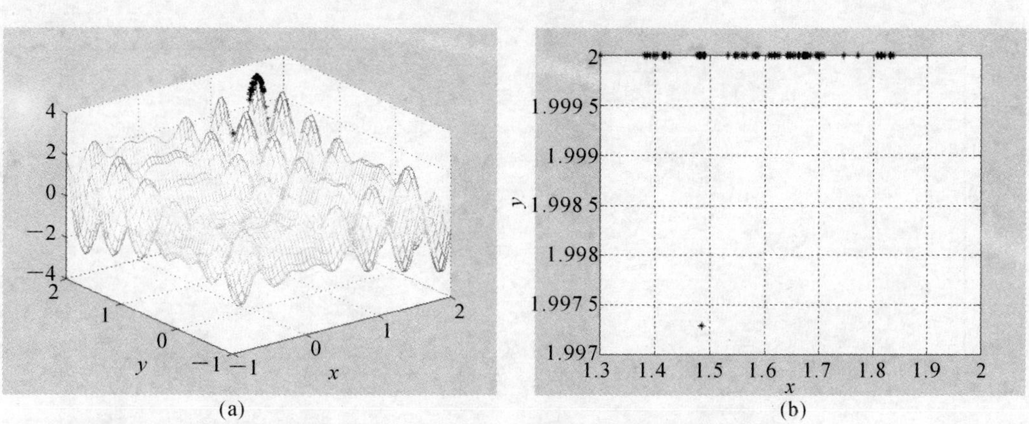

图 10-6　迭代 1/3 时粒子的分布位置图

(a) 粒子分布位置的三维图；(b) 粒子分布位置的平面图

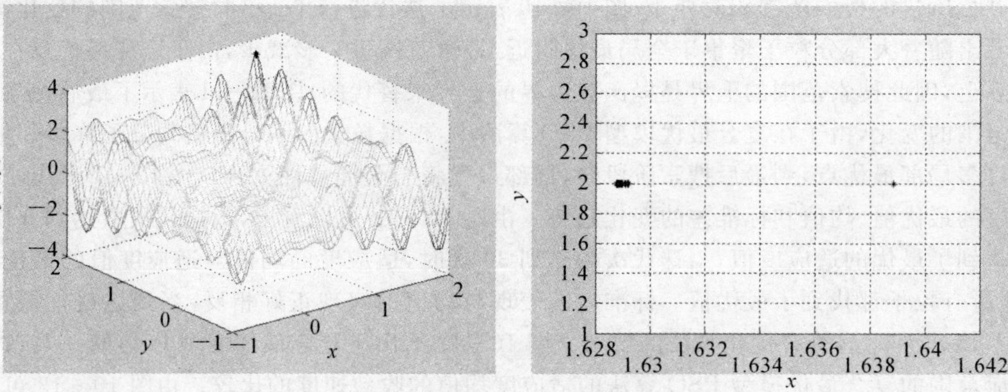

(a)　　　　　　　　　　　　(b)

图 10-7　粒子的最终位置分布图

(a) 粒子位置分布的三维图；(b) 粒子位置分布的平面图

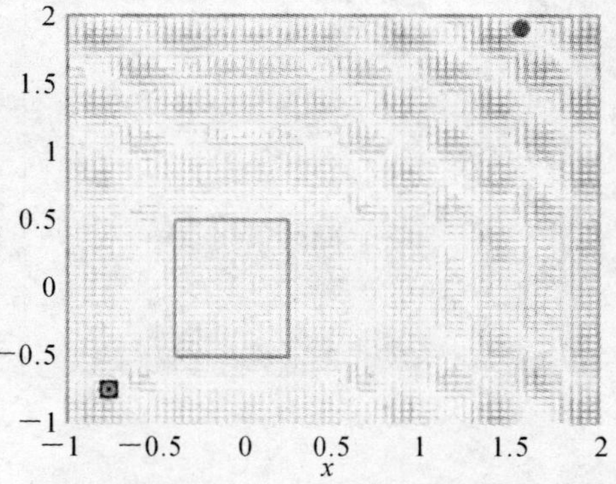

图 10-8　初始搜索范围

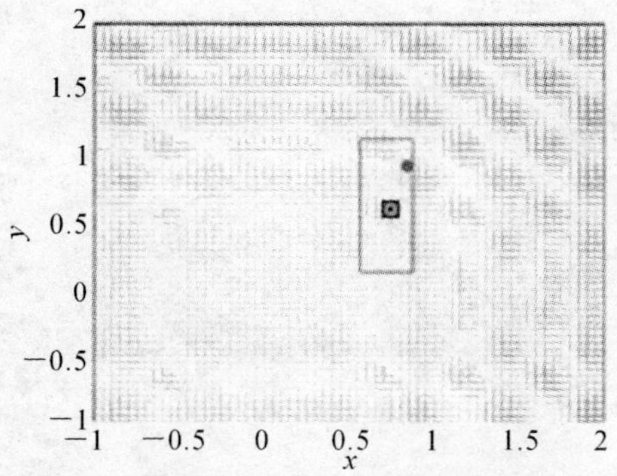

图 10-9　2 次迭代时的搜索范围

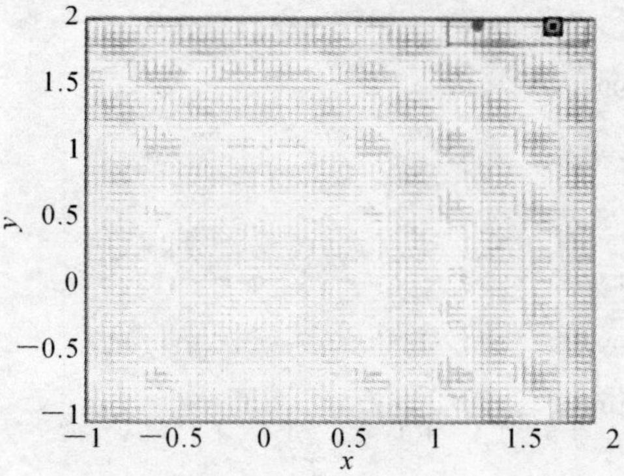

图 10-10　迭代 1/3 时的搜索范围

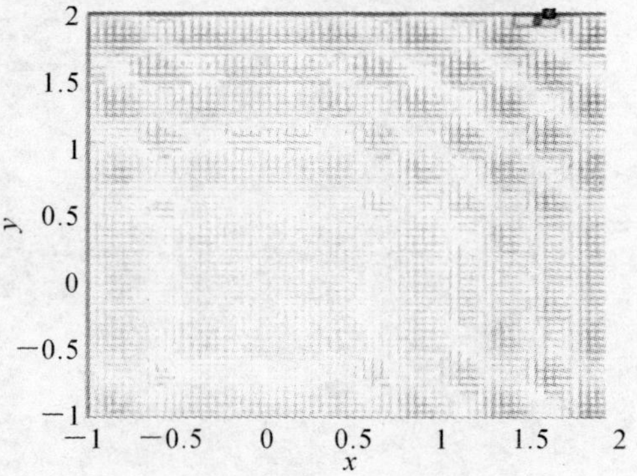

图 10-11　最后搜索阶段的搜索范围

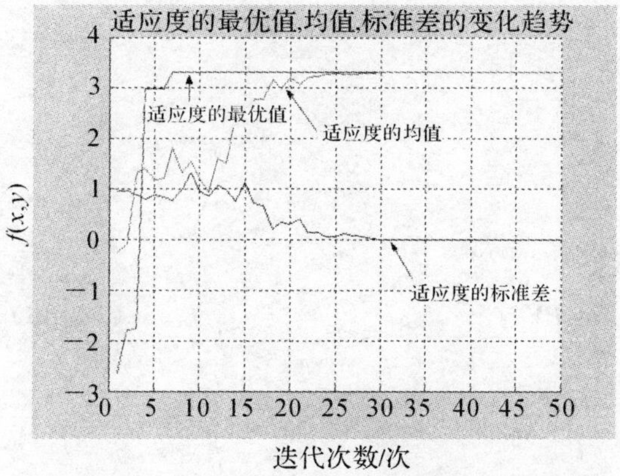

图 10-12　适应度的最优值、均值及标准差图

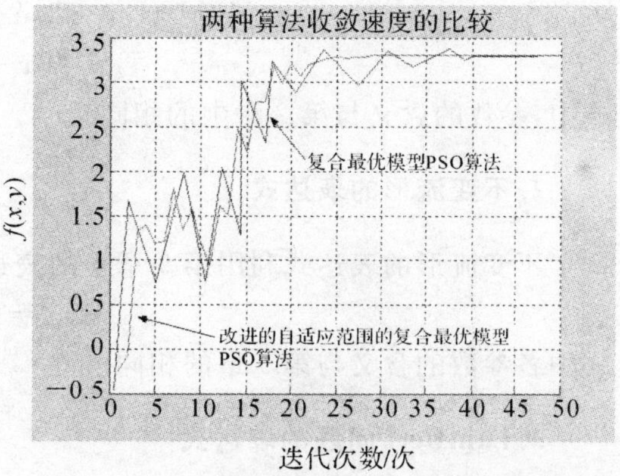

图 10-13　两种算法的适应度均值收敛速度比较

10.3　利用粒子群算法优化行星之间的转移轨道

设计行星之间转移轨道的方法主要有三种:脉冲转移、低推力转移和低能量转移。设计转移轨道的方法不同,优化的参数也不同。对于脉冲转移来说,属于大推力的转移轨道设计,主要设计二体问题。由于有比较明确的各个参数之间的关系,因此优化的内容比较明确。对于低推力转移轨道来说,对象函数包括位置、速度以及推进器质量,搜索空间包含有 16 个设计变量[320,342]。对于低能量转移轨道来说,由于拉格朗日点的周期轨道对于初始条件很敏感,并且系统是非线性的,具有混沌特性,参数和最后的轨迹之间没有直接的关系,因而优化过程特别困难。现在的研究大多数集中于利用智能优化算法进行脉冲转移轨道[343-344]或低推力转移轨道的优化[98-100]研究,或者是结合小推力和低能量转移轨道的优化[345]研究,对于单独的低能量转移轨道的优化研究比较少见。Topputo[346]提出了一种利用拼接圆锥和流形(patching conic-manifold)的方法设计太阳系内行星之间的转移轨道,利用混合的优化算法来优化低能量的转移轨道,由于不能减少搜索空间,所以运算的时间较长。本节采用改进的自适应范围复合最优粒子群算法来优化行星之间的转移轨道。

10.3.1　问题的公式化

为了设计目标函数,需要下列的数学模型。

1. 圆形限制性三体问题的数学模型

圆形限制性三体问题的数学模型为

$$\left.\begin{aligned} \ddot{x} - 2\dot{y} &= \Omega_x \\ \ddot{y} + 2\dot{x} &= \Omega_y \end{aligned}\right\} \tag{10.35}$$

其中

$$\Omega = \frac{1}{2}(x^2 + y^2) + \frac{1-\mu}{r_1} + \frac{\mu}{r_2} + \mu(1-\mu)$$

$$r_1=[(x+\mu)^2+y^2]^{\frac{1}{2}}$$

$$r_2=[(x-1+\mu)^2+y^2]^{\frac{1}{2}}$$

式中，参数的含义与第 2 章中的相同。

2. 不变流形的表达式

不变流形的表达式利用第 9 章中的表达式如下：

$$\boldsymbol{X}_{0,s}^i=\boldsymbol{X}_0^i\pm\varepsilon\times\boldsymbol{u\_PV} \tag{10.36}$$

式中各参数的含义与第 9 章的相同。

3. Lambert 问题的表达式

Lambert 轨道是用于连接两个不相交的不变流形之间的连接轨道。

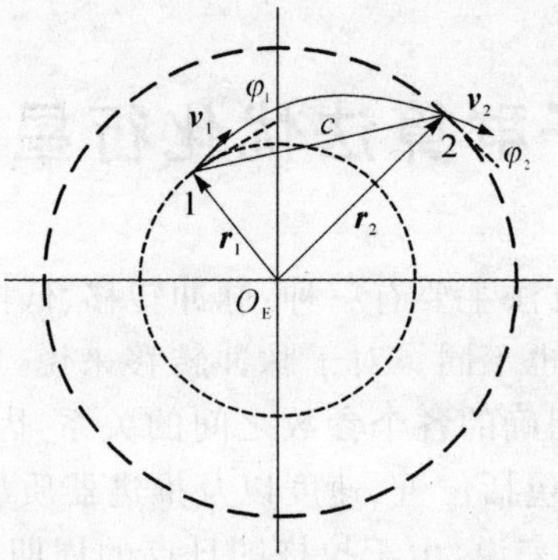

图 10-14　Lambert 问题示意图

Lambert 问题根据参考文献[347]，有以下论述：

如图 10-14 所示，设地心为 O_E，航天器由给定点 1 沿椭圆轨道飞至给定点 2，设两点的地心距和夹角分别为 r_1，r_2 和 Δf，令 $c=|\boldsymbol{r}_2-\boldsymbol{r}_1|$，$s=\dfrac{r_1+r_2+c}{2}$，即 s 为 $\triangle O_E12$ 的半周长，设椭圆的半长轴为 a，偏心率为 e，半通径为 P，令

$$a_{\min}=s/2 \tag{10.37}$$

$$K=1-\frac{c}{s}=\frac{r_1+r_2-c}{r_1+r_2+c}<1 \tag{10.38}$$

$$\alpha=2\arcsin\left(\frac{a_{\min}}{a}\right)^{\frac{1}{2}} \tag{10.39}$$

$$\beta=2\arcsin\left(\frac{a_{\min}}{a}\right)^{\frac{1}{2}} \tag{10.40}$$

再令

$$\left.\begin{aligned}\alpha_m&=\pi\\ \beta_m&=2\arcsin(K^{\frac{1}{2}})\end{aligned}\right\} \tag{10.41}$$

$$\Delta t_m=\left(\frac{s^2}{2G}\right)\frac{\alpha_m-(\beta_m-\sin\beta_m)}{2} \tag{10.42}$$

其中 G 为引力常数。假设 Δt 为从 1 点到 2 点的飞行时间，则 Lambert 飞行时间定理为

(1) 当 $\Delta f \leqslant \pi, \Delta t \leqslant \Delta t_m$ 时

$$G^{\frac{1}{2}} \Delta t = a^{\frac{3}{2}}[(\alpha - \sin\alpha) - (\beta - \sin\beta)] \tag{10.43}$$

(2) 当 $\Delta f \leqslant \pi, \Delta t > \Delta t_m$ 时

$$G^{\frac{1}{2}} \Delta t = a^{\frac{3}{2}}[2\pi - (\alpha - \sin\alpha) - (\beta - \sin\beta)] \tag{10.44}$$

(3) 当 $\Delta f \geqslant \pi, \Delta t \leqslant \Delta t_m$ 时

$$G^{\frac{1}{2}} \Delta t = a^{\frac{3}{2}}[(\alpha - \sin\alpha) + (\beta - \sin\beta)] \tag{10.45}$$

(4) 当 $\Delta f \geqslant \pi, \Delta t > \Delta t_m$ 时

$$G^{\frac{1}{2}} \Delta t = a^{\frac{3}{2}}[2\pi - (\alpha - \sin\alpha) + (\beta - \sin\beta)] \tag{10.46}$$

无论上述那一种情况，总可以归纳为统一形式

$$\Delta t - \Delta t(a) = 0 \tag{10.47}$$

式中 $\Delta t(a)$ 为式(10.43) ～ 式(10.46) 等号右边的式子除以 $G^{\frac{1}{2}}$。

对于长半轴 a 的求解，可以通过牛顿迭代法来求出，具体方法如下：

给定公式 $F(a) = \Delta t - \Delta t(a) = 0$ 和初值 $a_0 = a_{\min} = s/2$，然后利用迭代公式

$$a_{n+1} = a_n - F(a_n)/F'(a_n), \quad n = 0,1,2,\cdots \tag{10.48}$$

进行迭代，直到满足收敛精度。在求得 a 以后便可以参照下列公式求解半通径 p。

(5) 当 $\Delta f \leqslant \pi$ 且 $\Delta t \leqslant \Delta t_m$，或 $\Delta f \geqslant \pi$ 且 $\Delta t \geqslant \Delta t_m$ 时

$$p = \frac{4a}{c^2}(s - r_1)(s - r_2)\sin^2\frac{\alpha + \beta}{2} \tag{10.49}$$

(6) 当 $\Delta f \leqslant \pi$ 且 $\Delta t \geqslant \Delta t_m$，或 $\Delta f \geqslant \pi$ 且 $\Delta t \leqslant \Delta t_m$ 时

$$p = \frac{4a}{c^2}(s - r_1)(s - r_2)\sin^2\frac{\alpha - \beta}{2} \tag{10.50}$$

分别将 Δf 与 π，Δt 与 Δt_m 进行比较，根据上面的公式即可计算出 Lambert 轨道的参数 α 和 β。偏心率 e 可以通过 $e = \sqrt{1 - p/a}$ 解出。

Lambert 轨道在 1 点和 2 点的速度分别为

$$v_1 = \sqrt{G\left(\frac{2}{r_1} - \frac{1}{a}\right)} \tag{10.51}$$

$$v_2 = \sqrt{G\left(\frac{2}{r_2} - \frac{1}{a}\right)} \tag{10.52}$$

在 1 点和 2 点的真近角分别为

$$f_1 = \arccos\left[\frac{1}{e}\left(\frac{p}{r_1} - 1\right)\right] \tag{10.53}$$

$$f_2 = \arccos\left[\frac{1}{e}\left(\frac{p}{r_2} - 1\right)\right] \tag{10.54}$$

因此，定义 $\varphi_i (i=1,2)$ 为 Lem bert 轨道与以 r 为半径的圆之间的夹角，则 φ_1 和 φ_2 的计算公式为

$$\varphi_1 = \arctan\frac{e\cos f_1}{1 + \cos f_1} \tag{10.55}$$

$$\varphi_2 = \arctan\frac{e\cos f_2}{1 + \cos f_2} \tag{10.56}$$

4. 适应度函数的表达式

对于适应度函数的表达式涉及转移轨道的设计，将在下一小节专门介绍。

10.3.2 参数优化和适应度函数表达式的研究

设太阳系的两颗行星分别为行星 a 和行星 b，都以太阳为原点围绕太阳运动，以太阳和行星 a 的质心连线为 x 轴，建立直角坐标系，如图 10－15 所示。构成流形主要有三个要素：晕轨道的振幅 A_x，A_x 的邻域 ε 和庞加莱截面的角度 θ。为了不丢失普遍性，定义开始的行星为行星 a，从行星 a 的 L_2 点的晕轨道进行后向积分，得到不稳定流形 $W^{u}_{L2,p,a}$，直到 θ_a 到达庞加莱截面的位置 θ；定义到达的行星为行星 b，然后从行星 b 的 L_1 点的晕轨道进行前向积分，得到稳定流形 $W^{s}_{L1,p,b}$，直到 θ_b 到达庞加莱截面的位置 θ，如图 10－16 所示。把 θ 作为参数，然后通过改变 θ 的值可以得到一组不同的截面。在这里有 6 个变量需要确定，即 ε_a，$A_{x,a}$，θ_a，ε_b，$A_{x,b}$ 和 θ_b。定义两条庞加莱曲线分别为 $\gamma_a(y_a,\dot{y}_a)$ 和 $\gamma_b(y_b,\dot{y}_b)$，如图 10－17 和图 10－18 所示。

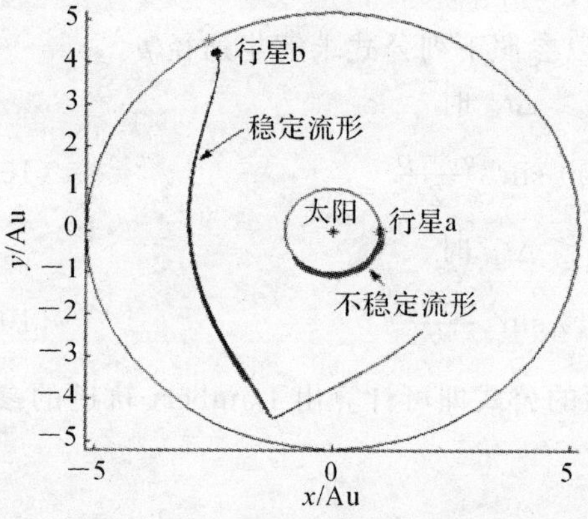

图 10－15 行星 a 和 b 的不变流形

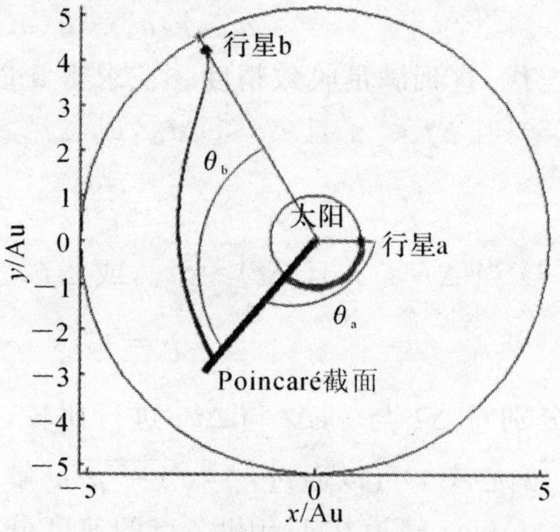

图 10－16 不变流形和庞加莱截面相交图

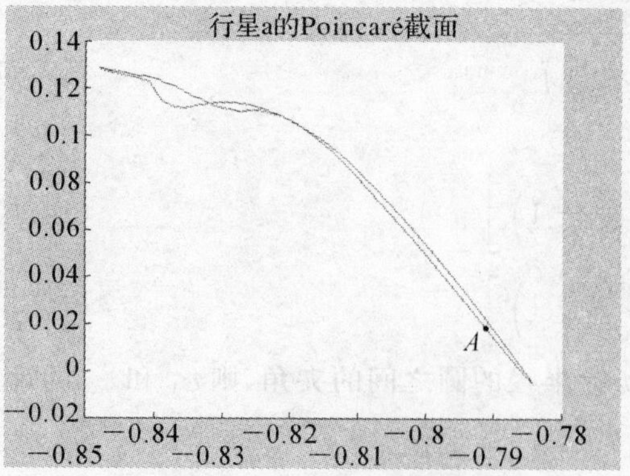

图 10－17 行星 a 的不变流形的庞加莱曲线 γ_a

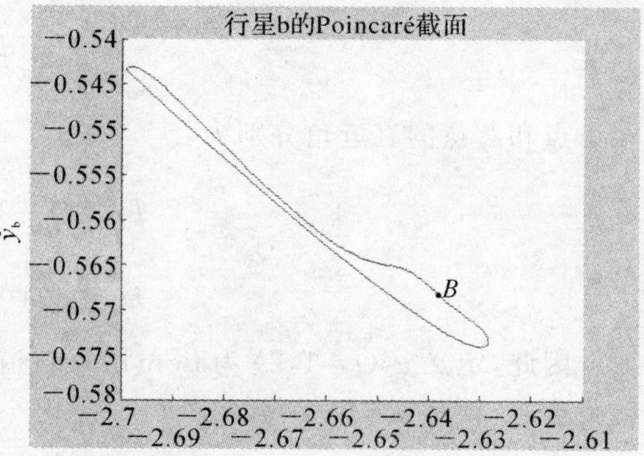

图 10－18 行星 b 的不变流形的庞加莱曲线 γ_b

为了求出两个截面之间距离最近的点，设 D 为两个截面之间的距离函数，如图 10－19 所

示，则可表示为

$$D=\min\sqrt{\alpha\,(y_a-y_b)^2+\beta\,(\dot{y}_a-\dot{y}_b)^2} \tag{10.57}$$

其中 α 和 β 是两个权重因子。很显然，D 与 8 个变量有关，即 $\varepsilon_a,A_{x,a},\theta_a,\varepsilon_b,A_{x,b},\theta_b,\alpha,\beta$，可表示为

$$D=D(\varepsilon_a,A_{x,a},\theta_a,\varepsilon_b,A_{x,b},\theta_b,\alpha,\beta) \tag{10.58}$$

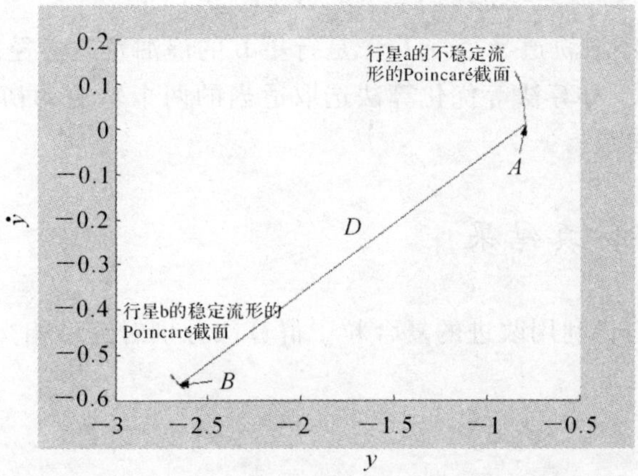

图 10-19　两个庞加莱截面的最短距离

这 8 个变量可以通过优化方法得到最优解，即可确定两个晕轨道及其流形。通过求取两个截面之间的最小距离，可分别得到 γ_a 和 γ_b 曲线上的 A 点和 B 点。若两条曲线 γ_a 和 γ_b 相交，则表示两个流形相交，即 $y_a=y_b$ 且 $\dot{y}_a=\dot{y}_b$，A 点和 B 点重合，$D=0$，重合点即为两个流形的拼接点；若两条曲线 γ_a 和 γ_b 不相交，但 $y_a=y_b$，$\dot{y}_a\neq\dot{y}_b$，过两个流形的垂线与两个流形相交的点即为两个流形的拼接点，这两个点是重合的；若两条曲线 γ_a 和 γ_b 不相交，且 $y_a\neq y_b$，$\dot{y}_a\neq\dot{y}_b$，则两个流形不相交（对于一次庞加莱截面而言）。引进函数 D 的目的是为了能够实现优化的自动化以及对于曲线 γ_a 和 γ_b 的离散化，生成有限个点。这有限个点即为本节前面所提到的改进的复合最优离子群算法中所要求的粒子数，利用该方法可以得到对应于最小距离的 A 点和 B 点。对 A 点的初值 A 进行小的改变，即 $A\pm\delta A$，选取 $\delta A=0.01(y_{a,\max}-y_{a,\min},\dot{y}_{a,\min}-\dot{y}_{a,\min})$，这样可保持 A 点在截面范围内，使得 A 点的转移轨道在流形管道内。从 A 点进行前向积分，并且一直穿过晕轨道直到行星 a 的停泊轨道为止。这样便形成了从行星 a 到达截面的离开轨道。同理，对 B 点进行相同的处理，进行后向积分，可得到达轨道及到达行星 b 的停泊轨道。通过引入时间变量，可以把出发和到达阶段转化为星历模型。对于 A 点到 B 点的转移，可通过解 Lambert 问题，使用牛顿迭代法，选取时间间隔 Δt_L，解算出转移轨道的长半轴和半通轴以及相应的速度矢量，来绘制二次曲线连接 A 点和 B 点。整个轨道包括离开阶段、Lambert 阶段和到达阶段，所要被优化的参数为

$$\boldsymbol{x}=[\varepsilon_a\quad A_{x,a}\quad \Delta x_a\quad \varepsilon_b\quad A_{x,b}\quad \Delta x_b\quad \alpha\quad \beta\quad T_s\quad \Delta t_L]^T \tag{10.59}$$

其中，T_s 是离开的时间。

适应度函数为

$$f(\boldsymbol{x})=\Delta v(\boldsymbol{x})-\Delta v_H(\boldsymbol{x}) \tag{10.60}$$

其中 $\Delta v(\boldsymbol{x})$ 是流形二次曲线轨道的代价，$\Delta v_H(\boldsymbol{x})$ 是霍夫曼转移轨道的代价。$\Delta v(\boldsymbol{x})$ 的计算公

式为

$$\Delta v(\boldsymbol{x}) = \Delta v_s(\boldsymbol{x}) + \Delta v_1(\boldsymbol{x}) + \Delta v_2(\boldsymbol{x}) + \Delta v_e(\boldsymbol{x}) \tag{10.61}$$

式中，$\Delta v_s(\boldsymbol{x})$ 是从行星 a 的停泊轨道进入不稳定流形轨道的代价，$\Delta v_1(\boldsymbol{x})$ 是从不稳定轨道进入 Lambert 弧的代价，$\Delta v_2(\boldsymbol{x})$ 是从 Lambert 弧进入稳定流形的代价，$\Delta v_e(\boldsymbol{x})$ 是从稳定流形进入行星 b 的停泊轨道的代价。$\Delta v_H(\boldsymbol{x})$ 的计算公式为

$$\Delta v_H(\boldsymbol{x}) = \Delta v_H(r_s(\boldsymbol{x}), r_e(\boldsymbol{x})) \tag{10.62}$$

其中 $r_s(\boldsymbol{x})$ 是行星 a 的停泊轨道半径，$r_e(\boldsymbol{x})$ 是行星 b 的停泊轨道半径。

利用改进的复合粒子群算法等优化算法选取适当的两个轨道的初始条件，使得适应度函数值最小，可得到最优参数。

10.3.3 数字仿真结果

在这小一节中，我们将利用改进的复合粒子群算法分别对流形相交、流形不相交时的优化情况进行了数字仿真。

1. 流形相交

选取绕太阳旋转的木星和土星两颗行星，从木星的停泊轨道出发，进入日木系统 L_2 点晕轨道的不稳定流形，然后通过不稳定流形进入日土系统 L_1 点晕轨道的稳定流形，通过稳定流形进入土星的停泊轨道。在这个转移轨道的设计中，航天器所花费的代价包括了三部分，即从木星的停泊轨道出发，进入 L_2 点晕轨道的不稳定流形所花费的代价，记为 Δv_s；由不稳定流形进入稳定流形所花费的代价，记为 Δv_1；由稳定流形进入土星停泊轨道的代价，记为 Δv_e。于是有 $\Delta v = \Delta v_s + \Delta v_1 + \Delta v_e$，适应度函数的表达式为 $f = \Delta v - \Delta v_H$，其中 Δv_H 为从木星的停泊轨道到土星的停泊轨道的霍曼转移轨道的代价，其计算公式为式(10.62)，式中 r_s 表示木星的停泊轨道，r_e 表示土星的停泊轨道。选取时间搜索区域为 2000—2020 年，通过上面的优化算法程序，可以得到两个解方案(称为本节方法解 1 和本节方法解 2)，并且与参考文献[343] 的结果(称为文献[343] 解 1 和文献[343] 解 2) 相比较，见表 10-1。

表 10-1　参考文献[343] 和本节改进的粒子群优化算法之间对于木星和土星之间转移解的比较

方　案	$\Delta v/(\mathrm{km \cdot s^{-1}})$	Δt/ 天	运行时间 /s
文献[343] 解 1	0.900	5 042	40.189
本节方法解 1	0.910	5 031	22.775
文献[343] 解 2	0.931	4 017	42.200
本节方法解 2	0.935	3 894	24.150

由表 10-1 可以看出，本节方法解 1 和解 2 花费的代价与文献[343] 提供的方法所花费的代价相差不多，本节方法解 1 所花费的时间比文献[343] 的方法所花费的时间少了 11 天，但是所花费的代价仅比文献[343] 解 1 的代价多了 0.01 km/s；本节方法解 2 所花费的时间比文献[343] 的方法所花费的时间少了 123 天，所花费的代价比文献解 2 的代价多了 0.004 km/s，但

是运行的时间将近少了一半。因此,本节方法在优化精度相近的情况下,运行时间得到了大幅度的降低,节省了运行时间,减少了搜索空间的范围。表 10-2 列出了本节方法对两个解的优化搜索结果(简称为解 1 和解 2),表中 T_s 的单位 MJD 是约简儒略日。

表 10-2　两个解的优化搜索结果

参　数	解 1	解 2
T_s/(MJD)	4 791	5 605
f/(km·s^{-1})	−0.130	−0.182
Δv/(km·s^{-1})	0.910	0.935
Δv_H/(km·s^{-1})	1.032	1.117
Δt/天	5 031	3 894
r_s/km	579 310	361 932
r_e/km	437 210	392 050

由表 10-2 可以看出,解 2 的适应度函数最小,需要的时间最少,解 2 的木星停泊轨道半径比解 1 的木星停泊轨道半径小,并且解 2 的土星停泊轨道半径也比木星停泊轨道半径小。这表明解 2 从木星发射到其停泊轨道所花费的代价比解 1 花费的代价小(假设可以从木星上发射航天器),从土星的停泊轨道到土星上花费的代价解 2 也比解 1 少,因此选取解 2 为最优解。从解 2 中 $f=-0.182$ km/s 可以看出,由两个流形构成的转移轨道比霍曼转移轨道节省了将近 20% 的能量。从木星的停泊轨道进入不稳定流形的代价为 $\Delta v_s=0.215$ km/s,从不稳定流形进入稳定流形的代价为 $\Delta v_1=0.547$ km/s,从稳定流形进入土星的停泊轨道的代价为 $\Delta v_e=0.173$ km/s,在不稳定流形上飞行的时间为 $\Delta t_u=1\ 877$ 天,在稳定流形上飞行的时间为 $\Delta t_s=2\ 017$ 天。从木星到土星的不变流形转移轨道如图 10-20 所示,图 10-21 示出了日木系统 L_2 点晕轨道的不稳定流形和日土系统 L_1 点晕轨道的稳定流形与庞加莱截面相交的情况。

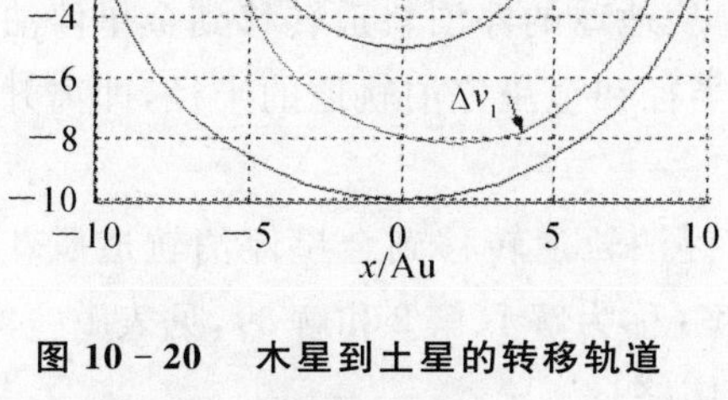

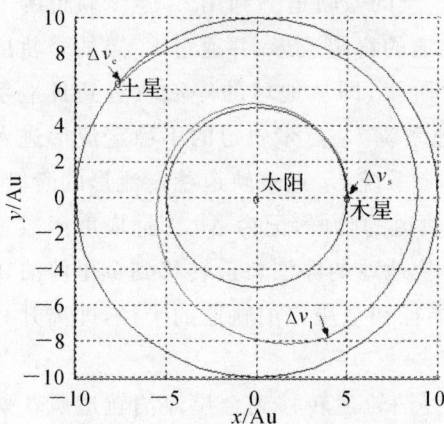

图 10-20　木星到土星的转移轨道

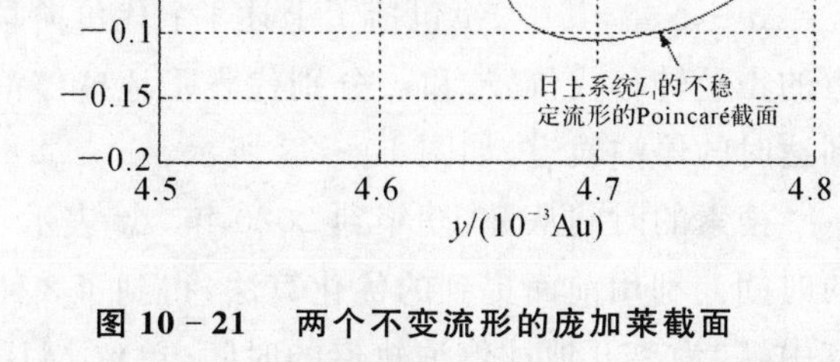

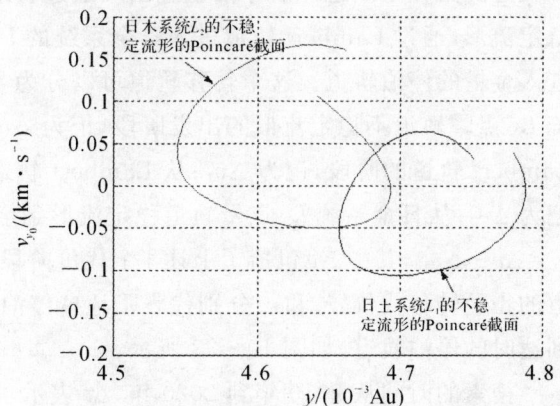

图 10-21　两个不变流形的庞加莱截面

图 10-22 表示了解 2 的适应度函数随着迭代次数增加的收敛情况。时间搜索区域的初值

为 2 000 年，求适应度的最小值 $f_{\min}$。由图中可以看出，随着迭代次数的增加，适应度值在下降，当迭代次数达到 1 300 次时，适应度值达到最小 $f=-0.182$ km/s。

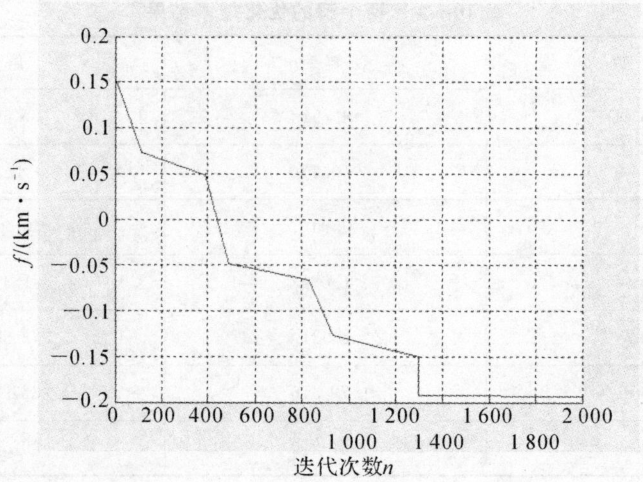

图 10-22　适应度函数的收敛情况

对于庞加莱截面不相交，但是流形相交的情况，方法和上面的一样，转移轨道的情况可以参看第 9 章中的从地球向月球的转移轨道设计，这里不再赘述。

2. 流形不相交

对于两个流形不相交将分两种情况进行仿真，一种是从地球到金星转移轨道的设计和优化，另一种是从地球向火星转移轨道的设计和优化。

(1) 从地球到金星转移轨道的设计和优化。这种情况属于行星运行轨道半径小于地球运行轨道半径时的情况，因为在这种情况下金星的停泊轨道半径小于地球的停泊轨道半径，其转移轨道的路径是从地球的停泊轨道出发通过日地系统 L_1 点的晕轨道。利用 L_1 点晕轨道的不稳定流形，通过 Lambert 轨道进入日金系统的 L_2 点晕轨道的稳定流形，并通过 L_2 点的晕轨道进入金星的停泊轨道。这个转移轨道可以分为 4 个代价阶段，即从地球的停泊轨道到日地系统 L_1 点晕轨道不稳定流形的出发阶段，记为 Δv_s；从日地系统 L_1 点晕轨道的不稳定流形进入 Lambert 轨道的阶段，记为 Δv_1；从 Lambert 轨道进入日金系统 L_2 点晕轨道稳定流形的阶段，记为 Δv_2；从日金系统 L_2 点晕轨道稳定流形到金星停泊轨道的阶段，记为 Δv_e。适应度函数为 $f=\Delta v-\Delta v_H$，其中 Δv 包括了上述 4 个代价阶段，Δv_H 为从地球的停泊轨道转移到金星停泊轨道的霍曼转移代价，r_s 和 r_e 分别代表了地球停泊轨道的半径和金星停泊轨道的半径，即离开和到达时的停泊轨道，如图 10-23 所示。

搜索的时间从 2010 年到 2020 年，Δt 表示了从地球停泊轨道转移到金星停泊轨道所花费的时间。利用前面提到的优化算法，得到了 3 种解的方案(称为解 1、解 2 和解 3)，见表 10-3。其中 T_s 为离开地球停泊轨道的时间，单位 MJD 是约简儒略日。

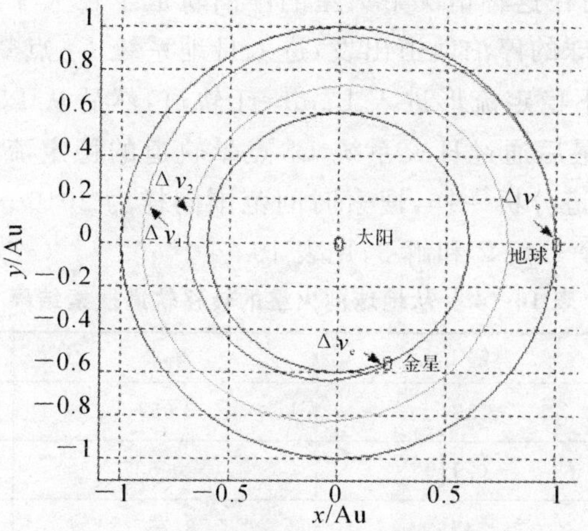

图 10－23　地球到金星的转移轨道

表 10－3　地球到金星的转移轨道搜索结果

参　数	解 1	解 2	解 3
T_s/(MJD)	5 841	6 526	6 561
f/(km · s^{-1})	－0.727	－0.233	－0.891
Δv/(km · s^{-1})	4.248	4.743	4.063
Δv_H/(km · s^{-1})	4.975	4.976	4.954
Δt/ 天	722	530	485
r_s/km	294 310	173 400	173 500
r_e/km	220 845	300 879	294 700

从表10－3可以看出，对于第一种方案，即解1，所花费的时间为722天，地球的停泊轨道半径最大，到达金星的停泊轨道半径最小，所花费的代价小于第二种方案（即解 2）的代价；对于第二种方案，即解 2，所花费的时间为 530 天，地球停泊轨道的半径最小，到达金星的停泊轨道半径最大，所花费的代价最大；第三种方案，即解 3，所花费的时间为 485 天，地球的停泊轨道半径与第二种方案地球停泊轨道的半径相差不大，到达金星的停泊轨道半径也和第二种方案的停泊轨道半径相差不大，然而所花费的代价最小。根据比较结果，可以认为第三种方案比较适合。对于第三种方案，由 Δv 和 Δv_H 可知，由流形和 Lambert 轨道构成的转移轨道比霍曼转移轨道节省代价近 20％，其中 $\Delta v_s = 0.443$ km/s，是从地球的停泊轨道进入日地系统 L_1 点晕轨道不稳定流形的代价；$\Delta v_1 = 1.885$ km/s，是从日地系统 L_1 点晕轨道的不稳定流形进入 Lambert 轨道所花费的代价；$\Delta v_2 = 2.115$ km/s，是从 Lambert 轨道进入日金系统 L_2 点晕轨道稳定流形所花费的代价；$\Delta v_e = 0.300$ km/s，是从日金系统 L_2 点晕轨道稳定流形进入金星停泊轨道所花费的代价。

以上讨论了行星运行轨道半径小于地球运行轨道半径时的情况，下面将讨论行星运行轨道半径大于地球运行轨道半径时的情况。

(2) 从地球向火星转移轨道的设计和优化。这种情况属于行星运行轨道半径大于地球运行行轨道半径时的情况,因为在这种情况下火星的停泊轨道半径大于地球的停泊轨道半径。其转移轨道的路径是先从地球的停泊轨道出发,进入日地系统 L_2 点晕轨道的不稳定流形,再从日地系统 L_2 点晕轨道的不稳定流形进入 Lambert 轨道,然后从 Lambert 轨道进入日火系统 L_1 点晕轨道的稳定流形,最后通过日火系统 L_1 点晕轨道的稳定流形进入火星的停泊轨道。同从地球到金星的转移轨道分析一样,搜索时间范围同样为 2010—2020 年,利用优化算法也得到了三组解,分别称为解 1、解 2 和解 3,见表 10-4。

表 10-4　从地球向火星的转移轨道搜索结果

参　数	解 1	解 2	解 3
T_s/(MJD)	3 324	3 657	7 163
f/(km·s^{-1})	−0.119	−0.537	−0.331
Δv/(km·s^{-1})	4.455	3.757	4.609
Δv_H/(km·s^{-1})	4.574	4.294	4.940
Δt/天	870	1 010	939
r_s/km	387 500	185 850	412 320
r_e/km	484 600	142 810	241 400

由表 10-4 中可以看出,第二组解(即解 2)所需的代价最小,并且地球停泊轨道半径和火星停泊轨道半径也最小,于是从地球到地球停泊轨道所花费的代价也最小,从火星的停泊轨道到火星所花费的代价也最小;对于第二组解(即解 2)来说,可以得到不变流形和 Lambert 轨道所构成的转移轨道,比霍曼转移轨道节省代价将近 15%,但花费的时间较长,需要将近 3 年时间。从地球的停泊轨道进入日地系统 L_1 点晕轨道不稳定流形的代价 $\Delta v_s = 0.331$ km/s,从日地系统 L_1 点晕轨道的不稳定流形进入 Lambert 轨道所花费的代价 $\Delta v_1 = 1.342$ km/s,从 Lambert 轨道进入日金系统 L_2 点晕轨道稳定流形所花费的代价 $\Delta v_2 = 2.021$ km/s,从日金系统 L_2 点晕轨道稳定流形进入金星停泊轨道所花费的代价 $\Delta v_e = 0.063$ km/s。从地球向火星的转移轨道如图 10-24 所示。

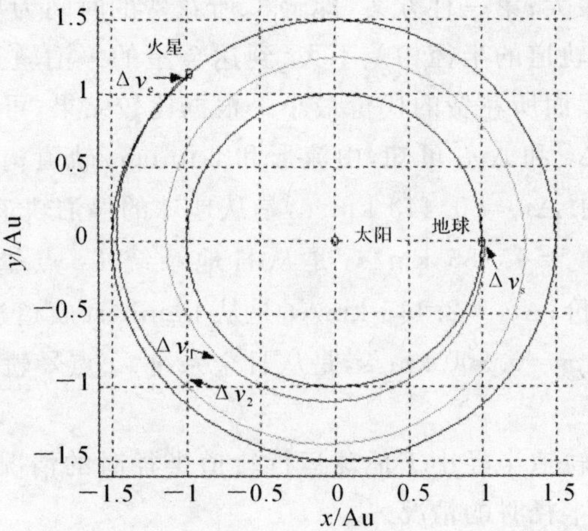

图 10-24　从地球到火星的转移轨道

本章讨论了转移轨道的优化问题，首先对于各种智能优化技术进行了简要的介绍，主要介绍了粒子群优化算法，并针对基本粒子群算法易于陷入局部最优的缺点，又介绍了复合粒子群算法。由于复合粒子群算法综合了局部最优模型和全局最优模型的优点，可以避免陷入局部最优。针对转移轨道优化时搜索空间大的问题，本章提出了一种改进的自适应范围复合粒子群算法。这种算法通过利用粒子群的正态分布确定算法的搜索范围，随着正态分布的中心轴的移动，搜索范围也相应地移动，减少了重复的搜索空间，因而减少了搜索时间。本章重点研究了利用粒子群算法进行行星之间的转移轨道的优化问题，首先对行星之间的转移问题进行了公式化，然后讨论了利用合成坐标来设计行星之间的转移轨道问题。文中利用求得的两个庞加莱截面直接的最短距离来确定转移轨道的方式，如果两个流形相交，则从一个流形到另一个流形的转移中间不需要 Lambert 轨道来连接，否则要求利用 Lambert 轨道来进行连接。在行星之间的转移轨道的优化问题研究中，还推导了适应度函数的表达式，给出了需要确定的参数，并且利用改进的自适应复合粒子群算法对各种不同的行星之间的转移轨道进行了优化。数字仿真结果表明，利用本章所提出的改进的自适应范围复合粒子群优化方法，能够在保证精度的情况下节省优化的时间，所设计的优化转移轨道花费的代价小、时间短，适用于行星之间转移轨道的设计。

第 11 章　探月轨道控制方法

航天器轨道控制是对航天器的质心施加外力，改变其运动轨迹的控制技术。使用较多的控制力为气动力、反作用推力、太阳辐射压力、电磁力、重力和其他非重力场的力以及行星引力等。空间轨道控制按照应用类型可分为变轨控制、轨道保持、交会对接、空间发射等[348]。拉格朗日点是两大天体之间引力与离心力的动平衡点。拉格朗日点及其附近晕轨道的动力学特性、稳定性、晕轨道的控制优化等问题一直都是研究的热点。在本章的研究中，我们将主要研究利用极点配置控制方法和变结构控制理论对地月系统晕轨道进行轨道控制的方法。首先建立晕轨道控制系统的状态方程并基于小偏差假设进行状态方程的线性化，得到近似线性系统；然后利用线性系统的极点配置及线性变结构调节器和模型参考变结构跟踪器推导相应的控制律，并利用数字仿真对比控制器的跟踪效果，分析选择不同轨道状态下的参考输入 $\boldsymbol{r}$ 对控制效果的影响。

11.1　轨道控制的基本概念

11.1.1　轨道控制的必要性

1. 平动点附近的运动本身具有不稳定性

共线平动点附近的周期轨道或拟周期轨道都具有指数不稳定性，且都与初始值有较大关系，即使是三角平动点(即稳定平动点 L_4 和 L_5)，其稳定性也会由于实际摄动、光压等原因而有所改变。另外，平动点附近的轨道对状态初值的选择十分敏感，10 m 级别的入轨误差就能够给航天器带来相对于标准轨道上千公里的轨道偏差。考虑到入轨误差和各种实际因素导致的模型变异，需要对运行在理论轨道上的航天器按照偏离规律进行轨控。

2. 系统模型不准确甚至不完备

在进行轨道控制前，如果需要建立理论模型以获得标准轨道，那么必然会由于实际中存在的对航天器运动产生影响的未知因素而带来理论误差，同时在轨道控制律的推导过程中，模型的线性化和任何简化处理也会忽略一部分模型的动态性能，使得模型不准确甚至不完备。

3. 实际航天器存在发射偏差、导航误差及推力器执行偏差等

航天器的发射机构、控制系统、导航系统和总体结构等方面在生产工艺上存在的任何微小缺陷，都会使得航天器在发射或执行动作时产生偏差或延迟，从而降低控制精度。

总而言之，带来轨道偏差的原因很多，对航天器进行轨道控制和修正是进行星际飞行过程中必不可少的内容之一。

11.1.2　轨道控制内容

航天器轨道控制主要包括轨道保持(调整)和变轨。在轨运行的航天器由于模型准确性及扰动力等因素的影响会逐渐漂移预定轨道,轨道保持(调整)是指为保持原有轨道特性而对航天器进行的微量轨道机动。变轨是指航天器在由地面发射到入轨所经历的不同飞行过程中为进入预定目标轨道而进行的轨道机动。进行轨道控制的前提是获得航天器的实际飞行轨道,即受到摄动力影响后所得到的摄动轨道。轨道摄动问题是求解所设计的标准轨道在摄动力作用下的动力学问题。求解这类问题时一般情况下所采取的标准模式为,将所设计的标准轨道看作目标轨道,将摄动轨道看作跟随轨道,这样只要求解在摄动力作用下的相对动力学轨道,就可求得摄动轨道[348]。

轨道控制问题也可以转化为一个标准模式问题。该标准模式涉及一个目标航天器和一个跟随航天器,相应地有一个目标轨道和一个跟随轨道,都是绝对轨道。目标轨道是一条运动规律完全已知的自由飞行轨道,其位置矢量和速度矢量(或每一时刻的密切轨道要素及航天器在轨道上的运动状态)都是确定的。跟随轨道是所研究的航天器的轨道,它可以是自由轨道,也可以是主动轨道[348]。

11.1.3　轨道控制技术现状

Farquhar[166] 和 Breakwell[349] 最早提出了目标控制模式,随后 Giamberardino 基于线性模型设计了渐近稳定的非线性控制器,实现了晕轨道的渐近跟踪和扰动补偿[350]。Howell 等人同样基于线性化模型的思想,给出了控制器精度与能耗均满足要求的折中策略[107]。David Cielaszyk 和 Bong Wie 提出了用 LQR 线性二次型最优控制方法来保持晕轨道的稳定[351]。Rahmani 利用最优控制理论中极值曲线的变分成功求解了两点边值问题,实现了晕轨道的维持[18]。Kulkarni 等人[352] 同 Rahmani 一样,都是在非线性系统的前提下,利用 H_∞ 理论实现了晕轨道的渐近稳定控制,并将所得结论推广到了平动点轨道的编队飞行控制。Infeld 应用序列二次规划法求解了轨道维持的最优控制问题[353]。鉴于最优控制求解的难度,Ming Xin 等人[354] 提出了用于近似求解 Hamilton-Jacobi-Bellman(HJB) 方程的 θ-$\boldsymbol{D}$ 方法。这种适用于非线性系统的方法具有很高的实时性,用于晕轨道维持具有良好的工程前景。Wong 等人[355] 应用自适应学习控制理论研究了同样的问题,设计了控制器及滤波器,并给出了稳定性的证明。

11.1.4　轨道保持措施

深空探测航天器的控制系统要求在轨道保持方面具有较高的控制精度和适应各种不利环境因素影响下的鲁棒性。

对晕轨道来说,其保持思路若从控制原理上划分,主要有 target 模式和 Floquet 模式。前者为目标跟踪模式,以事先计算的标称轨道为目标,通过设计符合要求的控制器将航天器导引到期望位置上。该模式具有控制系统的一般结构,设计思路简单,易于工程实现。

若从轨道控制措施上划分,主要有大推力脉冲控制模式和小推力连续控制模式。

1. 大推力脉冲控制模式

大推力脉冲控制模式的主要误差在于推力机构带来的执行偏差,一般要求控制脉冲不能小于某个阈值以减小执行偏差。可以考虑将脉冲制作成标准脉冲,根据需要设置应当施加的标准脉冲个数。施加控制时可以在航天器所在实际轨道上取若干节点,并在节点处施加脉冲推力,从而产生速度冲量 Δv_i。控制的目的是使得实际轨道和目标轨道无限接近,两者状态量差距无限小,则既能简化推力器设计,也能降低执行偏差。另外,好的轨道控制效果源于良好的标称轨道设计,标称轨道设计合理,剩余加速度小,控制代价就小。这类控制方法主要有 Howell 的基于靶点模式的控制策略和 Simo 的基于 Floquet 模式的控制策略。

2. 小推力连续控制模式

小推力连续控制模式与前者不同的是在整个变轨弧段都在施加连续推力。这种控制方式控制精度较高,但对推进系统的要求较高。

3. 两种推力控制模式的优缺点比较

(1) 大推力脉冲控制模式:优点是比冲低、可靠性高、易于工程实现,缺点是质量大、寿命短。

(2) 小推力连续控制模式:优点是比冲高、推力小、质量轻、寿命长,缺点是控制律推导复杂,不易工程实现。

二者相比,脉冲控制模式在工程上更易于实现,可靠性高,不需要逐点计算控制量,控制效率更高。迄今为止,发射的平动点卫星基本都采用脉冲控制模式并取得了非常成功的控制效果[356]。

11.1.5 轨道保持性能指标

轨道保持是航天器在深空飞行任务中的主要工作之一,因此能耗是轨道保持中考虑最多的一项指标。通常轨道保持时希望控制系统能达到能耗低、控制精度高、速度快、振荡小(快速收敛)等要求。轨道保持的能量消耗主要是用来抵消动力学模型不准确带来的摄动力及导航误差、执行偏差等带来的附加力。

对一个周期晕轨道来说,控制精度反映了航天器所在位置状态 $\boldsymbol{x}$ 与标称轨道对应位置 $\bar{\boldsymbol{x}}$ 状态之差 $\boldsymbol{e} = \| \boldsymbol{x} - \bar{\boldsymbol{x}} \|$,其中 $\| \cdot \|$ 为欧几里得范数,其几何意义是空间距离的尺度。轨道保持的目的就是在能耗尽可能少的前提下通过一定的控制策略使得 $\boldsymbol{e}$ 无限小。

11.1.6 常用的轨道控制器设计方法

基于动力学模型的控制器包括以线性化系统为基础和以非线性系统为基础两大类。在两类模型基础上都可以实现鲁棒控制。通常主要用于轨道保持的控制方法如下:

(1) 最优或次优控制。这类控制方法包括无限时间调节器、庞特里亚金(Pontryagin) 极小值原理和动态规划法等。

(2) 滑模变结构控制。这种控制方法是利用动力学模型推导出小扰动线性化模型，并利用近似模型稳定条件作为滑动模态推导控制律，也有人利用非线性变结构方法去推导轨道控制的控制律。

(3) H_∞ 控制。H_∞ 控制是一种具有容错能力的分散状态反馈控制器，但多数是基于小扰动的线性化方程。

此外，还有很多控制方法可用于航天器的轨道控制器设计，并且新的控制方法层出不穷，此类研究方兴未艾，在此不再详述。

11.2　晕轨道控制系统状态方程的建立及其线性化

11.2.1　晕轨道控制系统状态方程的建立

晕轨道、Lissajous 轨道等条件周期轨道由于运行条件平稳、具有周期性线性化条件等特性，其轨道保持可以借鉴卫星绕飞轨道保持策略中发展较为成熟的线性控制方法来实现。

在圆形限制性三体问题(CRTBP) 中，航天器动力学方程为一个二阶常微分方程组，即

$$\left.\begin{aligned}
&\ddot{x}-2\dot{y}=\partial\Omega/\partial x=x-(1-\mu)\frac{x+\mu}{r_1^3}-\mu\frac{x+\mu-1}{r_2^3}\\
&\ddot{y}+2\dot{x}=\partial\Omega/\partial y=y-(1-\mu)\frac{y}{r_1^3}-\mu\frac{y}{r_2^3}\\
&\ddot{z}=\partial\Omega/\partial z=-(1-\mu)\frac{z}{r_1^3}-\mu\frac{z}{r_2^3}
\end{aligned}\right\}\tag{11.1}$$

其中

$$\Omega=\frac{1}{2}[(x^2+y^2)+\mu(1-\mu)]+\frac{1-\mu}{r_1}+\frac{\mu}{r_2}$$

其余各符号的含义与第 2 章相同。

根据将高阶微分方程转化为一阶微分方程的方法，将式(11.1) 转化为一阶非线性微分方程的形式。取状态变量至 $n-1$ 阶(此处 $n=2$)，即 $\boldsymbol{X}=[x\quad y\quad z\quad \dot{x}\quad \dot{y}\quad \dot{z}]^{\mathrm{T}}$，则该系统的状态方程为

$$\dot{\boldsymbol{X}}=\begin{bmatrix}\dot{x}\\ \dot{y}\\ \dot{z}\\ x+2\dot{y}-(1-\mu)\dfrac{x+\mu}{r_1^3}-\mu\dfrac{x+\mu-1}{r_2^3}\\ y-2\dot{x}-(1-\mu)\dfrac{y}{r_1^3}-\mu\dfrac{y}{r_2^3}\\ -(1-\mu)\dfrac{z}{r_1^3}-\mu\dfrac{z}{r_2^3}\end{bmatrix}+\begin{bmatrix}0\\0\\0\\u_x\\u_y\\u_z\end{bmatrix}\tag{11.2}$$

取 $\boldsymbol{X}_1 = [x \quad y \quad z]^{\mathrm{T}}$，$\boldsymbol{X}_2 = [\dot{x} \quad \dot{y} \quad \dot{z}]^{\mathrm{T}}$，$\boldsymbol{u} = [u_x \quad u_y \quad u_z]^{\mathrm{T}}$，则受控系统动力学方程为

$$\left.\begin{aligned} \dot{\boldsymbol{X}}_1 &= \boldsymbol{X}_2 \\ \dot{\boldsymbol{X}}_2 &= \boldsymbol{g}(\boldsymbol{X},t) + \boldsymbol{b}_2 \boldsymbol{u}(\boldsymbol{X},t) \end{aligned}\right\} \tag{11.3}$$

式中，$\boldsymbol{b}_2$ 为(3×3)单位阵，且

$$\boldsymbol{g}(\boldsymbol{X},t) = \begin{bmatrix} x + 2\dot{y} - (1-\mu)\dfrac{x+\mu}{r_1^3} - \mu\dfrac{x+\mu-1}{r_2^3} \\ y - 2\dot{x} - (1-\mu)\dfrac{y}{r_1^3} - \mu\dfrac{y}{r_2^3} \\ -(1-\mu)\dfrac{z}{r_1^3} - \mu\dfrac{z}{r_2^3} \end{bmatrix}$$

将式(11.3)写为仿射非线性系统形式，则有

$$\left.\begin{aligned} \dot{\boldsymbol{X}} &= \boldsymbol{f}(\boldsymbol{X}) + \boldsymbol{G}(\boldsymbol{X})\boldsymbol{u} + \boldsymbol{d} \\ \boldsymbol{y} &= \boldsymbol{H}(\boldsymbol{X}) \end{aligned}\right\} \tag{11.4}$$

式中 $\boldsymbol{X} \in \mathbf{R}^n$ 是 n 维状态变量，$\boldsymbol{y} \in \mathbf{R}^m$ 是 m 维输出向量，$\boldsymbol{u} \in \mathbf{R}^m$ 为 m 维控制向量；$\boldsymbol{G}(\boldsymbol{x}) = [\boldsymbol{g}_1(\boldsymbol{x}) \quad \cdots \quad \boldsymbol{g}_m(\boldsymbol{x})]$，$\boldsymbol{H}(\boldsymbol{x}) = [h_1(\boldsymbol{x}) \quad \cdots \quad h_m(\boldsymbol{x})]^{\mathrm{T}}$，$\boldsymbol{f}$ 和 $\boldsymbol{g}_i\,(i=1,\cdots,m)$ 为 $\mathbf{R}^n$ 上充分光滑的向量场，$h_i\,(i=1,\cdots,m)$ 为充分光滑的标量函数[357]。对于所研究的问题来说，$n=6$，$m=3$，且

$$\boldsymbol{f}(\boldsymbol{X}) = \begin{bmatrix} f_1(\boldsymbol{X}) \\ f_2(\boldsymbol{X}) \\ f_3(\boldsymbol{X}) \\ f_4(\boldsymbol{X}) \\ f_5(\boldsymbol{X}) \\ f_6(\boldsymbol{X}) \end{bmatrix} = \begin{bmatrix} \dot{x} \\ \dot{y} \\ \dot{z} \\ x + 2\dot{y} - (1-\mu)\dfrac{x+\mu}{r_1^3} - \mu\dfrac{x+\mu-1}{r_2^3} \\ y - 2\dot{x} - (1-\mu)\dfrac{y}{r_1^3} - \mu\dfrac{y}{r_2^3} \\ -(1-\mu)\dfrac{z}{r_1^3} - \mu\dfrac{z}{r_2^3} \end{bmatrix} \tag{11.5}$$

$$\boldsymbol{G}(\boldsymbol{X}) = \begin{bmatrix} 0 & 0 & 0 \\ 0 & 0 & 0 \\ 0 & 0 & 0 \\ 1 & 0 & 0 \\ 0 & 1 & 0 \\ 0 & 0 & 1 \end{bmatrix}, \quad \boldsymbol{u} = [u_x \quad u_y \quad u_z]^{\mathrm{T}} \tag{11.6}$$

式中 $\boldsymbol{d}$ 为外界干扰，$\boldsymbol{d} = [0 \quad 0 \quad 0 \quad d_1 \quad d_2 \quad d_3]^{\mathrm{T}}$。

11.2.2 晕轨道控制系统状态方程的线性化

用于深空探测的无摄动圆形限制性三体模型表现出很强的非线性，在考虑摄动因素后这种非线性特性就更加明显。而当前比较成熟的控制律多数以线性系统为研究对象，并且具有良好的控制效果与鲁棒性。当实际轨道与标准轨道的状态误差不大时，误差线性系统模型具有较高的准确度。通常用到的线性化方法有两种：

(1) 将误差状态作为新的状态变量，将多元向量函数的雅克比矩阵作为线性系统的系数矩阵。

(2) 仍以原位置速度作为状态变量，将动力学系统转换关系作为系数矩阵。

1. 误差线性化方法

(1) 系统的误差线性化模型。对于我们所研究的对象来说，设晕轨道的状态变量为 $\boldsymbol{X}$，则系统的状态方程可以写为

$$\dot{\boldsymbol{X}}=\boldsymbol{f}(\boldsymbol{X})+\boldsymbol{G}(\boldsymbol{X})\boldsymbol{u}=\begin{bmatrix}\dot{x}\\ \dot{y}\\ \dot{z}\\ x+2\dot{y}-(1-\mu)\dfrac{x+\mu}{r_1^3}-\mu\dfrac{x+\mu-1}{r_2^3}\\ y-2\dot{x}-(1-\mu)\dfrac{y}{r_1^3}-\mu\dfrac{y}{r_2^3}\\ -(1-\mu)\dfrac{z}{r_1^3}-\mu\dfrac{z}{r_2^3}\end{bmatrix}+\begin{bmatrix}0\\0\\0\\u_x\\u_y\\u_z\end{bmatrix} \tag{11.7}$$

由于对我们所研究的对象来说，$\boldsymbol{G}(\boldsymbol{X})$ 为(6×3) 常数矩阵，为了书写方便，令 $\boldsymbol{B}=\boldsymbol{G}(\boldsymbol{X})$，则式(11.7) 可以写为

$$\dot{\boldsymbol{X}}=\boldsymbol{f}(\boldsymbol{X})+\boldsymbol{B}\boldsymbol{u} \tag{11.8}$$

设晕轨道的标准状态为 $\bar{\boldsymbol{X}}$，状态误差为 $\delta\boldsymbol{X}=\boldsymbol{X}-\bar{\boldsymbol{X}}$，对式(11.8) 微分并在平衡位置进行一阶泰勒展开，可得

$$\delta\dot{\boldsymbol{X}}=\dot{\boldsymbol{X}}-\dot{\bar{\boldsymbol{X}}}=\boldsymbol{f}(\boldsymbol{X})-\boldsymbol{f}(\bar{\boldsymbol{X}})=\left.\frac{\partial\boldsymbol{f}}{\partial\boldsymbol{X}}\right|_{\boldsymbol{X}(t)}\delta\boldsymbol{X}+\boldsymbol{B}\boldsymbol{u}+o(\delta\boldsymbol{X}) \tag{11.9}$$

式中 $o(\delta\boldsymbol{X})$ 表示展开式的高阶项。

忽略高阶项，并取向量函数的雅克比矩阵为系数矩阵，即

$$\boldsymbol{A}(t)=\left.\frac{\partial\boldsymbol{f}}{\partial\boldsymbol{X}}\right|_{\boldsymbol{X}(t)} \tag{11.10}$$

并且雅克比矩阵为

$$\boldsymbol{A}(t)=\left.\frac{\partial\boldsymbol{f}}{\partial\boldsymbol{X}}\right|_{\boldsymbol{X}(t)}=\begin{bmatrix}0&0&0&1&0&0\\0&0&0&0&1&0\\0&0&0&0&0&1\\\Omega_{xx}&\Omega_{xy}&\Omega_{xz}&0&2&0\\\Omega_{yx}&\Omega_{yy}&\Omega_{yz}&-2&0&0\\\Omega_{zx}&\Omega_{zy}&\Omega_{zz}&0&0&0\end{bmatrix}_{\boldsymbol{X}(t)}$$

式中 $\Omega_{ij}\,(i,j=x,y,z)$ 表示 Ω 对 i 和 j 的 2 阶偏导数。经计算可知，当处于晕轨道状态时，交叉项均为 0。令 $\boldsymbol{Z}=\delta\boldsymbol{X}$，于是式(11.8) 所示非线性系统可近似化为线性系统

$$\dot{\boldsymbol{Z}}=\boldsymbol{A}(t)\boldsymbol{Z}+\boldsymbol{B}\boldsymbol{u} \tag{11.11}$$

这种方法在小扰动情况下具有较高准确性。在小扰动的假设下，可以利用选取能量函数使其非正定的方法获得控制律，或者选择线性调节器的指标函数并利用极小值原理或动态规划法求解得到控制律 $\boldsymbol{u}(t)$。同时，也可以近似认为扰动周期与轨道周期相同，即 $T_{\mathrm{R}}=T$。

式(11.11)中的 $\boldsymbol{A}(t)$ 为系统矩阵，其中变量元素的值会随航天器在会合坐标系中的位置而变化。对误差线性系统来说，控制器设计的目标就是推导出合适的控制向量 $\boldsymbol{u}(t)$，使得误差系统状态变量 $\|\boldsymbol{Z}\| < \varepsilon$，$\varepsilon$ 为一小的正常数。

(2) 系统的平动点线性化模型。在平动点附近，若忽略高阶扰动项的影响，则航天器在会合坐标系下的受控动力学方程可近似为一个线性动力学模型，即

$$\left.\begin{aligned}\ddot{x}-2\dot{y}&=\Omega_{xx}x+\Omega_{xy}y+\Omega_{xz}z+u_x\\ \ddot{y}+2\dot{x}&=\Omega_{yx}x+\Omega_{yy}y+\Omega_{yz}z+u_y\\ \ddot{z}&=\Omega_{zx}x+\Omega_{zy}y+\Omega_{zz}z+u_z\end{aligned}\right\}\tag{11.12}$$

式中，Ω_{xx} 表示势函数 Ω 对 x 的二阶偏导数，其余依此类推，或写作线性系统 $\dot{\boldsymbol{X}}=\boldsymbol{A}\boldsymbol{X}+\boldsymbol{B}\boldsymbol{u}$ 的形式，依旧取状态变量 $\boldsymbol{X}=[x\quad y\quad z\quad \dot{x}\quad \dot{y}\quad \dot{z}]^{\mathrm{T}}$，$\boldsymbol{u}=[u_x\quad u_y\quad u_z]^{\mathrm{T}}$。

综合以上情况可知，两种线性化模型对应的系数矩阵相同，均为雅克比矩阵

$$\left.\frac{\partial \boldsymbol{f}}{\partial \boldsymbol{X}}\right|_{\boldsymbol{X}(t)}=\begin{bmatrix}0&0&0&1&0&0\\0&0&0&0&1&0\\0&0&0&0&0&1\\ \Omega_{xx}&\Omega_{xy}&\Omega_{xz}&0&2&0\\ \Omega_{yx}&\Omega_{yy}&\Omega_{yz}&-2&0&0\\ \Omega_{zx}&\Omega_{zy}&\Omega_{zz}&0&0&0\end{bmatrix}_{\boldsymbol{X}(t)}\tag{11.13}$$

即

$$\dot{\boldsymbol{X}}=\begin{bmatrix}\dot{x}\\ \dot{y}\\ \dot{z}\\ \Omega_x+2\dot{y}\\ \Omega_y-2\dot{x}\\ \Omega_z\end{bmatrix}=\begin{bmatrix}0&0&0&1&0&0\\0&0&0&0&1&0\\0&0&0&0&0&1\\ \Omega_{xx}&\Omega_{xy}&\Omega_{xz}&0&2&0\\ \Omega_{yx}&\Omega_{yy}&\Omega_{yz}&-2&0&0\\ \Omega_{zx}&\Omega_{zy}&\Omega_{zz}&0&0&0\end{bmatrix}\begin{bmatrix}x\\ y\\ z\\ \dot{x}\\ \dot{y}\\ \dot{z}\end{bmatrix}+\begin{bmatrix}\boldsymbol{O}_3\\ \boldsymbol{I}_3\end{bmatrix}\boldsymbol{u}\tag{11.14}$$

式中 $\boldsymbol{O}_3$ 为 (3×3) 零矩阵，$\boldsymbol{I}_3$ 为 (3×3) 单位矩阵，$\boldsymbol{u}$ 为会合坐标系中三轴的控制力，$\boldsymbol{u}=[u_x\quad u_y\quad u_z]^{\mathrm{T}}$，且

$$\left.\begin{aligned}\Omega_{xy}&=\Omega_{yx}=3(1-\mu)y\frac{x+\mu}{r_1}+3\mu y\frac{x+\mu-1}{r_2}\\ \Omega_{xz}&=\Omega_{zx}=3(1-\mu)z\frac{x+\mu}{r_1}+3\mu z\frac{x+\mu-1}{r_2}\\ \Omega_{yz}&=\Omega_{zy}=3(1-\mu)\frac{zy}{r_1}+3\mu\frac{zy}{r_2}\\ \Omega_{xx}&=1-(1-\mu)\left[\frac{1}{r_1}-\frac{3(x+\mu)^2}{r_1}\right]-\mu\left[\frac{1}{r_2}-\frac{3(x+\mu-1)^2}{r_2}\right]\\ \Omega_{yy}&=1-(1-\mu)\left[\frac{1}{r_1}-\frac{3y^2}{r_1}\right]-\mu\left[\frac{1}{r_2}-\frac{3y^2}{r_2}\right]\\ \Omega_{zz}&=-(1-\mu)\left[\frac{1}{r_1}-\frac{3z^2}{r_1}\right]-\mu\left[\frac{1}{r_2}-\frac{3z^2}{r_2}\right]\end{aligned}\right\}\tag{11.15}$$

在平动点附近晕轨道的交叉项均为0。前面提到，r_1 和 r_2 分别为航天器到两个大天体的距离，即 $r_1=\sqrt{(x+\mu)^2+y^2+z^2}$，$r_2=\sqrt{(x+\mu-1)^2+y^2+z^2}$；$\boldsymbol{A}$ 为系统矩阵，其中变量元

素的值随航天器在会合坐标系中运行位置的不同而变化。

进一步将式(11.14)改写为分块矩阵的形式,即

$$\dot{\boldsymbol{X}}=\begin{bmatrix}\boldsymbol{D} & \boldsymbol{I}\\ \boldsymbol{A} & \boldsymbol{B}\end{bmatrix}\boldsymbol{X}+\begin{bmatrix}\boldsymbol{b}_1\\ \boldsymbol{b}_2\end{bmatrix}\boldsymbol{u} \tag{11.16}$$

式中 $\boldsymbol{D}=\boldsymbol{O}$,为(3×3)零矩阵,同时定义系统输出为位置误差和速度误差,并作状态量变换,即 $\tilde{\boldsymbol{X}}=\boldsymbol{X}-\bar{\boldsymbol{X}}$。其中 $\bar{\boldsymbol{X}}$ 表示标称轨道的状态,$\tilde{\boldsymbol{X}}$ 则表示了包括坐标误差和速度误差的误差向量。反馈输出量为

$$\boldsymbol{Y}=\boldsymbol{C}\tilde{\boldsymbol{X}} \tag{10.17}$$

控制器设计的目标即是推导出合适的控制向量 $\boldsymbol{u}$,使得系统输出 $\|\boldsymbol{Y}\|<\varepsilon$,$\varepsilon$ 为正常数。

2. 精确线性化方法

基于小偏差的线性化方法在强非线性、强耦合、高速等因素下不能满足控制精度要求,需要利用非线性方法设计控制律。

(1) 分段泰勒逼近。传统的基于泰勒展开的线性化方法,是一种在起始点附近展开的局部近似线性化方法。这种线性化方法只是在展开点附近才具有较高的准确性,因为人为确定系统阶数及忽略高阶项有可能会导致线性化后原非线性模型特性的缺失。分段泰勒逼近在整个定义域中选择多个展开点,是对传统泰勒展开线性化方法的较好补充。

(2) 精确线性化方法[357]。全局状态精确线性化及输入输出精确线性化方法的发展,使复杂的非线性系统综合问题在适当的非线性状态和反馈变换下转化为简单的线性综合问题。传统泰勒展开是一种局部的近似线性化方法,它忽略掉了高阶非线性项,这是同精确线性化相比的不足之处。精确线性化方法在整个定义区域都适用,因此非线性控制理论是线性系统理论的推广。

定理 11.1 (状态精确线性化定理)　假设矩阵 $\boldsymbol{g}(\boldsymbol{x}_0)$ 的秩为 m,存在 m 维函数 $\boldsymbol{H}(\boldsymbol{x})=[h_1(\boldsymbol{x})\quad\cdots\quad h_m(\boldsymbol{x})]^{\mathrm{T}}$,使得系统

$$\dot{\boldsymbol{x}}=\boldsymbol{f}(\boldsymbol{x})+\boldsymbol{G}(\boldsymbol{x})\boldsymbol{u},\quad \boldsymbol{y}=\boldsymbol{H}(\boldsymbol{x}) \tag{11.18}$$

有相对阶向量 $[\gamma_1\quad\cdots\quad\gamma_m]^{\mathrm{T}}$ 且 $\gamma_1+\cdots+\gamma_m=n$ 的充要条件如下:

1) 当 $0\leqslant i\leqslant n-1$ 时,分布 $\boldsymbol{G}_i$ 在点 $\boldsymbol{x}_0$ 的邻域 U 内具有常维数;

2) 当 $0\leqslant i\leqslant n-2$ 时,分布 $\boldsymbol{G}_i$ 是对合的;

3) 分布 $\boldsymbol{G}_{n-1}$ 具有维数 n。

该状态精确线性化定理表明了一个非线性系统可通过反馈和状态变换化为线性可控系统的充要条件,而这些条件通过微分代数运算就可以实现。如果各输入、输出分量间已通过精确线性化实现解耦,那么许多非线性SISO系统的结论可以较容易地推广至MIMO系统。于是,系统式(11.18)可看作 m 维通道输入单独对系统作用的叠加。以MIMO系统中某一输入通道 u_j 为例,取新的状态变量为 $\boldsymbol{\xi}_j$,则状态变换取为

$$\boldsymbol{\xi}_j=\begin{bmatrix}\xi_{j1}\\ \xi_{j2}\\ \vdots\\ \xi_{jn}\end{bmatrix}=\begin{bmatrix}h_j(\boldsymbol{x})\\ \boldsymbol{L}_f h_j(\boldsymbol{x})\\ \vdots\\ \boldsymbol{L}_f^{n-1}h_j(\boldsymbol{x})\end{bmatrix},\quad j=1,\cdots,m \tag{11.19}$$

状态反馈控制律选为

$$u_j=\frac{1}{a(\boldsymbol{\xi}_j)}[-b(\boldsymbol{\xi}_j)+v_j] \tag{11.20}$$

其中，定义 $\boldsymbol{L}_f h(\boldsymbol{x}):\mathbf{R}^n\rightarrow\mathbf{R}$ 代表 h 对向量场 $\boldsymbol{f}$ 的李导数，它表示了 h 沿向量场 $\boldsymbol{f}$ 的变化率，即

$$\boldsymbol{L}_f h(\boldsymbol{x})=\frac{\partial h}{\partial \boldsymbol{x}}\boldsymbol{f}(\boldsymbol{x}) \tag{11.21}$$

对新输入 v_j，存在 $a(\boldsymbol{\xi}_j)$ 和 $b(\boldsymbol{\xi}_j)$，使得系统式(11.18)的输入输出为线性关系，其中

$$a_j(\boldsymbol{\xi}_j)=\boldsymbol{L}_g\boldsymbol{L}_f^{n-1}h_j(\boldsymbol{x}),\quad b_j(\boldsymbol{\xi}_j)=\boldsymbol{L}_f^n h_j(\boldsymbol{x})$$

选取

$$v_j=-\alpha_{j0}\xi_{j1}-\alpha_{j1}\xi_{j2}-\cdots-\alpha_{j,n-1}\xi_{jn} \tag{11.22}$$

使得系统特征多项式 $s^n+\alpha_{n-1}s^{n-1}+\cdots+\alpha_0=0$ 具有指定的特征值分布，则原系统具有期望动态特性的状态反馈即为

$$u_j=\frac{1}{\boldsymbol{L}_g\boldsymbol{L}_f^{n-1}h_j(\boldsymbol{x})}[-\boldsymbol{L}_f^n h_j(\boldsymbol{x})-\alpha_0 h_j(\boldsymbol{x})-\cdots-\alpha_{n-1}\boldsymbol{L}_f^{n-1}h_j(\boldsymbol{x})] \tag{11.23}$$

根据状态精确线性化定理，仿射非线性系统进行线性化时，需要各维相对阶数和等于系统的阶数 n。SISO系统相对阶的定义及计算方法如下：

定义 11.1 （相对阶定义） 对于单输入单输出(SISO)系统，当 $\boldsymbol{x}_0\in U$ 时，如果存在整数 γ，使得

$$\boldsymbol{L}_g\boldsymbol{L}_f^i h(\boldsymbol{x})\equiv 0,\quad \forall\ \boldsymbol{x}\in U,\quad i=0,\cdots,\gamma-2;\quad \boldsymbol{L}_g\boldsymbol{L}_f^{\gamma-1}h(\boldsymbol{x}_0)\neq 0 \tag{11.24}$$

则称系统在点 $\boldsymbol{x}_0$ 具有严格相对阶 γ。

可见，输出函数 $h(\boldsymbol{x})$ 的选择是状态反馈线性化的关键，其构造方法可通过求解偏微分方程

$$\frac{\partial h}{\partial \boldsymbol{x}}[\boldsymbol{g}(\boldsymbol{x})\quad \mathrm{ad}_f\boldsymbol{g}(\boldsymbol{x})\quad \cdots\quad \mathrm{ad}_f^{N-2}\boldsymbol{g}(\boldsymbol{x})]=0 \tag{11.25}$$

获得，式中 $\mathrm{ad}_f\boldsymbol{g}(\boldsymbol{x})$ 表示两个向量场 $\boldsymbol{f}$ 和 $\boldsymbol{g}$ 的李括号，即

$$\mathrm{ad}_f\boldsymbol{g}(\boldsymbol{x})=[\boldsymbol{f},\boldsymbol{g}]=\frac{\partial \boldsymbol{g}}{\partial \boldsymbol{x}}\boldsymbol{f}(\boldsymbol{x})-\frac{\partial \boldsymbol{f}}{\partial \boldsymbol{x}}\boldsymbol{g}(\boldsymbol{x}) \tag{11.26}$$

此外还有

$$\mathrm{ad}_f^0\boldsymbol{g}=\boldsymbol{g},\quad \mathrm{ad}_f^k\boldsymbol{g}=[\boldsymbol{f},\mathrm{ad}_f^{k-1}\boldsymbol{g}]\quad (k\geqslant 1),\quad \boldsymbol{L}_{[f,g]}\lambda=\boldsymbol{L}_f\boldsymbol{L}_g\lambda-\boldsymbol{L}_g\boldsymbol{L}_f\lambda \tag{11.27}$$

式中，$\lambda\in\mathbf{R}^n$ 为一光滑函数。

3. 微分几何反馈线性化方法

微分几何反馈线性化方法的主要思想是将控制问题转换为几何域问题，利用向量场、分布、微分同胚、李代数等几何概念和工具来研究非线性系统[70]。在系统满足一定条件时，可以将多输入多输出(MIMO)系统化为若干互质独立的单输入单输出(SISO)系统。该内容涉及另一数学领域，不是本节研究的重点，故在此不做进一步的讨论。

11.3　地月系统晕轨道控制方案

11.3.1　晕轨道的特性

1. 不稳定性

晕轨道是存在于共线平动点附近的一类周期轨道，这种轨道具有指数不稳定性，发散快，并且对初始值十分敏感。即使不考虑摄动因素，并且入轨精度均达到10^{-8}(10 m)的量级，无控的晕轨道最多也只能维持3个周期左右(以$T_{\text{halo}}=13.5808$天为例)，之后就开始发散，如图11-1所示。利用Richardson三阶近似解获得的轨道虽然能够较准确地表示轨道的三维周期运动，但它是理想化的解模型，不能够体现出晕轨道的弱稳定性。考虑到入轨误差和各种实际因素引发的模型变异，需要对在轨航天器按照偏离规律进行轨道控制。

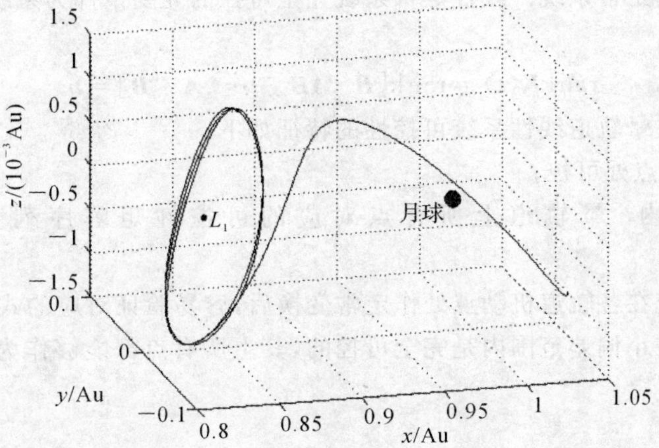

图11-1　地月系统L_1点某晕轨道

2. 周期性

原系统线性化模型中的系数矩阵$\boldsymbol{A}$是时变的，但是在理想入轨状况下，经历了n个晕轨道周期的时间后，$\boldsymbol{A}$中的元素具有不变性，即

$$\boldsymbol{A}(t)=\boldsymbol{A}(t+nT),\quad n=1,2,\cdots \tag{11.28}$$

于是，线性化后的时变系统就可以化为单个周期内的定常系统，系统矩阵元素依积分起始点而定。因此，晕轨道上所有点的状态都能够作为积分起始点，只要积分周期为轨道周期的整数倍，时变系统就能够化为定常系统，从而简化计算。

3. 可控性

对于近似线性时变系统 $\dot{\boldsymbol{X}}(t)=\boldsymbol{A}(t)\boldsymbol{X}(t)+\boldsymbol{B}\boldsymbol{u}(t)$，在 t_0 时刻完全可控的充要条件为[358]，存在一个有限时刻 $t_1 \in T_t$ 且 $t_1 > t_0$，使得以下可控性矩阵满秩，即

$$\mathrm{rank}[\boldsymbol{F}_0(t_1) \quad \boldsymbol{F}_1(t_1) \quad \cdots \quad \boldsymbol{F}_{n-1}(t_1)]=n \tag{11.29}$$

其中

$$\left.\begin{aligned}
&\boldsymbol{F}_0(t)=\boldsymbol{B}(t)\\
&\boldsymbol{F}_1(t)=-\boldsymbol{A}(t)\boldsymbol{F}_0(t)+\frac{\mathrm{d}}{\mathrm{d}t}\boldsymbol{F}_0(t)\\
&\cdots\cdots\\
&\boldsymbol{F}_{n-1}(t)=-\boldsymbol{A}(t)\boldsymbol{F}_{n-2}(t)+\frac{\mathrm{d}}{\mathrm{d}t}\boldsymbol{F}_{n-2}(t)
\end{aligned}\right\} \tag{11.30}$$

取定系统矩阵 $\boldsymbol{A}(t)$ 为多元向量函数 $\boldsymbol{f}(\boldsymbol{X})$ 的雅克比矩阵，控制矩阵 $\boldsymbol{B}$ 为增广单位阵 $[\boldsymbol{O}_3 \quad \boldsymbol{I}_3]^{\mathrm{T}}$。从式(11.7)可以看出，系统仅需要对后3阶进行控制。因此分析可控性前首先将系统降为3阶，控制矩阵$\boldsymbol{B}$的秩等于$\boldsymbol{I}_3$的秩，则从式(11.29)容易看到可控性矩阵满秩，线性时变系统可控。

系统矩阵 $\boldsymbol{A}(t)$ 是以状态向量 $\boldsymbol{X}(t)$ 为变量的函数，当以晕轨道上任意点为研究对象时，时变系统又能够转换为定常系统。线性定常系统完全可控的充要条件为系统可控性矩阵的秩等于 n，即

$$\mathrm{rank}\boldsymbol{K}(t)=\mathrm{rank}[\boldsymbol{B} \quad \boldsymbol{AB} \quad \cdots \quad \boldsymbol{A}^{n-1}\boldsymbol{B}]=n \tag{11.31}$$

其中 n 为系统阶数。晕轨道线性系统可控性的特征如下：

(1) 系统在平动点处可控；

(2) 一个周期内，晕轨道上所有点对应的可控性矩阵序列 $\boldsymbol{K}(t)$ 均满秩，$t \in [t_0, t_0+T_{\mathrm{halo}}]$。

将线性时变系统在各轨道机动点处作定常变换后，容易验证对应的式(11.31)是成立的，因此误差线性系统在小偏差范围内是完全可控的，其上所有点都能够作为系统控制作用 u 的施加点。

11.3.2 地月系统晕轨道的最优控制方案

轨道保持过程中要求以最小的速度增量实现最高的位置精度，这样的控制要求类似于最优控制中对性能指标的表述，因此可以利用基于小偏差的线性误差动力学模型与较长控制区间来实现小推力连续控制方案。在利用小偏差的线性误差动力学模型推导出控制律之后，我们将会将此控制律应用于原非线性系统中去检验控制效果。

下面我们将基于前面所推导的三体动力学系统的误差线性化模型，将晕轨道的控制问题归纳为终端固定的有限时间调节器问题。在此基础上，进一步利用最优控制方法推导晕轨道周期内的连续小推力控制方案，验证对加速度及状态变量收敛性的控制效果；同时针对整周期控制方式在超调后状态变量收敛速度慢的问题，采用分段连续推力(Sectional Continuous Thrust，SCT)模式来近似瞬时脉冲推力控制模式，从而加快轨道状态变量的收敛速度。仿真

实验结果表明,SCT 模式加快了轨道状态变量的收敛速度。对于千米级的入轨偏差,通过 1 次控制后即可使实际轨道基本收敛至标称轨道。

1. 整体连续推力控制(Total Continuous Thrust Control,TCTC)模式

以一个晕轨道周期 T 为控制区间,取有限时间线性调节器性能指标为

$$\boldsymbol{J}=\int_{t_0}^{t_f}\boldsymbol{L}(\boldsymbol{X},\boldsymbol{u},t)\mathrm{d}t=\frac{1}{2}\int_0^T(\boldsymbol{X}^{\mathrm{T}}\boldsymbol{Q}\boldsymbol{X}+\boldsymbol{u}^{\mathrm{T}}\boldsymbol{R}\boldsymbol{u})\mathrm{d}t \tag{11.33}$$

终端固定,其状态约束为 $\boldsymbol{X}(t_{\mathrm{f}})=\boldsymbol{O}$,$t_{\mathrm{f}}$ 为终端时刻。因此,单周期晕轨道控制问题属于终端固定的有限时间状态调节器。式中 $\boldsymbol{Q}$ 和 $\boldsymbol{R}$ 分别为正定的加权矩阵,用来控制各分量的比重。通常选取 $\boldsymbol{Q}$ 为对角阵,各个元素取状态向量对应量纲数量二次方的倒数。

Hamilton 函数取为

$$\boldsymbol{H}=\boldsymbol{L}+\lambda^{\mathrm{T}}\boldsymbol{f}(\boldsymbol{X}) \tag{11.34}$$

根据线性调节器问题的相关理论,为了求取最优控制的反馈系数矩阵 $\boldsymbol{K}(t)$,要求 $\boldsymbol{K}(t)$ 为对称正定矩阵并满足逆 Riccati 方程,即

$$\begin{gathered}\dot{\boldsymbol{K}}^{-1}(t)=\boldsymbol{K}^{-1}(t)\boldsymbol{A}(t)+\boldsymbol{A}^{\mathrm{T}}(t)\boldsymbol{K}^{-1}(t)-\boldsymbol{B}\boldsymbol{R}^{-1}(t)\boldsymbol{B}^{\mathrm{T}}+\boldsymbol{K}^{-1}(t)\boldsymbol{Q}(t)\boldsymbol{K}^{-1}(t)\\ \boldsymbol{K}^{-1}(t_{\mathrm{f}})=\boldsymbol{O}\end{gathered} \tag{11.35}$$

线性动力学误差系统对应 Riccati 方程的阶数较高,通常利用数值积分进行求解来提高运算速度。积分中需要注意到,如果按照时间反向推演的方向进行积分,数值积分的初值就是 Riccati 方程解的终值,即 $\boldsymbol{K}^{-1}(t_{\mathrm{f}})=\boldsymbol{O}$,因此设置 $\boldsymbol{K}(0)=\boldsymbol{O}$ 为 $(n\times n)$ 零矩阵。由于 $\boldsymbol{K}(t)$ 为 $(n\times n)$ 正定对称矩阵,需求解的 $\boldsymbol{K}(t)$ 的元素数为 $k(n)=\sum_{i=1}^{n}i$,n 为系统矩阵阶数。

于是有最优控制

$$\boldsymbol{u}^{*}(t)=-\boldsymbol{R}\boldsymbol{B}^{-1}(t)\boldsymbol{B}^{\mathrm{T}}(t)\boldsymbol{K}(t)\boldsymbol{X}(t) \tag{11.36}$$

设总的控制量为

$$\boldsymbol{u}(t)=\boldsymbol{u}_0(t)+\boldsymbol{u}^{*}(t) \tag{11.37}$$

式中 $\boldsymbol{u}_0(t)$ 为变轨需要的加速度。当飞行器通过一次推力由地月系统 L_1 点的稳定流形进入晕轨道运行时,$\boldsymbol{u}_0(t)=\boldsymbol{0}$,于是控制总量 $\boldsymbol{u}(t)=\boldsymbol{u}^{*}(t)$。

最优轨迹为一阶线性微分方程

$$\dot{\boldsymbol{X}}(t)=[\boldsymbol{A}-\boldsymbol{B}\boldsymbol{R}^{-1}\boldsymbol{B}^{\mathrm{T}}\boldsymbol{K}(t)]\boldsymbol{X}(t) \tag{11.38}$$

的解,若终端不固定,则 Riccati 方程为

$$\boldsymbol{K}(t)\boldsymbol{A}(t)+\boldsymbol{A}^{\mathrm{T}}(t)\boldsymbol{K}(t)-\boldsymbol{K}(t)\boldsymbol{B}\boldsymbol{R}^{-1}\boldsymbol{B}^{\mathrm{T}}\boldsymbol{K}(t)+\boldsymbol{Q}=-\dot{\boldsymbol{K}}(t) \tag{11.39}$$

Riccati 方程式(11.39)中矩阵 $\boldsymbol{R}$ 和 $\boldsymbol{Q}$ 通常选取为对角阵以简化计算。其中 $\boldsymbol{R}$ 的主对角线元素决定了最优控制量的大小,并且为反馈系数阵 $\boldsymbol{K}$ 的对角线元素提供了与权值相等的附加值。$\boldsymbol{R}$ 中主对角线元素值越大,系统状态振荡越激烈,但是收敛越快;反之系统状态振荡越平缓,收敛速度越慢。在逆 Riccati 微分方程式(11.35)中,$\boldsymbol{Q}$ 阵中的主对角线元素则会分配给矩阵 $\boldsymbol{K}$ 中的交叉项与二次方项,其值同样会影响状态误差的收敛速度;而在 Riccati 微分方程式(11.39)中,控制矩阵 $\boldsymbol{B}$ 的主对角线元素权值会以二次方的关系影响到 $\boldsymbol{K}$ 中的交叉项与二次方项,而 $\boldsymbol{Q}$ 阵中的主对角线元素权值则会以原倍数关系施加于 $\boldsymbol{K}$ 中主对角线元素的常数项。通过这种关系,就可以将权值矩阵元素变化通过设置变量直接体现于微分方程组中,避免了实验

参数变化时重新列写 Riccati 微分方程组。

由于系统方程的阶数较高，线性二次型性能指标求解比较复杂，并且对应的 Riccati 方程多数无解析解，需要通过计算机求数值解。目前常用的求解矩阵 Riccati 微分方程的方法有不变特征子空间解法、线性矩阵方程解法、牛顿迭代法和矩阵符号函数法等，本节采用数值积分法和线性矩阵方程解法进行方程求解。下面简要介绍一下线性矩阵方程解法的基本原理。

设矩阵 Riccati 代数方程为

$$\boldsymbol{PA} + \boldsymbol{A}^{\mathrm{T}}\boldsymbol{P} - \boldsymbol{PBB}^{\mathrm{T}}\boldsymbol{P} + \boldsymbol{CC}^{\mathrm{T}} = \boldsymbol{0} \tag{11.40}$$

定理 11.2[359]　若线性系统($\boldsymbol{A},\boldsymbol{B},\boldsymbol{C}$)能稳定、能检测，则其对应的 Riccati 方程式(11.40)可按如下线性矩阵方程来确定：

$$\boldsymbol{\Delta}(\boldsymbol{H})\begin{bmatrix}\boldsymbol{I}\\ \boldsymbol{K}\end{bmatrix} = \boldsymbol{0} \tag{11.41}$$

其中 $\boldsymbol{H}$ 为 Hamiltonia 矩阵，$\boldsymbol{\Delta}(\boldsymbol{H})$ 和 $(-1)^n\boldsymbol{\Delta}(-\boldsymbol{H})$ 对应的 $\boldsymbol{\Delta}(\lambda)$ 和 $(-1)^n\boldsymbol{\Delta}(-\lambda)$ 满足关系式

$$\det(\lambda\boldsymbol{I} - \boldsymbol{H}) = \boldsymbol{\Delta}(\lambda)\cdot(-1)^n\boldsymbol{\Delta}(-\lambda),\quad \mathrm{Re}(\lambda) < 0 \tag{11.42}$$

令

$$\boldsymbol{\Delta}(\boldsymbol{H}) = \begin{bmatrix}\hat{\boldsymbol{H}}_{11} & \hat{\boldsymbol{H}}_{12}\\ \hat{\boldsymbol{H}}_{21} & \hat{\boldsymbol{H}}_{22}\end{bmatrix} \tag{11.43}$$

$$(-1)^n\boldsymbol{\Delta}(-\boldsymbol{H}) = \begin{bmatrix}\widetilde{\boldsymbol{H}}_{11} & \widetilde{\boldsymbol{H}}_{12}\\ \widetilde{\boldsymbol{H}}_{21} & \widetilde{\boldsymbol{H}}_{22}\end{bmatrix} \tag{11.44}$$

若 $\hat{\boldsymbol{H}}_{11}$ 和 $\widetilde{\boldsymbol{H}}_{11}$ 可逆，则方程式(11.40)的解 $\boldsymbol{P}$ 为

$$\boldsymbol{P} = -\hat{\boldsymbol{H}}_{12}\hat{\boldsymbol{H}}_{11} = \widetilde{\boldsymbol{H}}_{22}\widetilde{\boldsymbol{H}}_{12} \tag{11.45}$$

因此可以以每个晕轨道周期为单位求解 Riccati 方程来构造反馈控制律。

2. 分段连续推力控制(Sectional Continuous Thrust Control，SCTC)模式

从前面的分析可以看到，小推力控制模式具备一定的优势，如推力稳定、线性特性好等。但是这种方式控制周期长、施控前后时间系统较难统一，因而在某些需要付出较高能耗来实现实际轨道快速跟踪目标轨道的场合就不适合使用。

SCTC 模式的主要方法就是缩短控制区间，以此来近似瞬时脉冲推力模式，使其兼具连续推力控制与脉冲控制的优点。在进行轨道修正时，每一个分段连续控制区间被模拟为瞬时推力模式的一个脉冲，通常每条晕轨道都会事先规划 2 ～ 3 个机动点，这些机动点处就是每个分段控制器开始工作的位置，而控制器的工作时间就由控制区间($t_f - t_0$)确定。

但是 SCTC 模式也存在一个限制：如果入轨误差较大，并且要求航天器在较短的时间内收敛至标准轨道，就需要提高机动加速度，而这又会造成振荡加剧，也会影响航天器的控制性能。因此，不同的状态误差就对应了不同的连续推力模式能够接受的最短控制时间。

为了使控制向量在规定的时间内到达零点附近，结合小推力模式提供的机动能力，应该获取一个基本保持不变的阈值。具体来讲，利用距离误差除以控制时间，就可以获得一个速度阈值；而利用速度误差除以控制时间，就能够获得一个加速度阈值。结合小推力模式下航天器能够提供的变轨能力和实验数据，在地-月-航天器三体系统中，航天器进行轨道修正时能够承受的速度和加速度可以选择如下经验值：无量纲速度 $V_{00} = 7.400\,6\times10^{-4}$，无量纲加速度 $a_{00} = 0.001\,365$。

当给定了入轨的初始状态误差，利用所选取的两个阈值就能够确定两个控制时间，即

$$\left.\begin{aligned} t_1 &= \Big(\sum_{i=x,y,z} |\boldsymbol{X}_i|\Big)/V_{00} \\ t_2 &= \Big(\sum_{i=x,y,z} |\dot{\boldsymbol{X}}_i|\Big)/a_{00} \end{aligned}\right\} \tag{11.46}$$

为了保证修正轨道的收敛性，当 $t_1 \neq t_2$ 时，控制区间 $T_{\mathrm{con}} = \max(t_1, t_2)$。

3. 数字仿真结果分析

本小节以深空探测器地月系统 L_1 点三维晕轨道（幅值为 $A_X = 0.032\,18$）为对象进行仿真实验研究。状态误差向量取 $\Delta\boldsymbol{X} = [\Delta x \quad \Delta y \quad \Delta z \quad \Delta\dot{x} \quad \Delta\dot{y} \quad \Delta\dot{z}]^{\mathrm{T}}$，控制量取为 $\boldsymbol{u} = [u_x \quad u_y \quad u_z]^{\mathrm{T}}$，控制加权矩阵取 3 阶单位阵，即 $\boldsymbol{R} = \mathrm{diag}(1,1,1)$。为书写方便起见，在本小节我们将 $\Delta\boldsymbol{X}$ 写作 $\boldsymbol{X}$。

(1)$\boldsymbol{Q}$ 阵的不同取值对控制 $\boldsymbol{u}$ 及状态误差 $\boldsymbol{e}_X$ 的收敛速度的影响。对入轨状态加入了 $E(\boldsymbol{X}) = \boldsymbol{0}, \sigma^2 = 10^{-7}$ 的随机高斯噪声扰动，入轨状态受扰后的晕轨道如图 11-2(a) 所示，而图 11-2(b) 所示为控制后的轨道。

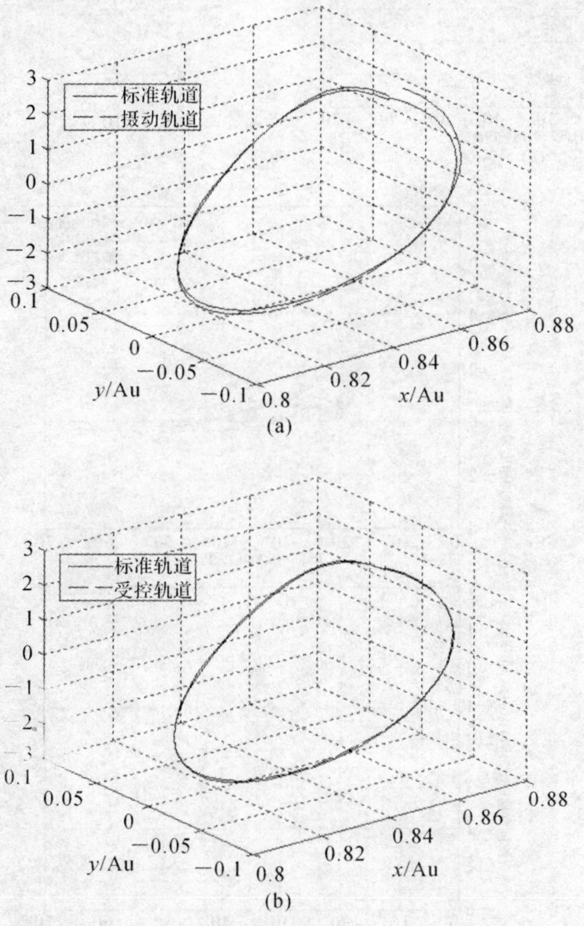

图 11-2　入轨误差量级为 10^{-7} 的受摄晕轨道

(a) 受摄晕轨道；(b) 受控轨道

图 11-3 表示 $\boldsymbol{Q}$ 阵权值 $\boldsymbol{Q}$(th) 分别为 10,50,100 时，状态偏差与控制加速度随时间的变化曲线。

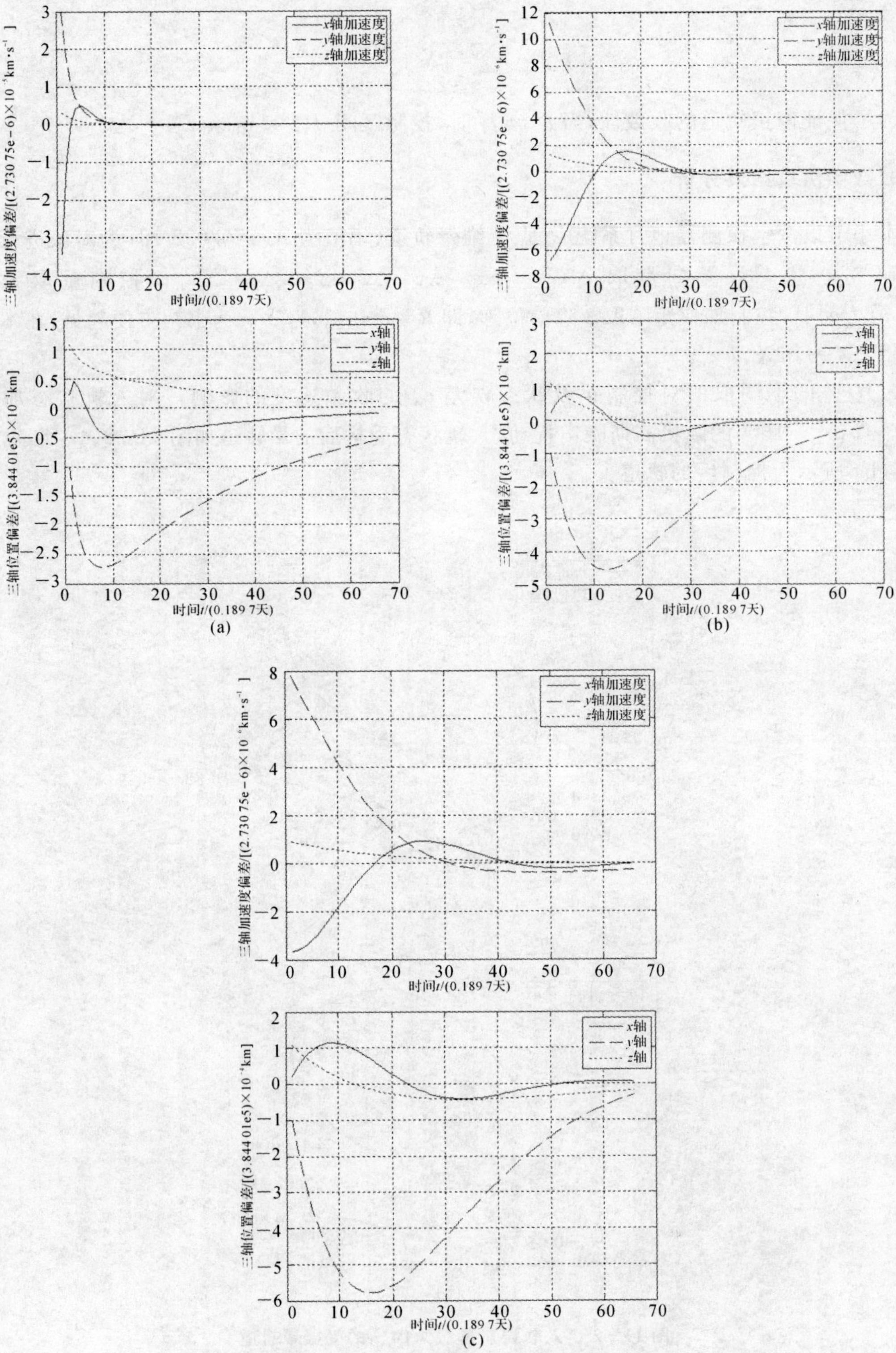

图 11-3　不同 $\boldsymbol{Q}$(th) 值时的加速度与位置误差

(a)$\boldsymbol{Q}$(th) = 10；(b)$\boldsymbol{Q}$(th) = 50；(c)$\boldsymbol{Q}$(th) = 100

定义 3 个向量方差之和 $S_{\mathrm{var}}(\boldsymbol{X})=\sum_{k=1}^{3}\mathrm{var}(\boldsymbol{X}_k)$，$k$ 值 1 ～ 3 表示会合坐标系的 3 个轴。$\boldsymbol{Q}$ 阵权值 $\boldsymbol{Q}$(th) 取不同值时的控制方差，见表 11 - 1，表中 $S_{\mathrm{var}}(a_{\boldsymbol{X}})$ 和 $S_{\mathrm{var}}(\boldsymbol{X})$ 分别表示加速度方差的和及位置方差的和。

表 11 - 1　不同权值下的控制方差比较

$\boldsymbol{Q}$(th)	$S_{\mathrm{var}}(a_{\boldsymbol{X}})$	$S_{\mathrm{var}}(\boldsymbol{X})$
10	$4.211\,8\times10^{-11}$	$5.785\,7\times10^{-9}$
50	$1.089\,1\times10^{-11}$	$2.349\,5\times10^{-8}$
100	$7.006\,4\times10^{-12}$	$3.839\,1\times10^{-8}$

从图 11 - 3 和表 11 - 1 中可以看出，随着矩阵 $\boldsymbol{Q}$ 权值的增加，加速度的方差不断减小，而位置误差方差不断增大。因此，矩阵 $\boldsymbol{Q}$ 的权值越大，加速度收敛越慢，振荡越小，但是在此趋势下，状态误差振荡增大，收敛变慢。而选取较小权值时，情况就恰好相反。

(2) 不同入轨误差对最优控制效果的影响。由于地月系统的单位长度为地月均距，约为 $3.844\,01\times10^{8}$ m，因此初始状态所包含的方差为10^{-7} 的随机高斯噪声扰动，意味着存在 10 m 级的偏差。依此类推，知道10^{-6} 和10^{-5} 分别对应 100 m 和 1 km 的误差量级。在不同量级入轨偏差情况下的最优控制效果，如图 11 - 4 所示。

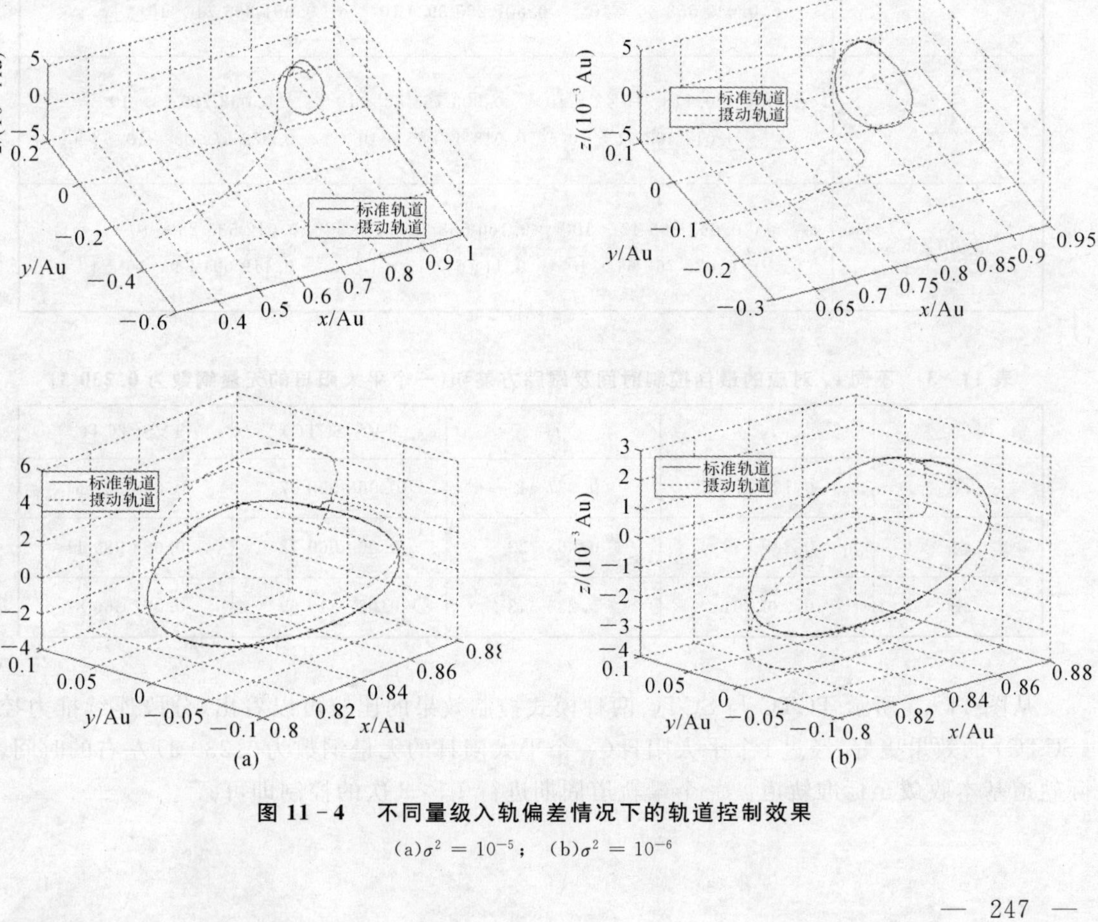

图 11 - 4　不同量级入轨偏差情况下的轨道控制效果

(a)$\sigma^2=10^{-5}$；(b)$\sigma^2=10^{-6}$

由图11-4可以看出，利用线性最优控制，状态曲线在经过若干个减幅振荡周期后，能够在有限时间内(T_{halo}=12.33天)逐渐收敛至标准晕轨道；若入轨误差等级大，则轨道发散严重，受控轨道振幅也大。另外，小推力控制的优点是能量消耗低，所有能耗被分配至整个轨道，使得每时刻的能量需求很小。以图11-4(a)所示的情况为例，整个晕轨道周期中三轴消耗的速度增量总共为$4.778\,2\times10^{-6}$ m/s。

4. TCTC 与 SCTC 两种模式控制效果比较

下面以10^{-7}，10^{-6}和10^{-5}三个不同入轨误差等级为例，分析分段连续推力模式(SCTC)的控制情况。表11-2给出了不同入轨误差等级所对应的入轨偏差。表11-3列出了不同误差$\boldsymbol{e}_X$所对应的t_1，t_2及跟踪方差和，表中，跟踪方差和(TVS)表示3轴分量方差在单个T_{halo}内的总和，SCTC表示分段连续推力控制，TCTC表示整体连续推力控制。TVS按照下式计算：

$$\mathrm{TVS}=\sum_{i=1}^{n}\mathrm{var}(\bar{\boldsymbol{X}}_i-\boldsymbol{X}_{\mathrm{con}i}) \tag{11.47}$$

式中，$\bar{\boldsymbol{X}}$为标准轨道状态，$\boldsymbol{X}_{con}$为受控轨道状态，n为T_{halo}内的累加次数。

表11-2　不同入轨误差等级所对应的入轨偏差

误差等级	入轨偏差 $\boldsymbol{e}_{Xi}=[\Delta x\quad \Delta\dot{x}\quad \Delta y\quad \Delta\dot{y}\quad \Delta z\quad \Delta\dot{z}]^{\mathrm{T}}$
10^{-7}	$\boldsymbol{e}_{X1}=[-0.376\,5760\,6\times10^{-4}\quad 0.380\,250\,32\times10^{-4}\quad 0.006\,258\,00\times10^{-4}\quad 0.049\,558\,36\times10^{-4}\quad 0.507\,256\,39\times10^{-4}\quad -0.081\,366\,74\times10^{-4}]^{\mathrm{T}}$
10^{-6}	$\boldsymbol{e}_{X2}=[-0.118\,916\,42\times10^{-3}\quad 0.003\,763\,32\times10^{-3}\quad -0.032\,729\,23\times10^{-3}\quad -0.017\,463\,91\times10^{-3}\quad 0.018\,670\,85\times10^{-3}\quad -0.072\,579\,05\times10^{-3}]^{\mathrm{T}}$
10^{-5}	$\boldsymbol{e}_{X3}=[0.043\,256\,48\times10^{-3}\quad 0.166\,558\,43\times10^{-3}\quad -0.012\,533\,23\times10^{-3}\quad -0.028\,767\,64\times10^{-3}\quad 0.114\,647\,13\times10^{-3}\quad -0.119\,091\,54\times10^{-3}]^{\mathrm{T}}$

表11-3　不同$\boldsymbol{e}_X$对应的最佳控制时间及跟踪方差和(一个平太阳日的无量纲数为0.230 3)

误　差	t_1	t_2	TVS(SCTC)	TVS(TCTC)
$\boldsymbol{e}_{X1}$	0.120 273	0.037 449	0.068 998 67	0.068 999 64
$\boldsymbol{e}_{X2}$	0.230 139	0.068 723	0.069 000 18	0.068 989 11
$\boldsymbol{e}_{X3}$	0.230 301	0.230 343	0.067 349 69	0.067 366 82

从图11-5所示TCTC与SCTC两种模式控制效果的比较可以看出，分段连续推力控制(SCTC)的效果更好，经过1个平太阳日(一个平太阳日的无量纲数为0.230 3)左右的时间，实际轨道基本收敛至标准轨道。一个晕轨道周期进行1～2次的控制即可。

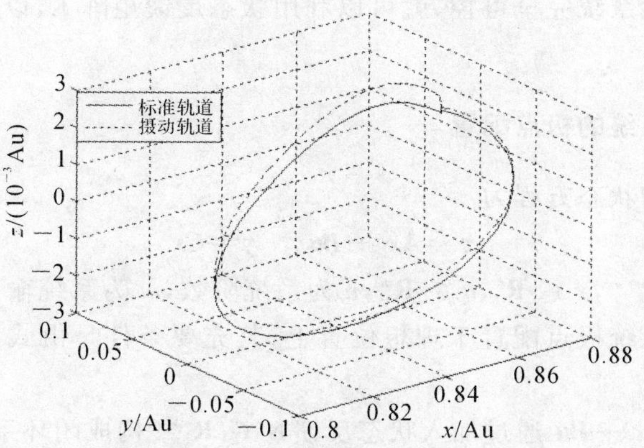

(a)

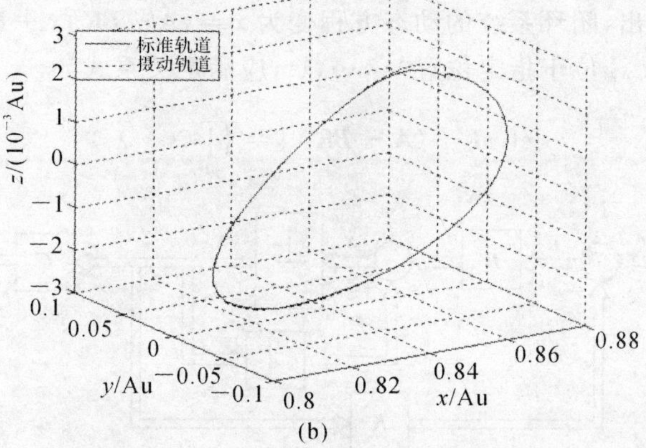

(b)

图 11-5　TCTC 与 SCTC 两种模式控制效果比较

(a) TCTC 模式控制效果；(b) SCTC 模式控制效果

11.3.3　地月系统晕轨道的极点配置控制方案

从前面的研究中我们知道，标准晕轨道存在一个以轨道周期为单位的定常系统，其系数矩阵元素由积分起始点决定，而实际轨道周期处的首尾不闭合，不存在定常系统。因此，可以以标准轨道起始点对应的状态量作为目标，对实际轨道起始点对应的状态变量进行调整。前面我们已经基于小偏差理论对无摄三体动力学方程沿标称轨道进行了线性化，推导了三体动力模型的误差线性模型。下面将在线性系统极点配置原理的基础上，利用标准轨道状态向量选择闭环目标极点，通过设计闭环极点配置状态反馈增益阵 $\boldsymbol{K}$，实现对地月系统 L_1 点附近受摄晕轨道的控制。针对 $\boldsymbol{K}$ 中三通道使用单一控制量级带来的控制误差，我们提出利用入轨误差比例设计可变反馈阵系数 $\boldsymbol{K}$（Variable feedback matrix K Coefficient, VKC）的设计方法。仿真实验结果表明，VKC 方法改善了原有控制方法的控制效果，使不同等级误差下的跟踪方差和也相应减小，证明了方法的有效性。

对于近似小偏差线性系统 $\dot{\boldsymbol{x}}=\boldsymbol{Ax}+\boldsymbol{Bu}$ 来说，$\boldsymbol{x}$ 为误差向量。如果控制起始点存在一个状态偏差，则动力学系统存在两种线性化基础：一是沿理论轨道线性化，二是沿实际轨道线性化。两种线性化基础分别对应的是理论系数矩阵 $\boldsymbol{A}_{\mathrm{m}}(t)$ 和实际系数矩阵 $\boldsymbol{A}_{\mathrm{p}}(t)$。这样一来，如果基于实际轨道的线性系统完全可控，就可以利用状态反馈矩阵 $\boldsymbol{K}$，以 $\boldsymbol{A}_{\mathrm{m}}(t)$ 为目标对 $\boldsymbol{A}_{\mathrm{p}}(t)$ 进行极点配置。

1. 基于误差线性系统的极点配置

设线性受控系统的状态方程为

$$\dot{\boldsymbol{x}}=\boldsymbol{A}\boldsymbol{x}+\boldsymbol{B}\boldsymbol{u},\quad \boldsymbol{y}=\boldsymbol{C}\boldsymbol{x} \tag{11.48}$$

其中，$\boldsymbol{A}\in \mathbf{R}^{n\times n}$，$\boldsymbol{B}\in \mathbf{R}^{n\times m}$，$\boldsymbol{x}\in \mathbf{R}^{n}$，$\boldsymbol{u}\in \mathbf{R}^{m}$，$n$ 为系统阶数，m 为系统输入的维数。若要通过状态反馈的方法使闭环系统极点配置于理想位置上，其充要条件是由式(11.48) 所表示的系统完全可控。

原开环系统 $\dot{\boldsymbol{x}}=\boldsymbol{A}\boldsymbol{x}+\boldsymbol{B}\boldsymbol{u}$ 通过加入状态反馈 $\boldsymbol{K}\in \mathbf{R}^{m\times n}$ 构成闭环系统使系统稳定，该闭环系统的结构图如图 11-6 所示。可见，对受控系统进行极点配置的关键是求解状态反馈矩阵 $\boldsymbol{K}$。由图 11-6 可以看出，闭环系统的动态方程变为 $\dot{\boldsymbol{x}}=(\boldsymbol{A}-\boldsymbol{B}\boldsymbol{K})\boldsymbol{x}+\boldsymbol{B}\boldsymbol{v}$。要想利用状态反馈 $\boldsymbol{u}=\boldsymbol{v}-\boldsymbol{K}\boldsymbol{x}$ 使闭环极点 s_i 位于指定位置 $\lambda_1,\cdots,\lambda_n$，应满足关系式

$$\det[s\boldsymbol{I}-(\boldsymbol{A}-\boldsymbol{B}\boldsymbol{K})]=\prod_{i=1}^{n}(s-\lambda_i) \tag{11.49}$$

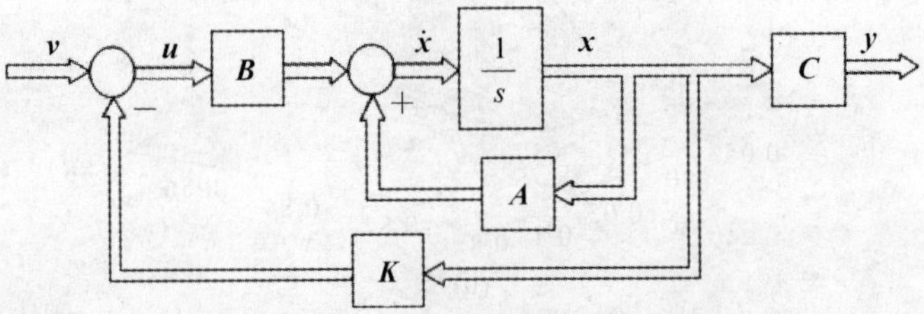

图 11-6　状态反馈闭环系统结构图

自适应极点配置(自校正调节器和控制器) 是在辨识模型的基础上进行的，本节的状态反馈极点配置则是在误差线性模型的基础上进行的，受控模型主要为动态方程形式。标准轨道初始值与真实轨道初始值在误差线性系统中将分别对应不同的系统矩阵 $\boldsymbol{A}_{\mathrm{m}}$ 和 $\boldsymbol{A}_{\mathrm{p}}$。按照极点配置的思路，通过引入状态反馈增益阵 $\boldsymbol{K}$ 来实现近似线性系统稳定，则闭环系统的期望极点位于多项式 $\det(s\boldsymbol{I}-\boldsymbol{A}_{\mathrm{m}})=0$ 的解在 s 平面上的位置。

2. 基于误差线性系统的极点配置控制的数字仿真结果

这里以地月系统晕轨道为例，进行基于误差线性系统的极点配置控制的数字仿真。在这里我们仍然利用前面地月系统 L_1 点晕轨道的小偏差线性模型和误差等级进行分析。选择 $\dot{\boldsymbol{x}}(0)=\boldsymbol{0}$，$\boldsymbol{y}(0)=\boldsymbol{0}$ 为晕轨道起点，幅值 $A_X=0.032\,18$。根据式(11.16) 中的矩阵分块，系统的受控部分仅为 $\boldsymbol{A}_{3\times3}$ 子块，且前面已证明该子系统可控。因此，仅对该子系统进行分析与控制是合理的，且能够简化计算。以误差等级为10^{-6} 的某条晕轨道为例，表 11-4 列出了理论轨道与实际轨道分别对应的可控子系统矩阵元素。这里以对会合坐标系中的 x 轴施加控制为例，选择控制矩阵 $\boldsymbol{b}=[1\quad 0\quad 0]^{\mathrm{T}}$，则状态反馈阵 $\boldsymbol{k}_x=[k_{1x}\quad k_{2x}\quad k_{3x}]^{\mathrm{T}}$。

同理可得，坐标系中 y 轴与 z 轴两通道的状态反馈矩阵分别为

$$\boldsymbol{k}_y=[k_{1y}\quad k_{2y}\quad k_{3y}]^{\mathrm{T}}=[-190.126\,095\,06\quad 0\quad -0.058\,649\,66]^{\mathrm{T}}$$

$$\boldsymbol{k}_z = [k_{1z} \quad k_{2z} \quad k_{3z}]^{\mathrm{T}} = [6\,411.963\,931\,77 \quad -1.375\,266\,59 \quad 0]^{\mathrm{T}}$$

表 11-4　可控子系统矩阵及其极点位置

可控子系统矩阵	极点位置	状态反馈阵 $\boldsymbol{k}$
$\boldsymbol{A}_{\mathrm{m}} = \begin{bmatrix} 18.388\,077\,91 & 0 & 0 \\ 0 & -7.697\,135\,46 & -0.356\,564\,80 \\ 0 & -0.356\,564\,80 & -8.690\,942\,45 \end{bmatrix}$	$s_i = \begin{cases} -8.805\,636\,48 \\ -7.582\,441\,42 \\ 18.388\,077\,91 \end{cases}$	$k_{1x} = 0$ $k_{2x} = -198.595\,400\,62$ $k_{3x} = -285.625\,610\,93$
$\boldsymbol{A}_{\mathrm{p}} = \begin{bmatrix} 18.430\,763\,53 & -0.005\,859\,22 & 0.000\,100\,90 \\ -0.005\,859\,22 & -7.718\,435\,13 & -0.354\,703\,15 \\ 0.000\,100\,90 & -0.354\,703\,15 & -8.712\,328\,40 \end{bmatrix}$	$s_i = \begin{cases} -8.825\,931\,04 \\ -7.604\,833\,80 \\ 18.430\,764\,85 \end{cases}$	

根据误差线性系统的可加性，系统状态反馈阵 $\boldsymbol{K}$ 可以通过三轴分量叠加得到，即

$$\boldsymbol{K} = \begin{bmatrix} \boldsymbol{k}_1 \\ \boldsymbol{k}_2 \\ \boldsymbol{k}_3 \end{bmatrix} = \begin{bmatrix} k_{1x} & k_{1y} & k_{1z} \\ k_{2x} & k_{2y} & k_{2z} \\ k_{3x} & k_{3y} & k_{3z} \end{bmatrix} \tag{11.50}$$

式中，$\boldsymbol{k}_1 = [k_{1x} \quad k_{1y} \quad k_{1z}]$，$\boldsymbol{k}_2 = [k_{2x} \quad k_{2y} \quad k_{2z}]$，$\boldsymbol{k}_3 = [k_{3x} \quad k_{3y} \quad k_{3z}]$。

另外，由于控制律与三通道间数量级的不同，反馈控制律在引入原非线性系统时存在比例系数 $c_i(i=1,2,3)$ 以弥补原控制律三通道间单一数量级的缺陷，于是有反馈控制律 $\boldsymbol{u}=-\boldsymbol{K}_c\boldsymbol{x}$，其中状态反馈矩阵 $\boldsymbol{K}_c$ 为

$$\boldsymbol{K}_c = \begin{bmatrix} c_1\boldsymbol{k}_1 \\ c_2\boldsymbol{k}_2 \\ c_3\boldsymbol{k}_3 \end{bmatrix} \tag{11.51}$$

式中的系数关系为 $c_1 = c_2 \approx 40c_3$。根据仿真实验结果发现，误差在10^{-6} 数量级下可以取 $c_1 = 1/23.8$，误差在10^{-7} 数量级下可以取 $c_1 = 1/24.5$，误差在10^{-5} 数量级下可以取 $c_1 = 1/50$。

下面将把误差线性系统推导出的反馈控制律引入原非线性系统中去验证轨道控制效果。以地月系统 L_1 点的晕轨道为控制对象，且从前面得知晕轨道为三维闭合周期轨道。图 11-7 是基于误差线性系统的轨道控制情况，图中短虚线表示理论晕轨道，虚线表示存在初值误差的三维晕轨道曲线，实线为通过线性状态反馈进行极点配置控制后的受控轨道。

从图 11-7 可以看到，三种误差等级下对应的跟踪效果不同，10^{-7} 误差等级下的跟踪效果最好。对于周期晕轨道来说，如果选择单周期首尾尽可能闭合的受控轨道为控制目标，则受控轨道入轨误差越小，受控轨道越接近理论轨道，跟踪控制效果越好。图 11-7(c) 所表示的轨道的入轨误差级别最大，利用极点配置方法控制后，受控轨道在 $x-y$ 平面内实现了周期轨道闭合，但在 z 方向仍存在不可消除的控制偏差。这种情况下的仿真实验结果也说明，对非线性动力学系统进行基于小偏差理论的误差线性化变换后得到的线性系统仅仅是对原系统的近似，入轨误差越小，近似线性系统与原系统的相似度就越高。当入轨误差增大到一定程度时，基于近似线性系统推导出的控制律效果就不会理想。

表 11-5 列出了三种误差等级下的反馈增益阵的比例系数以及跟踪方差和 TVS，其中 TVS 反映了受控跟踪轨道与理论轨道的接近程度。对比表 11-5 中的 TVS 值也能看出，在入轨误差小的情况下，跟踪精度比较高。

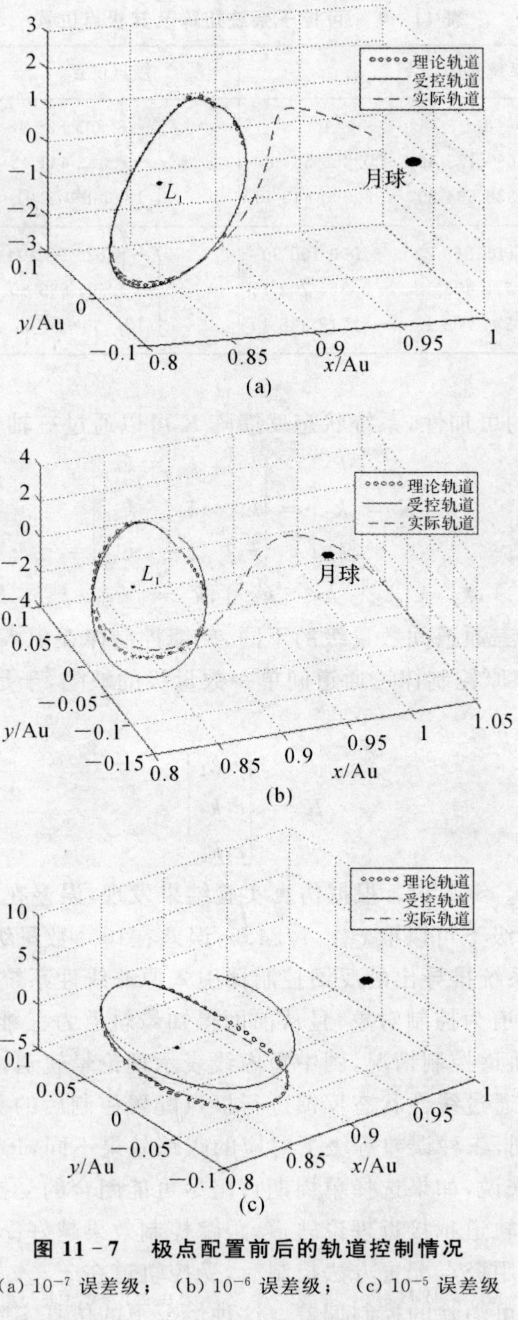

图 11-7　极点配置前后的轨道控制情况

(a) 10^{-7} 误差级；(b) 10^{-6} 误差级；(c) 10^{-5} 误差级

表 11-5　不同误差等级下的指标对比

误差级别	c_1	c_2	TVS
10^{-5}	0.020 2	$5.050\ 5\times10^{-4}$	0.001 097 18
10^{-6}	0.041 6	0.001 0	0.001 078 37
10^{-7}	0.041 6	0.001 0	0.001 071 89

3. 可变反馈阵系数法的极点配置控制方案

在数字仿真模拟实验中可以发现，反馈增益阵 $\boldsymbol{K}$ 中的常系数 $c_1 \sim c_3$ 的取值将直接影响跟踪控制的精度，而入轨误差级别表示的是飞行器在三通道上位置误差及速度误差的宏观情况，这种指标不能明确反映出三通道中各分量的误差大小。因此，如果入轨误差主要由 z 通道引入，那么前面所假设的 $c_1 \sim c_3$ 的相互关系就不成立，这样将会给控制器引入设定误差。对于这种情况，本小节考虑在系数设定阶段对状态偏差三分量所占比例进行分析，并按照各分量偏差比例自动调整系数的大小。

取初始状态偏差为 $\Delta\boldsymbol{X}=\bar{\boldsymbol{X}}-\boldsymbol{X}_{\mathrm{p}}$，其中 $\bar{\boldsymbol{X}}$ 为理论状态向量，$\boldsymbol{X}_{\mathrm{p}}$ 为实际状态向量。为简化书写，用 $\boldsymbol{X}$ 代替 $\Delta\boldsymbol{X}$，且 $\boldsymbol{X}_x,\boldsymbol{X}_y,\boldsymbol{X}_z$ 分别表示误差状态的三轴分量，于是 $c_1 \sim c_3$ 的比例关系可以通过 $\boldsymbol{X}_x,\boldsymbol{X}_y,\boldsymbol{X}_z$ 模的实时比例关系来确定，即

$$c_1 : c_2 : c_3 = |\boldsymbol{X}_x| : |\boldsymbol{X}_y| : |\boldsymbol{X}_z| \tag{11.52}$$

从上式可以看出，$\boldsymbol{K}$ 的系数与三轴偏差成正比，误差越大则控制幅度越大。进行数字仿真时，可以按如下方法选取 $c_1 \sim c_3$：

$$c_1 = kA_1,\quad c_2 = kA_2\frac{|\boldsymbol{X}_y|}{|\boldsymbol{X}_x|},\quad c_3 = kA_3\frac{|\boldsymbol{X}_z|}{|\boldsymbol{X}_x|} \tag{11.53}$$

式中，k 为比例系数，$A_1 \sim A_3$ 为幅值系数。幅值系数表示了三轴各自的数据跨度，跨度越大则控制幅度也越大。同样将比例系数完全归纳于 $\boldsymbol{K}$，则幅值系数取值如下：

$$A_1 = 1,\quad A_2 = \frac{|\boldsymbol{X}_y(\max)|}{|\boldsymbol{X}_x(\max)|},\quad A_3 = \frac{|\boldsymbol{X}_z(\max)|}{|\boldsymbol{X}_x(\max)|} \tag{11.54}$$

比例系数 k 通过对 TVS 寻优得到。采用可变反馈阵系数法后的极点配置控制与采用固定系数法的极点配置控制之间的跟踪方差和 TVS 对比情况见表 11-6，其中 TVS(a) 表示采用固定系数法极点配置控制的跟踪方差和，TVS(b) 表示采用可变反馈阵系数法后的极点配置控制的跟踪方差和。

从表 11-6 可以看到，采用变系数方法后的极点配置控制效果与固定系数法极点配置控制相比有所改善，各误差等级下的跟踪方差和也相应减小，但从图 11-8 来看控制效果的改善并不十分明显。这主要是由于极点配置方法的固有缺陷带来的。例如，这种方法要求系统模型必须满足小偏差的假设、基于状态空间方程推导的反馈控制律在原非线性系统下存在未建模动态等。此外，实际非线性系统所需的控制量不一定与系统状态呈完全线性关系，这也是线性控制方法的固有缺陷。

表 11-6　变系数极点配置与固定系数极点配置的控制效果对比表

入轨误差级别	10^{-5}	10^{-6}	10^{-7}
TVS(a)	0.001 097 18	0.001 078 37	0.001 071 89
TVS(b)	0.001 047 31	0.000 982 35	0.000 974 17
k	77.81	17.74	20.58

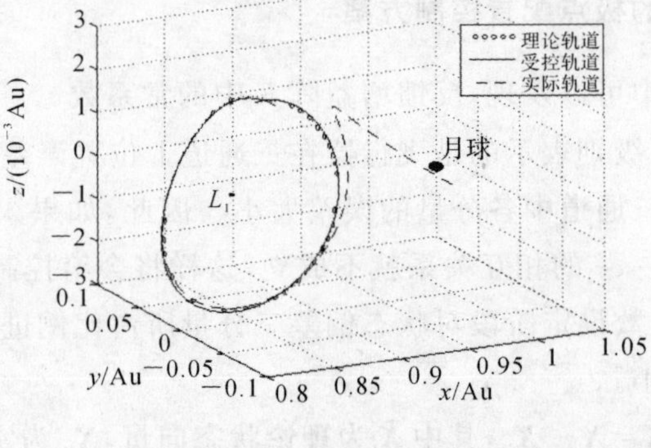

图 11-8　$\sigma=10^{-7}$ 时采用变系数极点配置控制方法的轨道控制情况

11.4　探月轨道的中途修正

月球探测航天器的制导包括初制导、中制导和末制导。其中初制导是指在转移轨道的动力飞行段为修正入轨偏差和推进偏差影响而选取的关机方案，中制导是指在加速完毕到进入月球影像球前的自由飞行段为减少误差而进行的轨道修正，末制导是指在进入月球影响球后的自由飞行段为满足任务要求而进行的轨道修正[360]。航天器在转移轨道段需要实施轨道中途修正控制。

探月历史上曾多次发生探月航天器未能被月球捕获而丢失在太空中的事故，其中多数是由于航天器姿态及轨道控制不精确造成的。地月均距约 $3.844\,01\times10^5$ km，探月航天器在进入向月球的转移轨道后，如果有 1 米的位置偏差，在月球捕获点的位置偏差将达到 1 000 km 左右；如果存在 0.1 m/s 的速度误差，航天器与月球捕获点将相差 230 km。初制导无法完全消除加速段时间、入轨状态、导航、质量及推进五类误差源的影响，剩余误差需要依靠中途修正来完成。一次轨道转移过程中通常需要进行数次轨道控制才能满足设计精度要求。"嫦娥一号"绕月探测卫星发射入轨后，在调相阶段又先后进行了 4 次变轨控制，以应对轨道实际运行中的一些变化[361]。由于这些原因，航天器在轨道转移阶段利用导航信息进行轨道中途修正就变得十分必要。

11.4.1　探月轨道中途修正的国内外技术现状

从 20 世纪 60 年代美、苏两国开展月球及深空探测开始，国内外许多学者开始进行转移轨道中途修正方面的深入研究。关于地月低能转移轨道中途修正的相关文献较少，但国外的研究工作已经展开。目前中途修正具有代表性的两类方法是基于小偏差理论的摄动制导法和显示制导法。国内方面，郗晓宁等人[360] 以中途制导算例为基础，分析了摄动制导法和显示制导法的修正策略，并进行了统计学分析；周文艳等人[361] 研究了修正速度增量与入轨误差和修正时刻间的关系。Surban 等人应用动力系统理论和最优控制方法给出了地月平动点的中途修正策略[108]。

在地月转移轨道中，与修正关系最大的是进入地月转移轨道的速度偏差修正。随着修正时刻的推迟，修正速度量近似呈线性增长，而其他轨道状态偏差的修正量对修正时刻的敏感度较低。因此，选择中途修正策略时应根据进入地月转移轨道的速度偏差量，结合控制误差分析，尽早地进行第一次中途修正。

Breakwell 提出了一种用于航天器进行行星际飞行的间距比(spacing ratio)策略，其基本思想是尽快进行首次修正，以后每次修正的时间间隔与前一时间间隔为常数。国内探月工程中的地月转移轨道主要是以二体问题框架为前提，通过以地球为一个焦点的大椭圆半周或拼接圆锥曲线为转移轨道，通常转移过程为 5 天，其中安排 2 ～ 3 次中途修正。第一次修正是在进入地月转移轨道 24 h 内进行，以修正入轨点偏差；若所需控制量较大，可以在第一次修正后 24 h 内进行第二次中途修正；最后一次修正则安排于到达近月点前的 24 h 内进行[362]。

目前关于中途轨道修正的研究和应用大多基于地面测控方式，而对于自主计算执行修正的方式也开始了大量的研究，但在实际应用中极少涉及。基于地面测控的中途修正事先经过大量的数学计算和仿真分析，精心设计修正方案后上传至航天器执行相应的机动。

11.4.2　主要中途修正方法

根据能量消耗量的最优要求，深空探测的中途修正将不是把轨道修正为标称轨道，而是在有误差的位置上施加一个合适的速度增量，使航天器沿着一条新的转移轨道飞行来满足对最终状态的要求。目前中途修正主要是采用基于小偏差理论的摄动制导法和显示制导法。

1. 基于小偏差理论的摄动制导法

摄动制导法是基于实际轨道与理论轨道的偏差为小量的假设提出的。根据此假设，这种方法通过将系统动力学方程在标准轨道附近进行泰勒展开，取一阶项而忽略二阶以上微小变量来线性化非线性方程，以简化控制量的计算。这类方法在实际轨道与标准轨道偏差较小时具有较高的准确性，偏差较大时，将会带来较大的系统误差。

2. 显示制导法

该制导法主要是应用最优控制理论中的极大值原理或动态规划方法，综合系统动力学特性及相关约束条件解决指标函数最大或最小的问题。经典显式制导主要利用二体椭圆轨道方程与落点偏差修正的方法进行轨道约束函数的求解。

假设航天器的轨道方程为

$$\frac{\mathrm{d}\boldsymbol{X}}{\mathrm{d}t}=\boldsymbol{f}(\boldsymbol{X},\boldsymbol{u},t) \tag{11.55}$$

式中 $\boldsymbol{X}$ 为航天器状态，如坐标和速度；$\boldsymbol{u}$ 为控制量，t 为时间。轨道的代数约束方程组为

$$\boldsymbol{\xi}(\boldsymbol{X})=\boldsymbol{0} \tag{11.56}$$

则制导问题归纳为计算出恰当的控制向量 $\boldsymbol{u}$，使状态向量 $\boldsymbol{X}(t)$ 满足上述约束条件。

该问题求解过程可分为三个部分[363]：

1）利用导航测量系统的视加速度或视速度，经过快速积分计算获得状态变量 $\boldsymbol{X}(t)$，具体步骤参见参考文献[364]。

2）利用状态变量 $\boldsymbol{X}(t)$，快速求解轨道约束方程 $\boldsymbol{\xi}(\boldsymbol{X})=\boldsymbol{0}$。

3）利用式(11.55)和式(11.56)，求解控制向量 $\boldsymbol{u}$。

11.4.3 中途制导的性能指标

为方便测控,希望经过若干次中途修正后转移轨道的总时间能够与目标转移轨道的总时间一致。对具体工程实践来说,转移轨道中途修正的控制目标是确定进行制导的具体时刻。具体的制导时刻与具体的轨道无关,而主要与总的飞行时间有关。

中途制导的性能指标一般要求制导的速度增量小,同时制导精度高(或位置偏差小),于是定义综合性能指标为

$$J_i = \Delta V_i + \Delta r_i / K_{ri} \tag{11.57}$$

式中,J_i 的单位与速度增量相同,取 m/s,i 为制导次数;K_r 为量纲系数,第一次制导通常取为 20 000 s,后面制导的量纲系数要比第一次取得小一些。这样做的目的是为了使性能指标 J 维持在一个合适的范围内。通常情况下,中途修正的能力为 100 m/s。

在实验模拟方面,通常从引发轨道发散的原因上分别进行仿真,主要包括两方面。

(1) 初值误差:入轨位置偏差 10 m,入轨速度偏差 10 m/s。若偏差较大,则半圈后即发散,因此需要采用指数递减型的控制策略。

(2) 发散误差:由平动点弱稳定性和未考虑摄动力所产生的误差。由前面分析的不变流形特性知,若采用不变流形设计轨道,可以降低控制频率、减少能耗,通常在 1 天后和半个转移周期处分别进行轨道控制。若采用连续小推力轨道控制方案,则需要采用一定的控制律来消除实际轨道与标称轨道间的差距。

11.4.4 中途修正控制方案

1. 无终端约束的二次型最优控制方案

由 Riccati 方程式(11.39)可以看到,当改变误差动力学方程入轨点状态时,方程中各项的系数会相应变化,而转移轨道正是通过积分初值的微小改变而得到的。因此,前面推导出来的一些结论与方法,依然能够应用于转移轨道的中途修正控制问题中。若系统是线性的,所选择的性能指标为二次型函数,则转移轨道的中途修正控制问题一般都能够处理为线性二次型问题。中途修正的主要任务是对偏离理论轨道数据的实际轨道进行修正,使航天器能够以尽可能小的误差执行飞行任务。其控制问题用最优控制的语言可以描述如下:

对于由式(11.11)所描述的动力学模型的误差线性系统,要求在控制过程中的能耗、总的状态量以及终端状态尽可能小,所选取的性能指标为

$$J = \varphi[\boldsymbol{X}(t_f), t_f] + \int_{t_0}^{t_f} L(\boldsymbol{X}, \boldsymbol{u}, t)\,\mathrm{d}t = \frac{1}{2}\boldsymbol{X}^{\mathrm{T}}(t_f)\boldsymbol{P}\boldsymbol{X}(t_f) + \frac{1}{2}\int_{t_0}^{t_f}[\boldsymbol{X}^{\mathrm{T}}(t)\boldsymbol{Q}\boldsymbol{X}(t) + \boldsymbol{u}^{\mathrm{T}}(t)\boldsymbol{R}\boldsymbol{u}(t)]\,\mathrm{d}t \tag{11.58}$$

为了方便控制,控制时间需有限。又由于控制时间同转移时间相差较大,需要进行多次轨道控制,控制末端状态要求不高,因此终端不固定。

依然利用前面小偏差理论下的误差线性系统,于是最优控制为

$$\boldsymbol{u}^*(t) = -\boldsymbol{R}^{-1}\boldsymbol{B}^{\mathrm{T}}\boldsymbol{K}\boldsymbol{X}(t) \tag{11.59}$$

式中，权重矩阵 $\boldsymbol{P}\geqslant \boldsymbol{0},\boldsymbol{P}=\boldsymbol{P}^{\mathrm{T}};\boldsymbol{Q}\geqslant \boldsymbol{0},\boldsymbol{Q}=\boldsymbol{Q}^{\mathrm{T}};\boldsymbol{R}>\boldsymbol{0},\boldsymbol{R}=\boldsymbol{R}^{\mathrm{T}};\boldsymbol{P},\boldsymbol{Q}$ 和 $\boldsymbol{R}$ 均为常数矩阵。

由于系统方程为定常线性方程，且 $\boldsymbol{K}>\boldsymbol{0},\boldsymbol{K}=\boldsymbol{K}^{\mathrm{T}}$，因此 Riccati 方程就转化为如下的代数 Riccati 方程：

$$\boldsymbol{KA}+\boldsymbol{A}^{\mathrm{T}}\boldsymbol{K}-\boldsymbol{KBR}^{-1}\boldsymbol{B}^{\mathrm{T}}\boldsymbol{K}+\boldsymbol{Q}=\boldsymbol{0} \tag{11.60}$$

系统利用反馈矩阵 $\boldsymbol{K}$ 构成线性状态反馈，使闭环系统渐近稳定，其闭环系统的状态方程为

$$\dot{\boldsymbol{X}}(t)=[\boldsymbol{A}-(\boldsymbol{BR}^{-1}\boldsymbol{B}^{\mathrm{T}}\boldsymbol{K})]\boldsymbol{X}(t) \tag{11.61}$$

2. 受控时间计算

处理器中的一条轨道通常表现为 k 组数据序列，k 为轨道元素个数。在获得了轨道数据后，需要获得其长度及飞行时间信息。假设数据序列长度为 n，三维轨道数据元素为 $\boldsymbol{X}=[x_1\quad x_2\quad x_3\quad x_4\quad x_5\quad x_6]^{\mathrm{T}}$，其中 $x_1\sim x_3$ 为位置信息，$x_4\sim x_6$ 为速度信息，则轨道长度 d_s 可表示为

$$d_{\mathrm{s}}=\sum_{i=1}^{n-1}\sqrt{\sum_{j=1}^{3}[x_j(i)-x_j(i+1)]^2} \tag{11.62}$$

飞行时间 t_n 为

$$t_n=\sum_{i=1}^{n-1}\sqrt{\sum_{j=1}^{3}[x_j(i)-x_j(i+1)]^2}\Big/\sqrt{\sum_{j=4}^{6}x_j(i)} \tag{11.63}$$

3. 收敛标准

本节中在地月系统无量纲下进行轨道控制时，确定受摄轨道收敛的标准选择为，当误差状态向量曲线极值点处的 $\widetilde{\boldsymbol{X}}_k$ 的 2 范数小于一个正常数 ε 时，即

$$\dot{\widetilde{\boldsymbol{X}}}_k=\boldsymbol{0}\quad 且\quad \|\widetilde{\boldsymbol{X}}_k\|_2<\varepsilon,\quad \varepsilon=10^{-4} \tag{11.64}$$

就认为实际轨道已收敛至理论轨道。

11.4.5　探月轨道中途修正的数字仿真实验

1. 终端不固定的线性二次型最优控制

在数字仿真实验中，我们对比了不同入轨误差对标准轨道的影响，其仿真结果如图 11-9 所示。

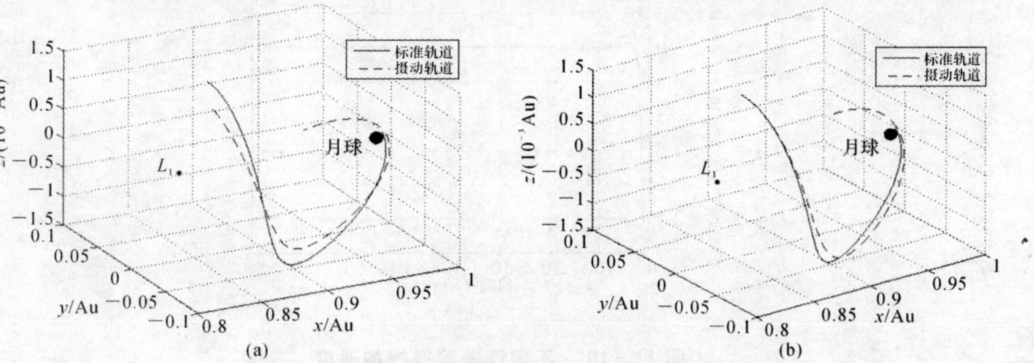

图 11-9　不同误差等级对实际轨道的影响

(a)$\sigma=10^{-5}$；(b)$\sigma=10^{-6}$

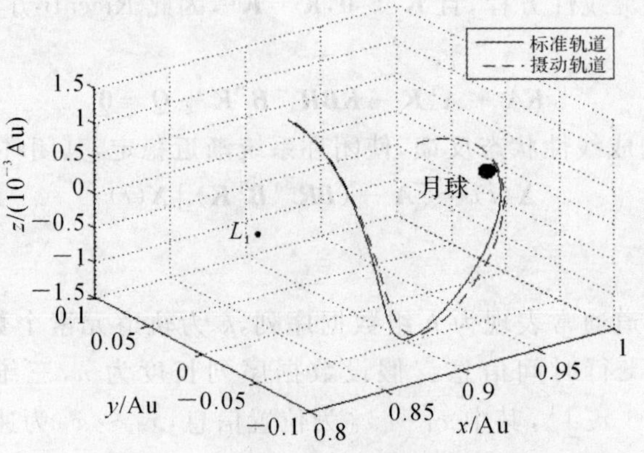

(c)

续图 11-9 不同误差等级对实际轨道的影响

(c) $\sigma = 10^{-7}$

图 11-10 所示为设定终端固定为 0 时，不同状态偏差下（$\sigma=10^{-6}$，$\sigma=10^{-5}$，$\sigma=10^{-7}$）的控制加速度比较，而图 11-11 所示为不同入轨偏差等级下的控制效果对比。

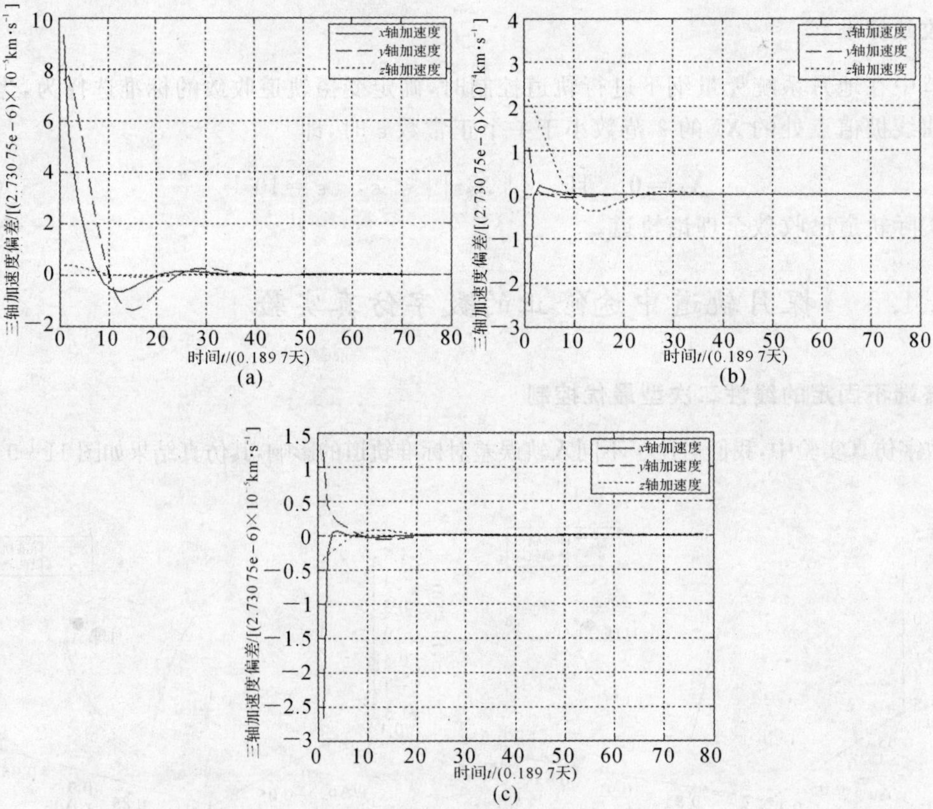

图 11-10 不同误差等级的加速度

(a) $\sigma = 10^{-5}$；(b) $\sigma = 10^{-6}$；(c) $\sigma = 10^{-7}$

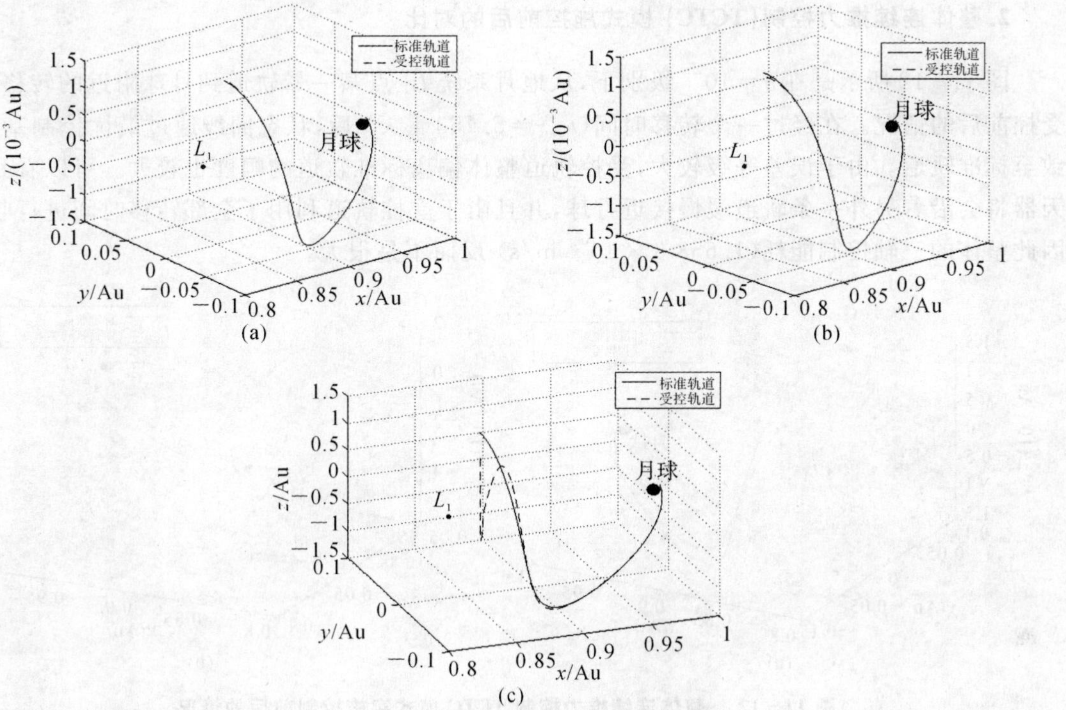

图 11-11　不同误差等级下的受控轨道

(a)$\sigma=10^{-5}$；(b)$\sigma=10^{-6}$；(c)$\sigma=10^{-7}$

按照式(11.33)，将指标改为最小，不同入轨误差级别时的加速度及位置方差指标比较，见表 11-7。

表 11-7　加速度及位置方差比较

σ	10^{-5}	10^{-6}	10^{-7}
$S_{\mathrm{var}}(a_X)$	$2.523\ 059\ 11\times10^{-9}$	$4.820\ 650\ 49\times10^{-10}$	$1.197\ 073\ 63\times10^{-11}$
$S_{\mathrm{var}}(\boldsymbol{X})$	$3.430\ 034\ 91\times10^{-7}$	$5.103\ 589\ 35\times10^{-8}$	$2.189\ 923\ 89\times10^{-10}$
t_1	1.192 455 02	0.423 510 24	0.091 288 86
t_2	0.703 551 92	0.394 052 58	0.041 885 45

同样，利用上面两个阈值能够确定两个控制时间，即

$$t_1=\Big(\sum_{i=x,y,z}|\boldsymbol{X}_i|\Big)/V_{00},\quad t_2=\Big(\sum_{i=x,y,z}|\dot{\boldsymbol{X}}_i|\Big)/a_{00} \tag{11.65}$$

为了保证修正轨道的收敛性，当 $t_1\neq t_2$ 时，控制区间 $T_{\mathrm{con}}=\min(t_1,\ t_2)$。从表 11-7 中可以看出，$\sigma=10^{-5}$ 级别下的加速度与轨道偏离的方差比 $\sigma=10^{-6}$ 级别均增加了一个量级，而控制时间也相应增加。通过数字仿真实验确定，从地月系统 L_1 点晕轨道通过标准轨道转移至月球附近需要 $t=1.325\ 0$(即 5.753 4 天)，在不同误差下设定的平均收敛时间 $t_{\mathrm{ave}}=0.474\ 5$(即 2.060 2 天)，在 $\sigma=10^{-5}$ 误差等级下状态误差满足变轨要求(即 $\|\tilde{\boldsymbol{X}}\|<\varepsilon$，$\varepsilon$ 为正常数)所需要的时间约为 $t_{\mathrm{ave}}=0.757\ 1$(即 3.287 6 天)。从图 11-11(c) 中也能够看出控制后的轨道存在较大幅度的振荡，增加了能耗。因此，将三体动力学模型进行近似线性化后采用线性控制的方法在不满足小扰动条件时的控制效果并不理想。

2. 整体连续推力控制(TCTC) 模式施控前后的对比

图 11-12 所示是在 $\sigma=10^{-5}$ 级别下,从地月系统 L_1 点某一晕轨道到月球附近的转移轨道受控前后的情况。在经过一个转移时间($t_{\mathrm{tran}}=5.753\ 4$ 天)后,状态曲线通过最优控制基本收敛至标准轨道。由于误差等级较大,受控轨道整体偏离标准轨道的幅度也较大。可以看到,航天器将会沿着另外一条轨道缓慢接近月球,并且由于受控轨道利用了全部转移时间进行收敛,因此整体的三轴控制能耗($1.658\ 3\times10^{-6}$ m/s) 反而不是很大。

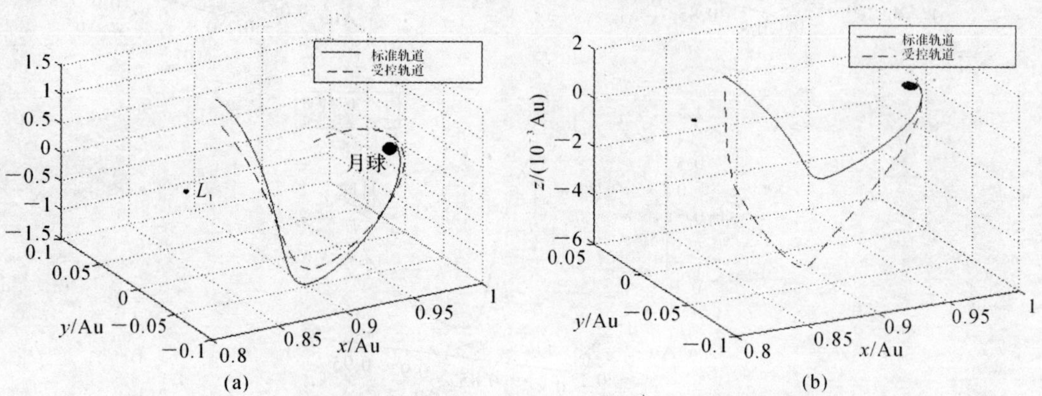

图 11-12 整体连续推力控制 TCTC 模式实施控制前后的情况

(a) 施控前; (b) 施控后

3. TCTC 与 SCTC 两种模式对比

我们以入轨误差等级10^{-6} 的某个初值为例,比较 SCTC 和 TCTC 模式下的控制效果,如图 11-13 所示。由图 11-13 可以看到,SCTC 模式下受控轨道向标准轨道收敛的速度更快,并且主要振荡也集中在轨道前端。由数字仿真实验结果可知,利用 SCTC 模式的实际轨道在入轨后大约 1.1208 天后基本收敛至标准轨道,控制能耗为 $1.468\ 9\times10^{-6}$ m/s。而在 TCTC 模式下,控制能耗为 $1.473\ 2\times10^{-6}$ m/s,约 5.753 4 天后收敛至标准轨道。图 11-14 所示为两种推力模式下的控制加速度曲线,从中也能够看到 SCTC 模式下的航天器三轴加速度收敛时间约为 TCTC 模式下收敛时间的 1/3。

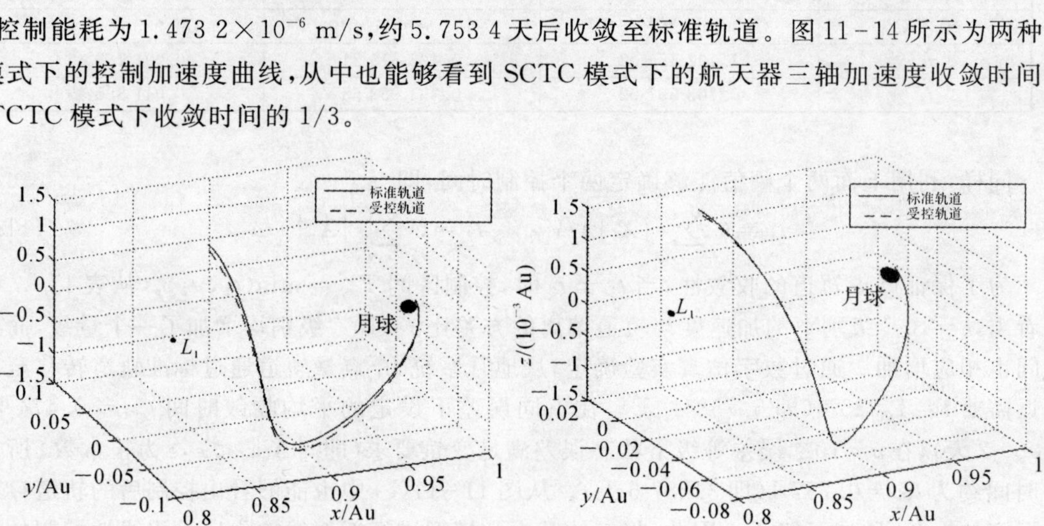

图 11-13 两种推力模式轨控效果的对比

(a)TCTC 模式; (b)SCTC 模式

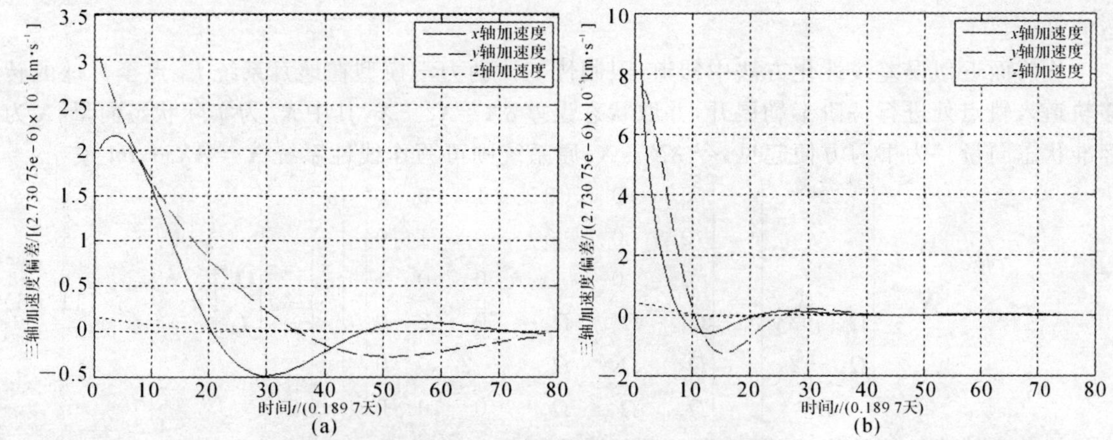

图 11-14　转移轨道内的加速度曲线

(a)TCTC 模式；(b)SCTC 模式

下面以 e_X 分别为10^{-5}，10^{-6} 和10^{-7} 三个不同入轨误差等级为例，对比两种推力控制模式的控制情况。表 11-8 列出了不同误差 e_X 对应的 t_{bc}，t_{ac} 及跟踪结果，跟踪方差和(TVS) 表示三轴分量方差在整个飞行时间内的总和，计算方法如式(11.47) 所示。t_{bc} 和 t_{ac} 分别表示控制前和控制后的飞行时间。由表 11-8 可以看到，控制后的飞行时间比控制前长。

表 11-8　两种推力控制模式下的 TVS 与飞行时间对比

推力控制模式		e_{X1}	e_{X2}	e_{X3}
TCTC 模式	TVS	$1.179\,593\,41\times10^{-4}$	$2.103\,043\,64\times10^{-5}$	$1.172\,153\,89\times10^{-7}$
	t_{bc}	5.462 4	5.595 0	5.630 8
	t_{ac}	5.836 9	5.920 9	5.818 0
SCTC 模式	TVS	$5.307\,491\,35\times10^{-6}$	$7.177\,236\,60\times10^{-7}$	$4.463\,032\,07\times10^{-9}$
	t_{bc}	5.462 4	5.595 0	5.630 8
	t_{ac}	5.843 8	5.832 7	5.820 5

11.5　变结构控制及其在探月轨道控制中的应用

11.5.1　探月轨道的滑模变结构控制方案

1. 变结构控制调节器(Variable Structure Control Adjuster, VSCA)

广义上讲，变结构系统主要有两类：一类是具有滑动模态的变结构系统，另一类是不具有滑动模态的变结构系统。通常说的变结构系统均指前者，这是由于变结构系统对外界干扰和参数摄动的鲁棒性完全通过滑动模态来实现，可以根据所期望的系统动态品质来进行滑动模态的设计。

从前面近似误差线性化方法中知道，限制性三体动力学模型在地月系统 L_1 点至月球的转移轨道入轨点处进行一阶泰勒展开，并取状态误差 $\delta\boldsymbol{X}=\boldsymbol{X}_{\mathrm{p}}-\bar{\boldsymbol{X}}$，其中 $\boldsymbol{X}_{\mathrm{p}}$ 为实际状态向量，$\bar{\boldsymbol{X}}$ 为标准状态向量。为书写方便起见，令 $\delta\boldsymbol{X}=\boldsymbol{X}$，原系统则可写作线性系统 $\dot{\boldsymbol{X}}=\boldsymbol{A}\boldsymbol{X}+\boldsymbol{B}\boldsymbol{u}$ 或

$$\dot{\boldsymbol{X}}=\begin{bmatrix}\dot{x}\\ \dot{y}\\ \dot{z}\\ \Omega_x+2\dot{y}\\ \Omega_y-2\dot{x}\\ \Omega_z\end{bmatrix}=\begin{bmatrix}0&0&0&1&0&0\\0&0&0&0&1&0\\0&0&0&0&0&1\\ \Omega_{xx}&\Omega_{xy}&\Omega_{xz}&0&2&0\\ \Omega_{yx}&\Omega_{yy}&\Omega_{yz}&-2&0&0\\ \Omega_{zx}&\Omega_{zy}&\Omega_{zz}&0&0&0\end{bmatrix}\begin{bmatrix}x\\y\\z\\ \dot{x}\\ \dot{y}\\ \dot{z}\end{bmatrix}+\begin{bmatrix}\boldsymbol{O}_3\\ \boldsymbol{I}_3\end{bmatrix}\boldsymbol{u} \tag{11.66}$$

这是线性系统式的简约形式，可根据控制量数目写作分块形式

$$\boldsymbol{A}=\begin{bmatrix}\boldsymbol{A}_{11}&\boldsymbol{A}_{12}\\ \boldsymbol{A}_{21}&\boldsymbol{A}_{22}\end{bmatrix},\quad \boldsymbol{B}=\begin{bmatrix}\boldsymbol{O}\\ \boldsymbol{B}_2\end{bmatrix} \tag{11.67}$$

式中，$\boldsymbol{B}_2$ 为 3 阶对角阵，$\boldsymbol{A}_{11}$，$\boldsymbol{A}_{12}$，$\boldsymbol{A}_{21}$ 和 $\boldsymbol{A}_{22}$ 均为 3×3 矩阵，

$$\dot{\boldsymbol{X}}=\begin{bmatrix}\dot{\boldsymbol{X}}_1\\ \dot{\boldsymbol{X}}_2\end{bmatrix},\quad \dot{\boldsymbol{X}}_1=\begin{bmatrix}x\\y\\z\end{bmatrix},\quad \dot{\boldsymbol{X}}_2=\begin{bmatrix}\dot{x}\\ \dot{y}\\ \dot{z}\end{bmatrix}$$

这是变结构系统的简约型。

变结构控制系统中滑动模态的设计很关键，它决定了最终的控制效果。设计时应遵照以下原则：

1) 保证滑动模态运动稳定；

2) 滑动模态具有良好的动态品质。

通常利用闭环系统特征根配置要求进行滑动模态设计，即滑动模态的极点配置法。本小节利用理论轨道初始入轨点来构造近似线性系统的闭环极点集，并通过闭环极点配置方法构造滑动超平面。

现考虑线性系统的一般形式

$$\dot{\boldsymbol{X}}=\boldsymbol{A}\boldsymbol{X}+\boldsymbol{B}\boldsymbol{u} \tag{11.68}$$

式中，$\boldsymbol{X}$ 为 n 维状态向量，$\boldsymbol{A}$ 为 $n\times n$ 矩阵，$\boldsymbol{B}$ 为 $n\times m$ 控制矩阵，$\boldsymbol{u}$ 为 m 维控制向量。将式(11.68) 化为简约形式，则有

$$\begin{bmatrix}\dot{\boldsymbol{X}}_1\\ \dot{\boldsymbol{X}}_2\end{bmatrix}=\begin{bmatrix}\boldsymbol{A}_{11}&\boldsymbol{A}_{12}\\ \boldsymbol{A}_{21}&\boldsymbol{A}_{22}\end{bmatrix}\begin{bmatrix}\boldsymbol{X}_1\\ \boldsymbol{X}_2\end{bmatrix}+\begin{bmatrix}\boldsymbol{O}\\ \boldsymbol{B}_2\end{bmatrix}\boldsymbol{u} \tag{11.69}$$

式中，$\boldsymbol{X}_1$ 为 n 维向量；$\boldsymbol{X}_2$ 为 m 维向量，是系统的可控部分；$\boldsymbol{A}_{11}\in\mathbf{R}^{(n-m)\times(n-m)}$，$\boldsymbol{A}_{12}\in\mathbf{R}^{(n-m)\times m}$，$\boldsymbol{A}_{21}\in\mathbf{R}^{m\times(n-m)}$，$\boldsymbol{A}_{22}\in\mathbf{R}^{m\times m}$，$\boldsymbol{B}_2\in\mathbf{R}^{m\times m}$，$\boldsymbol{O}\in\mathbf{R}^{(n-m)\times m}$ 为零矩阵。

对式(11.68) 来说，选择滑动超平面为

$$\boldsymbol{S}(\boldsymbol{X},t)=\boldsymbol{C}\boldsymbol{X} \tag{11.70}$$

式中，$\boldsymbol{C}=[\boldsymbol{C}_1\quad \boldsymbol{C}_2]\in\mathbf{R}^{m\times n}$，$\boldsymbol{C}_1\in\mathbf{R}^{m\times(n-m)}$，$\boldsymbol{C}_2\in\mathbf{R}^{m\times m}$ 且满秩。

令 $\boldsymbol{S}=\mathbf{0}$，则系统滑动模态方程为

$$\dot{\boldsymbol{X}}_1=(\boldsymbol{A}_{11}-\boldsymbol{A}_{12}\boldsymbol{K})\boldsymbol{X}_1 \tag{11.71}$$

极点配置增益阵 $\boldsymbol{K}=\boldsymbol{C}_2^{-1}\boldsymbol{C}_1$，$\boldsymbol{K}\in\mathbf{R}^{m\times(n-m)}$。

考虑到线性系统模型的近似性、未建模动态及天体摄动力等因素影响，近似线性系统可写作不确定性多变量系统

$$\dot{\boldsymbol{X}}(t)=[\boldsymbol{A}+\Delta\boldsymbol{A}(t)]\boldsymbol{X}(t)+[\boldsymbol{B}+\Delta\boldsymbol{B}(t)]\boldsymbol{u}(t)+\boldsymbol{D}\boldsymbol{f}(t) \tag{11.72}$$

式中，状态变量 $\boldsymbol{X}\in\mathbf{R}^n$，控制量 $\boldsymbol{u}\in\mathbf{R}^m$，外界干扰 $\boldsymbol{f}\in\mathbf{R}^l$。另外，$\boldsymbol{A}\in\mathbf{R}^{n\times n}$，$\boldsymbol{B}\in\mathbf{R}^{n\times m}$ 和 $\boldsymbol{D}\in\mathbf{R}^{n\times l}$ 分别为标称系统矩阵、标称控制矩阵和扰动分配矩阵，$\Delta\boldsymbol{A}$ 和 $\Delta\boldsymbol{B}$ 分别为矩阵 $\boldsymbol{A}$ 和 $\boldsymbol{B}$ 的摄动矩阵。

假设该系统满足如下条件：

1)$(\boldsymbol{A},\boldsymbol{B})$ 为完全可控对，且系统具有简约标准型，即 $\boldsymbol{B}^{\mathrm{T}}=[\boldsymbol{O}\quad \boldsymbol{B}_2^{\mathrm{T}}]$，且 $\boldsymbol{B}_2^{\mathrm{T}}$ 为非奇异；

2)$\Delta\boldsymbol{A}$ 和 $\Delta\boldsymbol{B}$ 对于任意 $t\in\Omega$ 均连续且有界，$\Delta\dot{\boldsymbol{A}}$ 和 $\Delta\dot{\boldsymbol{B}}$ 在 Ω 上一致有界；

3) 参数摄动及外界扰动的上界均已知，即 $\|\Delta\boldsymbol{A}\|\leqslant\phi_a$，$\|\Delta\boldsymbol{B}\|\leqslant\phi_b$，$\|\Delta\boldsymbol{f}\|\leqslant\phi_f$，其中 ϕ_a，ϕ_b，ϕ_f 为已知正常数，$\|\cdot\|$ 为矩阵或向量的诱导范数，即 ∞ 范数。

于是，取变结构控制律 $\boldsymbol{u}$ 为如下形式[365]：

$$\boldsymbol{u}=-g(t)\,(\boldsymbol{CB})^{-1}\,\mathrm{sgn}(\boldsymbol{S}) \tag{11.73}$$

其中

$$g(t)=(1-a_3)^{-1}[a_1\|\boldsymbol{X}\|+a_2]+\varepsilon \tag{11.74}$$

式中，ε 为一小的正常数，其他系数为

$$a_1=\|\boldsymbol{CA}\|+\phi_a\|\boldsymbol{C}\|,\quad a_2=\|\boldsymbol{CD}\|\phi_f,\quad a_3=\phi_b\|\boldsymbol{C}\|\,\|(\boldsymbol{CB})^{-1}\| \tag{11.75}$$

式中，$\|\cdot\|$ 为矩阵或向量的诱导范数。

颤振是变结构控制系统的严重缺陷，也是阻碍变结构控制应用的主要障碍之一。消除颤振发展出很多方法，本小节利用 $\boldsymbol{M}(\boldsymbol{S})$ 代替控制式中的 $\mathrm{sgn}(\boldsymbol{S})$ 来实现消颤，即

$$\boldsymbol{M}(\boldsymbol{S})=[m(s_1)\quad m(s_2)\quad\cdots\quad m(s_m)]^{\mathrm{T}}$$

$$m(s_i)=\frac{s_i}{|s_i|+\delta_i},\quad i=1,2,\cdots,m \tag{11.76}$$

本小节通过对入轨点起始误差的分析，根据简约线性系统 $\boldsymbol{A}_{21}$ 子块三轴比例关系来确定控制矩阵中三通道元素的比例关系，达到了更具针对性的控制效果。

结合前面极点配置中误差状态的定义，取初始状态偏差为 $\Delta\boldsymbol{X}=\bar{\boldsymbol{X}}-\boldsymbol{X}_{\mathrm{p}}$，其中 $\bar{\boldsymbol{X}}$ 为理论状态向量，$\boldsymbol{X}_{\mathrm{p}}$ 为实际状态向量，并用 $\boldsymbol{X}$ 代替 $\Delta\boldsymbol{X}$。控制子矩阵 $\boldsymbol{B}_2$ 元素为 $\mathrm{diag}(b_{21},b_{22},b_{23})$，根据系统式(11.67)，$\boldsymbol{A}_{21}$ 子矩阵为 3×3 对称阵，其中元素为

$$\boldsymbol{A}_{21}=\begin{bmatrix}a_{11}&a_{12}&a_{13}\\a_{21}&a_{22}&a_{23}\\a_{31}&a_{32}&a_{33}\end{bmatrix} \tag{11.77}$$

由于三轴控制量是针对 $\boldsymbol{A}_{21}$ 子矩阵对应数据进行的，所以若取 $b_{21}=1$，则 $\boldsymbol{B}_2$ 可变换为 $\boldsymbol{B}_2=k_b\mathrm{diag}(1,b_{22}/b_{21},b_{23}/b_{21})$，对应的比例关系为

$$b_{21}:b_{22}:b_{23}=\sum_{i=1}^{3}a_{1i}:\sum_{i=1}^{3}a_{2i}:\sum_{i=1}^{3}a_{3i} \tag{11.78}$$

比例系数 k_b 用来决定控制的力度。

2. 探月轨道的滑模变结构控制数字仿真实验

选取地月系统 L_1 点附近晕轨道至月球转移轨道的初值为 $\boldsymbol{X}(0)=$

$[x_0 \quad \dot{x}_0 \quad y_0 \quad \dot{y}_0 \quad z_0 \quad \dot{z}_0]^{\mathrm{T}}$,即

$$\boldsymbol{X}(0)=[0.861\,863\,27 \quad 0.004\,395\,03 \quad 0.006\,098\,44 \quad -0.154\,212\,51 \quad 0.001\,423\,41 \quad -0.000\,039\,31]^{\mathrm{T}}$$

于是 6 阶摄动系统状态方程为

$$\dot{\boldsymbol{X}}=\left(\begin{bmatrix} 0 & 0 & 0 & 1 & 0 & 0 \\ 0 & 0 & 0 & 0 & 1 & 0 \\ 0 & 0 & 0 & 0 & 0 & 1 \\ 16.024\,391\,50 & -0.846\,208\,54 & 0.009\,961\,11 & 0 & 2 & 0 \\ -0.846\,208\,54 & -6.492\,019\,68 & -0.197\,510\,29 & -2 & 0 & 0 \\ 0.009\,961\,11 & -0.197\,510\,29 & -7.532\,371\,82 & 0 & 0 & 0 \end{bmatrix}+\Delta\boldsymbol{A}\right)\begin{bmatrix} x \\ y \\ z \\ \dot{x} \\ \dot{y} \\ \dot{z} \end{bmatrix}+\left(\begin{bmatrix} \boldsymbol{O}_3 \\ \boldsymbol{B}_2 \end{bmatrix}+\Delta\boldsymbol{B}\right)\boldsymbol{u}+\boldsymbol{D}\boldsymbol{f} \tag{11.79}$$

其中

$$\Delta\boldsymbol{A}=\begin{bmatrix} 0 & 0 & 0 & 0 & 0 & 0 \\ 0 & 0 & 0 & 0 & 0 & 0 \\ 0 & 0 & 0 & 0 & 0 & 0 \\ \Delta a_{11} & \Delta a_{12} & \Delta a_{13} & 0 & 0 & 0 \\ \Delta a_{21} & \Delta a_{22} & \Delta a_{23} & 0 & 0 & 0 \\ \Delta a_{31} & \Delta a_{32} & \Delta a_{33} & 0 & 0 & 0 \end{bmatrix}, \quad \Delta\boldsymbol{B}=\begin{bmatrix} 0 & 0 & 0 \\ 0 & 0 & 0 \\ 0 & 0 & 0 \\ b_1 & 0 & 0 \\ 0 & b_2 & 0 \\ 0 & 0 & b_3 \end{bmatrix},$$

$$\boldsymbol{B}_2=\begin{bmatrix} 1\times 10^4 & 0 & 0 \\ 0 & 1\times 10^4 & 0 \\ 0 & 0 & 10\times 10^4 \end{bmatrix}, \quad \boldsymbol{D}=\begin{bmatrix} 0 \\ 0 \\ 0 \\ d_1 \\ d_2 \\ d_3 \end{bmatrix} \tag{11.80}$$

以误差级10^{-7} 为例,各摄动系数的界,见表 11-9。

表 11-9　误差级10^{-7}下的摄动矩阵元素数据

元素	Δa_{11}	Δa_{12}	Δa_{13}	Δa_{21}	Δa_{22}
数据	0.010 9	0.047 4	−0.001 6	0.047 4	−0.007 7
元素	Δa_{23}	Δa_{31}	Δa_{32}	Δa_{33}	b_1
数据	0.018 6	−0.001 6	0.018 6	−0.003 2	0.2
元素	b_2	b_3	d_1	d_2	d_3
数据	0.3	0.1	1×10^{-4}	2×10^{-4}	1×10^{-4}

随机干扰 $\boldsymbol{f}$ 取 $\|\boldsymbol{f}\| \leqslant 0.06$,于是 $\phi_a=2.073\,6$,$\phi_b=0.3$,$\phi_f=0.06$。开关函数中小的正常数取为 $\delta_i=10^{-4}$。变结构控制后的轨道振荡收敛至理论轨道,如图 11-15 所示。可以看到航天器在入轨时存在一定状态偏差 $\Delta\boldsymbol{X}$,无控轨道偏离到相反方向很远处,而将变结构控制律施加到原三体模型时,受控轨道基本能够在理论轨道附近波动,控制方案具有有效性和可

行性。

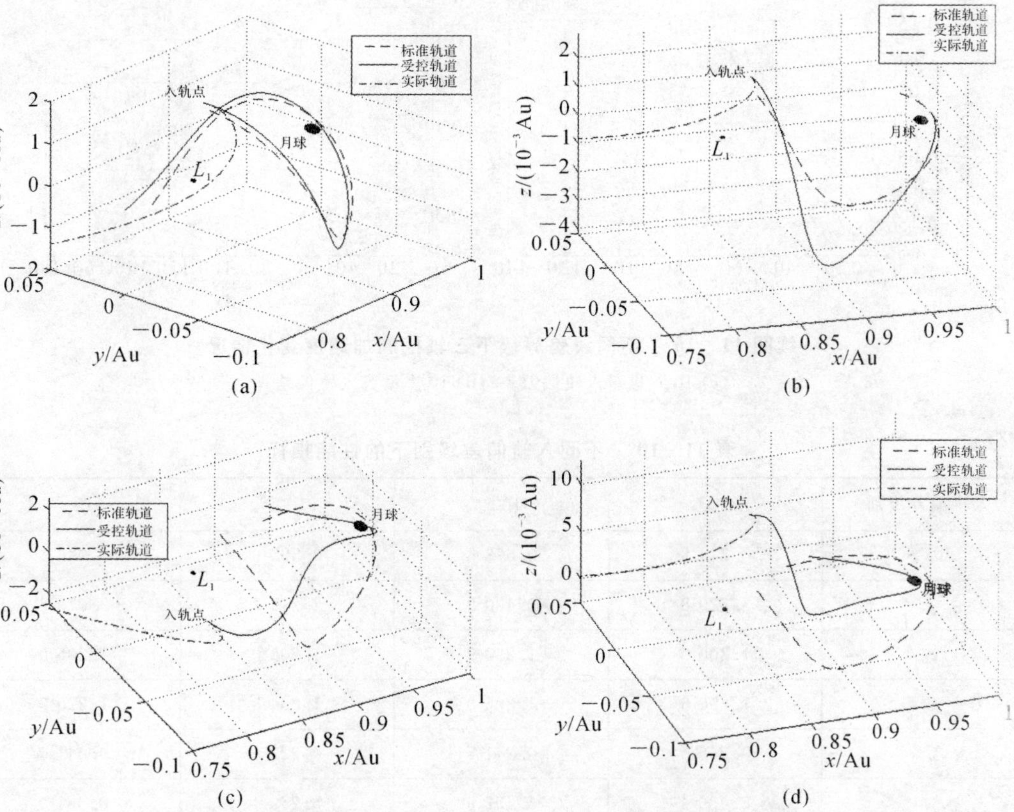

图 11-15　不同误差等级下的滑模变结构控制方案轨控情况

(a) 10^{-7} 量级入轨偏差；(b) 10^{-6} 量级入轨偏差；(c) 10^{-5} 量级入轨偏差；(d) 10^{-4} 量级入轨偏差

图 11-16 给出了不同误差等级下的三轴控制加速度变化情况。从图 11-16(a) 中可以看到三轴加速度起始阶段呈收敛趋势，但在转移轨道中段存在较大振荡，状态向量跟踪方差和为 TVS＝0.036 1。按照前面航天器从地月系统 L_1 点飞至月球附近的飞行时间计算方法，可知标准轨道的飞行时间 t_b 与受控轨道的飞行时间 t_c 比较相近，见表 11-10。

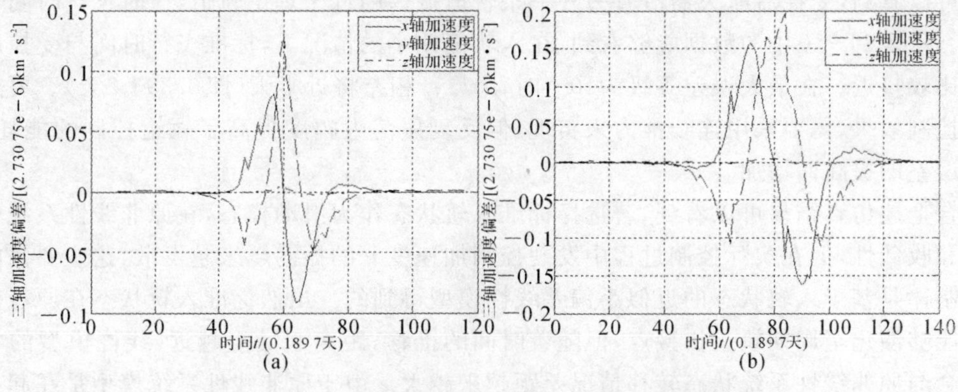

图 11-16　不同误差等级下三轴控制加速度变化情况

(a) 10^{-7} 量级入轨偏差；(b) 10^{-6} 量级入轨偏差

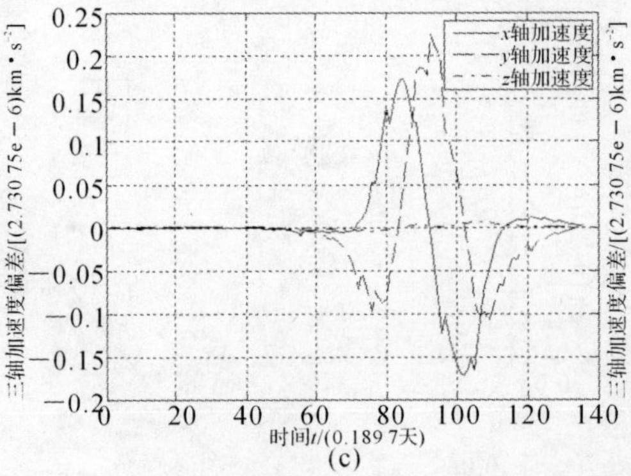

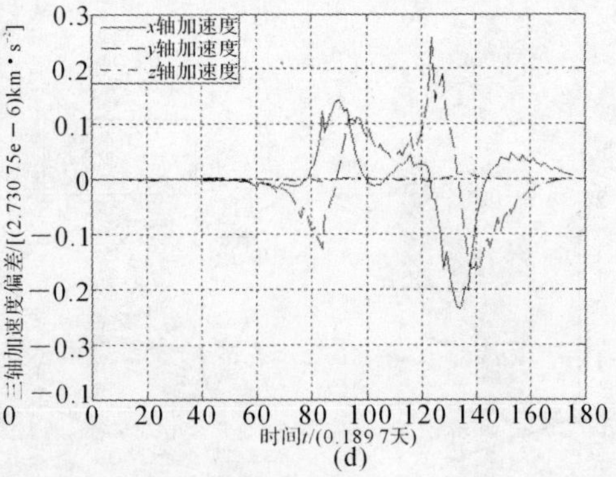

续图 11-16　不同误差等级下三轴控制加速度变化情况

(c) 10^{-5} 量级入轨偏差；(d) 10^{-4} 量级入轨偏差

表 11-10　不同入轨偏差级别下的性能指标

入轨偏差级别	10^{-4}	10^{-5}	10^{-6}	10^{-7}
TVS	0.844 8	0.673 6	0.525 6	0.036 1
ϕ_a	3.520 8	3.430 2	2.745 7	2.073 6
t_b	1.200 0	1.290 9	1.200 0	1.205 0
t_c	1.290 6	1.306 9	1.234 3	1.220 9
A_{ccd}	0.265 5	0.241 7	0.223 0	0.041 0
A_{cca}	8.439 4	5.492 6	5.259 4	0.361 9

表 11-10 中均为无量纲数据，t_b，t_c，A_{ccd} 和 A_{cca} 分别为标准飞行时间、受控飞行时间、最大加速度和总加速度。

在最小误差等级下，受控轨道和标准轨道的飞行时间几乎相等(约 5.23 天)。表 11-10 中 ϕ_a 反映了跟踪步长的大小，跟踪方差和 TVS 反映了跟踪效果的优劣。由表 11-10 可以看出，采用变结构控制方法进行轨道控制时，入轨误差越小，跟踪的效果越好，跟踪步长越小。从图 11-16 可以看到，受控后航天器沿着另外一条轨道振荡趋近于理论轨道，这时飞行时间也会发生变化。从表 11-10 中的数据能够看到，在入轨偏差小的情况下，标准飞行时间与受控后的飞行时间比较接近。在最大误差等级为 10^{-4} 时，t_b 与 t_c 相差将近半天(即 0.393 4 天)。要达到仿真中的控制效果，需要采用连续推力来实现，但反复振荡大幅度提高了轨道控制的能耗，并且随入轨误差的提高而增加。

综合上述仿真结果可以看到，若选择标准入轨状态作为滑动模态，在原非线性系统中具有稳定性和收敛性，但在实际控制过程中发现控制加速度 $\boldsymbol{u}$ 的振荡越来越发散，这主要是由于变结构控制律是基于入轨状态的近似小偏差线性模型得到的。虽然标准入轨状态在原三体动力模型中能够演化至周期轨道拼接点，但随着时间的推移，距离起始点越远，线性模型的状态转移情况会与原非线性系统状态转移情况差距越来越大。由于原非线性系统模型是在起始点近似线性化的，而将控制目标闭环极点选择在此处只有在位于起始点附近的控制律才是比较准确的。距离起始点越远，控制律就越不准确。基于此问题，下一步工作可以考虑通过两次轨道控制来实现较高精度的控制。

11.5.2　探月轨道的模型参考变结构控制方案

从前面的分析中可以看到，将受控系统的初始误差、参数变化及非线性等因素作为扰动处理时，可以通过变结构调节器的设计方法来实现对探月轨道的控制，但其不足之处是在较大入轨误差和参数摄动情况下的动态品质不很理想，且不能定量设计误差的瞬态过程。若能够使控制系统的被控状态跟踪某一特定的运动轨迹，使闭环系统特性与某参考模型一致，则此系统设计表现为跟踪器问题，可采用模型参考变结构控制系统设计方案。模型参考变结构控制的设计思想是通过两部分输入量来实现控制的，即

$$\boldsymbol{u}=\boldsymbol{u}_{\mathrm{m}}+\boldsymbol{u}_{\mathrm{v}} \tag{11.81}$$

其中，$\boldsymbol{u}_{\mathrm{m}}$ 为模型参考闭环控制系统的匹配控制律，$\boldsymbol{u}_{\mathrm{v}}$ 为变结构控制律。

1. 模型参考变结构控制系统的数学描述

仍然以 CRTBP 中基于小偏差的误差线性系统为例来研究探月轨道的模型参考变结构控制(Model Referrence Variable Structure Control，MRVSC)方案。被控对象一般取为如下不确定性多变量系统[365]：

$$\dot{\boldsymbol{X}}_{\mathrm{p}}(t)=[\boldsymbol{A}_{\mathrm{p}}+\Delta\boldsymbol{A}_{\mathrm{p}}(t)]\boldsymbol{X}_{\mathrm{p}}(t)+[\boldsymbol{B}_{\mathrm{p}}+\Delta\boldsymbol{B}_{\mathrm{p}}(t)]\boldsymbol{U}(t)+\boldsymbol{D}_{\mathrm{p}}\boldsymbol{f}_{\mathrm{p}}(t) \tag{11.82}$$

式中，状态变量 $\boldsymbol{X}_{\mathrm{p}}\in\mathbf{R}^{n}$，控制量 $\boldsymbol{U}\in\mathbf{R}^{m}$，外界干扰 $\boldsymbol{f}_{\mathrm{p}}\in\mathbf{R}^{l}$，$\boldsymbol{A}_{\mathrm{p}}\in\mathbf{R}^{n\times n}$ 和 $\boldsymbol{B}_{\mathrm{p}}\in\mathbf{R}^{n\times m}$ 分别为标称系统矩阵和标称控制矩阵，$\Delta\boldsymbol{A}_{\mathrm{p}}\in\mathbf{R}^{n\times n}$ 和 $\Delta\boldsymbol{B}_{\mathrm{p}}\in\mathbf{R}^{n\times m}$ 分别为 $\boldsymbol{A}_{\mathrm{p}}$ 和 $\boldsymbol{B}_{\mathrm{p}}$ 的摄动矩阵，$\boldsymbol{D}_{\mathrm{p}}\in\mathbf{R}^{n\times l}$ 为扰动分配矩阵。系统满足 11.5.1 小节中的系统假设 1) ～ 3)。

参考模型的数学模型表示了一个确定型多变量系统

$$\dot{\boldsymbol{X}}_{\mathrm{m}}(t)=\boldsymbol{A}_{\mathrm{m}}\boldsymbol{X}_{\mathrm{m}}(t)+\boldsymbol{B}_{\mathrm{m}}\boldsymbol{r}(t) \tag{11.83}$$

式中带下标 m 的变量均表示模型参考量。$\boldsymbol{r}(t)\in\mathbf{R}^{l}$ 表示参考模型一致有界的外部输入量，且 $\boldsymbol{B}_{\mathrm{m}}\in\mathbf{R}^{n\times l}$。参考模型式(11.83) 满足下列条件：

1) $\boldsymbol{A}_{\mathrm{m}}$ 和 $\boldsymbol{B}_{\mathrm{m}}$ 均有界；

2) $(\boldsymbol{A}_{\mathrm{m}},\boldsymbol{B}_{\mathrm{m}})$ 为可控对，且 $\operatorname{rank}\boldsymbol{B}_{\mathrm{m}}=l<m$。

要使被控对象完全跟踪参考模型，应满足

$$\lim_{t\to\infty}\boldsymbol{e}(t)=\mathbf{0} \tag{11.84}$$

式中，$\boldsymbol{e}(t)=\boldsymbol{X}_{\mathrm{m}}(t)-\boldsymbol{X}_{\mathrm{p}}(t)$ 为系统状态误差向量。

于是有

$$\dot{\boldsymbol{e}}(t)=\dot{\boldsymbol{X}}_{\mathrm{m}}(t)-\dot{\boldsymbol{X}}_{\mathrm{p}}(t) \tag{11.85}$$

将式(11.82) 与式(11.83) 代入式(11.85)，可得模型参考控制系统的误差模型为

$$\begin{aligned}
&\dot{\boldsymbol{e}}(t)=\dot{\boldsymbol{X}}_{\mathrm{m}}(t)-\dot{\boldsymbol{X}}_{\mathrm{p}}(t)=\\
&\quad[\boldsymbol{A}_{\mathrm{m}}\boldsymbol{X}_{\mathrm{m}}(t)+\boldsymbol{B}_{\mathrm{m}}\boldsymbol{r}(t)]-[(\boldsymbol{A}_{\mathrm{p}}+\Delta\boldsymbol{A}_{\mathrm{p}})\boldsymbol{X}_{\mathrm{p}}(t)+(\boldsymbol{B}_{\mathrm{p}}+\Delta\boldsymbol{B}_{\mathrm{p}})\boldsymbol{u}(t)+\boldsymbol{D}_{\mathrm{p}}\boldsymbol{f}_{\mathrm{p}}(t)]=\\
&\quad\boldsymbol{A}_{\mathrm{m}}[\boldsymbol{X}_{\mathrm{m}}(t)-\boldsymbol{X}_{\mathrm{p}}(t)]+[\boldsymbol{A}_{\mathrm{m}}-\boldsymbol{A}_{\mathrm{p}}]\boldsymbol{X}_{\mathrm{p}}(t)+\boldsymbol{B}_{\mathrm{m}}\boldsymbol{r}(t)-\boldsymbol{B}_{\mathrm{p}}\boldsymbol{u}(t)-\\
&\quad[\Delta\boldsymbol{A}_{\mathrm{p}}\boldsymbol{X}_{\mathrm{p}}(t)+\Delta\boldsymbol{B}_{\mathrm{p}}\boldsymbol{u}(t)+\boldsymbol{D}_{\mathrm{p}}\boldsymbol{f}_{\mathrm{p}}(t)]=\boldsymbol{A}_{\mathrm{m}}\boldsymbol{e}(t)+[\boldsymbol{A}_{\mathrm{m}}-\boldsymbol{A}_{\mathrm{p}}]\boldsymbol{X}_{\mathrm{p}}(t)+\boldsymbol{B}_{\mathrm{m}}\boldsymbol{r}(t)-\\
&\quad\boldsymbol{B}_{\mathrm{p}}\boldsymbol{u}(t)-\Delta\boldsymbol{A}_{\mathrm{p}}\boldsymbol{X}_{\mathrm{p}}(t)-\Delta\boldsymbol{B}_{\mathrm{p}}\boldsymbol{u}(t)-\boldsymbol{D}_{\mathrm{p}}\boldsymbol{f}_{\mathrm{p}}(t)
\end{aligned} \tag{11.86}$$

则误差系统的标称模型为

$$\dot{\boldsymbol{e}}(t)=\boldsymbol{A}_{\mathrm{m}}\boldsymbol{e}(t)+[\boldsymbol{A}_{\mathrm{m}}-\boldsymbol{A}_{\mathrm{p}}]\boldsymbol{X}_{\mathrm{p}}(t)+\boldsymbol{B}_{\mathrm{m}}\boldsymbol{r}(t)-\boldsymbol{B}_{\mathrm{p}}\boldsymbol{u}(t) \tag{11.87}$$

若要实现被控对象对参考模型的完全跟踪，即$\lim\limits_{t\to\infty}\boldsymbol{e}(t)=\boldsymbol{0}$，则对于系统式(11.86)，控制量$\boldsymbol{u}(t)$必须使得

$$[\boldsymbol{A}_{\mathrm{m}}-\boldsymbol{A}_{\mathrm{p}}]\boldsymbol{X}_{\mathrm{p}}(t)+\boldsymbol{B}_{\mathrm{m}}\boldsymbol{r}(t)-\boldsymbol{B}_{\mathrm{p}}\boldsymbol{u}(t)-\Delta\boldsymbol{A}_{\mathrm{p}}\boldsymbol{X}_{\mathrm{p}}(t)-\Delta\boldsymbol{B}_{\mathrm{p}}\boldsymbol{u}(t)-\boldsymbol{D}_{\mathrm{p}}\boldsymbol{f}_{\mathrm{p}}(t)=\boldsymbol{0} \tag{11.88}$$

成立。根据线性代数理论可以导出被控对象对参考模型完全跟踪的充分条件为

$$\operatorname{rank}[\boldsymbol{B}_{\mathrm{p}}]=\operatorname{rank}[\boldsymbol{B}_{\mathrm{p}}\quad\boldsymbol{A}_{\mathrm{m}}-\boldsymbol{A}_{\mathrm{p}}]=\operatorname{rank}[\boldsymbol{B}_{\mathrm{p}}\quad\boldsymbol{B}_{\mathrm{m}}] \tag{11.89}$$

$$\operatorname{rank}[\boldsymbol{B}_{\mathrm{p}}]=\operatorname{rank}[\boldsymbol{B}_{\mathrm{p}}\quad\Delta\boldsymbol{A}_{\mathrm{p}}]=\operatorname{rank}[\boldsymbol{B}_{\mathrm{p}}\quad\Delta\boldsymbol{B}_{\mathrm{p}}]=\operatorname{rank}[\boldsymbol{B}_{\mathrm{p}}\quad\boldsymbol{D}_{\mathrm{p}}] \tag{11.90}$$

式(11.89)称为完全跟踪的模型匹配条件，式(11.90)称为完全跟踪的不确定性匹配条件。针对不确定性误差模型

$$\dot{\boldsymbol{e}}(t)=\boldsymbol{A}_{\mathrm{m}}\boldsymbol{e}(t)+[\boldsymbol{A}_{\mathrm{m}}-\boldsymbol{A}_{\mathrm{p}}]\boldsymbol{X}_{\mathrm{p}}(t)+\boldsymbol{B}_{\mathrm{m}}\boldsymbol{r}(t)-\boldsymbol{B}_{\mathrm{p}}\boldsymbol{u}(t)-\Delta\boldsymbol{A}_{\mathrm{p}}\boldsymbol{X}_{\mathrm{p}}(t)-\Delta\boldsymbol{B}_{\mathrm{p}}\boldsymbol{u}(t)-\boldsymbol{D}_{\mathrm{p}}\boldsymbol{f}_{\mathrm{p}}(t) \tag{11.91}$$

选择滑动模态切换平面为

$$\boldsymbol{S}(\boldsymbol{e},t)=\boldsymbol{C}\boldsymbol{e}(t) \tag{11.92}$$

式中，$\boldsymbol{C}=[\boldsymbol{C}_1\quad\boldsymbol{C}_2]$为待设计的滑动模态参数矩阵，可以按照前面的极点配置方法确定。

由于CRTBP近似线性系统方程的$\boldsymbol{A}_{\mathrm{p}}$和$\boldsymbol{B}_{\mathrm{p}}$具有简约标准形式，因此不需要进行初等行变换，即有

$$\boldsymbol{A}_{\mathrm{p}}=\begin{bmatrix}\boldsymbol{A}_{\mathrm{p},11} & \boldsymbol{A}_{\mathrm{p},12}\\ \boldsymbol{A}_{\mathrm{p},21} & \boldsymbol{A}_{\mathrm{p},22}\end{bmatrix},\quad \boldsymbol{B}_{\mathrm{p}}=\begin{bmatrix}\boldsymbol{O}\\ \boldsymbol{B}_{\mathrm{p2}}\end{bmatrix} \tag{11.93}$$

式中，$\boldsymbol{A}_{\mathrm{p},11}\in\mathbf{R}^{(n-m)\times(n-m)}$，$\boldsymbol{A}_{\mathrm{p},22}\in\boldsymbol{R}^{m\times m}$，$\boldsymbol{B}_{\mathrm{p}}\in\mathbf{R}^{m\times m}$。

根据完全模型跟踪匹配条件，模型匹配控制律为

$$\boldsymbol{u}_{\mathrm{m}}=\boldsymbol{B}_{\mathrm{p2}}^{-1}[\boldsymbol{O}\quad\boldsymbol{I}_{\mathrm{m}}](\boldsymbol{A}_{\mathrm{m}}-\boldsymbol{A}_{\mathrm{p}})\boldsymbol{X}_{\mathrm{p}}+\boldsymbol{B}_{\mathrm{p2}}^{-1}[\boldsymbol{O}\quad\boldsymbol{I}_{\mathrm{m}}]\boldsymbol{B}_{\mathrm{m}}\boldsymbol{r} \tag{11.94}$$

而变结构控制律$\boldsymbol{u}_{\mathrm{v}}$的选择应通过使得Lyapunov函数变化率$\dot{\boldsymbol{v}}=\boldsymbol{S}^{\mathrm{T}}\boldsymbol{Q}\dot{\boldsymbol{S}}<\boldsymbol{0}$来保证系统可靠地保持在滑动模态上，其中对称正定阵$\boldsymbol{Q}$可选为对角阵。选取

$$\boldsymbol{u}_{\mathrm{v}}=g(t)\,(\boldsymbol{C}\boldsymbol{B}_{\mathrm{p}})^{-1}\operatorname{sgn}(\boldsymbol{S}) \tag{11.95}$$

通过使$\dot{\boldsymbol{v}}$负定来求解变结构控制律，得到控制系数

$$g(t)=(1-a_5)^{-1}[a_1\|\boldsymbol{e}\|+a_2\|\boldsymbol{X}_{\mathrm{p}}\|+a_3\boldsymbol{u}_{\mathrm{m}}+a_4]+\varepsilon \tag{11.96}$$

式中，ε为一小正常数，系数$a_1\sim a_5$分别为

$$\begin{gathered}a_1=\|\boldsymbol{C}\boldsymbol{A}_{\mathrm{m}}\|,\quad a_2=\phi_a\|\boldsymbol{C}\|,\quad a_3=\phi_b\|\boldsymbol{C}\|\\ a_4=\phi_f\|\boldsymbol{C}\boldsymbol{D}_{\mathrm{p}}\|,\quad a_5=\phi_b\|\boldsymbol{C}\|\,\|(\boldsymbol{C}\boldsymbol{B}_{\mathrm{p}})^{-1}\|\end{gathered} \tag{11.97}$$

其中$1-a_5>0$为滑动模态存在的充分条件。参数系数ϕ_a，ϕ_b和ϕ_f为已知正常数，如前所述，均为不确定系统的界，即

$$\|\Delta\boldsymbol{A}\|\leqslant\phi_a,\quad\|\Delta\boldsymbol{B}\|\leqslant\phi_b,\quad\|\boldsymbol{f}\|\leqslant\phi_f \tag{11.98}$$

另外，对于高频颤振，仍可采用前面所介绍的将不连续控制转化为连续控制的方法实现消颤。

2. 参考输入r的选择方法

从前面的控制律中可以看到，参考模型中的输入向量$\boldsymbol{r}$是影响控制效果的重要因素。对

于CRTBP来说，理论模型中的输入必然是呈现非线性特性的时变量。而MRVSC系统的匹配控制律需要知道 $\boldsymbol{r}$ 的诱导范数，为简化计算通常取 $\boldsymbol{r}$ 为常向量。这样，如何选择 $\boldsymbol{r}$ 就成为了较实际的问题。本小节选择理论轨道上的若干特征点为对象，计算出对应的 $\boldsymbol{r}$，然后在仿真中比较了不同 $\boldsymbol{r}$ 所对应的不同的控制效果。

通常转移轨道的起点、中点与终点具有一定代表性，因此选择这三处作为特征点进行计算。若以航天器在空间受到的天体引力加速度为输入量，并取当前特征点所对应的特征向量为

$$\boldsymbol{X}(k)=[X_1(k)\quad \cdots \quad X_6(k)]^{\mathrm{T}}=[x(k)\quad y(k)\quad z(k)\quad \dot{x}(k)\quad \dot{y}(k)\quad \dot{z}(k)]^{\mathrm{T}} \tag{11.99}$$

式中，k 为序号，则该点输入向量 $\boldsymbol{r}(k)$ 按下式计算：

$$\boldsymbol{r}(k)=[X_4(k)-X_4(k-1)\quad X_5(k)-X_5(k-1)\quad X_6(k)-X_6(k-1)]^{\mathrm{T}} \tag{11.100}$$

3. 探月轨道的模型参考变结构控制方案的数字仿真实验

探月轨道的不确定性主要包括参数摄动与入轨偏差，其中参数摄动的原因主要由环境条件变化引起，如大气密度、气压、温度、高度等的变化，而带来入轨偏差的原因很多，如发动机推力偏差、导航信息误差、系统随机噪声等。两者通常可以不加区分地处理为具有一定界限的随机变量。

(1) 参数选择。现以地月系统 L_1 点晕轨道与月球间转移轨道为研究对象，设标准初始状态为 $\boldsymbol{X}(0)$，实际状态向量为 $\boldsymbol{X}_{\mathrm{r}}(0)$，若在入轨点处对原系统进行线性近似，则将 $\boldsymbol{X}(0)$ 和 $\boldsymbol{X}_{\mathrm{r}}(0)$ 代入式(11.66)可以分别得到参考模型和实际系统的系统矩阵。选取

$$\begin{aligned}\boldsymbol{X}(0)=[&0.861\,863\,27\quad 0.004\,395\,03\quad 0.006\,098\,44\\ &-0.154\,212\,51\quad 0.001\,423\,41\quad -0.000\,039\,31]^{\mathrm{T}}\\ \boldsymbol{X}_{\mathrm{r}}(0)=&\boldsymbol{X}(0)+\Delta\boldsymbol{X}(0)\end{aligned} \tag{11.101}$$

式中，$\Delta\boldsymbol{X}(0)$ 为随机向量且有界，即 $\|\Delta\boldsymbol{X}(0)\|\leqslant\phi_X$，仿真中分别取值$10^{-5}$，$10^{-6}$ 和10^{-7} 进行计算。参数摄动为 $\|\Delta\boldsymbol{A}\|\leqslant\phi_a$，$\|\Delta\boldsymbol{B}\|\leqslant\phi_a$，$\|\boldsymbol{f}\|\leqslant\phi_f$。

各参数及扰动取值如下：

1) $\phi_a=2.073\,6$，$\phi_b=0.3$，$\phi_f=0.06$；

2) 开关函数中小的正常数取为 $\delta_i=10^{-4}$；

3) 扰动分配矩阵为

$$\boldsymbol{D}=\begin{bmatrix}\boldsymbol{O}_3\\ \mathrm{diag}(d_1,d_2,d_3)\end{bmatrix} \tag{11.102}$$

其中，$d_1=1\times10^{-3}$，$d_2=2\times10^{-3}$，$d_3=1\times10^{-3}$。

(2) 性能对比。首先选择 ϕ_X 分别为10^{-5} 和10^{-7} 进行比较，其数字仿真结果如图 11-17 所示。由图 11-17 可见，入轨误差等级小的受控轨道与理论轨道十分接近，并且具有耗能小、飞行时间相近的优点。

图 11-18 示出了 ϕ_X 取不同值时的模型参考变结构控制的加速度变化情况，可以看出，入

轨误差等级小的受控轨道的加速度变化幅值也较小。

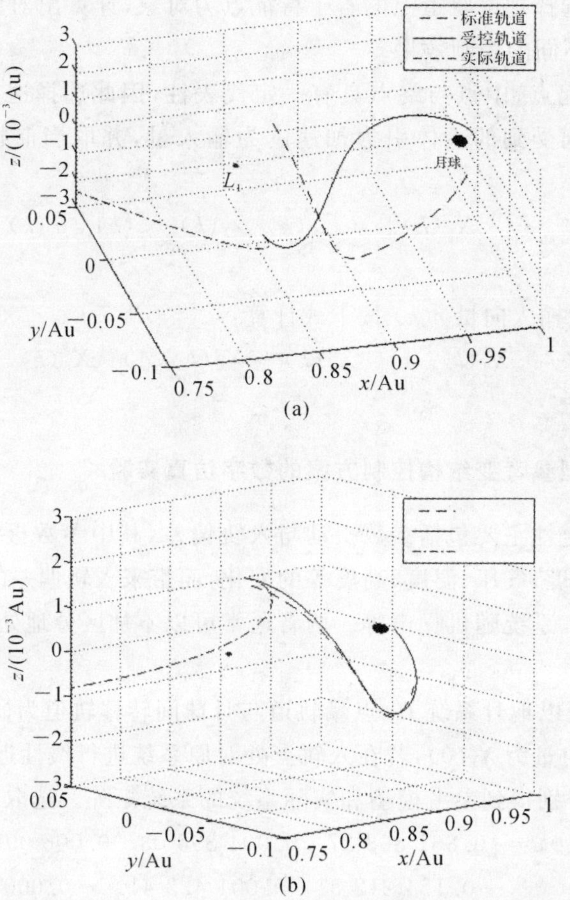

图 11-17　ϕ_X 取不同值时的模型参考变结构控制效果

(a) $\phi_X = 10^{-5}$；(b) $\phi_X = 10^{-7}$

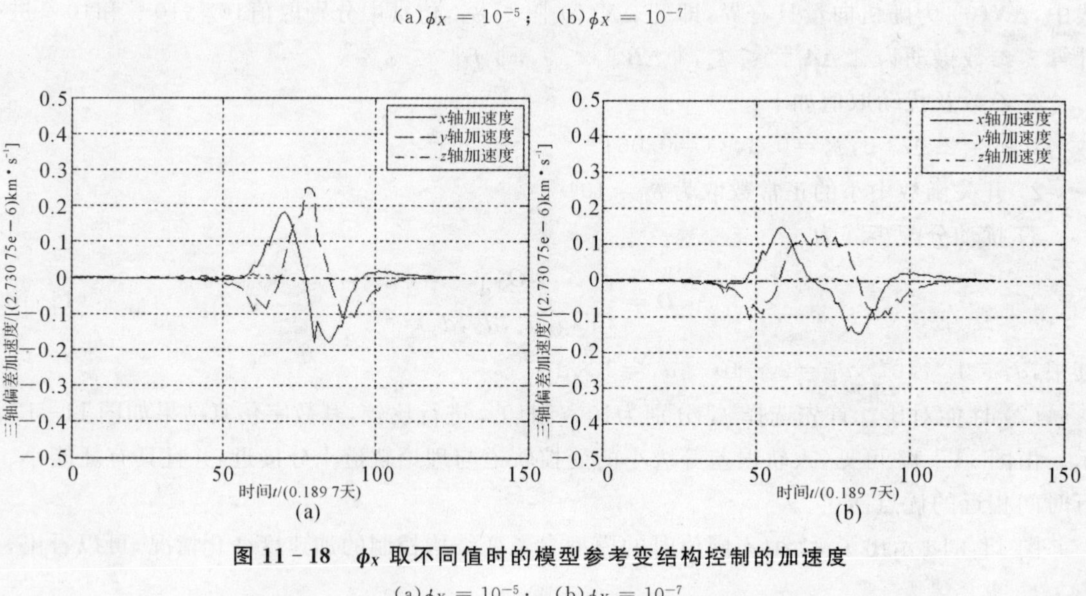

图 11-18　ϕ_X 取不同值时的模型参考变结构控制的加速度

(a) $\phi_X = 10^{-5}$；(b) $\phi_X = 10^{-7}$

(3)控制方法对比。选择两种相同误差等级下(10^{-5} 和10^{-7})两种控制器 VSCA 与 MRVSC 的控制指标进行比较,见表 11-11,表中均为无量纲数据,t_b,t_c,A_{ccd} 和 A_{cca} 分别为标准飞行时间、受控飞行时间、最大加速度和总加速度。

表 11-11　不同误差等级下的两种控制器指标比较

控制器类别	跟踪器 MRVSC		调节器 VSCA	
ϕ_X	10^{-5}	10^{-7}	10^{-5}	10^{-7}
TVS	0.082 4	0.111 1	0.673 6	0.036 1
t_b	1.290 9	1.208 5	1.290 9	1.208 5
t_c	1.276 1	1.161 0	1.306 9	1.220 9
A_{ccd}	0.168 1	0.223 7	0.241 7	0.041 0
A_{cca}	2.482 3	2.233 2	5.492 6	0.361 9

由表11-11可以看到,入轨误差等级较大时,仅靠VSCA对多方面扰动以及入轨偏差进行调节的效果不很理想,能耗也大幅增加,而在加入模型参数匹配控制律后再进行变结构控制的跟踪精度有了很大提高,控制能耗也大幅减少。由于匹配加速度的存在,因此其加速度值比较平稳。可见,MRVSC系统适用于对系统参数进行大范围调整的情况,而对于入轨偏差较小的情况(以10^{-7} 为例),与 VSCA 相比,MRVSC 的控制效果与能耗方面并未体现出优势。

(4)输入$\boldsymbol{r}$选择在不同点时的影响。模型匹配时采用不同点输入固定$\boldsymbol{r}$的控制效果也不相同,以10^{-7} 为例,分别选择 $\boldsymbol{r}$ 的输入点为转移轨道入轨点(输入点 1)、转移轨道中点(输入点 2)和近月点(输入点 3) 进行控制效果比较,其结果见表 11-12。

表 11-12　10^{-7} 等级下不同 $\boldsymbol{r}$ 输入点的控制性能比较

输入点	TVS	t_c	A_{ccd}	A_{cca}
$\boldsymbol{r}$的输入点 1	0.191 0	1.166 2	0.240 3	2.545 6
$\boldsymbol{r}$的输入点 2	0.116 1	1.161 1	0.227 3	2.310 1
$\boldsymbol{r}$的输入点 3	0.111 1	1.161 1	0.223 7	2.233 3

实际 CRTBP 为一个非线性系统,对参考模型来说,也需要一个时变引力差来作为控制输入,选择一个定常输入向量进行跟踪必然存在固有的缺陷。从表 11-12 可以看出,$\boldsymbol{r}$的输入点从起点至终点的选择过程中,4 个性能指标均逐级递减,并且都是这些指标越小表示控制效果就越好。于是可以推断,如果模型参考变结构控制中的 $\boldsymbol{r}$ 选择为定常向量,则选择轨道控制目标点将是对控制输入的最佳选择。

在本节中我们利用变结构控制理论进行了轨道控制,基于小偏差假设,对无摄动 CRTBP 在晕轨道至月球附近转移轨道入轨点进行了一阶泰勒展开,得到近似线性系统。在此系统基础上,利用线性变结构调节器与模型参考变结构跟踪器设计理论推导了相应的控制律,并研究了参考模型输入向量$\boldsymbol{r}$的计算方法和控制子矩阵$\boldsymbol{B}_2$在不同入轨误差下的最优选择方法。仿真中对比了两种控制器的跟踪效果,同时分析了选择不同轨道状态下对应的参考模型输入向量$\boldsymbol{r}$对控制效果的影响情况。

另外,由于控制律均是在小偏差假设下得到的近似线性模型的基础上推导的线性控制律,对于非线性及参数摄动等不利因素的鲁棒性具有一定局限。总结一下，影响控制效果的主要原因有两个：

1）模型不准确：近似线性模型固有的未建模动态是影响线性控制律控制效果的主要因素。针对这一点，可以利用非线性系统中基于微分几何思想的反馈非线性方法对 CRTBP 进行精确线性化。

2）线性控制律：对 1）中存在的问题，基于线性系统推导出来的控制具有无法弥补的缺点。针对这一点，可以采用非线性变结构控制方法或非线性鲁棒控制方法来实现更高的控制精度。

第 12 章　非线性系统的次优控制及其在轨道保持和编队飞行控制中的应用

由于航天器在晕轨道上运行时会遇到各种摄动，然而以前的文献研究晕轨道的控制时很少考虑摄动因素，因此本章研究在月球摄动因素下的晕轨道的保持问题，利用非线性次优控制技术对航天器进行控制，并将非线性次优控制技术用于研究在月球摄动因素下的晕轨道上的编队飞行问题。

12.1　改进的非线性系统的次优控制

在最优控制中，一个难题是最优反馈控制依赖于解 Hamilton-Jacobi-Bellman(HJB) 方程。而该方程的求解是相当困难的，因此许多文献都提出了对于非线性控制问题寻找次优解的方法。

Al'brekht[366] 提出了利用充分条件来获得非线性系统的最优反馈控制，并且开发了一个正式的递归算法来构建一个次优控制。可是，对于递归算法来说，却没有开发一个闭环形式的解。Garrard 等人[367] 延伸了上述思想，通过扩展最优代价函数作为定义变量的幂级数，并且采用了一个与线性系统定义变量相似的技术。这个思想简化了计算，但是仅仅能够被用于某些特定的非线性类型，例如非线性被认为是某些小的扰动。Garrard[368] 也公式化了另一种方法，通过扩展最优代价和非线性动力作为状态的幂级数，并且采用了与前面一样的思想。这能够应用于更多的非线性系统，但找到幂级数的系数需要另外的程序。

另外一种最近出现的技术是对称地解非线性的规则问题，即状态解依赖于 Riccati 方程(SDRE) 的方法[369](Cloutier 等人，1996)，将运动方程变换成为线性结构。这种方法允许设计者使用线性最优控制技术，例如 LQR 技术和 H_∞ 技术，来设计非线性控制系统的控制方案。这种技术主要的问题在于在线解 SDRE方程耗费的时间多。Wernli和Cook[370] 提供了一种方法来解 SDRE 方程，这种方法通过将 SDRE 方程的解扩展为幂级数的形式来解该方程。但是这个级数的收敛性不能够保证，并且当初始条件的值很大时，不能够保证它的稳定性。

Ming Xin 等人[371] 提出了一种次优控制方法，这种方法通过引进中间变量 θ，使共态 λ 能够被扩展成 θ 的幂级数，那么 HJB 方程就能够被变成一系列的递归代数方程，通过在代价函数中添加扰动，可以获得半全局渐近稳定，并且能够克服大初始状态的问题。然而，由于该方法在推导调解因子的时候存在不足之处，因此我们通过改进调解因子的选取，得到了一种改进的次优控制方法。下面我们首先介绍 Ming Xin 等人提出的次优控制方案。

12.1.1　经典的非线性系统次优控制

在这里我们主要研究非线性时变系统的状态反馈问题。其状态方程为

$$\dot{\boldsymbol{x}} = \boldsymbol{f}(\boldsymbol{x}) + \boldsymbol{g}\boldsymbol{u} \tag{12.1}$$

代价函数为

$$J = \frac{1}{2}\int_0^{\infty} [\boldsymbol{x}^{\mathrm{T}}\boldsymbol{Q}\boldsymbol{x} + \boldsymbol{u}^{\mathrm{T}}\boldsymbol{R}\boldsymbol{u}]\mathrm{d}t \tag{12.2}$$

其中，$\boldsymbol{x} \in \Omega \subset \mathbf{R}^n$，$\boldsymbol{f}:\Omega \to \mathbf{R}^n$，$\boldsymbol{g} \in \mathbf{R}^{n\times m}$，$\boldsymbol{u}:\Omega \to \mathbf{R}^m$，$\boldsymbol{Q} \in \mathbf{R}^{n\times n}$，$\boldsymbol{R} \in \mathbf{R}^{m\times m}$，$\Omega$ 为定义域，$\boldsymbol{Q}$ 是半正定矩阵，$\boldsymbol{R}$ 是正定矩阵，$\boldsymbol{g}$ 是常数矩阵，并且 $\boldsymbol{f}(\boldsymbol{x})$ 为非线性函数，$\boldsymbol{f}(\mathbf{0}) = \mathbf{0}$。

式(12.1)和式(12.2)的最优解可以通过解 Hamilton-Jacobi-Bellman(HJB) 的偏微分方程得到，即

$$\left(\frac{\partial V}{\partial \boldsymbol{x}}\right)^{\mathrm{T}} \boldsymbol{f}(\boldsymbol{x}) - \frac{1}{2}\left(\frac{\partial V}{\partial \boldsymbol{x}}\right)^{\mathrm{T}} \boldsymbol{g}\boldsymbol{R}^{-1}\boldsymbol{g}^{\mathrm{T}}\frac{\partial V}{\partial \boldsymbol{x}} + \frac{1}{2}\boldsymbol{x}^{\mathrm{T}}\boldsymbol{Q}\boldsymbol{x} = \mathbf{0} \tag{12.3}$$

其中 $V(\mathbf{0}) = 0$，且

$$V(\boldsymbol{x}) = \min_{\boldsymbol{u}} \frac{1}{2}\int_0^{\infty} (\boldsymbol{x}^{\mathrm{T}}\boldsymbol{Q}\boldsymbol{x} + \boldsymbol{u}^{\mathrm{T}}\boldsymbol{R}\boldsymbol{u})\mathrm{d}t \tag{12.4}$$

最优控制律为

$$\boldsymbol{u} = -\boldsymbol{R}^{-1}\boldsymbol{g}^{\mathrm{T}}\frac{\partial V}{\partial \boldsymbol{x}} \tag{12.5}$$

HJB 方程的求解在通常情况下是特别困难的，限制了最优控制技术在非线性系统中的使用。

现在把扰动添加到代价函数中，即

$$J = \frac{1}{2}\int_0^{\infty} [\boldsymbol{x}^{\mathrm{T}}(\boldsymbol{Q} + \sum_{i=1}^{\infty}\boldsymbol{D}_i\theta^i)\boldsymbol{x} + \boldsymbol{u}^{\mathrm{T}}\boldsymbol{R}\boldsymbol{u}]\mathrm{d}t \tag{12.6}$$

其中 θ 和 $\boldsymbol{D}_i$ 的选择根据 $\| \sum_{i=1}^{\infty}\boldsymbol{D}_i\theta^i \|_2 < \| \boldsymbol{Q} \|_2$，即 $\| \sum_{i=1}^{\infty}\boldsymbol{D}_i\theta^i \|_2$ 相对于 $\| \boldsymbol{Q} \|_2$ 是一个小的数。那么，我们能够将方程式(12.1) 重写为

$$\dot{\boldsymbol{x}} = \boldsymbol{f}(\boldsymbol{x}) + \boldsymbol{g}\boldsymbol{u} = \boldsymbol{A}_0\boldsymbol{x} + \theta\left(\frac{\boldsymbol{A}(\boldsymbol{x})}{\theta}\right)\boldsymbol{x} + \boldsymbol{g}\boldsymbol{u} \tag{12.7}$$

其中 $\boldsymbol{A}_0$ 是一个常数矩阵，因此$(\boldsymbol{A}_0, \boldsymbol{g})$ 是稳定对。

定义

$$\boldsymbol{\lambda} = \frac{\partial V}{\partial \boldsymbol{x}} \tag{12.8}$$

其中

$$V(\boldsymbol{x}) = \min_{u} \frac{1}{2}\int_0^{\infty} [\boldsymbol{x}^{\mathrm{T}}(\boldsymbol{Q} + \sum_{i=1}^{\infty}\boldsymbol{D}_i\theta^i)\boldsymbol{x} + \boldsymbol{u}^{\mathrm{T}}\boldsymbol{R}\boldsymbol{u}]\mathrm{d}t$$

把式(12.8) 代入式(12.3)，可得到受扰动的 HJB 方程为

$$\boldsymbol{\lambda}^{\mathrm{T}}\boldsymbol{f}(\boldsymbol{x}) - \frac{1}{2}\boldsymbol{\lambda}^{\mathrm{T}}\boldsymbol{g}\boldsymbol{R}^{-1}\boldsymbol{g}^{\mathrm{T}}\boldsymbol{\lambda} + \frac{1}{2}\boldsymbol{x}^{\mathrm{T}}(\boldsymbol{Q} + \sum_{i=1}^{\infty}\boldsymbol{D}_i\theta^i)\boldsymbol{x} = \mathbf{0} \tag{12.9}$$

假设 $\boldsymbol{\lambda}$ 的幂级数表达式为

$$\boldsymbol{\lambda} = \sum_{i=0}^{\infty}\boldsymbol{T}_i\theta^i\boldsymbol{x} \tag{12.10}$$

并假设 $\boldsymbol{T}_i$ 是对称可确定的。将式(12.10) 代入式(12.9) 并且使 θ 的系数为零，可得到一系列的方程：

$$\boldsymbol{T}_0\boldsymbol{A}_0+\boldsymbol{A}_0^{\mathrm{T}}\boldsymbol{T}_0-\boldsymbol{T}_0\boldsymbol{g}\boldsymbol{R}^{-1}\boldsymbol{g}^{\mathrm{T}}\boldsymbol{T}_0+\boldsymbol{Q}=\boldsymbol{0} \tag{12.11}$$

$$\boldsymbol{T}_1(\boldsymbol{A}_0-\boldsymbol{g}\boldsymbol{R}^{-1}\boldsymbol{g}^{\mathrm{T}}\boldsymbol{T}_0)+(\boldsymbol{A}_0^{\mathrm{T}}-\boldsymbol{T}_0\boldsymbol{g}\boldsymbol{R}^{-1}\boldsymbol{g}^{\mathrm{T}})\boldsymbol{T}_1=-\frac{\boldsymbol{T}_0\boldsymbol{A}(x)}{\theta}-\frac{\boldsymbol{A}^{\mathrm{T}}(\boldsymbol{x})\boldsymbol{T}_0}{\theta}-\boldsymbol{D}_1 \tag{12.12}$$

$$\boldsymbol{T}_2(\boldsymbol{A}_0-\boldsymbol{g}\boldsymbol{R}^{-1}\boldsymbol{g}^{\mathrm{T}}\boldsymbol{T}_0)+(\boldsymbol{A}_0^{\mathrm{T}}-\boldsymbol{T}_0\boldsymbol{g}\boldsymbol{R}^{-1}\boldsymbol{g}^{\mathrm{T}})\boldsymbol{T}_2-\boldsymbol{T}_1\boldsymbol{g}\boldsymbol{R}^{-1}\boldsymbol{g}^{\mathrm{T}}\boldsymbol{T}_1=-\frac{\boldsymbol{T}_1\boldsymbol{A}(x)}{\theta}-\frac{\boldsymbol{A}^{\mathrm{T}}(x)\boldsymbol{T}_1}{\theta}-\boldsymbol{D}_2 \tag{12.13}$$

……

$$\boldsymbol{T}_n(\boldsymbol{A}_0-\boldsymbol{g}\boldsymbol{R}^{-1}\boldsymbol{g}^{\mathrm{T}}\boldsymbol{T}_0)+(\boldsymbol{A}_0^{\mathrm{T}}-\boldsymbol{T}_0\boldsymbol{g}\boldsymbol{R}^{-1}\boldsymbol{g}^{\mathrm{T}})\boldsymbol{T}_n-\sum_{j=1}^{n-1}\boldsymbol{T}_j\boldsymbol{g}\boldsymbol{R}^{-1}\boldsymbol{g}^{\mathrm{T}}\boldsymbol{T}_{n-j}=$$

$$-\frac{\boldsymbol{T}_{n-1}\boldsymbol{A}(\boldsymbol{x})}{\theta}-\frac{\boldsymbol{A}^{\mathrm{T}}(\boldsymbol{x})\boldsymbol{T}_{n-1}}{\theta}-\boldsymbol{D}_n \tag{12.14}$$

于是，控制的表达式可以写为

$$\boldsymbol{u}=-\boldsymbol{R}^{-1}\boldsymbol{g}^{\mathrm{T}}\boldsymbol{\lambda}=-\boldsymbol{R}^{-1}\boldsymbol{g}^{\mathrm{T}}\sum_{i=0}^{\infty}\boldsymbol{T}_i(\boldsymbol{x},\theta)\theta^i\boldsymbol{x} \tag{12.15}$$

方程式(12.11)是一个代数 Riccati 方程。另外，对于式(12.12)～式(12.14)可以证明是简单的 Lyapunov 方程。这种技术称为 θ-D 技术[371]。如果没有 $\boldsymbol{D}_i$ 项，则成为 θ 逼近，在参考文献[371]中给出了 θ 逼近的算法。θ 逼近算法的最大问题是如果有大的初始状态将导致大的控制。为了处理这个问题，参考文献[371]将 $\boldsymbol{D}_i$ 的表达式构建为

$$\boldsymbol{D}_1=k_1e^{-l_1t}\left[-\frac{\boldsymbol{T}_0\boldsymbol{A}(\boldsymbol{x})}{\theta}-\frac{\boldsymbol{A}^{\mathrm{T}}(\boldsymbol{x})\boldsymbol{T}_0}{\theta}\right] \tag{12.16}$$

$$\boldsymbol{D}_2=k_2e^{-l_2t}\left[-\frac{\boldsymbol{T}_1\boldsymbol{A}(\boldsymbol{x})}{\theta}-\frac{\boldsymbol{A}^{\mathrm{T}}(\boldsymbol{x})\boldsymbol{T}_1}{\theta}\right] \tag{12.17}$$

……

$$\boldsymbol{D}_n=k_ne^{-l_nt}\left[-\frac{\boldsymbol{T}_{n-1}\boldsymbol{A}(\boldsymbol{x})}{\theta}-\frac{\boldsymbol{A}^{\mathrm{T}}(\boldsymbol{x})\boldsymbol{T}_{n-1}}{\theta}\right] \tag{12.18}$$

通过构建 $\boldsymbol{D}_i$，方程式(12.12)～式(12.14)右边的表达式可表示为

$$-\frac{\boldsymbol{T}_{i-1}\boldsymbol{A}(\boldsymbol{x})}{\theta}-\frac{\boldsymbol{A}^{\mathrm{T}}(\boldsymbol{x})\boldsymbol{T}_{i-1}}{\theta}-\boldsymbol{D}_i=\varepsilon_i\left[-\frac{\boldsymbol{T}_{i-1}\boldsymbol{A}(x)}{\theta}-\frac{\boldsymbol{A}^{\mathrm{T}}(\boldsymbol{x})\boldsymbol{T}_{i-1}}{\theta}\right] \tag{12.19}$$

式中

$$\varepsilon_i(t)=1-k_ie^{-l_it} \tag{12.20}$$

是一个调节因子，其中 e^{-l_it} 的主要作用是消除代价函数和 HJB 方程中的扰动项，这将确保 HJB 方程被渐近地解出。

但是该方法要求预先设置 k_i 和 l_i 的值，需要经过多次的实验才能够取得合适的值，因此本小节提出了一种改进的选取调节因子的方法。

12.1.2　改进的选取调节因子的方法

为了保证 $\sum_{i=0}^{\infty}\boldsymbol{T}_i(\boldsymbol{x},\theta)\theta^i$ 的收敛，下面我们将通过收敛性的证明来获得 ε_i 的递推公式。

引理　对于式(12.7)所给出的非线性系统，若下列条件成立[371]：

1) $\boldsymbol{x}\in\Omega$，其中 $\Omega\subset\mathbf{R}^n$ 是一个完整集；

2) $\boldsymbol{f}(\boldsymbol{x})$ 是可分割的,因此$(\boldsymbol{A}_0,\boldsymbol{g})$ 是可控的;

3) $\boldsymbol{A}(\boldsymbol{x})$ 在 Ω 是连续的。

只要调节因子 $\varepsilon_i(t)$ 是一个小于 1 的正常数,则由式(12.15) 所给出的控制形式中的 $\sum_{i=0}^{\infty}\boldsymbol{T}_i(\boldsymbol{x},\theta)\theta^i$ 是收敛的。

证明 假设 ε_i 是小于1的实数。对于方程式(12.12) 来说,若按式(12.16) 选择 $\boldsymbol{D}_1$,则方程式(12.12) 可写成

$$\boldsymbol{T}_1(\boldsymbol{A}_0-\boldsymbol{g}\boldsymbol{R}^{-1}\boldsymbol{g}^{\mathrm{T}}\boldsymbol{T}_0)+(\boldsymbol{A}_0^{\mathrm{T}}-\boldsymbol{T}_0\boldsymbol{g}\boldsymbol{R}^{-1}\boldsymbol{g}^{\mathrm{T}})\boldsymbol{T}_1=-\varepsilon_1(\boldsymbol{T}_0\boldsymbol{A}+\boldsymbol{A}^{\mathrm{T}}\boldsymbol{T}_0)\frac{1}{\theta} \tag{12.21}$$

假设方程式(12.21) 的解为

$$\boldsymbol{T}_1=\frac{1}{\theta}\hat{\boldsymbol{T}}_1 \tag{12.22}$$

则有

$$\hat{\boldsymbol{T}}_1(\boldsymbol{A}_0-\boldsymbol{g}\boldsymbol{R}^{-1}\boldsymbol{g}^{\mathrm{T}}\hat{\boldsymbol{T}}_0)+(\boldsymbol{A}_0^{\mathrm{T}}-\hat{\boldsymbol{T}}_0\boldsymbol{g}\boldsymbol{R}^{-1}\boldsymbol{g}^{\mathrm{T}})\hat{\boldsymbol{T}}_1=-\varepsilon_1(\hat{\boldsymbol{T}}_0\boldsymbol{A}+\boldsymbol{A}^{\mathrm{T}}\hat{\boldsymbol{T}}_0) \tag{12.23}$$

其中 $\hat{\boldsymbol{T}}_0=\boldsymbol{T}_0$。

同样,假设方程式(12.13) 的解为

$$\boldsymbol{T}_2=\frac{1}{\theta^2}\hat{\boldsymbol{T}}_2 \tag{12.24}$$

则 $\hat{\boldsymbol{T}}_2$ 满足方程

$$\hat{\boldsymbol{T}}_2(\boldsymbol{A}_0-\boldsymbol{g}\boldsymbol{R}^{-1}\boldsymbol{g}^{\mathrm{T}}\hat{\boldsymbol{T}}_0)+(\boldsymbol{A}_0^{\mathrm{T}}-\hat{\boldsymbol{T}}_0\boldsymbol{g}\boldsymbol{R}^{-1}\boldsymbol{g}^{\mathrm{T}})\hat{\boldsymbol{T}}_2=-\varepsilon_2(\hat{\boldsymbol{T}}_1\boldsymbol{A}+\boldsymbol{A}^{\mathrm{T}}\hat{\boldsymbol{T}}_1)+\hat{\boldsymbol{T}}_1\boldsymbol{g}\boldsymbol{R}^{-1}\boldsymbol{g}^{\mathrm{T}}\hat{\boldsymbol{T}}_1 \tag{11.25}$$

同理,则有方程式(12.14) 的解为

$$\boldsymbol{T}_n=\frac{1}{\theta^n}\hat{\boldsymbol{T}}_n \tag{11.26}$$

其中 $\hat{\boldsymbol{T}}_n$ 满足方程

$$\hat{\boldsymbol{T}}_n(\boldsymbol{A}_0-\boldsymbol{g}\boldsymbol{R}^{-1}\boldsymbol{g}^{\mathrm{T}}\hat{\boldsymbol{T}}_0)+(\boldsymbol{A}_0^{\mathrm{T}}-\hat{\boldsymbol{T}}_0\boldsymbol{g}\boldsymbol{R}^{-1}\boldsymbol{g}^{\mathrm{T}})\hat{\boldsymbol{T}}_n=-\varepsilon_n(\hat{\boldsymbol{T}}_{n-1}\boldsymbol{A}+\boldsymbol{A}^{\mathrm{T}}\hat{\boldsymbol{T}}_{n-1})+\sum_{j=1}^{n-1}\hat{\boldsymbol{T}}_j\boldsymbol{g}\boldsymbol{R}^{-1}\boldsymbol{g}^{\mathrm{T}}\hat{\boldsymbol{T}}_{n-j} \tag{12.27}$$

重写式(12.11),则有

$$\hat{\boldsymbol{T}}_0\boldsymbol{A}_0+\boldsymbol{A}_0^{\mathrm{T}}\hat{\boldsymbol{T}}_0-\hat{\boldsymbol{T}}_0\boldsymbol{g}\boldsymbol{R}^{-1}\boldsymbol{g}^{\mathrm{T}}\hat{\boldsymbol{T}}_0+\boldsymbol{Q}=\boldsymbol{0} \tag{12.28}$$

其中 $\hat{\boldsymbol{T}}_0=\boldsymbol{T}_0$。

因此,由式(11.23)、式(12.25)、式(12.27) 和式(12.28) 可以看出,证明 $\sum_{i=0}^{\infty}\boldsymbol{T}_i(\boldsymbol{x},\theta)\theta^i$ 的收敛性等同于证明 $\sum_{i=0}^{\infty}\hat{\boldsymbol{T}}_i(\boldsymbol{x})$ 的收敛性,而要证明 $\sum_{i=0}^{\infty}\hat{\boldsymbol{T}}_i(\boldsymbol{x})$ 的收敛性,则要求找到每个 $\hat{\boldsymbol{T}}_i$ 的边界。

根据连续的 Lyapunov 方程

$$\boldsymbol{A}^{\mathrm{T}}\boldsymbol{P}+\boldsymbol{P}\boldsymbol{A}=-\boldsymbol{Q} \tag{12.29}$$

其中 $\boldsymbol{A},\boldsymbol{P},\boldsymbol{Q}\in\mathbf{R}^{n\times n}$,如果 $\boldsymbol{A}$ 是一个稳定矩阵,那么对于 $\boldsymbol{P}$ 有标准边界

$$\|\boldsymbol{P}\|\leqslant\frac{\|\boldsymbol{Q}\|}{-\mu(\boldsymbol{A}^{\mathrm{T}})-\mu(\boldsymbol{A})} \tag{12.30}$$

其中

$$\mu(\boldsymbol{A})=\frac{1}{2}\lambda_{\max}(\boldsymbol{A}+\boldsymbol{A}^{\mathrm{T}}) \tag{12.31}$$

式中 $\lambda_{\max}$ 是矩阵 $\boldsymbol{A}$ 的根的最大值。由于$(\boldsymbol{A}_0,\boldsymbol{g})$是可控的，并且 $\boldsymbol{R}$ 是正定的，$\boldsymbol{Q}$ 是半正定的，因此 Riccati 方程式(12.28)有一个正定解，并且$(\boldsymbol{A}_0-\boldsymbol{g}\boldsymbol{R}^{-1}\boldsymbol{g}^{\mathrm{T}}\hat{\boldsymbol{T}}_0)$是稳定的。

然后考虑方程式(12.23)，可得

$$\|\hat{\boldsymbol{T}}_1\|\leqslant\frac{\|\varepsilon_1[\hat{\boldsymbol{T}}_0\boldsymbol{A}(\boldsymbol{x})+\boldsymbol{A}^{\mathrm{T}}(\boldsymbol{x})\hat{\boldsymbol{T}}_0]\|}{\|-\mu(\boldsymbol{A}_0-\boldsymbol{g}\boldsymbol{R}^{-1}\boldsymbol{g}^{\mathrm{T}}\hat{\boldsymbol{T}}_0)-\mu(\boldsymbol{A}_0^{\mathrm{T}}-\hat{\boldsymbol{T}}_0\boldsymbol{g}\boldsymbol{R}^{-1}\boldsymbol{g}^{\mathrm{T}})\|} \tag{12.32}$$

令

$$C=\frac{1}{\|-\mu(\boldsymbol{A}_0-\boldsymbol{g}\boldsymbol{R}^{-1}\boldsymbol{g}^{\mathrm{T}}\hat{\boldsymbol{T}}_0)-\mu(\boldsymbol{A}_0^{\mathrm{T}}-\hat{\boldsymbol{T}}_0\boldsymbol{g}\boldsymbol{R}^{-1}\boldsymbol{g}^{\mathrm{T}})\|} \tag{12.33}$$

则有

$$\|\hat{\boldsymbol{T}}_1\|\leqslant C\varepsilon_1\|\hat{\boldsymbol{T}}_0\boldsymbol{A}(\boldsymbol{x})+\boldsymbol{A}^{\mathrm{T}}(\boldsymbol{x})\hat{\boldsymbol{T}}_0\|\leqslant C\varepsilon_1\|\hat{\boldsymbol{T}}_0\|\|\boldsymbol{A}(\boldsymbol{x})+\boldsymbol{A}^{\mathrm{T}}(\boldsymbol{x})\| \tag{12.34}$$

因为 $\boldsymbol{A}(\boldsymbol{x})$ 是在完整集 Ω 上连续的，因此它的边界在 Ω 上。令

$$C_{\boldsymbol{A}}=\max_{x\in\Omega}(\|\boldsymbol{A}(\boldsymbol{x})+\boldsymbol{A}^{\mathrm{T}}(\boldsymbol{x})\|) \tag{12.35}$$

因此有

$$\|\hat{\boldsymbol{T}}_1\|\leqslant CC_{\boldsymbol{A}}\varepsilon_1\|\hat{\boldsymbol{T}}_0\| \tag{12.36}$$

考虑到式(12.25)，能够获得关于 $\hat{\boldsymbol{T}}_2$ 的边界的不等式。由于 Lyapunov 方程式(12.25)的右边等于 $-\boldsymbol{Q}$，并且方程式(12.25)可以表示为

$$\hat{\boldsymbol{T}}_2(\boldsymbol{A}_0-\boldsymbol{g}\boldsymbol{R}^{-1}\boldsymbol{g}^{\mathrm{T}}\hat{\boldsymbol{T}}_0)+(\boldsymbol{A}_0^{\mathrm{T}}-\hat{\boldsymbol{T}}_0\boldsymbol{g}\boldsymbol{R}^{-1}\boldsymbol{g}^{\mathrm{T}})\hat{\boldsymbol{T}}_2=-\varepsilon_2[(\hat{\boldsymbol{T}}_1\boldsymbol{A}+\boldsymbol{A}^{\mathrm{T}}\hat{\boldsymbol{T}}_1)-\hat{\boldsymbol{T}}_1\boldsymbol{g}\boldsymbol{R}^{-1}\boldsymbol{g}^{\mathrm{T}}\hat{\boldsymbol{T}}_1] \tag{12.37}$$

那么关于 $\hat{\boldsymbol{T}}_2$ 边界的不等式即为

$$\|\hat{\boldsymbol{T}}_2\|\leqslant C\varepsilon_2\|\hat{\boldsymbol{T}}_1\boldsymbol{A}+\boldsymbol{A}^{\mathrm{T}}\hat{\boldsymbol{T}}_1\|-C\|\hat{\boldsymbol{T}}_1\boldsymbol{g}\boldsymbol{R}^{-1}\boldsymbol{g}^{\mathrm{T}}\hat{\boldsymbol{T}}_1\|\leqslant C\varepsilon_2\|\hat{\boldsymbol{T}}_1\|\|\boldsymbol{A}+\boldsymbol{A}^{\mathrm{T}}\| \tag{12.38}$$

把不等式(12.36)代入式(12.38)，可得

$$\|\hat{\boldsymbol{T}}_2\|\leqslant C\varepsilon_2C_{\boldsymbol{A}}C\varepsilon_1C_{\boldsymbol{A}}\|\hat{\boldsymbol{T}}_0\|=C^2C_{\boldsymbol{A}}^2\varepsilon_1\varepsilon_2\|\hat{\boldsymbol{T}}_0\| \tag{12.39}$$

同理，可得关于 $\hat{\boldsymbol{T}}_n$ 的边界不等式为

$$\|\hat{\boldsymbol{T}}_n\|\leqslant C^nC_{\boldsymbol{A}}^n\varepsilon_1\varepsilon_2\cdots\varepsilon_n\|\hat{\boldsymbol{T}}_0\| \tag{12.40}$$

令

$$S_n=C^nC_{\boldsymbol{A}}^n\varepsilon_1\varepsilon_2\cdots\varepsilon_n\|\hat{\boldsymbol{T}}_0\| \tag{12.41}$$

若要使数列 S_n 收敛，则须满足关系式

$$\frac{S_n}{S_{n-1}}<1 \tag{12.42}$$

即

$$CC_{\boldsymbol{A}}\varepsilon_n<1 \tag{12.43}$$

因而可得

$$\varepsilon_n<\frac{1}{CC_{\boldsymbol{A}}} \tag{12.44}$$

从式(12.44)可以看出，只要 ε_n 小于一个给定常数，那么 $\sum_{i=0}^{\infty}\hat{\boldsymbol{T}}_i(x)$ 收敛，即 $\sum_{i=0}^{\infty}\boldsymbol{T}_i(x,\theta)\theta^i$

收敛。从上面公式的推导过程可以看出，ε_n 可以取为一个固定的小于 1 的正常数，即 $\varepsilon_i=\varepsilon_1=\varepsilon_2=\cdots=\varepsilon_n=\text{const}<1$，可以保证 $\sum_{i=0}^{\infty}\boldsymbol{T}_i(\boldsymbol{x},\theta)\theta^i$ 是收敛的。证毕。

当 $\varepsilon_i(i=1,2,\cdots,n)$ 取为小于 1 的正常数时，式(12.16) ~ 式(12.18) 中的 $\boldsymbol{D}_i$ 又可以写为

$$\boldsymbol{D}_1=(1-\varepsilon)\left[-\frac{\boldsymbol{T}_0\boldsymbol{A}(\boldsymbol{x})}{\theta}-\frac{\boldsymbol{A}^{\mathrm{T}}(\boldsymbol{x})\boldsymbol{T}_0}{\theta}\right] \tag{12.45}$$

$$\boldsymbol{D}_2=(1-\varepsilon)\left[-\frac{\boldsymbol{T}_1\boldsymbol{A}(\boldsymbol{x})}{\theta}-\frac{\boldsymbol{A}^{\mathrm{T}}(\boldsymbol{x})\boldsymbol{T}_1}{\theta}\right] \tag{12.46}$$

$$\cdots\cdots$$

$$\boldsymbol{D}_n=(1-\varepsilon)\left[-\frac{\boldsymbol{T}_{n-1}\boldsymbol{A}(\boldsymbol{x})}{\theta}-\frac{\boldsymbol{A}^{\mathrm{T}}(\boldsymbol{x})\boldsymbol{T}_{n-1}}{\theta}\right] \tag{12.47}$$

对于中间变量的证明可参见参考文献[371]。

12.1.3 仿真算例

设系统的状态方程为

$$\left.\begin{aligned}\dot{x}_1&=x_1-x_1^3+x_2+u_1\\ \dot{x}_2&=x_1+x_1^2x_2-x_2+u_2\end{aligned}\right\} \tag{12.48}$$

所选择的性能指标为

$$J=\frac{1}{2}\int_0^{\infty}\left(\boldsymbol{x}^{\mathrm{T}}\begin{bmatrix}1&0\\0&1\end{bmatrix}\boldsymbol{x}+\boldsymbol{u}^{\mathrm{T}}\begin{bmatrix}2&0\\0&2\end{bmatrix}\boldsymbol{u}\right)\mathrm{d}t$$

其中，$\boldsymbol{x}=[x_1\quad x_2]^{\mathrm{T}}$，$\boldsymbol{u}=[u_1\quad u_2]^{\mathrm{T}}$。

式(12.48) 所给出的状态方程的矩阵形式为

$$\begin{bmatrix}\dot{x}_1\\ \dot{x}_2\end{bmatrix}=\left(\begin{bmatrix}1&1\\1&-1\end{bmatrix}+\begin{bmatrix}-x_1^2&0\\0&x_1^2\end{bmatrix}\right)\begin{bmatrix}x_1\\x_2\end{bmatrix}+\begin{bmatrix}u_1\\u_2\end{bmatrix}$$

设

$$\boldsymbol{A}_0=\begin{bmatrix}1&1\\1&-1\end{bmatrix},\quad \boldsymbol{A}(\boldsymbol{x})=\begin{bmatrix}-x_1^2&0\\0&x_1^2\end{bmatrix}$$

其数字仿真结果如图 12-1 ~ 图 12-4 所示。

图 12-1 表示了当初始状态为 $\boldsymbol{x}_0=[1\quad 1]^{\mathrm{T}}$ 时的状态和控制曲线(图中仅仅表示了没有 $\boldsymbol{D}$ 项的 θ 的次优控制)。图 12-2 表示了当初始状态为 $\boldsymbol{x}_0=[10\quad 10]^{\mathrm{T}}$ 时的状态和控制曲线。从图中可以看出初始控制效果降低了 1.859×10^5。图 12-3 的仿真结果显示了加入 $\boldsymbol{D}_i$ 项的效果。参数项分别选择为

$$\varepsilon_1=0.999\,75,\quad \boldsymbol{D}_1=0.000\,25\left[-\frac{\boldsymbol{T}_0\boldsymbol{A}(\boldsymbol{x})}{\theta}-\frac{\boldsymbol{A}^{\mathrm{T}}(\boldsymbol{x})\mathrm{T}_0}{\theta}\right]$$

$$\boldsymbol{D}_2=0.000\,25\left[-\frac{\boldsymbol{T}_1\boldsymbol{A}(\boldsymbol{x})}{\theta}-\frac{\boldsymbol{A}^{\mathrm{T}}(\boldsymbol{x})\boldsymbol{T}_1}{\theta}\right]$$

$$\varepsilon_2=0.999\,00,\quad \boldsymbol{D}_1=0.001\left[-\frac{\boldsymbol{T}_0\boldsymbol{A}(\boldsymbol{x})}{\theta}-\frac{\boldsymbol{A}^{\mathrm{T}}(\boldsymbol{x})\boldsymbol{T}_0}{\theta}\right]$$

$$\boldsymbol{D}_2=0.001\left[-\frac{\boldsymbol{T}_1\boldsymbol{A}(\boldsymbol{x})}{\theta}-\frac{\boldsymbol{A}^{\mathrm{T}}(\boldsymbol{x})\boldsymbol{T}_1}{\theta}\right]$$

在这个控制器的设计中，采用了改进的次优控制中 $\boldsymbol{D}$ 的前两项，对于 ε_i 的取值，ε_1 和 ε_2 都取小于 $\dfrac{1}{CC_A}$ 的值，由图中可以看出，当 $\varepsilon < \dfrac{1}{CC_A}$ 时，控制响应变化不大，因此这种设计是合适的。

在图 12-3 中，改进的次优控制的控制器的初始幅度为[−30　−5]，而 SDRE 方法的控制器的初始幅度为[−95　−2]。因此，改进的次优控制的效果好于 SDRE 方法的效果，并且由于 SDRE 是要求在线解 Riccati 方程，而改进的次优控制不需要在线求解 Riccati 方程。图 12-4 表示了初始状态为 $\boldsymbol{x}_0 = [20\quad 20]^{\mathrm{T}}$ 时的状态和控制曲线，从图中可以看出，随着初始状态的增大，控制器的初始幅度增大，但是和 SDRE 方法相比，初始幅度依然是小的，因此控制效果比 SDRE 方法好。

在这一节中，我们提出了一种改进的选取调节因子的次优控制方法，这种方法通过选取固定调节因子，添加某些扰动项到代价函数中来求解 HJB 方程，对于控制的递归解不需要使用 SDRE 技术在线解方程，提高了解的求解速度。对于改进的次优控制方法来说，当解线性 Lyapunov 方程和 Riccati 方程时仅仅需要求一次离线的矩阵逆变换，也就是说，当解 Lyapunov 方程时，仅仅需要重排左边的方程使得 $\hat{\boldsymbol{A}}_0 \boldsymbol{T}_n = \boldsymbol{Q}_n(\boldsymbol{x}, t)$，然后经过逆变换得到 $\boldsymbol{T}_n = \hat{\boldsymbol{A}}_0^{-1} \boldsymbol{Q}_n(\boldsymbol{x}, t)$，其中 $\hat{\boldsymbol{A}}_0$ 为常系数矩阵，而 $\boldsymbol{Q}_n(\boldsymbol{x}, t)$ 是右边的项。

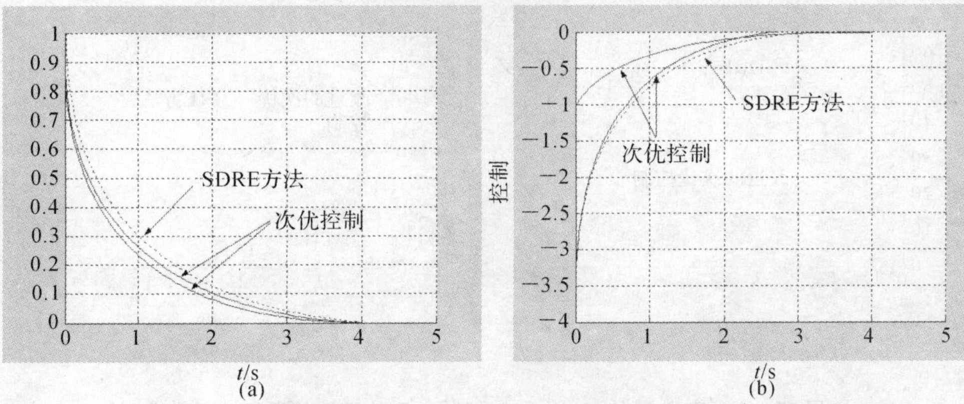

图 12-1　没有 $\boldsymbol{D}$ 项的 $\boldsymbol{x}_0 = [1\quad 1]^{\mathrm{T}}$ 时的初始状态和控制曲线

(a) 初始状态曲线；(b) 控制曲线

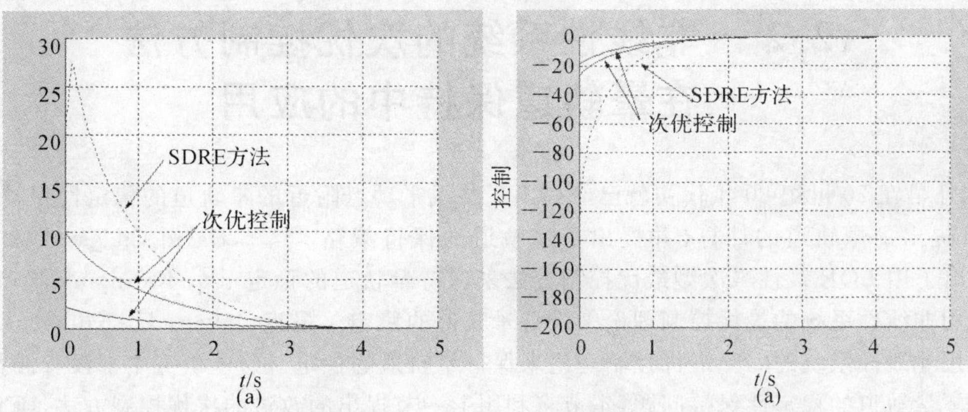

图 12-2　没有 $\boldsymbol{D}$ 项的 $\boldsymbol{x}_0 = [10\quad 10]^{\mathrm{T}}$ 时的初始状态和控制曲线

(a) 初始状态曲线；(b) 控制曲线

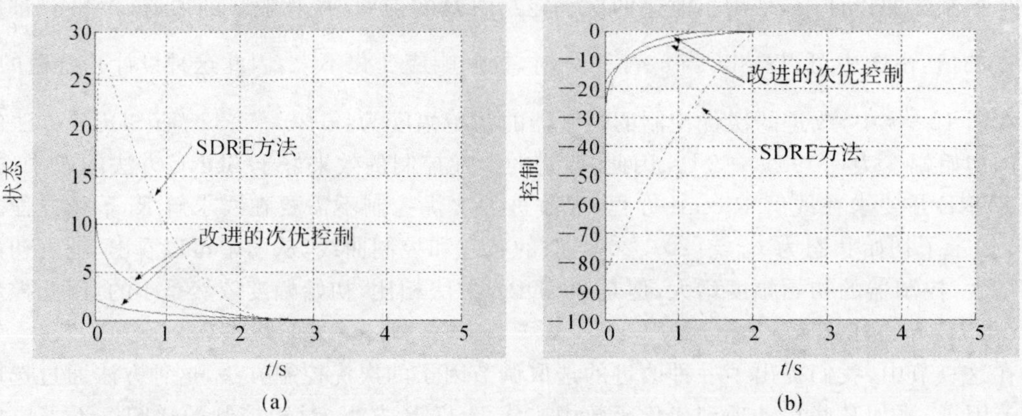

图 12-3　有 D 项的 $x_0=[10\quad 10]^T$ 时的初始状态和控制曲线

(a) 初始状态曲线；(b) 控制曲线

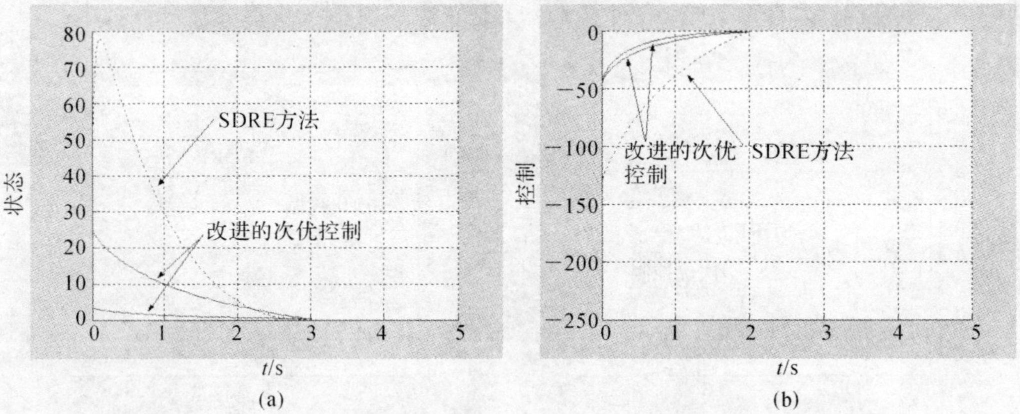

图 12-4　有 D 项的 $x_0=[20\quad 20]^T$ 时的初始状态和控制曲线

(a) 初始状态曲线；(b) 控制曲线

12.2　非线性系统的次优控制方法在晕轨道保持中的应用

国外早在 20 世纪 80 年代初就已经提出了共线平动点附近的晕轨道的稳定性保持问题，Howell 提出了晕轨道的计算，并提出了晕轨道的保持策略[106-107]，David Cielaszyk 和 Bong Wie 提出了用 LQR 线性二次型最优控制方法来保持晕轨道的稳定[114]，Rahmani[103] 等人提出了使用非线性系统的最优控制理论来维持晕轨道的稳定。最近，Jayant E. Kulkarni[115] 等人提出用非线性系统的 H_∞ 最优控制理论来保持晕轨道的稳定。这些研究中都没有涉及在摄动因素下晕轨道的稳定性保持问题，本节将利用上一节提出的改进的次优控制方法，研究在月球摄动因素下晕轨道的保持策略，并给出相应的数字仿真结果。

12.2.1　基于月球摄动的圆形限制性三体问题的数学模型

对于圆形限制性三体问题的数学模型在前面几章中已有论述和推导，尤其是在第 2 章中还作了专门论述，但各种论述的前提和目标均有不同，有的考虑了摄动问题，有的没有考虑摄动。即便是在考虑摄动的情况下，对同一天体摄动的假设也往往并不相同。为了便于阅读，同时也为了保持资料的完整性，在这里我们对基于月球摄动的圆形限制性三体问题的数学模型进行了重新推导和论述。

如图 12 - 5 所示，坐标原点 O 位于 M_1（太阳）、M_2（地球）和 M_3（月亮）所组成系统的质心处，其质量分别为 m_1，m_2 和 m_3，x 轴指向地月质心处，$x-y$ 坐标面即两个大天体相对运动平面，z 轴垂直于 $x-y$ 平面，根据刘林的《航天器轨道理论》[27] 中关于圆形限制性三体问题的动力学方程可得

$$\left.\begin{aligned}\ddot{x}-2\dot{y}&=\frac{\partial\Omega}{\partial x}\\ \ddot{y}+2\dot{x}&=\frac{\partial\Omega}{\partial y}\\ \ddot{z}&=\frac{\partial\Omega}{\partial z}\end{aligned}\right\}\tag{12.49}$$

令 $\mu=\dfrac{m_2+m_3}{m_1+m_2+m_3}$，$\mu_0=\dfrac{m_3}{m_1+m_2+m_3}$，$k=\dfrac{d}{R}$，其中 d 为地月平均距离，R 为日地平均距离，可得

$$\Omega=\Omega_1+\Omega_2=\left[\frac{1}{2}(x^2+y^2)+\frac{1-\mu}{r_1}+\frac{\mu}{r_2}+\frac{1}{2}\mu(1-\mu)\right]+\frac{\mu_0}{r_3}-\frac{\mu_0}{r_2}\tag{12.50}$$

$$\left.\begin{aligned}r_1^2&=(x-\mu)^2+y^2+z^2\\ r_2^2&=(x-\mu+1)^2+y^2+z^2\\ r_3^2&=(x-\mu-k\cos n_1t)^2+(y-k\sin n_1t)^2+z^2\end{aligned}\right\}\tag{12.51}$$

其中，Ω_1 属于经典限制性三体问题，Ω_2 是由月球摄动所引起的，n_1 是月球对地球的平均角速度。由式(12.49) 可知存在平衡解的条件为

$$\frac{\partial\Omega_1}{\partial x}=\frac{\partial\Omega_1}{\partial y}=\frac{\partial\Omega_1}{\partial z}=0\tag{12.52}$$

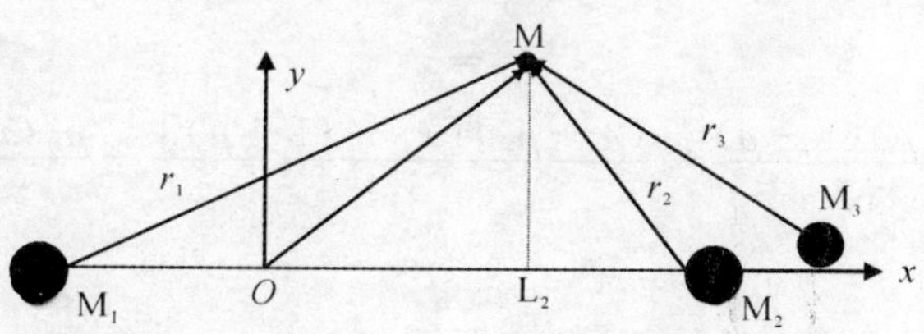

图 12 - 5　月球摄动下的限制性三体问题模型

由式(12.52) 可解出 5 个平衡点，其中 L_4 和 L_5 是稳定的点，L_1，L_2 和 L_3 是不稳定的点（又称共线平动点），这 3 个点位于 x 轴上。对于日-地-月系统，有 $\mu=3.04\times10^{-6}$，设日地平均距离为 R，$R=1.4959\times10^{8}$ km，时间单位为 $1/n$，其中 n 为平均角速度，并且 $n=1.9909\times10^{-7}$ rad/s，

对 L_2 点晕轨道的仿真结果如图 12-6 所示。

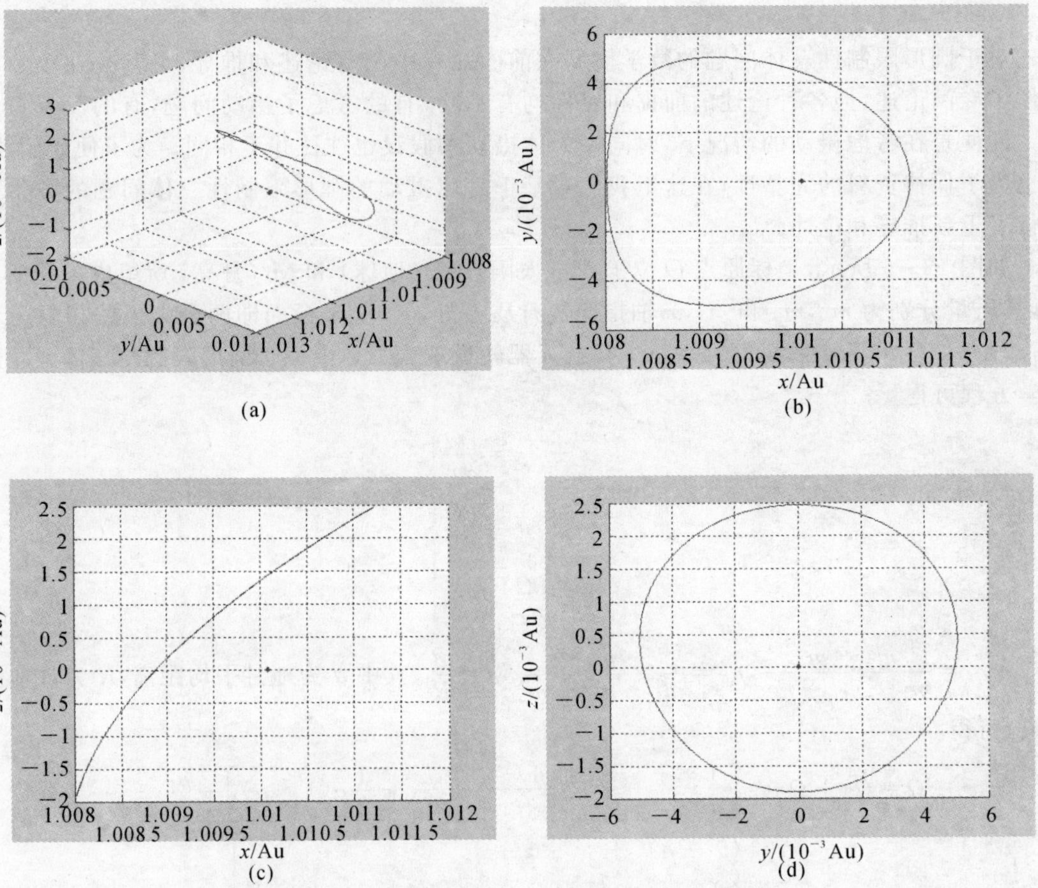

图 12-6 L_2 点的参考晕轨道的三维图及其在 $x-y$ 平面、$x-z$ 平面和 $y-z$ 平面上的投影

(a) 参考晕轨道的三维图； (b) 参考晕轨道在 $x-y$ 平面上的投影；
(c) 参考晕轨道在 $x-z$ 平面上的投影； (d) 参考晕轨道在 $y-z$ 平面上的投影；

设系统的控制加速度为 $\boldsymbol{u}=[u_x \quad u_y \quad u_z]^{\mathrm{T}}$，按照状态方程的形式 $\dot{\boldsymbol{x}}=\boldsymbol{A x}+\boldsymbol{B u}$，可得系统的状态方程

$$\dot{x}_1=x_2 \tag{12.53}$$

$$\dot{x}_2=2x_4+x_1-\frac{(x_1+\mu)(1-\mu)}{r_1^3}-\frac{(\mu-\mu_0)[x_1-(1-\mu)]}{r_2^3}-\frac{\mu_0(x_1-\mu-k\cos n_1 t)}{r_3^3}+u_x \tag{12.54}$$

$$\dot{x}_3=x_4 \tag{12.55}$$

$$\dot{x}_4=-2x_2+x_3-\frac{(1-\mu)x_3}{r_1^3}-\frac{(\mu-\mu_0)x_3}{r_2^3}-\frac{\mu_0(x_3-k\sin n_1 t)}{r_3^3}+u_y \tag{12.56}$$

$$\dot{x}_5=x_6 \tag{12.57}$$

$$\dot{x}_6=-\frac{x_5(1-\mu)}{r_1^3}-\frac{x_5(u-\mu_0)}{r_2^3}-\frac{x_5\mu_0}{r_3^3}+u_z \tag{12.58}$$

12.2.2　基于摄动的改进非线性系统次优控制技术

设非线性系统的状态方程为

$$\dot{\boldsymbol{x}} = \boldsymbol{f}(\boldsymbol{x},t) + \boldsymbol{g}\boldsymbol{u} \tag{12.59}$$

其中,$\boldsymbol{x} \in \mathbf{R}^n$,$\boldsymbol{f} \in \mathbf{R}^n$,$\boldsymbol{g} \in \mathbf{R}^{n\times m}$,$\boldsymbol{u} \in \mathbf{R}^m$,$\boldsymbol{f}(\boldsymbol{x},t)$ 是一个非线性连续函数,$\boldsymbol{g}$ 是一个常数矩阵。为了让系统在开始阶段处于平衡点,在 $t=t_1$ 时刻,令初始条件 $\boldsymbol{f}(\boldsymbol{0},t_1)=\boldsymbol{0}$。所选择的系统性能指标为

$$J = \frac{1}{2}\int_0^{\infty} [\boldsymbol{x}^{\mathrm{T}}\boldsymbol{Q}\boldsymbol{x} + \boldsymbol{u}^{\mathrm{T}}\boldsymbol{R}\boldsymbol{u}]\mathrm{d}t \tag{12.60}$$

式中,$\boldsymbol{Q} \in \mathbf{R}^{n\times n}$,$\boldsymbol{R} \in \mathbf{R}^{m\times m}$。设 $\boldsymbol{Q}$ 是半正定的常数矩阵,$\boldsymbol{R}$ 是正定的常数矩阵。该系统的最优解可通过解下面的 Hamilton-Jacobi-Bellman(HJB) 方程得到

$$\left(\frac{\partial V}{\partial \boldsymbol{x}}\right)^{\mathrm{T}} \boldsymbol{f}(\boldsymbol{x},t_1) - \frac{1}{2}\left(\frac{\partial V}{\partial \boldsymbol{x}}\right)^{\mathrm{T}} \boldsymbol{g}\boldsymbol{R}^{-1}\boldsymbol{g}^{\mathrm{T}}\frac{\partial V}{\partial \boldsymbol{x}} + \frac{1}{2}\boldsymbol{x}^{\mathrm{T}}\boldsymbol{Q}\boldsymbol{x} = \boldsymbol{0} \tag{12.61}$$

其中

$$V(\boldsymbol{x}) = \min_u \frac{1}{2}\int_0^{\infty} [\boldsymbol{x}^{\mathrm{T}}\boldsymbol{Q}\boldsymbol{x} + \boldsymbol{u}^{\mathrm{T}}\boldsymbol{R}\boldsymbol{u}]\mathrm{d}t \tag{12.62}$$

假设 $V(\boldsymbol{x})$ 是连续函数,并且 $V(\boldsymbol{x}) > 0$,且有 $V(\boldsymbol{0}) = 0$,于是最优控制律为

$$\boldsymbol{u} = -\boldsymbol{R}^{-1}\boldsymbol{g}^{\mathrm{T}}\frac{\partial V}{\partial \boldsymbol{x}} \tag{12.63}$$

但是由式(12.61) 所给出的 HJB 方程的求解是相当困难的。

把扰动添加到性能指标中之后,则性能指标变成为

$$J = \frac{1}{2}\int_0^{\infty} [\boldsymbol{x}^{\mathrm{T}}(\boldsymbol{Q} + \sum_{i=1}^{\infty}\boldsymbol{D}_i\theta^i)\boldsymbol{x} + \boldsymbol{u}^{\mathrm{T}}\boldsymbol{R}\boldsymbol{u}]\mathrm{d}t \tag{12.64}$$

把状态方程式(12.59) 重新写为

$$\dot{\boldsymbol{x}} = f(\boldsymbol{x},t_1) + \boldsymbol{g}\boldsymbol{u} = \boldsymbol{F}(\boldsymbol{x},t_1)\boldsymbol{x} + \boldsymbol{g}\boldsymbol{u} = \left[\boldsymbol{A}(\boldsymbol{0},t_1) + \theta\frac{\boldsymbol{A}(\boldsymbol{x},t_1)}{\theta}\right]\boldsymbol{x} + \boldsymbol{g}\boldsymbol{u} \tag{12.65}$$

其中 θ 是中间变量,$\boldsymbol{A}(\boldsymbol{0},t_1)$ 是常系数矩阵,$[\boldsymbol{A}(\boldsymbol{0},t),\boldsymbol{g}]$ 和 $[\boldsymbol{A}(\boldsymbol{x},t),\boldsymbol{g}]$ 是稳定对。设

$$\boldsymbol{\lambda} = \frac{\partial V}{\partial \boldsymbol{x}}$$

其中

$$V(\boldsymbol{x}) = \min_u \frac{1}{2}\int_0^{\infty} [\boldsymbol{x}^{\mathrm{T}}(\boldsymbol{Q} + \sum_{i=1}^{\infty}\boldsymbol{D}_i\theta^i)\boldsymbol{x} + \boldsymbol{u}^{\mathrm{T}}\boldsymbol{R}\boldsymbol{u}]\mathrm{d}t$$

则 HJB 方程可写为下列形式

$$\boldsymbol{\lambda}^{\mathrm{T}}\boldsymbol{f}(\boldsymbol{x},t_1) - \frac{1}{2}\boldsymbol{\lambda}^{\mathrm{T}}\boldsymbol{g}\boldsymbol{R}^{-1}\boldsymbol{g}^{\mathrm{T}}\boldsymbol{\lambda} + \frac{1}{2}\boldsymbol{x}^{\mathrm{T}}(\boldsymbol{Q} + \sum_{i=1}^{\infty}\boldsymbol{D}_i\theta^i)\boldsymbol{x} = \boldsymbol{0} \tag{12.66}$$

设 $\boldsymbol{\lambda} = \sum_{i=1}^{\infty}\boldsymbol{T}_i\theta^i\boldsymbol{x}$,并将其代入式(12.66),可得

$$\boldsymbol{T}_0\boldsymbol{A}(\boldsymbol{0},t_1) + [\boldsymbol{A}(\boldsymbol{0},t_1)]^{\mathrm{T}}\boldsymbol{T}_0 - \boldsymbol{T}_0\boldsymbol{g}\boldsymbol{R}^{-1}\boldsymbol{g}^{\mathrm{T}}\boldsymbol{T}_0 + \boldsymbol{Q} = \boldsymbol{0} \tag{12.67}$$

$$\left.\begin{aligned}&\boldsymbol{T}_1[\boldsymbol{A}(0,t_1)-\boldsymbol{g}\boldsymbol{R}^{-1}\boldsymbol{g}^{\mathrm{T}}\boldsymbol{T}_0]+[\boldsymbol{A}^{\mathrm{T}}(0,t_1)-\boldsymbol{T}_0\boldsymbol{g}\boldsymbol{R}^{-1}\boldsymbol{g}^{\mathrm{T}}]\boldsymbol{T}_1=-\frac{\boldsymbol{T}_0\boldsymbol{A}(x,t_1)}{\theta}-\frac{\boldsymbol{A}^{\mathrm{T}}(\boldsymbol{x},t_1)\boldsymbol{T}_0}{\theta}-\boldsymbol{D}_1\\&\cdots\cdots\\&\boldsymbol{T}_n[\boldsymbol{A}(0,t_1)-\boldsymbol{g}\boldsymbol{R}^{-1}\boldsymbol{g}^{\mathrm{T}}\boldsymbol{T}_0]+[\boldsymbol{A}^{\mathrm{T}}(0,t_1)-\boldsymbol{T}_0\boldsymbol{g}\boldsymbol{R}^{-1}\boldsymbol{g}^{\mathrm{T}}]\boldsymbol{T}_n=-\frac{\boldsymbol{T}_{n-1}\boldsymbol{A}(\boldsymbol{x},t_1)}{\theta}-\frac{\boldsymbol{A}^{\mathrm{T}}(\boldsymbol{x},t_1)\boldsymbol{T}_{n-1}}{\theta}+\\&\qquad\sum_{j=1}^{n-1}\boldsymbol{T}_j\boldsymbol{g}\boldsymbol{R}^{-1}\boldsymbol{g}^{\mathrm{T}}\boldsymbol{T}_{n-j}-\boldsymbol{D}_n\end{aligned}\right\}\tag{12.68}$$

根据式(12.68)可知 $\boldsymbol{T}_i(i=0,1,2,\cdots,n)$ 是 $(\boldsymbol{x},t_1)$ 和 θ 的函数，于是 $\boldsymbol{T}_i$ 可表示为 $\boldsymbol{T}_i[(\boldsymbol{x},t_1),\theta]$，则

$$\boldsymbol{u}=-\boldsymbol{R}^{-1}\boldsymbol{g}^{\mathrm{T}}\boldsymbol{\lambda}=-\boldsymbol{R}^{-1}\boldsymbol{g}^{\mathrm{T}}\sum_{i=1}^{\infty}\boldsymbol{T}_i[(\boldsymbol{x},t_1),\theta]\theta^i\boldsymbol{x}\tag{12.69}$$

将 $\boldsymbol{D}_i$ 的表达式构建为

$$\left.\begin{aligned}&\boldsymbol{D}_1=(1-\varepsilon)\left[-\frac{\boldsymbol{T}_0\boldsymbol{A}(\boldsymbol{x},t_1)}{\theta}-\frac{\boldsymbol{A}^{\mathrm{T}}(\boldsymbol{x},t_1)\boldsymbol{T}_0}{\theta}\right]\\&\cdots\cdots\\&\boldsymbol{D}_n=(1-\varepsilon)\left[-\frac{\boldsymbol{T}_{n-1}\boldsymbol{A}(\boldsymbol{x},t_1)}{\theta}-\frac{\boldsymbol{A}^{\mathrm{T}}(\boldsymbol{x},t_1)\boldsymbol{T}_{n-1}}{\theta}\right]\end{aligned}\right\}\tag{12.70}$$

其中 ε 是调节因子，$\boldsymbol{D}_i$ 可由式(12.70)给出。由此可得

$$\begin{aligned}&-\frac{\boldsymbol{T}_{i-1}\boldsymbol{A}(\boldsymbol{x},t_1)}{\theta}-\frac{\boldsymbol{A}^{\mathrm{T}}(\boldsymbol{x},t_1)\boldsymbol{T}_{i-1}}{\theta}+\sum_{j=1}^{i-1}\boldsymbol{T}_j\boldsymbol{g}\boldsymbol{R}^{-1}\boldsymbol{g}^{\mathrm{T}}\boldsymbol{T}_{i-j}-\boldsymbol{D}_i=\\&\qquad\varepsilon\left[-\frac{\boldsymbol{T}_{i-1}\boldsymbol{A}(\boldsymbol{x},t_1)}{\theta}-\frac{\boldsymbol{A}^{\mathrm{T}}(\boldsymbol{x},t_1)\boldsymbol{T}_{i-1}}{\theta}\right]+\sum_{j=1}^{i-1}\boldsymbol{T}_j\boldsymbol{g}\boldsymbol{R}^{-1}\boldsymbol{g}^{\mathrm{T}}\boldsymbol{T}_{i-j}\end{aligned}\tag{12.71}$$

其中 $\varepsilon<(CC_{\boldsymbol{A}})^{-1}$，对于 C 和 $C_{\boldsymbol{A}}$ 参见 12.1 节对它们的定义，则有

$$C=(-\mu(\boldsymbol{A}(\boldsymbol{0},t_1)-\boldsymbol{g}\boldsymbol{R}^{-1}\boldsymbol{g}^{\mathrm{T}}\hat{\boldsymbol{T}}_0)-\mu(\boldsymbol{A}^{\mathrm{T}}(\boldsymbol{0},t_1)-\hat{\boldsymbol{T}}_0\boldsymbol{g}\boldsymbol{R}^{-1}\boldsymbol{g}^{\mathrm{T}})^{-1}$$

$$C_{\boldsymbol{A}}=\max_{\boldsymbol{x}\in\Omega}(\|\boldsymbol{A}(\boldsymbol{x},t_1)+\boldsymbol{A}^{\mathrm{T}}(\boldsymbol{x},t_1)\|)$$

如果式(12.68)的初始状态 $\boldsymbol{A}(\boldsymbol{0},t_1)$ 导致 $\boldsymbol{A}(\boldsymbol{x},t_1)$ 增大，可以通过 ε 来调节。利用 ε 可以消除性能指标和 HJB 方程中的扰动项。式(12.67)是 Riccati 方程，式(12.68)为线性 Lyapunov 方程，解都很容易得到。根据式(12.67)和式(12.68)可求得 $\boldsymbol{T}_0,\boldsymbol{T}_1,\cdots,\boldsymbol{T}_n$。在式(12.69)中，$\theta$ 可以通过 $\boldsymbol{T}_i(\boldsymbol{x},t_1)$ 与 θ^i 相乘消去，得到控制律 $\boldsymbol{u}$。改进的次优控制减少了约束条件，并且在求解过程中，使用的是线性方程，提高了运算速度，比传统的最优控制运算速度快，有利于实时控制。

12.2.3 利用改进的非线性系统次优控制设计平衡点处的控制律

根据性能指标 $J=\frac{1}{2}\int_0^{\infty}[\boldsymbol{x}^{\mathrm{T}}\boldsymbol{Q}\boldsymbol{x}+\boldsymbol{u}^{\mathrm{T}}\boldsymbol{R}\boldsymbol{u}]\mathrm{d}t$，选取对角矩阵 $\boldsymbol{Q}$ 和 $\boldsymbol{R}$。由式(12.64)可以看出，当 x 取初始值为零时，$-\frac{(x_1-\mu)(1-\mu)}{r_1^3}-\frac{(\mu-u_0)[x_1-(1-\mu)]}{r_2^3}-\frac{\mu_0(x_1-\mu+k\cos n_1 t)}{r_3^3}$

和 $-\frac{(1-\mu)x_3}{r_1^3}-\frac{(\mu-\mu_0)x_3}{r_2^3}-\frac{\mu_0(x_3-k\sin n_1 t)}{r_3^3}$ 都不为零。可取 $\dot{s}_1=-\lambda_1 s_1,\dot{s}_2=-\lambda_2 s_2$ 消去不为零的项，该项不对迭代产生影响，令 $x_7=s_1,x_8=s_2$，则 $\dot{\boldsymbol{x}}=\boldsymbol{f}_{t=t_1}(\boldsymbol{x},t)+\boldsymbol{gu}$ 可表示为

$$\begin{bmatrix}\dot{x}_1\\\dot{x}_2\\\dot{x}_3\\\dot{x}_4\\\dot{x}_5\\\dot{x}_6\\\dot{x}_7\\\dot{x}_8\end{bmatrix}=\begin{bmatrix}0&1&0&0&0&0&0&0\\1&0&0&2&0&0&a_{27}&0\\0&0&0&1&0&0&0&0\\0&-2&1&0&0&0&0&a_{48}\\0&0&0&0&0&1&0&0\\0&0&0&0&a_{65}&0&0&0\\0&0&0&0&0&0&\lambda_1&0\\0&0&0&0&0&0&0&\lambda_2\end{bmatrix}_{t=t_1}\begin{bmatrix}x_1\\x_2\\x_3\\x_4\\x_5\\x_6\\x_7\\x_8\end{bmatrix}+\begin{bmatrix}0&0&0\\1&0&0\\0&0&0\\0&1&0\\0&0&0\\0&0&1\\0&0&0\\0&0&0\end{bmatrix}\begin{bmatrix}u_x\\u_y\\u_z\end{bmatrix}\qquad(12.72)$$

其中

$$a_{27}=-\frac{(x_1+\mu)(1-\mu)}{r_1^3 s_1}-\frac{(\mu-\mu_0)[x_1-(1-\mu)]}{r_2^3 s_1}-\frac{\mu_0(x_1-\mu+k\cos n_1 t)}{r_3^3 s_1}$$

$$a_{48}=-\frac{(1-\mu)x_3}{r_1^3 s_2}-\frac{(\mu-\mu_0)x_3}{r_2^3 s_2}-\frac{\mu_0(x_3-k\sin n_1 t)}{r_3^3 s_2}$$

$$a_{65}=-\frac{(1-\mu)}{r_1^3}-\frac{(\mu-\mu_0)}{r_2^3}-\frac{\mu_0}{r_3^3}$$

使用非线性系统的次优控制技术，根据式(12.67) ~ 式(12.71) 计算出 $\boldsymbol{T}_0,\boldsymbol{T}_1$ 和 $\boldsymbol{T}_2$，当计算到 $\boldsymbol{T}_2$ 时，若控制可以达到要求，则控制律为

$$\boldsymbol{u}=-\boldsymbol{R}^{-1}\boldsymbol{g}^{\mathrm{T}}[\boldsymbol{T}_0(0,t_1)+\boldsymbol{T}_1[(\boldsymbol{x},t_1),\theta]\theta+\boldsymbol{T}_2[(\boldsymbol{x},t_1),\theta]\theta^2](\boldsymbol{x}-\boldsymbol{x}_{\mathrm{r}})\qquad(12.73)$$

其中 $\boldsymbol{x}_{\mathrm{r}}$ 为参考轨道。

12.2.4　数字仿真结果

L_2 点的参考轨道已由式(12.49) ~ 式(12.52) 给出，如图 12-6 所示。在不同的 t 时刻，选取不同 $\boldsymbol{Q}$ 和 $\boldsymbol{R}$，例如，在 $t=0$(L_2 点、地球、月球共线) 时，取 $\boldsymbol{Q}=\mathrm{diag}(1,0,1,0,1,0,0,0)$，$\boldsymbol{R}=\mathrm{diag}(1,1,1)$，在 $t=1$ h 时，选取 $\boldsymbol{Q}=\mathrm{diag}(10^{15},0,10^{15},0,10^{15},0,0,0)$，$\boldsymbol{R}=\mathrm{diag}(1,1,1)$，$\boldsymbol{D}_i$ 可根据式(12.70) 来选择。选取 $\varepsilon=0.999\,75$，则有

$$\boldsymbol{D}_1=0.000\,25\left[-\frac{\boldsymbol{T}_0\boldsymbol{A}(\boldsymbol{x},t)}{\theta}-\frac{\boldsymbol{A}^{\mathrm{T}}(\boldsymbol{x},t)\boldsymbol{T}_0}{\theta}\right]$$

$$\boldsymbol{D}_2=0.000\,25\left[-\frac{\boldsymbol{T}_1\boldsymbol{A}(\boldsymbol{x})}{\theta}-\frac{\boldsymbol{A}^{\mathrm{T}}(\boldsymbol{x})\boldsymbol{T}_1}{\theta}+\boldsymbol{T}_1\boldsymbol{g}\boldsymbol{R}^{-1}\boldsymbol{g}^{\mathrm{T}}\boldsymbol{T}_1\right]$$

数字仿真结果如图 12-7 所示，该图表示由于航天器在初始阶段偏离参考轨道，回到参考轨道时所需要的控制加速度 u_x,u_y 和 u_z。由图 12-7 可以看出，航天器在很短的时间内回到了参考轨道，显示出了很好的控制效果。

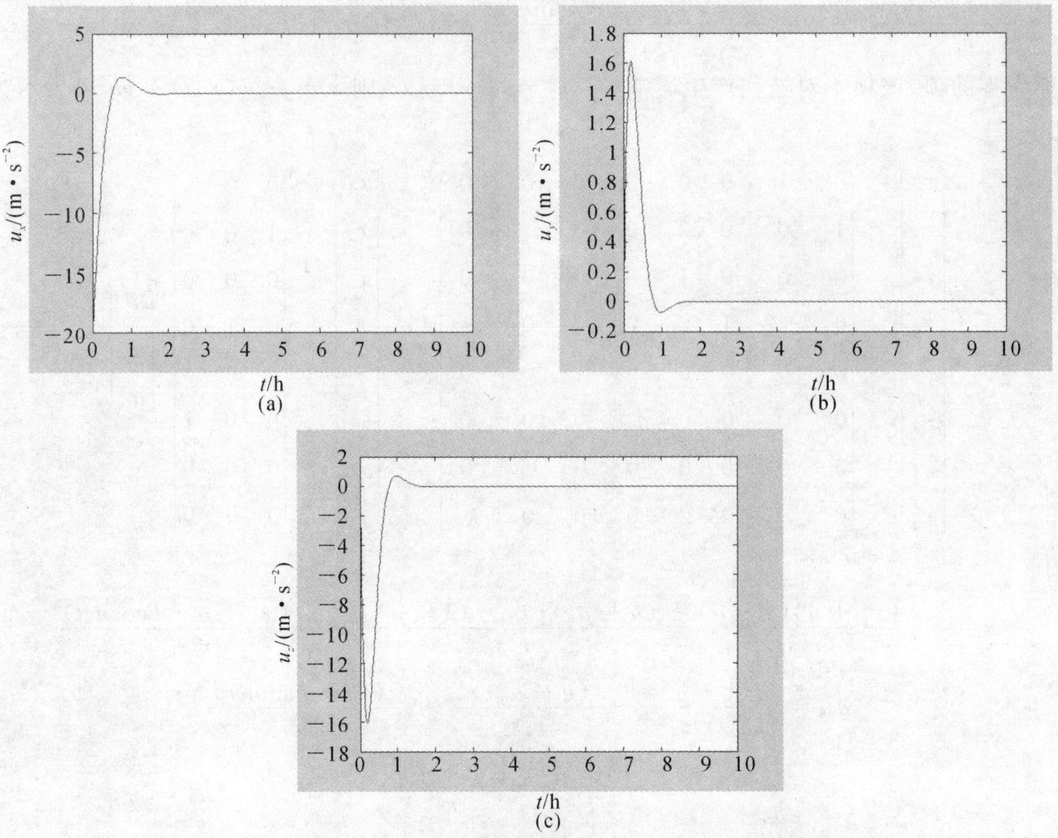

图 12－7　返回到参考晕轨道所需要的控制加速度

(a) 控制加速度 u_x；(b) 控制加速度 u_y；(c) 控制加速度 u_z

12.3　非线性系统的次优控制方法在编队飞行控制中的应用

航天器编队飞行对于将来深空探测任务是一项关键技术。编队飞行是指一组航天器作为一个整体在太空中飞行。编队飞行可以完成一些单个飞行不能完成的任务，例如大型的高精度太空干涉仪器。另外，编队飞行也可以避免由于单个航天器失效而引起的整个任务的失败。

深空探测对于编队飞行在轨道设计、控制以及结构方面提出了新的挑战。国内外对于编队飞行的控制策略已经进行了很多研究，但大多数研究都采用了简化模型，例如对于某些参考轨迹局部采用线性化处理等。这方面的研究成果包括 Clohessy-Wiltshire 所建立的对于多个卫星相对位置处理的线性动力学方程[372-374]；Vassar 和 Sherwood[372]应用离散时间的 LQR 技术控制处于地球静止轨道上两个相距 700 米的卫星，此后 Ulybyshev[373]把这个问题进一步扩展到了 N 个卫星。与线性控制技术相比，非线性控制技术在编队飞行中应用较少。这方面的研究成果如下：Hadaegh 等人[375]提出了一种自适应位置控制器来控制由未知的常扰动引起的追踪误差；Queiroz 等人[376]利用 Lyapunov 控制设计方法和稳定性分析开发了一种自适应的非线性控制技术；Gurfil 等人[377]使用了一种新的神经网络自适应控制器来设计深空探测的编队飞行，这种控制器包含了一个近似的逆向动力学模型，用一个 LQR 来控制理想的反馈线性模型，并用一个自适应的神经网络控制器来补偿逆向模型的误差。这种方法能够获得毫米级的编队精度。

在本节中我们将使用改进的非线性系统次优控制技术来控制在月球摄动下的晕轨道上的编队飞行。

12.3.1　基本月球摄动下的晕轨道上的编队飞行方程

如图 12-8 所示，坐标原点 O 位于 M_1（太阳）、M_2（地球）和 M_3（月亮）所组成系统的质心处，其质量分别为 m_1，m_2 和 m_3，x 轴指向地月质心处，$x-y$ 坐标面即两个大天体相对运动平面，z 轴垂直于 $x-y$ 平面。圆形限制性三体问题的方程和平衡解与 12.2 节中的式(12.49)～式(12.52) 相同。仍然选取日地系统的平动点 L_1，初始条件和晕轨道图形和 12.2 节中的相同。

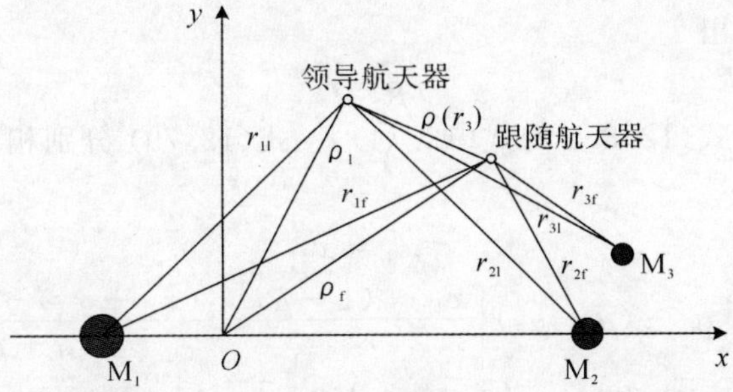

图 12-8　月球摄动下的圆形限制性三体问题的编队飞行

对于领导航天器来说，设其控制变量为 $\boldsymbol{u}_l=[u_{xl}\quad u_{yl}\quad u_{zl}]^{\mathrm{T}}$，定义领导航天器的状态向量为 $\boldsymbol{X}_l=[x_l\quad \dot{x}_l\quad y_l\quad \dot{y}_l\quad z_l\quad \dot{z}_l]^{\mathrm{T}}=[x_{1l}\quad x_{2l}\quad x_{3l}\quad x_{4l}\quad x_{5l}\quad x_{6l}]^{\mathrm{T}}$，则系统的状态方程为

$$\dot{x}_{1l}=x_{2l} \tag{12.74}$$

$$\dot{x}_{2l}=2x_{4l}+x_{1l}-\frac{(x_{1l}+\mu)(1-\mu)}{r_{1l}^3}-\frac{(\mu-\mu_0)[x_{1l}-(1-\mu)]}{r_{2l}^3}-\frac{\mu_0(x_{1l}-\mu-k\cos n_1 t)}{r_{3l}^3}+u_{xl} \tag{12.75}$$

$$\dot{x}_{3l}=x_{4l} \tag{12.76}$$

$$\dot{x}_{4l}=-2x_{2l}+x_{3l}-\frac{(1-\mu)x_{3l}}{r_{1l}^3}-\frac{(\mu-\mu_0)x_{3l}}{r_{2l}^3}-\frac{\mu_0(x_{3l}-k\sin n_1 t)}{r_{3l}^3}+u_{yl} \tag{12.77}$$

$$\dot{x}_{5l}=x_{6l} \tag{12.78}$$

$$\dot{x}_{6l}=-\frac{x_{5l}(1-\mu)}{r_{1l}^3}-\frac{x_{5l}(u-\mu_0)}{r_{2l}^3}-\frac{x_{5l}\mu_0}{r_{3l}^3}+u_{zl} \tag{12.79}$$

对于跟随航天器来说，设控制变量为 $\boldsymbol{u}_f=[u_{xf}\quad u_{yf}\quad u_{zf}]^{\mathrm{T}}$，定义跟随航天器的状态向量为 $\boldsymbol{X}_f=[x_f\quad \dot{x}_f\quad y_f\quad \dot{y}_f\quad z_f\quad \dot{z}_f]^{\mathrm{T}}=[x_{1f}\quad x_{2f}\quad x_{3f}\quad x_{4f}\quad x_{5f}\quad x_{6f}]^{\mathrm{T}}$，那么它的系统状态方程

是把式(12.74)～式(12.79)中状态变量的下标由l变为f,即

$$\dot{x}_{1f}=x_{2f} \tag{12.80}$$

$$\dot{x}_{2f}=2x_{4f}+x_{1f}-\frac{(x_{1f}+\mu)(1-\mu)}{r_{1f}^3}-\frac{(\mu-\mu_0)[x_{1f}-(1-\mu)]}{r_{2f}^3}-\frac{\mu_0(x_{1f}-\mu-k\cos n_1 t)}{r_{3f}^3}+u_{xf} \tag{12.81}$$

$$\dot{x}_{3f}=x_{4f} \tag{12.82}$$

$$\dot{x}_{4f}=-2x_{2f}+x_{3f}-\frac{(1-\mu)x_{3f}}{r_{1f}^3}-\frac{(\mu-\mu_0)x_{3f}}{r_{2f}^3}-\frac{\mu_0(x_{3f}-k\sin n_1 t)}{r_{3f}^3}+u_{yf} \tag{12.83}$$

$$\dot{x}_{5f}=x_{6f} \tag{12.84}$$

$$\dot{x}_{6f}=-\frac{x_{5f}(1-\mu)}{r_{1f}^3}-\frac{x_{5f}(u-\mu_0)}{r_{2f}^3}-\frac{x_{5f}\mu_0}{r_{3f}^3}+u_{zf} \tag{12.85}$$

定义$\boldsymbol{\rho}(x,y,z)$为跟随航天器和领导航天器之间的相对位置向量,在领导航天器与跟随航天器之间的相对状态向量为$\boldsymbol{X}_r=[x \quad \dot{x} \quad y \quad \dot{y} \quad z \quad \dot{z}]^T=[x_1 \quad x_2 \quad x_3 \quad x_4 \quad x_5 \quad x_6]^T$,则有

$$\ddot{\boldsymbol{\rho}}_f=\ddot{\boldsymbol{\rho}}_l+\ddot{\boldsymbol{\rho}} \tag{12.86}$$

$$\ddot{\boldsymbol{r}}_{3f}=\ddot{\boldsymbol{r}}_{3l}+\ddot{\boldsymbol{r}}_3 \tag{12.87}$$

并且由图12-8可以看出

$$\boldsymbol{\rho}=\boldsymbol{r}_3 \tag{12.88}$$

利用式(12.80)～式(12.85)与式(12.74)～式(12.79)分别相减,则得到两个航天器相对运动的方程为

$$\dot{x}_1=x_2 \tag{12.89}$$

$$\begin{aligned}\dot{x}_2=&2x_4+x_1+(\mu-\mu_0)\left[\frac{x_{1l}-(1-\mu)}{r_{2l}^3}-\frac{(x_{1l}+x_1)-(1-\mu)}{\|r_{2l}+\rho\|^3}\right]+\\&(1-\mu)\left[\frac{x_{1l}+\mu}{r_{1l}^3}-\frac{(x_{1l}+x_1)+\mu}{\|r_{1l}+\rho\|^3}\right]+\\&\mu_0\left[\frac{x_{1l}-\mu-k\cos n_1 t}{r_{3l}^3}-\frac{(x_{1l}+x_1)-\mu-k\cos n_1 t}{\|r_{3l}+\rho\|^3}\right]+u_x\end{aligned} \tag{12.90}$$

$$\dot{x}_3=x_4 \tag{12.91}$$

$$\begin{aligned}\dot{x}_4=&-2x_2+x_3+(1-\mu)\left[\frac{x_{3l}}{r_{1l}^3}-\frac{x_{3l}+x_3}{\|r_{1l}+\rho\|^3}\right]+(\mu-\mu_0)\left[\frac{x_{3l}}{r_{2l}^3}-\frac{x_{3l}+x_3}{\|r_{2l}+\rho\|^3}\right]+\\&\mu_0\left[\frac{(x_{3l}-k\sin n_1 t)}{r_{3l}^3}-\frac{(x_{3l}+x_3)-k\sin n_1 t}{\|r_{3l}+\rho\|^3}\right]+u_y\end{aligned} \tag{12.92}$$

$$\dot{x}_5=x_6 \tag{12.93}$$

$$\begin{aligned}\dot{x}_6=&(1-\mu)\left[\frac{x_{5l}}{r_{1l}^3}-\frac{x_{5l}+x_5}{\|r_{1l}+\rho\|^3}\right]+(\mu-\mu_0)\left[\frac{x_{5l}}{r_{2l}^3}-\frac{x_{5l}+x_5}{\|r_{2l}+\rho\|^3}\right]+\\&\mu_0\left[\frac{x_{5l}}{r_{3l}^3}-\frac{x_{5l}+x_5}{\|r_{3l}+\rho\|^3}\right]+u_x\end{aligned} \tag{12.94}$$

其中,$u_x=u_{xf}-u_{xl}$,$u_y=u_{yf}-u_{yl}$,$u_z=u_{zf}-u_{zl}$,$x_i=x_{if}-x_{il}$,$i=1,2,\cdots,6$。

12.3.2 利用次优控制技术设计编队飞行的控制器

根据上面的状态方程,将式(12.74)～式(12.79)和式(12.89)～式(12.94)写成一般的

形式，则有

$$\dot{\boldsymbol{x}}_1 = \boldsymbol{f}_1(\boldsymbol{x}_1) + \boldsymbol{u}_1 \tag{12.95}$$

$$\dot{\boldsymbol{x}}_r = \boldsymbol{f}_r(\boldsymbol{x}_1, \boldsymbol{x}) + \boldsymbol{u} \tag{12.96}$$

式中，$\boldsymbol{x} = \boldsymbol{x}_f - \boldsymbol{x}_1$，$\boldsymbol{u} = \boldsymbol{u}_f - \boldsymbol{u}_1$。

从式(12.95)和式(12.96)可以看出，领导航天器和跟随航天器的控制器可以利用非线性系统的次优控制技术进行设计。领导航天器的状态变量对于相对运动方程来说能够看成为独立变量，因而领导航天器的控制器可以利用最优控制方法或次优控制方法单独进行设计。对于跟随航天器的控制器设计则采用以下方法进行设计。

设跟随航天器的代价函数为

$$J = \frac{1}{2}\int_0^\infty [\boldsymbol{x}^T \boldsymbol{Q}\boldsymbol{x} + \boldsymbol{u}^T \boldsymbol{R}\boldsymbol{u}]\mathrm{d}t$$

式中的权重函数可以选择为

$$\boldsymbol{Q} = \mathrm{diag}(q_{11}, q_{22}, q_{33}, q_{44}, q_{55}, q_{66}), \quad \boldsymbol{R} = \mathrm{diag}(r_{11}, r_{22}, r_{33})$$

为了使用次优控制技术，需要满足条件 $\boldsymbol{f}(\boldsymbol{0}) = \boldsymbol{0}$，但是由于式(12.90)中的项

$$(1-\mu)\left[\frac{x_{11}+\mu}{r_{11}^3} - \frac{(x_{11}+x_1)+\mu}{\|r_{11}+\rho\|^3}\right] + (\mu-\mu_0)\left[\frac{x_{11}-(1-\mu)}{r_{21}^3} - \frac{(x_{11}+x_1)-(1-\mu)}{\|r_{21}+\rho\|^3}\right] + \mu_0\left[\frac{x_{11}-\mu-k\cos n_1 t}{r_{31}^3} - \frac{(x_{11}+x_1)-\mu-k\cos n_1 t}{\|r_{31}+\rho\|^3}\right]$$

和式(12.92)中的项

$$(1-\mu)\left[\frac{x_{31}}{r_{11}^3} - \frac{x_{31}+x_3}{\|r_{11}+\rho\|^3}\right] + (\mu-\mu_0)\left[\frac{x_{31}}{r_{21}^3} - \frac{x_{31}+x_3}{\|r_{21}+\rho\|^3}\right] + \mu_0\left[\frac{(x_{31}-k\sin n_1 t)}{r_{31}^3} - \frac{(x_{31}+x_3)-k\sin n_1 t}{\|r_{31}+\rho\|^3}\right]$$

以及式(12.94)中的项

$$(1-\mu)\left[\frac{x_{51}}{r_{11}^3} - \frac{x_{51}+x_5}{\|r_{11}+\rho\|^3}\right] + (\mu-\mu_0)\left[\frac{x_{51}}{r_{21}^3} - \frac{x_{51}+x_5}{\|r_{21}+\rho\|^3}\right] + \mu_0\left[\frac{x_{51}}{r_{31}^3} - \frac{x_{51}+x_5}{\|r_{31}+\rho\|^3}\right]$$

会产生偏差，使得状态不能为零，因而需要消除这几项所产生的影响。和上一节一样，我们依然采用 $\dot{s}_1 = -\lambda_1 s_1$ 和 $\dot{s}_2 = -\lambda_2 s_2$ 来消除偏差项的影响，则系统的状态方程可以改写为

$$\begin{bmatrix}\dot{x}_1\\ \dot{x}_2\\ \dot{x}_3\\ \dot{x}_4\\ \dot{x}_5\\ \dot{x}_6\\ \dot{x}_7\\ \dot{x}_8\end{bmatrix} = \begin{bmatrix} 0 & 1 & 0 & 0 & 0 & 0 & 0 & 0\\ 1 & 0 & 0 & 2 & 0 & 0 & a_{27} & 0\\ 0 & 0 & 0 & 1 & 0 & 0 & 0 & 0\\ 0 & -2 & 1 & 0 & 0 & 0 & 0 & a_{48}\\ 0 & 0 & 0 & 0 & 0 & 1 & 0 & 0\\ 0 & 0 & 0 & 0 & a_{65} & 0 & 0 & 0\\ 0 & 0 & 0 & 0 & 0 & 0 & \lambda_1 & 0\\ 0 & 0 & 0 & 0 & 0 & 0 & 0 & \lambda_2 \end{bmatrix}_{t=t_1} \begin{bmatrix}x_1\\ x_2\\ x_3\\ x_4\\ x_5\\ x_6\\ x_7\\ x_8\end{bmatrix} + \begin{bmatrix} 0&0&0\\ 1&0&0\\ 0&0&0\\ 0&1&0\\ 0&0&0\\ 0&0&1\\ 0&0&0\\ 0&0&0 \end{bmatrix}\begin{bmatrix}u_x\\ u_y\\ u_z\end{bmatrix} \tag{12.97}$$

其中

$$a_{27} = (1-\mu)\left[\frac{x_{11}+\mu}{r_{11}^3 s_1} - \frac{(x_{11}+x_1)+\mu}{\|r_{11}+\rho\|^3 s_1}\right] + (\mu-\mu_0)\left[\frac{x_{11}-(1-\mu)}{r_{21}^3 s_1} - \frac{(x_{11}+x_1)-(1-\mu)}{\|r_{21}+\rho\|^3 s_1}\right] + \mu_0\left[\frac{x_{11}-\mu-k\cos n_1 t}{r_{31}^3 s_1} - \frac{(x_{11}+x_1)-\mu-k\cos n_1 t}{\|r_{31}+\rho\|^3 s_1}\right]$$

$$a_{48}=(1-\mu)\left[\frac{x_{31}}{r_{11}^{3}s_2}-\frac{x_{31}+x_3}{\|r_{11}+\rho\|^{3}s_2}\right]+(\mu-\mu_0)\left[\frac{x_{31}}{r_{21}^{3}s_2}-\frac{x_{31}+x_3}{\|r_{21}+\rho\|^{3}s}\right]+$$

$$\mu_0\left[\frac{x_{31}-k\sin n_1 t}{r_{31}^{3}s_2}-\frac{(x_{31}+x_3)-k\sin n_1 t}{\|r_{31}+\rho\|^{3}s_2}\right]$$

$$a_{65}=(1-\mu)\left[\frac{x_{51}}{r_{11}^{3}}-\frac{x_{51}+x_5}{\|r_{11}+\rho\|^{3}}\right]+(\mu-\mu_0)\left[\frac{x_{51}}{r_{21}^{3}}-\frac{x_{51}+x_5}{\|r_{21}+\rho\|^{3}}\right]+\mu_0\left[\frac{x_{51}}{r_{31}^{3}}-\frac{x_{51}+x_5}{\|r_{31}+\rho\|^{3}}\right]$$

利用次优控制技术，选择非线性方程为

$$\dot{\boldsymbol{x}}=\left[\boldsymbol{f}(\boldsymbol{x}_0)+\theta\left(\frac{\boldsymbol{f}(\boldsymbol{x})-\boldsymbol{f}(\boldsymbol{x}_0)}{\theta}\right)\right]\boldsymbol{x}+\boldsymbol{gu} \tag{12.98}$$

选用式(12.98)的好处在于，如果选择 $\boldsymbol{A}_0=\boldsymbol{f}(\boldsymbol{x}_0)$，那么对于求解的 $\boldsymbol{T}_0$ 便可以获得更多的系统信息。一旦 $\boldsymbol{A}_0$，$\boldsymbol{Q}$ 和 $\boldsymbol{R}$ 被确定，就可以根据上一节的改进的非线性系统次优控制技术来获得 $\boldsymbol{T}_1$ 和 $\boldsymbol{T}_2$，因此最终反馈控制器的设计采用的形式为

$$\boldsymbol{u}=-\boldsymbol{R}^{-1}\boldsymbol{g}^{\mathrm{T}}[\boldsymbol{T}_0(\boldsymbol{0},t_1)+\boldsymbol{T}_1[(\boldsymbol{x},t_1),\theta]\theta+\boldsymbol{T}_2[(\boldsymbol{x},t_1),\theta]\theta^2](\boldsymbol{x}-\boldsymbol{x}_{\mathrm{r}}) \tag{12.99}$$

其中，$\boldsymbol{x}_{\mathrm{r}}=[x_{1\mathrm{r}}\quad x_{2\mathrm{r}}\quad x_{3\mathrm{r}}\quad x_{4\mathrm{r}}\quad x_{5\mathrm{r}}\quad x_{6\mathrm{r}}\quad 0\quad 0]^{\mathrm{T}}$ 是相对运动的参考轨道。

12.3.3 数字仿真结果

在数字仿真中我们针对一个基本的编队飞行进行研究，假设编队飞行的精度要小于 1 cm，领导航天器的轨道在日地系统 L_2 点的晕轨道上，初始条件为

$$x_0=87\,028.508\,409\,273\ \text{km},\quad y_0=-24\,739.512\,699\,80\ \text{km},\quad z_0=-229\,952.974\,656\,271\ \text{km}$$

$$\dot{x}_0=-8.985\,877\,859\ \text{m/s},\quad \dot{y}_0=-121.605\,674\,977\ \text{m/s},\quad \dot{z}_0=9.457\,953\,755\ \text{m/s}$$

给定编队的相对初始条件为

$$[x(0)\quad \dot{x}(0)\quad y(0)\quad \dot{y}(0)\quad z(0)\quad \dot{z}(0)]^{\mathrm{T}}=[5\quad 0\quad 5\quad 0\quad 5\quad 0]^{\mathrm{T}}\ \text{km}$$

给定跟随航天器与领导航天器之间的距离为 $\|\boldsymbol{\rho}_{\mathrm{c}}\|=100$ km。在不同的 t 时刻，选取不同 $\boldsymbol{Q}$ 和 $\boldsymbol{R}$，例如，在 $t=0$（L_2 点、地球、月球三者共线）时，取 $\boldsymbol{Q}=\mathrm{diag}(1,0,1,0,1,0,0,0)$，$\boldsymbol{R}=\mathrm{diag}(1,1,1)$；在 $t=1$ h 时，选取 $\boldsymbol{Q}=\mathrm{diag}(10^{15},0,10^{15},0,10^{15},0,0,0)$，$\boldsymbol{R}=\mathrm{diag}(1,1,1)$。

选取 $\varepsilon=0.999\,75$，则有

$$\boldsymbol{D}_1=0.000\,25\left[-\frac{\boldsymbol{T}_0\boldsymbol{A}(\boldsymbol{x},t)}{\theta}-\frac{\boldsymbol{A}^{\mathrm{T}}(\boldsymbol{x},t)\boldsymbol{T}_0}{\theta}\right]$$

$$\boldsymbol{D}_2=0.000\,25\left[-\frac{\boldsymbol{T}_1\boldsymbol{A}(\boldsymbol{x})}{\theta}-\frac{\boldsymbol{A}^{\mathrm{T}}(\boldsymbol{x})\boldsymbol{T}_1}{\theta}+\boldsymbol{T}_1\boldsymbol{g}\boldsymbol{R}^{-1}\boldsymbol{g}^{\mathrm{T}}\boldsymbol{T}_1\right]$$

图 12-9 和图 12-10 表示了追踪误差 e_x，e_y 和 e_z，其中 $e_x=x_{\mathrm{r}}-x$，$e_y=y_{\mathrm{r}}-y$，$e_z=z_{\mathrm{r}}-z$，并且 $e_r=\sqrt{e_x^2+e_y^2+e_z^2}$。为了清楚地表示误差的瞬时响应，图 12-9 提供了第一天的误差历史。从图中可以看出，误差在一天内很快降到了零附近。从图 12-10 中可以看出，两天后的误差在 10 mm 的范围内波动。图 12-11 和图 12-12 表示了编队飞行的控制变化过程。从图 12-11 可以看出，控制力从 4 N 很快降到了零附近。从图 12-12 可以看出，保持编队飞行的控制力大约平均为 250 μN。

从上面的分析中可以看出，改进的次优控制对于在月球摄动下晕轨道上编队飞行的控制有很好的效果。这种控制对于涉及复杂的空间环境的深空探测任务，能够通过快速解算 HJB 方程实现在线实时控制。

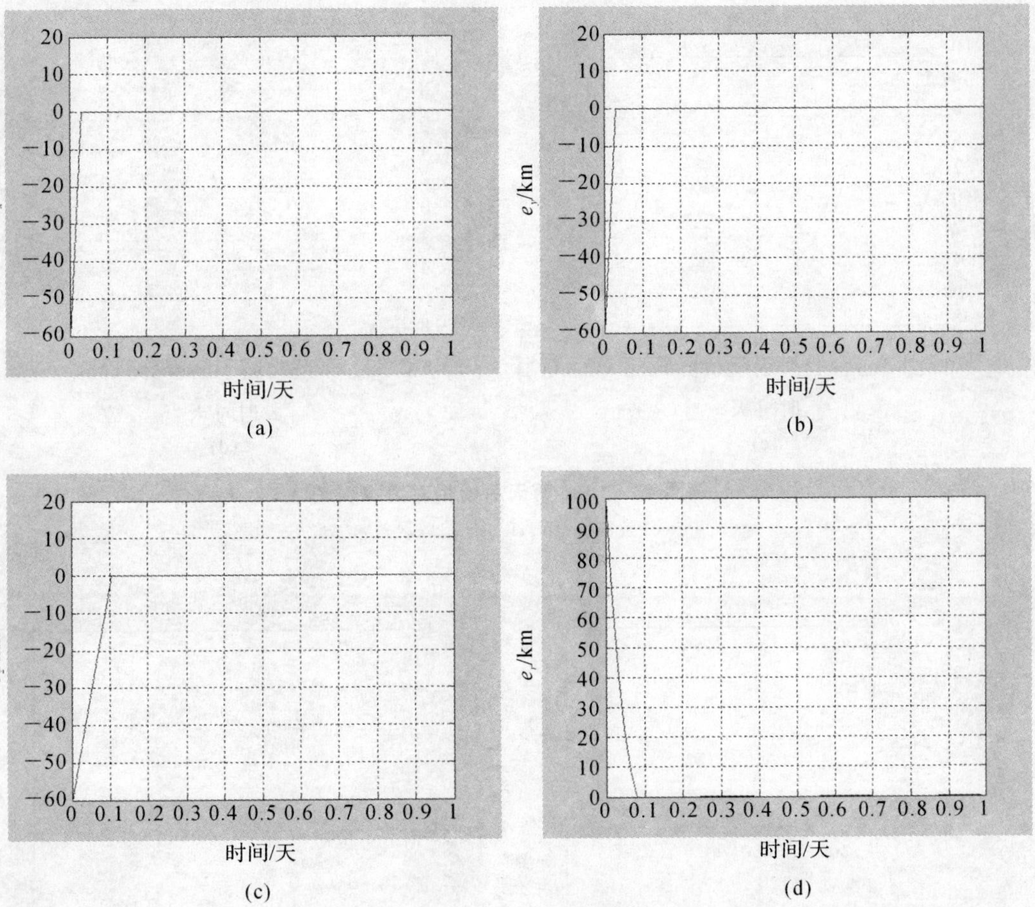

图 12-9　第一天的相对追踪误差

(a) 追踪误差 e_x；(b) 追踪误差 e_y；(c) 追踪误差 e_z；(d) 追踪误差 e_r

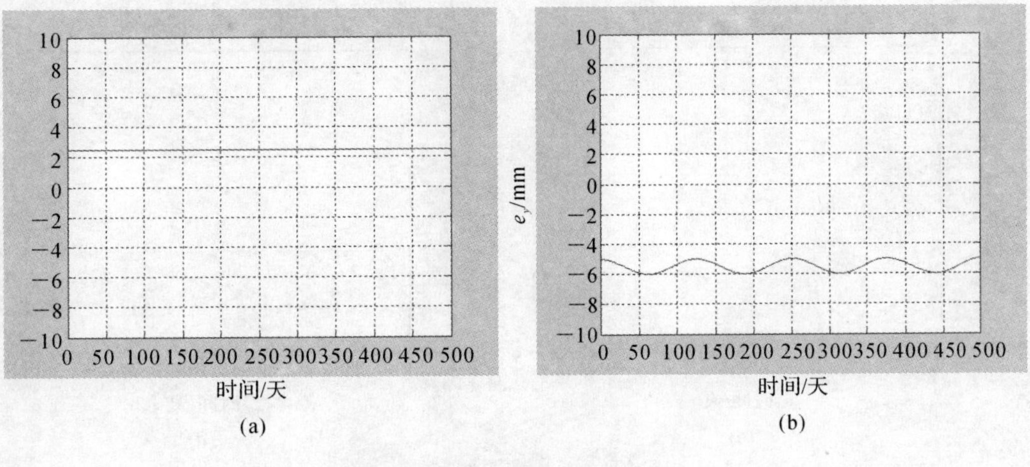

图 12-10　两天后的相对追踪误差

(a) 追踪误差 e_x；(b) 追踪误差 e_y

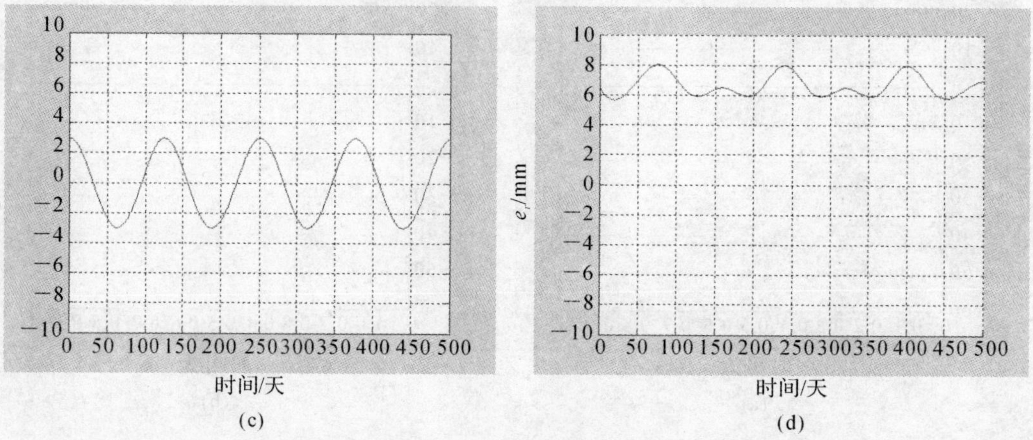

续图 12-10　两天后的相对追踪误差

(c) 追踪误差 e_z；(d) 追踪误差 e_r

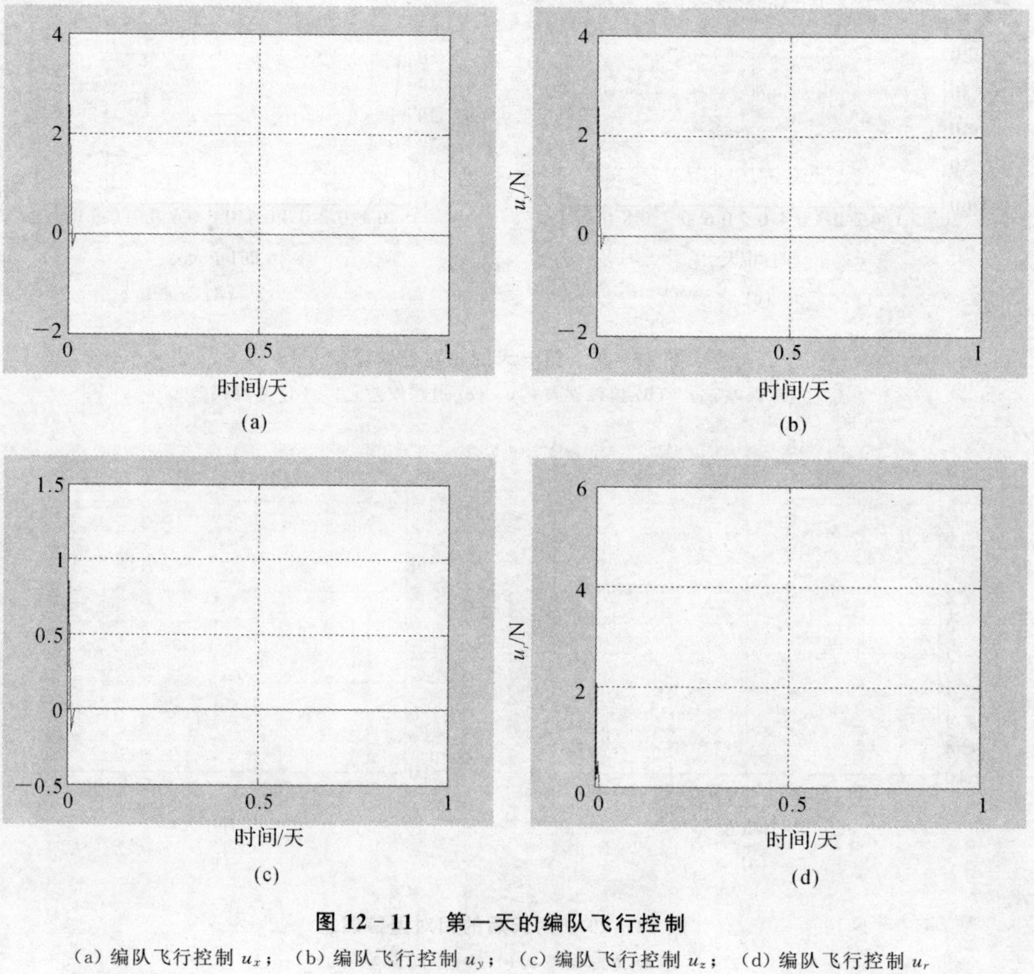

图 12-11　第一天的编队飞行控制

(a) 编队飞行控制 u_x；(b) 编队飞行控制 u_y；(c) 编队飞行控制 u_z；(d) 编队飞行控制 u_r

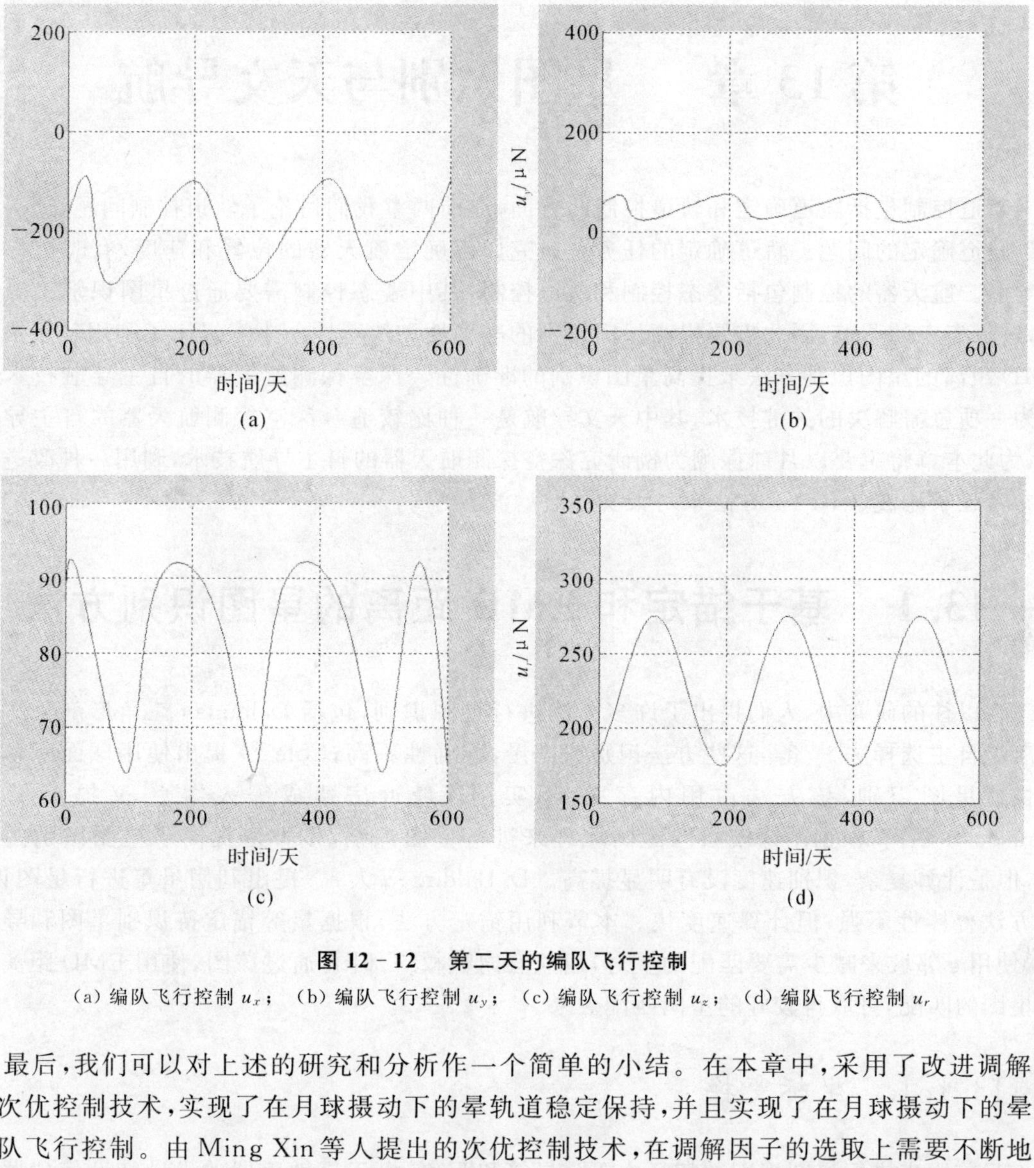

图 12－12　第二天的编队飞行控制

(a) 编队飞行控制 u_x；(b) 编队飞行控制 u_y；(c) 编队飞行控制 u_z；(d) 编队飞行控制 u_r

最后，我们可以对上述的研究和分析作一个简单的小结。在本章中，采用了改进调解因子的次优控制技术，实现了在月球摄动下的晕轨道稳定保持，并且实现了在月球摄动下的晕轨道编队飞行控制。由 Ming Xin 等人提出的次优控制技术，在调解因子的选取上需要不断地进行调整，本章通过对公式的重新推导，提出了一种选取固定调解因子的方法，并给出了求解固定调解因子的公式。这种方法避免了选取调解因子的盲目性，有利于更好地利用次优控制技术。由于在晕轨道稳定性保持问题的研究中，大部分研究都没有涉及摄动情况，其研究要相对简单一些，而我们的研究是在摄动情况下的晕轨道保持问题。文中我们推导了月球摄动下的晕轨道的状态方程，并利用改进的非线性系统次优控制技术对月球摄动下的晕轨道进行了控制，通过设置两个参数 s_1 和 s_2 来消除摄动的影响，取得了很好的控制效果。在本章中我们还对月球摄动下编队飞行的状态方程进行了推导，利用领导航天器和跟随航天器之间的距离，使用改进的非线性系统次优控制技术对航天器编队进行了控制，通过设定参数来消除摄动的影响，从数字仿真结果来看，取得了良好的控制效果。

第 13 章　星图识别与天文导航

轨道控制包括轨道确定和轨道控制两方面，在前两章我们讨论了轨道控制问题，这一章将讨论轨道确定的问题。轨道确定的任务是研究如何确定航天器的位置和速度，有时也称为空间导航。航天器的控制包括姿态控制和轨道控制，其中姿态控制需要通过星图识别来确定姿态，进行姿态的调整，因此需要提高星图识别的准确性和快速性。本章提出了利用基于锚定和EMD距离的星图识别方法来提高星图识别的准确性。深空探测航天器的自主导航技术已经成为一项急需解决的关键技术，其中天文导航是一种比较适合深空探测航天器的自主导航技术，为此本章将主要以月球探测为例研究深空探测航天器的自主导航技术，利用一种改进的代价参考粒子滤波(CRPF)方法来对天文导航滤波。

13.1　基于锚定和 EMD 距离的星图识别方法

在以往的研究中，人们提出了许多方法进行星图识别，包括 Delaunay 三角形剖分法[378]，导航星自主选择法[379]等，这些方法识别速度慢，准确性不高；Cole[380]提出使用球面三角形进行快速星图识别，该方法占用内存大，不实用。最近房建成等人[381-382]又提出了利用 Hausdorff 距离，根据图像模板匹配的原理来进行星图识别，该方法提高了星图识别的鲁棒性，但是计算复杂，识别速度没有明显提高。D. Baldini 等人[383]提出利用星等进行星图识别，该方法鲁棒性不强，但计算速度快。本节利用锚定方法，根据星等锚定待识别星图和导航星图，使用 ε 邻域来减少需要匹配的星对，建立有向赋权二部图，通过该图，使用 EMD 距离来判定星图的匹配，可取得较好的星图匹配效果。

13.1.1　坐标变换

目前用来进行星图识别的特征主要是星等和距离，由于星敏感器的光谱特性使仪器星等与视星等有较大的误差(可达 ±1 星等)，因而星等不能作为主要特征，但可以作为辅助特征，因为在同一幅星图中，星等的差别是一定的。位置数据由于在真空中获取，并采用内差细分技术(光点中心位置精度优于 1/10 像元)，因而十分可靠和精确，它是主要的识别特征。由星敏感器测到的星图通过坐标变换可以和存储于导航星库中的星座数据库进行比对，用于星图识别。

如图 13-1 所示，设恒星 P 在地心天球坐标系中的坐标为(α,β)，Q 为天赤道圈与零经度线的交点，并且位置向量 $\mathbf{V}$ 为

$$\mathbf{V}=\begin{bmatrix}x\\y\\z\end{bmatrix}=\begin{bmatrix}\cos\alpha\cos\beta\\\sin\alpha\cos\beta\\\sin\beta\end{bmatrix}\tag{13.1}$$

式中，$x^2+y^2+z^2=1$。

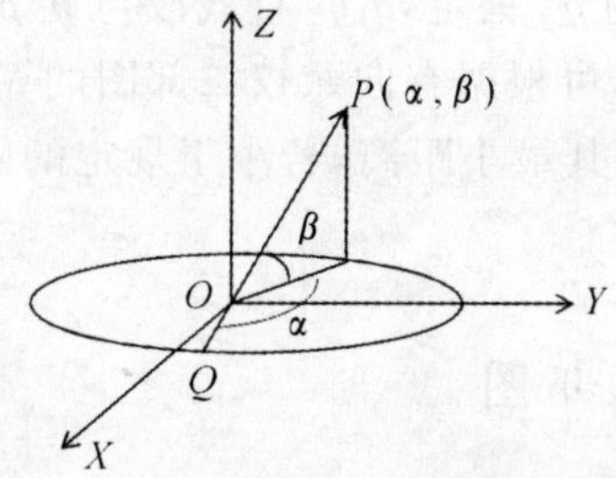

图 13-1　地心天球坐标系与位置向量 V 的示意图

经过上述处理，完备空间中的所有点都变换到单位球面上，然后投影到 $X-Y$ 平面上就形成了二维平面图。

13.1.2　锚定法

设点集 $P=\{p_1,p_2,\cdots,p_n\}$，$Q=\{q_1,q_2,\cdots,q_k\}$，其中 $k\leqslant n$，现在需要在 P 的点集中查询是否存在和 Q 匹配的 k 子集。首先假设 P 中的点邻域 ε 是相互不重叠的，有下列命题存在：

命题　如果存在一个变换矩阵 $\boldsymbol{T}(Q)$，使得 Q 中的一个点 q_i 与 P 中的一个点 p_i 能够满足 Q 中的 $k-1$ 个点落于 P 中的 $k-1$ 个点的 ε 邻域周围的要求，则存在另外一个变换矩阵 $\boldsymbol{T}'(Q)$，该矩阵能够产生同样的匹配，而且该矩阵能够由锚定 q_i 和 p_i 以及放置于 Q 中的另一点 q_j 到 P 中的点 p_j 的 ε 邻域内获得。

证明　如果存在一个变换矩阵 $\boldsymbol{T}$，使得 $q_i\in Q$ 与 $p_i\in P$ 相匹配，并且所有别的点 $q_j\in Q\backslash\{q_i\}$ 位于 P 中某些点的 ε 邻域周围，现在固定 q_i 在 p_i 上，然后逆时针旋转 Q 中除 q_i 所有的点，直到一个点 q_j 落入一个 ε 圆内，注意到，这时候每一个 $q_k\in Q\backslash\{q_i,q_j\}$ 都位于对应的 P 中的点的 ε 邻域内。

命题说明了当 Q 中的一个点 q_i 和 P 中的一个点 p_i 锚定时，旋转 Q 中所有的点，使其落于 P 中的某些点的邻域内，则 Q 的点集和 P 中的 k 个点的子集相匹配。选取 P 点集中两点之间最小距离的一半作为 ε，作出各点的 ε 邻域圆，Q 中的点 q_i 通过坐标平移，使得点 q_i 与 P 中的点 p_i 锚定。选取 Q 中的点 q_i 和 q_j，连接两点，以点 q_i 为圆心，旋转 Q 中的所有点，使得 q_iq_j 的连线与 p_ip_j 的连线重合，如果 Q 和 P 的 k 子集匹配，则 Q 中的点应落于 P 的 k 子集的各点的 ε 邻域圆内，如图 13-2 所示。

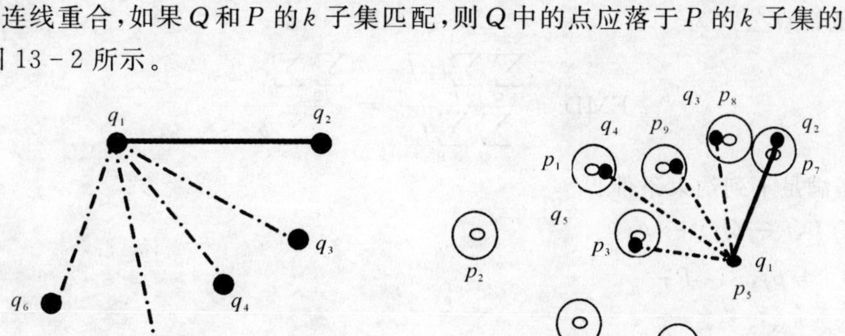

图 13-2　Q 点集和 P 点集 k 子集匹配示意图

在图 13-2 中，由于 p_8 和 p_7 之间的距离最小，选取两点之间距离的一半作为 ε，由图中可看出 Q 点集中的 q_1 和 P 点集中的 p_5 锚定，q_1q_2 直线段与 p_5p_7 的直线段重合。对于 Q 点集中没有落于 P 点集的 ε 邻域内的点，可根据有向赋权二部图的算法，找出与之对应的 P 点集中的点，然后根据 EMD 距离公式计算其最小距离，若小于规定的阈值，则可确定 Q 点集是和 P 点集匹配的。

13.1.3 有向赋权二部图

定理 13.1 设 G 是具有二部划分 (V_1,V_2) 的二分图，其相应的网络为 N，则 N 的流给出 G 的一个匹配，顶点 $x\in V_1$ 与 $y\in V_2$ 匹配，当且仅当边 $<x,y>$ 的流量为 1 时，N 的最大流对应与 G 的最大匹配[384]。

根据该定理，设网络 N 的流 f_{ij} 取值为 0 或 1，则当 $f_{ij}=1$ 时，存在一个 M 的匹配，当所有的 f_{ij} 取为 1 时，网络 N 取最大流，并且该最大流所对应的匹配即为 G 的最大匹配，是完美匹配。把距离看成是有向赋权二部图的权，对于点集 Q 和点集 P，假设 Q 中的已经有 μ 个点落于点集 P 中的 μ 个点的邻域内，设 $\boldsymbol{C}=[c_{ij}]$ 是 $(k-\mu)\times(n-\mu)$ 矩阵，其中 c_{ij} 是距离函数，表示 Q 中的点 q_i 到 P 中的点 p_j 的距离，点集 Q 和点集 P 构成二部图。利用距离函数 c_{ij}，根据 Kuhn-Munkres 算法，找出点集 Q 和点集 P 中的点之间的最优匹配集合 M，则 M 是 $(k-\mu)\times(n-\mu)$ 的子集，在该子集中 q_i 和 p_j 是一对一匹配的，于是有

$$c(M)=\sum_{(q_i,p_j)\in M}c(q_i,p_j) \tag{13.2}$$

其中取 $c(q_i,p_j)=L_2^2(q_i,p_j)$，$L_2$ 是欧式空间中的距离，$L_2(q_i,p_j)=\sqrt{d_x^2+d_y^2}$，$d_x=|x_{q_i}-x_{p_j}|$，$d_y=|y_{q_i}-y_{p_j}|$。

13.1.4 EMD 距离

EMD 距离最早是由 Yossi Rubner 等人[385] 在 2000 年提出的，其原理可以形象地说明为运输 n 堆土通过一定距离来填充 k 个洞所需要做的最小功(其中一堆土可以填充一个洞)。该距离强调的是一对一的匹配，而 hausdorff 距离则是一对多的匹配。EMD 距离能够极大地增强星图识别的鲁棒性，提高识别率。

EMD 的计算公式为

$$\text{EMD}=\frac{\sum_{i\in Q}\sum_{j\in P}c_{ij}f_{ij}}{\sum_{i\in Q}\sum_{j\in P}f_{ij}}=\frac{\sum_{i\in Q}\sum_{j\in P}c_{ij}f_{ij}}{\sum_{j\in P}p_j} \tag{13.3}$$

式(13.3) 需满足下列约束条件：

1) $f_{ij}\geqslant 0, i\in Q, j\in p$；

2) $\sum_{i\in Q}f_{ij}=p_j, j\in P$；

3) $\sum_{j\in P}p_j\leqslant\sum_{i\in Q}q_i$。

在上述公式中，q_i 是供应者，p_j 是消费者，约束 1) 使得流量只能从 Q 点集流向 P 点集，而

不能逆向进行。约束 2) 强迫 Q 点集中的一个点只能和 P 点集中的一个点匹配。约束 3) 保证了 Q 点集中点的个数(其中包含伪星)大于 P 点集中点的个数(其中包含伪星)。式中 f_{ij} 取值是 0 或 1。

根据 EMD 距离公式计算出最小距离，取阈值为 0.2，小于阈值，则认为 Q 点集与 P 点集匹配。

13.1.5　基于锚定和 EMD 距离的星图识别方法的具体步骤

(1) 初始化星坐标和星等。

(2) 设初始化待识别星图点集为 $Q=(q_1,q_2,\cdots,q_k)$，导航星库的点集为 $P=(p_1,p_2,\cdots,p_n)$。

(3) 计算 P 点集中的点之间的距离，选取最小的距离，设为 σ，取 $\varepsilon=\sigma/2$，以 ε 为半径、以 P 点集中的各点为圆心，作各点的 ε 邻域。

(4) 选取 Q 点集中最低的星等 q_i 和 P 点集中的最低星等 p_i 锚定。

(5) 选取 Q 点集中的次最低星等的星 q_j，连接 q_i 和 q_j，以 q_i 为圆心，旋转 q_iq_j，使 q_j 落于 p_j(次最低星等) 的 ε 邻域内，若有 q_j 点落于 p_j 的 ε 邻域内，则进行下一步。若没有，则令 $Q=Q\backslash\{q_i\}$，$P=P\backslash\{p_i\}$，返回(4)，选取 q_j 和 p_j 锚定，然后按(5) 进行。若最终没有可锚定的，则跳到(8)。

(6) 使 q_iq_j 连线与 p_ip_j 连线重合，检查 $Q\backslash\{q_i,q_j\}$ 中的点是否全部落入 $P\backslash\{p_i,p_j\}$ 的邻域内，若是则转到(9)。若不是，则以 $q_i(p_i)$ 为源点，$q_j(p_j)$ 为汇点，把没有落于 ε 邻域的点建立赋权二部图。根据 Kuhn-Munkres 算法，找出点集 $Q\backslash\{q_i,q_j\}$ 和点集 $P\backslash\{p_i,p_j\}$ 中的点之间的最优匹配集合 M。

(7) 计算 $c(M)$，利用式(13.3) 所给出的计算 EMD 距离的公式计算 EMD 距离，和最小阈值比较，大于阈值则转入(8)，小于阈值则转入(9)。

(8) 若星图不匹配，则寻找新的星图。

(9) 若星图匹配，则算法完成，表明星图匹配成功。

13.1.6　基于锚定和 EMD 距离的星图识别方法的数字仿真结果

本文利用 Monte Carlo 方法随机产生满足要求的模拟圆形视场，其视场大小 $F_x\times F_y=8°\times6°$，CCD 面阵 $N\times N=768\times576$，CCD 透镜焦距 $f=181.527$ mm，每个像素大小为 $d_h\times d_v=26\times26\ \mu\text{m}^2$。仿真实验中，随机产生敏感器视轴($\alpha_0,\beta_0$)，测量星等及位置误差均假设为服从正态分布的随机变量。当星等精度为 0.5 星等(3σ)、位置精度为 $10''(1\sigma)$ 时，算法的识别成功率为 99.2%(2 000 次采样样本)。由图 13-3 可以看出，位置误差对识别成功率的影响比较小。由图 13-4 可以看出，星等误差对于识别率的影响较大，主要是在锚定星图时，星等的误差对于星图匹配有较大的影响。由于在星图识别时采用了锚定法，减少了星对，因而减少了匹配的时间，恒星数目越多，这种效果越明显，图 13-5 显示了利用 Hausdorff(HD)距离进行星图识别和用本文方法进行星图识别时所需时间，从图中可看出，随着恒星数的增加，本文方法所用时间没有明显增加，而 HD 方法所需时间则明显增多。

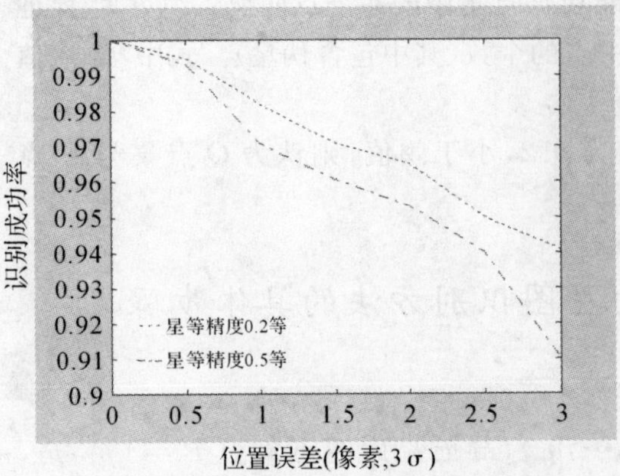

图 13-3　位置误差对于识别率的影响

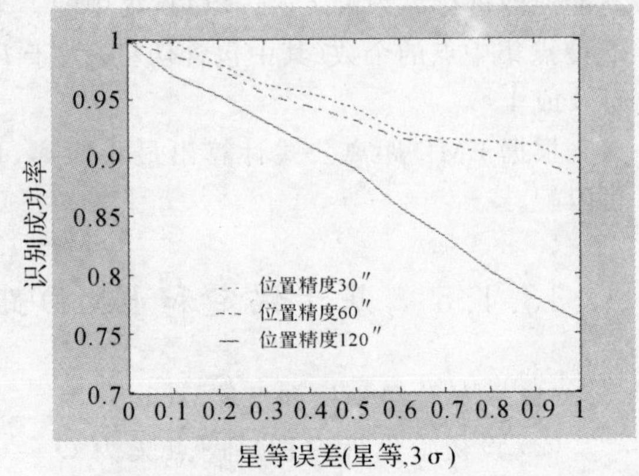

图 13-4　星等误差对于识别率的影响

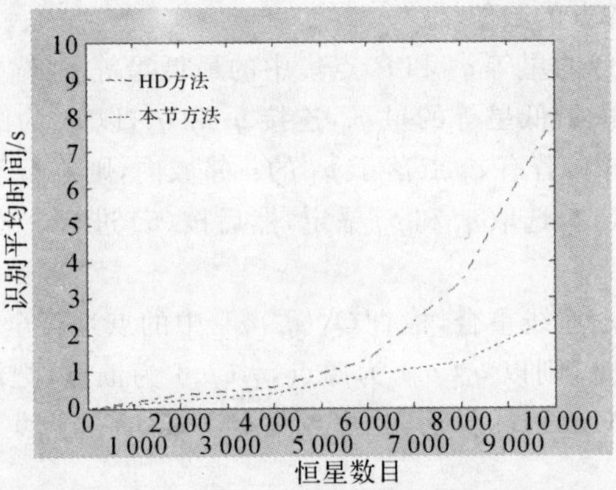

图 13-5　HD 方法与本节方法需要时间比较

13.1.7　小结

本节针对现有的识别算法存在识别速度慢、识别成功率低等问题，提出了一种新的星图识别方法。这种方法利用锚定方法，根据星等锚定待识别的星图和导航星图，使用 ε 邻域来减少需要匹配的星对，建立有向赋权二部图，根据该图使用 EMD 距离来判定星图的匹配。这种方法减少了星图匹配时所需的星对，减少了运算时间，同时利用 EMD 距离方法，使得恒星可以进行一对一的匹配，提高了识别的成功率。与利用 Hausdorff 距离进行星图识别的方法相比，在导航星的数目较多时，该方法的星图识别速度有明显提高。

13.2　改进的代价参考粒子滤波在自主天文导航中的应用

自主天文导航系统属于非线性系统，且其噪声的分布不能简单地视为高斯噪声，因此必须采用先进的非线性滤波方法。近年来，用于天文导航的非线性滤波方法可以分为两类：① 扩展卡尔曼滤波(EKF)[386] 和无迹卡尔曼滤波(UKF)[387];② 粒子滤波(PF)[388]。粒子滤波是一种利用一些随机样本(粒子)来表示系统状态变量的后验概率分布的递推贝叶斯滤波方法。随着计算机性能的提高,由于其在处理非线性、非高斯系统方面的优势得到日益广泛的应用,在天文导航中也得到了广泛的应用。序贯重采样法(SIS)[389] 是目前应用最广泛也是最基本的一种粒子滤波方法。该方法存在退化现象,即滤波一段时间后,粒子之间的权值两极分化,仅有较大的少数粒子对结果起主导作用,而其他粒子则对结果几乎没有影响。消除退化主要依赖于两个关键技术:选取适当的重要密度函数和进行再采样(或称重采样)。对前者的改进方法包括 EKPF 方法,UPF[390] 方法,APF[391] 方法等,而对后者来说,当前的重采样方法主要有 RR(Residual Resampling) 方法,SR(Systematic Resampling)[392] 方法等。以上方法从不同程度、不同角度改进了 SIS 方法,但是重采样技术带来了粒子枯竭的问题。以上方法统称为统计参考粒子滤波(SRPF) 方法。

本节根据 Joaquin Miguez 提出的代价参考粒子滤波(CRPF) 方法[393-394],使用代价函数来代替统计参考粒子滤波中的后验概率密度函数,引进风险函数来进行下一步预测及更新,利用概率质量函数赋予不同的粒子以不同的权重,消除了粒子枯竭的问题,并将该方法中固定的遗忘因子改为自动调整的遗忘因子,提高了滤波的精度和效果。将该方法用于天文导航,取得了很好的效果。

13.2.1　状态方程和代价函数

设系统的状态方程为

$$\boldsymbol{x}_t = \boldsymbol{f}_x(\boldsymbol{x}_{t-1}) + \boldsymbol{\mu}_t \tag{13.4}$$

$$\boldsymbol{y}_t = \boldsymbol{f}_y(\boldsymbol{x}_t) + \boldsymbol{v}_t \tag{13.5}$$

式(13.4) 为状态方程,式(13.5) 为量测方程,其中 $\boldsymbol{f}_x:\mathbf{R}^{Lx} \to \mathbf{R}^{Lx}$ 为状态转移函数,$\boldsymbol{f}_y:\mathbf{R}^{Ly} \to \mathbf{R}^{Ly}$ 为量测转移函数,$\boldsymbol{\mu}_t$ 为系统噪声(非高斯非线性),$\boldsymbol{v}_t$ 为量测噪声(非高斯非线性)。设系统的代价函数的递归函数为

$$c(\boldsymbol{x}_{0,t} \mid \boldsymbol{y}_{1,t},\lambda) = \lambda(\boldsymbol{x}_{0,t-1} \mid \boldsymbol{y}_{1,t-1}) + \Delta c(\boldsymbol{x}_t \mid \boldsymbol{y}_t) \tag{13.6}$$

其中 $0 < \lambda < 1$ 是遗忘因子,$\Delta c:\mathbf{R}^{Lx} \times \mathbf{R}^{Ly} \to \mathbf{R}$ 是增益函数。代价函数的定义域为 $c:\mathbf{R}^{(t+1)Lx} \times \mathbf{R}^{tLy} \times \mathbf{R} \to \mathbf{R}$,代价函数值越高表示估计效果越差,代价函数值越低表示估计值越接近于真值,因此寻找低代价函数的粒子是该滤波器的主要设计思想。

代价函数的选择可表示为

$$c(\boldsymbol{x}_0) = 0 \tag{13.7}$$

$$\Delta c(\boldsymbol{x}_t \mid \boldsymbol{y}_t) = \| \boldsymbol{y}_t - \boldsymbol{f}_y(\boldsymbol{x}_t) \|^q, \quad q = 1,2,\cdots \tag{13.8}$$

遗忘因子 λ 的作用是当数据序列较长时,避免旧的观测数据的影响过大。在原代价参考粒子滤波方法中遗忘因子采用固定值,本文采用自动调整的遗忘因子,主要是对于动态特性变化较大的系统,随着动态特性的变化自动调整遗忘因子。当系统状态变化快时,自动选择较小的遗忘因子,突出当前数据的作用,以反映系统的快速变化的动态特性,从而改善滤波性能;在状态变化较慢时,自动选择较大的遗忘因子,增加记忆长度,以提高滤波精度。于是,这种自动调整的遗忘因子 λ 可选择为

$$\lambda = 1 - \frac{R(\boldsymbol{x}_{t-1} \mid \boldsymbol{y}_t)}{\sum_{t=0}^{k} R(\boldsymbol{x}_{t-1} \mid \boldsymbol{y}_t)} \tag{13.9}$$

其中 $R(\boldsymbol{x}_{t-1} \mid \boldsymbol{y}_t)$ 是风险函数，根据观测值 $\boldsymbol{y}_t$ 判断下一时刻的状态估计是否满足要求，是一个对于步长的预测。根据式(13.4) 和式(13.6)，可选择风险函数为

$$R(\boldsymbol{x}_{t-1} \mid \boldsymbol{y}_t) = \Delta c(\boldsymbol{f}_x(\boldsymbol{x}_{t-1}) \mid \boldsymbol{y}_t) \tag{13.10}$$

根据式(13.8) 所给出的代价函数的定义可得

$$R(\boldsymbol{x}_t \mid \boldsymbol{y}_{t+1}) = \| \boldsymbol{y}_{t+1} - \boldsymbol{f}_y(\boldsymbol{f}_x(\boldsymbol{x}_t)) \|^q \tag{13.11}$$

构建权重粒子集，设粒子集为 S，则在 t 时刻的粒子集可表示为

$$S_t = \{x_t^i, c_t^i\}_{i=1}^m \tag{13.12}$$

其中 $c_t^i = c(x_{0,t}^i \mid y_{1,t}, \lambda)$，表示状态网格随机传播的轨迹。

13.2.2 改进的代价参考粒子滤波算法的具体步骤

1. 权重粒子集进行初始化

在边界点 I_{x_0} 处，提取 m 个粒子 $x_0^i \sim U(I_{x_0})$，其中 $i=1,2,\cdots,m$，$U(I_{x_0})$ 是均匀分布，并指定它们的代价为 0，则初始加权粒子集为

$$S_0 = \{x_0^i, c_0^i\}_{i=1}^m \tag{13.13}$$

其中 $c_0^i = 0$。

2. 选择 $t+1$ 时刻的最佳网格轨线

选择 $t+1$ 时刻的最佳网格轨线的目的是为了复制低代价粒子，放弃高代价粒子，这一过程由重采样方法实现。传统的统计参考粒子滤波的重采样是对于粒子赋予相同权重，这是粒子枯竭的主要原因，代价参考粒子滤波对于不同的粒子赋予不同的权值，由式(13.6) 和式(13.10) 可得粒子 i 的风险值的计算公式为

$$R_{t+1}^{(i)} = \lambda c_t^i + R(x_t^i \mid y_{t+1}) \tag{13.14}$$

式中 $i=1,2,\cdots,m$。

根据粒子风险对粒子进行重采样，设概率质量函数为 π，则它服从下面的表达式：

$$\hat{\pi}_{t+1}^{(i)} \propto \mu(R_{t+1}^{(i)}) \tag{13.15}$$

其中 $\mu: \mathbf{R} \to [0, +\infty)$ 是一个单调递减函数。选取

$$\hat{\pi}_{t+1}^{(i)} = \frac{(R_{t+1}^{(i)})^{-1}}{\sum_{i=1}^{M} (R_{t+1}^{(i)})^{-1}} \tag{13.16}$$

式(13.16) 有一个缺点，在有些情况下，可能 $\max\limits_{i=1}\{R_{t+1}^{(i)}\} - \min\limits_{i=1}\{R_{t+1}^{(i)}\}$ 比风险函数的平均值 $\frac{1}{m}\sum_{i=1}^{m} R_{t+1}^{(i)}$ 小很多，因此我们对式(13.16) 进行了改进，将式(13.16) 改变为

$$\hat{\pi}_{t+1}^{(i)} = \frac{(R_{t+1}^{(i)} - \min\limits_{j \in \{1,2,\cdots,m\}} R_{t+1}^{(j)} + \delta)^{-\beta}}{\sum_{i=1}^{m} (R_{t+1}^{(i)} - \min\limits_{j \in \{1,2,\cdots,m\}} R_{t+1}^{(j)} + \delta)^{-\beta}} \tag{13.17}$$

式中减去了最小的风险函数，并且加进了 δ 和 β 两个参数，$0<\delta<1$，$\beta>1$，可以通过减少 δ 或增加 β 的值来提高对于低代价粒子的分辨率。根据概率质量函数 $\hat{\pi}_{t+1}^{(i)}$ 重采样 $\{x_t^{(i)}\}_{i=1}^{m}$ 的轨线可以得到一个中间的权重粒子集，我们特别地选择有着 $\hat{\pi}_{t+1}^{(k)}$ 权重的 $x_t^{(k)}$ 使得 $x_t^{(k)}=t^{(i)}$，于是可以构建粒子集为 $\hat{S}_t=\{\hat{x}_t^{(i)},\hat{c}_t^{(i)}\}_{i=1}^{m}$，其中 $\hat{c}_t^{(i)}=c_t^{(k)}$。

3. $t+1$ 时刻粒子的随机传播

选择一个任意的条件概率密度函数 $p_{t+1}(x_{t+1}\mid x_t)$，使其满足条件

$$E_{p_{t+1}(x_{t+1}\mid x_t)}[x_{t+1}]=f_x(x_t) \tag{13.18}$$

根据所选择的传播概率密度函数，提取新的粒子 x_{t+1}^i，使其满足关系式

$$x_{t+1}^i \sim p_{t+1}(x_{t+1}\mid t^i) \tag{13.19}$$

则根据式(13.7)，可得更新代价函数为

$$c_{t+1}^{(i)}=\lambda\hat{c}_t^{(i)}+\Delta c_{t+1}^{(i)} \tag{13.20}$$

其中

$$\Delta c_{t+1}^{(i)}=\Delta c(x_{t+1}^i\mid y_{t+1}) \tag{13.21}$$

于是更新的粒子集为

$$S_{t+1}=\{x_{t+1}^i,c_{t+1}^{(i)}\}_{i=1}^{m} \tag{13.22}$$

4. 估计 $t+1$ 时刻的系统状态

根据概率质量函数的定义可得

$$\pi_{t+1}^{(i)}\propto\mu(c_{t+1}^{(i)}) \tag{13.23}$$

与式(13.16) 和式(13.17) 相同，可得概率质量函数表达式为

$$\pi_{t+1}^{(i)}=\frac{(c_{t+1}^{(i)})^{-1}}{\sum_{i=1}^{M}(c_{t+1}^{(i)})^{-1}} \tag{13.24}$$

或

$$\pi_{t+1}^{(i)}=\frac{(c_{t+1}^{(i)}-\min_{j\in\{1,2,\cdots,m\}}c_{t+1}^{(j)}+\delta)^{-\beta}}{\sum_{i=1}^{M}(c_{t+1}^{(i)}-\min_{j\in\{1,2,\cdots,m\}}c_{t+1}^{(j)}+\delta)^{-\beta}} \tag{13.25}$$

最小代价的估计需要求出具有最大概率质量函数的第 i_0 个粒子，则第 i_0 个粒子所拥有的 $t+1$ 时刻的状态即为状态从 $0\sim t+1$ 时刻的最小代价，其数学表达式为

$$i_0=\operatorname{argmax}\{\pi_{t+1}^{(i)}\} \tag{13.26}$$

$$\widetilde{x}_{0,t+1}^{\min}=x_{t+1}^{i_0} \tag{13.27}$$

也可以根据 $\pi_{t+1}^{(i)}$ 计算其均值，即

$$\widetilde{x}_{t+1}^{\text{mean}}=\sum_{i=1}^{m}\pi_{t+1}^{(i)}x_{t+1}^{i} \tag{13.28}$$

13.2.3　改进的代价参考粒子滤波算法在天文导航中的应用

天文导航是通过对观测自然天体所获得的数据进行处理，从而获得航天器所在位置的一

种导航方法。具体方法是根据航天器所观测的导航星、地球和月球之间的几何关系，结合轨道动力学方程，利用先进的滤波方法完成航天器的自主定位导航。奔月航天器在地月空间中运动的轨道大致分为3种：① 地球附近的停泊轨道；② 从地球到月球的地月转移轨道；③ 环月轨道。对于地月转移轨道，本文将利用改进的代价参考粒子滤波（CRPF）方法来完成航天器的自主定位导航。

1. 状态方程的建立

取历元（J2000.0）地心赤道惯性坐标系，为减少计算量，在此选用的奔月航天器的状态模型为三体轨道模型[386-387]，其数学表达式为

$$\left.\begin{aligned}
\frac{dx}{dt}&=v_x+w_x\\
\frac{dy}{dt}&=v_y+w_y\\
\frac{dz}{dt}&=v_z+w_z\\
\frac{dv_x}{dt}&=-\mu_e\frac{x}{r^3}\left[1-J_2\left(\frac{R_e}{r}\right)\left(7.5\frac{z^2}{r^2}-1.5\right)\right]-\mu_m\left(\frac{x-x_m}{r_{sm}^3}+\frac{x_m}{r_m^3}\right)+w_{vx}\\
\frac{dv_y}{dt}&=-\mu_e\frac{y}{r^3}\left[1-J_2\left(\frac{R_e}{r}\right)\left(7.5\frac{z^2}{r^2}-1.5\right)\right]-\mu_m\left(\frac{y-y_m}{r_{sm}^3}+\frac{y_m}{r_m^3}\right)+w_{vy}\\
\frac{dv_z}{dt}&=-\mu_e\frac{z}{r^3}\left[1-J_2\left(\frac{R_e}{r}\right)\left(7.5\frac{z^2}{r^2}-1.5\right)\right]-\mu_m\left(\frac{z-z_m}{r_{sm}^3}+\frac{z_m}{r_m^3}\right)+w_{vz}
\end{aligned}\right\}\tag{13.29}$$

其中

$$r=\sqrt{x^2+y^2+z^2}$$

$$r_{sm}=|r-r_m|=\sqrt{(x-x_m)^2+(y-y_m)^2+(z-z_m)^2}$$

x,y,z,v_x,v_y,v_z 分别为航天器在 X,Y 和 Z 三个方向的位置和速度；μ_e 和 μ_m 分别为地球和月球的引力常数；$\boldsymbol{r}$ 是航天器的位置参数向量，r 为其矢径；x_m,y_m,z_m 和 r_m 分别为月球在 X,Y 和 Z 三个方向的位置分量和矢径；J_2 为地球引力系数；$w_x,w_y,w_z,w_{vx},w_{vy}$ 和 w_{vz} 为系统的随机扰动。

式(13.29)可写为矩阵-向量形式

$$\dot{\boldsymbol{X}}(t)=\boldsymbol{f}(\boldsymbol{X},t)+\boldsymbol{w}(t)\tag{13.30}$$

式中，$\boldsymbol{X}=[x\quad y\quad z\quad v_x\quad v_y\quad v_z]^{\mathrm{T}}$ 为状态向量，$\boldsymbol{W}=[w_x\quad w_y\quad w_z\quad w_{vx}\quad w_{vy}\quad w_{vz}]^{\mathrm{T}}$ 为扰动向量。

2. 天文量测方程

星光角距 α_e 和 α_m 的几何关系如图 13-6 所示，其数学表达式为

$$\alpha_e=\arccos(r_e s)+v_{\alpha e}\tag{13.31}$$

$$\alpha_m=\arccos(r_m s)+v_{\alpha m}\tag{13.32}$$

式中，s 为航天器与导航恒星之间的矢径。

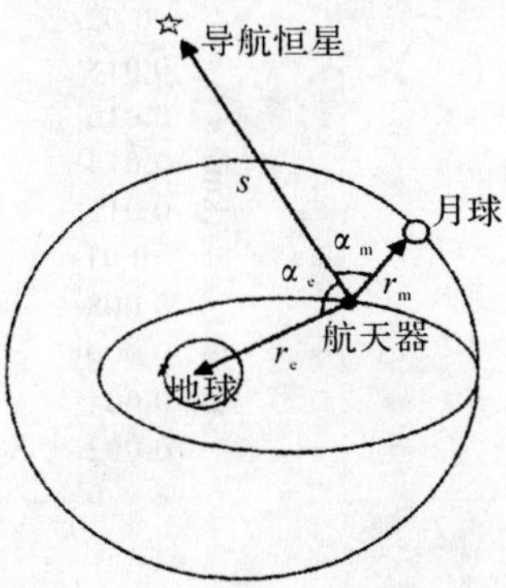

图 13-6　天文导航的观测模型

令 $\boldsymbol{Z}=[\alpha_e \quad \alpha_m]^T$ 为观测量，$\boldsymbol{V}=[v_{\alpha e} \quad v_{\alpha m}]^T$ 为量测噪声。则由式(13.31)和式(13.32)可得天文导航系统的量测方程为

$$\boldsymbol{Z}(t)=[\boldsymbol{\alpha}(t)]^T=\boldsymbol{h}(\boldsymbol{X}(t))+\boldsymbol{v}_\alpha \tag{13.33}$$

3. 改进的代价参考粒子滤波算法在天文导航中应用的数字仿真实验

(1) 数字仿真实验条件。数字仿真实验中我们选用 1995 年美国 DSPSE(深空科学试验计划)中使用的仿真条件，航天器的标称位置和姿态数据由 STK 软件生成，具体条件如下：

1) 坐标系：选取 J2000.0 地心赤道惯性坐标系。

2) 标称轨道参数：半长轴 $a=203\ 340$ km，偏心率 $e=0.967\ 2$，轨道倾角 $i=27.845°$，升交点赤经 $\Omega=319.47°$，近升角距 $\omega=306.14°$。

3) 测量仪器的精度：星敏感器的视场为 20°，地球敏感器的精度为 0.05°，星敏感器的精度为 3″，月球敏感器的精度为度 0.1°。

4) 为了便于比较，仿真中使用固定的三颗导航恒星，分别为大角星(Arcturus)(牧夫座 α，牧夫座中之一等恒星)，河鼓二(Altair)(仙女座 α，又称牛郎星)，井宿三(Alhena)(双子座 γ)。

5) 测量类型：星光角距。

根据以上仿真条件，生成轨道数据和量测数据，在 MATLAB 中对代价参考粒子滤波(CRPF)、无迹粒子滤波(UPF)和本节所提出的改进代价参考粒子滤波三种滤波方法进行仿真，在 UPF 中有效粒子的尺寸取为初始粒子数的 2/3，选取 $m=400$，初始先验分布选取以初始状态向量 $\boldsymbol{X}_0$ 为中心的均匀分布，初始状态偏差 $\delta\boldsymbol{X}=[5\ \text{km} \quad 5\ \text{km} \quad 5\ \text{km} \quad 5\times10^{-3}\ \text{km/s} \quad 5\times10^{-3}\ \text{km/s} \quad 5\times10^{-3}\ \text{km/s}]^T$，CRPF 和本节方法均采用与 UPF 相同的粒子数和初始条件，CRPF 中 $\lambda=0.95$，本节方法中 $\lambda_0=1$，CRPF 和本节方法中其余参数设定为 $q=2$，$\delta=0.01$，$\beta=2$。假定系统噪声服从 γ 分布，量测噪声方差为 $R=(9\times10^{-4}\ \text{rad})^2$。

(2) 数字仿真结果。改进的代价参考粒子滤波算法在天文导航中应用的数字仿真结果如图 13-7、图 13-8 和图 13-9 所示，其中图 13-7 为利用本节所提出的方法所得到的位置误差和速度误差的滤波结果，图 13-8 为利用三种滤波方法所得到的位置误差和速度误差的滤波结果，图 13-9 为自动调整遗忘因子 λ 的变化曲线。

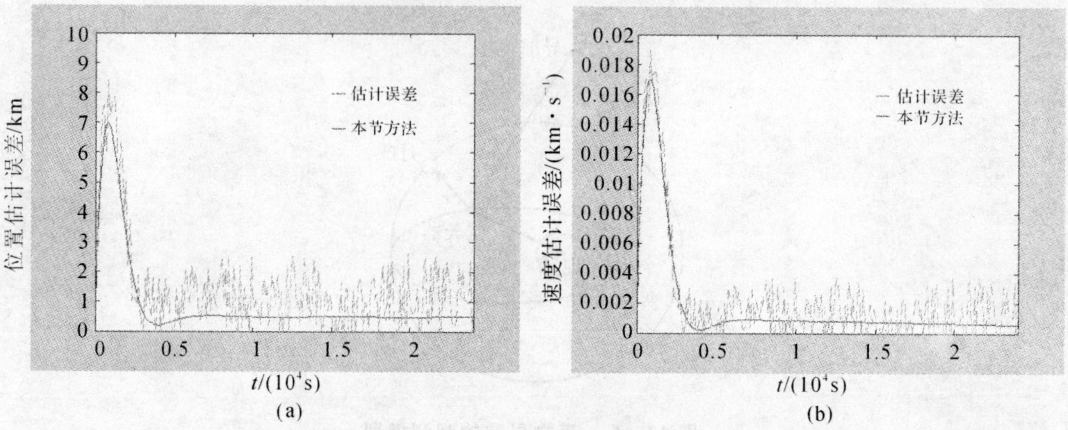

图 13-7　本节方法位置误差和速度误差的滤波结果曲线

(a) 位置误差的滤波结果曲线；(b) 速度误差的滤波结果曲线

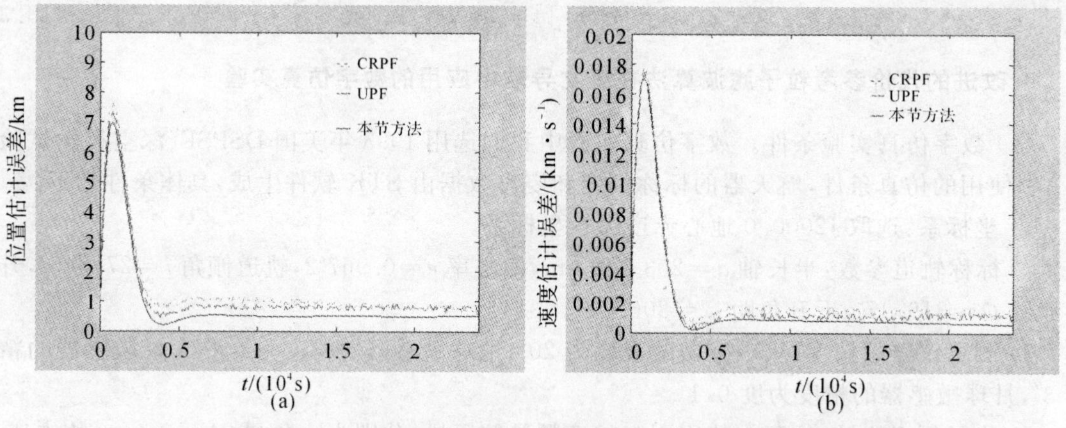

图 13-8　三种粒子滤波方法所得到的位置误差和速度误差滤波结果的比较

(a) 位置误差滤波结果；(b) 速度误差滤波结果

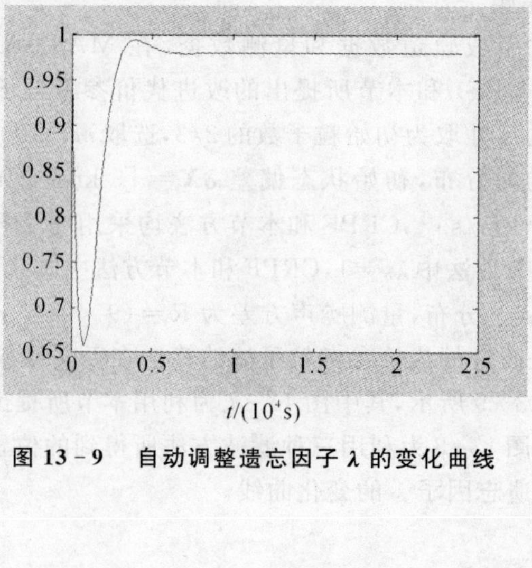

图 13-9　自动调整遗忘因子 λ 的变化曲线

由图13-9可以看出,采用本节所提出的改进的代价参考粒子滤波方法的估计误差经过滤波以后得到很好的滤波效果,因而天文导航系统在滤波收敛后能够得到较好的定位结果。由图13-8可以看出,本节方法比UPF所得到的滤波效果要好,由于采用了自动调整遗忘因子λ,所得到的滤波结果比CRPF得到的滤波结果平滑。由图13-9可以看出,在卫星速度和位置向量变化最大的地方,λ取值最小,说明记忆的数据长,减缓了状态变化过大所产生的影响;当状态变化基本稳定时,λ值基本稳定在0.97附近。为了便于比较,表13-1给出了三种滤波方法的导航精度,可以看出,本节方法的导航精度略优于UPF所得到的导航精度,比CRPF方法得到的导航精度有较明显的提高。

表13-1　三种滤波方法的导航精度比较

导航算法	位置估计误差均值/km	速度估计误差均值/$(m\cdot s^{-1})$
UPF	0.8963	1.1427
CRPF	0.9243	1.2687
本节方法	0.7843	1.1385

大量的数字仿真结果表明,本节所提出的改进的CRPF粒子滤波在自主天文导航中可以发挥粒子滤波在处理非线性、非高斯白噪声方面的优势,与扩展卡尔曼滤波方法和传统粒子滤波方法相比,提高了导航定位精度,同时也克服了传统粒子滤波方法中存在的退化现象和粒子枯竭问题。

13.2.4　小结

本节针对传统粒子滤波算法中粒子枯竭的缺陷,提出了一种改进的代价参考粒子滤波方法。该方法以代价函数替代统计参考粒子滤波中的后验概率密度函数,引进风险函数进行一步预测及更新,通过概率质量函数对不同的粒子赋予不同的权重,消除了粒子枯竭问题,并使用了自动调整的遗忘因子,可以处理状态变化剧烈的情况。仿真结果表明,利用该方法处理天文导航中的非线性、非高斯噪声,提高了导航精度的稳定性和精确度,具有较高的使用价值和较好的应用前景。

第 14 章　总结与展望

14.1　总　　结

本书从动力学系统的角度出发对平动点及其附近轨道进行了研究，给出了多种周期、拟周期轨道的计算方法，得到了对应的稳定、不稳定流形结构，利用这种结构设计了多种类型的低能转移轨道，研究了共线平动点中心流形的计算方法和结构特性，并将中心流形及其正则变换引入了轨道控制方法的设计，得到了新的轨道稳定保持策略。现对本书的工作总结如下：

(1)研究了圆形限制性三体问题的相流结构，在导出流映射参数化形式的基础上，利用对称性设计了计算 Lyapunov 轨道和晕轨道的新方法。设计了平面圆形限制性三体问题相空间的三维表示方法，保持了相流的连贯性并消除了伪交点。提出了一种用角度-距离坐标表示庞加莱(Poincaré)截面的新方法，并基于该方法分析了共线平动点区域相流的扭转特性和整体相流的转移特性。

(2)研究了地月低能转移轨道的设计，建立了四体问题的双圆模型，给出了会合坐标系之间的状态向量变换方法，通过选择合适的庞加莱截面将日地系统 L_1 点流形和地月系统 L_2 点流形进行拼接，采用 $\theta-r$ 截面法减小拼接点轨道机动，然后采用参数化方法求解庞加莱截面上的拼接初始状态向量，最后对比了基于日地系统 L_1 点和 L_2 点流形设计的转移轨道，证明了基于 L_1 点流形的转移轨道具有更低的燃料消耗和更短的飞行时间。

(3)研究了日地系统 L_1 点到地球的低能转移轨道设计，首先构造了扰动流形的参数化形式，通过搜索四维参数空间，给出了多种经过数值优化的转移轨道，提出了采用轨道角动量定性分析轨道转移机理的方法，明确了日地系统 L_1 点到地球转移轨道的设计应以降低轨道角动量为目标，揭示了转移轨道所依据的动力学特征，最后给出了基于转移机理设计的低能转移轨道，证明了方法的有效性。

(4)将对圆形限制性三体问题的研究扩展到三维空间情况，计算了晕轨道的不变流形结构，以此为基础设计了日地系统 L_1 点晕轨道与地球之间的单脉冲和双脉冲转移轨道，分析了多种转移轨道各自的特点。针对实际中的扰动因素，设计了转移轨道的双脉冲轨道修正策略，分析了轨道修正的燃料消耗与状态误差和修正时间的关系。讨论了晕轨道的稳定保持问题，分析了控制器的选择、不稳定分量的消除、实际摄动和约束等因素对 Floquet 模式法性能的影响。

(5)给出了基于哈密尔顿系统正则变换和 Lie 级数方法的化简到中心流形过程，讨论了该过程中每个环节的计算方法，针对非线性正则变换存在的运算量过大和泊松括号重复计算问题，提出了改进的便于并行计算的方法。推导了中心流形坐标到会合坐标的变换，给出两种相互补充的计算方法，通过引入多项式的 Horner 形式和提取重复子式的方法得到了优化的表达式形式，显著降低了计算量。利用中心流形及其坐标变换，得到了拟周期轨道的计算方法，设计了求取中心流形庞加莱截面的方法，给出了中心流形的稳定和不稳定流形，并通过流形拼接得到了 L_1 点和 L_2 点拟周期轨道的异宿连接轨道。

(6)根据拟周期轨道的不变环形结构，将庞加莱截面上的封闭交线表示成傅里叶级数形式，用封闭交线的求解代替拟周期轨道本身的求解，进而构造了单步微分校正方法、并行打靶方法和数值优化方法等三种拟周期轨道的数值计算方法。实际计算表明，并行打靶方法和数值优化方法相互补充，都具有较大的收敛区间，能用相对较小的计算量得到精度较高的拟周期轨道数值解。

(7)在研究拟周期轨道不变流形结构和 Lissajous 轨道遮挡问题的基础上，讨论了拟周期轨道转移轨道的设计，通过充分利用不变流形结构和庞加莱截面方法，得到了考虑轨道倾角因素并且能量消耗近似全局最优的转移轨道。最后讨论了拟周期轨道的稳定保持策略，通过将动力学中心流形结构引入轨道控制方法的设计之中，得到了一种新的稳定保持方法，该方法不但适用于拟周期轨道，也同样适用于周期轨道的稳定保持。数值仿真结果表明，所提出的方法具有较强的稳定性，能在显著降低燃料消耗的基础上达到很好的稳定保持效果。

(8)针对 Koon 等人提出的两个晕轨道之间的转移方法要求两个晕轨道能量相同的问题，提出了在两个晕轨道能量不相等情况下的转移轨道设计方案，并以地月系统 L_1 点和 L_2 点之间的晕轨道转移为例，验证了这种方法的可行性，同时利用最小代价对各种转移轨道进行了分析，选择出了最优的转移轨道。

(9)针对直接利用不变流形设计从晕轨道向月球停泊轨道的转移轨道时，对晕轨道的插入点要求严格，并且不好控制等问题，提出了一种从晕轨道向月球停泊轨道的转移轨道设计方法。这种方法利用地月系统 L_1 点的第四类Ⅲ形状晕轨道的不变流形实现了从 L_1 点晕轨道登月的转移轨道设计，所设计的转移轨道利于控制，并且对于晕轨道插入点的要求不严格，花费的代价少于霍曼转移，花费的时间少于直接利用不变流形的方法。

(10)针对转移轨道优化设计中搜索空间大的问题，提出了一种改进的自适应范围的复合粒子群算法。这种算法以复合粒子群算法为基础，利用粒子群的正态分布来确定算法的搜索范围，随着正态分布的中心轴的移动，搜索范围也相应地移动，减少了重复的搜索空间，也减少了搜索的时间。将这种优化算法用于行星间转移轨道的优化，取得了较好的效果。

(11)基于小偏差假设进行了晕轨道控制系统状态方程的线性化，得到了近似线性系统，然后将线性系统的极点配置及线性变结构调节器和模型参考变结构跟踪器的设计方法应用于地月系统晕轨道的控制，推导了相应的控制律，取得了较好的轨道控制效果。

(12)针对 Ming Xin 等人提出的次优控制技术在调解因子的选取上需要不断调整的问题，提出了一种改进的调解因子选取方法，避免了选取调解因子的盲目性，并利用改进的非线性系统次优控制技术对月球摄动下的晕轨道和航天器编队进行了控制，取得了良好的控制效果。

(13)针对现有星图识别算法存在识别速度慢、识别成功率不高的问题，提出了一种基于锚定和 EMD 距离的星图识别方法。这种方法减少了星图匹配时所需的星对，减少了运算时间，同时利用 EMD 距离方法，使得恒星可以进行一对一的匹配，提高了识别的成功率。

(14)针对传统粒子滤波算法中粒子枯竭的缺陷，提出了一种改进的代价参考粒子滤波方法。这种滤波方法在处理天文导航中的非线性、非高斯噪声时，提高了滤波的稳定性和精确度。

14.2 需要进一步研究的工作

本书在平动点动力学系统的研究和轨道设计方面做了一些工作，得到了一些有意义的结果，但由于平动点附近的动力学行为极其多样，在理论上和实际应用上都存在很多问题值得进一步研究：

(1)三体问题中除了应用广泛的晕轨道外，还存在许多其他族的周期轨道，本书中也给出了这样的实例，其中不乏具有应用价值的类型，与这些周期轨道相关的设计方法值得进一步研究。

(2)本书所提出的轨道转移及修正方法都基于速度冲量的假设，若采用小推力/太阳帆作为机动手段，则需要考虑新的轨道设计方法。

(3)对于地月系统的 L_4 点和 L_5 点，圆形限制性三体问题模型不再适用，因为这时太阳的引力扰动很大，航天器在这些点的运动轨道与圆形限制性三体问题模型所描述的相去甚远，研究如何建立四体问题模型更精确地描述这些点附近的轨道动力学是需要进一步研究的内容。

(4)研究月球引力加速在平动点转移轨道设计中的应用，通过利用月球引力加速机制，使航天器一次或多次地从月球近旁飞越，可得到额外的速度增量，从而达到减少能量消耗的目的，这时需考虑航天器和月球的相对位置关系，在进入转移轨道之前需设计若干的调相阶段轨道，以达到从月球近旁飞越的效果。这种转移轨道的设计是需要研究的内容。

(5)研究相空间弱稳定转移通道结构和共振引力加速机制之间的关系，相空间弱稳定转移通道结构，也即稳定、不稳定流形结构，与共振引力加速机制共同决定了航天器在位置空间不同区域来回转移的原理，研究它们之间的关系可以给出相空间转移机制一个全局性的描述。

(6)目前采用的模型能够反映出航天器在深空和再入时的运动特点和非线性特性，但是建模过程中的理想假设和未考虑的因素还有很多。以此为精确模型的基础上进行的控制方法具有很大局限性，与真实情况存在较大差距。除了需要参阅更多文献资料对模型进行补充和修正外，以非线性控制理论为基础的鲁棒控制方法也是解决这个问题的重要途径。利用非线性控制鲁棒控制方法进行轨道控制有待于进一步研究。

(7)基于平动点理论的编队飞行研究。由于编队飞行不但能增加望远镜的能力，而且在发射和更新方面也比单星更优越，研究利用平动点轨道的自然和非自然编队控制方法也是下一步需要进行的工作。

由于以三体轨道动力学为基础，研究拉格朗日点(平动点)动力系统的特征、周期和拟周期轨道的计算、中心流形、稳定和不稳定流形的结构、拉格朗日点轨道的控制及转移轨道的设计、转移轨道的优化和中途修正等问题是一些非常复杂的研究课题，需要深入研究的问题很多。我们只是进行了一些初步的较浅显的研究工作，该著作的出版一是对我们前段的工作进行较系统的总结，二是希望能为进行此类研究的人员提供一些参考，起到抛砖引玉的作用。我们相信，在众多研究人员的共同努力下，在利用拉格朗日点进行深空探测技术的研究方面，我国将会快速取得许多令人瞩目的研究成果。

参考文献

[1] 王萍,袁建平,范剑峰. 关于非开普勒轨道的讨论[J]. 宇航学报,2009,30(1):37-41.

[2] 徐明. 平动点轨道的动力学与控制研究综述[J]. 宇航学报, 2009, 30(4): 1299-1313.

[3] Farquhar R W. The flight of ISEE-3/ICE: Origins, Mission history, and a legacy[J]. Astronautical Sciences, 2001,49(1):23-73.

[4] Dunham D W, et al. Double lunar-swing by trajectories for the spacecraft of the international solar-physis program[J]. Advance in the Astronautical Sciences, 1989,69:285-301.

[5] 周军. 航天器控制原理[M]. 西安:西北工业大学出版社,2001.

[6] 郗晓宁,王威,高玉东. 近地航天器轨道基础[M]. 长沙:国防科技大学出版社,2003.

[7] 章任为. 卫星轨道姿态动力学与控制[M]. 北京:北京航空航天大学出版社,1998.

[8] Troy Goodson. Fuel-optimal control and guidance for low and medium-thrust orbit transfer [D]. Georgia: Georgia Institute of Technology, 1995.

[9] Mischa Kim. Continuous low-thrust trajectory optimization: techniques and applications[D]. Viginia: Viginia polytechnic and state university, 2005.

[10] John T. Betts. Survey of Numerical Methods for Trajectory Optimization[J]. Journal of Guidance, Control, and Dynamics, 1998,21(2):193-207.

[11] Hull D G. Conversion of optimal control problems into parameter optimization problems[J]. Journal of guidance, control and dynamics, 1997, 20(1):57-60.

[12] Ross I M, Fahroo F. A perspective on methods for trajectory optimization[C]. Proceedings of the AIAA/AAS Astrodynamics Specialist Conference and Exhibit. Monterey, CA, 2002: 1-7.

[13] 雍恩米, 陈磊, 唐国金. 飞行器轨迹优化算法概述[J]. 宇航学报, 2008,29(2):7-16.

[14] 任远,崔平远,栾恩杰. 基于退火遗传算法的小推力轨道优化问题研究[J]. 宇航学报, 2007, 28(1):162-166.

[15] Luo Yazhong, Tang Guo-jin, Zhou Li-ni. Simulated annealing for solving near-optimal low-thrust orbit transfer[J]. Engineering optimization, 2005,37(2):201-216.

[16] 梁新刚,杨涤. 应用非线性规划求解异面最优轨道转移问题[J],宇航学报,2006,27(3):363-368.

[17] Radu Serban, Wang Sang Koon, Martin Lo. Optimal Control for Halo Orbit Missions[D]. Santa Barbara: University of California,1993.

[18] Rahmani A, Jalali M A, Pourtakdoust S H. Optimal approach to halo orbit control[C]. AIAA guidance, navigation, and control conference and exhibit. Austin, 2003:11-14.

[19] John V Breakwell. Station-keeping for Translunar Communication Station[D]. California: Stanford University,1994.

[20] Giamberardino P Di, Monaco S. Nonlinear Regulation in Halo Orbits Control Design[C].

Proceeding of the 31th Conference on Decision and Control. 1992:536 - 541.

[21] 房建成,宁晓琳,田玉龙.航天器自主天文导航原理与方法[M].北京:国防工业出版社,2006.

[22] Farquhar R W, Muhonen D P, Richardson D L. Mission desigen for a Halo orbiter of the earth[J]. Journal of Spacecraft and Rockets, 1977,14: 170 - 177.

[23] Farquhar R W, Muhonen D P, Church L C. Trajectories and orbital maneuvers for the ISEE-3/ICE Comet mission[J]. Journal of Astronautical Sciences,1985,33:235 - 254.

[24] Didkovsky Leonid V, Judge Darrell L, Wieman Seth. SEP Temporal Fluctuations Related to Extreme Solar Flare Events Detected by SOHO/CELIAS/SEM [C]. 45th AIAA Aerospace Sciences Meeting and Exhibit,Reno NV, USA,2007:1 - 9.

[25] Franz, Heather. A Wind trajectory design incorporating multiple transfers between libration points[C]. AIAA/AAS Astrodynamics Specialist Conference and Exhibit, Monterey, CA, Aug. 5 - 8, 2002:1 - 11.

[26] Martin W Lo, Bobby G Williams, Williard E Bollman,et al. Genesis mission design[C]. Jouranl of the Astronautical Sciences, 2001,49(1):169 - 184.

[27] 胡少春,孙承启,刘一武.基于不变流形的夸父卫星A轨道设计[J].航天控制,27(3):37 - 41.

[28] Hill G W. Researches in the Lunar theory[J]. The American Journal of Mathematics, 1978:1(2):129 - 147.

[29] Moulton F R. An introduction to celestial mechanics[M]. New York: the Macmillan Company, 1914.

[30] Darwin G H. Periodic orbits[J]. Acta Mathematica, 1899,21:99 - 242.

[31] Szebehely V G. Theory of orbits: the restricted problem of three bodies[M]. New York: Academic Press, 1967.

[32] Farquhar R W. The control and use of libration-point satellites[D]. California: Stanford University, 1968.

[33] Farquhar R W, Kamel A A. Quasi-periodic orbits about the translunar libration point[J]. Celestial Mechanics, 1993,7:458 - 473.

[34] Richardson D L, Cray N D. A Uniformly valid solution for motion about the interior libration point of the perturbed elliptic-restricted problem[C]. AAS Paper 75 - 021, AIAA/AAS Astrodynamics Specialists Conference, Nassau, Bahamas, July 1975:1 - 29.

[35] Richardson D L. Analytic Construction of periodic orbits about the collinear point[J]. Celestial Mechanics, 1980,22:241 - 253.

[36] Breakwell J V, Howell K C. Almost Rectilinear Halo Orbits[J]. Celestial Mechanics,1984, 32: 29 - 52.

[37] Gómez G, Llibre J, Martinez R, et. al. Station keeping of Libration point orbits final report [R]. ESOC Contract Report, Technical Report 5648/83/D/JS (SC), Barcelona, Spain, 1985.

[38] Richard J Luquette, Robert M Sanner. Linear State-Space Representation of the Dynamics of

Relative Motion, Based on Restricted Three Body Dynamics [C]. AIAA Guidance, Navigation, and Control Conference and Exhibit, Providence, Rhode Island, 2004:1-9.

[39] Winston L Sweatman. The Symmetrical one-dimensional newtonian four-body problem: a numerical investigation [J]. Celestial Mechanics and Dynamical Astronomy, 2002, 82: 179-201.

[40] Ravinder Kumar Sharma, Taqvi Z A, Bhatnagar K B. Existence and stability of libration points in the restricted three-body problem when the primaries are triaxial rigid body[J]. Celestial Mechanics and Dynamical Astronomy, 2001, 79: 119-133.

[41] Zsolt Sándor, Balint érdi. Sympleectic mapping for trojan-typemotion in the elliptic restricted three-body problem[J]. Celestial Mechanics and Dynamical Astronomy, 2003, 86: 301-319.

[42] Zsolt Sándor, Róbert Balla, Ferenc Téger, et al. Short time Lyapunov indicators in the restricted three-body problem[J]. Celestial Mechanics and Dynamical Astronomy, 2001, 79: 29-40.

[43] Roy A E, Steves B A. The caledonian symmetrical double binary four-body problem I: surfaces of zero-velocity using the energy integral[J]. Celestial Mechanics and Dynamical Astronomy, 2000, 78: 299-318.

[44] Jacques Féjoz. Global secular dynamics in the planar three-body problem[J]. Celestial Mechanics and Dynamical Astronomy, 2002, 84: 159-195.

[45] Tsogas V G, Mavraganis A G. Some equilibrium of the restricted three-body problem with axial symmetric primaries and a gyrostat as infinitesimal mass[J]. Celestial Mechanics and Dynamical Astronomy, 2003, 85: 293-309.

[46] Alexei V Tsygvintsev. Non-existence of new meromorphic first integrals in the planar three-body problem[J]. Celestial Mechanics and Dynamical Astronomy, 2003, 86: 237-247.

[47] Namouni F, Murray C D. The effect of eccentricity and inclination on the motion near the lagrangian point L4 and L5[J]. Celestial Mechanics and Dynamical Astronomy, 2000, 76: 131-138.

[48] Kiyotaka Tanikawa. A search for collision orbits in the free-fall three-body problem II[J]. Celestial Mechanics and Dynamical Astronomy, 2000, 76: 157-185.

[49] Esther Barrabés, Gerard Gómez. Spatial p-q resonant orbits of the RTBP[J]. Celestial Mechanics and Dynamical Astronomy 2002, 84: 387-407.

[50] Vladimir N Shinkin. The integrable cases of the general and restricted elliptic spatial three-body problems at both third-order orbital and secondary resonance under the oblateness of the central body[J]. Celestial Mechanics and Dynamical Astronomy, 1997, 68: 105-120.

[51] Maciejewski A J, Rybick S M. Gobal bifurcations of periods of periodic solutions of the restricted three body problem[J]. Celestial Mechanics and Dynamical Astronomy, 2004, 88: 293-324.

[52] Hallan P P, Neelam Rana. The existence and stability of equilibrium point in the Robe's restricted three-body problem[J]. Celestial Mechanics and Dynamical Astronomy, 2001, 79:

145 - 155.

[53] Brumberg V A. Special solutions in a simplified restricted three-body problem with gravitational radiation taken into account [J]. Celestial Mechanics and Dynamical Astronomy, 2003, 85: 269 - 291.

[54] Alfaro J Martínez , Orellana R B. Orbit's structure in the isosceles rectilinear restricted three-body problem [J]. Celestial Mechanics and Dynamical Astronomy, 1997, 67: 275 - 291.

[55] Zsolt Sándor, Balint Érdi, Christos Efthymiopoulo. The phase space struture around L4 in the restricted three-body problem [J]. Celestial Mechanics and Dynamical Astronomy, 2000, 78: 113 - 123.

[56] Scheeres D J. The restricted hill four-body problem with applications to the earth-moon-sun system[J]. Celestial Mechanics and Dynamical Astronomy, 1998, 70: 75 - 98.

[57] Montserrat Corbera, Jaume Llibre. Periodic orbits of a collinear restricted three-body problem[J]. Celestial Mechanics and Dynamical Astronomy, 2003, 86: 163 - 183.

[58] D'Amario L A. Minimum impulse three-body trajectories [D]. Massachusetts: Massachusetts Institute of Technology, Cambridge, 1973.

[59] Farquhar R W, Muhonen D P, Newman C R. et al. Trajectories and orbital maneuvers for the libration-point satellite[J]. Journal of Guidance and Control, 1980, 3:549 - 554.

[60] Gómez G, Jorba A, Masdemont J, et al. Final report: study refinement of semi-analytical Halo orbit theory[R]. ESOC Contract Report, Technical Report 8625/89/D/MD (SC), Barcelona, Spain, April 1991.

[61] Gómez G, Jorba A, Masdemont J, et al. Study of the transfer from the earth to a Halo orbit around the equilibrium point L1[J]. Celestial Mechanics and Dynamical Astronomy, 1993,56(4):541 - 562.

[62] Mains D L. Transfer trajectories from earth parking orbits to L1 Halo orbits[D]. West Lafayette, Indiana: Purdue University,1993.

[63] Barden B T. Using stable manifolds to generate transfers in the circular restricted problem of three bodies[D]. West Lafayette, Indiana: Purdue University,1994.

[64] Howell K C, Mains D L, Barden B T. Transfer trajectories from earth parking orbits to sun-earth Halo orbits[C]. AIAA/AAS Spaceflight Mechanics Meeting, Cocoa Beach, Florida, 1994:94 - 160.

[65] Koon W S, Lo M W, Marsden J E, et al. Heteroclinic Connections between periodic orbits and resonance transitions in celestial mechanics[J]. Chaos, 2000,10:427 - 469.

[66] Koon W S, Lo M W, Marsden J E, et al. Constructing a Low Energy transfer between Jovian Moons[C]. Proceedings of the International Conference on Celestial Mechanics, Northwestern University, Chicago, 1999: 15 - 19.

[67] Koon W S, Lo M W, Marsden J E, et al. Shoot the Moon[C]. AIAA/AAS

Spaceflight Mechanics 2000, 2000,105(2):1017-1030.
[68] Lo M W, Ross S D. Low Energy interplanetary Transfers using the Invariant Manifolds of L1, L2 and Halo Orbits[C]. Paper AAS 98-136, AAS/AIAA Space Flight Mechanics Monterey, California, 1998: 9-11.
[69] Martin W Lo, Jeffrey S. Parker. Unstable resonant orbits near earth and their applications in planetary missions [C]. AAIA/AAS Astrodynamics Specialist Conference and Exhibit, Providence, Rhode Island, August 2004:1-27.
[70] Howell K C, Masaki Kakoi. Transfers between the earth-moon and sun-earth systems using manifolds and transit orbits [J]. Acta Astronautica, 2006, 59:367-380.
[71] Lo M W, Ross S D. The Lunar L1 Gateway: Portal to the Stars and Beyond[C]. AIAA Space 2001 Conference, Albuquerque, New Mexico, 28-30 August, 2001:1-9.
[72] Dellnitz M, Grubits K A, Marsden J E, et al. Set oriented computation of transport rates in 3-degree of freedom systems: the rydberg atom in crossed fields[J]. Regular and Chaotic Dynamics, 2005, 10(2):173-193.
[73] Dellnitz M, Oliver Junge, Wang Sang Koon, et, al. Transport in dynamical astronomy and multibody problems [J]. International Journal of Bifurcation and Chaos, 2005, 15(3):699-727.
[74] Luz V Vela-Arevalo, Jerrold E Marsden. Time-frequency analysis of the restricted three-body problem: transport and resonance transitions[J]. Classical and Quantum gravity, 2004, 21(4):351-375.
[75] 刘林,廖新浩.关于1/1轨道共振区域问题[J]. 天文学报,1990,31(3):201-209.
[76] 赵长印,刘林.三角称动点的稳定区域[J].天文学报,1993,34(1):45-54.
[77] 舒斯会,陆本魁,刘福窑,等.平动点线性稳定性及阻力对限制性三体问题三角平动点线性稳定性的影响[J].天文学报,2004,45(3):301-309.
[78] 舒斯会,陆本魁,陈务深,等.受摄限制性三体问题平动点线性稳定性的判断条件及在Robe问题的应用[J].天文学报,2004,45(2):195-203.
[79] 徐明,徐世杰.地月系平动点及Halo轨道应用研究[J].宇航学报,2006,27(4):695-699.
[80] 龚胜平,李俊峰,宝音贺西,等.基于不变流行的登月轨道设计[J].应用数学和力学,2007,28(2):183-190.
[81] 俞辉,宝音贺西,李俊峰.双三体系统不变流形拼接成的低成本探月轨道[J].宇航学报,2007,28(3):637-642.
[82] 于锡峥,郑建华,高怀宝,等. 地-月系L1和L2点间转移轨道设计[J]. 吉林大学学报:工学版, 2008(3):741-745.
[83] 郑建华,高怀宝,刘正常,等.IPS理论与技术在深空探测中的应用[J].宇航学报,2008,29(1):13-17.
[84] 张泽旭,崔平远,崔祜涛.行星际高速公路技术[J].宇航学报,2007,28(1):9-14.
[85] 于锡峥. IPS理论在探月节能轨道设计中的应用[D]. 北京:中国科学院研究生

院,2007.

[86] 李明涛,郑建华,于锡峥,等.IPS转移轨道设计技术[J].宇航学报,2009,30(1):72-81.

[87] Hughes G, Mclnnes C R. Solar sail hybrid trajectory optimisation[J]. Advance in the Astronautical Sciences, 2001,109: 2369-2380.

[88] Dachwald B. Optimisation of solar sail interplanetary trajectories using evolutionary neurocontrol[J]. Journal of Guidance Control and Dynamics, 2004,27(1):66-72.

[89] Wirthman D J, Park S Y, Vadail S R: Trajectory optimisation using parallel shooting method on parallel computer[J]. Journal of Guidance, Control and Dynamics, 1995, 18(2):377-379.

[90] Betts J T, Orb S O. Optimal Low Thrust Trajectories to the Moon[J]. SIAM Journal of Applied Dynamical Systems, 2003, 2(2): 144-170.

[91] Betts J T. Very low-thrust trajectory optimization using a direct SQP method[J]. Journal of Computational and Applied Mathematics, 2000,120(1):27-40.

[92] Izzo D. Optimization of Interplanetary Trajectories for Impulsive and Continuous Asteroid Deflection[J]. Journal of Guidance Control and Dynamics, 2007, 30(2): 401-408.

[93] Casalino L, Colasurdo G, Pastrone D. Optimization Procedure for Preliminary Design of Opposition-Class Mars Missions[J]. Journal of Guidance Control and Dynamics, 1998, 21(1): 134-140.

[94] Matsuo H, Matogawa Y, Nozue T, et al. Optimization of low thrust trajectories for collinear Lagrange point mission[J]. Mechanical & Transportation Engineering, 1983:87-102.

[95] Gaylor Davide. Optimal low thrust trajectories for planetary capture[D]. USA, Alabama: Air University, 1988.

[96] McCaine G. Halo Orbit Design and Optimization[D]. Monterey: Naval Postgraduate School, Monterey, 2004.

[97] Mengali Giovanni, Quarta Alessandro A. Optimization of Bimpulsive Trajectories in the Earth-Moon Restricted Three-Body System[J]. Journal of Guidance, Control, and Dynamics, 2005, 28(2): 209-216.

[98] Ockels Wubbo J, Biesbroek Robin. Genetic algorithms used to determine WSB trajectories for the LunarSat mission[C]. Proceedings of the Fifth International Symposium on Artificial Intelligence, Robotics and Automation in Space, Noordwijk Netherlands, 1999, 4: 671-674.

[99] Biesbroek Robin G J, Ockels Wubbo J, Janin Guy. Optimisation of weak stability boundary orbits from GTO to the moon using genetic algorithms[C]. IAF, International Astronautical Congress, 50th, Amsterdam Netherlands, 1999:1-19.

[100] Biesbroek Robin G J, Ancarola Biagio P. Study Of Genetic Algorithm Settings For Trajectory Optimisation[C]. 54th International Astronautical Congress, Bremen Germany, 2003:1-10.

[101] Gao Y. Advances in Low-Thrust Trajectory Optimization and Flight Mechanics[D]. Columbia: University of Missouri-Columbia, 2003.

[102] 俞辉,李俊峰,宝音贺西.多颗小行星探测顺序确定及轨迹优化[J].清华大学学报:自然科学版,2007,47(11):2049-2052.

[103] 荆武兴,耿云海,杨旭,等.空间交会寻的最优轨道机动[J].中国空间科学技术,1998,18(2):22-27.

[104] 李俊峰,蒋方华.连续小推力航天器的深空探测轨道优化综述[J].力学与实践,2011,33(3):1-6.

[105] Vasile M, Finzi Ercoli A. Combining Evolutionary Programs and Gradient Methods for WSB Transfer Optimization[C], XVI Congresso Nazionale AIDAA, Palermo, 2001:24-28.

[106] Howell K C, Pernicka H J. Numerical determination of Lissajous trajectories in the restricted three-body problem[J]. Celestial Mechanics, 1988, 41:107-124.

[107] Howell K C, Pernicka J. Stationkeeping method for libration point trajectories[J]. Journal of Guidance, Control and Dynamics, 1993, 16 (1): 151-159.

[108] Serban R, Koon W S, Lo M W, et al. Halo orbit mission correction maneuvers using optimal control[J]. Automatica, 2002, 38(4): 571-683.

[109] Gómez G, Marcote M. Trajectory correction maneuvers in the transfer to libration point orbits [C]. International Conference on Libration Point Orbits and Applications, 2002: 287-311.

[110] Jenkin A, Campbell E. Generic Halo orbit insertion and dispersion error analysis [C]. Astrodynamics Specialist Conference and Exhibit. 2002:1-10.

[111] Xu Ming, Xu Shijie . Trajectory and Correction Maneuver During the Transfer from Earth to Halo Orbit[J]. Chinese Journal of Aeronautics, 2008, 21:200-206.

[112] Gomez G, Jorba A, Masdemont J J, et al. A dynamical systems approach for the analysis of the SOHO mission[C]. In Third International Symposium on Spacecraft Flight Dynamics, European Space Agency, Darmstadt, Germany, 1991:449-454.

[113] Howell K C, Barden B T, Wilson R S, et al. Trajectory design using a dynamical systems approach with application to Genesis[C]. In AAS/AIAA Astrodynamics Specialist Conference, Sun Valley, Idaho, 1997: 1665-1684.

[114] David Cielaszyk, Bong Wie. New approach to halo orbit determination and control [J]. Journal of Guidance, Control and Dynamics, 1996, 19:260-273.

[115] Jayant E Kulkarni. Stabilization of spacecraft flight in halo orbits: an H_∞ approach [J]. IEEE transactions on control systems technology, 2006, 14:572-578.

[116] 徐明,徐世杰.地-月系平动点及 halo 轨道的应用研究[J].宇航学报,2006,27(4):695-699.

[117] 高东,李明涛,郑建华.动平衡点附近轨道维持方法研究[C].空间非开普勒轨道动力学与控制专题研讨会,黑龙江哈尔滨,2008,8:337-344.

[118] 潘科炎.航天器的自主导航技术[J].航天控制,1994,2:18-27.

[119] 李勇,魏春玲.卫星自主导航技术发展综述[J].航天控制,2002,20(2):70-74.

[120] 周凤岐,赵黎平,周军.基于星光大气折射的卫星自主轨道确定[J].宇航学报,2002,23(4):20-23.

[121] 荆武兴.基于日地月方位信息的近地轨道卫星自主导航.宇航学报[J],2003,24(4):418-421.

[122] 郭建新,解永春.基于姿态敏感器的地球同步轨道卫星自主导航研究[J].航天控制,2003(4):1-6.

[123] 李琳琳,孙辉先.基于星敏感器的星光折射卫星自主导航方法研究[J].系统工程与电子技术,2004,26(3):353-357.

[124] 王国权,薛申芳,金声震,等.卫星自主导航中卡尔曼滤波算法改进与计算机仿真[J].计算机仿真,2004,21(7):33-35.

[125] Lin Yurong, Deng Zhenglong. Star-sensor-based predictive Kalman filter for satellite attitude estimation[J]. Science in China: F, 2002, 45(3):189-195.

[126] 崔祜涛,崔平远.软着陆小行星的自主导航与制导[J].宇航学报,2002,23(5):1-4.

[127] 杨博,房建成,伍小洁.星光折射航天器自主定位方案比较[J].航天控制,2001,(3):12-16.

[128] 杨博,伍小洁,房建成.一种用星敏感器自主定位方法的精度分析[J].航天控制,2001,(1):12-16.

[129] 张瑜,房建成.基于 Unscented 卡尔曼滤波器的卫星自主天文导航研究[J].宇航学报,2003,24(6):646-650.

[130] 宁晓琳,房建成.一种基于信息融合的卫星自主天文导航新方法[J].宇航学报,2003,24(6):579-583.

[131] 田玉龙,王广君,房建成,等.星光模拟的半物理仿真技术[J].中国航天,2004,(4):25-26.

[132] 饶才杰,房建成.一种星图模拟中观测星提取的方法[J].光学精密工程,2004,12(2):129-135.

[133] 田玉龙,全伟,王广君,等.星图识别的剖分算法.系统工程与电子技术[J],2004,26(11):2675-2679.

[134] 房建成,全伟,孟小红.一种基于 Delaunay 三角剖分的全天自主星图识别算法[J].北京航空航天大学学报,2005,31(3):311-315.

[135] 王广君,房建成.一种星图识别的星体图像高精度内插算法[J].北京航空航天大学学报,2005,31(3):566-569.

[136] 刘林.航天动力学引论[M].南京:南京大学出版社,2006 年

[137] 刘林.航天器轨道理论[M].北京:国防工业出版社,2000 年.

[138] Koon W S, Lo M W, Marsden J E, et al. Dynamical Systems, the Three-Body Problem and Space Missionv[M]. New York: Springer-Verlag Inc., 2007.

[139] O'Neill, Gerard K. Space Colonies and Energy Supply to the Earth[J]. Science, 1975,190(4218):943-947.

[140] European Space Ageney. Herschel Factsheet[EB/OL]. [2009-05-12]. http://

www. esa. int/our_Activities/Space_Science/Herschel_fact_sheet.

[141] European Space Agency. Gaia overview[EB/OL]. [2010－09－27]. http://sci. esa. int/gaia.

[142] NASA. The James Web Space Telescope: About JWST[EB/OL]. [2010－09－27]. http://www. jwst. nasa. gov/fact. html.

[143] Caltech ACE Science Center, ACE Mission[EB/OL]. [2010－07－03]. http://www. srl. caltech. deu/ACE/ace. mission. html.

[144] NASA. SOHO's Orbit: An Uninterrupted View of Sun[EB/OL]. [2010－09－28]. http://sohowww. nascom. nasa. gov/about/orbit. html.

[145] NASA, WIND Spacecraft[EB/OL]. [2010－09－23]. http://wind. nasa. gov/.

[146] Brogan W L. Modern Control Theory [M]. Indianapolis: Pearson Education India, 1985.

[147] Lauritzen B. Semiclassical Poincare map for integrable systems [J]. Chaos, An interdisciplinary Journal of Nonlinear Science, 1992,2(3):409－412.

[148] Hairer E, Lubich Ch, Wanner G. Geometric Numerical Integration: Structure-Preserving Algorithms for Ordinary Differential Equations [M]. New York: Springer-Verlag Inc. , 2002.

[149] Lagrange Joseph-Louis. Tome 6, Chapitre II: Essai sur le problem des trios corps [M]. Gauthier-Villars: Oeuvres de Lagrange, 1867.

[150] Atkinson. An Introduction to Numerical Analysis[M]. New York: John Wiley and Sons, 2008.

[151] Brent R P. Algorithms for Minimization without Derivatives [M]. New Jersey: Englewood Cliffs, 1973.

[152] Dekker T J. Finding a zero by means of successive linear interpolation[M]. //Dejon B, Henrici P. Constructive Aspects of the Fundamental Theorem of Algebra. London: Wiley-Interscience,1969.

[153] Thurman R, Worfolk P A. The Geometry of Halo Orbits in the Circular Restricted Three-Body Problem[R]. Geometry Center Research Report, GCG95, University of Minnesota, 1996.

[154] David L Richardson. Analytic Construction of Periodic Orbits About The Collinear Points[J]. Celestial Mechanics,1980,22(3):241－253.

[155] Conley C. Low energy transit orbits in the restricted three-body problem[J]. SIAM J. Appl. Math, 1968, 16: 732－746.

[156] Gomez G, Koon W S, Lo M W, et al. Invariant Manifolds, the Spatial Three-Body Problem and Space Mission Design[C]. AAS 01－301, AAS/AIAA Astrodynamics Specialist Conference, Quebec City, Canada, 2001:1－20.

[157] Parker T S, Chua L O. Practical numerical algorithms for chaotic systems[M]. New York: Springer-Verlag, 1989.

[158] Franco Bernelli Zazzera, Francesco Topputo, Mauro Massari. Assessment of

Mission Design Including Utilization of Libration Points and Weak Stability Boundaries[R]. Final Report, ESTEC Contract No. 18147/04/NL/MV, 2004.

[159] 吕金虎,陆君安,陈士华. 混沌时间序列分析及其应用[M]. 武汉:武汉大学出版社,2002.

[160] 罗定军,滕利邦. 微分动力系统导引[M]. 北京:高等教育出版社,1990.

[161] 仵敏娟,严家明,杨永锋. Poincaré 映射的改进及其应用[J]. 计算机仿真, 2006, 23(11): 112 - 128.

[162] Arnold, Weinstein, Vogtmann. Mathematical Methods of Classical Mechanics[M]. 2nd ed. Berlin: Springer, 1997.

[163] McGehee R P. Some homoclinic orbits for the restricted 3 - body problem[D]. Wisconsin: University of Wisconsin, 1969.

[164] Belbruno E A, Miller J K. Sun-perturbed earth-to-moon transfers with ballistic capture[J]. Journal of Guidance, Control and Dynamics, 1993, 16(4):770 - 775.

[165] Wang Sang Koon, Lo M W, Marsden J E, et al. Low energy transfer to the moon [J]. Celestial Mechanics and Dynamical Astronomy, 2001, 9:63 - 73.

[166] Farquhar R W. The Control and Use of Libration-Point Satellites NASA CR - 95948 [R]. Technical Report,1968:1 - 214.

[167] Howell K C. Three-Dimensional, Periodic, "Halo" Orbits[J]. Celestial Mechanics, 1984,32(1):53 - 71.

[168] Dunham D W, Farquhar R W. Libration-Point Missions 1978 - 2000, Libration Point Orbits and Applications[M]. Girona, Spain: Parador d'Aiguablava, 2002.

[169] Gomez G, Jorba A, Masdemont J, et al. Dynamics and Mission Design near Libration Points - Volume 3: Advanced Methods for Collinear Points [M]. Singapore: World Scientific, 2001.

[170] Breakwell J V, Brown J V. The Halo family of 3 - dimensional periodic orbits in the earth moon restricted 3 body problem[J]. Celestial Mechanics, 1979, 20:389 - 404.

[171] Gomez G, Howell K, Masdemont J, et al. Station keeping strategies for translunar libration point orbits [J]. Advances in the Astronautical Sciences, 1995, 89 (2):1377 - 1396.

[172] Aimee Meyer. Genesis: Mission Facts [EB/OL]. [2010 - 05 - 05]. http://genesismission. jpl. nasa. gov/gmz/mission/falt. html.

[173] Justin Ray. Delta Launch Report: The Genesis spacecraft[EB/OL]. [2010 - 05 - 05]. http://spaceflightnow. com/delta/d287/010728 genesis. html.

[174] Stalos S, Folta D, Short B, et al. Optimum transfer to a large-amplitude halo orbit for the Solar and Heliospheric Observatory (SOHO) spacecraft[J]. Advances in the Astronautical Sciences,1933,84:639 - 650.

[175] Howell K C, Gordon S C. Orbit determination error analysis and a station-keeping strategy for Sun-Earth L1 libration point orbits[J]. The Journal of the Astronautical Sciences, 1994,42:207 - 228.

[176] Simo C, Gomez G, Llibre J, et al. Station keeping of a quasi-periodic halo orbit using invariant manifolds[C]. Second International Symposium on Spacecraft Flight Dynamics, European Space Agency, Darmstadt, Germany, 1986:65-70.

[177] Chicone C. Ordinary Differential Equations with Applications[M]. New York: Springer-Verlag, 1999.

[178] Teschl G. Ordinary Differential Equations and Dynamical Systems[M]. Providence, RI: American Mathematical Society, 2012.

[179] Roberts C E. The SOHO Mission L_1 Halo Orbit Recovery from the Attitude Control Anomalies of 1998[C]. Proceedings of the Conference on Libration Point Orbits and Application. Aiguablava, Spain, 2002:171-217.

[180] Gomez G, Mondelo J M. The Phase Space Around the Lagrange Points of the RTBP [J]. Physica D, 2001, 157: 283-321.

[181] Mondelo J M. Contribution to the Study of Fourier Methods for Quasi-Periodical Functions and the Vicinity of the Collinear Libration Points [D]. Barcelona: Universitat de Barcelona, 2001.

[182] Wiggins S. Introduction to Applied Nonlinear Dynamical Systems and Chaos[M]. New York: Springer-Verlag, 2003.

[183] Gomez G, Jorba A, Masdemont J, et al. Study of the transfer between halo orbits [J]. Acta Astronautica, 1998, 43:493-520.

[184] Jorba A, Masdemont J. Dynamics in the Center Manifold of the Collinear Points of the Restricted Three Body Problem[J]. Physica D, 1999, 132:189-213.

[185] Treschev D, Zubelevich O. Introduction to the perturbation theory of Hamiltonian systems[M]. Heidelberg: Springer, 2010.

[186] Audin M, Babbitt D G. Hamiltonian systems and their integrability [M]. Providence, R. I.: American Mathematical Society, 2008.

[187] Zaslavsky G M. The physics of chaos in Hamiltonian systems [M]. London: Imperial College Press, 2007.

[188] Arnold V I. Mathematical Methods of Classical Mechanics [M]. New York: Springer, 1978.

[189] Floer A. Symplectic fixed points and holomorphic spheres [J]. Comm. Math. Phys., 1989, 120(4):575-611.

[190] Deprit A. Canonical transformations depending on a small parameter[J]. Celestial Mechanics, 1969, 1:12-30.

[191] Shilov Georgi E, Silverman Richard A. Linear Algebra [M]. New York: Dover, 1997.

[192] Arnold V I. Geometrical Methods in the Theory of Ordinary Differential Equations [M]. New York: Springer-Verlag, 1988.

[193] Nayfeh A H. Method of Normal Forms[M]. New York: Wiley, 1993.

[194] Giorgilli A, Delshams A, Fontich E, et al. Effective stability for a Hamiltonian

system near an elliptic equilibrium point with an application to the restricted three body problem[J]. J. Diff. Eq. , 1989,77:167 - 198.

[195] William George Horner. A new method of solving numerical equations of all orders, by continuous approximation[J]. Philosophical Transactions of the Royal Society of London, 1819:308 - 335.

[196] Donald Knuth. The Art of Computer Programming, Volume 2: Seminumerical Algorithms[M]. 3rd ed. New Jersey: Addison-Wesley, 1997.

[197] Koon W S, Lo M W, Marsden J E, et al. The Genesis Trajectory and Heteroclinic Connections[C]. AAS/AIAA Astrodynamics Specialist Conference, Girdwood, Alaska, 16 - 19 August, 1999:AAS 99 - 451:1 - 17.

[198] Gmoez G, Masdemont J, Simo C. Quasihalo orbits associated with Libration points [J]. Journal of the Astronautical Sciences, 1998,46 (2):135 - 176.

[199] Kolemen E, Kasdin N, Jeremy G P. Quasi-Periodic Orbits of the Restricted Three-Body Problem Made Easy[C]. New Trends in Astrodynamics and Applications III. AIP Conference Proceedings, 2007,886:68 - 77.

[200] Stoer Josef, Bulirsch Roland. Introduction to Numerical Analysis[M]. 3rd ed. New York: Springer-Verlag,2002.

[201] Bock Hans Georg, Plitt Karl J. A multiple shooting algorithm for direct solution of optimal control problems[R]. Proceedings of the 9th IFAC World Congress, Budapest,1984.

[202] Strang Gilbert. Introduction to Linear Algebra[M]. Massachusetts: Wellesley-Cambridge Press, 1994.

[203] Bonnans J F, Gilbert J Ch, Lemarechal C, et al. Numerical optimization, theoretical and numerical aspects[M]. 2nd ed. Berlin: Springer,2006.

[204] Fletcher Roger. Practical methods of optimization[M]. 2nd ed. New York: John Wiley & Sons, 1987.

[205] Hestenes Magnus R, Stiefel Eduard. Methods of Conjugate Gradients for Solving Linear Systems (PDF)[J]. Journal of Research of the National Bureau of Standards, 1952,49(6):409 - 436.

[206] Kenneth Levenberg. A Method for the Solution of Certain Non-Linear Problems in Least Squares[J]. The Quarterly of Applied Mathematics,1964, 2: 164 - 168.

[207] Donald Marquardt. An Algorithm for Least-Squares Estimation of Nonlinear Parameters[J]. SIAM Journal on Applied Mathematics,1963,11:431 - 441.

[208] Nocedal Jorge, Wright Stephen J. Numerical Optimization[M]. 2nd ed. Berlin: Springer, 2006.

[209] Karmarkar Narendra. A New Polynomial Time Algorithm for Linear Programming [J]. Combinatorica, 1984,4(4):373 - 395.

[210] Mehrotra, Sanjay. On the implementation of a primal-dual interior point method [J]. SIAM Journal on Optimization, 1992,2(4):575 - 601.

[211] ESA. Herschel: Orbit/Navigation[EB/OL]. [2006-05-15]. http://sci. esa. int/science-e/www/object/index. cfm? Fobjectid = 34699.

[212] ESA. Gaia's Lissajous Type Orbit[EB/OL]. [2006-05-15]. http://sci2. esa. int/interactive/media/flashes/5_5_1. htm.

[213] Canalias E, Gomez G, Marcote M, et al. Assessment of Mission Design Including Utilization of Libration Points and Weak Stability Boundaries[R]. ESTEC, 2004.

[214] Barden B T, Howell K C. Formation Flying in the Vicinity of Libration Point Orbits [J]. Advances in the Astronautical Sciences, 1998,99:969-988.

[215] Barden B T, Howell K C. Dynamical Issues Associated with Relative Configurations of Multiple Spacecraft near the Sun - Earth/Moon L1 Point [C]. AAS/AIAA Astrodynamics Specialist Conference, Girdwood, Alaska, 1999:1-19.

[216] Beichman C A, Wolf N J, Lindensmith C A. The Terrestrial Planet Finder[M]. Pasadena: JPL, 1999.

[217] Hechler M, Cobos J. FIRST/PLANCK and GAIA Mission Analysis: Launch Windows with Eclipse Avoidance Manoeuvres[J]. AAS WP, 1997, 402:1-11.

[218] Hechler M, Cobos J. Herschler, Planck and Gaia Orbit Design[C]. International Conference on Libration Point Orbits and Application, 2002:115-135.

[219] Xu Ming, Xu Shijie. Structure-preserving stabilization for Hamiltonian system and its applications in solar sail[J]. Journal of Guidance, Control and Dynamics, 2009, 32(3):997-1004.

[220] Anderson R L, Lo M W, Born G H. Application of Local Lyapunov Exponents to Maneuver Design and Navigation in the Three-Body Problem [C]. AAS/AIAA Astrodynamics Specialist Conference Big Sky, Montana, August 3 - 7, 2003: 1085-1104.

[221] Bookless J, Mclnnes C. Control of Lagrange point orbits using solar sail propulsion [J]. Acta Astronautica, 2008, 62: 159-176.

[222] Foha D, Vayghn F. A survey of earth-moon libration orbit: station keeping strategies and intra-orbit transfers [C]. AAS/AIAA Astrodynamics Specialist Conference and Exhibit. Rhode Island, 2004:1-20.

[223] Farquhar R W. The Flight of ISEE-3/ICE: Origins, Mission History and a Legacy [J]. The Jouranl of the astronautical sciences, 2001,49(1):23-73.

[224] Richard H Battin. An Introduction to the Mathematics and Methods of Astrodynamics[M]. New York: AIAA, 1987.

[225] Bong Wie. Space Vehicle Dynamics and Control[M]. New York: AIAA,1998.

[226] Lo M W. Halo Orbit Generation Using the Center Manifold [J]. Advances in Astronautical Science, 1997,95(1):109-116.

[227] Kim M, Hall C D. Lyapunov and Halo Orbits about L2 [C]. AAS/AIAA Astrodynamics Specialist Conference, Quebec City, Canada, 2001,109:349-366.

[228] Gomez G, Masdemont J, Mondelo J M. Libration Point Orbits: a Survey from the

Dynamical Point of View[C]. Libration Point Orbits and Application, Proceedings of the Conference Aigua Blava, Spain, 2002:10-14.

[229] Villac B F, Scheeres D J. A Simple Algorithm to Compute Hyperbolic Invariant Manifolds near L1 and L2[C]. AAS/AIAA Space Flight Mechanics Meeting, Maui, Hawaii, 2004:1-20.

[230] Lo M W, Anderson R L, Whiffen G, et al. The Role of Invariant Manifolds in Low-Thrust Trajectory Design[C]. AAS/AIAA Space Flight Mechanics Meeting, Maui, Hawaii, 2004:1-21.

[231] Prado B D A. Traveling between the Lagrangian Points and the Earth[J]. Acta Astronautica, 1996, 39(7):483-486.

[232] Howell K C, Barden B T, Lo M W. Application of Dynamical System Theory to Trajectory Design for a Libration Point Mission[J]. The Journal of Astronautical Sciences, 1997, 45(2):161-178.

[233] Cobos J, Masdemont J. Astrodynamical Applications of Invariant Manifolds Associated with Collinear Lissajous Libration Orbits[C]. International Conference on Libration Point Orbits and Applications, Girona, Spain, 2003:253-268.

[234] Lo M W. The Interplanetary Superhighway and the Origins Program[C]. IEEE Aerospace Conference Proceedings, 2002, 7:3543-3562.

[235] 刘林,王歆.月球探测器轨道力学[M].北京:国防工业出版社, 2006.

[236] Farquhar R W. Lunar Communications with Libration-Point Satellites[J]. Journal of Spacecraft and Rockets, 1967, 4(10):1383-1384.

[237] Farquhar R W. Future Missions for Libration-Point Satellites[J]. Astronautics & Aeronautics, 1969, 7(5):52-56.

[238] Farquhar R W. Comments on "Optimal Control for Out-of-Plane Motion about the Translunar Libration Point" [J]. Journal of Spacecraft and Rockets, 1971, 8 (7):815-816.

[239] Farquhar R W. A Halo-Orbit Lunar Station[J]. Astronautics & Aeronautics, 1972, 10(6):59-63.

[240] Farquhar R W. Halo-Orbit and Lunar Swing-by Missions of the 1990's[J]. Acta Astronautica, 1991, 24:227-234.

[241] Howell K C, Barden B T, Lo M W. Application of Dynamical System Theory to Trajectory Design for a Libration Point Mission[J]. The Journal of Astronautical Sciences, 1997, 45(2):161-178.

[242] Mendell W W. A Gateway for Human Exploration of Space? The Weak Stability Boundary[J]. Space Policy, 2001, 17(1):13-17.

[243] Gabern F, Jorba A. A Restricted Four-Body Model for the Dynamics near the Lagrangian Points of the Sun-Jupiter System[J]. Discrete and Continuous Dynamical System: Series B, 2001, 1(2):143-182.

[244] Jenkin A B, Campbell E T. Generic Halo Orbit Insertion and Dispersion Error

Analysis [C]. AIAA/AAS Astrodynamics Specialist Conference and Exhibit, Monterey, California, 5-8 August, 2002:1-10.

[245] Koon W S, Chung M J. Lunar Sample Return via the Interplanetary Superhighway [C]. AIAA 2002-4718, AIAA/AAS Astrodynamics Specialist Conference and Exhibit, Monterey, California, 5-8 August, 2002:1-7.

[246] Fabrega J, Schirmann T, Schmidt R, et al. Venus Express: The First European Mission to Venus[C]. International Astronautical Congress, 2003,2:1-11.

[247] Ross S D, Koon W S, Lo M W, et al. Application of Dynamical Systems Theory to Very Low Energy Transfer[C]. AAS/AIAA Space Flight Mechanics Meeting, Maui, Hawaii, 2004: 2991-3003.

[248] Try Lam, Gregory J Whiffen. Exploration of Distance Retrograde Orbits around Europa[J]. Advances in the Astronautical Sciences, 2005,120:135-153.

[249] Tapan R Kulkarni, Daniele Mortari. Low Energy Interplanetary Transfers Using Halo Orbit Hopping Method with STK Astrogator [J]. Advances in the Astronautical Sciences, 2005,120:155-168.

[250] Carlo von Kirchbach, Huan Zheng, Jeffrey Aristoff, et al. Trajectories Leaving A Sphere In the Restricted 3-Body Problem[J]. Advance in the Astronautical science, 2005,120:1875-1901.

[251] Keric Hill, Jeffrey Parker, George H Born, et al. A Lunar L2 Navigation, Communication and Gravity Mission[C]. AAS/AIAA Astrodynamics Specialist Conference and Exhibit, 2006:21-24.

[252] Kristina Alemany, Robert D Braun. Survey of Global Optimization Methods for Low-Thrust, Multiple Asteroid Tour Missions[C]. 17th Annual Space Flight Mechanics Meeting, 2007:1641-1660.

[253] Allan I S McInnes. Strategies for Solar Sail Mission Design in the Circular Restricted Three-Body Problem[D]. California: Stanford University, 2000.

[254] Mischa Kim. Periodic Spacecraft Orbits for Future Space-based Deep Space Observations [D]. Virginia: Virginia Polytechnic Institute and State University, 2001.

[255] Benjamin F Villac. Dynamics in the Hill Problem with Applications to Spacecraft Maneuvers[D]. Michigan: University of Michigan, 2003.

[256] Raquel L Jarabek. Investigation of Manifolds and Optimized Trajectories in the Three-Body Problem[D]. Maryland: University of Maryland, 2004.

[257] Shane David Ross. Cylindrical Manifolds and Tube Dynamics in the Restricted Three-Body Prolem[D]. California: California Institute of Technology, 2004.

[258] Taoul R Rausch. Earth to Halo Orbit Transfer Trajectories[D]. West Lafayette: Purdue University, 2005.

[259] Samantha I Infeld. Optimization of Mission Design for Constrained Libration Point Space Missions[D]. California: Stanford University, 2005.

[260] Martin T Ozimek. A Low-thrust Transfer Strategy to Earth-Moon Collinear Libration Point Orbits[D]. Lafayette: Purdue University, 2006.
[261] Ryan Williams. Galilean Moon Tour Using Simplified Trajectory Computational Techniques[D]. Columbia: University of Missouri-Columbia, 2006.
[262] German Porras Alonso. The Design of System-to-System Transfer Arcs using Invariant Manifolds in the Multi-Body Problem [D]. West Lafayette: Purdue University, 2006.
[263] Keric A Hill. Autonomous Navigation in Libration Point Orbits[D]. Colorado: University of Colorado, 2007.
[264] 连一君. 基于三体问题平动点的低能转移轨道设计研究[D]. 长沙:国防科学技术大学,2008.
[265] 于锡峥. IPS 理论在探月节能轨道设计中的应用[D]. 北京:中国科学院,2007.
[266] 孙承启. 航天器开普勒轨道和非开普轨道的定义、分类及控制[J]. 空间控制技术与应用,2009,35(4):1-5.
[267] 侯锡云, 刘林. 共线平动点的动力学特征及其在深空探测中的应用[J]. 宇航学报, 2008, 29(3):736-746.
[268] 侯锡云, 刘林. 定点在日-地(月)系 L1 点附近的探测器的发射与维持[J]. 天文学报, 2007, 48(3):364-373.
[269] 周天帅, 李东, 陈新民,等. 国外日地动平衡点卫星应用及转移轨道实现方式[J]. 导弹航天运载技术, 2004,272(5):30-34.
[270] 刘暾, 赵钧. 空间飞行器动力学[M]. 哈尔滨: 哈尔滨工业大学出版社, 2003.
[271] Farquhar R W, Muhonen D P, Church L C. Trajectories and orbital maneuvers for the ISEE-3/ICE Comet mission[J]. Journal of Astronautical Sciences, 1985, 33: 235-254.
[272] Meyer K R, Hall G R. Introduction to Hamiltonian Dynamical Systems and the Three-Body Problem[M]. New York: Springer-Verlag, 1992.
[273] Anatole Katok, Boris Hasselblatt. Introduction to the modern theory of dynamical systems[M]. Cambridge: Cambridge University, 1996.
[274] Christian Bonatti, Lorenzo J Diaz, Marcelo Viana. Dynamics Beyond Uniform Hyperbolicity: A Global Geometric and Probabilistic Perspective [M]. Berlin: Springer, 2005.
[275] Casalino L, Colasurdo G, Pastrone D. Optimization Procedure for Preliminary Design of Opposition-Class Mars Missions [J]. Journal of Guidance Control and Dynamics, 1998, 21(1): 134-140.
[276] Matsuo H, Matogawa Y, Nozue T, et al. Optimization of low thrust trajectories for collinear Lagrange point mission [J]. Mechanical & Transportation Engineering, 1983:87-102.
[277] 张汉清. 共线平动点动力系统研究和轨道设计[D]. 西安: 西北工业大学, 2011.
[278] 董唯光. 基于拉格朗日点任务设计与控制关键技术研究[D]. 西安: 西北工业大

学,2009.

[279] 晁宁. 利用地月系拉格朗日点进行空间探测的轨道设计和控制技术研究[D]. 西安:西北工业大学,2012.

[280] 汪小婷. 日地系统拉格朗日 L1 点的轨道设计及其仿真[D]. 西安:西北工业大学,2008.

[281] Zhang Hanqing, Li Yanjun, Zhang Ke. A novel method of periodic orbit computation in circular restricted three-body problem [J]. Science China Technological Sciences, 2001, 54(8): 2197-2203.

[282] 张汉清,李言俊. 地月三体问题下 L1-地球低能转移轨道设计[J]. 哈尔滨工业大学学报,2011,43(5):84-88.

[283] 张汉清,李言俊,张科. 一种新的共线平动点拟周期轨道稳定保持策略[J]. 宇航学报,2012,33(3):318-323.

[284] 张汉清,李言俊. 月球探测器可视化仿真系统的开发[J]. 空间科学学报,2008,28(3): 236-241.

[285] 张汉清,李言俊. 基于 OpenGL 的空间探测器飞行轨迹可视化[J]. 测控技术,2008,27(6):22-28.

[286] Zhang Hanqing, Li Yanjun. The Analysis of Trajectory Sensibility in Restricted Three-Body Problem [C]. 3rd International Conference on Environmental and Computer Science, 2010, 2:53-57.

[287] 张汉清,李言俊. 利用平动点流形设计地月转移轨道的研究[J]. 测控技术,2011,30(3):94-97.

[288] Zhang Hanqing, Li Yanjun. The Design of Earth-Moon Transfer Trajectory Using Sun-Earth L1 Libration Point Manifolds[C]. The 3rd IEEE International Conference on Advanced Computer Control, 2011,1: 417-421.

[289] 张汉清,李言俊,张科,等. 限制性三体问题共线平动点相流结构研究[J]. 科学技术与工程, 2011,10:124-130.

[291] Elisabet Canalias, Josep J. Masdemont Computing natural transfers between Sun-Earth and Earth-MoonLissajous libration point orbits[J]. Acta Astronautica, 2008, 63:238-248.

[292] 张科,汪小婷,李言俊. 圆限制性三体问题的特解及其稳定性[C]. 空间非开普勒轨道动力学与控制会议论文集,哈尔滨,2008 年 8 月:144-151.

[293] 张科,汪小婷,李言俊,等. 利用拉格朗日点进行空间探测的转移轨道设计及其仿真[C]. 空间非开普勒轨道动力学与控制会议论文集,哈尔滨,2008 年 8 月:179-185.

[294] 董唯光,李言俊,张科. 基于不变流形月球 L1 和 L2 点 Halo 轨道之间的转移轨道[C]. 空间非开普勒轨道动力学与控制会议论文集,哈尔滨,2008 年 8 月:204-210.

[295] 董唯光,李言俊,张科. 基于月球摄动下的晕轨道的稳定性保持[J]. 测控技术,2008,27(3):82-84.

[296] 董唯光,李言俊,张科. 基于锚定和 EMD 距离的星图识别方法[J]. 计算机测量与控制,2008,16(8):1171-1173.

[297] 董唯光，李言俊，张科. 改进的 CRPF 在自主天文导航中的应用[J]. 计算机测量与控制，2008，16(11)：1682－1684.

[298] Vela-Arevalo L V. Time-frequency analysis based on wavelets for Hamiltonian systems[D]. California：California Institute of Technology，2002

[299] 张振江，崔祜涛，崔平远. 基于三阶解析解的小行星平衡点附近 halo 轨道确定方法研究[J]. 宇航学报，2011，32(2)：277－283.

[300] 杨亚非，李建国. 改进的粒子滤波在深空探测自主天文导航中的应用[J]. 测试技术学报，2009，23(6)：477－481.

[301] 晁宁，李言俊. 地月系拉格朗日 L1 点低能探月轨道分析[J]. 计算机测量与控制，2010，18(7)：1633－1636.

[302] 晁宁，李言俊. 探测器运行的地月系 L1 点轨迹特性应用研究[J]. 计算机仿真，2010，28(5)：26－29.

[303] 晁宁，李言俊. 地月系低能转移轨道设计[J]. 飞行力学，2011，29(3)：72－75.

[304] 晁宁，李言俊. 基于分段连续推力的晕轨道控制方法[J]. 宇航学报，2011(9)：1000－1328.

[305] Chao Ning，Li Yanjun. Method of midcourse correction based on segmental continuous thrust[J]. Fire Control & Command Control，2011，37(5)：71－76.

[306] 晁宁，李言俊. 基于极点配置的改进晕轨道控制方法[J]. 中国空间科学技术，2012，5：47－53.

[307] 晁宁，李言俊. 基于分段连续推力的中途修正方法[J]. 火力与指挥控制，2012，5：71－76.

[308] 汪小婷，李言俊. 日-地(月)系拉格朗日点及晕(Halo)轨道应用研究[J]. 火力与指挥控制，2007，34(11)：133－135.

[309] Koon W S，Martin W，Lo M W，et al. Shoot the moon[C]. AAS/AIAA Astrodynamics Specialist Conference，Florida，2000：100－167.

[310] Wang Sang Koon，Martin W Lo，Jerrold E Marsden，et al. Dynamical Systems，the Three-Body Problem and Space Mission Design[M]. New York：Springer-Verlag，2007.

[311] Gomez G，Koon W S，Lo M W，et al. Connecting orbits and invariant manifold in the spatial restricted three-body problem[J]. Nonlinearity，2004，17：1571－1606.

[312] Colombo G. The stabilization of an artificial satellite at the inferior conjunction point of the earth-moon system[R]. Smithsonian Astrophysical Observatory Special Report，1961.

[313] Lo M W，Chung J M. Lunar sample return via the interplanetary super-highway[C]. AAS/AIAA Astrodynamics Specialist Conference，Monterey California，August 2002：1－7.

[314] Belbruno E A，Miller J K. Sun-perturbed earth-to-moon transfers with ballistic capture[J]. Journal of Guidance，Control and Dynamics，1993，16(4)：770－775.

[315] Strömgren E. Connaissance actuelle des orbites dans le problème des trios corps[J].

Publikationer Og mindre Meddeler fra kobenhavns observation, 1933,100:1-44.

[316] Broucke R A. Periodic Orbits in the Restricted Three-Body Problem with Earth-Moon Masses[R]. Technical Report 32-1168, Jet Propulsion Laboratory, Cal. Tech., 1968.

[317] Llibre J, Martìnez R, Simò C. Transversality of the Invariant Manifolds Associated to the Periodic Orbits near L2 in the Restricted Three-Body Problem[J]. Journal of Differential Equations, 1985, 58: 104-156.

[318] Pierluigi Di Lizia, Gianmarco Radice. Advanced Global Optimisation Tools for Mission Analysis and Design[D]. Glasgow: University of Glasgow,2004.

[319] Franco Bernelli Zazzera, Francesco Topputo, Mauro Massari. Assessment of Mission Design Including Utilization of Libration Points and Weak Stability Boundaries[D]. Milano: Politecnico di Milano,2008.

[320] OTC. The NEOS guide to optimization[EB/OL]. [2004-08-15]. http://www.ece.northwestern.edu/OTC/.

[321] Goldberg D E. Genetic Algorithms in Search, Optimization, and Machine Learning [M]. New Jersey: Addison Wesley,1989.

[322] 水谷英二. 神经——模糊软计算[M]. 西安:西安交通大学出版社, 2000.

[323] Storn R, Price K. Differential Evolution—A Simple and Efficient Heuristic for Global Optimization over Continuous Spaces[J]. Journal of Global Optimization, 1997, 11: 341-359.

[324] Holland J H. Adaptation in Natural and Artificial Systems[M]. Massachusetts: MIT Press,1975.

[325] Dorigo M, Maniezzo V, Colomi A. Ant system: optimization by a colony of cooperating agents[J]. IEEE Transon SMC, 1996,26(1):28-41.

[326] Kennedy J, Eberhart R C. Particle swarm optimization[C]//IEEE International Conference on Neural Network. Perth,Piscataway,NJ:IEEE Service Center,1995, IV:1942-1948.

[327] Clerc M. The Swarm and the Queen: Towards a Deterministic and Adaptive Particle Swarm Optimization [C]. In Proceedings of 1999 Congress on Evolutionary Computation, Washington, D. C., Piscataway, NJ: IEEE Service Center, 1999: 1951-1957.

[328] Van den Bergh F. An analysis of particle swarm optimizers [D]. Pretoria: University of Pretoria, 2002.

[329] 韩江洪,李正荣,魏振春. 一种自适应粒子群优化算法及其仿真研究[J]. 系统仿真学报,2006,18(10):2969-2971.

[330] 莫愿斌,陈德钊,胡上序. 混沌粒子群算法及其在生化过程动态优化中的应用[J]. 化工学报,2006,57(9):2123-2127.

[331] 刘宇,覃征,史哲文. 简约粒子群优化算法[J]. 西安交通大学学报, 2006,40(8): 883-887.

[332] 高海兵,周驰,高亮. 广义粒子群优化算法[J]. 计算机学报,2005,28(12):1980-1987.
[333] Shi Y, Eberhart R. A modified particle swarm optimizer[C]//IEEE Int. Conf. on Evolutionary Computation. Piscataway, NJ: IEEE Service Center, 1998:69-73.
[334] Shi Y, Ebert R C. Fuzzy adaptive particle swarm optimization[C]. Congress on Evolutionary Computation, Seoul, Korea, 2001:1103-1108.
[335] Angeline P J. Evolutionary Optimization Versus particle swarm optimization[C]. Evolutionary Programming VII, 1998:601-610.
[336] 高鹰,谢胜利. 基于模拟退火的粒子群优化算法[J]. 计算机工程与应用,2004,1:47-50.
[337] 高鹰,谢胜利. 免疫粒子群优化算法[J]. 计算机工程与应用,2004,6:4-6.
[338] 吕振肃,侯志荣. 自适应变异的粒子群优化算法[J]. 电子学报,2004,32(3):416-420.
[339] 李炳宇,萧蕴诗,吴启迪. 一种基于粒子群算法求解约束优化问题的混合算法[J]. 控制与决策,2004,19(7):804-806.
[340] 吴亮红,王耀南,袁小芳,等. 复合最优模型微粒群优化算法研究及应用[J]. 系统工程与电子技术,2006,28(7):1087-1090.
[341] Fukuyama Y A. Particle Swarm Optimization for Reactive Power and Voltage Control Considering Voltage Security Assessment[J]. IEEE Trans. Power Syst., 2000,15:1232-1239.
[342] Izzo D, Becerra V M, Myatt D R, et al. Search Space Pruning and Global Optimisation of Multiple Gravity Assist Spacecraft Trajectories. J Glob Optim, 2007,38:283-296.
[343] Miele A, Wang T. Fundamental issues of orbital transfers for Mars missions[J]. Acta Astronautica, 2004, 55: 79-94.
[344] Miele A, Wang T. Optimal trajectories for earth-to-mars flight[J]. Journal of Optimization Theory and Applications, 1995(3):467-499.
[345] Sander Elvik. Optimization of a low-energy transfer to Mars using Dynamical Systems Theory and low-thrust propulsion [D]. Delft: Delft University of Technology Faculty of Aerospace Engineering, 2004.
[346] Francesco Topputo. A hybrid optimization of the low energy interplanetary transfers associated to the invariant manifolds of the restricted three-body problem[J]. IAC, 2004:1-12.
[347] 王石,文援兰,戴金海. 用进化-模拟退火算法求解 Lambert 方程[J]. 系统仿真学报,2007,19(2): 450-452.
[348] 李俊峰,龚胜平. 非开普勒轨道动力学与控制[J]. 宇航学报,2009, 30(1):47-53.
[349] Breakwell J V, Kamel A A, Ratner M J. Stationkeeping of atrans lunar communication station[J]. Celestial Mechanics, 1974, 10 (3):357-373.
[350] Giamberardino P, Monaco S. On halo orbits spacecraft stabilization[J]. Acta Astronautica, 1996, 38 (12): 903-925.

[351] Cielaszyk D, Wie B. New approach to Halo orbit determination and control[J]. Journal of Guidance, Control and Dynamics, 1996, 19 (2):266-273.
[352] Kulkarni J, Campbell M. Asymptotic stabilization of motion about an unstable orbit: Application to spacecraft in Halo orbit[C]. Proceeding of the 2004 American Control Conference, Boston, Massachusetts, 2004: 1025-1030.
[353] Infeld S, Murray W. Optimization of Stationkeeping for a Libration Point Mission [C]. AAS Space Flight Mechanics Meeting, Maui, H I, 2004:104-150.
[354] Xin Ming, Dancer M W. Stationkeeping of an L2 Libration point satellite with 2D technique[C]. Proceeding of the 2004 American control conference, Boston, 2004: 1037-1042.
[355] Wong H, Kaplia V. Spacecraft formation flying near Sun-Earth L2 Lagrange point: trajectory generation and adaptive output feedback control[C]. Proceeding of the 2005 American control conference, Portland, 2005: 2411-2418.
[356] 朱仁璋,尹艳. 论空间交会最终平移段制导设计[J]. 中国空间科学技术. 2004 (5): 1-8.
[357] 胡跃明. 非线性控制系统理论与应用[M]. 北京:国防工业出版社,2005.
[358] 阙志宏,周凤岐,罗健,等. 线性系统理论[M]. 西安:西北工业大学出版社. 1994.
[359] 姜长生,吴庆宪,等. 现代鲁棒控制基础[M]. 哈尔滨:哈尔滨工业大学出版社,2005.
[360] 郗晓宁,曾国强,任萱,等. 月球探测器轨道设计[M]. 北京:国防工业出版社,2001.
[361] 周文艳,杨维廉. 月球探测器转移轨道的中途修正[J]. 宇航学报, 2004, 25(1): 89-92.
[362] 麻永平. 绕月探测飞行控制[M]. 北京:国防工业出版社,2010.
[363] 陈海东,余梦伦. 机动再入飞行器的复合制导方案研究[J]. 宇航学报,2001,22 (5):72-76.
[364] 程国采. 弹道导弹制导方法与最优控制[M]. 长沙:国防科技大学出版社,1987.
[365] 李言俊,张科. 自适应控制理论及应用[M]. 西安:西北工业大学出版社,2005.
[366] Al'brekht E G. On the optimal stabilization of nonlinear systems[J]. J. Appl. math. Mech, 1961,25:1254-1266.
[367] Garrard W L. Suboptimal feedback control for nonlinear systems[J]. Automatica, 1972, 8:219-221.
[368] Garrard W L, Enns D F, Snell S A. Nonlinear feedback control of highly maneuverable aircraft[J]. Int. J. Control, 1992, 56:799-812.
[369] Cloutieer J R, D'Souza C N, Mracek C P. Nonlinear regulation and nonlinear H_∞ control via the state dependent Riccati equation technique[C]. Proc. 1st Interna. Conf. On nonlinear Problem ini Aviation and Aerospace, Daytona Beach, 1996: 117-130.
[370] Wernli A, Cook G. Suboptimal control for the nonlinear quadratic regulator problem [J]. Automatica, 1975, 11:75-84.
[371] Xin Ming, Balakrishnan S N. A new method for suboptimal control of a class of

nonlinear systems[C]. Proceedings of the 41st IEEE Conference on Decision and Control, Las Vegas, 2002, 11:2756 - 2762.

[372] Vassar R H, Sherwood R B. Formation Keeping for a Pair of Satellites in a Circular Orbit[J]. Journal of Guidance, Control and Dynamics, 1985, 8(2):235 - 242.

[373] Ulybyshev Y. Long-Term Formation Keeping of Satellite Constellation Using Linear Quadratic Controller[J]. Journal of Guidance, Control and Dynamics, 1998, 21(1): 109 - 115.

[374] Yeh H H, Nelson E, Sparks A. Nonlinear Tracking Control for Satellite Formations[J]. Journal of Guidance, Control and Dynamics, 2002, 25(2): 376 -386.

[375] Hadaegh F Y, Lu W M, Wang P C. Adaptive Control of Formation Flying Spacecraft for Interferometry[C]. IFAC Conference on Large Scale Systems, Rio Patras, Greece, 1998:97 - 102.

[376] De Querioz M S, Kapila V, Yan Q. Adaptive Nonlinear Control of Multiple Spacecraft Formation Flying[J]. Journal of Guidance, Control and Dynamics, 2000, 23(3):385 - 390.

[377] Gurfil P, Idan M, Kasdin N J. Adaptive Neural Control of Deep-Space Formation Flying[J]. Journal of Guidance, Control and Dynamics, 2003, 26(3):491 - 501.

[378] 房建成,全伟,孟小红. 基于 delaunay 三角剖分的全天自主星图识别算法[J]. 北京航空航天大学学报,2005,31(3):311 - 315.

[379] 张成,陈朝阳,沈绪榜. 基于角距分布的星表快速查找算法[J]. 计算机工程与应用,2004,9:16 - 17.

[380] 刘朝山,黄欣,刘光斌. 凸多边形星图识别算法[J]. 光电工程,2004,31(9):7 - 9.

[381] 王广君,房建成. 基于 Housdorff 距离的星图识别方法[J]. 北京航空航天大学学报,2005,31(9):508 - 511.

[382] 全伟,王广君,房建成. 一种基于 Housdorff 距离的改进星图识别方法[J]. 北京航空航天大学学报,2006,32(1):8 - 12.

[383] Baldini D, et al. Star-configuration searching for satellite attitude computation[J]. IEEE Transaction on Aerospace and Electronic systems, 1995, 31(2):768 - 777.

[384] 徐俊明. 图论及其应用[M]. 合肥:中国科学技术出版社, 2004.

[385] Rubner Y, Tomasi C, Guibas L. The Earth Mover's Distance as a Metric for Image Retrieval[J]. I JCV, 2000, 40(2):99 - 121.

[386] Farina A, Benvenuti D. Tracking a ballistic target: comparison of several nonlinear filters[J]. IEEE Transaction on Aerospace and Electronic Systems, 2002, 38(3): 854 - 867.

[387] Julier S J, Uhlmann J K. A new extension of the kalman filter to nonlinear systems [C]. The 11th International Symposium on Aerospace/Defense Sensing, Simulation and Controls, Orlando FL, USA, 1997, 3(26):182 - 183.

[388] Arulampala S, Maskell S, Gordan N. A tutorial on particle filters for online

nonlinear/ nongaussian bayesian tracking [J]. IEEE transaction on Signal Processing, 2002, 50(2): 174-188.

[389] Andieu C, De Freitas N, Doucet A. Sequential MCMC for Bayesian Model Selection [C]. Higher-Order Statistics, 1999. Proceedings of the IEEE Signal Processing Workshop on, 1999(6):130-134.

[390] Leven W F, Lanterman A D. Multiple target tracking with symmetric measurement equations using unscented kalman and particle filters[C]. System Theory, 2004 Proceedings of the Thirty-Sixth Southeastern Symposium, March 14 - 16, 2004: 195-199.

[391] Pitt M, Shephard N. Filtering via simulation: Auxiliary particle filters[J]. J Amer statist Assoc, 1999, 94(446): 590-599.

[392] Miodrag Bolic, Peter M Djuric, Sangjin Hong. New resampling algorithms for particle filters[C]. 2003 IEEE International Conference, April 2003:589-592.

[393] Joaquin Miguez, Monica F Bugallo, Petar M Djuric. A new class of particle filters for random dynamic systems with unknown statistics[J]. EUSASIP Journal on Applied Signal Processing, 2004,15:2278-2294.

[394] Joaquin Miguez, Monica F Bugallo, Petar M Djuric. Novel particle filtering algorithms for fixed parameter estimation in dynamic systems[C]. Proceedings of the 4th International Symposium on Image and Signal Processing and Analysis, 2005:46-51.